高等学校教材

有机化学

（第二版）

主　编　侯士聪　肖玉梅

副主编　邹　平　边庆花　周文明　陈红艳

编　者（以拼音字母为序）

段新红　傅　滨　郭红超　黄家兴

林　燕　马晓东　马永强　王广途

杨新娟　张　成　张云飞

中国教育出版传媒集团

高等教育出版社·北京

内容简介

本书共 17 章,按官能团分类系统,脂肪族与芳香族混合编写。在内容取材上,面向大学本科生物学专业及相关专业的有机化学教学,在理论体系的构建、化学反应的选择、反应机理的阐述、化合物的性质等方面的介绍均以此为出发点。本书各章均编入导言、知识连接、思考题、习题、英汉词汇、参考文献等,便于学生自主学习。

本书可作为高等农林院校生物学专业及相关专业大学本科专业教学用书,也可作为从事农业生产类和生命科学类研究人员的参考书。

图书在版编目(CIP)数据

有机化学 / 侯士聪,肖玉梅主编 . -- 2 版 . -- 北京:高等教育出版社,2022.9(2025.3 重印)
ISBN 978-7-04-058707-4

Ⅰ . ①有… Ⅱ . ①侯… ②肖… Ⅲ . ①有机化学 - 高等学校 - 教材 Ⅳ . ①O62

中国版本图书馆 CIP 数据核字(2022)第 094679 号

Youji Huaxue

策划编辑	郭新华	责任编辑 郭新华	封面设计 张 志	版式设计 杜微言
责任绘图	于 博	责任校对 吕红颖	责任印制 耿 轩	

出版发行	高等教育出版社	网　址	http://www.hep.edu.cn
社　址	北京市西城区德外大街 4 号		http://www.hep.com.cn
邮政编码	100120	网上订购	http://www.hepmall.com.cn
印　刷	山东韵杰文化科技有限公司		http://www.hepmall.com
开　本	787mm×1092mm　1/16		http://www.hepmall.cn
印　张	30	版　次	2015 年 4 月第 1 版
字　数	690 千字		2022 年 9 月第 2 版
购书热线	010-58581118	印　次	2025 年 3 月第 4 次印刷
咨询电话	400-810-0598	定　价	62.00 元

本书如有缺页、倒页、脱页等质量问题,请到所购图书销售部门联系调换
版权所有　侵权必究
物 料 号　58707-00

第二版前言

本教材属于高等教育出版社"iCourse 教材"中高等农林院校基础课程系列教材之一，第一版自 2015 年出版发行以来，受到读者和同行的认可和好评。2017 年 12 月，中国化学会有机化合物命名审定委员会正式发布了《有机化合物命名原则 2017》。编写团队根据时代发展和现实教学需要，按照新公布的命名原则对有机化合物的命名进行修改，并对部分章节内容做出增删修改，形成本教材第二版。

根据教材第一版在实际教学使用的师生反馈建议，我们仍然认为知识的收敛聚焦与知识的发散延伸在教学中非常重要。针对非化学类专业学生，教材以重点反应机理为抓手，以"显微镜"看有机化学知识点，聚焦有机化学经典反应机理，有助于学生理解反应实质，掌握系列反应。以对"一棵树"的观察、研究和思考，为学生理解"整片森林"打开大门。教材中的"知识背景"模块，为学习者聚焦关键知识点烘托氛围；"知识连接"模块为学到的知识找关联，助力学习者编织出自己的知识网络，不仅能夯实对知识的透彻理解，也为知识的应用做好观念和能力准备。教材以"主要代表物""知识延伸""参考文献"模块，引导学习者在掌握基本理论以后，把有机化学知识引向拓展和多向发散，提高学习者的视野高度，换个角度以"望远镜"看有机化学，利于学习者构建自己的有机化学知识体系。在教材新版中，这些模块得到精细修改和查阅确认。

教材第二版的有机化合物命名全部增加了中英对照，方便学习者转换思路，尽快掌握新的命名原则；对一些特殊化合物也给出了其习惯名或曾用名。

新版修订中，边庆花、傅滨、郭红超、黄家兴、林燕、马永强、张成、张云飞负责对第八章、十一章、十二章、十四章、十五章进行重新编写。肖玉梅负责"网络课堂"等教学资源的收集录制工作，侯士聪负责对全书进行统稿、内容调整、修订等工作。

教材第二版承蒙中国农业大学李楠教授审阅，并提出了许多宝贵的修改意见，在此致以衷心的感谢。中国农业大学教务处和理学院有机化学教学组的教师都给予了热情支持和帮助，使本教材得以顺利出版，在此一并致以真诚的谢意。

限于编著者水平有限，教材中不妥之处，特别是对命名新规则的理解运用有不当之处，敬请各位读者批评指正！

侯士聪

houshc@cau.edu.cn

2021 年 10 月

第一版前言

根据教育部高等农林院校教学指导委员会制定的《高等农林院校教学基本要求》,我们编写了《有机化学》这本教材,供高等农林院校生物类、动植物生产类、生态环境类、食品科学类等本科生学习有机化学课程使用,也可供相关院校及农林科技工作者参考。

本教材的编写理念是以学习者为中心,努力将学科线索、社会应用和认知规律相结合,在保持学科知识系统性的基础上,根据学习对象选取内容;强调实例的真实性,体现有机化学知识的应用价值;注重知识的传承、知识呈现时的循序渐进及知识之间的连接。

本教材在编排上按官能团分类,采用脂肪族与芳香族混编体系。共 17 章,前 11 章系统阐述有机化学的基本理论和研究方法,包括有机化合物命名、立体化学、烃及其含氧、含氮和含卤衍生物为主要内容的典型分子结构及化学反应。之后,介绍生命现象的基础物质"脂类、糖类、蛋白质和核酸"的基本结构和基本性质;最后一章介绍有机化合物分子的结构测定基础。

教材以中学化学及大学《普通化学》为基础,在编排内容上减少知识重复性叙述,只在使用这些知识前作简要回顾。注重运用电子效应和空间效应对反应活性的分析,对自由基取代反应、亲电反应、亲核反应等典型反应机理进行了系统阐述。教材给出大量思考题和一些典型案例,为展开教学讨论提供素材,力图使学生在思考、讨论中加深对基本理论和基本知识的理解,培养学生分析问题和解决问题的能力。教材介绍了经典理论的发展史和前沿探索进展,化学家的生平事迹等内容,以拓展知识面和提高学习兴趣。为了便于进行学科资料的检索,教材中常用名词和术语加注了英文,并在章后附有索引。

本教材的编写由中国农业大学、东北农业大学、西北农林科技大学、四川农业大学和北京林业大学五所农林院校具有丰富教学经验的教师完成。编写人员有主编侯士聪、徐雅琴;副主编邹平、周文明、陈红艳、肖玉梅、王丽波;参编人员有边庆花、段新红、马晓东、王广途、杨新娟、赵李霞。编写具体分工为:侯士聪(第一、二、三章)、杨新娟(第四章)、周文明(第五章)、边庆花(第六章)、段新红(第七章)、王丽波(第八章),邹平(第九章)、陈红艳(第十章)、赵李霞(第十一章)、肖玉梅(第十二、十五章)、王广途(第十三、十六章)、徐雅琴(第十四章)、马晓东(第十七章)。全书最后由侯士聪统一整理定稿。

本教材承蒙中国农业大学李楠教授审阅,并提出了许多宝贵的修改意见,在此致以衷心的感谢。中国农业大学教务处和化学系有机教研室的老师都给予了热情支持和帮助,使本教材得以顺利出版,在此一并致以真诚的谢意。

由于编者的水平和经验有限,教材中不妥之处恳请广大读者批评指正。

编 者

2014 年 10 月

目　　录

第一章　绪　论

【导言】

从太空回望地球——这颗蔚蓝的星球,就是我们赖以生存的美丽家园。大自然孕育了地球上的生命,提供了维持生命及其发展的全部物质基础。在地球生机勃勃的地表面覆盖着一层绿色的植被,生活着物种丰富的动物和难以计数的微生物。生物体与水、大气、岩石土壤和阳光一起构成了地球环境的结构单元。生物体与环境之间通过物质和能量的交换,相互作用、相互依赖,形成了动态平衡的生态系统。除了水以外,生物体的绝大部分组成成分是有机化合物,生物体内部及其与环境之间的物质和能量交换都离不开有机化合物。

本章主要介绍有机化合物与自然界和人类社会的密切联系;研究有机化合物的科学——有机化学及其发展历程;有机化学的任务及应对挑战的可持续发展策略;针对有机化学知识体系的学习方法。

第一节　认识有机化合物和有机化学

一、自然界和人类社会中的有机化合物

（一）有机化合物的自然来源

有机化合物(organic compounds,简称有机物)是含碳化合物。有机化合物的来源与生物体的存在及其活动有着密切的联系。可以笼统地说,有机化合物来源于生物体利用太阳能固定的碳。在地球环境中,生态系统的碳循环基本上是伴随着光合作用和能量流动过程进行的。地球上的自养生物利用自然界的 CO_2 和 H_2O,通过光合作用合成糖类化合物及其他有机物,将太阳能以生物物质的形式储存起来。据估计,全球陆地和海洋植物每年光合作用同化422亿吨碳。它们储存在各种含碳的有机物中,如果这些碳是以葡萄糖的形式存在,那就是1 055亿吨,所储存的太阳能为464.2万亿千瓦时,比全世界的年发电量还多。同时,这些生物又通过呼吸作用把产生的 CO_2 释放到大气中,完成了一个从无生命形式到有生命形式,又从有生命形式到无生命形式的循环。异养生物则通过摄取糖类化合物等有机物,在体内进行消化和吸收,满足自身生命的营养需求,并通过呼吸作用将储存的化学能量释放出来,用作生命活动的能量来源。在这个过程中,有机物中的碳也被氧化分解成 CO_2 回归到大自然中。此

外,动物排泄物和动植物遗体中的碳,经微生物分解同样被返回大气中。另外,生物物质经过较长时间的地质运动,被深埋于地下之后,经过极其复杂的生物和化学变化过程,最后演变为煤、石油和天然气等,存储起来形成了巨大的物质和能量宝库。这正是目前现代文明主要依赖的能量源泉。

（二）有机化合物与社会生活

到目前为止,有机物与人类的生产和生活已密不可分。在地球生命演化的过程中,人们逐渐学会直接或经过加工后利用天然的有机物,如富含糖类化合物、蛋白质、油脂等的食物,以棉、毛、麻、丝为原料等的衣物。天然有机物最瞩目的成就之一,就是一种从植物中提取出来的抗疟疾药物青蒿素(artemisinin),它的使用已经挽救了全球成千上万疟疾病患者,特别是发展中国家疟疾病患者的生命。

【知识背景】以科学精神追寻济世良方结硕果——青蒿素

屠呦呦,1930年出生于浙江宁波。中国中医科学院中药研究所青蒿素研究中心主任。屠呦呦受东晋名医葛洪治疗疟疾药方的启发,推测植物青蒿中可能有"抗疟"的化学成分;从文献提到青蒿抗疟是"绞汁",而不是传统中药的"水煎",猜测可能是"高温"破坏了其中的有效成分,于是她改用低沸点溶剂乙醚提取青蒿,结果显示,青蒿的乙醚提取浓缩物确实对鼠疟效价显著提高;研究团队分工、协作,在190次失败的尝试后终于取得成功。其后又经过青蒿产地确认、毒副作用成分去除、结构鉴定等关键环节,历时13年之久,终于1975年新药研制成功。为中医药科技创新和人类健康事业做出巨大贡献。荣获2015年诺贝尔生理学或医学奖、2016年国家最高科学技术奖。2019年被授予"共和国勋章"。

从近代有机化学的兴起开始,人们以天然有机物特别是化石燃料为原料,利用所掌握的知识和技能合成大量的有机化学品,满足自己衣、食、住、行等方面的物质和文化生活需求,形成石油化工和多种应用化工行业,并辐射到国民经济的各个部门。合成有机化合物最瞩目的成就是医药和农用化学品的开发利用。1928年发现的青霉素(penicillin),成为人类医学科学发展史上一个重要的"里程碑"药物。自1942年青霉素药物正式进入临床治疗后,开辟了抗生素治疗的新时代,许多曾经严重危害人类生命的感染性疾病得到了有效控制。以青霉素为代表的传统小分子抗菌药物的开发,使人类的平均寿命提高了15~20年。农业上使用的杀虫剂、杀菌剂、除草剂和植物生长调节剂等大多是合成有机物。可以说,没有农用化学品的帮助,当下几十亿人口的吃饭问题将难以为继。20世纪40年代兴起的合成高分子材料,使人类进入了合成材料的时代,目前合成纤维和合成橡胶的使用已远远超过了天然纤维和天然橡胶,合成塑料制品随处可见。总之,地球上的有机化合物部分是从生物体提取得到的,但种类更多的是人工合成出来的。

人类大规模地利用化石燃料提供能源、制造有机化学品的行为,对地球原本的碳循环造成极大的冲击。可以看出,生物体在地球碳循环中扮演着至关重要的角色。在这个大环境中,作为高等动物的人类不仅要保持好自身体内的碳平衡和碳循环,同时更有责任保护好大自然正常的碳循环,倡导"低碳"生活,与环境友好相处,正是我们共同的责任。

【思考题1-1】结合自己的生活经历，列举你所熟知的有机化合物的现实应用。

二、有机化学及其研究内容

有机化学（organic chemistry）是研究含碳化合物的化学。一些简单的含碳化合物，如一氧化碳、二氧化碳和碳酸盐等，因具有无机化合物的性质，常放在无机化学中讨论。有机化学的研究对象是有机化合物，它主要研究有机化合物的组成与结构、性质及制备、机理及应用。其研究的主要内容和基本方法可以大体概括为：

（1）对自然界存在或人工合成的有机化合物进行分离纯化。

（2）探究有机化合物的元素组成、有机化合物分子的基本结构及空间形象。

（3）探究有机化合物的物理性质及化学性质；探究各类有机化合物之间的相互转化关系。

（4）进行反应过程监测，探寻有机化合物结构与性质之间的关系；阐明有机反应的机理，进行合理的反应设计与条件控制。

（5）探索新的学科规律，发展新的合成方法和技巧，合成新的具有特定功能的有机化合物。

（6）进行有机化合物的社会应用，在生命科学、材料科学、环境科学等诸多领域，为国民经济和科学技术的发展提供工业和实验材料。

在有机化学的发展过程中，逐渐形成了天然产物化学、有机合成化学、物理有机化学、金属与元素有机化学、生物有机化学、有机分析化学等分支学科和交叉学科，极大地拓展了有机化学研究的疆域。

总之，有机化学的任务与使命归根到底就是要满足社会的需求。在人类社会发展的进程中，有机化学作为工具，需要不断探索未知世界，拓展学科知识与技术的深度和广度，更好地利用天然和合成有机化合物，为实现社会的可持续发展服务。

【思考题1-2】有机化学研究的对象与内容是什么？

第二节　有机化学的发展历史

一、有机化学的产生与发展

（一）近代有机化学的起源

人类很早就开始在生产生活中使用一些源自天然的有机物质，并在制造和使用的过程中对其进行加工，得到一些诸如糖、酒、醋、染料等混合物。对这些有机物质化学变化的探索却是近代的事情。这些研究的开始是制得一些较纯的有机化合物，然后对其组成进行分析，最后发展成为有机化合物的人工合成。到19世纪中叶，以有机合成为标志的近代有机化学建立起来。

　　在 18 世纪下半叶,对有机化合物的分离和提纯工作发展加快了脚步。1767—1785 年,以瑞典化学家舍勒(C. W. Scheele, 1742—1786)为代表的研究者们利用有机酸的钙盐和铅盐难溶于水的特性,先后从葡萄汁内取得酒石酸,从柠檬汁内取得柠檬酸,由尿里提取出尿酸,从酸牛奶里取得乳酸;还有安息香酸、草酸、苹果酸等有机酸。由于有大量的有机物质作为研究对象,极大地推动了对其组成进行元素分析的研究工作。拉瓦锡(A. Lavoisier, 1743—1794)于 1777 年前后首次弄清了燃烧的概念,即燃烧是物质和空气中的氧结合。他继而又研究了分析有机化合物的方法,确定了一般的植物物质都含有碳、氢、氧元素,而动物物质除这三种元素外,很多都含有氮元素。在有机化合物元素定量分析的探索中,法国化学家盖·吕萨克(J. L. Gaylussac, 1778—1850)等人于 1811 年对蔗糖、乳糖、淀粉、蛋白质等十几种有机物质进行燃烧分析,得到较为精确的结果。1813 年,享有盛誉的瑞典化学家贝采里乌斯(J. J. Berzelius, 1779—1848)提出了元素符号体系,即用拉丁文的首字母或前两个字母表示元素;1814 年,他对一系列有机酸的组成进行了定量分析,发表了最早的原子量表。1830 年,德国著名有机化学家李比希(J. von Liebig, 1803—1873)在前人工作的基础上,对有机定量分析方法进行彻底的改进,建立了精确的碳氢分析定量技术,设计了更加简便的有机化合物元素分析装置,见图 1-1。李比希还据此写出了化合物的化学式。

图 1-1　李比希有机化合物元素分析装置

　　19 世纪初,当化学刚刚成为一门科学的时候,化学家们把从动植物体内得到的物质与从矿物界得到的物质区分开来,分别称为有机化合物和无机物。贝采里乌斯于 1806 年首先引用了"有机化学"这个名字。但是,他认为有机化合物只能在生物的细胞中受一种特殊力量——"生命力"——的作用才会产生出来,人工合成是不可能的。这种思想无形中在无机物和有机化合物之间划定了一条不可逾越的鸿沟,曾一度牢固地统治并阻碍了有机化学的发展。1824 年,德国化学家维勒(F. Wöhler, 1800—1882)首先从无机物氰酸铵人工合成了有机化合物——尿素。其化学反应为

$$\text{KOCN} + \text{NH}_4\text{Cl} \xrightarrow[-\text{KCl}]{\triangle} \text{NH}_4\text{OCN} \xrightarrow{\text{重排}} \text{H}_2\text{N}-\underset{\underset{\text{O}}{\|}}{\text{C}}-\text{NH}_2$$

　　氰酸钾　　氯化铵　　　　氰酸铵　　　　　尿素

在后来发表的论文中，维勒详细论证了生成物中的白色晶体（尿素）不是氰酸盐。他的发现提供了一个从无机物合成有机化合物的确切例证，给予长期统治人们思想的"生命力"学说以极大的打击，成为有机化学发展过程中的重大突破，但这一观点在当时并未获得广泛的认可。继维勒之后，1845年，德国化学家柯尔伯（A. W. H. Kolbe, 1818—1884）合成了乙酸；1854年，法国化学家贝特洛（P. E. M. Berthelot, 1827—1907）合成了脂肪；1861年，俄国化学家布特列洛夫（A. M. Butlerov, 1828—1886）合成了糖类物质。至此，"生命力"学说才彻底被否定，有机化学进入了一个迅速发展的时期，并逐步建立了经典的有机化学结构理论。

【知识背景】有机化学的大师传承——从贝采里乌斯到维勒

瑞典化学大师贝采里乌斯（J. J. Berzelius），1797年考入乌普萨拉大学医学系，6年后获博士学位，1808年当选瑞典科学院院士。在1820之后的20年时间里，贝采里乌斯是当时全球化学界的泰斗。他对化学的贡献是多方面的，创造性地使用拉丁文表示元素符号；测定了大约2 000种化合物的化合量，并据此发表了多达49种元素的原子量表，为后来门捷列夫发现元素周期律奠定了基础。1806年，贝采里乌斯开始编写化学教科书《化学教程》时，第一次在化学史上引用了"有机化学"概念，并用"生命力论"来解释有机化合物的形成。虽然生命力论后来被证明是错误的，而首先对生命力论发起挑战的主要战将就是贝采里乌斯培养的得意门生——维勒。

德国化学家维勒1821年进入海德堡大学，学医之余旁听化学教授格梅林的化学课，并开始在格梅林的实验室里进行业余研究。1823年维勒获得医学博士学位后，到斯德哥尔摩贝采里乌斯实验室里学习。1824年回国后，他与导师的书信来往从无中断过，直到贝采里乌斯1848年去世。1824年，维勒发现在氰酸中加入氨水后蒸干得到的白色晶体并不是铵盐，而是尿素。这一具有历史意义的重大发现，有力地证明了有机化合物可以从无机物人工合成，开创有机合成的新时代，这也是维勒"青出于蓝"的开始。1828年，维勒即晋升为柏林工业学校教授，成为名扬德国乃至世界的著名化学家。他

也是一位化学教育家，学生中有许多化学良才，如柯尔伯、费悌希（R. Fittig, 1835—1910）、拜尔斯坦（F. Beilstein, 1838—1906）。

（二）经典有机化学结构理论的建立

19世纪前期，尽管有机化合物的提纯、有机化合物元素分析和有机合成都得到了较大发展，但对有机化合物的认识还停留在感性层面，对其内部的结构尚未进行深入研究。在研究时人们发现一些物质的化学组成相同而性质各异，即它们是不同的物质。例如，1825年，德国有机化学家李比希制得的雷酸银（$AgONC$）的组成与前一年维勒制得的异氰酸银（$AgNCO$）组成完全一样，但其性质却截然不同。后来，维勒又发现尿素$[(NH_2)_2CO]$与氰酸铵（NH_4OCN）也存在上述现象。贝采里乌斯经过仔细研究，证明这种现象在有机化学中是普遍存在的。

1830 年,他把这种分子式相同而结构不同的现象,称为同分异构现象(isomerism);把两个或两个以上具有相同组成的物质,称为同分异构体(isomer)。

　　同分异构的存在表明物质的化学性质和物理性质不仅取决于组成原子的种类和数目,还取决于内部原子的排列方式。有机化合物内部分子结构理论的建立是以原子价概念的提出和确定为前提条件的。19 世纪中后期,伴随着一些有机化合物分子组成的确定,人们对化学现象规律性的认识也不断深入,逐步形成了有机化学的一些概念和理论体系。当时,人们发现在有机化合物里碳原子和其他原子的数目总保持着一定的比例,并进行了许多原子连接的猜想。德国著名化学家凯库勒(F. A. Kekulé, 1829—1896)进一步发展了前人较为模糊的"原子价"含义。1858 年,他明确提出碳的四价学说,认为每一种原子都有一定的化合力,并把这种力叫作"原子化合力",后来人们称为化合价(valence)。碳是四价的,氢、氯是一价的,氧是二价的。同年,苏格兰化学家库帕(A. S. Couper, 1831—1892),也提出了同样的观点,并认为元素的化合价是可以变化的。凯库勒还发展了化合物的类型学说,提出了碳氢化合物的甲烷型,说明碳与碳之间也可以自相结合成键。凯库勒和库帕的这些观点为有机化学结构理论的建立奠定了基础。

　　1861 年,布特列洛夫第一次使用化学结构(chemical structure)的概念:分子不是原子的简单堆积,而是通过复杂的化学结合力按一定的顺序排列起来的,这种原子之间的相互关系及结合方式,就是该化合物的化学结构。他认为一种化合物具有一定的结构;物质的性质和结构间有依赖关系,可以从分子的化学结构推测物质的化学性质,也可以根据化学性质确定分子的化学结构。布特列洛夫的这些见解通过认识化合物化学性质确定其化学结构,有力地推动了有机化学的发展。

　　1864 年,德国化学家肖莱马(C. Schorlemmer, 1834—1892)在继承前人工作的基础上,通过缜密的实验设计、精确的实验数据对有机化合物特别是脂肪族烃类的异构现象给出合理的解释,并证明碳原子的四个化合价的等同性,从而进一步充实了凯库勒 – 库帕的碳四价学说。1865 年,凯库勒又提出了苯的六角形环状结构,通过单键和双键交替结合解决了苯的碳原子四价问题。至此,正如恩格斯所说"有机化学终于从一堆零星的、或多或少不完备的关于有机化合物成分的资料变成一门真正的科学。"因为碳是有机化合物的基本元素,科学家提出用"碳化合物的化学"来定义有机化学,这一概念一直沿用至今。

　　以上提及的有机化学经典结构理论仅仅提出了分子中各种原子的原子价、数目、种类和关系等问题,还未涉及整个分子的立体形象。1874 年,荷兰物理化学家范特霍夫(J. H. van't Hoff, 1852—1911)在借鉴前人实验及猜想的基础上,提出了碳的四面体构型学说。他认为建立在平面上的碳化合物的结构式并不能反映某些异构现象,如果把碳原子的亲和力看作直接指向正四面体的各个角,碳原子处在这个四面体的中心,那么理论就会符合实际。这样,范特霍夫运用严谨的逻辑推理和丰富的想象力把化学分子结构由平面发展为立体,使"躺"在纸面上的分子"站"起来。同年,法国化学家勒贝尔(J. A. Le Bel, 1847—1930)在发表的论文中也提出了相近的观点。这一崭新的学说不仅圆满解释了有机化合物的对映异构现象,更重要的是开创了有机立体化学(stereochemistry),使经典的有机化学结构理论更加完善。从 19 世纪80 年代起,大多数化学家在研究工作中已经普遍地使用立体结构知识。碳原子的四面体模型成功地解释了许多以前不理解的现象。多年后,由 X 射线衍射分析方法准确地测定了碳原子的立体结构,完全证实了这个模型的正确性。

(三)有机化学的现代发展

经典有机化学结构理论建立后,有机化学从实验方法到理论总结又取得了巨大的进步。特别是现代化学键理论的建立,使有机化学这门学科显示出十分强劲的发展势头。反应活性中间体的猜想得到确证,各种动态反应机理模型建立起来。有机化合物的合成、分离纯化、分析等实验技术,以及有机化合物分子结构与性能的关系等研究都得到进一步深入。

"生命力"学说被否定后,有机合成化学的研究达到新高潮。烃及其衍生物的典型有机合成方法建立起来。1877 年,法国化学家傅瑞德尔(C. Friedel, 1832—1899)和美国化学家克拉夫茨(J. M. Crafts, 1839—1917)发现使芳环烷基化和酰基化的反应;1880 年,德国化学家克莱森(L. Claisen, 1851—1930)发现酯缩合反应;1887 年,德国化学家盖布瑞尔(S. Gabriel, 1851—1924)提出由邻苯二甲酰亚胺的钾盐合成伯胺的方法;1901 年,法国化学家格利雅(F. A. V. Grignard, 1871—1935)发明的格氏试剂被广泛用于许多有机化合物的合成。合成制造出的各种有机化合物应用于人类生活的方方面面。仅 1850—1900 年,就有成千上万的药品、染料被合成和使用。进入 20 世纪,在石油裂解技术可以为人工合成提供重要化工原料后,特别是定向聚合反应催化剂等的成功开发,促进合成材料的新时代迅速到来。

天然有机化学的研究主要涉及生物样品中有机化合物分子的分离纯化、理化性质、结构表征、生物活性、先导物的全合成、结构修饰改造和构效关系。例如,葡萄糖、果糖、蔗糖、麦芽糖、淀粉和纤维素等糖类化合物的研究;具有显著的生理作用的生物碱的研究,则在前人工作的基础上确定了吗啡碱、奎宁碱等的结构,并成功进行了全合成;对广泛存在于动植物体内的萜类和甾体化合物的结构有了进一步认识,开辟了有机化学研究的新领域,衍生出许多重要的药物;以嘌呤类化合物为代表的生命必需物质、遗传物质,以及具有重要生理功能的多肽和蛋白质的研究为揭示生命的奥秘奠定了基础。

1899 年,德国拜耳(Bayer)公司的第一个合成抗炎镇痛药阿司匹林(aspirin,乙酰水杨酸)的上市标志着药物化学开始走向实用。到 20 世纪 30 年代以前,药物化学的研究主要集中于抗感染药物。磺胺类抗菌药物的广泛使用,标志着化学治疗方法取得重大突破。英国细菌学家弗莱明(A. Fleming, 1881—1955)发现的青霉素,因其具有广泛的抗菌谱带,自 1944 年投产以来,很快就取代了磺胺类药物,成为药物发展史上重要的里程碑。至此,药物化学已彻底征服了传染病,研究重心逐渐转向心血管类药物、抗精神病类药物及抗癌药物等官能性疾病。

进入 20 世纪,有机化学结构理论研究进一步深入,有机合成化学及天然有机化学、生物化学得到蓬勃发展。表 1-1 列出 20 世纪有机化学的重要事件。

20 世纪 90 年代以后,计算机技术广泛应用于化学研究的各个方面,对有机化合物分子进行的分子模拟(molecular modeling)正在成为有机化学工作者的得力助手。用理论计算化学的方法理解、预见和发现新的有机化学现象,特别是生物大分子的空间结构及相互作用等方面已取得巨大的发展。

1-1

表 1-1　20 世纪有机化学的重要事件

年代	科学家,时间	内容
1900	M. Gomberg, 1900 V. Grignard, 1901 A. J. Lapworth, 1903 P. Sabatier, 1905 L. H. Baekeland, 1906	三苯甲基自由基的发现 格氏试剂 反应机理的研究 镍催化加氢 酚醛树脂的合成
1910	F. K. R. Bergius, 1913	煤的加氢液化
1920	H. Staudinger, 1920 R. Robinson, 1922 W. N. Haworth, 1925 C. K. Ingold, 1926 O. P. H. Diels, K. Alder, 1928	高分子学说的提出 有机电子理论的创始 糖类结构的投影式 有机电子论的系统化 狄尔斯-阿尔德反应
1930	O. Hassel, 1930 W. H. Carothers, 1931 E. Hückel, 1931 L. P. Hammett, 1935 W. H. Carothers, 1936	环己烷的椅型结构 合成橡胶的开发 休克尔规则 哈米特规则 合成纤维尼龙
1940	H. Fischer, 1940	叶绿素的结构
1950	R. B. Woodward, 1951 K. W. Ziegler, G. Natta, 1953 G. Wittig, 1954 H. C. Brown, 1956	胆固醇的合成 烯烃的催化聚合 维蒂希反应 硼氢化反应
1960	C. J. Pedersen, 1967 W. S. Knowles, 1968	冠醚的发现 手性合成反应
1970	Y. Chauvin, 1971 R. Heck, 1972 R. B. Woodward, A. Eschenmoser, 1972 S. Miyaura, 1979	复分解反应机理 赫克反应 维生素 B_{12} 的全合成 铃木偶联反应
1980	R. Noyori, 1980 K. B. Sharpless, T. Katsuki, 1980 R. F. Curl, H. Kroto, R. E. Smalley, 1985	手性氢化反应 手性氧化反应 富勒烯的发现
1990	S. Lijima, 1991	碳纳米管的合成

二、有机化学面临的挑战与对策

（一）环境污染与环境保护

有机化学从其真正成为一门科学后,在繁花似锦的一百多年里,利用创造的化学物质极大地推动了世界经济发展和社会进步。在有效地利用自然界中原有物质的同时,有机化学也创造出形形色色的新物质。到 20 世纪末,合成的化学物质中有 6 万~7 万种为人类所使用,约 7 000 种进行了大量工业生产。这些物质的大多数是有机化合物,它们在使用后,以其自身或代谢物、降解物被排泄或丢弃到环境中。那么,它们在环境中的归趋如何,对生物体及整个生态环境会造成多大程度的影响呢? 不幸的是,很多成功故事的背后蕴藏着的却是化学家所始料未及的不良后果。新的化合物日益积累,破坏了环境中生命元素的循环和平衡,造成了严重的环境问题,已经并正在给地球上的生命带来巨大的灾难。多氯代的杀虫剂如 DDT 会随着食物链进行生物富集,最后引起鸟类蛋壳变薄和孵化失败,从而导致种群数量的急剧下降。1962 年,美国女海洋生物学家卡尔松(R. Carson, 1907—1964)历经 4 年的深入调查,写成科普著作《寂静的春天》(*Silent Spring*)。书中描述了杀虫剂污染带来的严重危害情景,引起人们的强烈反响。在环境问题频繁显现的同时,化学分析方法的革新和仪器化得到飞速发展,为环境问题的研究提供了充分的检测基础,共同推动了环境化学科学的形成和发展。污染物削减技术、环境污染控制与修复技术的研发及应用,有机废弃物的资源化,一定程度上促进了对环境的保护。但环境保护是过程监控、末端治理,有没有从根本上解决问题的办法呢? 这还要从绿色化学中找到答案。

（二）绿色化学与可持续发展

1990 年美国国会通过《污染预防法》之后不久,学术界就提出"绿色化学"(green chemistry)的概念。绿色化学的定义是"在化学产品及其生产工艺的发明、设计和应用过程中减少和消除有毒害物质的使用和产生",同时提出了"绿色化学十二条原则"。同期,日本政府开始实施旨在防止全球气候变暖的"新阳光计划",提出了"简单化学"的概念,主张采用最大限度节约能源、资源和减少排放的简化生产工艺;德国政府正式通过了一个名为"为环境而研究"的计划。1999 年 1 月,由英国皇家化学会主办的国际性杂志《绿色化学》创刊。

按照绿色化学的要求,任何化学活动(包括化学原料、化学和化工过程、产品)对人类的健康和环境都应该是"友好"的。绿色化学改变了传统的"先污染,后治理"的环境保护模式,通过设计、研究和改进化学化工过程及工艺技术,从根本上降低以致消除废弃物的生成,从源头上治理污染。绿色化学吸收了当代物理、生物、材料、信息等学科的最新理论和技术,是一门与有机化学理论和有机合成密切相关的新兴交叉学科。依据绿色化学的目标,有机化学家不再痴迷于创造新分子,而更加关注分子的功能;选择性、原子经济性和绿色技术正成为有机合成研究的热点和前沿。图 1-2 是绿色化学的理念示意图。

绿色化学是从源头解决环境问题的策略。面对人类发展的未来,化学家依据绿色化学的理念,可以达到在创造更多更好的新物质的同时,预防环境问题的出现,或将环境问题大大降低(甚至降低到环境可以接受的程度),维持环境中正常的元素循环,维持地球上的生态平衡。总之,面对问题,绿色化学给出的答案是:化学不仅可以为人类带来繁荣,而且可以保持科学研究和技术应用的可持续发展。

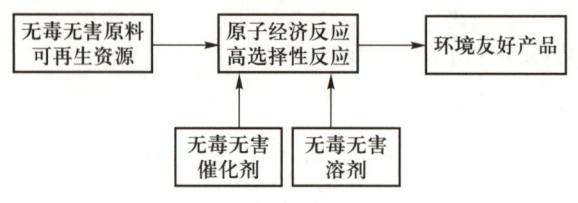

图 1-2　绿色化学的理念示意图

【思考题1-3】结合自己的日常生活,列举使用有机化合物产品时,改变你的哪些行为更符合绿色和低碳的理念。

三、有机化学与生命科学的关系

地球上的生命实际上是化学反应的产物,是由非生命的物质经过长期的化学进化演变而来的。碳元素与氧、氢、氮、磷、硫等其他元素一起组成了生命体的四大类基本物质:糖类、脂类、蛋白质和核酸。糖类和脂类构成了生命体中的能量物质,而蛋白质和核酸则构成了生命体的主要机体组织。也正是这些基础有机化合物分子和其他活性小分子一起,在严格控制下连续不断地相互作用,化合、分解和转化构成了生命现象。引用美国医学家、诺贝尔奖获得者科恩伯格(A. Kornberg)的观点就是"把生命理解为化学"。可以说,学习有机化学对于生命科学相关专业的学习者具有重要意义。

生命科学的基础是在分子水平上研究生命体的组成与结构、代谢与调控,即是在化学分子水平上揭示生命现象的物质变化规律。有机化学的成就推动了生命科学的发展,生命科学的进展反过来又不断提出新的化学问题,有机化学在解决问题的过程中得到进一步发展。蛋白质是生命的基石,它与生命体内的代谢与转化有密切关系。蛋白质能输送氧和脂类、催化生命体的化学反应、调节生理活动、完成人体的运动、承担生命的繁殖等。化学家首先建立了蛋白质结晶的分离纯化方法。在此基础上,用有机化学分子结构理论和方法去研究蛋白质分子的结构,从20世纪50年代起取得了一系列重大突破,60年代,我国化学家完成了生物大分子——牛胰岛素的人工合成。20世纪中期化学和生物学一起攻克遗传信息分子结构与功能关系问题,使生命科学的研究轨迹进入以基因组成、结构、功能为核心的新阶段。化学家建立的核糖核酸(RNA)和脱氧核糖核酸(DNA)的化学结构,为1953年双螺旋结构的提出铺平了道路,进而为从分子水平研究重要生物大分子的结构奠定了"分子生物学"的基础。1985年发明的聚合酶链式反应(PCR),使分子生物学在技术上有了一个突破性进展。化学家在大量研究多肽合成和寡核苷酸的基础上,发明了多肽合成仪和DNA自动合成仪,使多肽合成和寡聚核苷酸合成成为研究生命科学的常规技术。这些生物大分子的合成,使人类在认识生命现象及征服疾病方面又向前迈进了一步。有机化学家对蛋白质和核酸的研究成果不仅促进了生物化学的迅速发展,而且由此诞生了分子生物学、生物有机化学和化学生物学等新兴交叉学科。

生命科学是21世纪的带头学科,但生命科学的发展离不开有机化学的支持。从基因工程到蛋白质工程,都是比较系统而典型的分子工程,都需要化学发展的贡献。生物大分子的三维结构信息为成功的药物合理设计奠定了基础,可大大减少药物研制的化学和生物筛选工作量,提高新药发现的概率。在分子以上、细胞以下这个结构层次是生物学和化学研究的交汇区,只有在化学理论和方法的指导下才能取得新的研究进展。生命体中的化学反应都是由酶催化下,在极短的时间内,条件温和地进行化学键的断裂和形成,由底物转变为生成物,同时储存和转化能量,这些都是目前化学家正在研究的热点课题。

地球在其演化过程中不断地从简单到复杂,经过从无机物到有机化合物,进而经历从生命的出现到进化为人的飞跃,这是闪现文明曙光的第一篇章。接着,人类的知识、技能在积累中不断发展并系统化,从使用源自生命体的有机化合物,到智慧地认识和研究有机化合物,有机化学随之产生。其后,从研究自然界的有机化合物到合成新的有机化合物,再到可持续发展的绿色合成,这是有机化学学科引以为豪的又一篇章。有机化学的发展还远未结束,可以预见,在服务人类的过程中,有机化学完全有能力应对出现的新问题,再次续写文明发展的新篇章。

第三节 学习有机化学的建议

俗语说"兴趣是最好的老师",但怎样培养学习兴趣又是一个棘手问题。我们猜想这既与个人的学科基础知识有关,也与个人的基本文化素养有关。有一定的基础知识,新知识的理解才有着力点。个人的成长离不开家庭、社会乃至国家的培育和支撑,所以以热爱生命、爱家爱国、热爱科学是人生价值的必要组成部分。追寻未知问题,发挥自己的才智解决现实需求,怀着热情投身有机化合物的世界,发掘有机化学的实用价值甚至艺术价值,绘制有机化合物世界的蓝图可以成为每一个学习者的无限梦想。

学习是一门科学,我们以联想、比喻等方式记忆陈述性知识,在理解的基础上记忆程序性知识。把握有机化合物命名与分子结构的对应,把握分子结构与物理、化学性质,以及性质与实际应用的关系。面对"基础、综合、运用"等关键环节,我们以联系的思想和系统的思想来学习有机化学:以先有知识为当下知识学习的基础;生活、生产是学科知识的来源和使用目的地;理论知识与实验验证、巩固与提高密不可分;知识点之间的联系,学生自我知识网络的构建,因应问题使用知识是学习的高级形式。从学习开始形成良好的学习习惯:当天总结笔记,巩固练习;阶段性回顾总结;积极师生互动,充分利用教师的引领与反馈都是值得借鉴的学习方法。

学习有机化学的开始,学习者面对的是几千万个有机化合物,它们的分子结构、物理性质、化学性质、实际应用,以至新的有机化合物的继续创造——这看起来是一个相对困难的任务。如果把学习任务比作拧螺丝,对新手来讲徒手完成将非常困难;而对专业研究者而言,他们会熟练地拿来一套扳手,根据任务选择用哪一个来试试,任务往往很快就能完成。如果再加上细心的研究和体会,不断实践及及时反馈,工作的完成就能游刃有余。学习在一定程度上也是针对任务制造工具,使用工具和进一步完善工具。

本教材绪论从常见有机化合物、重要的有机化合物"明星"分子及相关重要问题的解决入手,与学习者一起回顾了坎坷的有机化学发展历程,了解化学家的实践、思考、坚持不懈的探索精神与人类文明的进步息息相关。其后介绍有机化合物分子结构基础,并从最简单的母体有机化合物烷烃开始学习有机化合物分子的结构、命名,由其结构决定的物理和化学性质,进而介绍多官能团化合物和与生命体密切相关的有机化合物。在学习当中,最基本的是对有机化合物分子中碳的骨架和官能团的结构有深刻的理解,这要借助于有机化学的认知工具,包括电子效应、空间效应和反应机理等。

教材中"知识背景"是知识的来龙与去脉,一般简介相关的科学故事,用以引发兴趣,弘扬科学精神,加深对知识渊源的理解。"思考题"提出问题,巩固理解,学会知识的简单迁移。章后"习题"注重基础知识、知识应用及综合创造,便于学生全面复习训练,自我检查、反馈学习效果。"知识归纳"部分是学习的重要环节,是启发习得知识的总结关联。建议学习者在学完章节内容后,根据教材给出的简单概念图或反应式,补充完善形成自己的知识地图。"知识延伸"展现有机化合物的社会价值及相关前沿进展,可以拓展学习者的学科视野,为后续学习和工作播下种子。"参考文献"提供关键知识的来源,方便于对知识的深入了解和追究,也是对学习者能力拓展的培养。

爱因斯坦(A. Einstein,1879—1955)曾说过,教育的目标应该是培养有独立行动和独立思考的个人,不过他们要把社会服务看作自己人生的最高目标。信息技术发达的今天,在知识的海洋中,只有采集、消化、吸收并能因应需求重新组合使用的知识才是自己的知识,运用和创造知识是学习的最高目标。愿每一位学习者不断摸索出属于自己的学习方法,展开自己独特的有机化学学习之旅。

【知识连接】

有机化学发展史联想

	大致年代	时期	成就	特征概括	类比人类成长
1	—1660	古代化学	从远古对火的利用开始,玻璃、陶瓷、酿造、冶金和造纸,火药、医药	朴素自然哲学	怀孕期:长久艰辛的孕育
2	1661—1805	近代化学	玻意耳《怀疑的化学家》,物质是由元素组成;燃素说的提出和扬弃	化学起步,粗浅的化学探索	婴儿期:爬行、蹒跚学步
3	1806—1854	近代有机化学 I	合成尿素否定生命力学说,开创有机合成新局面	有机化学科学地位确立	幼儿期:站起来,迈开步
4	1855—1900	近代有机化学 II	结构理论:C四价、C—C成键、苯、碳四面体;合成药品、香料、染料和炸药	有机化学跨越式发展	童年期:小读书人迈开大步朝前走

续表

	大致年代	时期	成就	特征概括	类比人类成长
5	1901—1970	现代有机化学Ⅰ	有机化学创造美好生活，有机合成似乎无所不能	发展背后逐步显现环境问题	青春期/初中：身体剧烈生长，心智没来得及赶上
6	1971—1999	现代有机化学Ⅱ	天然提取和人工合成支撑人类社会的方方面面；污染监测、环境修复	大发展同时对环境问题进行反思、应对	青春期/高中：身体成长定型，心智逐渐成熟（成为公民）
7	2000—	现代有机化学Ⅲ	从环境保护过渡到绿色化学	有机化学可持续、可控制的发展初期	青年期：心智成熟，做事高效（驾驭自我）
8	—	未来有机化学	监控下目标分子定向构建，按照需求定制生产	有机化学续写和谐发展新篇章	中年期：舒展个性，创造价值（实现自我）

【参考文献】

［1］Kinne–Saffran E, Kinne R K H. Vitalism and Synthesis of Urea［J］. Am. J. Nephrol, 1999, 19, 290–294.

［2］Russell C A. Advances in Organic Chemistry Over the Last 100 Years［J］. Annu. Rep. Prog. Chem., Sect. B, 2004, 100, 3–31.

［3］Anastas P, Eghbali N. Green Chemistry: Principles and Practice［J］. Chem. Soc. Rev., 2010, 39, 301–312.

［4］刘静明, 倪慕云, 樊菊芬, 等. 青蒿素（Arteannuin）的结构和反应［J］. 化学学报, 1979, 37（2）: 129–142.

［5］朱万森. 生命中的化学元素［M］. 上海: 复旦大学出版社, 2014.

［6］林承志. 化学之路［M］. 北京: 科学出版社, 2011.

［7］广田襄. 现代化学史［M］. 丁明玉, 译. 北京: 化学工业出版社, 2019.

［8］亚当·罗宾逊. 如何学习［M］. 林悦, 译. 北京: 中国青年出版社, 2016.

［9］乔希·维茨金. 学习之道［M］. 苏鸿雁, 谢京秀, 译. 北京: 中国青年出版社, 2017.

第二章 有机化合物的分子结构

【导言】

　　无机物食盐的熔点为801℃,而有机化合物食糖的熔点只有186℃。食糖加入水中会逐渐溶解消失,而同样是有机化合物的食用油加入水中却仍然浮在水面。醋酸的衍生物乙酸异戊酯具有香蕉的味道,而乙酸正辛酯却具有橙子的香气。对这些现象所产生的疑问,需要我们深入探寻有机化合物的内部结构,才能给出答案。

　　本章从有机化合物的主要特征出发,介绍现代化学键的基本理论、有机化合物的分子结构属性及分类、有机化合物的基本反应类型、结构探索的一般方法,为后续各章内容的展开提供知识工具。

第一节 有机化合物的主要特征

　　如果将有机化合物与无机化合物的性质相对照,就会发现它们在宏观可测的物理与化学性质方面存在着极大差异。有机化合物的主要特征可归纳如下:

一、易于燃烧

　　大多数有机化合物具有可燃性,如人们所熟知的酒精和汽油,燃烧一般生成二氧化碳和水,同时释放出能量。利用有机化合物的可燃性可以初步区别有机化合物与无机物。

二、熔点较低

　　有机化合物的热稳定性远不如无机物。绝大多数有机化合物的熔点都较低,如冰醋酸的熔点只有16.6℃,萘的熔点是80℃。有机化合物的熔点很少超过400℃。

三、难溶于水

　　大多数有机化合物难溶或不溶于水,如油脂和蜡等有机化合物不溶于水(一些小分子极性有机化合物如乙醇、丙酮等除外),而易溶于有机溶剂。

四、反应较慢,产物复杂

　　大多数有机反应速率较慢,通常需要加热或加催化剂促进反应。反应的副产物一般较多,合成反应后往往需要经过多步分离纯化,才能得到所需的纯净有机化合物。由于产物复杂,在书写有机反应方程式时常采用箭头,而不用等号;一般只写出反应原料及主要产物,在箭头上标出反应的必要条件;反应方程式一般不要求配平,只是在计算理论产率时才配平。

五、同分异构

有机化合物结构复杂,普遍存在同分异构体,即具有相同的分子式而结构不同的化合物。如分子式同为 C_2H_6O 的乙醇(沸点 78.5℃)和甲醚(沸点 -24℃),化学性质就相差甚大。同分异构是造成有机化合物数目巨大的原因之一。因此,在有机化学中不能仅用分子式表示某一化合物,必须使用构造式或结构式。

第二节 有机化合物的分子结构

从第一节内容可以看出,与无机物相比,有机化合物具有独特的结构及理化性质。这些特性与组成它们的碳元素密切相关。在元素周期表中,碳是第二周期第ⅣA族元素。碳元素既没有典型的金属性,也没有典型的非金属性。在形成化合物时,碳原子难于得到或失去电子形成离子型化合物,而是通过共用电子对形成共价型化合物。对此现代共价键理论已经给出了相当精确的表述,其中价键理论和分子轨道理论是描述有机化合物分子结构常用的基本方法。

一、现代化学键的价键理论

共价键理论(covalent bond theory)是许多科学家针对有机化合物的特性,进行其微观结构的长期探索和论证的结果。如前所述,凯库勒、布特列洛夫等人虽然建立了有机化学结构理论,但对化合价的本质仍无法给出明确、合理的解释。直至玻尔(N. H. D. Bohr, 1885—1962)提出原子的电子层结构学说后,具有现代意义的原子价电子理论才真正建立起来。这为有机化合物分子结构的建立提供了前提条件。1916 年,美国加利福尼亚大学教授路易斯(G. N. Lewis, 1875—1946)提出了一种新的化学键理论。他认为两个原子可以共用一对或多对电子,彼此都达到 8 电子稳定结构。1919 年美国化学家朗格缪尔(I. Langmuir, 1881—1957)改良和拓展了路易斯的学说,首次引入并大力传播共价键这一术语。但这种静态的模型仍然未能说明有机化合物化学键的本质。量子力学问世后,许多化学家开始用这种理论研究化学问题,探索原子是如何结合成分子的,以及构成分子的原子在空间是如何排布和相互作用的。奥地利物理学家薛定谔(E. Schrodinger, 1887—1961)于 1926 年提出的波动方程,为应用量子力学原理研究原子结构提供了简捷方法。1927 年,德国物理学家海特勒(W. H. Heitler, 1904—1981)和伦敦(F. W. London, 1900—1954)开创性地把这种方法应用于解决氢分子的结构问题,定量地解释了两个中性原子形成化学键的原因。在建立了 H_2 分子成键理论之后,他们进一步将这种方法推广到其他双原子和多原子分子,从而形成了价键理论(valence bond theory,简称 VB)。

价键理论认为,共价键的形成可以看作原子轨道的重叠或电子配对的结果。原子轨道重叠后,在两个原子核间电子云密度较大,因而降低了两原子核之间的正电荷排斥,增加了两原子核对负电荷的吸引,使整个体系的能量降低,形成稳定的共价键,成键的电子定域在两个原子核之间。如果一个原子的未成对电子已经配对成键,就不能再与其他原子的未成对电子配对,这就是共价键的饱和性。碳原子的核外价电子排布形式为 $2s^22p^2$,有四个价电子。在发生化学反应时,成对的两个 $2s^2$ 电子中会有一个跃迁到空着的 $2p$ 轨道上,得到四个未成对电子。碳原子的这四个未成对电子可与四个氢原子(或其他原子)的单电子分别配对形成具有稳定八隅体结构的四个共价键。共价键是由参与成键的原子间电子云重叠形成的,电子云重叠越多,共价键越稳定。因此原子轨道成键时总是以其电子云密度最大方向相互重叠,这就是共价键的方向性。

碳原子形成的共价键有两种:一种是 σ 键,它是由参与成键的原子轨道沿着轨道的对称轴方向,以"头对头"的轨道叠加方式形成的共价键;另一种是 π 键,它是由参与成键的原子轨道依轨道轴的垂直方向,从侧面实现"肩并肩"的轨道叠加方式形成的共价键。σ 键一般可以围绕其对称轴自由旋转,而 π 键不能自由旋转。形成 σ 键的原子轨道重叠程度大于形成 π 键的原子轨道重叠程度(图 2–1),因此 σ 键比 π 键更牢固。

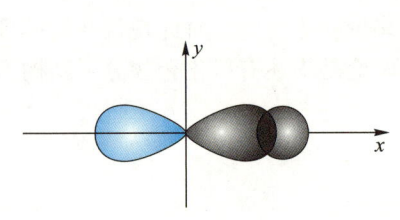
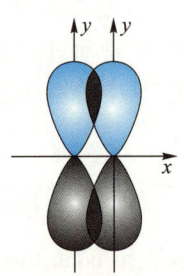

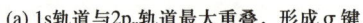

(a) 1s 轨道与 $2p_x$ 轨道最大重叠,形成 σ 键   (b) p 轨道与 p 轨道侧面重叠,形成 π 键

图 2–1   σ 键与 π 键的形成

价键理论更新了原子价的电子理论,使人们能够从原子核外电子运动状态的变化视角了解共价键形成的本质。在此基础上,1931 年,美国化学家鲍林(L. Pauling, 1901—1994)又补充提出了杂化轨道理论(theory of hybrid bond orbital)。他认为原子在化合成分子的过程中,根据其成键要求,在周围其他原子的影响下,将原有的原子轨道进一步线性组合成新的原子轨道,这种在一个原子中不同原子轨道的线性组合称为原子轨道的杂化。原子轨道杂化时,原子轨道数目不变,只是各轨道在空间的分布方向等情况发生变化。杂化轨道的组合遵守正交和归一化原则。碳原子能形成的杂化轨道有三种,分别是 sp^3 杂化轨道、sp^2 杂化轨道和 sp 杂化轨道。具体内容见第三章、第四章。

由于价键理论提出的化学键描述与经典的原子价概念十分相似,比较形象,很快被人们所接受。然而,当应用其深入研究有机共轭分子等的结构及性质问题时,显示出较大的缺陷。于是,另一种几乎与价键理论同时提出的现代化学键理论——分子轨道理论(molecular orbital theory,简称 MO)得到人们的重视。

【知识背景】现代化学结构的奠基人——鲍林

鲍林(L. Pauling)是美国著名化学家,被认为是20世纪对化学科学影响最大的人之一。1922年,鲍林在俄勒冈州立大学获得学士学位后,在加州理工大学(California Institute of Technology)从事晶体结构X射线衍射法的研究,1925年获博士学位。1927年,开始在加州理工学院任教。1935年他出版了《量子力学导论——及其在化学中的应用》,这是历史上第一本以化学家为读者的量子力学教科书。1939年鲍林撰写出版的《化学键的本质》被认为是化学史上最重要的著作之一,它彻底改变了人们对化学键的认识,将直观的概念提升到定量的、理性的高度。鲍林提出的许多概念和理论(电负性、共振理论、价键理论、杂化轨道、蛋白质二级结构等)已成为化学领域最为基础的知识。鲍林是量子化学和分子生物学创始人之一,他的主要学术贡献有:杂化轨道理论、电负性、共振理论、生物大分子结构和功能等。鲍林获得了1954年诺贝尔化学奖。

二、现代化学键的分子轨道理论

分子轨道理论是由德国物理学家洪特(F. hund, 1896—1997)和美国化学家马利肯(R. S. Mulliken, 1896—1986)等在1925—1927年运用量子力学处理和解释分子光谱时提出的。1929年,加拿大物理学家赫兹伯格(G. Herzberg, 1904—1999)和英国理论化学家伦纳德－琼斯(J. E. Lennard-Jones, 1894—1954)分别用分子轨道理论解释化合价和化学键问题,从而奠定了原子轨道线性组合分子轨道方法(简称LCAO-MO)的基础。

分子轨道理论认为分子中每个电子的运动状态可用分子轨道波函数来描述,波函数有正、负位相。分子中每个电子都处于某一特定的分子轨道上。分子轨道可近似地用能量相近的原子轨道线性组合得到,得到的分子轨道若能量低于原子轨道称为成键轨道,高于原子轨道称为反键轨道,与原子轨道能量相等则称为非键轨道。分子中的电子根据泡利不相容原理、能量最低原理和洪特规则依次填充到各分子轨道中。由原子轨道组合形成有效的分子轨道需要满足成键三原则:

（1）能量相近原则　两个原子轨道必须能量相近。

（2）对称性匹配原则　两个原子轨道必须以相同的位相叠加,才能使核间的电子云密度增大。

（3）最大重叠原则　两个原子轨道以有利的方向组合,轨道重叠越大形成的分子轨道越稳定。

下面通过简单的氢分子,简要说明分子轨道的形成。

两个氢原子各以一个1s轨道组合,得到两个分子轨道,一个是成键轨道,记为σ轨道,能量低于氢原子的1s轨道能量;另一个是反键轨道,记为σ^*轨道,能量高于氢原子的1s轨道能量。两个自旋反平行的电子成对占据成键轨道,分子体系能量降低,形成共价键(图2-2)。

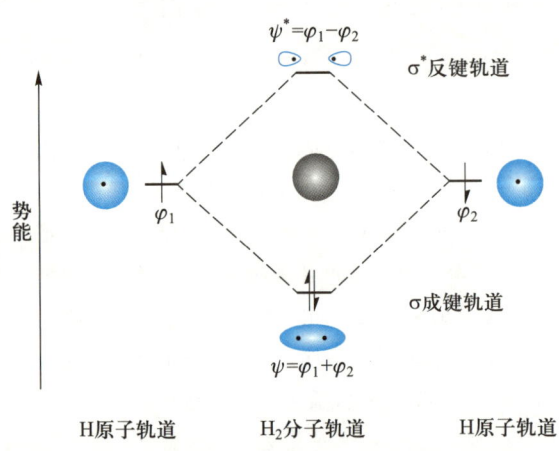

图 2-2   氢分子基态的电子排布

由于分子轨道理论中采取的原子轨道线性组合波函数的方法是一种近似处理,因此,在应用其讨论分子中电子的性质时往往与实验结果存在一定偏差,并且在处理结构较复杂的分子时,过程极其繁杂。为了解决这一问题,1931 年,德国物理化学家休克尔(E. Hückel, 1896—1980)提出了一种简化的近似处理方法——休克尔分子轨道法(简称 HMO 法)。这种方法主要应用于 π 电子平面共轭体系。1952 年,日本量子化学家福井谦一(Fukui Kenichi, 1918—1998)将分子轨道理论用于从动态角度解释和预言化学反应规律,提出前线轨道理论。他认为分子的许多化学反应性质是由其最高占据轨道(HOMO)和最低空轨道(LUMO)决定的,由于这些轨道处于化学反应的前沿,故也称之为"前线轨道"。1965 年,美国化学家伍德沃德(R. B. Woodward, 1917—1979)和霍夫曼(R. Hoffmann, 1937—   )以福井谦一的前线轨道理论为工具,提出了分子轨道对称性守恒原理。至此,以量子力学为基础发展起来的现代共价键理论已基本建成。

2-1

分子轨道理论认为在一些多原子分子中,共价键的电子不局限在两个原子核区域内运动,电子可以离域(delocalization),这样一些用价键理论难以解释的问题,用分子轨道理论却可以给出解释。但在解释定位效应等方面时,价键理论又比分子轨道理论方便。因此这两种理论目前都在使用,互为补充。

第三节   共价键的基本属性

除了方向性和饱和性外,键长、键角、键能及键的极性,都是共价键的属性,是反映共价键性质的重要物理量。

一、键长

共价键的键长(bond length)是指成键两原子核间的平均距离,单位可用 nm 或 pm 表示。键长通常由 X 射线衍射(对于固体分子)、电子衍射(气体分子)及其他波谱实验测得,也可进行量子化学理论计算。表 2-1 为常见的共价键的键长。同一类型的共价键的键长,在不同的化合物中可能稍有差异。

表 2-1 常见共价键的键长

键的类型	化合物	键长 /nm	键的类型	轨道类型	键长 /nm
	甲烷	0.109	C—C	烷烃	0.154
C—H	乙烯	0.107	C=C	烯烃	0.134
	乙炔	0.105	C≡C	炔烃	0.120

二、键角

共价键的键角(bond angle)是指参与成键的原子轨道间的夹角。例如,甲烷分子中各个 C—H 键之间的夹角是 109.5°。键角的大小是随着分子结构的不同而有所改变,键角反映了分子的空间结构。偏离正常键角时体系能量会升高。键角的大小影响分子的极性等许多性质,从而影响其溶解性、熔点和沸点等。键长与键角决定了分子的立体形状。

三、键能

双原子分子的键能(bond energy)是在一定条件下,气态分子解离成两个气态原子所需的能量,也称键的解离能。氢分子的解离表示为

$$H:H \longrightarrow 2H· \qquad \Delta_r H_m^\ominus = 435\ kJ·mol^{-1}$$

多原子分子的键能指同一类共价键的键解离能的平均值。例如,甲烷有四个 C—H 键,逐级解离反应及其解离能为

$$\Delta_r H_m^\ominus = 439\ kJ·mol^{-1}$$

$$\Delta_r H_m^\ominus = 443\ kJ·mol^{-1}$$

$$\Delta_r H_m^\ominus = 443\ kJ·mol^{-1}$$

$$\Delta_r H_m^\ominus = 338\ kJ·mol^{-1}$$

由甲烷分子中四个氢原子的逐级解离能计算得到 C—H 键的平均解离能为

$$\Delta_r H_m^\ominus = (439 + 443 + 443 + 338)\ kJ·mol^{-1} \div 4 = 415\ kJ·mol^{-1}$$

键能与键解离能都是分子属性中重要的数据。键能的大小反映共价键的稳定程度。对于相同类型的化学键而言,键能越大共价键越稳定。常见共价键的平均键能见表 2-2。

表2-2　常见共价键的平均键能   单位：kJ·mol⁻¹

共价键	键能	共价键	键能	共价键	键能	共价键	键能
C—H	415	C—C	347	C—O	360	C—F	485
N—H	389	C=C	610	C=O（醛）	736	C—Cl	339
S—H	347	C≡C	837	C=O（酮）	749	C—Br	285
O—H	464	C—S	272	C=N	615	C—I	218
H—H	435	C—N	305	C≡N	891		

【思考题2-1】参照烷烃分子中 C—C 键的键能约为 347 kJ·mol⁻¹，乙烯分子中的 C=C 键的键能约为 610 kJ·mol⁻¹，试问乙烯分子中 π 键的键能大约为多少？

四、键的极性

原子核与非价电子（即内层电子）组成的实体称为原子实（atomic kernel）。原子实是正电性的，它对外层的价电子具有吸引力。这种吸引力就是一个原子的电负性（electro negativity）。吸引力越大，原子的电负性越强。表 2-3 是一些常见原子的电负性值。

表2-3　一些常见原子的电负性值

H						
2.1						
Li	Be	B	C	N	O	F
1.0	1.6	2.0	2.5	3.0	3.5	4.0
Na	Mg	Al	Si	P	S	Cl
0.9	1.3	1.5	1.8	2.1	2.5	3.0

如果由两个相同的原子形成化学键，其价电子在两个原子实间出现的概率呈对称分布，正电荷与负电荷中心完全重合。这种化学键称为非极性共价键。氢分子中的 H—H 键、乙烷分子中的 C—C 键都是非极性共价键。两个不同的原子形成化学键时，由于它们的原子实对价电子的吸引力不等，电子云不再平均分布，形成一个正电荷中心和一个负电荷中心。这种化学键称为极性共价键（polar covalent bond）。成键电子被电负性较强的原子吸引，带有部分负电荷，用 δ^- 表示；电负性较弱的原子则带有部分正电荷，用 δ^+ 表示，如图 2-3 所示。

共价键极性的大小可用键的偶极矩（dipole moment）来度量。偶极矩等于电荷（e）与正、负电荷中心的距离（d）的乘积，记作 $\boldsymbol{\mu}=ed$，单位是 C·m（库仑·米）。偶极矩是一个矢量，其方向可用一个箭头加竖线符号 ⊢——▶ 表示,矢量方向指向电负性大的原子。在以前的教科书中曾使用 D(Debye,德拜)为单位,1D=3.34×10^{-30} C·m。

很显然,双原子分子的偶极矩就是键的偶极矩。而多原子分子的偶极矩是其所有共价键偶极矩的矢量和。$\mu=0$ 的分子为非极性分子,而 $\mu \neq 0$ 的分子则为极性分子。例如,尽管 C—Cl 是极性键($\mu=7.68 \times 10^{-30}$ C·m),因为四氯化碳的四个共价键分布对称,所以整个分子的偶极矩为零,为非极性分子;而一氯甲烷由于四个共价键有不同,分子的偶极矩不为零,为极性分子。因此,含有极性键的分子不一定是极性分子,如图 2-4 所示。

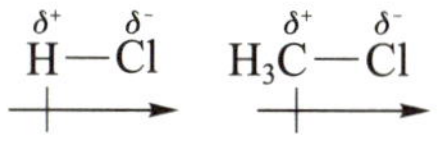

图 2-3 氯化氢和氯甲烷分子的极性

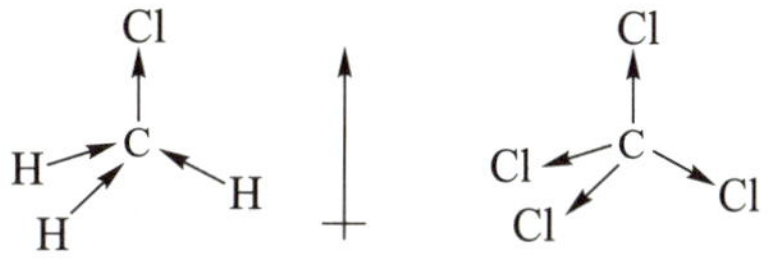

图 2-4 两种氯代甲烷分子的极性

极性分子间的相互作用,即一个分子微正电荷端与另一个分子微负电荷端间有相互吸引作用,称为偶极 – 偶极作用。这是极性分子间作用力之一,也称取向力。分子的极性对其化学性质及熔点、沸点、溶解度等物理性质都有重要的影响。

【思考题 2-2】将下列共价键按极性由大到小的顺序排列:
(1)H—C H—F H—O H—N   (2)C—Cl C—F C—S C—P

第四节 有机化学的反应类型

有机化合物在一定的条件下,分子中原子间的组合会发生变化,旧的化学键断裂,新的化学键形成,进而生成新的有机化合物,这种变化过程称为有机反应(organic reaction)。按照反应时化学键断裂和生成的方式,有机反应可以分为自由基型反应(free radical reaction)、离子型反应(ionic reaction)和协同反应(synergic reaction)。

一、自由基型反应

共价键断裂时,一对成键电子对平均分给两个原子或基团。例如:

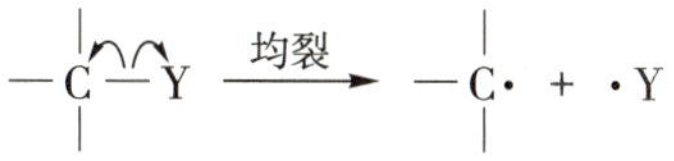

$$-\overset{|}{\underset{|}{C}} \overset{\frown}{\frown} Y \xrightarrow{\text{均裂}} -\overset{|}{\underset{|}{C}} \cdot + \cdot Y$$

这种断裂方式称为均裂(homolytic)。均裂时生成的原子或基团带有一个孤电子,用黑点表示。带有孤电子的原子或原子团称为自由基(free radical,或称游离基)。自由基一般只能瞬间存在,是活性中间体中的一种。分子经过均裂产生自由基而引发的反应称为自由基型反应,自由基型反应一般在加热、光照或自由基引发剂存在下发生。

二、离子型反应

共价键断裂时，一对成键电子对被其中一个原子或基团所占有。例如：

$$-\overset{|}{\underset{|}{C}}\curvearrowright Y \xrightarrow{\text{异裂}} -\overset{|}{\underset{|}{C}}{}^{+} + :Y^{-} \quad 或 \quad -\overset{|}{\underset{|}{C}}\curvearrowleft Y \xrightarrow{\text{异裂}} -\overset{|}{\underset{|}{C}}: + \ Y^{+}$$

碳正离子　　　　　　　　　　　　　碳负离子

这种断裂方式称为异裂（heterolysis）。异裂产生正离子和负离子。有机反应中的碳正离子和碳负离子也只能瞬间存在，也是活性中间体的一种。经过共价键异裂生成离子而引发的反应称为离子型反应。离子型反应一般发生在有机化合物分子中的极性共价键，在酸碱催化或在极性介质中进行。离子型反应根据反应试剂的类型不同，又可分为亲电反应（electrophilic reaction）与亲核反应（nucleophilic reaction）两类。对电子有显著亲和力而起反应的试剂称为亲电试剂（electrophilic reagent）。速率决定步骤由亲电试剂进攻而发生的反应称为亲电反应。对原子核有显著亲和力而起反应的试剂叫作亲核试剂（nucleophilic reagent）。速率决定步骤由亲核试剂进攻而发生的反应称为亲核反应。

三、协同反应

第三类有机反应是协同反应。在此类反应过程中，旧化学键的断裂和新化学键的形成相互协调地在同一步骤中完成。协同反应往往是一个经过环状过渡态（cyclic transition state），没有自由基、正负离子中间体的基元反应。酸、碱催化及溶剂等条件的改变对这类反应几乎没有影响。例如：

六元环状过渡态

另外，按反应物和生成物的结构关系，有机反应又可分为酸碱反应（acid−base reaction）、取代反应（substitution reaction）、加成反应（addition reaction）、消除反应（elimination reaction）、重排反应（rearrangement）、氧化还原反应（oxidation and reduction）、缩合反应（condensation）等。有时还需要将两种分类方法结合起来对反应进行更细的分类。如有机化合物分子中的某个原子或基团被其他原子或基团所置换的反应称为取代反应。若取代反应是按共价键均裂的方式进行的，则称其为自由基取代反应；若取代反应是按共价键异裂的方式进行的，则称其为亲电取代反应、亲核取代反应。

第五节　有机化合物结构探索的一般方法

无论对于天然存在的或者是人们用合成方法所获得的有机化合物,一般需经过以下步骤进行结构研究。

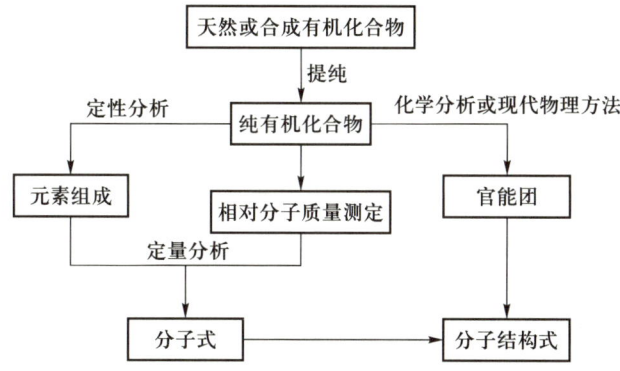

一、分离提纯

无论是源自天然还是人工合成的有机化合物,一般都含有杂质,必须经过分离提纯得到纯净的有机化合物,才能确定其结构,进而进行物理、化学性质及生物学功能等的深入研究。针对不同对象和杂质的实际情况,可以采取合适的分离提纯方法及其组合。常用的分离提纯方法有萃取、蒸馏、色谱、重结晶、升华等。近年来,各种现代色谱分离技术在有机化合物的提纯中得到了大量应用,熟悉和掌握这些分离纯化技术对于有机化学研究是十分重要的。

二、检验纯度

纯净的有机化合物具有固定的物理常数。测定熔点、沸点、相对密度、折射率等物理常数是判断有机化合物纯度的重要方法。色谱法也是鉴定有机化合物纯度的重要方法。

三、确定分子式

获得纯净的有机化合物之后,接下来要确定其组成。进行元素定性分析,确定它是由哪些元素组成的;进行元素定量分析,确定各种元素的相对含量。现在有机化合物的元素分析一般通过元素自动分析仪进行,特别是C、H、N元素的含量分析。利用定量分析的结果推算出各元素的质量比,进而得出它的实验式。实验式是表示化合物分子中各元素原子的相对数目的最简单式子,因不能确切表明分子真实的原子个数,必须进一步测定其相对分子质量,才能确定其分子式。测定相对分子质量过去常用熔点降低法、沸点升高法、渗透压法等方法,现在一般采用高分辨质谱法。

【案例】已知某样品中含有C、H、N、O四种元素,百分含量分别为 $w_C=20.0\%$, $w_H=6.7\%$, $w_N=46.4\%$,求此样品的实验式。经质谱分析该样品的相对分子质量为180,试确定该样品的分子式。

解析：$w_O=100\%-(20.0\%+6.7\%+46.4\%)=26.9\%$

分子中各原子的数目比：$C=20\div12=1.67$

$$H=6.7\div1=6.7$$
$$N=46.4\div14=3.31$$
$$O=26.9\div16=1.68$$

即各元素原子的比例：$C:H:N:O=1.67:6.7:3.31:1.68$。

分别除以最小值 1.67，得到 $C:H:N:O=1:4:2:1$，即样品的实验式为 CH_4N_2O。实验式的相对分子质量为 60。结合测得的相对分子质量 180，可得分子式是实验式的 3 倍，即样品的分子式为 $C_3H_{12}N_6O_3$。

四、确定结构式

由于有机化合物的同分异构现象相当普遍，确定有机化合物的结构式就是一项非常关键的工作。一般确定有机化合物结构的方法有化学法和物理法。20 世纪 50 年代前，常采用化学方法，如合成、降解、衍生物制备等，再经过推理确定其结构。化学法一般过程冗长，耗时费力。后来，发展为应用现代物理方法，主要是核磁共振谱、红外光谱、紫外光谱、质谱等谱学方法和 X 射线单晶衍射分析等现代技术，能够迅速、准确地确定有机化合物的结构。这些分析测试仪器目前已经成为现代有机化学实验室必不可少的常规装备。化学方法只作为一个补充。测定有机化合物结构的谱学方法见本教材第十七章。

五、结构式的表示方法

（一）平面表示方式

有机化合物分子结构式的表达，既要表示其化学组成，又要表示其分子构造，平面书写一般有电子式、蛛网式、缩写式、键线式等几种基本方式。

用最外层价电子表示的结构式称为电子式（Lewis 式），它用黑点表示电子，两个原子之间的一对电子表示共价单键，两对或三对电子表示共价双键或三键。只属于一个原子的一对电子称为孤对电子。将电子式中一对共价电子改成一条短线，就得到了蛛网式（Kekulé 式），因其形似蛛网而得名。结构式的书写再简化，常将碳与氢之间的键线省略，或者将碳氢单键和横向的碳碳单键的键线均省略，这两种表达方式统称为缩写式。更为简便的键线式则是只用键线来表示碳架，而分子中的碳氢键、碳原子及与碳原子相连的氢原子均省略，但杂原子及与杂原子相连的氢原子一般保留。见表 2-4。

表 2-4   有机化合物结构式的平面表示方法

化合物名称	电子式	蛛网式	缩写式	键线式
甲烷	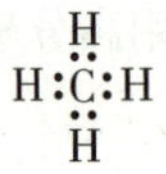 H:C:H（上下各一 H）	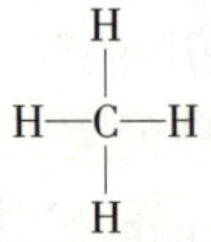 H—C—H（上下各一 H）	CH_4	

续表

化合物名称	电子式	蛛网式	缩写式	键线式
戊-1-烯	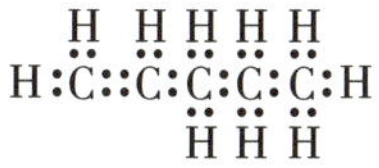 H::C:::C:C:C:C:H（附氢）	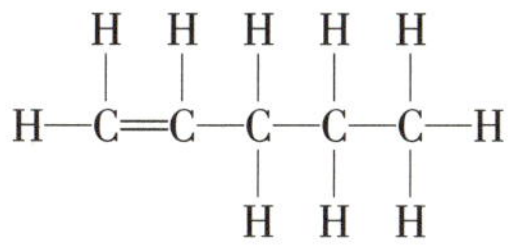 H—C=C—C—C—C—H	H_2C=$CHCH_2CH_2CH_3$	 键线式图
戊-2-醇	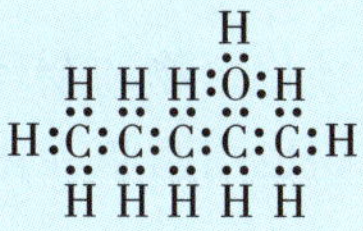 H::C:C:C:C:C:H（附氢、O:H）	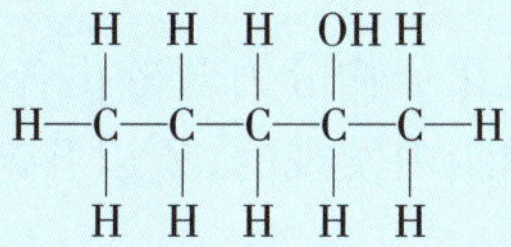 H—C—C—C—C—C—H（OH）	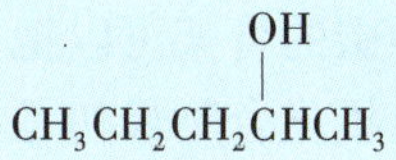 $CH_3CH_2CH_2CHCH_3$（OH）	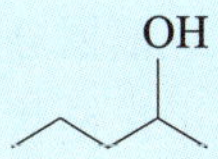 键线式图（OH）

（二）立体表示方式

1. 分子模型

了解分子的立体形象，可以使用分子模型。常使用的分子模型有凯库勒（Kekulé）模型（或球棍模型）和斯陶特（Stuart）模型（或比例模型）。

凯库勒在发现碳原子四价的基础上，设计了一些有机化合物的分子模型。他用不同颜色的小球代表各种原子，用短棍表示化学键，一般用黑球代表碳原子，用白球代表氢原子。球棒模型制作容易，使用也方便，但原子大小和键长与真实分子相差较大。甲烷的球棍模型见图2-5。

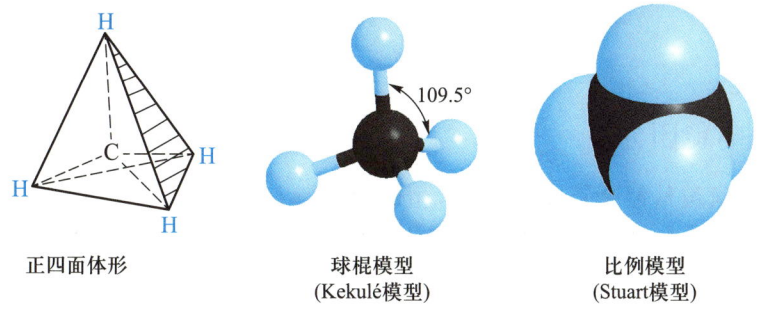

正四面体形　　　　球棍模型　　　　比例模型
　　　　　　　　（Kekulé模型）　　（Stuart模型）

图 2-5　甲烷分子的构型

斯陶特根据分子中各原子的大小和键长、键角按照一定的比例放大（一般为 $2 \times 10^8 : 1$）制成分子模型。从图2-5甲烷的比例模型可以看出，这种模型更能真实地反映分子的立体形状，但其中价键的分布却不明显。两种模型各有所长，可结合使用。

2. 立体结构的平面表达

饱和碳原子的立体结构常用楔形式表示。楔形式结构中实线表示键线在纸平面上，实楔形线表示键线指向纸平面的外面，虚楔形线表示键线指向里面。例如，甲烷的立体结构式，如图2-6所示。

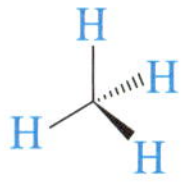

图 2-6　甲烷分子的楔形式结构

第六节　有机化合物的分类

有机化合物的数目众多、结构复杂,对其进行科学的分类对于学习和研究有机化学是非常必要的。有机化合物分类的方法有许多种,目前较为普遍使用的是按照分子结构对其进行分类。一种方法是按照分子中碳原子的连接方式(碳架)分类,另一种是按照决定化合物化学性质的特殊原子或基团(官能团)来分类。

一、根据碳架分类

根据分子中碳的骨架可以把有机化合物分为开链化合物、碳环化合物和杂环化合物三类。由于长链状的有机化合物最初是在油脂中发现的,所以开链化合物也叫脂肪族化合物。

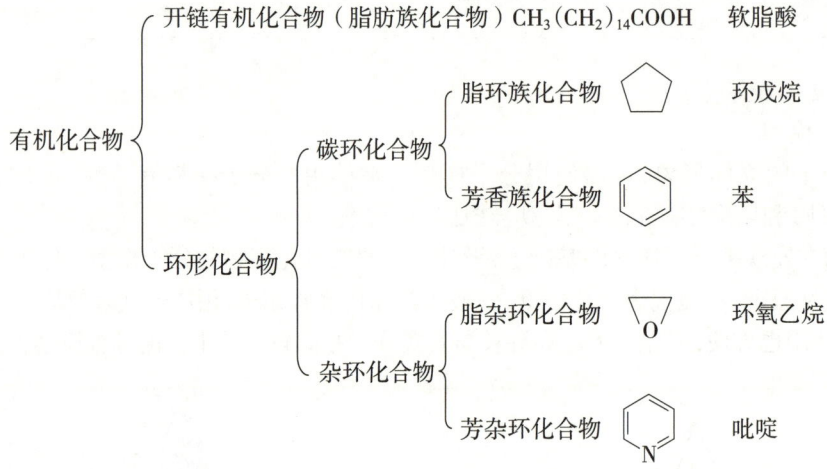

二、根据官能团分类

烃分子中的氢被其他原子或基团取代生成烃的衍生物(derivative of hydrocarbon)。取代的原子或基团在分子中比较活泼,往往决定化合物的主要性质特征,这些原子或基团称为官能团(functional group)。例如,乙醇(CH_3CH_2OH)分子可看成是羟基(OH)取代了乙烷分子中的氢而得到的,羟基就是乙醇分子的官能团。一般来说,含相同官能团的有机化合物具有相似的化学反应,因而常把它们看作同一系列化合物。表 2-5 列出了有机化合物常见官能团的结构和名称。

碳氢化合物从性质上又可以分为饱和烃、不饱和烃和芳香烃三大类。其中,饱和烃包括烷烃和环烷烃,不饱和烃包括烯烃和炔烃,芳香烃可划分为苯系芳烃和非苯系芳烃。而其他有机化合物都可视为这三大类烃的衍生物。

对具体化合物进行分类时,通常是综合以上两种分类方法——根据化合物的碳架和主要官能团对其进行归属。例如,脂肪酸、芳香醛、脂环醇、芳香胺等。本教材是按官能团体系讲授各类有机化合物的结构、性质及其制备方法的。

表 2–5 有机化合物分类及其官能团的结构和名称

有机化合物种类	官能团		代表化合物	
	结构	名称		
烯烃	$\diagup C = C \diagdown$	双键	乙烯	$H_2C = CH_2$
炔烃	$-C \equiv C-$	叁键	乙炔	$HC \equiv CH$
芳烃	 ⬡	苯环	甲苯	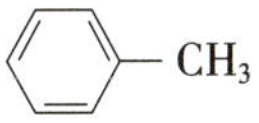 ⬡—CH_3
卤代烃	$-X$	卤原子	氯乙烷	CH_3CH_2-Cl
醇、酚	$-OH$	羟基	乙醇 CH_3CH_2-OH	苯酚 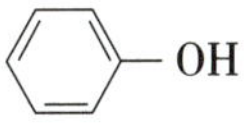 ⬡—OH
醚	$-O-$	氧桥	乙醚	$CH_3CH_2OCH_2CH_3$
醛、酮	$\overset{O}{\underset{}{\parallel}} -C-$	羰基	乙醛 $CH_3\overset{O}{\overset{\parallel}{C}}H$	丙酮 $CH_3\overset{O}{\overset{\parallel}{C}}CH_3$
羧酸	$-\overset{O}{\overset{\parallel}{C}}-OH$	羧基	乙酸	$CH_3\overset{O}{\overset{\parallel}{C}}OH$
胺	$-NH_2$	氨基	甲胺	CH_3NH_2
腈	$-C \equiv N$	氰基	乙腈	CH_3CN
磺酸	$-SO_3H$	磺酸基	苯磺酸	 ⬡—SO_3H

续表

有机化合物种类	官能团		代表化合物	
	结构	名称		
硫醇	—SH	巯基	乙硫醇	CH_3CH_2SH
偶氮化合物	—N=N—	偶氮基	偶氮苯	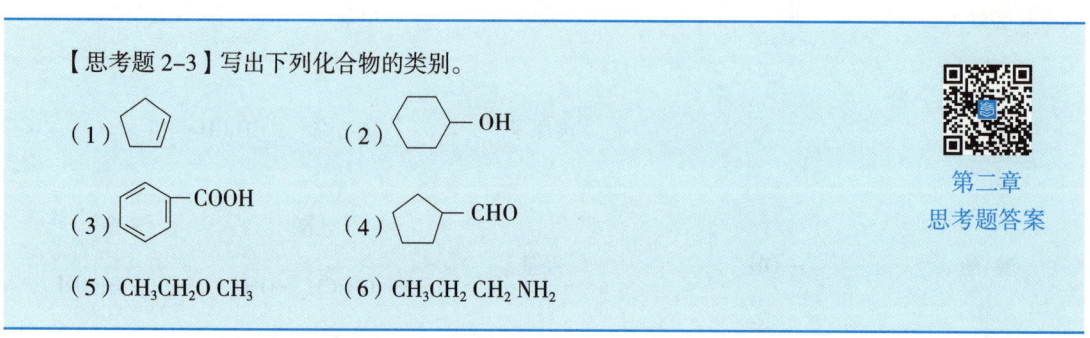

【思考题 2-3】写出下列化合物的类别。

（1）<五元环>

（2）<六元环>—OH

（3）<苯环>—COOH

（4）<五元环>—CHO

（5）$CH_3CH_2O\,CH_3$

（6）$CH_3CH_2\,CH_2\,NH_2$

第二章
思考题答案

第七节　有机化合物的命名

有机化合物种类繁多，数目庞大，很多化合物结构较为复杂。为了避免交流时的歧义，准确地反映出化合物结构和名称的一致性，必须制定一个合理的命名方法。根据国际纯粹与应用化学联合会（International Union of Pure and Applied Chemistry，简称 IUPAC）推荐的有机化合物命名原则（IUPAC 系统命名法）和中国化学会制定的《有机化合物命名原则 2017》，一般有机化合物的名称采用 IUPAC 系统命名，还有少数化合物按照沿用习惯采用俗名、半系统名（或半俗名）。

有机化合物的系统命名通常首先确定并命名它的母体结构，然后在此名称基础上加以该化合物中所含特性基团和取代基的名称及相应的连缀字，用以精确表达由母体结构到真实化合物之间的结构差异。母体结构中最普通的是母体氢化物（parent hydride），包括链状的、单环的、多环的，以及含有杂原子的有机化合物的结构单元；其次是官能性母体（functional parent），通常是一些保留俗名的天然化合物。由母体结构到真实化合物名称这一命名过程有多种操作方法，分别得到取代名、官能团类别名、置换名、缀合名、加合名、减脱名、并合名等名称。常用连缀字为代、杂、化、合、并、缩（有时可省略）。取代名、官能团类别名是最重要的系统命名。例如：

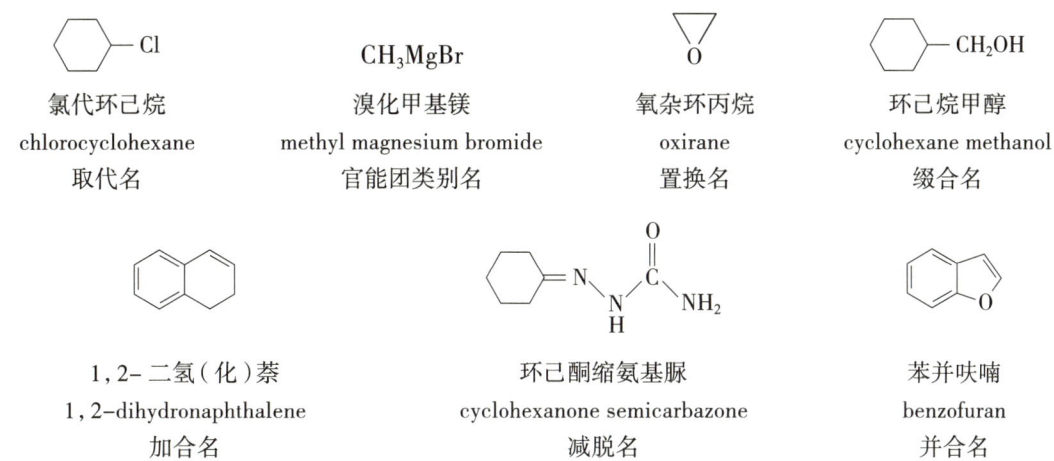

氯代环己烷
chlorocyclohexane
取代名

溴化甲基镁
methyl magnesium bromide
官能团类别名

氧杂环丙烷
oxirane
置换名

环己烷甲醇
cyclohexane methanol
缀合名

1，2-二氢（化）萘
1，2-dihydronaphthalene
加合名

环己酮缩氨基脲
cyclohexanone semicarbazone
减脱名

苯并呋喃
benzofuran
并合名

有机化合物的俗名是指其名称中完全不出现系统命名中采用的字和字节；半系统名（或半俗名）是其名中包含有部分系统命名中采用的字和字节。

同一化合物由不同途径可以得到不同的名称。但无论以何种方式命名，化合物名称所表示的结构应该是唯一的。

取代名（substitutive name）是最主要的一类系统名，其构词形式可简单表示为：前缀＋母体结构＋后缀。系统命名法实施时主要涉及用作后缀的主体基团的确定、用作前缀的取代基的确定及列出顺序、母体氢化物的确定及编号，以及取代基及主体基团位次插入位置这4个主要模块。

对于开链烃，《有机化合物命名原则2017》规定：选择最长碳链而不是重键数最多的碳链作为母体氢化物；原子和基团位次的标明一律采用位次数字插入代表它们的名称之前；将取代基的名称按照其英文名称的字母顺序，而不是按照次序规则排列，依次写出取代基的名称；然后写出母体氢化物的名称。

以取代命名法命名多特性基团化合物时，首先要根据特性基团优先次序规则（见表5–1），确定哪些原子或基团作为后缀（即主体基团），哪些作为前缀，之后确定命名时用作词根的母体氢化物（或官能性母体），并遵循最低位次组原则对其进行编号。然后，按照英文名称的字母顺序，依次写出各取代基的名称，最后写出主体化合物的名称。

官能团类别名（functional class name）在化合物名称构词时，以其中官能团的类名为词尾，前面加以母体结构或由母体结构衍生而来的名称，其英文名称书写为分开的单词。

【知识背景】国际纯粹与应用化学联合会——IUPAC

国际纯粹与应用化学联合会（International Union of Pure and Applied Chemistry，IUPAC），又译为国际理论化学与应用化学联合会，是一个致力于促进化学发展的非政府组织，也是各国化学会的一个联合组织。1911年，在英国伦敦成立了国际化学会联盟（International Association of Chemistry Societies），它实际上是欧洲几个已成立的组织的联盟。1919年，国际化学会联盟在法国巴黎改组为"国际纯粹与应用化学联合会"，简称IUPAC，法定永久地址和总部设在瑞士苏黎世。IUPAC的宗旨是促进会员国化学家之间的持续合作,研究和推荐纯粹与应用化学方面的国际重要课题所需的规范、标准或法规汇编,与其他涉及化学本性有关课题的国际组织合作等。IUPAC 以公认的化学命名权威著称。命名及符号分支委员会每年都会修改 IUPAC 命名法,以力求提供化合物命名的准确规则。IUPAC 设国家会员组织(National Adhering Organization)、观察员国家(Observer Country)和联系会员(Associated Organization)等。截至 1998 年底,IUPAC 有国家会员组织 43 个、观察员国家 15 个、联系会员 32 个,以及公司会员 140 个。中国是会员国之一。IUPAC 的权力机构是它的代表大会,每两年召开一次会员代表大会(GC)和国际学术大会(Congress),规模 1 000 人以上。

【知识延伸】石墨烯——碳家族体系的新成员

石墨烯(graphene)是一种从石墨材料中剥离出的单层碳原子材料。英国曼彻斯特大学物理学家安德烈·盖姆和康斯坦丁·诺沃肖洛夫,用微机械剥离法成功从石墨中分离出石墨烯,因此共同获得 2010 年诺贝尔物理学奖。石墨烯的碳原子按正六边形紧密排列成蜂窝状的二维碳原子晶体结构,是 sp^2 杂化碳原子组成的二维碳纳米材料。正是这种独特的二维结构使得石墨烯具有许多优异的性能,如室温下电子的高迁移率、高可见光透射率、高热导率、高机械强度、室温量子隧道效应等。石墨烯是目前自然界中最薄、强度最高、导电导热性能最强的二维纳米材料,断裂强度比最好的钢材还要高 200 倍。同时它又有很好的弹性,拉伸幅度能达到自身尺寸的 20%。是一种未来革命性的材料,成为各国研究的热点。石墨烯的发现突破了人们认为二维原子晶体不能稳定存在的思维定式,从而形成了从零维富勒烯、一维碳纳米管、二维石墨烯到三维金刚石和石墨的完整碳家族体系。石墨烯常见的生产方法为机械剥离法、氧化还原法、SiC 外延生长法,以及化学气相沉积薄膜生产法。2018 年 3 月 31 日,中国首条全自动量产石墨烯有机太阳能光电子器件生产线在山东菏泽启动。

【知识连接】有机化合分子构建头脑风暴

有机化合物分子结构的无限可能性

	共价键合的可能性
构造 (链状/环状)	—$\overset{\|}{\underset{\|}{C}}$—　　—C≡　　=C=　　—C≡ H— —O—　　　O= —N—　　—N=　　　N≡ | X— ……
构象	单键旋转产生无数构象异构体
构型	双键或环使单键旋转受阻,产生几何异构体 分子不对称性产生对映异构体

【参考文献】

[1] Shaik S, Danovich D, Hiberty P C. Valence Bond Theory——Its Birth, Struggles with Molecular Orbital Theory, Its Present State and Future Prospects[J]. Molecules, 2021, 26, 1624.

[2] 鲍林. 化学键的本质[M]. 北京: 北京大学出版社, 2020.

[3] 盛根玉. 化学键本质的探索者鲍林[J]. 化学教学, 2011,(11): 57–60.

[4] 傅建熙, 张坐省. 有机化合物的结构和性质相关规则及其应用[J]. 西北农林科技大学学报(自然科学版), 1993(04): 81–85.

[5] 汪朝阳, 肖信. 化学史人文教程[M]. 北京: 科学出版社, 2010.

第三章 烷烃和环烷烃

【导言】

　　直接从地下开采的原油,主要是成分复杂的烃类混合物,必须经过加工处理才能更好地被人类利用。图片显示的是石油加工的设备现场,加工过程主要有分馏、裂化、重整、精制等。石油加工的产品包括能够提供动力的各种燃料油,可以降低摩擦力的润滑油,合成新化合物的基础化工原料及中间体。异辛烷(即 2,2,4- 三甲基戊烷)就是一种重要的汽油组成成分,以它作为汽油燃烧效率度量的标准就是汽油的辛烷值。

　　本章主要介绍最简单的母体有机化合物——烷烃的命名法、结构组成、物理性质和化学性质。掌握开链烷烃和环烷烃的基本结构是学习有机化合物结构的基础;自由基取代反应是一类典型的有机反应,为烷烃的深度利用、作为有机合成的起始原料开辟了新的道路。

第一节 烷　　烃

　　烃(hydrocarbon)是指只含有碳、氢两种元素的有机化合物,也称为碳氢化合物。烃是最简单的有机化合物,其他有机化合物可以看作烃分子中的氢原子被另外的原子或基团取代后的衍生物,因此,烃也是其他有机化合物的母体。根据烃分子中碳原子骨架的连接方式,可以对烃进行如下分类:

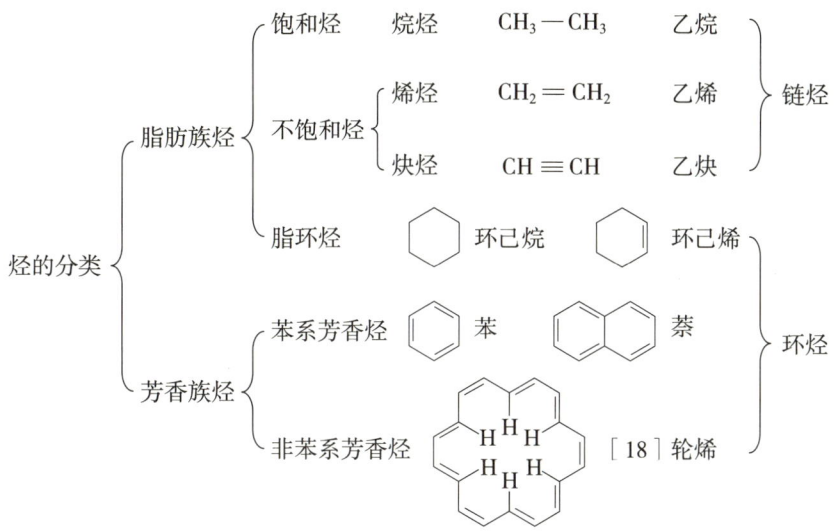

一、烷烃的同系列及同分异构现象

（一）烷烃的同系列

目前,人类社会所依赖的主要能源是石油和天然气,其主要成分是烷烃。人们所熟知的沼气,主要成分就是最简单的烷烃——甲烷,分子式为 CH_4。从石油和天然气中分离出来的其他烷烃,还有乙烷 C_2H_6、丙烷 C_3H_8、丁烷 C_4H_{10}、戊烷 C_5H_{12} 等。随着碳原子数的增长,它们的组成可用通式 C_nH_{2n+2}（n 为碳原子数）来表示。这一系列在组成上相差 CH_2 或 CH_2 的整数倍,结构和性质相似的化合物,称为同系列（homologous series）。同系列中各化合物间互为同系物（homolog）。相邻两个同系物之间在组成上的差值（CH_2）称为系差（homologous difference）。

（二）烷烃的同分异构现象

考察系列烷烃的结构发现,乙烷和丙烷只能连接成直链结构。例如:

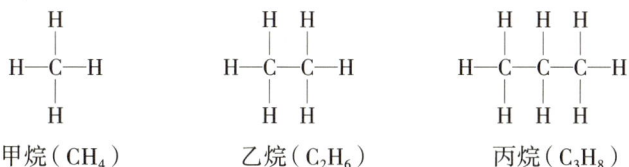

甲烷（CH_4）　　　乙烷（C_2H_6）　　　丙烷（C_3H_8）

从丁烷起,碳原子不仅可以连接成直链,也可以带有支链。例如,丁烷（C_4H_{10}）有两种结构,戊烷（C_5H_{12}）有三种结构。

$$CH_3CH_2CH_2CH_3$$

$$H_3C-\underset{\underset{H}{|}}{\overset{\overset{CH_3}{|}}{C}}-CH_3$$

正丁烷（C_4H_{10}）　　　　　　　　　　异丁烷（C_4H_{10}）

$$CH_3CH_2CH_2CH_2CH_3$$

正戊烷（C_5H_{12}）

$$CH_3\overset{\displaystyle CH_3}{\underset{\displaystyle |}{CH}}CH_2CH_3$$

异戊烷（C_5H_{12}）

$$H_3C-\overset{\displaystyle CH_3}{\underset{\displaystyle \underset{\displaystyle CH_3}{|}}{\overset{|}{C}}}-CH_3$$

新戊烷（C_5H_{12}）

以上两种丁烷的分子式相同,但结构不同,并具有不同的物理性质（正丁烷沸点 –0.5℃,异丁烷沸点 –12℃）,属于不同的物质。这种分子式相同而结构式不同的现象,称为同分异构现象。具有同分异构体的化合物互称同分异物体（isomers）。由分子中碳原子的排列方式不同而产生的异构现象称为构造异构（constitutional isomers）。以上丁烷和戊烷的几种异构体均属于构造异构体。烷烃构造异构体的数目随碳原子数目的增加而迅速增多,表 3–1 列出用数学方法推算出烷烃可能有的构造异构体数目。

表3–1 烷烃构造异构体的数目

碳原子数	4	5	6	7	8	9	10	15	20
异构体数	2	3	5	9	18	35	75	4 347	336 319

分析戊烷各种异构体结构式中的碳原子会发现,有的碳原子只与另外一个碳原子相连,有的则分别与两个、三个或四个碳原子相连。只与一个碳原子相连的碳原子称为一级碳原子（或称伯碳,primary carbon）,用 1° 表示;与两个、三个、四个碳原子相连的碳原子依次称为二级（仲,secondary,2°）、三级（叔,tertiary,3°）和四级（季,quaternary,4°）碳原子。相应地,连接在该碳原子上的氢分别称为 1°、2°、3° 氢原子。例如:

$$\underset{1°}{CH_3}-\underset{1°}{CH_2}-\underset{3°}{\underset{\displaystyle \underset{1°}{CH_3}}{CH}}-\underset{4°}{\underset{\displaystyle \underset{1°}{CH_3}}{\overset{\displaystyle \overset{1°}{CH_3}}{C}}}-\underset{1°}{CH_3}$$

不同类型的碳原子或氢原子通常具有不同的化学反应活性。

【思考题 3–1】写出己烷（C_6H_{14}）的同分异构体的结构式,并标出其中 4 种类型的碳原子。

二、烷烃的命名

（一）半系统名

烷烃的半系统名(半俗名)在以前的有机化学称为普通命名法,适用于简单化合物。对于直链烷烃,根据碳链中碳原子的个数,叫正某(中文天干甲、乙、丙、丁、戊、己、庚、辛、壬、癸)烷,十个碳以上的烷烃用中文数字(十一、十二、十三等)烷表示。对于有支链的烃常用正（$n-$）、异（iso 或 $i-$）、新（neo）等词头表示一些简单特定的结构。例如:

$$CH_3(CH_2)_4CH_3$$

正己烷
n-hexane

$$H_3C—CH—CH_3$$
$$\qquad\quad |$$
$$\qquad\quad CH_3$$

异丁烷
isobutane

$$CH_3$$
$$\quad |$$
$$CH_3CHCH_2CH_3$$

异戊烷
isopentane

$$\qquad CH_3$$
$$\qquad\ |$$
$$CH_3—C—CH_3$$
$$\qquad\ |$$
$$\qquad CH_3$$

新戊烷
neopentane

$$\qquad\quad CH_3$$
$$\qquad\quad\ |$$
$$CH_3CHCH_2CH_2CH_3$$

异己烷
isohexane

"正（*n*）"表示直链结构,为"正常现象（normal）"之意,"正（*n*）"字一般可略去。"异（iso）"表示分子一端第二个碳原子上连有一个甲基支链,其他部位无支链。"新（neo）"表示链端第二个碳原子上连有两个甲基支链,其他部位无支链。"异"和"新"一般只用于少于7个碳原子的烷烃。

烷烃的英文名称是由表示碳原子数目的词头加上词尾"–ane"组成。本书除了介绍中文命名法外,在常见重要的有机化合物汉字名称后附英文命名,便于读者查阅外文资料和手册。部分直链烷烃的名称见表3–2。

烃分子中失去一个氢原子后所剩下的原子团称为烃基,一般用"R—"表示。烷烃失去一个氢原子后剩下的原子团叫烷基（alkyl）。一些常见烷基的名称见表3–3。

表3–2　部分直链烷烃的名称

构造式	中文名	英文名	构造式	中文名	英文名
CH_4	甲烷	methane	$CH_3(CH_2)_9CH_3$	正十一烷	*n*-undecane
CH_3CH_3	乙烷	ethane	$CH_3(CH_2)_{10}CH_3$	正十二烷	*n*-dodecane
$CH_3CH_2CH_3$	丙烷	propane	$CH_3(CH_2)_{11}CH_3$	正十三烷	*n*-tridecane
$CH_3(CH_2)_2CH_3$	正丁烷	*n*-butane	$CH_3(CH_2)_{12}CH_3$	正十四烷	*n*-tatradecane
$CH_3(CH_2)_3CH_3$	正戊烷	*n*-pentane	$CH_3(CH_2)_{13}CH_3$	正十五烷	*n*-pentadecane
$CH_3(CH_2)_4CH_3$	正己烷	*n*-hexane	$CH_3(CH_2)_{14}CH_3$	正十六烷	*n*-hexadecane
$CH_3(CH_2)_5CH_3$	正庚烷	*n*-heptane	$CH_3(CH_2)_{15}CH_3$	正十七烷	*n*-heptadecane
$CH_3(CH_2)_6CH_3$	正辛烷	*n*-octane	$CH_3(CH_2)_{16}CH_3$	正十八烷	*n*-octadecane
$CH_3(CH_2)_7CH_3$	正壬烷	*n*-nonane	$CH_3(CH_2)_{17}CH_3$	正十九烷	*n*-nonadecane
$CH_3(CH_2)_8CH_3$	正癸烷	*n*-decane	$CH_3(CH_2)_{18}CH_3$	正二十烷	*n*-icosane

表3-3 一些常见烷基的名称

烷烃	相应的烷基	中文名称	英文名称（缩写）
甲烷 CH_4	CH_3-	甲基	methyl（Me）
乙烷 CH_3CH_3	CH_3CH_2-	乙基	ethyl（Et）
丙烷 $CH_3CH_2CH_3$	$CH_3CH_2CH_2-$ $CH_3\overset{\vert}{C}HCH_3$	正丙基 异丙基	n-propyl（n-Pr） i-propyl（i-Pr）
丁烷 $CH_3CH_2CH_2CH_3$	$CH_3CH_2CH_2CH_2-$ $CH_3CH_2\overset{\vert}{C}HCH_3$	正丁基 *仲丁基（1-甲基丙基）	n-butyl（n-Bu） sec-butyl（s-Bu）
异丁烷 $CH_3\underset{\underset{CH_3}{\vert}}{C}HCH_3$	$CH_3\underset{\underset{CH_3}{\vert}}{C}HCH_2-$ $CH_3\underset{\underset{CH_3}{\vert}}{\overset{\overset{CH_3}{\vert}}{C}}$	*异丁基（2-甲基丙基） 叔丁基	isobutyl（i-Bu） $tert$-butyl（t-Bu）
异戊烷 $CH_3\underset{\underset{CH_3}{\vert}}{C}HCH_2CH_3$	$CH_3\underset{\underset{CH_3}{\vert}}{C}HCH_2CH_2-$	*异戊基（3-甲基丁基）	isopentyl

*IUPAC—2013建议使用括号内的名称。

半系统名是历史上形成的简单方便的有机化合物命名法,现在仍可见于化学、生物化学及商品名称中,但它只适用于含碳原子少的烷烃及异构体,结构较为复杂的烷烃异构体非常多,就必须采用系统命名法。此外,不少有机化合物还有习惯上使用的俗名,通常是根据它的来源或性质来命名。在工业界使用的俗名比较多,如甲烷的俗名为沼气。

（二）系统命名法

1. 直链烷烃分子中只有饱和的 C—C 键和 C—H 键,不成环,无杂原子,也无官能团和特性基团,所以直链烷烃的系统命名名称实际上就是其取代名。即直链烷烃的系统命名法与普通命名法基本相同,只是省略"正（n-）"字,称"某烷"。例如:

$$CH_3CH_2CH_2CH_2CH_3 \qquad\qquad CH_3(CH_2)_9CH_3$$

戊烷 pentane   十一烷 undecane

2. 带有分支的烷烃可以看作直链烷烃的烷基取代衍生物,命名时选择最长碳链作为母体氢化物（即主链）,按主链上所含碳原子数目的多少称为"某烷"。从距离取代基最近的一端开始对主链上的碳原子进行编号,用阿拉伯数字表示取代基的位次,将取代基的位次和名称写在

主链名称之前,用一短横线连接,汉字与汉字之间没有间隔符或空格。例如:

2- 甲基己烷

2-methylhexane

3- 甲基庚烷

3-methylheptane

3. 若主链上有多个取代基,则按取代基最低位次组对主链编号。即将碳链以左右两端不同方向进行编号,得到两种不同编号的位次组,按顺序逐项比较各系列的不同位次,最先遇到的位次最小者,即为最低位次组。相同的取代基可合并,以中文数字表示;英文名称用相应倍数词头:di(二),tri(三),tetra(四),penta(五),hexa(六),hepta(七),octa(八),nona(九),deca(十)…表示。阿拉伯数字之间用半角逗号",”隔开。例如:

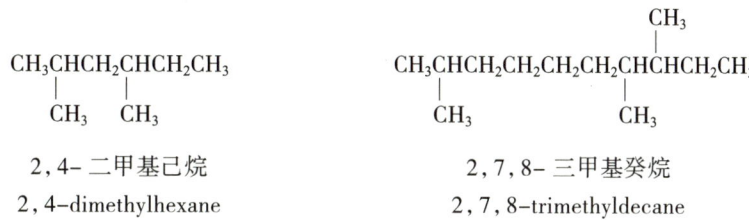

2,4- 二甲基己烷

2,4-dimethylhexane

2,7,8- 三甲基癸烷

2,7,8-trimethyldecane

多个取代基不同时,按照英文名称的字母顺序,依次写出取代基的名称,然后写出母体氢化物的名称。例如:

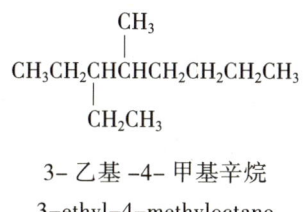

3- 乙基 -4- 甲基辛烷

3-ethyl-4-methyloctane

需要特别注意的是,除了与取代基连为一体的“iso”和“neo”参与排序外,其他的前缀如“sec-”“tert-”“di”“tri”“tetra”等一般不参与字母排序。

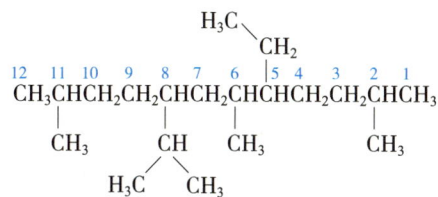

5- 乙基 -8- 异丙基 -2,6,11- 三甲基十二烷

5-ethyl-8-isopropyl-2,6,11-trimethyldodecant

4. 若有两条或多条等长的碳链，则按以下顺序优先选择。

（1）选择具有支链数目最多的碳链为主链。例如：

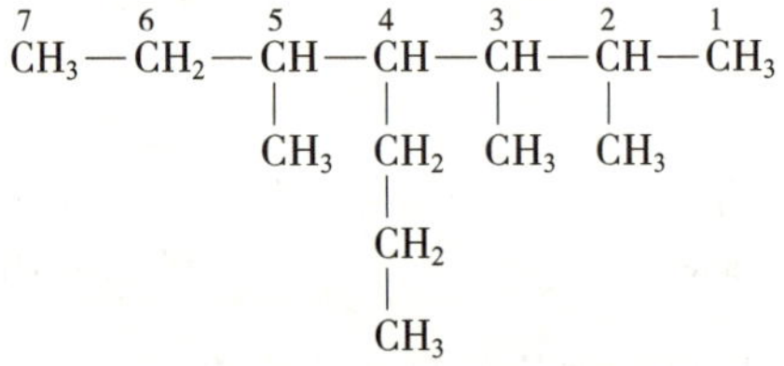

2，3，5- 三甲基 -4- 丙基庚烷

2，3，5-trimethyl-4-propylheptane

（2）选择支链位次组小的为主链。例如：

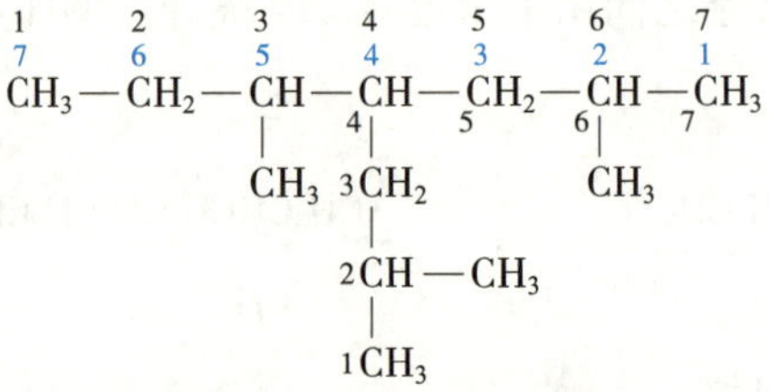

4- 异丁基 -2，5- 二甲基庚烷

4-isobutyl -2，5-dimethylheptane

此例中有两条含 7 个 C 的最长链，且每条链上有三个支链，应根据支链的位次来选择主链。横链长链自右向左支链位次应为 2，4，5，弯曲长链（自下至右）中支链位次为 2，4，6，故应选支链位次组较低的横链为主链。

5. 若支链上还有取代基，则将支链再编号（从距离主链碳原子最近的一端开始），注明支链上烷基的位置、名称和数目，并将其作为一个整体放在括号内，括号外注明整个支链在主链的位置。这时比较字母顺序，就直接比较括号内也即它们完整名称的第一个字母。例如：

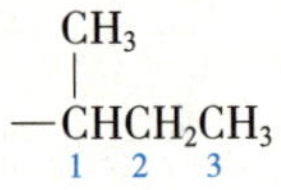

1- 甲基丙基

1-methylpropyl

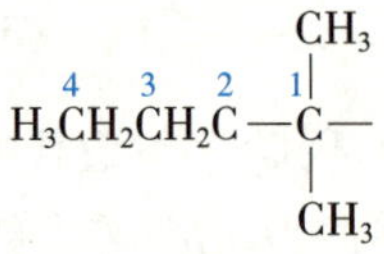

1，1- 二甲基丁基

1，1-dimethylbutyl

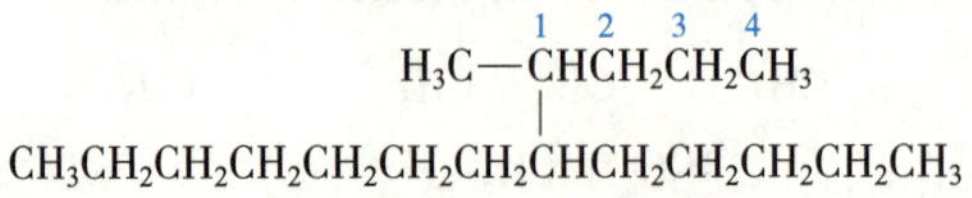

6-（1- 甲基丁基）十三烷

6-（1-methylbutyl）tridecane

$$^3CH_3$$
$$^2CHCH_3$$
$$CH_3 \quad ^1CHCH_3$$
$$CH_3CH_2-CHCH-CHCH_2CH_2CH_2CH_3$$
$$CH-CH_3$$
$$CH_3$$

5-（1, 2-二甲基丙基）-4-异丙基 -3-甲基壬烷

5-（1, 2-dimethylpropyl）-4-isopropyl-3-methylnonane

【思考题 3-2】用系统命名法命名下列化合物:

$$CH_3CH_2CHCH_3 \quad CH_3$$
（1）$CH_3-CH_2-CH_2-CH-CH-C-CH_3$
$$CH_3 \quad CH_3$$

$$CH_3 \quad CH_2CH_3$$
（2）$CH_3-CH-CH-CH_2-CH-CH_3$
$$CH_3$$

【知识背景】中国化学科学的先驱楷模——徐寿

1818 年徐寿出生在江苏无锡。青年时的他毅然放弃了"应试教育"和科举当官的打算,开始通往"经世致用"之路——科学,艰辛求学,而后博学多才。1861 年,仅仅用了三个月,作为世界第一次工业革命象征的蒸汽机,居然被一个连秀才都没考上的徐寿造好了! 1864 年,在他的组织下,中国海军的第一艘蒸汽动力船——"黄鹄"号诞生! 1868 年,江南制造总局翻译馆成立。徐寿受命担任总管,他请来英国传教士傅兰雅等人一起翻译科技著作。他们克服了层层的语言障碍,翻译了数百种科技书籍,其中译著的化学书籍和工艺书籍有 13 部,尤其将《化学鉴原》《化学考质》

《化学求数》等西方近代化学教材引入中国。当时的中国压根没有化学,中国不仅没有外文字典,甚至连阿拉伯数字也没有用上,更别说化学元素周期表。从罗马音到汉字,他花费了大量心血去翻译,开创性地造出了很多新字,对金、银、铜、铁、锡、硫、碳,以及氧气、氢气、氯气、氮气等,大家已较熟悉的元素,他沿用前制,根据它们的主要性质来命名。对于其他元素,他则巧妙地应用了取西文第一音节,而造新字的原则来命名,如钠、钾、钙、镍等。徐寿采用的这种命名方法,后来被中国化学界接受,一直沿用至今。1875 年,他在上海创建了格致书院。这是中国第一所教授科学技术知识的场所。书院开设矿物、电务、测绘、工程、汽机、制造等课目,同时定期举办科学讲座,讲课时配有实验表演,收到较好的教学效果。这为中国兴办近代科学教育起了很好的示范作用。

三、烷烃的结构

（一）烷烃的构型

分子式能表明组成分子的原子种类及相对比例,结构式则能进一步表明分子中原子的连接顺序,进而揭示分子中原子在空间的排列状况,这当然需要正确的立体结构表达。立体结构取决于很多因素,如碳原子的杂化类型、碳原子所连基团的种类、位置,以及相互间的作用等。有机化合物分子的立体结构主要包括构型和构象。组成分子的原子在空间的实际排列状况称为构型(configuration)。

认识烷烃分子的构型,可以首先从分析组成烷烃的碳原子结构开始。基态碳原子的核外电子排布是 $1s^2 2s^2 2p_x^1 2p_y^1 2p_z^0$,杂化轨道理论设想碳原子在成键时,2s 轨道中的一个电子跃迁到 2p 轨道,使碳原子具有 4 个未成键的价电子,可以形成 4 个共价键。但在成键时,碳原子的 4 个轨道并不是纯粹的 2s、$2p_x$、$2p_y$、$2p_z$ 原子轨道,而是由它们重新线性组合成能量相等的 4 个新的杂化轨道。由 1 个 s 轨道和 3 个 p 轨道杂化形成的 4 个能量相等的新轨道称为 sp^3 杂化轨道(sp^3 hybrids)。sp^3 杂化轨道的形状不同于原来的 s 轨道及 p 轨道,它具有 1/4 的 2s 轨道和 3/4 的 2p 轨道成分,电子云分布较 p 电子云更向原子核集中,方向性更明显,空间取向指向正四面体的顶点,4 个 sp^3 杂化轨道的对称轴之间互成 109.5° 夹角,具有高度对称的空间分布,这使得成键电子对排斥力最小,原子轨道间重叠成键更有效。sp^3 杂化轨道的示意图见图 3-1。

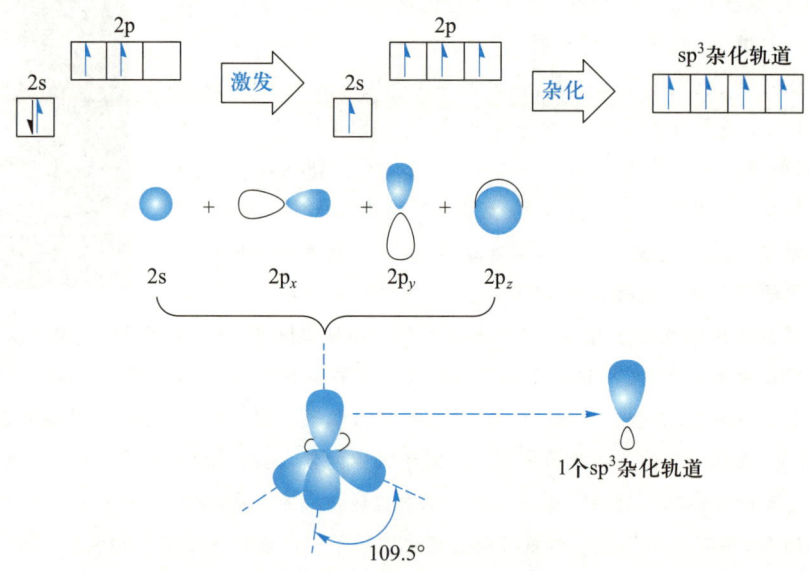

图 3-1　碳原子的 sp^3 杂化轨道的形成

甲烷(CH_4)分子中碳原子为 sp^3 杂化,当氢原子 1s 轨道分别沿碳原子的 sp^3 杂化轨道对称轴的方向相互接近时,轨道达到最大重叠,电子成对共享,形成 4 个等同的 C—H 单键(single bond)或称 C—H σ 键,因此甲烷分子具有正四面体构型,见图 3-2。

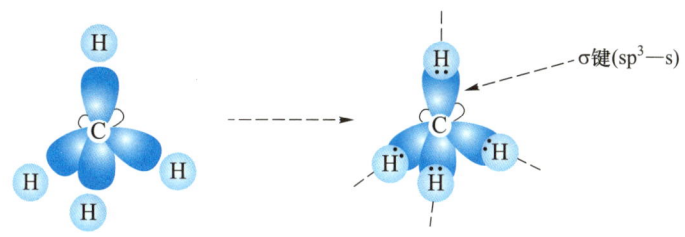

图 3-2 甲烷分子中 sp^3 杂化轨道与氢 1s 轨道重叠示意图

形成乙烷分子时,碳原子同样采用 sp^3 杂化轨道,碳原子之间各以 1 个 sp^3 杂化轨道轴向头对头重叠,形成 C—C σ 键;每个碳原子又各以 3 个 sp^3 杂化轨道与氢原子的 1s 轨道重叠,形成 6 个 C—H σ 键。如图 3-3 所示。

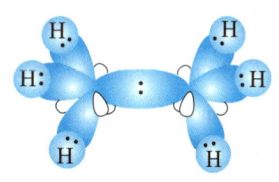

由于 σ 键是轴向头对头重叠,成键原子绕键轴作相对旋转时,并不影响电子云的重叠程度,也就是不会破坏 σ 键,即 σ 键可以绕其键轴自由旋转。碳原子的正四面体结构及 C—C 单键的可自由旋转性,使得含 3 个碳原子以上的烷烃碳链呈现多种曲折形式。如含 5 个碳原子的戊烷几种可能的运动形式:

图 3-3 乙烷分子中原子轨道重叠示意图

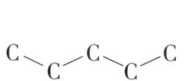   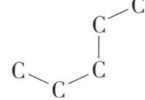   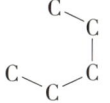

(二)烷烃的构象

由于 C—C 单键的自由旋转,使分子中原子或基团在空间产生不同位置的排布,称为分子的构象(conformation)。因单键的旋转而产生的异构体称为构象异构体(conformation isomer)。构象异构体的分子构造相同,但空间排列不同,构象异构属立体异构的范畴。

1. 乙烷的构象

乙烷是含有 C—C 单键最简单的烷烃,它的两个碳原子围绕 σ 键的键轴进行旋转时,一个碳原子上的 3 个氢原子相对于另一个碳原子上的 3 个氢原子在空间上可以产生无数个不同位置的排布,即乙烷有无数种构象异构体。但是室温下这些异构体并不能被分离出来,这是为什么呢? 这是因为当乙烷分子以 C—Cσ 键为轴旋转时,两个碳原子上的 C—H 键彼此交叉会形成一定的角度,此角度称为二面角,表示为 H—C—C—H 二面角。当 σ 键旋转 360° 时,产生的无数种构象异构体中,有两种特殊的极限构象。当二面角为 0° 时的构象,称为重叠式构象(eclipsed conformation),当二面角为 60° 时的构象,称为交叉式构象(staggered conformation)。二面角在 0°~60° 之间的构象统称为扭曲式构象(skewed conformation)。乙烷不同的构象异构体能量不同。在重叠式构象中,两个碳原子所连氢原子间的距离为 0.229 nm,小于氢原子的范德华半径之和(0.240 nm),因而存在较大的斥力。这种非直接相连的原子间的作用力,称为非键作用力或称为范德华斥力(van der Waals force),此时分子内能最高,稳定性最差,见图 3-4;而在交叉式构象中,两个碳原子所连氢原子间的距离为 0.250 nm,大于其范德华半径之和,原子间斥力最小,此时的分子内能最低,稳定性也最大。因此,交叉式构象也称为优势构象。

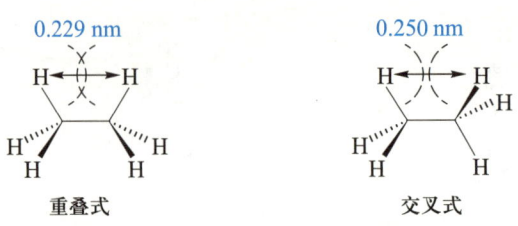

图 3-4   乙烷分子中的非键作用

乙烷分子其他构象的能量介于重叠式和交叉式之间。在可能的条件下,分子总是趋向于以能量最低的形式存在。一旦偏离了稳定形式,非稳定构象就会产生恢复稳定构象的力量,这种力称为扭转张力(torsion strain)。乙烷的交叉式构象和重叠式构象的能量差约为 $12.5 \text{ kJ} \cdot \text{mol}^{-1}$,也称为转动能垒(barriers to rotation)。因为在室温下分子间的碰撞就可产生约 $84 \text{ kJ} \cdot \text{mol}^{-1}$ 的能量,足以克服这一转动能垒,所以室温下乙烷是以各种构象平衡共存的状态存在的,而当温度降低逐渐接近绝对零度时,分子大都以交叉式构象存在。

乙烷分子 C—C 单键旋转引起的分子内能变化如图 3-5 所示。

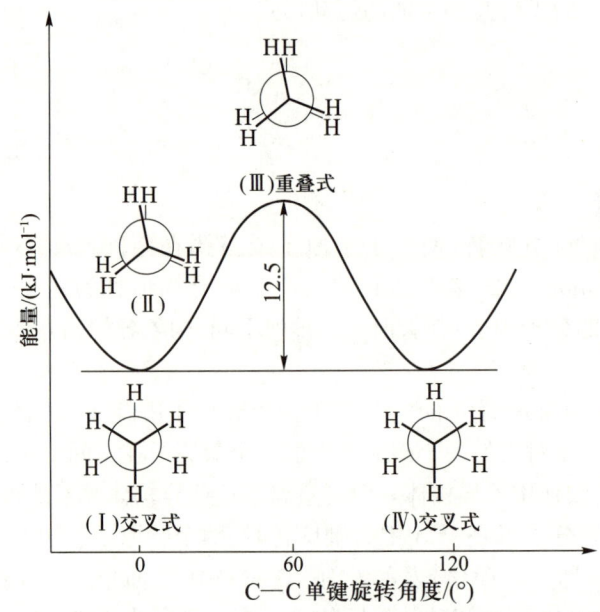

图 3-5   乙烷各种构象的内能变化

有机化合物分子的三维立体结构,常用楔形式、锯架式、纽曼(Newman)投影式表示。还有一种表示方法为费歇尔投影式,详见第六章。在楔形式中,实线表示在纸平面上的键,楔形虚线表示伸向纸平面后方的键,楔形实线表示伸向纸平面前方的键。例如,把分子的球棍模型横放在纸面上,就可根据原子在空间的排列位置写出楔形透视式。锯架式用于表示含两个或两个以上碳原子的有机化合物分子的立体结构。在锯架式中,所有键均用实线表示。例如,把乙烷分子的球棍模型斜放在纸面上,就可根据原子在空间的排列位置写出其锯架透视式。纽曼投影式是把乙烷分子的球棍模型放在纸面上,沿 C—C 键的轴线投影,以圆圈和圆点分别表示远近两个碳原子,近处碳原子上的三根键直接连在圆点上,远处碳原子上的三根键连在圆外,每个碳原子上三根键之间的夹角为 120°。图 3-6 和图 3-7 为乙烷极限构象的楔形式(a)、锯架式(b)、纽曼投影式(c)。

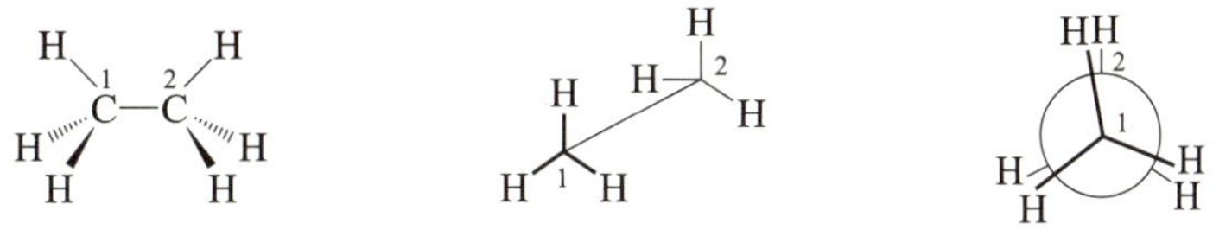

(a) 楔形式　　　　　　　(b) 锯架式　　　　　　　(c) 纽曼投影式

图 3-6　乙烷的重叠式构象

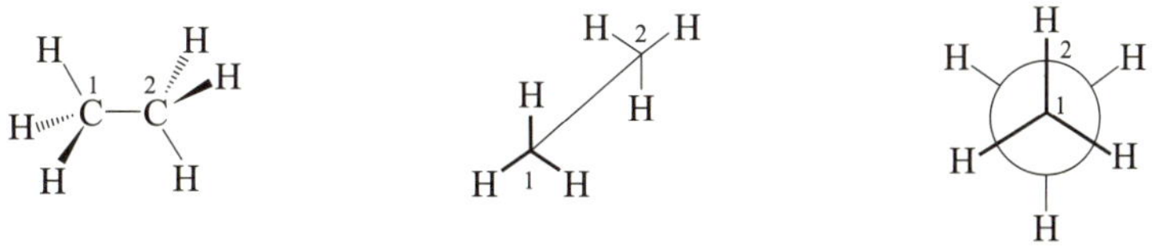

(a) 楔形式　　　　　　　(b) 锯架式　　　　　　　(c) 纽曼投影式

图 3-7　乙烷的交叉式构象

楔形式是从垂直于 C—C 键轴方向看各原子在空间的位置;锯架式是从分子的侧面 C—C 键轴斜 45° 方向观察分子;纽曼投影式是从 C—C 键的延长线方向观察分子。在重叠式的构象中,两个碳原子上的氢原子彼此是完全重叠的,但为了表示清楚,将后面的键稍偏一个角度。

2. 丁烷的构象

丁烷可以看成乙烷两个碳原子上的两个氢原子分别被两个甲基取代的产物:

$$\overset{1}{C}H_3 - \overset{2}{C}H_2 - \overset{3}{C}H_2 - \overset{4}{C}H_3$$

丁烷

若以 C_2—C_3 键为轴旋转,沿 C—C 键轴方向看,将离眼睛近处的碳 C_2 原子固定,旋转远处的 C_3,每旋转 60° 形成一种典型构象,旋转 360° 又恢复到原来的构象。几种典型构象式之间的转变用纽曼投影式表示见图 3-8。

可以看出,丁烷有 4 种典型构象,分别是对位交叉式、部分重叠式、邻位交叉式和全重叠式。不同的构象具有不同的内能。丁烷绕 C_2—C_3 键旋转导致的分子内能变化示意图如图 3-9 所示。

在对位交叉式构象中,所有的原子或基团均处在交叉位置,且两个较大基团处于对位,相距最远,没有扭转张力,其分子内能最低,是优势构象。邻位交叉式、部分重叠式、全重叠式分子内能依次增高。全重叠式中所有的原子或基团均处在重叠位置,且两个甲基相距最近,排斥力最大,因此分子内能最高,是最不稳定的构象。丁烷构象间转化的最高能垒为

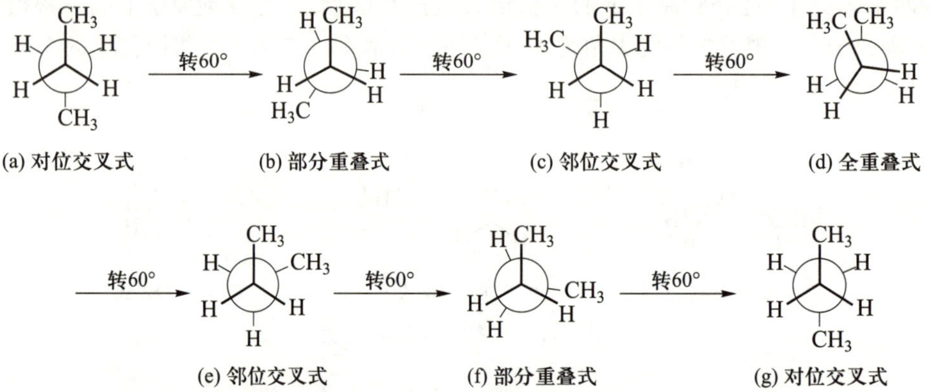

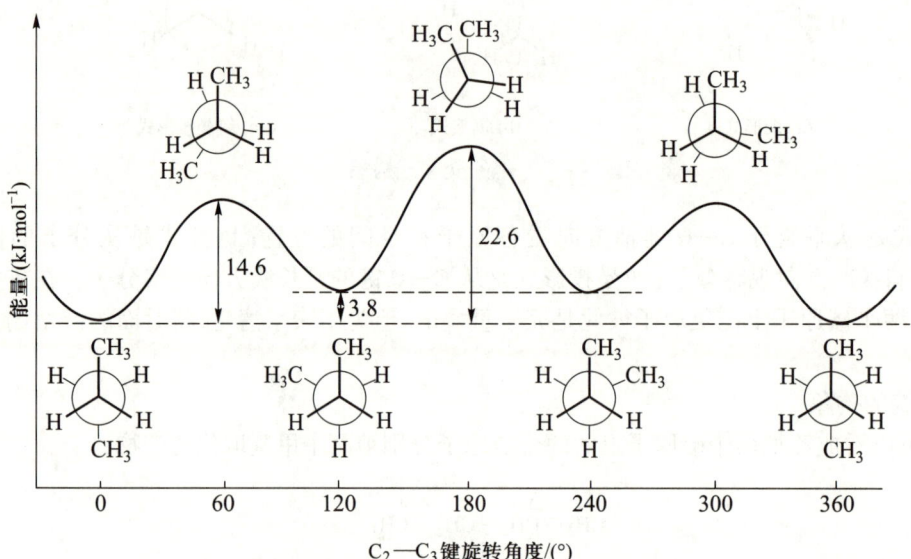

(a) 对位交叉式   (b) 部分重叠式   (c) 邻位交叉式   (d) 全重叠式

(e) 邻位交叉式   (f) 部分重叠式   (g) 对位交叉式

图 3-8   丁烷几种典型构象式之间的转变

图 3-9   丁烷绕 C_2—C_3 键旋转形成的各种构象分子内能变化

$22.6\ kJ \cdot mol^{-1}$,在室温下分子间碰撞的能量完全能满足各构象间转化的能量需求,因此室温下正丁烷是各构象异构体的平衡混合物,不能分离出各构象异构体。只是在平衡中各构象异构体所占的比例不同,最稳定的对位交叉式约占 70%,两个邻位交叉式各占约 15%。

可以用类似的方法对其他直链烷烃的构象进行分析。由于碳原子可绕单键自由旋转,随着直链烷烃碳原子数的增加,分子中 σ 键电子对相互排斥产生扭转张力。在室温下,分子具有的能量足以使分子中的 σ 键自由旋转,即分子处于无数构象异构体的动态平衡中,大部分时间分子处于能量最低的对位交叉式构象。3 个碳原子以上的直链烷烃,其碳链在空间的实际排列是碳原子处于一上一下位置,呈现锯齿形优势构象排布,相邻 C—H 键都是交叉式。

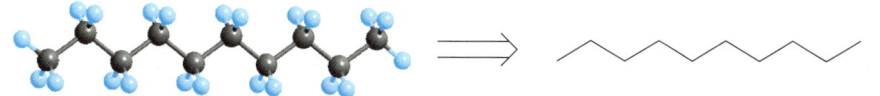

3–1

四、烷烃的物理性质

有机化合物的物理性质一般包括物态（physical state）、熔点（melting point，mp）、沸点（boiling point，bp）、相对密度（relative density）、溶解度（solubility）、折射率（refractive index）、旋光度（optical rotation）等。纯物质的物理性质在一定条件下有其固定的数值，称为物理常数。物理常数是用物理方法测定出来的，可以从相关的手册中查到。测定化合物的物理常数对鉴定化合物的纯度及鉴别化合物有着极其重要的作用。物理性质与分子结构有着密切的关系。同系列化合物的物理性质随碳原子数的增加，一般呈现出规律性的变化。部分烷烃的物理常数见表3–4。

表3–4 烷烃的物理常数

物态	名称	分子式	相对分子质量	熔点 /℃	沸点 /℃	相对密度 d_4^{20}
气态	甲烷	CH_4	16.04	−182.6	−164	—
	乙烷	C_2H_6	30.07	−183.3	−88.6	—
	丙烷	C_3H_8	44.09	−189.9	−42.2	—
	丁烷	C_4H_{10}	58.12	−138.4	−0.5	—
液态	戊烷	C_5H_{12}	72.15	−129.7	36.3	0.626
	己烷	C_6H_{14}	86.17	−95.3	68.7	0.659
	庚烷	C_7H_{16}	100.20	−90.6	98.4	0.684
	辛烷	C_8H_{18}	114.22	−56.5	125.7	0.703
	壬烷	C_9H_{20}	128.25	−53.7	150.8	0.718
	癸烷	$C_{10}H_{22}$	142.28	−29.7	174.1	0.730
	十一烷	$C_{11}H_{24}$	156.30	−25.6	194	0.741
	十二烷	$C_{12}H_{26}$	170.33	−9.6	214.5	0.751
	十三烷	$C_{13}H_{28}$	184.37	−6.2	234.0	0.757
	十四烷	$C_{14}H_{30}$	198.40	5.5	252.5	0.765
	十五烷	$C_{15}H_{32}$	212.42	10.0	270.5	0.770
	十六烷	$C_{16}H_{34}$	226.45	18.5	287.5	0.774
	十七烷	$C_{17}H_{36}$	240.46	22.5	303	0.775
固态	十八烷	$C_{18}H_{38}$	254.50	28.0	317	0.775
	十九烷	$C_{19}H_{40}$	268.53	32	330	0.777
	二十烷	$C_{20}H_{42}$	282.54	36.5	342.7	0.789

（一）物态

物质的状态,可以从它的沸点和熔点判断出来。在室温和 0.1 MPa 条件下,直链烷烃中甲烷至丁烷是气体,戊烷至十七烷是液体,十八烷及以上的直链烷烃是固体。

（二）沸点

直链烷烃的沸点随着碳原子的增多而呈现出规律性的升高。如果将正烷烃的沸点与其碳原子数作图,如图 3-10 所示,正烷烃的沸点是随着相对分子质量的增加而升高的,但不是一个简单的直线关系,每增加一个 CH_2 所引起的沸点升高是逐渐减小的。

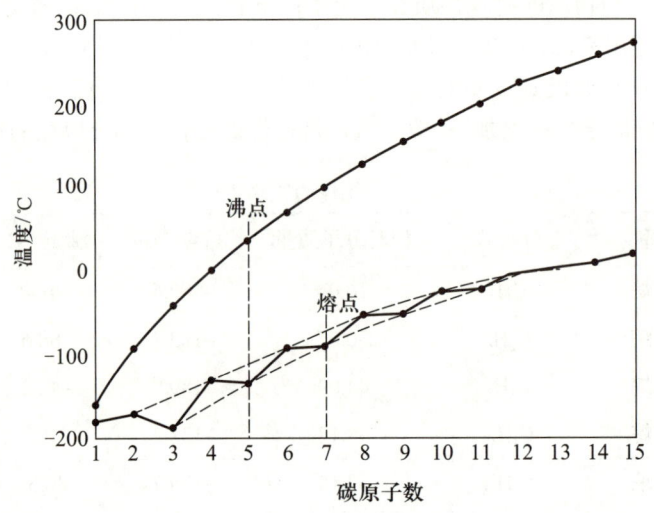

图 3-10 烷烃的沸点和熔点曲线

液体沸点的高低决定于分子间引力的大小,分子间引力越大,使之沸腾就必须提供更多的能量,所以沸点就越高。而分子间引力的大小取决于分子结构。分子间的引力称为范德华引力,包括了偶极 - 偶极作用力、诱导力和色散力。正烷烃的偶极矩都等于零,是非极性分子,分子间作用力主要是色散力。原子核和核外电子在不断运动过程中,产生瞬间的相对位移,使分子的正、负电荷中心暂时不相重合,从而产生瞬间偶极。当两个非极性分子充分靠近时,由于瞬间偶极的取向,产生了分子间的一种很弱的吸引力,这种吸引力就是色散力。正烷烃分子的相对分子质量越大即碳原子数越多,电子数也就越多,色散力当然也就越大。因此,正烷烃的沸点随着碳原子数的增多而升高。色散力只有在分子距离较近时才能有效作用,随着距离的增大而迅速减弱。在烷烃的同分异构体中,含支链的烷烃分子由于支链的阻碍,使分子间靠近的程度不如正烷烃,所以,支链烷烃的沸点比其直链异构体的沸点低,且支链越多,沸点越低。例如,在 2 种丁烷异构体中(见表 3-5),正丁烷的沸点是 -0.5℃;而有甲基取代的异丁烷是 -11.7℃。在 3 种戊烷异构体中(见表 3-6),正戊烷的沸点是 36.3℃;而有 1 个甲基取代的异戊烷沸点下降为 28℃;有 2 个甲基取代的新戊烷沸点只有 9.5℃。

（三）熔点

直链烷烃的熔点也是随着碳原子数的增多而升高,但规律性略有不同。这是因为晶体分子间的作用力,不仅取决于分子的大小,而且也取决于它们在晶格中的排列情况。一般来

表3-5 丁烷2种异构体的沸点和熔点比较

化合物	构造式	沸点 /℃	熔点 /℃
正丁烷	$CH_3CH_2CH_2CH_3$	−0.5	−138.4
异丁烷	$(CH_3)_2CHCH_3$	−11.7	−145

表3-6 戊烷3种异构体的沸点和熔点比较

化合物	构造式	沸点 /℃	熔点 /℃
正戊烷	$CH_3CH_2CH_2CH_2CH_3$	36.3	−129.7
异戊烷	$(CH_3)_2CHCH_2CH_3$	28	−150
新戊烷	$(CH_3)_3CCH_3$	9.5	−16.6

说,分子越对称,分子在晶格中的排列越紧密,分子间作用力增大,熔点升高。甲烷的熔点（−182.5℃）高于乙烷（−183.3℃）和丙烷（−189.7℃）,也是由于甲烷对称性好,分子在晶格中的排列紧密所致。

随着碳原子数的增多,含偶数碳原子的直链烷烃的熔点升高幅度通常比含奇数碳原子的直链烷烃的熔点升高幅度大,并形成一条锯齿状的熔点曲线。直链烷烃的熔点与分子中所含碳原子数目的关系见图3-10。X射线衍射结果表明,直链烷烃在固态时呈锯齿形,奇数碳原子烷烃两端的甲基在链的同侧,分子对称性不好;而偶数碳原子的烷烃两端甲基在链的异侧,具有较好的对称性,能够在晶格中排列得较紧密,导致分子间的色散力加强,故其熔点增高幅度较大。

在戊烷异构体中（见表3-6）,正戊烷的熔点是−129.7℃;对称性最差的异戊烷熔点最低,为−150℃;而分子对称性最好的新戊烷,则熔点最高,为−16.6℃。

（四）相对密度

直链烷烃的相对密度随着碳原子数的增多而增大,逐渐接近0.8,所有的烷烃都比水轻。

（五）溶解度

因为C—C键是非极性键,C—H键只有微弱的极性,所以一般烷烃是非极性或弱极性的化合物。在有机化合物中存在"极性相似者互溶"的经验规律。烷烃易溶于非极性或弱极性的苯、氯仿、四氯化碳、乙醚等有机溶剂,而难溶于水等强极性溶剂。液态烷烃本身就可作为溶剂,溶解弱极性化合物。例如,实验室常用的溶剂石油醚就是几种烷烃的混合物,通常根据其沸程分为石油醚30～60（bp 30～60℃）,石油醚60～90（bp 60～90℃）,石油醚90～120（bp 90～120℃）。

【思考题3-3】分析表3-7,己烷有3种同分异构体,分支越多,沸点越低,而熔点则不然,为什么?

表 3-7　己烷 3 种异构体的沸点和熔点比较

化合物	构造式	沸点 /℃	熔点 /℃
正己烷	$CH_3CH_2CH_2CH_2CH_2CH_3$	68.7	-95.3
异己烷	$(CH_3)_2CHCH_2CH_2CH_3$	60.3	-153.7
新己烷	$(CH_3)_3CCH_2CH_3$	49.7	-98.2

五、烷烃的化学性质

物质的结构是决定性质的内在因素。从前面的讨论中已知,烷烃分子中只存在 σ 键（C—C 键和 C—H 键）,其键能较高,共价键不易断裂;而且碳的电负性（2.5）与氢的电负性（2.1）相近,键的极性较小,不易发生异裂即离子型反应,而容易发生均裂即自由基型反应。因此,烷烃具有较高的化学稳定性,一般条件下不与强酸、强碱及氧化剂发生化学反应。但在高温下,烷烃可以发生氧化、燃烧及热裂反应;在高温、光照或催化剂存在下,可发生卤代反应。

（一）氧化和燃烧

在催化剂（如氧化钯、氧化锰等）存在下,烷烃加热至其着火点以下就可被氧气部分氧化,其 C—H 键、C—C 键均可能断裂,生成含氧有机化合物,如醇、醛、酮、羧酸等的混合物。例如:

$$CH_3CH_2CH_3 \xrightarrow{[O]} HCOOH + CH_3COOH + CH_3\overset{O}{\overset{\|}{C}}CH_3$$

甲酸　乙酸　丙酮

由于产品用途广,原料烷烃来源丰富,故利用烷烃进行选择性氧化生成各种含氧衍生物已成为多年来研究的重要课题,目前已取得不少实际应用成果。

有机化学中的氧化还原反应概念是,有机化合物中加入氧或去掉氢原子的反应叫氧化反应,加入氢或去掉氧原子的反应叫还原反应。

烷烃在空气或氧气充足的条件下点燃,则可被完全氧化而生成二氧化碳和水,同时放出大量的热量,这个氧化反应亦称为烷烃的燃烧反应。

$$C_nH_{2n+2} + (3n+1)/2\ O_2 \longrightarrow n\,CO_2 + (n+1)H_2O + 燃烧热$$

这也是内燃机中汽油、柴油（主要成分为烷烃的混合物）的燃烧可以提供能量的基本依据。在标准状态下（298 K, 0.1 MPa）, 1 mol 烷烃完全燃烧所放出的热量称为燃烧热（heat of combustion）,可用 $\Delta H_c^{\ominus}$ 表示。由燃烧热数值的大小可判定分子内能的高低,进而判定分子稳定性的大小。燃烧热的绝对值越低,说明分子的内能越低,分子越稳定。直链烷烃每增加一个 CH_2,燃烧热平均增加 658.6 kJ·mol⁻¹;在同分异构体中,直链烷烃比支链烷烃的燃烧热大,支链越多燃烧热越小,分子结构越稳定。

烷烃燃烧能放出大量的热能,因而成为人们使用的重要能源。无论气体或液体烷烃都可用作燃料。烷烃燃烧时要消耗大量的氧。若氧气供应不足,燃烧不完全会产生 CO 等有毒物质,它们随同未燃烧的汽油一起排出,这就是汽车尾气排放污染空气的主要原因。气态烷烃与空气或氧气混合至一定比例,会形成爆炸性混合物,遇明火或火花便马上燃烧放出大量的热,进而使生成的 CO_2 和水蒸气急剧膨胀而发生爆炸,这就是矿井瓦斯爆炸的原因。

【知识延伸】辛烷值与汽油的标号

汽油主要成分是 $C_5H_{12} \sim C_{12}H_{26}$ 的烷烃混合物。当汽油蒸气在汽缸内燃烧时,常因燃烧急速而发生不正常燃爆现象,称为爆震。爆震会大大降低引擎动力。汽油中烷烃的化学结构对爆震有极大的影响。燃烧的抗震程度以辛烷值表示,正庚烷的爆震最严重,定义其辛烷值为 0,异辛烷(即 2, 2, 4- 三甲基戊烷)的辛烷值定义为 100。当某种汽油的爆震性与 90% 异辛烷和 10% 正庚烷之混合物的爆震性相当时,其辛烷值标定为 90,汽油标号也就是 90。目前有辛烷值为 89、92、95 等标号的无铅汽油。在汽油中加入其他添加剂可提升辛烷值,如甲基叔丁基醚、甲醇、乙醇、叔丁醇等添加剂。

(二)热裂解

在无氧条件下,将烷烃加热到 450 ℃ 以上,分子中的 C—C 键和 C—H 键会发生断裂,形成较小的分子。这种在高温及无氧条件下发生键断裂的反应称为热裂解反应(pyrolysis reaction)。例如,丙烷在一定条件下热裂解,产物是两个 C—H 键断裂生成丙烯和氢气,或者是 C—C 键和 C—H 键同时断裂生成乙烯和甲烷。热裂解反应是自由基型反应,过程及产物均比较复杂。

烷烃在 800 ~ 1 100 ℃ 的热裂解产物主要是乙烯,其次为丙烯、丁烯、丁二烯和氢气。乙烯是重要的化工原料,用热裂解反应生成乙烯已成为乙烯生产的主要方法,世界规模年产已达数千万吨。若要生产乙炔,则应提供更高的温度。

另一种应用催化剂的热裂解,称为催化裂化。在热裂解反应中加入一些如铂、硅酸铝、三氧化二铝等催化剂,可降低热裂解温度。催化裂化的目的是生产高辛烷值汽油,如铂重整可提高汽油的支链化程度,并使产率由原来的 20% 提高到 60%。

烷烃的热裂解反应在石油化工中具有重要的用途。石油是一种复杂的烃类混合物,经过蒸馏后,只能得到 15% ~ 20% 的 $C_5 \sim C_{10}$ 馏分,这是汽油的主要组成成分。为了提高汽油的产量和质量,工业上通常采用热裂化和催化裂化两种途径,将石油中高沸点的重油等馏分热裂解来得到低馏分的汽油。当然,轻馏分的烃类也往往被热裂解来制备重要的化工原料如乙烯、丙烯、乙炔等。

(三)卤代反应

分子中的氢原子被其他原子或原子团取代的反应称为取代反应(substitution reaction),若被卤原子取代则称为卤代反应(halogenation)。烷烃有实用意义的卤代反应主要是氯代(chlorizate)和溴代(brominate)。

甲烷与氯气在紫外光或加热(250 ~ 400 ℃)条件下发生反应,分子中的氢原子逐步被氯原子取代,分别得到一氯甲烷、二氯甲烷、三氯甲烷和四氯化碳等产物的混合物。

$$CH_4 \xrightarrow[Cl_2]{hv} CH_3Cl \xrightarrow[Cl_2]{hv} CH_2Cl_2 \xrightarrow[Cl_2]{hv} CHCl_3 \xrightarrow[Cl_2]{hv} CCl_4$$

	一氯甲烷	二氯甲烷	三氯甲烷	四氯化碳
bp/℃	23.8	40.2	51.5	76.8

　　甲烷氯代产物沸点相差较大,工业上常通过精馏的方法分离混合产物。主要得到的这四种氯代产物均是重要的溶剂和试剂。

　　高级烷烃氯代时,氯可以取代烷烃分子中不同的氢原子,得到相应的氯代烃混合物。乙烷只有一种等价 H,只生成一种一氯代乙烷,而丙烷、丁烷和异丁烷分子中分别有两种等价 H,都能生成两种一氯代物。例如:

　　丙烷一氯代的反应式如下:

$$CH_3CH_2CH_3 \xrightarrow[hv, 25℃]{Cl_2} CH_3CH_2CH_2Cl + CH_3\underset{\underset{Cl}{|}}{C}HCH_3$$

43%　　　　　57%

　　在丙烷分子中有 6 个 1°H,2 个 2°H。按照数量估算,丙烷氯代的两种产物产率之比应为 6:2=3:1。在高温(>450℃)氯代时,实验测得结果确实如此。但在室温下反应,得到产物的比率却是 43:57,即每个 2°H 和 1°H 的氯代产率之比为 3.7:1,也即它们的相对活性为 3.7:1。

　　异丁烷一氯代的反应式如下:

$$CH_3-\underset{\underset{CH_3}{|}}{\overset{\overset{CH_3}{|}}{C}}-H \xrightarrow[hv, 25℃]{Cl_2} CH_3-\underset{\underset{CH_3}{|}}{\overset{\overset{CH_3}{|}}{C}}-Cl + CH_3-\overset{\overset{CH_3}{|}}{CH}-CH_2Cl$$

36%　　　　　　　64%

　　类似地,在高温时 1°H 和 3°H 一氯代产物的比例逐渐接近 9:1;而在室温下,其相对活性为 5.1:1。

　　这表明不同类型的氢原子反应活性不同。用氯代产物的比例除以被取代氢原子的数目,即为该氢原子的反应活性。计算可知,烷烃氯代时其各种氢的反应活性大约为:3°H:2°H:1°H = 5.1:3.7:1。

　　同样,烷烃发生溴代反应时,各种氢的反应活性也不相同。例如:

$$CH_3CH_2CH_3 \xrightarrow[hv, 127℃]{Br_2} CH_3CH_2CH_2Br + CH_3\underset{\underset{Br}{|}}{C}HCH_3$$

3%　　　　　97%

$$CH_3-\underset{\underset{CH_3}{|}}{\overset{\overset{CH_3}{|}}{C}}-H \xrightarrow[hv, 127℃]{Br_2} CH_3-\underset{\underset{CH_3}{|}}{\overset{\overset{CH_3}{|}}{C}}-Br + CH_3-\overset{\overset{CH_3}{|}}{CH}-CH_2Br$$

99%　　　　　　1%

从实验结果可知,在溴代反应中,相对活性也遵循着 3°H>2°H>1°H,但差别很大,活性比为:3°H : 2°H : 1°H = 1 600 : 82 : 1。

3-2

可见,溴代反应的选择性比氯代反应高得多。在有机反应中,一般活性较弱的试剂具有较高的选择性。所以要得到产率高、较纯净的卤代产物,通常优先选用溴代反应。当温度超过 450℃时,卤代反应失去选择性,而只与氢原子的多少有关。

六、烷烃卤代的反应机理

(一)反应机理

反应机理(reaction mechanism)是对化学反应所经历的途径或过程的详细描述。反应机理是根据大量实验事实作出的理论推导,有一定的适用范围,能解释很多实验事实。学习并记住成千上万个具体的有机反应是困难的,但可以根据反应机理和所涉及的中间体把反应进行分类归纳。了解反应机理,能帮助我们认清反应的本质,从而达到控制和利用反应的目的。迄今为止,一些有机反应的机理已得到公认,有些还不成熟,需要在实践中不断完善和补充。

在表述反应机理时,须指出电子的流向,并规定用弯箭头(⌒)表示一对电子的转移,用鱼钩弯箭头(⌒)表示单电子的转移。

要了解由反应物到产物所经过的途径,需要研究反应能否进行及进行的程度如何等热力学(thermodynamics)问题。在平衡条件下反应物和产物的物质的量由其相对稳定性决定。但是,在热力学上倾向于发生,而反应速率常数很小,以致很难达到平衡的反应,依然没有实用价值。因此还必须进行反应动力学(dynamics)的深入研究,了解反应过程中反应速率随反应条件和试剂浓度的变化。动力学的理论基础主要有 20 世纪初在气体动理论基础上发展起来的碰撞理论和 20 世纪 30 年代在统计热力学及量子力学基础上发展起来的过渡态理论。碰撞理论提出的化学反应模型较为简单,当反应物浓度增加、反应温度升高时,分子有效碰撞次数增加,反应速率随之增大,这对有机反应的理解也很有帮助。在此,着重回顾过渡态理论,它在有机反应机理中常常被使用。

过渡态理论强调分子相互作用的状态,并将活化能与过渡态联系起来。在反应过程中,反应物分子相互接近,先被活化形成高能量的活化络合物即过渡态(transition state),再由过渡态分解为产物。过渡态用"≒"表示,它极不稳定,只是反应过程的一个中间结构,不能分离得到。例如,在下列的基元反应中:

$$A + B{-}C \rightleftharpoons [A\cdots B\cdots C]^* \rightleftharpoons A{-}B + C$$

反应物   过渡态   生成物

在反应条件下,反应物得到能量,反应物 A 接近 BC 时,A 与 B 之间逐渐部分形成共价键,BC 之间的共价键逐渐部分断裂,分子的势能随之逐渐上升,当势能的增加到达活化能 E_a 时,反应物到达过渡态[A···B···C]。随后,A 与 B 之间进一步结合成键,B 与 C 之间的键进一步断裂,势能随之下降,同时释放能量,得到生成物 AB 和 C。$\Delta H^\ominus$ 为反应前后体系能量的变化,它也可以根据化学键的键能近似地计算出来。如果产物的势能比反应物低,说明是放热反应,$\Delta H^{\ominus} < 0$,如图 3-11 所示;如果产物的势能比反应物势能高,则是吸热反应,$\Delta H^{\ominus} > 0$。

反应进程是指从反应物到产物所经过的能量要求最低的途径。以反应进程为横坐标,反应物、过渡态和生成物的势能变化为纵坐标作图,称为反应势能图。

对于多步骤反应,会存在多个过渡态,过渡态之间的能谷是反应的活性中间体。活化能大的步骤反应速率慢,因此是决定反应速率的步骤,如图 3-12 所示。

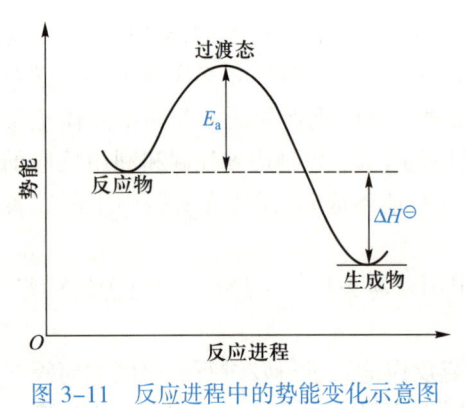

图 3-11　反应进程中的势能变化示意图

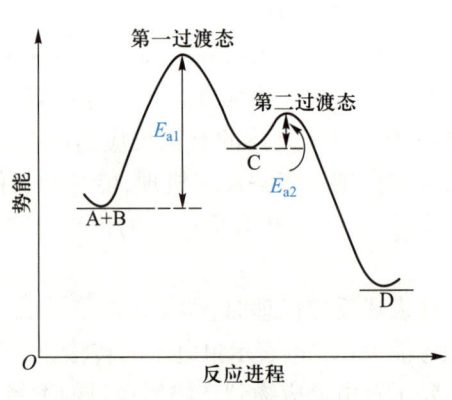

图 3-12　二步连串反应的势能变化示意图

$$A + B \longrightarrow C \longrightarrow D$$

反应物　　中间体　生成物

上述反应物 A 和反应物 B 反应,在反应进程中首先经过第一过渡态,形成活性中间体 C。从活性中间体形成生成物 D 时,必须经过第二过渡态。这两个过渡态相应的活化能为 E_{a1} 和 E_{a2},其中 E_{a1} 较高,即第一步反应速率常数小,反应比第二步进行得慢,而慢的一步是决定速率的一步。

活性中间体 C 处在势能谷底,可以短暂存在,用直接或间接的方法能证明它的存在。而过渡态是一个从反应物到产物的中间状态,不能分离出来,从能量曲线看,过渡态处于势能最高点,是反应必须克服的能垒。

过渡态在决定反应速率方面起着很重要的作用,因此很需要了解有关过渡态结构的信息,但过渡态只能短暂存在,不能通过实验来测定。哈蒙特(G. S. Hammond)假说可以帮助我们根据多步反应中的反应物、中间体和生成物来讨论过渡态的结构。哈蒙特假说的主要内容是:"在简单的一步反应中,过渡态的结构、能量与更接近的那边类似"。图 3-11 是放热反应,过渡态的能量接近于反应物,其结构也与反应物近似;反之,如果是吸热反应,过渡态的能量与生成物比较接近,其结构也近似生成物。在吸热反应中,需要对反应物的结构进行较大的改组,使其接近于具有较高能量的过渡态,这就需要较高的活化能,因此反应速率较慢,而放热反应只需要较低的活化能,反应速率较快。

（二）甲烷的氯代反应

如前所述，甲烷和氯气反应生成氯代产物的混合物，其组成取决于原料的比例及反应条件。反应是分步进行的，光或热是每步反应进行的必要条件。首先看甲烷与氯气的混合物进行反应的实验事实：① 在室温和黑暗中不发生反应。② 加热高于 250℃ 发生反应。③ 在室温和光照下能发生反应；若停止光照，反应就不再继续；如果将甲烷光照后加入氯气，不发生反应，而将氯气在光照下通入甲烷则反应。④ 用光引发反应，吸收一个光子就能产生几千个氯甲烷分子。⑤ 当反应体系中有少量氧气存在时，反应受到抑制，出现一个诱导期，诱导期的时间长短与氧气的多少有关。⑥ 反应产物复杂，有一氯代、二氯代和多氯代等产物。从以上实验现象，可以得出有关反应特征的几点推论：① 需要有某种形式的能量（光或热）才能引发这种反应。② 光的最有效波长是紫外线，它被氯气强烈吸收，使氯活化进而引发与甲烷的反应。③ 光引发的反应具有较高的量子效率。即由一个氯分子吸收一个光量子引发的反应可以生成很多产物分子。

烷烃氯代反应机理的提出，必须能解释以上实验事实，说明反应是怎样进行的，以及影响反应速率的因素和产物是如何分配的等问题。根据上述特点并结合有机反应类型的经验，可以判断甲烷的氯代是一个自由基型的取代反应。自由基取代的链反应机理包括以下三个步骤组成：① 链引发（chain initiation），产生一个活性中间体。② 链增长（chain propagation），活性中间体和稳定分子反应形成另一个活性中间体，将此活性反应链传递下去。③ 链终止（chain termination），提供的原料被耗尽，活性中间体被消除，反应逐渐停止。

下面重点考察甲烷的一氯代反应，机理如下：

1. 链引发步骤

从实验现象可以得知，被氯分子吸收而不是被甲烷吸收的紫外线引发了这个反应。因此反应机理的起始是氯分子吸收光引发反应。紫外线的能量约为 250 kJ/einstein（1 einstein 为 1 mol 光子），能够满足一个氯分子均裂为 2 个氯原子所需的键能（242.7 kJ·mol^{-1}）。过程如式（3-1）所示：

$$Cl\!-\!Cl \xrightarrow{\triangle\text{或}h\nu} 2Cl\cdot \qquad\qquad (3\text{-}1)$$

Cl_2 分子的均裂是链引发步骤，结果产生了两个高度活化的氯原子自由基。自由基是活性中间体，它的反应和生成都很快，以至于不能以高浓度存在。每个氯原子的价电子为 7 个，其中 1 个是没有成对的，很容易与另 1 个原子的 1 个电子结合成键而形成完整的八隅体。

【思考题 3-4】甲烷的氯代反应为什么是氯分子发生均裂，而不是甲烷分子的碳氢键发生均裂？

2. 链增长步骤

当 1 个氯自由基和 1 个甲烷分子碰撞时，C—H 键中的 H 带着 1 个电子与氯原子的单电子结合形成 H—Cl 键，同时另 1 个电子仍然保留在碳上。这个步骤形成了产物 HCl 分子，并产生了另外一个自由基（甲基自由基）。过程如式（3-2）所示：

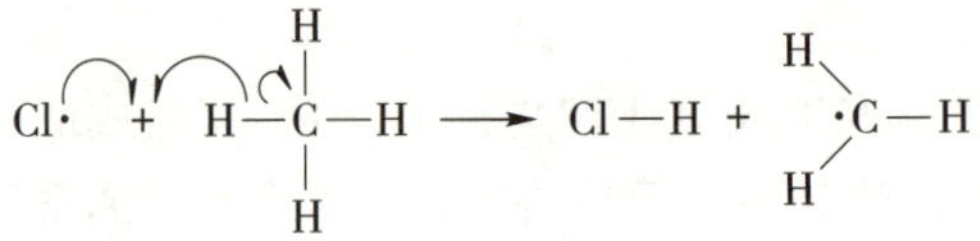

$$\cdot Cl + H-\overset{\overset{\displaystyle H}{|}}{\underset{\underset{\displaystyle H}{|}}{C}}-H \longrightarrow Cl-H + \cdot\overset{\overset{\displaystyle H}{|}}{C}-H \qquad (3-2)$$

接着,甲基自由基的单电子与 Cl—Cl 键中的 1 个电子结合形成 Cl—C 键,剩下的氯原子带 1 个单电子(即氯自由基)。这个步骤形成了产物 CH_3Cl 分子,并产生了另外 1 个氯自由基。过程如式(3-3)所示:

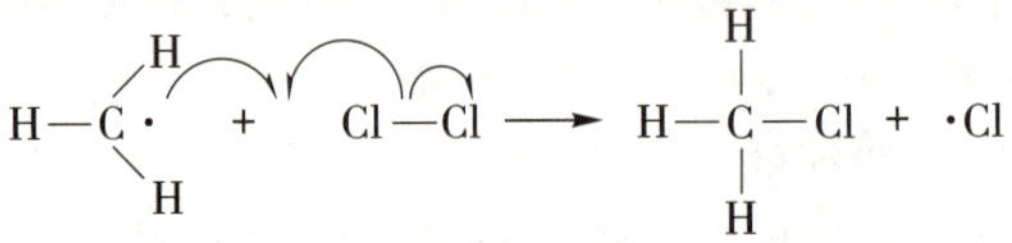

$$H-\overset{\overset{\displaystyle H}{|}}{\underset{\underset{\displaystyle H}{|}}{C}}\cdot + Cl-Cl \longrightarrow H-\overset{\overset{\displaystyle H}{|}}{\underset{\underset{\displaystyle H}{|}}{C}}-Cl + \cdot Cl \qquad (3-3)$$

链增长步骤是由反应(3-1)中氯自由基的生成开始,由接着反应(3-2)另一个自由基的生成而再次进入链增长步骤(3-3),周而复始,形成自由基连锁反应。自由基的再生是链反应中链增长步骤的特征。链反应继续进行下去,直到提供的反应物被耗尽或者自由基中间体因其他原因被消耗而终止。

这一步的总反应就是链增长步骤的简单加和:

$$CH_4 + Cl_2 \longrightarrow CH_3Cl + HCl$$

自由基取代的链反应中,每一步都伴随着能量的变化。第一步要使氯分子均裂,需要吸收 $242.7\ kJ\cdot mol^{-1}$ 的能量,是吸热反应,因此,需要在光照或高温条件下才能进行;第二步也是吸热反应,理论上只需要吸收 $7.5\ kJ\cdot mol^{-1}$ 的能量即可;第三步反应则是放热的。综合后两步反应,总的结果是放热反应,因此只要使氯气均裂产生氯原子,就可以使反应顺利地进行下去。但实验表明,要使第二步反应得以进行,仅仅提供 $7.5\ kJ\cdot mol^{-1}$ 的能量是不够的,而是至少需要提供 $16.7\ kJ\cdot mol^{-1}$ 的能量才可以使反应发生。为了使一个碰撞能够发生反应所必须提供的最小能量就是该反应的活化能 E_a。虽然第三步反应是放热的,但也需要 $8.3\ kJ\cdot mol^{-1}$ 的活化能。活化能的数值由实验得出。

化学反应是由反应物逐渐变为产物的连续过程,一般可用反应势能图来表示。在上面的第二步[式(3-2)]反应中,$Cl\cdot$ 逐渐靠近甲烷分子的 H,同时甲烷的 C—H 键逐渐被拉长,在新键尚未形成而旧键尚未断裂时,能量达到最高点,此时的结构是最不稳定的过渡态。过渡态时的势能正是该反应的活化能。此后,C—H 键进一步削弱、最终断裂,同时生成 Cl—H 键,体系能量下降。

常以虚线表示过渡态时的化学键。如上述第二步、第三步反应的过渡态为

$$\cdot Cl + H-CH_3 \longrightarrow [Cl\cdots H\cdots CH_3]^{\neq} \longrightarrow HCl + \cdot CH_3$$

第一过渡态($E_{a1}=16.7\ kJ\cdot mol^{-1}$)

$$\cdot CH_3 + Cl-Cl \longrightarrow [CH_3\cdots Cl\cdots Cl]^{\neq} \longrightarrow CH_3Cl + \cdot Cl$$

第二过渡态($E_{a2}=8.3\ kJ\cdot mol^{-1}$)

其势能变化如图 3-13 所示。

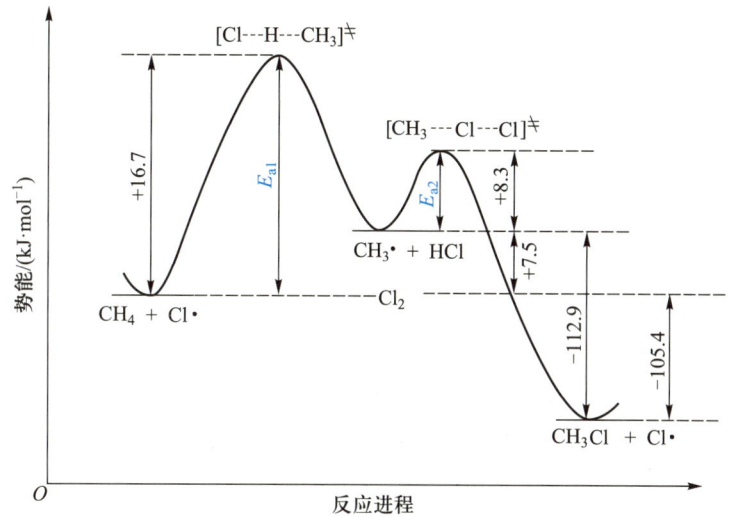

图 3-13 甲烷与氯自由基反应的势能变化图

由势能图可知：$E_{a1} > E_{a2}$，说明在链反应中，甲基自由基生成的一步速率较慢，也即是反应速率决定步骤。两步反应的活化能均不大，所以，一旦链引发产生 Cl· 后，连锁反应即可迅速进行。

甲烷氯代反应的链增长步骤，除多次重复上述反应（3-2）和反应（3-3）生成大量的一氯甲烷外，氯自由基也可以夺取新生成的一氯甲烷分子中的氢，生成氯化氢和氯甲基自由基：

$$ClCH_2 \!-\! H + Cl· \longrightarrow CH_2Cl· + HCl \qquad (3-4)$$

产生的氯甲基自由基与氯气作用，则生成二氯甲烷及氯自由基：

$$CH_2Cl· + Cl \!-\! Cl \longrightarrow CH_2Cl_2 + Cl· \qquad (3-5)$$

....

这几步的总反应就是这些链增长步骤的简单加和：

$$CH_3Cl + Cl_2 \longrightarrow CH_2Cl_2 + HCl$$
$$CH_2Cl_2 + Cl_2 \longrightarrow CHCl_3 + HCl$$
$$CHCl_3 + Cl_2 \longrightarrow CCl_4 + HCl$$

3. 链终止步骤

在链反应进行过程中，自由基的浓度相对较低，自由基之间结合的可能性比自由基遇到高浓度的反应物分子引起链增长步骤的可能性要小很多。进行到反应物被消耗剩余不多时，自由基遇到反应物分子的概率大大下降；而此时自由基之间（及与器壁）相互碰撞的机会相对多起来，这些碰撞消耗了自由基却不产生新的自由基，整个体系的链反应逐渐减慢直至停止。这些反应被称为链终止反应。下面是甲烷的氯代反应中可能的一些链终止反应：

$$\text{Cl}\cdot + \cdot\text{Cl} \longrightarrow \text{Cl—Cl} \qquad (3-6)$$

$$\text{CH}_3\cdot + \cdot\text{CH}_3 \longrightarrow \text{CH}_3\text{—CH}_3 \qquad (3-7)$$

$$\text{Cl}\cdot + \cdot\text{CH}_3 \longrightarrow \text{CH}_3\text{—Cl} \qquad (3-8)$$

任何两个自由基结合都是终止步骤,因为它减少了自由基的数量。一氯代反应中终止步骤得到产物 CH_3Cl 的量比增长步骤的贡献小得多。

其他的终止步骤还包括自由基和容器壁或其他污染物的反应。如在反应体系中,如果有氧气存在,它们能与自由基结合生成更为稳定的自由基(如 $CH_3OO\cdot$),使反应减慢甚至停顿,这种物质称为反应抑制剂。它们常被用来抑制不希望发生的自由基反应,或用以判断某反应是否为自由基型反应。

(三)卤素对甲烷的相对反应活性

甲烷的卤代反应过程中,链增长反应成为决定卤代烃反应速率的关键步骤,可以通过比较此步骤反应活化能的大小,了解反应进行的难易,理解卤素对甲烷的相对反应活性。

表3-8　卤素与甲烷反应的反应热与活化能

$X\cdot + \Delta_r H_m^\ominus(CH_3\text{—H})/(kJ\cdot mol^{-1}) \longrightarrow$	$\Delta_r H_m^\ominus(CH_3\cdot + H\text{—X})/(kJ\cdot mol^{-1})$	$\Delta_r H_m^\ominus/(kJ\cdot mol^{-1})$	$E_a/(kJ\cdot mol^{-1})$
F　　439.3	568.2	−128.9	+4.2
Cl	431.8	+7.5	+16.7
Br	366.1	+73.2	+75.3
I	298.3	+141	>+141

从表 3-8 的反应热数据可以看出,氟与甲烷反应虽需 $+4.2\ kJ\cdot mol^{-1}$ 活化能,但会放出大量的热,一旦反应开始,大量的反应热不能及时移走,会破坏生成的氟甲烷,因此直接氟代的反应难以实现。碘与甲烷的反应需要大于 $141\ kJ\cdot mol^{-1}$ 的活化能,反应难以进行。氯代只需活化能 $+16.7\ kJ\cdot mol^{-1}$,溴代需活化能 $+75.3\ kJ\cdot mol^{-1}$,故反应活性顺序为氟 > 氯 > 溴 > 碘。这就是卤代反应中氯代和溴代实际应用较多的原因。

(四)不同类型的氢原子的卤代活性与烷基自由基的稳定性

在室温下烷烃的氯代反应,叔、仲、伯氢的活性顺序依次为 3°>2°>1°,怎样理解这个活性次序呢?由于卤代反应中烷烃 C—H 键发生均裂,氢原子与卤素自由基结合生成卤化氢,烷烃则形成烷基自由基,故烷基自由基形成的难易程度反映了烷烃中各类氢原子被卤代的反应活性。同一类型的键(如 C—H 键)发生均裂时,键的解离能越小,则 C—H 键断裂所需的能量越低,自由基就越容易生成,生成的自由基也较稳定。

$$CH_3-H \longrightarrow \cdot CH_3 + \cdot H \qquad \Delta_r H_m^{\ominus} = +439.3 \ kJ \cdot mol^{-1}$$

$$CH_3CH_2CH_2-H \longrightarrow CH_3\overset{\cdot}{C}H_2 + \cdot H \qquad \Delta_r H_m^{\ominus} = +410.0 \ kJ \cdot mol^{-1}$$

$$\underset{\overset{|}{H}}{CH_3CHCH_3} \longrightarrow CH_3\overset{\cdot}{C}HCH_3 + \cdot H \qquad \Delta_r H_m^{\ominus} = +397.5 \ kJ \cdot mol^{-1}$$

$$\underset{\overset{|}{CH_3}}{\overset{\overset{CH_3}{|}}{CH_3-C-H}} \longrightarrow \underset{\overset{|}{CH_3}}{\overset{\overset{CH_3}{|}}{CH_3-C\cdot}} + \cdot H \qquad \Delta_r H_m^{\ominus} = +389.1 \ kJ \cdot mol^{-1}$$

从这些反应的 $\Delta_r H_m^{\ominus}$ 数值中，可以看到形成各类自由基所需要的能量是按 3°<2°<1°< $CH_3\cdot$ 减少的。因此，烷基自由基的稳定性顺序为：$3°C\cdot > 2°C\cdot > 1°C\cdot > H_3C\cdot$。也就是越稳定的自由基越容易产生。烷烃的卤代反应是自由基取代反应，决定反应速率的关键步骤是产生烷基自由基这一步。这样就回答了为什么烷烃分子中各种不同类型的氢原子的反应活性会有差异。

那么，为什么不同的 C—H 键解离能不同，碳自由基稳定的真正原因又是什么呢？这可以用 σ-p 超共轭效应来解释。碳自由基的构型是平面三角形，自由基所在的碳为 sp^2 杂化，3 个 sp^2 杂化轨道分别与碳原子或氢原子形成三个 C—C 或 C—H σ 键，未参与杂化的 p 轨道垂直于三个杂化轨道形成的平面，p 轨道内含有一个单电子。甲基自由基的轨道结构示意图见图 3-14(a)。

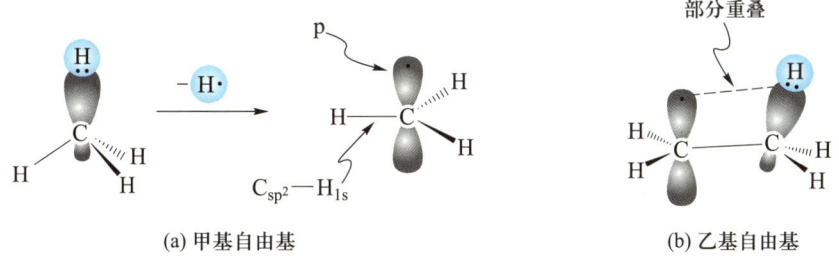

(a) 甲基自由基   (b) 乙基自由基

图 3-14 碳自由基的轨道及 σ-p 超共轭效应

在乙基自由基中，连接自由基碳的 C—H σ 键，可以与单电子 p 轨道发生部分重叠，σ 键上的电子云部分离域到 p 轨道，这种现象称为 σ-p 超共轭效应（σ-p hyperconjugation），见图 3-14(b)。离域的结果是使体系能量降低，自由基变得比较稳定。由于 C—C 单键可以自由旋转，所以与自由基相连碳原子上的氢原子越多，其 σ-p 超共轭效应越强，体系越稳定。例如，乙基自由基（$1°C\cdot$）中有 3 个 σ-p 超共轭效应，异丙基自由基（$2°C\cdot$）中有 6 个，而叔丁基自由基（$3°C\cdot$）中有 9 个，因而 $3°C\cdot$ 是最稳定的自由基，2°、1° 自由基稳定性依次降低，而甲基自由基中无超共轭效应，所以最不稳定。对于有机活性中间体，电子离域或电荷分散均可使体系能量降低，使其存在更为稳定，这是一个较为普遍的规律。

【思考题 3-5】试写出在光照下氯气与甲烷反应生成三氯甲烷的反应历程。

七、烷烃的来源

天然气和石油是烷烃的主要来源。天然气中大致含有 75% 的甲烷、15% 的乙烷及 5% 的丙烷，其余为较高级的烷烃；石油中碳、氢的质量分数占到 97% 以上，主要包括各种烷烃、环烷烃及芳香烃。除了 $C_1 \sim C_6$ 烷烃外，其他的烷烃沸点相近，不易分离。一般是根据需要，将其分馏成不同沸程的混合物加以应用；另外就是通过热裂解反应将相对分子质量较大的烷烃转化成相对分子质量较小的烷烃，再加以分离和使用。表 3-9 列出了石油各馏分的组成和用途。

表 3-9　石油各馏分的组成和用途

产　品	主要成分	沸点范围 /℃	用　途
石油气	$C_1 \sim C_4$ 的烷烃	<20	炼油厂燃料、液化石油气
石油醚（轻汽油）	$C_4 \sim C_6$ 的烷烃	40 ~ 70	溶剂、化工原料
汽油	$C_5 \sim C_8$ 的烷烃	40 ~ 150	溶剂、内燃机燃料
航空煤油	$C_8 \sim C_{15}$ 的烷烃	150 ~ 250	喷气式飞机燃料
煤油	$C_{11} \sim C_{17}$ 的烷烃	160 ~ 300	燃料、工业洗涤剂
柴油	$C_{12} \sim C_{19}$ 的烷烃	180 ~ 350	柴油机燃料
润滑油	$C_{16} \sim C_{20}$ 的烷烃		防锈剂
石蜡	$C_{20} \sim C_{30}$ 的烷烃		蜡纸
沥青	$>C_{30}$ 的烷烃		铺路、防腐剂

有些烷烃则是某些昆虫的外激素。所谓"昆虫外激素"是同种昆虫之间借以传递信息而分泌的化学物质，如雌虎蛾就是通过分泌外激素 2- 甲基十七烷来引诱雄虎蛾的。人们可以利用这一性质，使用合成的外激素来诱捕某种害虫。昆虫激素的作用往往是很专一的，可利用它只杀死某一种昆虫而不伤害其他昆虫，这也是农药发展的一个新思路。烷烃除能被少数细菌或微生物代谢外，绝大部分是不能吸收或使它们代谢的，这和烷烃对大多数试剂的相对稳定性是一致的。

第二节　环　烷　烃

环烷烃（cycloalkanes）是链状烷烃的首尾两个碳原子直接以 σ 键相连接后形成的环状烷烃类化合物。环烷烃的性质与链状脂肪族烷烃类化合物有许多相似之处，所以又称为脂环烃（alicyclic hydrocarbon）。

一、环烷烃的分类和命名

（一）环烷烃的分类

根据环烷烃分子中所含的碳环的数目，可分为单环、双环和多环烷烃。双环烷烃和多环烷烃中环的数目,可以依据 C—C 键断裂数来判断,当断裂两根 C—C 键就可变为链状烷烃的环烷烃就是二环烷烃,断裂三根 C—C 键就变为链状烷烃的环烃就是三环烷烃,依此类推。在双环和多环化合物中根据碳原子的结合方式不同,又分为桥环烃和螺环烃。单环烷烃(monocyclic alkane)是分子中只有一个碳环的环烷烃,它们的结构通式为 C_nH_{2n}。在单环烷烃体系中,根据成环的碳原子数目,又分为小环(三元环、四元环)、普通环(五至七元环)、中环(八至十一元环)和大环(十二元环以上)。

(二)单环烷烃的命名

单环烷烃的命名在开链烷烃的基础上采用环开闭操作法,环上无取代基时,只需在相应的烷烃前面加上"环"(cyclo)字,称为环某烷。例如:

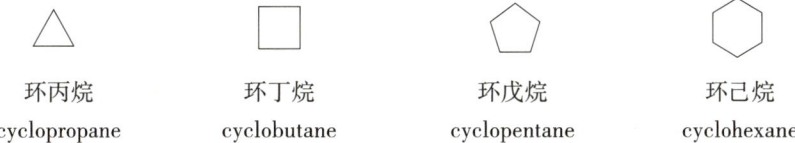

环丙烷　　　　　环丁烷　　　　　　环戊烷　　　　　　环己烷
cyclopropane　　cyclobutane　　　cyclopentane　　　cyclohexane

若环上带有一个较简单取代基,将取代基名称放在环某烷名称之前;若有两个或多个取代基,应按最低位次组对母体环进行编号。按照英文名称的字母顺序依次写出取代基的名称,最后写出环某烷。例如:

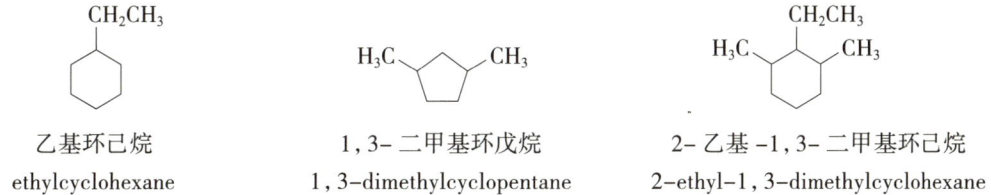

乙基环己烷　　　　　1,3-二甲基环戊烷　　　　　2-乙基-1,3-二甲基环己烷
ethylcyclohexane　　1,3-dimethylcyclopentane　　2-ethyl-1,3-dimethylcyclohexane

当碳链上连有多个碳环时,或者成环原子数少于开链碳原子数时,习惯上将此长链作为母体氢化物,环作为取代基。大环连小环时,小环作为取代基。例如:

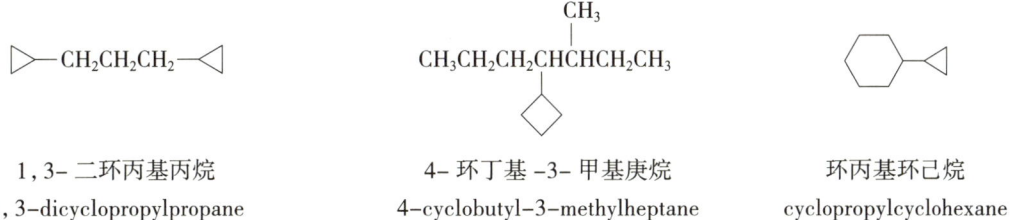

1,3-二环丙基丙烷　　　　4-环丁基-3-甲基庚烷　　　　环丙基环己烷
1,3-dicyclopropylpropane　　4-cyclobutyl-3-methylheptane　　cyclopropylcyclohexane

由于环烷烃分子中碳环的 C—C 间 σ 键受环的限制而不能像开链烷烃那样自由旋转,所以当环上两个碳原子分别连有取代基时,会出现两种异构体。这种由于分子中存在阻碍单键自由旋转的因素(如环或双键),在一定条件下,引起原子或基团在空间排列方式不同的异构现象称为顺反异构。两个取代基位于环平面的同侧,称为顺式异构体;位于环平面的异侧,则称为反式异构体。命名时,要标明立体构型,在编号的前面加上"顺"(cis-)或"反"(trans-)

字。(学习第六章对映异构内容后会发现,仅用顺反命名有时并不合适。)书面表达常用下面 2 种方法表示。

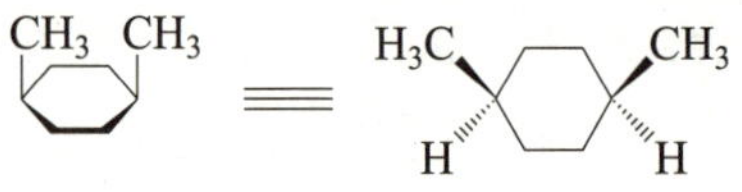

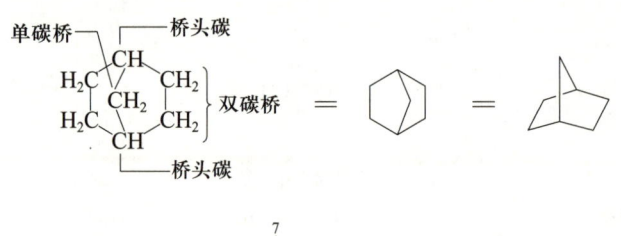

cis-1,4- 二甲基环己烷
cis-1,4-dimethylcyclohexane

(三)桥环烷烃和螺环烷烃的命名

1. 桥环烃的命名

分子中碳环共用两个或两个以上碳原子的环烷烃称为桥环烃(bridged hydrocarbon),共用的碳原子称为桥头碳(bridgehead carbon),连接两个桥头碳的碳链称为桥路。常见的桥环是二环或称双环。

桥环烃命名时,先确定母体烃的环数;编号则从一个桥头碳开始,沿着最长的桥路经第二个桥头碳,再经过短的桥路,回到第一个桥头碳;将桥上碳原子数(不包括桥头碳)由多至少的顺序列在方括弧内,数字之间用圆点隔开,括弧后写上包括桥头碳在内的母体环烃的名称——某烷。若有取代基,则在遵循上述原则的基础上,编号也必须遵循最低序列编号原则,使取代基的位次尽可能小。例如:

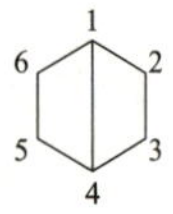

二环[2.2.0]己烷　　　2- 甲基二环[2.2.1]庚烷　　6,8,8- 三甲基二环[3.2.1]辛烷
bicyclo[2.2.0]hexane　2-methylbicyclo[2.2.1]heptane　6,8,8-trimethylbicyclo[3.2.1]octane

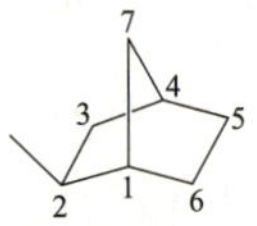

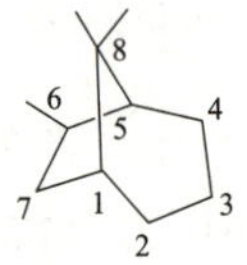

一些复杂的桥环烃常用俗名。例如:

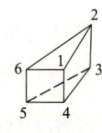 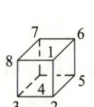 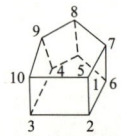 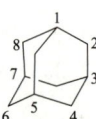

三棱烷　　　　　立方烷　　　　　五棱烷　　　　　　金刚烷
prismane　　　　cubane　　　　　pentaprismane　　　adamantane

2. 螺环烃的命名

分子中两个碳环共用一个碳原子的环烃称为螺环烃(spirocyclic hydrocarbon),共用的碳

原子称为螺原子。命名时先把螺环定为母体烃。编号从小环的螺原子邻位碳开始,先编小环,经螺原子再编大环,并保证取代基遵循最低位次编号原则。将各环上不包括螺原子在内的碳原子数由小到大写在方括号内,数字之间用原点隔开,前面加"螺"字。例如:

螺[4.5]癸烷   4-甲基螺[2.4]庚烷

spiro[4.5]decane   4-methylspiro[2.4]heptane

【思考题3-6】命名下列化合物:

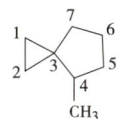

二、环烷烃的物理性质

单环烷烃中小环为气态,普通环为液态,中环及大环为固态。环烷烃的熔点、沸点和相对密度都比相同碳原子数的链状烷烃略高,这可能是由于链状烷烃分子中单键可以自由旋转,分子间的作用力和对称性要弱于同碳原子数的环烷的缘故。环烷烃一般是非极性分子,易溶于非极性或弱极性的有机溶剂,而难溶于极性溶剂。一些简单环烷烃的物理常数见表3-10。

表3-10 一些简单环烷烃的物理常数

名称	分子式	沸点/℃	熔点/℃	相对密度	折射率
环丙烷	C_3H_6	-32.9	-127.4	0.720(-79℃)	1.372 6(-32℃)
环丁烷	C_4H_8	12.9	-50	0.703(0℃)	1.375 2(0℃)
环戊烷	C_5H_{10}	49.3	-93.8	0.745	1.406 5
环己烷	C_6H_{12}	80.7	6.5	0.779	1.426 2
环庚烷	C_7H_{14}	119	-12	0.810	1.444 9
环辛烷	C_8H_{16}	148	14.8	0.839	1.458 5

三、环烷烃的化学性质

五元及其以上的环烷烃对一般的化学试剂表现出稳定性,而在光照、高温或催化剂存在下也能发生自由基取代反应,同链状烷烃的化学性质十分相似。例如:

小环烷烃在一定的条件下,也可发生取代反应。例如:

$$\triangle \ + \ Cl_2 \ \xrightarrow{h\nu} \ \triangleright\!\!-\!Cl$$

与链状烷烃显著不同的是小环烷烃分子不稳定,具有特殊的化学性质,容易发生开环加成反应。例如:

$$\triangle
\begin{cases}
\xrightarrow[80℃]{H_2/Ni} & CH_3CH_2CH_3 \\
\xrightarrow{Br_2} & Br-CH_2CH_2CH_2-Br \\
\xrightarrow[FeCl_3]{Cl_2} & Cl-CH_2CH_2CH_2-Cl \\
\xrightarrow{HBr} & H-CH_2CH_2CH_2-Br \\
\xrightarrow{H_2SO_4} & CH_3CH_2CH_2-OSO_3H \xrightarrow{H_2O} CH_3CH_2CH_2-OH
\end{cases}$$

$$\square
\begin{cases}
\xrightarrow[200℃]{H_2/Ni} & CH_3CH_2CH_2CH_3 \\
\xrightarrow[\triangle]{Br_2} & BrCH_2CH_2CH_2CH_2Br \\
\xrightarrow{HI} & CH_3CH_2CH_2CH_2I
\end{cases}$$

（1）加氢反应　在金属催化剂（如 Ni、Pd、Pt 等）存在下,环丙烷和环丁烷在一定温度下可以与氢气加成,开环生成饱和链状烷烃。

（2）加卤素反应　环丙烷在室温下很容易与 Br_2 反应,与 Cl_2 在室温下不易反应,一般要在 Lewis 酸的催化下才发生加成。环丁烷在室温下很难与 Br_2 反应,需在加热下才能反应。

（3）加氢卤酸反应　环丙烷在室温下很容易和氢卤酸（HCl、HBr、HI）反应,而环丁烷在室温时与氢卤酸一般不反应。

（4）与 H_2SO_4 加成　环丙烷的取代衍生物在室温下用浓硫酸处理,再和水共热得到醇。

以上加成反应是属于离子型加成反应。取代环丙烷与酸加成时,从含 H 最多和含 H 最少的 C—C 键断裂,H 加到含 H 多的 C 上,负离子加到含 H 少的 C 上,即加成符合 Markovnikov 规则,参见第四章。例如:

$$\triangleright\!\!-\!CH_3 \ + \ HI \ \longrightarrow \ CH_3\overset{\overset{\displaystyle I}{|}}{C}HCH_2CH_3$$

比较上述各反应,可知开环反应活性为:三元环 > 四元环 > 五、六、七元环。

环烷烃对氧化剂较稳定,不能使高锰酸钾水溶液褪色。

小环烷烃为什么具有这些特殊的化学性质呢？这可以从它们的分子结构特性中找到答案。

【思考题 3-7】如何用简便的化学方法区别 1, 2- 二甲基环丙烷和环戊烷两种同分异构体。

【思考题 3-8】将甲基环己烷进行溴代，得到的一取代主产物是什么？试解释这种现象。

四、环烷烃的结构与稳定性

（一）拜尔张力学说

从上述化学性质的实验可以看出，环烷烃的化学反应活性与结构有关，单环烷烃的化学稳定性大小次序为：普通环 > 环丁烷 > 环丙烷。针对实验事实，1885 年，德国化学家拜尔（A. von Baeyer）以范特霍夫的碳四面体结构为基础，提出了张力学说。他认为有机碳环化合物在键角为 109.5°（碳原子四面体结构的自然键角）时最稳定，如果所成键角偏离这个角度，就会产生张力，偏离角度越大，张力越大，环越不稳定，化学性质越活泼。他把分子中会出现的这种张力称为角张力（angle strain）。

当时认为碳环化合物的成环原子都在同一平面上，组成一个平面正多边形，按照拜尔张力学说，环丙烷是平面正三角形，C—C 键的夹角是 60°，与自然键角 109.5° 比较，相差 49.5°，因此在环丙烷中每个 C—C 键向内压缩了 24.75°。依此推算，正四边形的环丁烷键角为 90°，与自然键角的偏差为 19.5°，较环丙烷更稳定；正五边形的环戊烷键角为 108°，与自然键角的偏差最小（1.5°），应是最稳定的环烷烃；正六边形的环己烷键角是 120°，与自然键角的偏差为 –10.5°，意味着与自然键角相比须向外扩展 10.5° 才能适应其几何形状，稳定性因而低于环戊烷。以此类推，大于环己烷的中环、大环化合物随成环碳原子数的增加而稳定性降低。为了消除角张力，环烷烃分子易于开环反应生成稳定的开链化合物，C—C 键恢复到正常的正四面体的键角。拜尔张力学说对小环烷烃的稳定性及其反应活性的解释是合理的，但对普通环、中环及大环的稳定性判断与实验事实相矛盾。

（二）燃烧热与稳定性

20 世纪 30 年代，随着热力学的发展，化合物的燃烧热可以精确的测量，通过燃烧热的大小来反映化合物内能的高低和稳定性大小。而对于环烷烃，每个亚甲基的燃烧热数据如表 3-11 所示。

在本章开链烷烃内容里讨论过，燃烧热的大小，反映分子内能的高低。燃烧热越大，分子内能越高，则其结构稳定性越小；反之燃烧热越小，分子内能越低，则稳定性越大。正烷烃每个亚甲基的燃烧热为 658.6 $kJ \cdot mol^{-1}$。从表 3-11 中的数据可以看出，对比开链烷烃的 CH_2 的燃烧热数据，环丙烷和环丁烷中单个 CH_2 的燃烧热分别高出 38.5 $kJ \cdot mol^{-1}$ 和 27.5 $kJ \cdot mol^{-1}$，从环丙烷到环戊烷，每个 CH_2 的燃烧热逐渐减少，说明分子内能越来越低，趋于稳定。这说明小环烷烃中存在环张力，分子不稳定，所以化学反应活性高；而普通环、中环及大环的亚甲基的燃烧热数据与开链烷烃的接近，分子中张力很小，难以发生加成反应；环己烷的 CH_2 燃烧热值最小，与开链正烷烃数值相当，因而是最稳定的。

表3-11　环烷烃的燃烧热   单位：kJ·mol⁻¹

碳原子数（n）	每个CH_2燃烧热（H_c/n）	总张力能（$H_c^\ominus/n-658.6$）	碳原子数（n）	每个CH_2燃烧热（H_c/n）	总张力能（$H_c^\ominus/n-658.6$）
3	697.1	115.5	10	663.6	50.0
4	686.1	110.0	11	662.7	45.1
5	664.0	27.0	12	659.4	9.6
6	658.6	0	13	660.2	20.8
7	662.4	26.6	14	658.6	0
8	663.8	41.6	15	659.0	6.0
9	664.6	54.0			

（三）环丙烷的结构

　　为什么环丙烷分子中存在较大的张力，化学性质最活泼，而五元以上的环烷烃几乎没有张力，结构趋于稳定呢？经电子衍射等现代物理方法测定表明，环丙烷分子中 C—C 键的夹角∠CCC 不是正四面体键角的 109.5°，也不是正三角形的 60°，实际是 105.5°。碳原子以 sp³ 杂化轨道成键，C—C 间 σ 键不是杂化轨道沿着键轴的方向重叠，而是弯曲重叠成键，形状类似香蕉，故将这种弯曲键形象地比喻为香蕉键（banana bond），如图 3-15 所示。由于形成的是电子云部分重叠的弯曲键，环丙烷整个分子像拉紧的弓一样，有较大的角张力存在。

　　另外，环丙烷分子中 3 个碳原子在同一平面上，由于受碳环相互牵制的影响，C—C 单键不能自由旋转，相邻两个碳原子上的氢彼此只能呈重叠式构象，如图 3-16 所示。

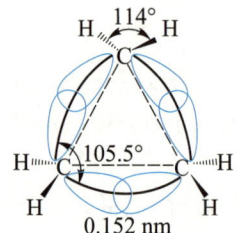

图 3-15　环丙烷的弯曲键

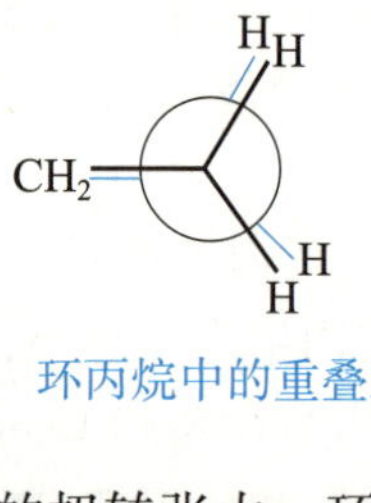

图 3-16　环丙烷中的重叠式构象

　　重叠式构象会使体系能量升高，稳定性下降，产生较大的扭转张力。环丙烷中既存在较大的角张力又存在较大的扭转张力，因而内能很高，是最不稳定的环烷烃，其 C—C 间弯曲的 σ 键容易断裂，发生开环加成反应。

（四）环丁烷和环戊烷的构象

　　环丁烷的结构与环丙烷类似，也存在一定的角张力和扭转张力。为了减小扭转张力，四个环碳原子可以不在同一个平面上。电子衍射结果表明,环丁烷呈现一种相对稳定的"蝴蝶型"结构,相邻碳原子上的氢以交叉式构象存在,两"翼"可上下摆动,构象间可以相互转变。环丁烷形成的蝴蝶型构象见图 3-17,原子轨道间也是弯曲重叠成键,C—C 键的夹角∠CCC 为 111.5°,键的弯曲程度比环丙烷要小,因而比环丙烷要稳定些。

环戊烷也不是平面结构,主要有信封型和半椅型两种不同的构象,前者是优势构象,即四个碳原子处在同一个平面上,另一个碳原子伸出平面外,与平面距离约为 5 nm,时而在上,时而在下,呈动态平衡。环戊烷若以平面构象存在时几乎无角张力(键角为 108°),但相连的每对碳原子均呈重叠式,具有很高的扭转张力。而当由平面型转变成信封型时,相邻碳原子间的重叠式构象调整到交叉式构象,角张力稍微增大,但扭转张力明显降低,所以整体内能降低,如图 3-18 所示。

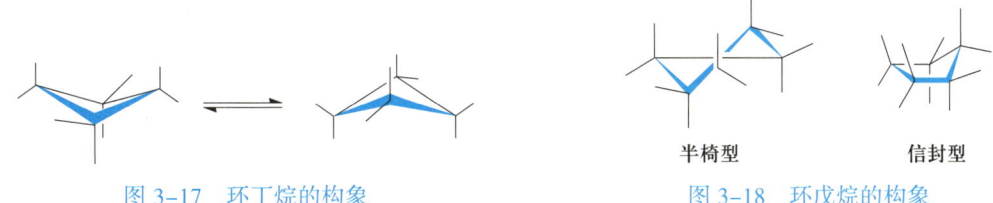

图 3-17 环丁烷的构象   半椅型   信封型

图 3-18 环戊烷的构象

环己烷的构象是环烷烃中最为稳定的,环庚烷和更大的环烷烃也都是非平面环,张力均不大,一般情况下环越大稳定性越接近环己烷。以下重点分析环己烷的构象。

(五)环己烷及其衍生物的构象

环己烷是一种重要的环烷烃,它广泛存在于天然化合物的分子骨架中。讨论环己烷及其取代衍生物的稳定构象,对讨论它们的物理及化学性质等均具有重要的意义。1890 年,德国化学家萨赫斯(U Sachse, 1854—1911)提出无张力环的概念,认为在环烷烃分子中,通过 C—C 键的扭转,成环碳原子如果不在同一平面上,就可保持正常键角 109.5°。按照这种观点,环己烷可形成两种无张力环(图 3-19):一种是椅型构象(chair conformation),另一种是船型构象(boat conformation)。1943 年,挪威物理化学家哈塞尔(O Hassel, 1897—1981)用电子衍射法研究环己烷的结构,结果表明其各个键角都非常接近 109.5°,证明了无张力环学说的正确性。哈塞尔还把环己烷的十二个碳氢键分成与分子对称轴平行的直立键和与分子对称轴成 109.5° 的平伏键,并提出环己烷的转环作用,进而形成了构象异构体的重要概念。

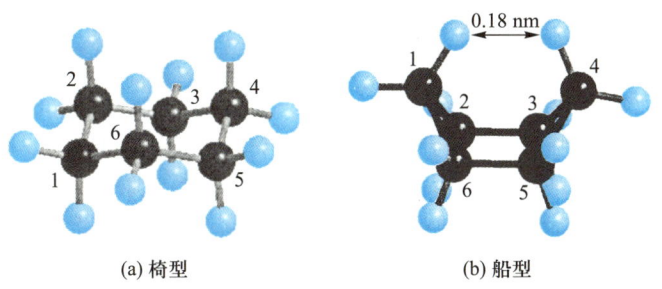

(a) 椅型   (b) 船型

图 3-19 环己烷椅型和船型构象的球棍模型

在船型构象中,如图 3-20(b),C_2—C_3 和 C_5—C_6 上的氢彼此为全重叠式构象,且 C_1 与 C_4 上两个氢原子间的距离很近(0.18 nm,小于氢原子的范德华半径之和 0.24 nm),因而存在较大的斥力,是能量较高的构象。而在椅型构象(a)中,C—C 间的键角为 109.5°,与正常键角完全一致,无角张力;相邻碳原子上的氢彼此处于交叉式,无扭转张力;各氢原子间的距离为 0.25 nm 左右,超过氢原子的范德华半径之和,无相互排斥作用,因而椅型环己烷为无张力环,是能量最低、最稳定的构象。这也是环己烷衍生物在自然界广泛存在的优势构象。

椅型和船型构象通过单键的旋转可以互相转换,中间经历扭船型(skew boat conformation)构象(c),其内能小于船型而大于椅型。

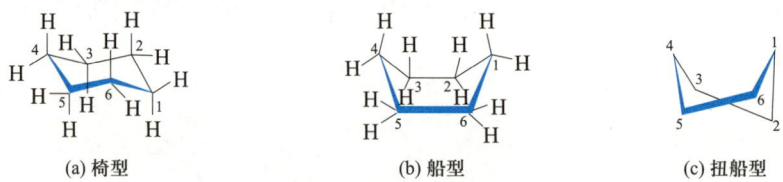

(a) 椅型   (b) 船型   (c) 扭船型

图 3-20   环己烷几种典型构象的表示方法

环己烷实际上并不只有椅型和船型两种构象。从它的势能变化图(图 3-21)上可以看到,最稳定的椅型与最不稳定的半椅型之间能量差只有 46 kJ·mol^{-1}。所以,在室温下通过 C—C σ 键的扭转,环己烷是处在各种构象变化的动态平衡状态中。但是椅型的势能很低,室温下 99.9% 的环己烷是以最稳定的椅型构象存在的。

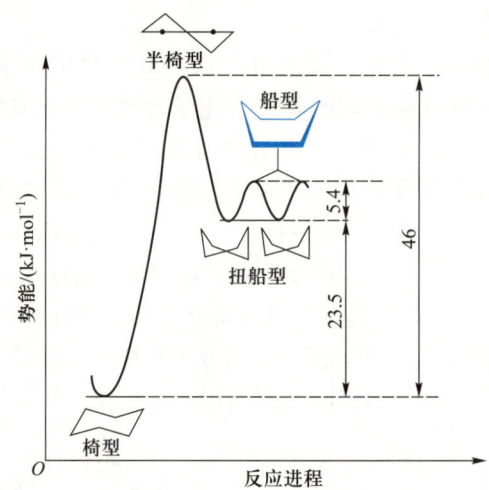

图 3-21   环己烷构象之间相互转化的势能变化图

椅型构象是一个轴对称结构,由于形似椅子而得名。假定图 3-20(a)中的 C_1 为椅脚,C_4 则为椅背。相邻的碳原子则处在一上一下的位置,下面 3 个碳原子组成的平面与上面 3 个碳原子组成的平面平行,分子的对称轴垂直于两平面。6 个碳原子上的 12 个 C—H 键可以分为两类,一类垂直于两平面,称为直立键(axial bonds),简称 a 键;另一类是大体与两平面平行,称为平伏键(equatorial bonds),简称 e 键。a 键和 e 键的表示方法见图 3-22。

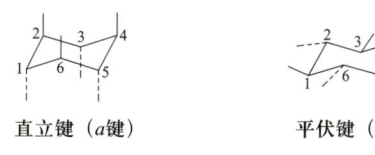

直立键（a键）　　　　　　平伏键（e键）

图3-22　环己烷椅型构象的直立键和平伏键

在用锯架式表达椅型构象时,应注意每两条对应边相互平行,即C_1—C_6键与C_3—C_4键平行,C_2—C_3键与C_5—C_6键平行,C_4—C_5键与C_1—C_2键平行;H的画法是,上面三个碳（C_1,C_3,C_5）的a键朝上,e键朝斜下方;而下面三个碳（C_2,C_4,C_6）的a键朝下,e键朝斜上方。每个碳原子上各有一个a键和e键,且两个键所指的方向是相反的。

若将椅型构象中的椅背向下翻转,椅脚向上翻转,即得到另外一种椅型构象。这样原来的椅背变为椅脚,而原椅脚则变为椅背,同时原来的a键转变为e键,e键转变为a键。这种现象称为构象的翻转,见图3-23。

图3-23　两种椅型构象的相互转换

3-3

当环上无取代基时,翻转前后的构象内能相等,一般存在形式各占50%。但当环上有取代基时,则情况有所不同。如甲基环己烷,随着构象的翻转,甲基与环连接的方式也在a键和e键间不断转变,如图3-24所示。

CH₃

图3-24　甲基环己烷椅型构象的翻转

翻转前后两种构象的分子内能是不同的。当甲基处在a键时（Ⅰ）,由于甲基的体积比氢大,它与C_3、C_5 a键上的氢原子之间的距离较近,会产生相互排斥作用（也称为1,3-二竖键作用,属于非键张力）,内能较高;但翻转后的甲基连在e键上（Ⅱ）,甲基伸向环外,与各氢原子之间的距离较远,非键张力降低,内能也随之降低,是较稳定的优势构象。室温下,甲基环己烷以（Ⅱ）形式存在约占95%。

随着取代基的体积增大,单取代环己烷的两种构象异构体的环张力大小相差越大,即两种构象的势能差更大,取代基处于e键的构象异构体的稳定性更高,存在的比例更大。如在叔丁基环己烷的构象中,几乎100%是e键取代的异构体。

环己烷被两个基团取代时,会形成4种位置异构体,即1,1-、1,2-、1,3-及1,4-二取代环己烷衍生物。其中1,1-二取代环己烷只有1种构象异构体,余下的3种比较复杂,不仅有构象异构,还有顺反构型异构或对映异构体,在后续章节中讨论。

环烷烃顺反异构体的书写,一般情况下可以用环的平面简化结构来表示。键朝上表示取代基在环平面上,键朝下表示取代基在环平面下;也可以用实的楔形键表示取代基在环平面前面,用虚的楔形键表示取代基在环平面后面。

下面只就相对简单的 1,4- 二甲基环己烷进行讨论。1,4- 二甲基环己烷有顺式和反式两种构型异构体:

$$CH_3 \quad CH_3 \qquad\qquad CH_3$$
$$\qquad\qquad\qquad CH_3$$

顺 -1,4- 二甲基环己烷　　　　　反 -1,4- 二甲基环己烷

对于顺式,因需要满足两个甲基处于顺式,其构象式只能是一个甲基处于 a 键,一个甲基处于 e 键(ae 型或 ea 型);构象翻转前后,势能相同。两个构象各占 50%,无优势构象。

$$CH_3 \qquad\qquad\qquad\qquad CH_3$$
$$H \qquad\qquad CH_3 \Longleftrightarrow H_3C \qquad H$$
$$H \qquad\qquad\qquad\qquad H$$

（ae）50%　　　　　　　　　　　（ea）50%

而对于反式异构体,则有两种情况:一种是两个甲基都处于 e 键上(称 ee 型);另一种是都处于 a 键上(aa 型),两种构象不断翻转。显然,前者势能较低,占 99.6%,是优势构象。

$$H \qquad\qquad\qquad\qquad CH_3$$
$$H_3C \qquad CH_3 \longleftarrow H \qquad H$$
$$H \qquad\qquad\qquad\qquad CH_3$$

（ee）优势构象　　　　　　　　（aa）

用构象分析的方法就可确定两种顺、反异构体的稳定性。反式异构体因存在能量更低的优势构象而比顺式异构体更稳定。

当环己烷有多个取代基时,一般可根据下列原则来推断其优势构象:椅型构象是最稳定的构象;取代基处于 e 键较多者为优势构象;有不同取代基时,在符合空间构型的前提下,较大的取代基处于 e 键者为优势构象。表达立体结构时,一般先将较大的基团放在 e 键上,其他基团再根据与此基团的顺、反关系,确定放在 a 键或是 e 键上。

【思考题 3-9】写出反 -1- 甲基 -4- 叔丁基环己烷的优势构象。

第三章
思考题答案

【知识延伸】新能源开发之——页岩气

　　新能源是指各类非常规形式的能源,主要包括:太阳能、风能、核能、水能、页岩气、地热能、潮汐能等具有低污染特性的能源。近几年世界能源发展中最令人瞩目的是美国页岩气革命。经过多年的努力,美国页岩气开采已经取得了很大成就。2012 年美国页岩气体产量超过了 $1.8 \times 10^{11} \, m^3$,即仅此页岩气产量就已超过中国当年全部天然气消费量。

　　页岩气是从页岩层中开采出来的天然气。它是赋存于富有机质泥页岩及其夹层中,以吸附和游离状态为主要存在方式的非常规天然气。页岩气大约 50% 以游离状态存在于裂缝、孔隙等储集空间,大约 50% 以吸附状态存在于黏土颗粒及孔隙表面,极少量以溶解状态储存于干酪根、沥青质及石油中。页岩气有机成因主要是埋藏于地下的生物质经过微生物降解,高温、高压下的复杂化学和物理变化,并经过集聚、结晶、吸附等过程形成的。

　　页岩气是一种“清洁、高效、低碳”的新能源。页岩气开发将引发全球新能源革命,有可能重塑世界工业版图。全球天然气出口国论坛(GECF)发布《2050 年全球天然气展望》报告显示,一些资源国为了改善环境而采取了低碳政策,预计 2050 年全球天然气需求仍将增长 50% 至 $5.92 \times 10^{12} \, m^3$。天然气将是全球能源结构中唯一占比增长的化石能源,将从 2019 年的 23% 升至 2050 年的 28%。我国页岩气资源也很丰富,目前已成为北美之外最大的页岩气生产国。在目前的技术条件下,2030 年中国页岩气产量将有望达到 $4 \times 10^{10} \, m^3$,是未来中国天然气产量增长的重要组成。

【知识连接】

1. 烷烃的命名要点:

$$
\begin{array}{cccccccc}
7 & 6 & 5 & 4 & 3 & 2 & 1 & 2,5,6 \\
1 & 2 & 3 & 4 & 5 & 6 & 7 & 2,3,6 \ \text{最低位次组} \\
\end{array}
$$

H₃C—CH—CH—CH₂—CH₂—CH—CH₃
　　　　|　　|　　　　　　　　|
　　　CH₃　CH₂—CH₃　　　CH₃

3-乙基-2,6-二甲基庚烷　　　3-ethyl-2,6-dimethylpentane

前缀,取代基　　母体氢化物　　英文字母列出顺序

2. 烷烃的结构及反应特性:

(1)结构特性
- 碳原子 sp^3 杂化轨道与另外的杂化轨道或原子轨道头对头重叠形成 σ 键,键角接近 109.5°
- σ 键可以自由旋转,因此烷烃可以产生无数种构象异构体
- 乙烷交叉式、丁烷对位交叉式、长链烷烃碳原子呈锯齿状排列为稳定构象

(2)反应特性
- σ 键键能高、极性小,烷烃一般条件下对酸碱及氧化还原剂稳定
- 较强条件下可发生自由基卤代反应
  - 条件:高温、光照或过氧化物
  - 过程:链引发、连增长和链终止
  - 结果:卤代烷烃的混合物
  - 选择性:叔氢、仲氢、伯氢的反应活性依次为 3° > 2° > 1°

3. 环烷烃的结构及反应特性：

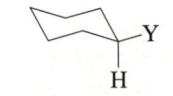

（1）小环加成反应

$$\triangle \xrightarrow{H_2/Ni} CH_3CH_2CH_3$$

$$\triangleright\!-CH_3 \xrightarrow{HI} CH_3\overset{I}{\underset{}{C}HCH_2CH_3}$$

$$\square \xrightarrow[\triangle]{Br_2} BrCH_2CH_2CH_2CH_2Br$$

小环结构中存在大的角张力，弯曲的 σ 键容易断裂，发生催化加氢、加卤化氢和卤素等开环加成反应

（2）普通环取代反应

$$\bigcirc \xrightarrow[\triangle]{Br_2} \bigcirc\!-Br$$

键角接近开链烷烃,发生类似的自由基取代反应

（3）环己烷立体结构

最稳定构象为椅型构象,有体积较大的取代基Y时,其处于平伏键的椅型构象为稳定构象

【英汉词汇】

烷烃　alkane

环烷烃　cyclic alkane

脂环烃　alicyclic hydrocarbon

桥环烷烃　bridged cycloalkane

螺环烷烃　spiro cycloalkane

天然气　natural gas

石油　petroleum

熔点　melting point

沸点　boiling point

溶解度　solubility

密度　density

热力学　thermodynamics

动力学　dynamics

反应机理　reaction mechanism

中间体　intermediate

自由基　free radical

取代反应　substitution reaction

过渡态　transition state

活化能　activation energy

反应速率　reaction rate

引发剂　initiator

抑制剂　inhibitor

自由基取代反应　free radical substitution reaction

卤代反应　halogenation reaction

链反应　chain reaction

链引发　chain initiation

链增长　chain propagation

链终止　chain termination

【参考文献】

［1］Dragojlovic V. Conformational Analysis of Cycloalkanes［J］. ChemTexts, 2015, 1, 14.

［2］Taft R W, Stratton W. Photochemical Gaseous Phase Chlorination of Isobutane［J］. Ind. Eng. Chem., 1948, 40, 1485–1491.

［3］Rogge T, Kaplaneris N, Chatani N, et al. C–H Activation［J］. Nature, 419, 456–459.

［4］Soulsby D. Using ^{1}H NMR Spectroscopy to Study the Free Radical Chlorination of Alkanes［J］. J. Chem. Educ., 2020, 97, 2286–2290.

［5］徐振亚 . 徐寿父子对中国近代化学的贡献［J］. 大学化学 . 2000, 15（1）: 58–62.

［6］中国化学会 . 有机化合物命名原则［M］. 北京 : 科学出版社, 2018.

【习题】

1. 用系统命名法命名下列化合物。

（1）
$$CH_3-CH_2-\underset{\underset{CH_2-CH_3}{|}}{\overset{\overset{CH_2-CH_3}{|}}{CH}}-CH-CH_3$$

（2）
$$CH_3CH_2CH_2CH\underset{\underset{C(CH_3)_3}{|}}{CH}\overset{\overset{CH_2CH_3}{|}}{CHCH_3}$$

（3）
$$CH_3CH_2\underset{\underset{CH-CH_3}{\underset{\underset{CH_3}{|}}{|}}}{CHCHCH_3}\overset{\overset{CH_3}{|}}{}$$

（4）
$$CH_3CH_2\underset{\underset{CH_2CH_3}{|}}{CH}CH_2\underset{\underset{CHCH_3}{\underset{\underset{CH_3}{|}}{|}}}{CHCH_2CH_3}\overset{\overset{CH_3}{|}}{}$$

（5）
$$CH_3CH_2CH_2\underset{\underset{CH_2CH_3}{|}}{CHC}(CH_3)CH_2\underset{\underset{CHCH_2CH_3}{\underset{\underset{CH_3}{|}}{|}}}{CHCH_2CH_2CH_3}\overset{\overset{CH(CH_3)_2}{|}}{}$$

（6）
$$\bigcirc-CH_2\overset{\overset{CH_3}{|}}{CH}(CH_2)_3CH_3$$

（7）

（8）

（9）

2. 用纽曼投影式表示 2,3-二甲基丁烷的典型构象异构体,并按其能量由高到低的顺序排列。

3. 不查表,将下列化合物的沸点由高到低排序。

（1）3,3-二甲基戊烷　（2）正庚烷　（3）2-甲基庚烷　（4）正戊烷　（5）2-甲基己烷

4. 相对分子质量都为 72 的烷烃,进行氯代反应时:（1）只得到 1 种一氯代产物,（2）得到 3 种一氯代产物,（3）得到 4 种一氯代产物。试写出这些烷烃的构造式。

5. 如果 2-甲基丁烷光氯代时,其伯、仲、叔氢的相对活性是 1∶3.8∶5,试写出可能的一氯代产物的结构式,并估算各产物的百分比。

6. 试为异丁烷光卤代所得到的下列结果提出一个合理的解释。

$$
(CH_3)_3CH
\begin{cases}
\xrightarrow[127℃]{Br_2} (CH_3)_3CBr + (CH_3)_2CHCH_2Br \\
\qquad\qquad\quad 99\% \qquad\qquad\quad 1\% \\[4pt]
\xrightarrow[25℃]{Cl_2} (CH_3)_3CCl + (CH_3)_2CHCH_2Cl \\
\qquad\qquad\quad 36\% \qquad\qquad\quad 64\% \\[4pt]
\xrightarrow[450℃]{Cl_2} (CH_3)_3CCl + (CH_3)_2CHCH_2Cl \\
\qquad\qquad\quad 10\% \qquad\qquad\quad 90\%
\end{cases}
$$

7. 比较下列自由基的稳定性。

（1）$CH_3\overset{|}{\underset{CH_3}{C}}HCH_2\overset{.}{C}H_2$

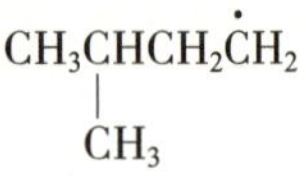

（2）$CH_3CH_2\overset{.}{\underset{CH_3}{C}}CH_3$

（3）$CH_3\overset{.}{C}H\overset{|}{\underset{CH_3}{C}}HCH_3$

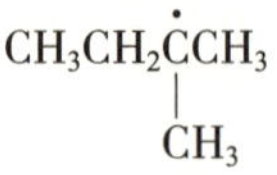

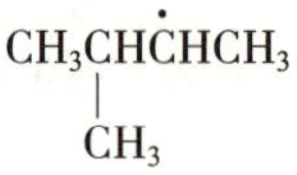

8. 已知下列烷烃在光照下氯代时只得到一种一氯代产物，试写出每个烷烃可能的结构式。

（1）C_8H_{18} （2）C_6H_{12}

9. 预测下列每组化合物的稳定性，并用椅型构象简单说明。

（1）顺 – 或反 –1,3– 二甲基环己烷

（2）顺 – 或反 –1,4– 二甲基环己烷

10. 写出下列反应的主要产物

（1）△ 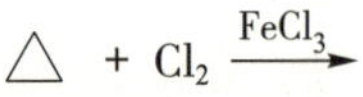 + Cl_2 $\xrightarrow{FeCl_3}$

（2）⬠ + Cl_2 $\xrightarrow{300℃}$

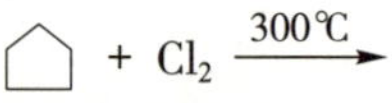

（3）

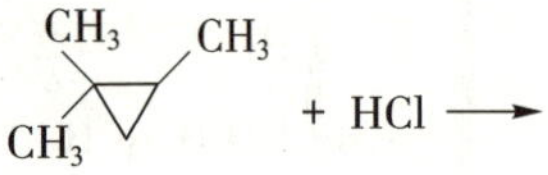

（4）△ + H_2SO_4 ⟶ $\xrightarrow{H_2O}$

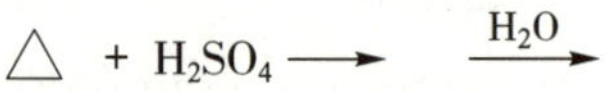

扫一扫，获取本章习题答案

第三章   习题答案

第四章 烯烃、炔烃和二烯烃

【导言】

烯烃是最重要的工业化合物,其中乙烯的工业产量最大,常用于制备聚乙烯和多种工业及消费化学品。很多烯烃存在于动植物中,有的具有特别的生物活性,如图所示结构为(3Z,6Z,9Z)-二十二碳-3,6,9-三烯的化合物是昆虫告警信息素,它是紫苜蓿蚜虫受到惊扰时分泌出来的液体,用来提醒周围的蚜虫离开。

本章主要介绍烯烃、炔烃及二烯烃的结构、性质,重点讨论烯烃的亲电加成反应及机理。我们将会发现炔烃能够发生烯烃的大多数反应,尤其是加成反应和氧化反应;但也有一些只有叁键才能发生的反应,如端炔分子中 C—H 键的酸性而引起的反应。

(3Z,6Z,9Z)—二十二碳—3,6,9—三烯

第一节　烯　　烃

一、烯烃的结构

分子中含有一个碳碳双键(C=C)的不饱和烃为单烯烃,简称烯烃(alkene),其结构通式为 C_nH_{2n}。双键视为烯烃分子的官能团。

乙烯($CH_2=CH_2$)是最简单的烯烃。乙烯分子中所有原子均处于同一平面,碳碳双键的键长为 0.134 nm,比碳碳单键的键长(0.154 nm)短;同一碳原子上各相邻共价键之间的夹角接近 120°(图4-1)。乙烯分子中两个碳原子均为 sp^2 杂化,每个碳原子各以一个 sp^2 杂化轨道沿轨道对称轴"头对头"重叠形成一个碳碳 σ 键,另外两个杂化轨道分别与氢原子的 1s 轨道重叠形成两个碳氢 σ 键。未参与杂化的 p 轨道彼此平行(图4-2),侧面"肩并肩"重叠形成 π 键(图4-3)。因此,碳碳双键中包含一个 σ 键和一个 π 键,两种键的成键方式不同,性质也不一样。

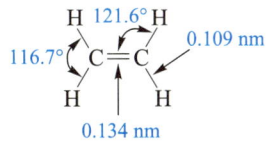

图 4-1　乙烯分子的键参数

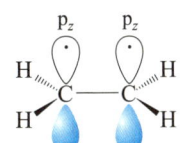

图 4-2　乙烯分子中的 p 轨道

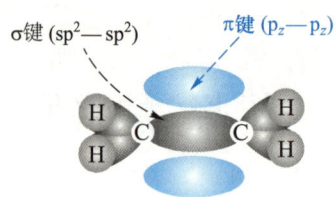

图 4-3　乙烯分子中的 π 键

二、烯烃的异构与命名

（一）烯烃的异构

烯烃含有碳碳双键,所以除了碳链异构外,还有因为双键位置不同而引起的位置异构。丁烯有两种异构体,它们的碳原子链接顺序相同,不同的只是碳碳双键的位置,如下所示:

$$CH_3CH_2CH\!=\!CH_2 \qquad CH_3CH\!=\!CHCH_3$$

烯烃与环烷烃的通式相同,它们也互为同分异构体。

除了碳链异构和官能团位置异构外,有些烯烃还存在另外一种异构,如丁烯有两种异构体（Ⅰ）和（Ⅱ）,（Ⅰ）的沸点为 3.7℃,（Ⅱ）的沸点为 0.9℃,是两种不同的化合物。

$$
\begin{array}{cc}
\underset{H}{\overset{H_3C}{\diagdown}}C\!=\!\underset{H}{\overset{CH_3}{\diagup}} & \underset{H}{\overset{H_3C}{\diagdown}}C\!=\!\underset{CH_3}{\overset{H}{\diagup}} \\
（Ⅰ） & （Ⅱ）
\end{array}
$$

在（Ⅰ）和（Ⅱ）中,原子连接的次序及双键位置都相同,不同的是（Ⅰ）中的两个甲基在双键同侧,（Ⅱ）中的两个甲基在双键异侧。（Ⅰ）和（Ⅱ）在通常情况下不能通过碳碳双键的旋转相互转化,因为双键中的 π 键是两个平行的 p 轨道侧面重叠形成的,旋转时必然会减弱这种重叠,使化学键断裂,需要的能量较高。因此,双键不能自由旋转,（Ⅰ）和（Ⅱ）中两个甲基在空间的排列就不一样。这种由于分子中存在限制单键自由旋转的因素,造成分子中的原子或原子团在空间的排列方式不同而产生的异构现象称为顺反异构。常见的限制单键自由旋转的因素包括双键和环。对于烯烃来说,并不是所有的双键都产生顺反异构,只有双键上两个碳原子各自所连的两个基团彼此不相同时,才有顺反异构。如果双键上任何一个碳原子连有两个相同基团,则没有顺反异构。

（二）烯烃的命名

1. 系统命名法

（1）选主链　新的命名规则将碳—碳不饱和结构在非环化合物中看作一种具官能性的基团。系统命首先选择最长碳链为主链,如果饱和碳链为最长碳链,则根据其碳数命名为"某烷",烯基作为取代基;如果含有双键的碳链为最长,则根据其碳原子数称为"某烯";超过十个碳时称为"某碳烯";二烯烃和多烯烃在选择主碳链时应尽可能地将多个双键包含在主链内。一些常见的烯基取代基名称见表 4-1。

$$
\begin{array}{cc}
\overset{\displaystyle CH\!=\!CH_2}{\underset{\displaystyle CH_3CH_2CH_2CHCH_2CH_3}{|}} & \overset{\displaystyle CH\!=\!CH_2}{\underset{\displaystyle CH_3CH_2CH_2CHCH_2CH_3}{|}}
\end{array}
$$

4- 乙烯基庚烷　　　　　　　　　　　3- 乙基己 -1- 烯

4-vinylheptane　　　　　　　　　　3-ethylhex-1-ene

$$\underset{\substack{|\\ \begin{array}{c}CH\\ \|\\ CH_2\end{array}}}{H_3C-CH_2-CH-CH_2CH_2-\underset{\substack{|\\ CH_3}}{C}=CH_2}\quad \sqrt{}\ 主链\longrightarrow$$

$$\underset{\substack{|\\ \begin{array}{c}CH\\ \|\\ CH_2\end{array}}}{H_3C-\underset{\substack{|\\ CH_3}}{CH}-CH-CH=CH-\underset{\substack{|\\ CH_3}}{C}=CH_2}\quad \sqrt{}\ 主链\longrightarrow$$

表 4-1　一些常见的烯基取代基

结构	名称	结构	名称
$CH_2=$	甲亚基 methylidene	$\overset{\|}{CH}=$	甲基亚基 methanylylidene
$CH_2=CH-$	乙烯基 vinyl	$-CH_2-CH=$	乙 -2- 基 -1- 亚基 ethane-2-yl-1-ylidene
$CH_3CH=$	乙亚基 ethylidene	$CH_3-\overset{\|}{C}=$	乙 -1- 基 -1- 亚基 ethane-1-yl-1-ylidene
$CH_3CH_2CH=$	丙 -1- 亚基 propan-1-idene	$(CH_3)_2C=$	丙 -2- 亚基 propan-2-idene

（2）编号　从靠近双键的一端开始编号，双键上的两个端碳原子编号必须紧挨次序；若分子中含有两个或者两个以上的双键，编号时要使各个双键的位次都尽可能小，然后考虑取代基位次组最低。

$$\overset{1}{C}H_3\overset{2}{C}H=\overset{3}{C}H\overset{4}{C}H_2\overset{5}{C}H=\overset{6}{C}H\overset{7}{C}H_2\overset{8}{C}H_3$$

辛 -2,5- 二烯

octa-2,5-diene

3- 甲基环己 -1- 烯

3-methylcyclohex-1-ene

（3）写名称　化合物的名称书写规则与烷烃相同。双键的位置用双键碳原子上较小的编号表示，并置于"烯"之前；若分子中有多个双键，写名称时要将其进行合并，双键的数目用中文数字二、三、四……表示。

$$CH_2=CHCH\underset{\substack{|\\ CH_3}}{{}}CH=CHCH\underset{\substack{|\\ CH_3}}{{}}CH_3$$

3,6- 二甲基庚 -1,4- 二烯

3,6-dimethylhepta-1,4-diene

$$CH_3CH=CCHCH_2CH_3$$

4- 乙基 -3,5- 二甲基己 -2- 烯

4-ethyl-3,5-dimethylhex-2-ene

2. 烯烃构型异构体的命名

烯烃构型异构体在命名时,要在化合物的名称前标明构型,构型和名称之间用短线连接。烯烃构型异构的命名有两种方法:顺/反命名法和 Z/E 命名法。

顺/反命名法:根据烯烃分子中双键上不同碳原子所连接的两个基团所处的相对位置进行命名。两个基团位于双键同侧的为顺式,标记为 "*cis*–",位于双键异侧的为反式,标记为 "*trans*–"。

cis–丁–2–烯	*trans*–丁–2–烯	*cis*–戊–2–烯	*trans*–戊–2–烯
cis–but-2-ene	*trans*–but-2-ene	*cis*–pent-2-ene	*trans*–pent-2-ene

顺/反命名法只适合结构简单的双取代烯烃,对于结构比较复杂的三、四取代双键,采用 **Z/E 命名法**来进行命名。Z 和 E 来自德语单词 zusammen 和 entgegen,分别表示 "在一起" 和 "相反的" 意思。

Z/E 命名法:双键两个碳原子上各自的优先基团彼此位于双键同侧的为 Z 构型,标记为 "(*Z*)",位于双键异侧的为 E 构型,标记为 "(*E*)"。基团的优先次序按 "次序规则" 比较。

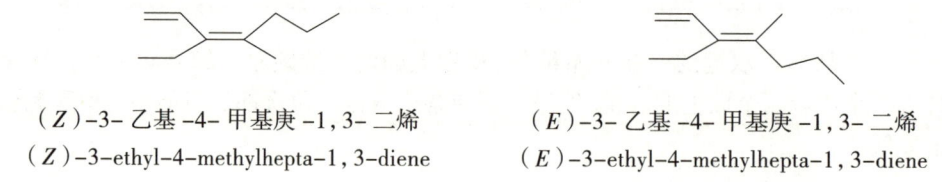

(*Z*)–3–乙基–4–甲基庚–1,3–二烯	(*E*)–3–乙基–4–甲基庚–1,3–二烯
(*Z*)–3–ethyl–4–methylhepta–1,3–diene	(*E*)–3–ethyl–4–methylhepta–1,3–diene

次序规则:20世纪50年代起 Cahn, Ingold 和 Prelog 提出了一种判别在手性中心上各取代基优先次序的 "**次序规则**" (sequence rule),然后根据各取代基按此优先次序排列时的空间取向给予该中心 R 或 S 的构型符号标志。60年代后 "次序规则" 进一步完善,并扩展应用于其他立体异构体构型的标识,成为一通用的构型标记系统方法,按最早提出者姓名的第一字母而被称为 **CIP 优先系统** (CIP priority system)。

下列 "次序规则" 的基本规则,用以对原子或基团逐条依次考察、比较,直至定出按优先次序的排列。

（1）将直接连接的原子按照原子序数的大小进行排列,原子序数越大越优先,同位素按质量大小排列。例如:I>Br>Cl>S>F>O>N>C>D>H。

（2）若直接相连的原子具有相同的原子序数,则比较与该原子相连的其他原子的原子序数,先比较各组中原子序数最大的,若还相同,再比较下一个,以此类推。例如:—C(CH$_3$)$_3$>—CH(CH$_3$)$_2$>—CH$_2$CH$_3$>—CH$_3$;—CH$_2$OH>—CH$_2$NH$_2$;—CH$_2$Br>—CF$_3$。

（3）含有不饱和键的基团,将不饱和键视为相应倍数的单键,连有相应数目的相同原子。例如:

$$—CH=CH— \text{ 相当于 } \begin{matrix} H & H \\ | & | \\ —C—C— \\ | & | \\ C & C \end{matrix} \qquad —C≡C— \text{ 相当于 } \begin{matrix} C & C \\ | & | \\ —C—C— \\ | & | \\ C & C \end{matrix}$$

$$—C\overset{\displaystyle O}{\underset{\displaystyle H}{}} \text{ 相当于 } \begin{matrix} O \\ | \\ —C—O \\ | \\ H \quad C \end{matrix} \qquad —C≡N \text{ 相当于 } \begin{matrix} N & C \\ | & | \\ —C—N \\ | & | \\ N & C \end{matrix}$$

需要注意的是,次序规则比较基团的优先性次序时,比较的是单个原子的原子序数,而不是原子序数的加和;总的原则是原子序数大的优先,原子质量数高的优先。对于多原子取代基,先比较第一个原子(与双键碳原子直接相连的原子),如果第一个原子相同,再顺次按原子序数比较第一个原子上连的其他原子,以此类推。例如,—CH_2Cl 和—CF_3,第一个原子都是碳原子,接下来比较碳原子上连的其他原子,先比较各自原子序数最大的,—CH_2Cl 中原子序数最大的是氯原子,—CF_3 中最大的是氟原子,氯的原子序数比氟大,所以,—CH_2Cl 比—CF_3 优先。

【思考题 4-1】命名下列化合物:

(1) (2) (3) (4)

三、烯烃的物理性质

烯烃的物理性质与烷烃类似,不溶于水,易溶于非极性或弱极性溶剂,其熔、沸点随着碳原子数的增加而升高。常温常压下,4 个碳原子以下的烯烃是气体,5 ~ 18 个碳原子的烯烃是液体,高级烯烃为固体。常见烯烃的物理常数见表 4-2。

表 4-2　常见烯烃的物理常数

化合物	英文名称	熔点 /℃	沸点 /℃	相对密度
乙烯	ethene/ethylene	−169.4	−103.7	$0.57^{-102℃}$
丙烯	propene/peopylene	−185.2	−47.6	0.519
丁 −1− 烯	but−1−ene	−185.4	−6.3	0.600
cis- 丁 −2− 烯	(Z)−but−2−ene	−138.9	3.7	0.620
trans- 丁 −2− 烯	(E)−but−2−ene	−105.5	0.9	0.600
异丁烯	2−methylpropene	−140.4	−6.9	0.594
戊 −1− 烯	pent−1−ene	−138	30	0.644
cis - 戊 −2− 烯	(Z)−pent−2−ene	−151.4	36.9	0.650

续表

化合物	英文名称	熔点 /℃	沸点 /℃	相对密度
trans – 戊 –2– 烯	（*E*）–pent–2–ene	–140.2	36.4	0.648
环戊烯	cyclopentene	–134.6	43.6	0.772
己 –1– 烯	hex–1–ene	–139.8	63.5	0.673
环己烯	cyclohexene	–103.7	83.3	0.810
庚 –1– 烯	hept–1–ene	–119.0	93.6	0.703

具有立体异构的烯烃,其顺反异构体具有不同的熔、沸点。通常,顺式异构体的沸点高于反式异构体,而反式异构体的熔点高于顺式异构体。这主要是因为顺式异构体中两个取代基位于双键的同侧,整个分子具有一个小的偶极矩,分子间除了范德华力,还存在偶极之间的相互作用力,因此具有相对较高的沸点;而在反式异构体中,两个取代基位于双键的异侧,整个分子是一个较为对称的分子,偶极矩为零,在晶格中的排列比顺式异构体的排列紧密,故具有比顺式异构体较高的熔点。例如,*cis*– 丁 –2– 烯的沸点为 3.7℃,熔点为 –138.9℃,而 *trans*–丁 –2– 烯的沸点为 0.9℃,熔点为 –105.5℃。

【思考题4-2】试解释为什么*cis*–丁 –2– 烯的熔点低于*trans*–丁 –2– 烯,而沸点却高于*trans*–丁 –2– 烯。

四、烯烃的化学性质

虽然烯烃与烷烃结构上的差别仅仅在于分子中含有碳碳双键,但烯烃的化学性质比烷烃要活泼得多。其性质活泼的根源就在于分子中的碳碳双键,其中包含一个 σ 键和一个 π 键。π 键电子云重叠程度比 σ 键小,不如 σ 键稳定,相对容易断裂;π 键的电子云不像 σ 键电子云那样集中在成键两原子核的连线上,而是分布在上下两侧,π 电子受原子核的束缚力较小,具有较大的流动性和可极化度。

烯烃的典型反应是加成反应。不饱和键同其他试剂发生反应时,π 键断裂,反应试剂的两个原子或原子团分别加到不饱和键的两个碳原子上,形成两个新的 σ 键,这类反应称为加成反应。

（一）催化加氢

烯烃在催化剂存在下与氢气加成生成烷烃的反应称为烯烃的催化氢化。常用的催化剂有铂（Pt）、钯（Pd）、镍（Ni）及铑（Rh）等。

$$-\overset{|}{C}=\overset{|}{C}- \ + \ H_2 \quad \xrightarrow{Ni,Pt或Pd} \quad -\overset{|}{\underset{|}{C}}-\overset{H}{\underset{H}{C}}-\overset{H}{\underset{H}{C}}-$$

烯烃与氢气的加成在没有催化剂的条件下很难进行。催化剂的作用是降低氢化反应的活化能,烯烃和氢气被吸附在催化剂表面,氢分子的 σ 键和烯烃的 π 键被削弱,氢原子加到双键碳原子上生成烷烃。催化剂对烷烃的吸附较弱,释放出烷烃后再吸附新的反应物分子。由于氢气只能从烯烃被催化剂吸附的一侧进行加成,所以烯烃加氢为顺式加成。不同烯烃加氢的反应活性为

$$CH_2{=}CH_2 > RCH{=}CH_2 > RCH{=}CHR > R_2C{=}CHR > R_2C{=}CR_2$$

烯烃的催化氢化反应是一个放热反应,放出的热称为氢化热。氢化热越低,说明分子的内能越低,分子越稳定。因此,常利用氢化热来判断烯烃尤其是同分异构体的烯烃之间的相对稳定性。一般来说,双键碳原子上所连的烷基数目越多,分子的稳定性越高;顺 / 反异构体中,反式比顺式稳定。例如,丁 –1– 烯、cis– 丁 –2– 烯和 trans– 丁 –2– 烯的氢化产物都是正丁烷,它们的氢化热分别为 126 kJ·mol^{-1}、119 kJ·mol^{-1} 和 115 kJ·mol^{-1},所以它们的稳定性为:trans– 丁 –2– 烯 > cis– 丁 –2– 烯 > 丁 –1– 烯。

加氢反应一般都是定量完成的,可通过反应中氢气消耗的物质的量推算出烯烃分子中双键的数目。

(二)亲电加成

烯烃很活泼,可以同很多试剂发生加成反应。烯烃双键中的 π 电子因为受原子核束缚力较小,容易给出,在反应中常作为电子来源。此类加成反应首先是缺电子的试剂(称为亲电试剂)与 π 电子结合,所以称亲电加成。常见的亲电试剂有氢卤酸、硫酸、次卤酸、卤素、水及醇等。

1. 与卤化氢的加成

烯烃与卤化氢加成生成卤代烷。反应通常将卤化氢气体通入烯烃溶液,常用的溶剂有己烷、二氯甲烷、苯及乙酸等,一般不直接用卤化氢的水溶液。

$$H_2C{=}CH_2 \; + \; \overset{\delta^+}{H}{-}\overset{\delta^-}{X} \longrightarrow CH_3CH_2X$$

与烯烃的催化加氢不同,烯烃与卤化氢的加成属离子型加成反应,反应机理包括两步:

第一步:碳碳双键提供一对 π 电子与卤化氢中缺电子的氢原子结合,形成一个新的 C—H σ 键,原双键中的另外一个碳原子因为少了一个电子而带正电荷,从而生成碳正离子中间体。这一步是反应的决速步骤。

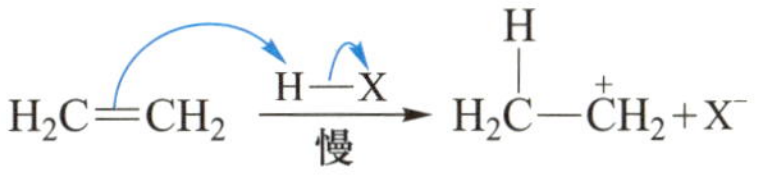

$$H_2C{=}CH_2 \xrightarrow[\text{慢}]{H-X} H_2\overset{H}{\overset{|}{C}}{-}\overset{+}{C}H_2 + X^-$$

第二步:碳正离子与亲核试剂卤负离子结合,生成产物卤乙烷。

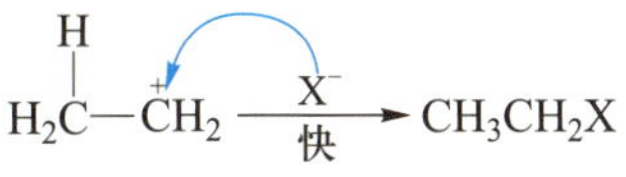

$$H_2\overset{H}{\overset{|}{C}}{-}\overset{+}{C}H_2 \xrightarrow[\text{快}]{X^-} CH_3CH_2X$$

图 4-4 为乙烯与溴化氢加成反应的能量示意图。第一步生成碳正离子所需活化能高,反应速率慢,为速率决定步骤;第二步碳正离子与溴负离子反应所需活化能低,反应速率快。

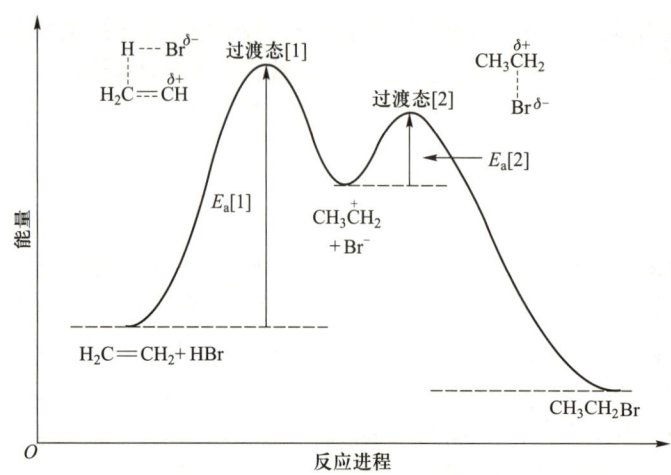

图 4-4   乙烯与溴化氢加成反应的能量示意图

由于反应是由缺电子的亲电试剂进攻 π 键引起的，所以，这类反应称为亲电加成反应。不同的卤化氢与烯烃的加成反应速率为 HI>HBr>HCl>>HF，这主要是因为氢卤键的极化度不同。碘的原子半径较大，H—I 键的键长较长，原子核对成键电子的束缚力较弱，极化度较大，所以反应活性最高。

如果是不对称的烯烃，也就是双键两个碳原子上各自连的取代基不一样，这种情况下，氢原子加到不同的双键碳原子上，最终就会得到不同的卤代产物。例如，丙烯与氯化氢的加成，理论上可以得到两种产物，但实际上，产物主要是 2- 氯丙烷，而不是 1- 氯丙烷。

$$CH_3CH = CH_2 \ + \ HCl \ \longrightarrow \ CH_3\overset{\displaystyle Cl}{\overset{\displaystyle |}{C}}H - CH_3$$

4-1

这就是不对称烯烃与不对称亲电试剂加成中的取向问题。对于这一问题，早在 1870 年，俄国化学家马尔科夫尼科夫（V. V. Markovnikov）根据实验观察到的结果总结出一条经验规律，也称马氏规则：卤化氢与不对称烯烃发生加成反应时，氢原子总是加在含氢较多的双键碳原子上，卤素原子加到含氢少的碳原子上。

烯烃与卤化氢加成中的另外一个问题是不同烯烃的反应活性。表 4-3 列出了几种烯烃与 HBr 加成反应的相对反应速率。从表中数据可以看出，不同的烯烃反应活性有较大差别。

表 4-3   烯烃与 HBr 加成反应的相对反应速率

烯烃	相对反应速率
$H_2C = CH_2$	1
$CH_3CH = CH_2$	2
$(CH_3)_2C = CH_2$	10.4
$(CH_3)_2C = C(CH_3)_2$	14
$BrCH = CH_2$	< 0.04

为什么不同的烯烃反应活性会不一样,为什么不对称烯烃与卤化氢加成只得到一种主要产物,要说明这个问题就必须从反应机理分析。亲电加成第一步生成碳正离子的反应是吸热反应,活化能高,反应速率相对较慢,碳正离子一旦生成,很快与卤素负离子结合生成最终产物,这一步所需活化能低,反应速率快。由于反应的决速步骤是生成碳正离子中间体,如果碳正离子稳定,根据哈蒙特假说过渡态的能量就低,反应就容易发生,相应的产物就是主要产物。那么,如何判断碳正离子的稳定性呢? 我们知道,一个体系的能量越低,该体系就越稳定,对于碳正离子来说,如果正电荷越分散,体系能量越低,碳正离子就越稳定;相反,正电荷越集中,碳正离子就越不稳定。如常见的几种烷基正离子的稳定性为

$$H_3C-\underset{\underset{CH_3}{|}}{\overset{\overset{CH_3}{|}}{C}}+ \quad > \quad H_3C-\underset{\underset{H}{|}}{\overset{\overset{CH_3}{|}}{C}}+ \quad > \quad H_3C-\underset{\underset{H}{|}}{\overset{\overset{H}{|}}{C}}+ \quad > \quad H-\underset{\underset{H}{|}}{\overset{\overset{H}{|}}{C}}+$$

要正确判断碳正离子的稳定性,先要了解一个概念——电子效应。有机化学中的电子效应指的是分子中由于原子或原子团和与之相连的原子或原子团相互作用,导致其所带电性或化学键的极性发生变化的一类现象。电子效应主要包括诱导效应、共轭效应和超共轭效应。

诱导效应(inductive effect):由于成键原子的电负性不同,使整个分子的电子云沿 σ 键向某一方向移动的现象,称为诱导效应,常用大写字母 I 表示。诱导效应分给电子诱导效应和吸电子诱导效应,通常以氢原子作为标准比较。如果原子或原子团吸引电子的能力比氢原子强,则该原子或原子团具有吸电子诱导效应,用 $-I$ 表示,该基团称为吸电子基;如果原子或原子团吸引电子的能力比氢原子弱,则该原子或原子团具有给电子诱导效应,用 $+I$ 表示,该基团称为给电子基。诱导效应的大小按基团电负性大小排列,方向用箭头表示,指向电负性大的原子或基团。诱导效应的强弱可以通过测量偶极矩得知;也可以通过测量酸或碱的解离常数来估量这些基团诱导效应的大小。判断诱导效应大小的一般规律如下:

(1)与碳原子直接相连的原子,若为同一族的,随原子序数增加而吸电子诱导效应降低;若为同一周期的,则自左向右吸电子诱导效应增加。

吸电子诱导效应:

$$-F > -Cl > -Br > -I$$
$$-OR > -SR$$
$$-F > -OR > -NR > -CR$$

(2)与碳原子直接相连的基团不饱和程度越大,吸电子诱导效应越强。这是由于不同的杂化状态如 sp,sp2,sp3 杂化轨道中 s 成分不同引起的。s 成分多,吸电子能力强。

吸电子诱导效应:

$$-C\equiv CR > -CH=CR_2 > -CH_2-CR_3$$

如在丙烯分子中,甲基表现为给电子诱导效应。

$$H_3C \longrightarrow CH=CH_2$$

(3)带正电荷的基团具有吸电子诱导效应,带负电荷的基团具有给电子诱导效应。与碳

直接相连的原子上具有配位键,亦有强的吸电子诱导效应。

诱导效应沿 σ 键传递,并逐渐减弱,一般超过三个 σ 键后可忽略不计。诱导效应还具有加和性,如三氟甲基的吸电子能力比一氟甲基强很多。

共轭效应(conjugative effect):分子中有 3 个或 3 个以上相邻原子的 p 轨道侧面重叠称为共轭,这样的体系称共轭体系。因为共轭而引起分子中电子的离域,并进而引起分子性质改变的效应称为共轭效应,常用大写字母 C 表示,吸电子共轭效应和给电子共轭效应分别用 $-C$ 和 $+C$ 表示。常见的共轭体系有 π–π 共轭(如丁二烯)和 p–π 共轭(如氯乙烯、烯丙基正离子、烯丙基自由基和烯丙基负离子)。

$$H_2C=CH-CH=CH_2 \qquad CH_2=CHCl$$

$$CH_2=CH\overset{+}{C}H_2 \qquad CH_2=CH\overset{\cdot}{C}H_2 \qquad CH_2=CH\overset{-}{C}H_2$$

共轭的特点是 π 电子离域,体系内电子密度呈极性交替分布,沿共轭体系传递,不随链的增长而减弱。π–π 共轭体系中,电子离域方向偏向电负性强的原子。

含孤对电子的原子(Z:)与不饱和键的 p–π 共轭体系,孤对电子向不饱和键离域,表现出给电子共轭效应($+C$):

$$\overset{\cdot\cdot}{Z}-\overset{\delta+}{C}=\overset{\delta-}{C}-$$

原子 Z 的半径越接近碳原子,它们 p 轨道之间重叠效果越好,给电子能力越强。常见基团的给电子效应($+C$)强弱次序为:$-NR_2 > -OR > -F > -Cl > -Br > -I$。

π 电子的离域会降低体系的能量,降低的能量称为离域能。共轭体系越大离域能越大。

超共轭效应(hyperconjugative effect):烷基 C—Hσ 键上的电子可以离域到与其相邻的 π 键或者全空或半空的 p 轨道上,这种现象称为超共轭效应。虽然烷基碳原子为 sp^3 杂化,但由于氢原子的体积小,C—H σ 轨道可以和相邻的 p 轨道发生部分重叠,这种重叠比平行的 p 轨道重叠形成的共轭弱很多。常见的超共轭效应有 σ–π(如丙烯)超共轭效应和 σ–p(如乙基正离子)超共轭。

$$CH_2=CHCH_3 \qquad \overset{+}{C}H_2CH_3$$

一般来说,烷基给电子超共轭效应的强弱次序为

$$-CH_3 > -CH_2R > -CHR_2 > -CR_3$$

有了电子效应的基础知识,再来分析丙烯与氯化氢的加成。反应的第一步可能生成两种碳正离子中间体(Ⅰ)和(Ⅱ):

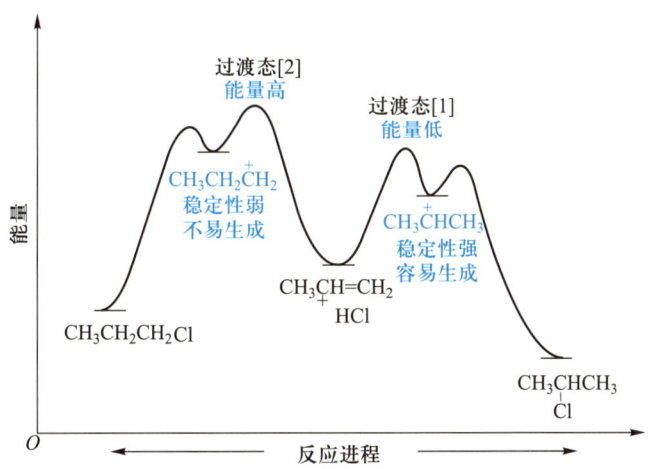

若氢原子与 C_1 成键,则生成中间体(Ⅰ);若氢原子与 C_2 成键,则生成中间体(Ⅱ)。(Ⅰ)中带正电荷的碳原子与两个甲基相连,有两个甲基的给电子诱导效应和 6 个 C—H σ 键的超共轭效应对碳正离子的正电性进行分散;(Ⅱ)中带正电荷的碳原子与一个乙基相连,只有一个乙基的给电子诱导效应和 2 个 C—H σ 键的超共轭效应对正电性进行分散。因此,中间体(Ⅰ)比(Ⅱ)稳定,容易生成,反应的主要产物为 2-氯丙烷。图 4-5 为丙烯与氯化氢加成反应的能量示意图。

图 4-5 丙烯与氯化氢加成反应的能量示意图

从丙烯分子的电子密度分析也可得到相同结论,甲基的给电子诱导效应相当于在碳碳双键左侧引入了一个负电场,与 π 电子之间的斥力导致 π 电子发生偏移,使得 C_1 上的电子密度大于 C_2,因此 C_1 更容易与亲电试剂结合。

卤化氢与烯烃亲电加成的实质是氢原子加到电子密度大的双键碳原子上,或者说反应倾

向于生成更稳定的碳正离子中间体。

不同烯烃的亲电加成反应活性也可用碳正离子的稳定性解释。碳正离子是缺电子中间体，需要电子来完成八隅体构型，任何给电子因素均能使正电荷分散而稳定。烷基有给电子的诱导效应，带正电荷的碳上烷基越多，给电子诱导效应越大，使正电荷分散而越稳定；另外，由于相邻C—H 的超共轭效应是给电子的，超共轭效应越多，碳正离子的正电荷也越分散、越稳定。所以，对于常见的烷基正离子，其相对稳定性为：$3° > 2° > 1° > CH_3^+$。因此，烯烃的亲电加成相对活性为

$$R_2C{=}CHR > RCH{=}CHR > RCH{=}CH_2 > CH_2{=}CH_2$$

烯烃与卤化氢的加成反应有时会得到"意外"产物。例如，3- 甲基丁 -1- 烯与氯化氢反应，除得到预期产物 2- 氯 -3- 甲基丁烷外，还得到异构化产物 2- 氯 -2- 甲基丁烷。反应首先生成的是 2° 碳正离子，该碳正离子可以与氯负离子反应生成预期产物，也可以发生邻位的氢原子迁移，生成更稳定的 3° 碳正离子，这一过程称为重排。3° 碳正离子与氯负离子反应生成重排产物。这一结果也可以反过来佐证烯烃与卤化氢的加成反应是通过碳正离子中间体进行的。

$$
\begin{array}{ccc}
\underset{\underset{H}{|}}{\overset{\overset{CH_3}{|}}{H_3C{-}C}}{-}CH{=}CH_2 & \xrightarrow{\ H{-}Cl\ } & \underset{\underset{H}{|}}{\overset{\overset{CH_3}{|}}{H_3C{-}C}}{-}\overset{+}{CH}{-}CH_3 & \xrightarrow{\text{氢迁移}} & \overset{\overset{CH_3}{|}}{H_3C{-}\overset{+}{C}}{-}CH_2{-}CH_3
\end{array}
$$

$$\downarrow Cl^- \qquad\qquad\qquad \downarrow Cl^-$$

$$
\underset{\underset{H}{|}}{\overset{\overset{CH_3\ Cl}{|\ \ |}}{H_3C{-}C{-}CH}}{-}CH_3 \qquad\qquad \underset{\underset{Cl}{|}}{\overset{\overset{CH_3}{|}}{H_3C{-}C}}{-}CH_2{-}CH_3
$$

$$40\% \qquad\qquad\qquad 60\%$$

【知识背景】实践出真知——马尔科夫尼科夫与马氏规则

马尔科夫尼科夫（V. V. Markovnikov, 1837—1904），生于俄罗斯高尔基州的尼雅基内诺，1860 年毕业于喀山大学，并成为著名化学家布特列洛夫的助手，1869 年获博士学位并担任喀山大学教授。马尔科夫尼科夫最著名的成就是他在 1870 年提出的关于氢卤酸与烯烃加成反应区域选择性的经验规则，也即人们熟知的马氏规则。除此之外，马尔科夫尼科夫还于 1879 年和 1889 年分别合成了四碳环和七碳环化合物，打破了当时人们普遍认为碳原子只能形成六碳环的观点，为有机化学结构理论的发展做出了贡献。

【思考题4-3】分析比较表 4-3 中各烯烃与 HBr 反应的相对反应速率，可以得出什么结论?

2. 与硫酸的加成

烯烃与浓硫酸在室温下发生加成反应生成烷基硫酸氢酯，产物加热水解进一步生成醇，这

也是一种制备醇类化合物的方法,称为烯烃的间接水合法。

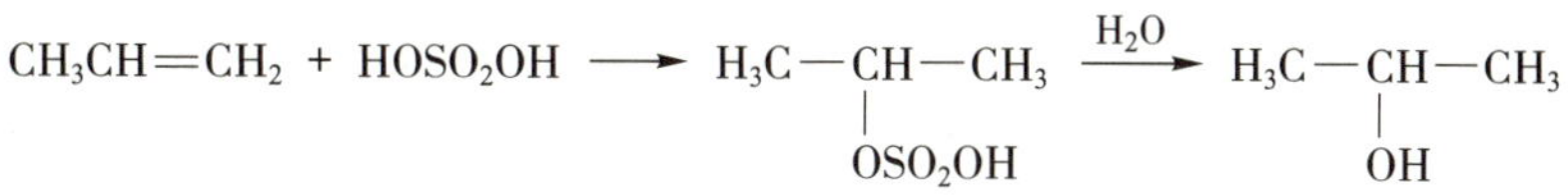

$$CH_3CH{=}CH_2 + HOSO_2OH \longrightarrow H_3C-\underset{\underset{OSO_2OH}{|}}{CH}-CH_3 \xrightarrow{H_2O} H_3C-\underset{\underset{OH}{|}}{CH}-CH_3$$

该反应属于离子型的亲电加成反应,反应的取向遵循马氏规则。但该反应一般只适合结构简单的单取代烯烃,对于三取代和四取代的烯烃,通常很难生成烷基硫酸氢酯。

3. 与水的加成

烯烃直接与水反应很困难,但在酸催化下,反应可顺利进行,生成的产物为醇,相当于在双键碳原子上分别加了一个氢和一个羟基(—OH),产物取向符合马氏规则。常用的酸是50%的硫酸。

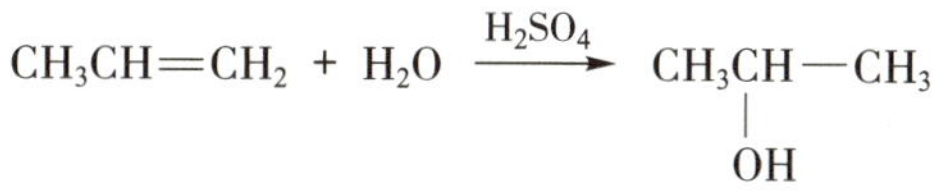

$$CH_3CH{=}CH_2 + H_2O \xrightarrow{H_2SO_4} CH_3\underset{\underset{OH}{|}}{CH}-CH_3$$

反应机理与烯烃加卤化氢类似,为碳正离子机理。

第一步:双键中的 π 电子与质子结合,形成一个 C—H 键,同时生成碳正离子中间体。

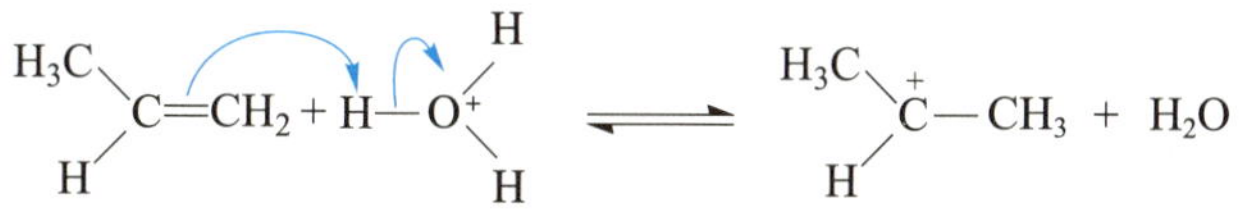

第二步:水作为亲核试剂与碳正离子结合,生成质子化的醇。

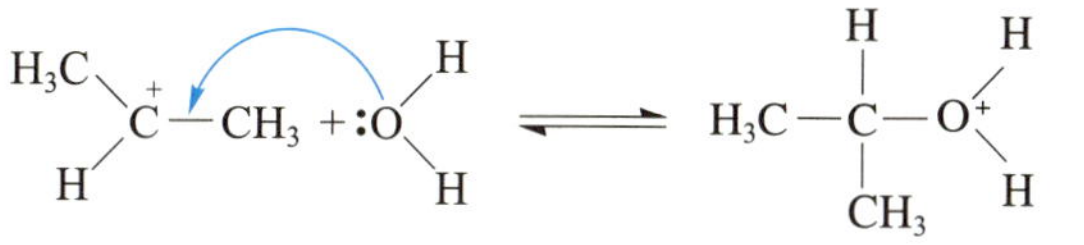

第三步:质子化的醇在水的作用下消除质子,生成产物。

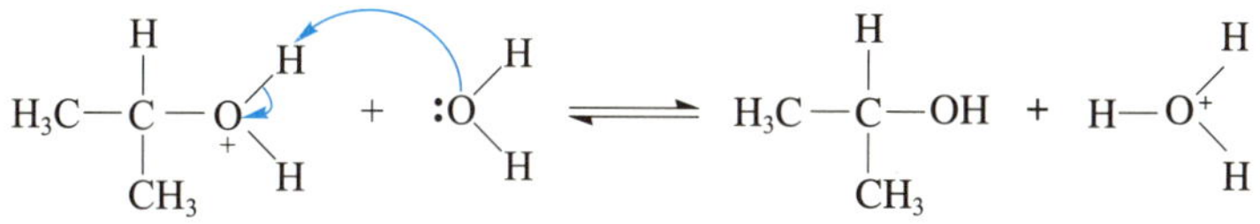

该反应也称烯烃的直接水合反应,是工业上制备低级醇类化合物的方法之一。

4. 与卤素的加成

烯烃与卤素 X_2(Br_2、Cl_2)很容易发生加成反应,π 键断裂,形成两个新的碳卤键,即生成邻二卤代烷。

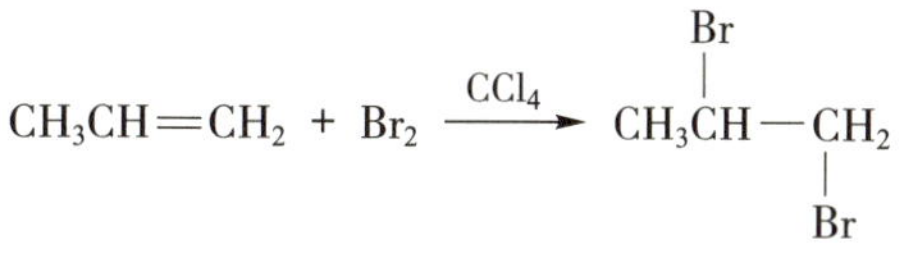

$$CH_3CH{=}CH_2 + Br_2 \xrightarrow{CCl_4} CH_3\underset{\underset{Br}{|}}{\overset{\overset{Br}{|}}{CH}}-CH_2$$

同烯烃与卤化氢的反应一样,烯烃与卤素的加成也属于亲电加成。不同的是,卤素为对称试剂,所以亲电加成的第一步是卤素加到双键碳原子上。以乙烯与溴加成为例,Br—Br 受到双键 π 电子的诱导发生极化,在分子内部形成正、负电性中心($Br^{\delta+}$—$Br^{\delta-}$),碳碳双键提供一对 π 电子与溴分子中缺电子的一端结合,生成中间体。按照烯烃与溴化氢加成的机理,这个中间体应该是碳正离子:

$$H_2C=CH_2 + Br-Br \longrightarrow H_2\overset{+}{C}-CH_2-Br + Br^-$$

但实际上,生成的中间体是一个环状的溴正离子,也称溴鎓离子:

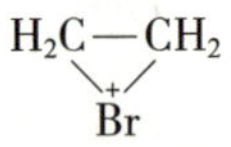

$$\begin{array}{c} H_2C-CH_2 \\ \diagdown \underset{+}{\ } \diagup \\ Br \end{array}$$

为什么生成的是溴鎓离子而不是碳正离子? 因为溴鎓离子中碳原子和溴原子都为八隅体结构,相对稳定,容易生成;碳正离子中,带正电荷的碳原子周围只有 6 个电子,并且因为溴原子的吸电子诱导效应,正电荷更集中,很不稳定,不容易生成。溴鎓离子虽然相对稳定,但因为是一个三元环结构,存在较大张力,所以也是一个较活泼的中间体。

烯烃与卤素 X_2 加成的反应机理:

第一步:双键上的 π 电子与卤素分子中缺电子的一端结合形成 C—X 键,同时 C—X 键中卤素原子的孤对电子与另一个缺电子的双键碳原子也形成一个 C—X 键,生成一个三元环的卤正离子(X^+)和一个卤负离子(X^-)。该步为速率决定步骤。

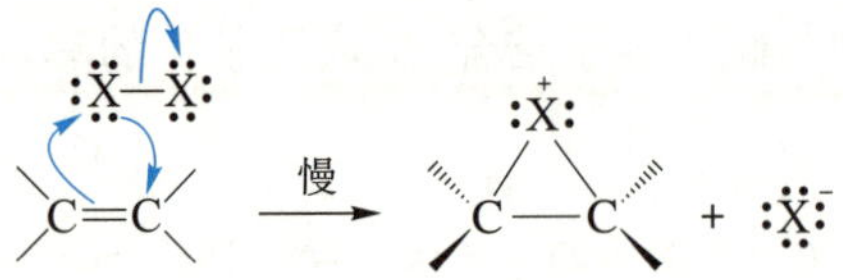

$$\underset{\diagup}{\overset{\diagdown}{C}}=\underset{\diagdown}{\overset{\diagup}{C}} \quad \overset{\text{慢}}{\longrightarrow} \quad \underset{\diagup}{\overset{\diagdown}{C}}\underset{\diagdown}{\overset{\diagup}{C}} + :\ddot{\underset{..}{X}}:^-$$

第二步:卤负离子(X^-)从成环卤原子的另一侧进攻环上碳原子,生成邻二卤代物。

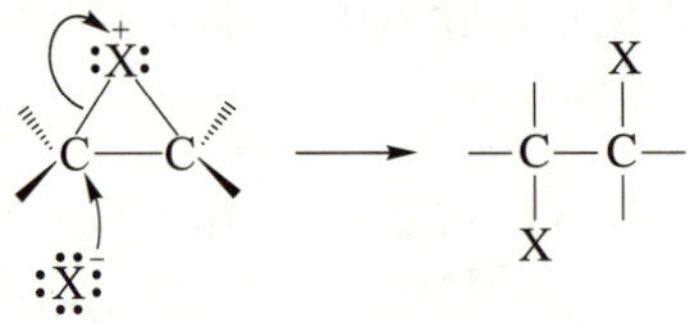

$$\underset{\diagup}{\overset{\diagdown}{C}}\underset{\diagdown}{\overset{\diagup}{C}} \longrightarrow -\overset{|}{\underset{|}{C}}-\overset{X}{\underset{|}{\underset{X}{C}}}-$$

由于在整个反应过程中,两个卤素原子分别从 π 键的两侧进行加成,所以称之为反式加成。如环己烯与溴的加成产物只有反式的 1,2- 二溴环己烷,没有顺式产物:

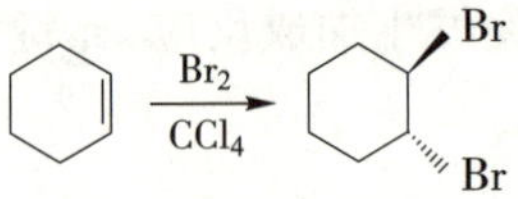

$$\bigcirc \xrightarrow[CCl_4]{Br_2} \text{（反式 1,2-二溴环己烷）}$$

这也证明了反应中间体不是碳正离子。如果中间体是碳正离子的话,因为碳正离子是平面结构,溴负离子可以分别从平面上下进攻带正电荷的碳原子,会得到顺式和反式的混合物。

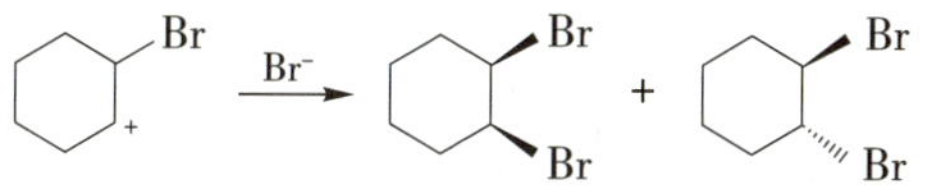

另一个实验事实也可说明烯烃与卤素的加成不是经过碳正离子中间体完成的。3,3-二甲基丁-1-烯与氯化氢加成会生成重排产物（碳正离子机理）：

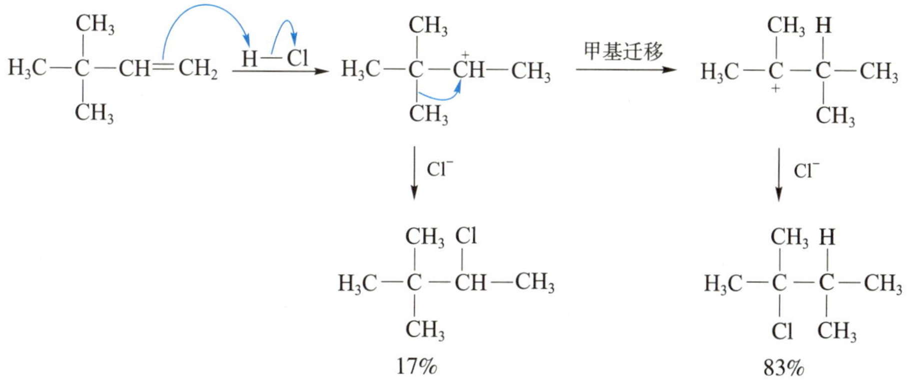

17%　　　　　　83%

但同样条件下与溴反应只得到正常产物，未检测到重排产物（溴𬬮离子机理）：

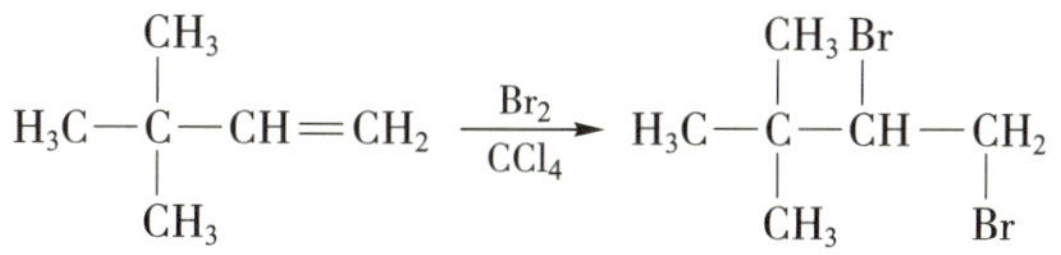

不同卤素与烯烃发生加成反应的速率为 $F_2>Cl_2>Br_2>I_2$。氟与烯烃的反应非常剧烈，反应副产物多，一般不能用来制备邻二氟代烷；碘与烯烃的加成很难进行。烯烃与溴的加成因为在反应过程中溴的颜色消失，常用来进行烯烃的定性鉴别。

5. 与次卤酸的加成

烯烃与卤素在 CCl_4 中进行反应，生成的产物是邻二卤代烷，而在水溶液中反应，产物则为 β-卤代醇（邻卤代醇）。例如：

$$H_2C=CH_2 + Br_2 \xrightarrow{H_2O} HOCH_2CH_2Br$$

从产物的结构看，相当于烯烃与次卤酸的加成产物，因此该反应称为烯烃与次卤酸的加成反应。

该反应的机理与烯烃和溴的加成机理相似，首先也是生成环溴𬬮离子，然后水作为亲核试剂从三元环的背面与环溴𬬮离子中带部分正电荷的碳原子结合，形成一个 C—O 键，同时断裂一个 C—Br 键，接着脱去一个质子，生成产物邻溴代醇。如果是不对称烯烃，加成产物符合马氏规则，作为亲电试剂的卤素原子加到含氢较多的双键碳原子上，带负电荷的羟基加在含氢较少的双键碳原子上。如异丁烯与溴的水溶液反应，主要产物为1-溴-2-甲基丙-2-醇。

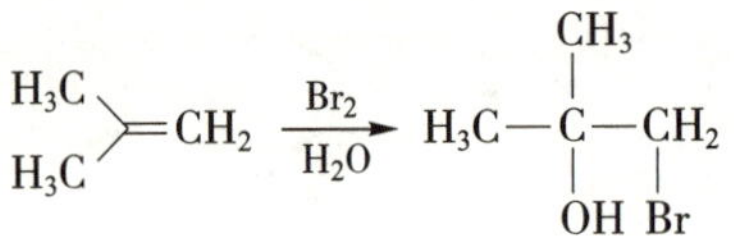

$$H_3C \underset{H_3C}{\overset{}{>}}C=CH_2 \xrightarrow[\text{H}_2\text{O}]{\text{Br}_2} H_3C-\underset{\underset{OH}{|}}{\overset{\overset{CH_3}{|}}{C}}-\underset{\underset{Br}{|}}{CH_2}$$

反应机理如下：

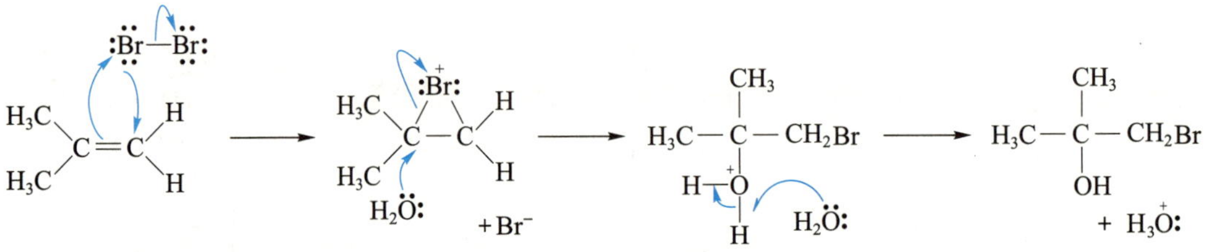

虽然，反应体系中的溴负离子也可以作为亲核试剂进攻溴鎓离子，但因为整个反应是在水溶液中进行的，溴负离子浓度很低，因此反应的主要产物是 β – 溴代醇，而不是邻二溴代物。加成产物符合马氏规则，水作为亲核试剂进攻取代基多的双键碳原子是因为形成的过渡态更能使正电荷得到分散：

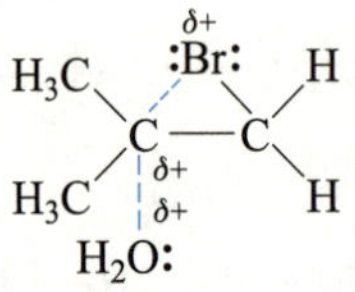

过渡态[1] 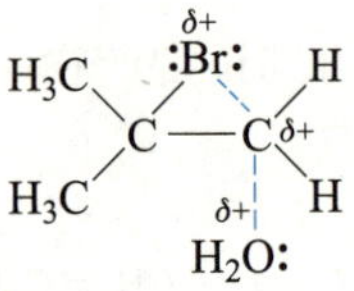　　　　　　过渡态[2]

取代基多的碳原子更能容纳正电荷，过渡态[1]的正电荷更分散，过渡态[1]比过渡态[2]稳定。

烯烃与卤素在水溶液中反应生成邻卤代醇也是反式加成。例如，环己烯与氯气在水溶液中反应只得到反式的 2– 氯环己醇。

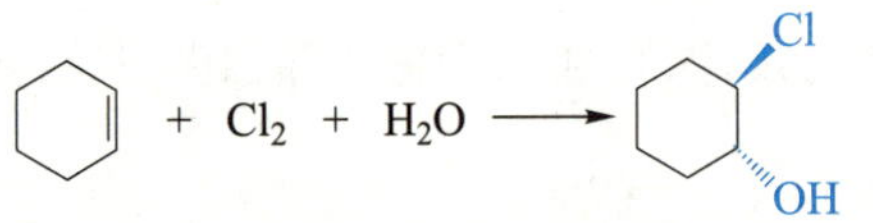

【案例 4-1】将乙烯分别通入① 溴的四氯化碳溶液中；② 溴的氯化钠水溶液中。两种情况下各生成什么产物？

分析　乙烯与溴的反应为亲电加成反应，首先是缺电子的亲电试剂与双键中 π 电子结合生成溴鎓离子，然后与体系中的亲核试剂反应生成产物。① 体系中的亲核试剂只有溴负离子，② 体系中亲核试剂有溴负离子、氯负离子和水，都可以参与反应。

答案　① 1,2– 二溴乙烷；② 1,2– 二溴乙烷、2– 溴 –2– 氯乙烷和 2– 溴乙醇。

【案例 4-2】写出氯化氢分别与以下烯烃反应的主要产物：① 丙烯；② 3,3,3– 三氯丙烯；③ 氯乙烯。与乙烯相比，它们的反应活性是增强还是减弱？

分析　氯化氢与烯烃的反应为亲电加成，反应的决速步骤是生成碳正离子中间体，稳定的碳正离子容易生成，相应产物为主要产物。

$$H_3C-CH=CH_2 \xrightarrow{H^+} H_3C-CH_2-\overset{+}{C}H_2 + H_3C-\overset{+}{C}H-CH_3$$

1° 碳正离子   2°碳正离子
不稳定   稳定

$$H_2C=CH-CCl_3 \xrightarrow{H^+} H_3C-\overset{+}{C}H-CCl_3 + H_2\overset{+}{C}-CH_2-CCl_3$$

带正电荷碳原子与   带正电荷碳原子与
强吸电子基团相连   强吸电子基团隔开
不稳定   稳定

$$H_2C=CH-Cl \xrightarrow{H^+} H_2\overset{+}{C}-CH_2-Cl + H_3C-\overset{+}{C}H-\overset{..}{\overset{\frown}{Cl}} \longleftrightarrow H_3C-CH=\overset{+}{Cl}$$

不利于正电荷分散   带正电荷碳原子与   共振结构多
含孤对电子的原子   一个化学键
相连，有利于电荷
不稳定   分散   稳定

答案 主要产物：① 2-氯丙烷（马氏规则产物）；② 1,1,1,3-四氯丙烷（反马氏规则产物）；③ 1,1-二氯乙烷（马氏规则产物）。

反应活性：① 丙烯比乙烯活性高，因为甲基的给电子诱导效应和超共轭效应。② 3,3,3-三氯丙烯活性比乙烯低，因为三氯甲基的强吸电子诱导效应。③ 氯乙烯活性比乙烯低，因为氯原子表现出吸电子诱导效应和给电子共轭效应，诱导效应大于共轭效应。

（三）自由基加成

1933 年 M. S. Kharasch 等发现，不对称烯烃在与溴化氢加成时，在没有过氧化物存在时遵循马氏规则，而在有过氧化物（如过氧化苯甲酰）存在或日光照射时得到反马氏规则加成产物。这种效应称为过氧化物效应，也称 Kharasch 效应。

$$RHC=CH_2 + HBr \xrightarrow{R'OOR'} RCH_2-CH_2Br$$

过氧化物效应是由于过氧化物或日光照射产生的自由基所引起的。其反应机理如下：

链引发 $\begin{cases} R'O-OR' \longrightarrow 2R'O\cdot & \Delta_r H_m^\ominus = -38\,kJ\cdot mol^{-1} \\ R'O\cdot + HBr \longrightarrow R'OH + Br\cdot & \Delta_r H_m^\ominus = -29\,kJ\cdot mol^{-1} \end{cases}$

链增长 $\begin{cases} RHC=CH_2 + Br\cdot \longrightarrow R\dot{C}H-CH_2Br \\ R\dot{C}H-CH_2Br + HBr \longrightarrow RCH_2-CH_2Br + Br\cdot \end{cases}$

链终止 $\begin{cases} Br\cdot + Br\cdot \longrightarrow Br_2 \\ 2R\dot{C}H-CH_2Br \longrightarrow BrCH_2CHCHCH_2Br \\ R\dot{C}H-CH_2Br + Br\cdot \longrightarrow RCHBr-CH_2Br \end{cases}$

在链增长的第一步反应中,当溴自由基加到中间碳原子上时,形成的是 1° 碳自由基,由于如前所述超共轭效应的原因,稳定性不如 2° 碳自由基,这是产生过氧化物效应的根本原因。值得注意的是,过氧化物效应只有溴化氢存在,其他卤化氢都没有。这是因为在氯化氢中 Cl—H 键太强,需要较高的活化能才能实现均裂产生氯自由基,而碘自由基虽然容易形成,但活性差,难以继续反应。

（四）硼氢化 – 氧化反应

1942 年,布朗（H. C. Brown）发现烯烃与硼烷（BH_3）不需要任何催化剂即可发生加成反应生成三烷基硼,该反应称为硼氢化反应。三烷基硼在碱性溶液中用过氧化氢氧化,羟基取代硼原子生成醇。两步反应的最终结果与烯烃的水合反应类似,均是水分子加成到烯烃双键上。硼氢化反应与氧化反应两步总称为硼氢化 – 氧化反应。

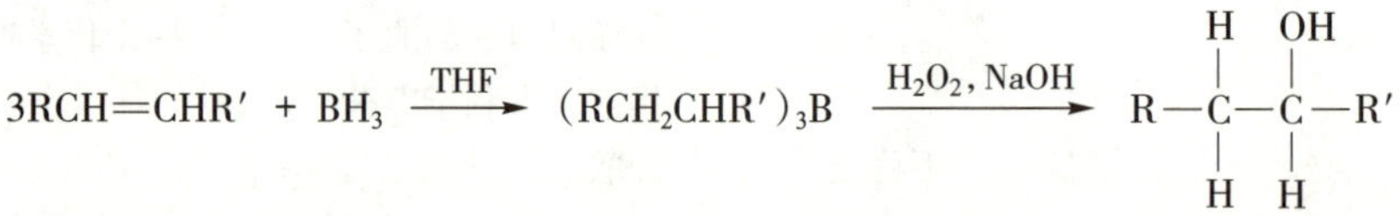

$$3RCH=CHR' + BH_3 \xrightarrow{THF} (RCH_2CHR')_3B \xrightarrow{H_2O_2,\ NaOH} \underset{\substack{|\\H}}{\overset{\substack{H\\|}}{R-C}}-\underset{\substack{|\\H}}{\overset{\substack{OH\\|}}{C}}-R'$$

硼烷（BH_3）不稳定,通常不能独立存在,其二聚体乙硼烷（B_2H_6）相对较稳定。由于硼原子有空轨道,可接受电子,硼烷与不对称烯烃加成时,硼原子作为缺电子基团加到含氢多的双键碳原子上,氢原子加到含氢少的双键碳原子上。反应经过一个四元环的过渡态,属于协同反应,不产生碳正离子中间体。所以,与烯烃和水直接加成生成醇的反应相比,烯烃的硼氢化 – 氧化反应在立体选择性上为顺式加成反应;反应产物为反马氏规则的加成产物。例如:

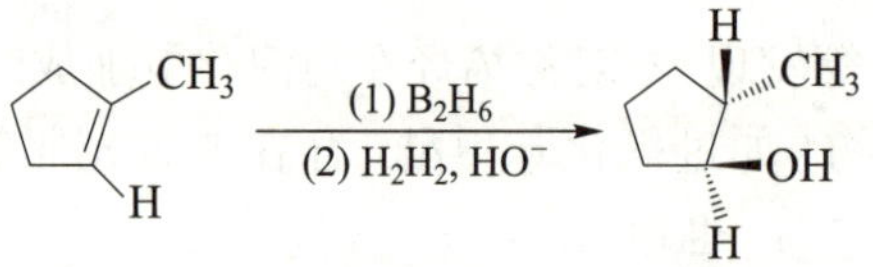

80%

反应常用的溶剂为醚类化合物,如四氢呋喃（THF）、二缩乙二醇二甲醚等。

由于硼氢化 – 氧化反应是一种立体专一的制备醇的反应,且其反应的选择性与烯烃的水合反应相反,因此这个反应是烯烃水合反应制备醇的一种重要的补充方法。

（五）氧化反应

烯烃很容易被氧化,氧化产物与氧化剂的种类、氧化条件及烯烃的种类有关。

1. 环氧化反应

在烯烃双键上引入一个氧原子形成环氧化合物（含氧的三元环）的反应称环氧化反应（epoxidation）。反应很容易进行,常用的过氧化试剂有过氧乙酸、间氯过氧苯甲酸等。例如:

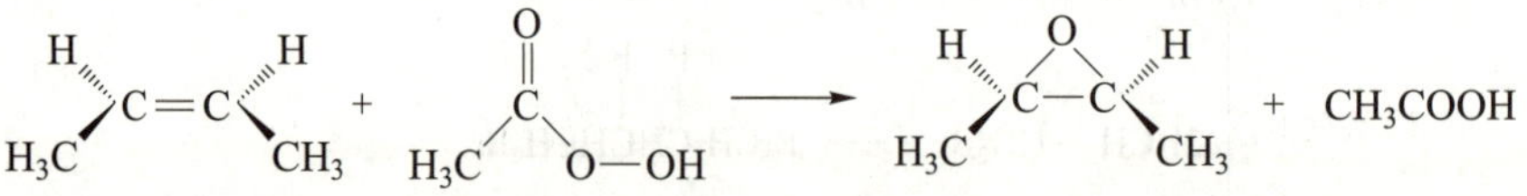

工业上以乙烯为原料在银催化下直接用空气氧化制备环氧乙烷。

$$H_2C=CH_2 + O_2 \xrightarrow[250℃]{Ag} \triangle\hspace{-0.3em}O$$

2. 双羟基化反应

在碱性条件下,烯烃被稀的高锰酸钾氧化,双键中的 π 键断裂,生成邻二醇(1, 2- 二醇)。反应相当于在双键两端各加一个羟基(—OH),故称双羟基化:

$$\overset{\displaystyle}{C}=\overset{\displaystyle}{C} \xrightarrow{KMnO_4, H_2O, OH^-} HO\overset{\displaystyle}{C}-\overset{\displaystyle}{C}OH$$

反应通过一个环状中间体进行,生成顺式产物。例如:

$$\bigcirc \xrightarrow[H_2O, HO^-]{KMnO_4} \bigcirc_{OH \ OH}$$

3. 开裂氧化反应

烯烃的开裂氧化指的是碳碳双键发生断裂的氧化。常见的氧化剂有酸性高锰酸钾和臭氧。氧化产物随双键上烷基取代基的数目不同而不同。

(1)烯烃的酸性高锰酸钾氧化　高锰酸钾在酸性条件下氧化能力较强,反应产物为酮和羧酸。碳碳双键断裂后,双键碳原子上没有 H 的片段生成酮,有一个 H 的生成羧酸,有两个 H 的,先生成 HCOOH,进而氧化为碳酸,碳酸不稳定分解为 CO_2 和 H_2O。例如:

$$\overset{H_3C}{\underset{H_3C}{>}}C=CH_2 \xrightarrow{KMnO_4, H^+} \overset{O}{\underset{H_3C}{\overset{\|}{C}}}CH_3 + CO_2 + H_2O$$

$$CH_3CH=CHCH_2CH_3 \xrightarrow{KMnO_4, H^+} CH_3COOH + CH_3CH_2COOH$$

该反应现象明显,反应中高锰酸钾紫色消失,并产生棕褐色的 MnO_2 沉淀。因此,常用该反应定性鉴别烯烃。

(2)烯烃的臭氧化　臭氧是一种强的亲电试剂,烯烃与臭氧反应,碳碳双键发生断裂,生成环状的臭氧化物,这个反应称臭氧化反应。臭氧化物中间体易爆炸,通常不分离出来,直接在锌粉等还原剂存在下水解,生成醛或酮。加锌粉的目的是避免生成的醛被过量的臭氧及水解过程中产生的过氧化氢氧化为酸。反应中,烯烃双键碳原子上连有两个 H 的片段生成甲醛,连有一个 H 的生成醛,没有 H 的生成酮。例如:

$$\overset{H_3C}{\underset{H_3C}{>}}C=CH_2 \xrightarrow{O_3} \overset{H_3C}{\underset{H_3C}{>}}\overset{O-O}{\underset{O}{\diagup \diagdown}}CH_2 \xrightarrow{Zn/H_2O} \overset{O}{\underset{H_3C}{\overset{\|}{C}}}CH_3 + HCHO$$

臭氧化物

$$\overset{H}{\underset{H_3C}{>}}C=\overset{CH_2CH_3}{\underset{CH_3}{<}} \xrightarrow[(2) Zn, CH_3COOH]{(1) O_3, CH_2Cl_2} CH_3CH_2\overset{O}{\overset{\|}{C}}CH_3 + CH_3CHO$$

4-2

烯烃的开裂氧化反应可用来推导烯烃的结构。双键碳原子连有氢原子的，酸性高锰酸钾氧化产物为酸，臭氧化后水解产物为醛；双键碳原子不连接氢原子的，两种情况下的氧化产物均为酮。

（六）α-H 的卤代反应

与双键直接相连的饱和碳原子称为 α-碳原子，α-碳原子上的氢称为 α-H。双键的 α 位通常也称烯丙位。在光照或者高温条件下，烯烃与卤素反应，烯烃的 α-H 被卤原子取代，生成 α-卤代烯烃。例如：

$$CH_3CH=CH_2 + Cl_2 \xrightarrow{500\sim600℃} ClCH_2CH=CH_2 + HCl$$

同烷烃的卤代反应一样，烯烃 α-H 卤代也为自由基取代。反应产物之所以是烯丙位的氢被卤素取代，是因为相应的中间体烯丙基自由基因存在 p-π 共轭效应更稳定，存在的时间更长，更有机会与卤素分子之间发生有效碰撞生成产物。

实验室进行烯烃 α-H 溴代常用的溴化剂是 N-溴代丁二酰亚胺（N-bromosuccinimide，NBS），这种试剂在光照或过氧化物引发下，能够有效地取代烯烃 α 位的氢原子。例如：

$$\underset{}{\bigcirc} \xrightarrow[\text{CCl}_4, \triangle]{\text{NBS,过氧化苯甲酰}} \quad \quad \quad \quad \quad \quad \text{NBS}$$

（七）聚合反应

在酸、碱、自由基或者过渡金属催化剂催化下，烯烃分子之间可以发生加成反应，形成相对分子质量较大的聚合物，这种反应称为聚合反应。聚合反应在合成纤维、薄膜、管材、涂料等化工生产中有非常重要的应用。根据形成聚合物的小分子数目，聚合反应可以分为二聚、三聚和多聚反应。

1. 二聚反应

在酸催化下，两分子烯烃之间发生加成，生成二聚体的反应称二聚反应。如异丁烯在 65% H_2SO_4 中生成二聚异丁烯。

$$2H_2C=\underset{CH_3}{\overset{CH_3}{C}} \xrightarrow{65\%H_2SO_4} (CH_3)_3CCH_2\underset{CH_3}{\overset{CH_3}{C}}=CH_2 + (CH_3)_3CCH=C(CH_3)_2$$

反应的机理如下：

$$\underset{H_3C}{\overset{H_3C}{>}}C=CH_2 \xrightarrow{H^+} \underset{H_3C}{\overset{H_3C}{>}}\overset{+}{C}-CH_3 \xrightarrow{H_2C=\overset{CH_3}{\underset{CH_3}{<}}} \cdots$$

a 途径脱氢产物　　　　　　b 途径脱氢产物

2. 多聚反应

由许多分子聚合而成的产物,称为多聚物。多聚物的形成一般为自由基型反应机理。例如,作为食品包装袋的聚乙烯材料的合成如下。

$$n\,CH_2{=}CH_2 \xrightarrow[180℃,150\,MPa]{O_2(0.05\%)} \left[CH_2{-}CH_2 \right]_n$$

聚乙烯

聚合物因具有良好的性能,如耐久性、耐腐蚀、耐热等,在工业及医用材料等方面具有广泛的应用,见本章知识延伸。但一般情况下聚合物生物可降解性差,随便丢弃会造成环境污染。

第二节　炔　　烃

一、炔烃的结构

分子中含有碳碳叁键的烃称炔烃(alkyne),单炔烃的通式为 C_nH_{2n-2},与二烯烃及环烯烃互为同分异构体。碳碳叁键在碳链末端的炔又称末端炔或端基炔($RC{\equiv}CH$)。

乙炔(C_2H_2)是最简单的炔烃。研究表明,乙炔为线形分子,所有原子都在一条直线上,碳碳叁键的键长为 0.120 nm,碳氢键的键长为 0.106 nm,∠CCH 为 180°(见图 4-6)。乙炔分子中的碳原子为 sp 杂化,每个碳原子有两个 sp 杂化轨道和两个未参与杂化的 p 轨道。碳原子之间各自以一个 sp 杂化轨道"头对头"重叠形成 C—C σ 键,每一个碳原子的另一个 sp 杂化轨道分别与氢原子的 1s 轨道相互重叠,形成 C—H σ 键。两个碳原子上未杂化的 p 轨道两两平行,侧面"肩并肩"重叠形成两个相互垂直的 π 键(见图 4-7),π 电子云围绕 C—C σ 键呈圆筒状分布(见图 4-8)。

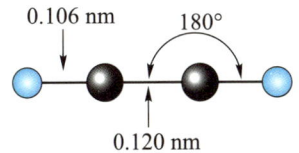

图 4-6　乙炔分子中的键参数

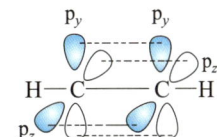

图 4-7　乙炔分子中的 p 轨道

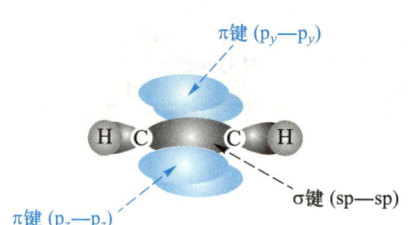

图 4-8 　乙炔分子中 π 电子云的分布

二、炔烃的异构与命名

炔烃为线形分子,不存在顺反异构,主要存在由碳架不同或叁键位置不同而引起的异构体。炔烃的系统命名法与烯烃相似,只需将母体名称中的"烯"改为"炔"。例如:

$$H_3C-\underset{\underset{CH_3}{|}}{\overset{\overset{CH_3}{|}}{C}}-CH_2-C\equiv CH \qquad\qquad CH_3(CH_2)_9C\equiv CCH_2CH_2CH_3$$

4,4- 二甲基戊 -1- 炔 　　　　　　　　十五碳 -4- 炔

4,4-dimethylpent-1-yne 　　　　　　pentadec-4-yne

分子中既含有双键又含有叁键的化合物称为"某烯炔"。命名时,选择同时含双键和叁键在内的最长碳链为主碳链,从距离不饱和键最近的一端开始编号,表示主链碳原子数的数目标示在"烯、炔"字前;若双键和叁键处于距离两端的等同位置,则优先使双键所在的位次较小。例如:

$$CH_3CH=CH-C\equiv CH \qquad\qquad CH_3C\equiv C-CH=CH_2$$

戊 -3- 烯 -1- 炔 　　　　　　　　　　戊 -1- 烯 -3- 炔

pent-3-en-1-yne 　　　　　　　　　　pent-1-en-3-yne

$$CH_2=CH-CH_2-C\equiv CH \qquad\qquad H_3CC\equiv CCH\underset{\underset{CH_2CH_3}{|}}{\overset{\overset{CH_3}{|}}{CH}}CH=CH_2$$

戊 -1- 烯 -4- 炔 　　　　　　　　　　3- 乙基 -4- 甲基庚 -1- 烯 -5- 炔

pent-1-en-4-yne 　　　　　　　　　　3-ethyl-4-methylhept-1-en-5-yne

一些常见的炔基取代基名称见表 4-4。

表 4-4 　一些常见的炔基取代基名称

结构	名称	结构	名称	结构	名称
$\equiv CH$	甲次基 methylidyne	$CH\equiv C-$	乙炔基 ethynyl	$CH_3C\equiv$	乙次基 ethylidyne

三、炔烃的物理性质

炔烃分子因其叁键的 sp 杂化，分子间的范德华力较相同碳原子数的烷烃和烯烃略强，因此其熔、沸点要略高于相同碳原子数的烷烃和烯烃。端基炔的沸点低于同分异构的非端基炔。炔烃的相对密度小于 1；易溶于烷烃、四氯化碳、乙醚等有机溶剂，在水中的溶解度很小。常见炔烃的物理常数见表 4–5。

表 4–5　常见炔烃的物理常数

化合物	英文名称	熔点 /℃	沸点 /℃	相对密度
乙炔	ethyne/acetylene	–81.8	–84.0	$0.613^{-80℃}$
丙炔	propyne	–102.7	–23.2	$0.22^{-13℃}$
丁 –1– 炔	but–1–yne	–125.7	8.7	0.668
丁 –2– 炔	but–2–yne	–32.8	27	0.693
戊 –1– 炔	pent–1–yne	–95	40.2	0.691
戊 –2– 炔	pent–2–yne	–101	55.5	0.713
3– 甲基丁 –1– 炔	3–methylbut–1–yne	–90	28	0.665
己 –1– 炔	hex–1–yne	–124	71.5	0.719
庚 –1– 炔	hept–1–yne	–81	99	0.730

四、炔烃的化学性质

烯烃的官能团为碳碳双键，炔烃的官能团为碳碳叁键；双键由一个 σ 键和一个 π 键构成，叁键由一个 σ 键和两个 π 键构成。因此，炔烃的化学性质与烯烃很相似，也可以发生加成、氧化及聚合等反应。但由于叁键碳和双键碳的杂化方式不同，成键方式有所区别，所以炔烃不仅在反应性能上与烯烃有所差异，而且表现出某些独特性质。这种差异的主要原因是叁键中的碳原子为 sp 杂化。我们知道，2s 轨道比 2p 轨道离原子核近，2s 轨道上的电子受到原子核的束缚力比 2p 轨道的强，因此，在杂化轨道中，s 轨道成分越多，该杂化轨道上的电子受原子核的束缚力越大，相应的 σ 键越强，键长越短。表 4–6 列出了乙烷、乙烯和乙炔的一些结构特征比较。

表 4–6　乙烷、乙烯和乙炔的结构特征

结构特征	乙烷	乙烯	乙炔
结构式			H—C≡C—H
碳原子杂化方式	sp^3	sp^2	sp
杂化轨道中 s 轨道成分比例	25%	33%	50%

续表

结构特征	乙烷	乙烯	乙炔
C—C 键长 /nm	0.154	0.134	0.120
C—C 键能 /（kJ·mol^{-1}）	347	610	837
C—H 键长 /nm	0.110	0.109	0.106
C—H 键解离能 /（kJ·mol^{-1}）	410	452	536
∠HCC 键角 /（°）	109.5°	121.7°	180°
pK_a	50	44	25

（一）炔烃的酸性

炔烃的酸性指的是端基炔的酸性，主要是相对烯烃和烷烃而言。实际上，炔烃的酸性很微弱（pK_a 约 25），比水（pK_a=15.7）和乙醇（pK_a=15.9）弱得多。乙炔的酸性比乙烯和乙烷强，是因为乙炔解离生成的共轭碱，也就是乙炔负离子相对稳定。不同杂化的碳原子的电负性为 C_{sp}>C_{sp2}>C_{sp3}，负电荷在电负性大的碳原子上更稳定，所以乙炔、乙烯和乙烷形成的共轭碱的稳定性为

$$HC \equiv \bar{C} \ > \ H_2C = \bar{C}H \ > \ CH_3\bar{C}H_2$$

酸性大小顺序为

$$HC \equiv CH \ > \ H_2C = CH_2 \ > \ CH_3CH_3$$

因为炔氢的酸性，端基炔能生成金属炔化物。乙炔或端基炔与硝酸银或氯化亚铜的氨溶液反应，立即生成白色的炔化银或红棕色的炔化亚铜沉淀。例如：

$$CH \equiv CH + 2Ag(NH_3)_2NO_3 \longrightarrow AgC \equiv CAg\downarrow + 2NH_3 + 2NH_4NO_3 \quad （白色沉淀）$$

$$RC \equiv CH + Cu(NH_3)_2Cl \longrightarrow RC \equiv CCu\downarrow + NH_3 + NH_4Cl \quad （红棕色沉淀）$$

这两个反应都很灵敏，现象明显，可用于端基炔烃的定性鉴定。炔化银或炔化亚铜在干燥状态下，受热或震动时容易爆炸，实验后应加稀硝酸分解，炔化物又可转化为原来的炔烃。

另外，端基炔与金属钠反应生成炔化钠，它是很强的亲核试剂，可与卤代烷等发生反应，生成碳链增长的炔烃（见第七章相关内容）。

（二）催化氢化反应

与烯烃催化加氢类似，在铂（Pt）、钯（Pd）、镍（Ni）等金属催化下，炔烃与过量氢气反应，生成相应的烷烃：

$$CH_3CH_2CH_2C \equiv CCH_2CH_3 \xrightarrow[100\%]{H_2, Pt} CH_3CH_2CH_2CH_2CH_2CH_2CH_3$$

反应是分步进行的，首先生成烯烃，继续加氢，生成烷烃。相对来说由叁键还原到双键比由双键还原到单键容易，断裂第一个 π 键所需能量少（氢化热高）。例如：

$$HC\equiv CH \xrightarrow{H_2} H_2C=CH_2 \qquad \Delta_rH_m^{\ominus} = -175 \text{ kJ/mol}$$

$$H_2C=CH_2 \xrightarrow{H_2} CH_3CH_3 \qquad \Delta_rH_m^{\ominus} = -137 \text{ kJ/mol}$$

但在铂、钯等一般的催化剂催化下,反应很难停留在烯烃阶段。如果只希望得到烯烃,可采用活性较低的催化剂。常用的有林德拉(Lindlar)催化剂,这种催化剂是将钯吸附在碳酸钙上,加入抑制剂二乙酸铅或喹啉,使催化剂部分"毒化",降低了催化能力。炔烃的催化氢化也为顺式加成,产物为顺式烯烃。

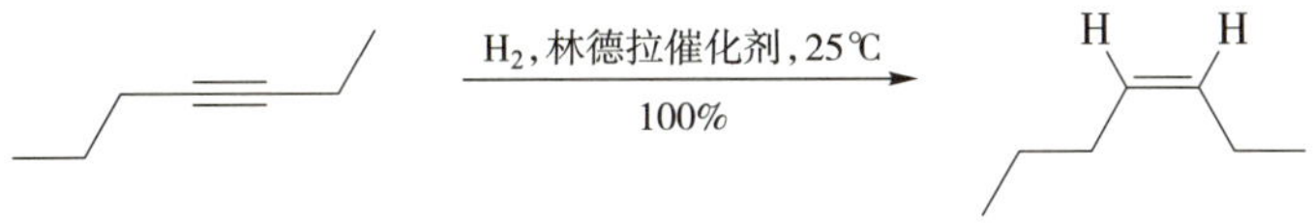

如果要制备反式烯烃,可在液氨中用金属钠还原非末端炔。

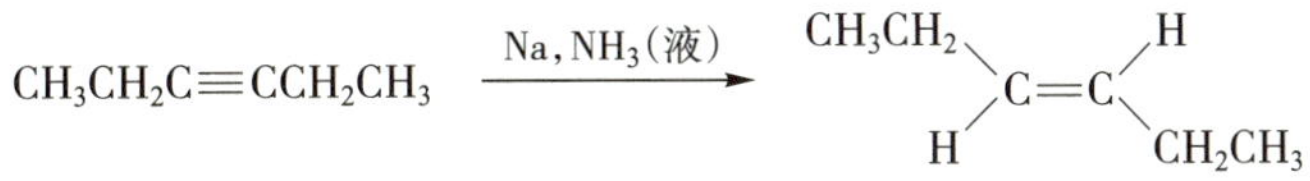

$$CH_3CH_2C\equiv CCH_2CH_3 \xrightarrow{Na, NH_3(液)} \begin{array}{c} CH_3CH_2 \\ \diagdown \\ C=C \\ \diagup \qquad \diagdown \\ H \qquad CH_2CH_3 \end{array} \begin{array}{c} H \\ \end{array}$$

反应机理为自由基加成,反式的中间体比顺式的稳定,所以主要得到反式产物。

总之,炔烃在不同条件下还原可得不同产物:

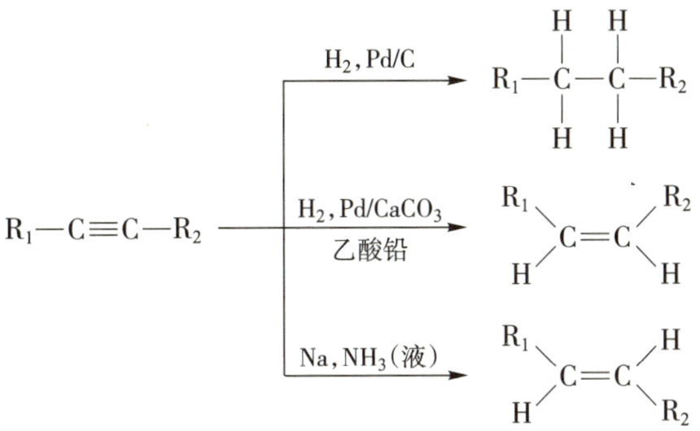

$$R_1-C\equiv C-R_2 \begin{cases} \xrightarrow{H_2, Pd/C} & R_1-CH_2-CH_2-R_2 \\ \xrightarrow[\text{乙酸铅}]{H_2, Pd/CaCO_3} & \text{顺式烯烃} \\ \xrightarrow{Na, NH_3(液)} & \text{反式烯烃} \end{cases}$$

(三)亲电加成反应

与烯烃类似,炔烃也能与卤素、氢卤酸和水等亲电试剂发生加成,反应取向遵循马氏规则。但因为炔烃中不饱和碳原子为 sp 杂化,电负性比 sp^2 杂化的碳原子大,电子受到原子核的束缚力更大,所以炔烃亲电加成反应活性反而比烯烃弱。

1. 与卤化氢加成

炔烃与一分子氢卤酸加成,生成乙烯型卤代烃,继续与氢卤酸反应,生成两个卤素原子连在同一个碳原子上的二卤代烃(偕二卤代烃)。产物取向符合马氏规则。炔烃亲电加成生成的乙烯型碳正离子中间体不如乙烯加成生成的烷基碳正离子稳定,从这个角度也可以解释炔烃亲电加成反应活性比烯烃弱。例如:

$$CH_3C \equiv CCH_3 + HBr \longrightarrow \begin{array}{c} H \quad CH_3 \\ C=C \\ H_3C \quad Br \end{array} \xrightarrow{HBr} \begin{array}{c} Br \\ | \\ CH_3CH_2C-CH_3 \\ | \\ Br \end{array}$$

60%

$$CH_3CH_2C \equiv CCH_2CH_3 + HCl \longrightarrow \begin{array}{c} H_3CH_2C \quad Cl \\ C=C \\ H \quad CH_2CH_3 \end{array} \xrightarrow{HCl} \begin{array}{c} Cl \\ | \\ CH_3CH_2CH_2C-CH_2CH_3 \\ | \\ Cl \end{array}$$

99%

不同结构的炔烃与 HX 加成的反应速率：

$$RC \equiv CR' > RC \equiv CH > HC \equiv CH$$

2. 与水加成

炔烃与水在 H_2SO_4 和 $HgSO_4$ 的催化下发生亲电加成反应生成羰基化合物（酮或醛），也称炔烃的水合。

$$RC \equiv CR \xrightarrow[H_2SO_4/HgSO_4]{H_2O} \begin{array}{c} OH \\ | \\ RHC=CR \end{array} \longrightarrow \begin{array}{c} O \\ \parallel \\ RCH_2CR \end{array}$$

反应首先是水加到碳碳叁键上，生成羟基直接连在双键碳原子上的醇（烯醇），烯醇不稳定，会发生重排，生成稳定的羰基化合物。这一重排过程称互变异构。通过互变异构相互转化的两个化合物称为互变异构体。

$$\begin{array}{c} \diagdown \quad \diagup \\ C=C \\ \diagup \quad \diagdown \\ OH \end{array} \quad \rightleftharpoons \quad \begin{array}{c} \diagdown \quad | \quad \diagup \\ -C-C- \\ | \quad \parallel \\ H \quad O \end{array}$$

烯醇式   酮式

炔烃的水合产物中，只有乙炔水合反应生成的烯醇的互变异构体为醛，其他炔烃水合反应生成的烯醇，其互变异构体均为酮。例如：

$$HC \equiv CH + H_2O \xrightarrow{H_2SO_4/HgSO_4} CH_3CHO$$

$$\diagup\!\!\!\equiv\!\!\!\diagdown + H_2O \xrightarrow{H_2SO_4/HgSO_4} \diagup\!\!\diagdown\!\!\underset{O}{\diagup}\!\!\diagdown$$

乙醛的工业生产也曾采用乙炔的水合反应，但因为硫酸汞有剧毒，会对水体造成污染，现已被更经济环保的乙烯直接脱氢氧化法所替代。

3. 与卤素加成

炔烃可以与一分子卤素 X_2（Cl_2，Br_2）加成，生成反式加成产物——邻二卤代烯烃，继续与一分子卤素反应生成四卤代烷烃。

$$RC\equiv CR' \xrightarrow[CCl_4]{X_2} \overset{R}{\underset{X}{\diagdown}}C=C\overset{X}{\underset{R'}{\diagup}} \xrightarrow[CCl_4]{X_2} R-\overset{X}{\underset{X}{\overset{|}{C}}}-\overset{X}{\underset{X}{\overset{|}{C}}}-R'$$

因为炔烃与卤素的加成活性比烯烃低,往往需加入 FeX_3 等催化剂。例如:

$$CH_3CH_2C\equiv CCH_2CH_3 + Br_2 \xrightarrow{FeX_3} \overset{H_3CH_2C}{\underset{Br}{\diagdown}}C=C\overset{Br}{\underset{CH_2CH_3}{\diagup}}$$
$$90\%$$

$$H_3CC\equiv CH + 2Cl_2 \xrightarrow{FeX_3} CH_3CCl_2CHCl_2$$
$$63\%$$

分子中有非共轭的双键和叁键时,由于双键与叁键的反应活性不同,双键一般先反应。例如:

$$H_2C=CHCH_2C\equiv CH + Br_2 \xrightarrow[-20℃]{CCl_4} BrCH_2\underset{\underset{Br}{|}}{C}HCH_2C\equiv CH$$

炔烃与卤素的亲电加成反应历程与烯烃相同,均经过卤鎓离子中间体。例如:

$$CH_3C\equiv CCH_3 \xrightarrow{Br_2} \overset{\overset{+}{Br}}{\underset{\underset{Br}{H_3C}}{\triangle}}CH_3 \longrightarrow \overset{H_3C}{\underset{Br}{\diagdown}}C=C\overset{Br}{\underset{CH_3}{\diagup}}$$

炔烃与溴加成,溴的红棕色消失,可用来定性鉴别炔烃。

(四)氧化反应

与烯烃类似,炔烃也能被臭氧、高锰酸钾等氧化剂氧化。炔烃被高锰酸钾氧化时,碳碳叁键断裂,生成羧酸或 CO_2。

$$RC\equiv CH \xrightarrow[(2)\,H_2O/H^+]{(1)\,KMnO_4/H_2O,\,OH^-} RCOOH + CO_2 + H_2O（端基炔氧化生成CO_2）$$

$$RC\equiv CR' \xrightarrow[(2)\,H_2O/H^+]{(1)\,KMnO_4/H_2O,\,OH^-} RCOOH + R'COOH（非端基炔氧化生成羧酸）$$

反应中高锰酸钾的紫红色逐渐消失并产生棕褐色的 MnO_2 沉淀,因此该反应可用作炔烃的定性鉴定;也可通过确定产物羧酸的结构来推测炔烃中碳碳叁键的位置。

炔烃被臭氧氧化时,碳碳叁键断裂,也生成羧酸。例如:

$$CH_3CH_2CH_2CH_2C\equiv CH \xrightarrow[(2)\,H_2O]{(1)\,O_3} CH_3CH_2CH_2CH_2COOH + HCOOH$$

（五）聚合反应

乙炔或其他端基炔在一些特殊催化剂的催化下，能发生聚合反应。例如：

$$2HC\equiv CH \xrightarrow{CuCl, NH_4Cl} H_2C=CH-C\equiv CH \quad （二聚反应）$$

$$3HC\equiv CH \xrightarrow{(Co)_3NiP(C_6H_5)_3} \bigcirc \quad （三聚反应）$$

4–3

在稀土催化剂的作用下，乙炔能发生多聚，形成聚乙烯高聚物。例如：

$$nHC\equiv CH \xrightarrow[\text{高温}]{\text{催化剂}} {\left[\!\!\begin{array}{c} C=CH \\ | \\ H \end{array}\!\!\right]}_n$$

【思考题 4–4】比较乙烯和乙炔与溴化氢的亲电加成反应活性。

【思考题 4–5】用化学方法鉴别下列化合物。

（1）戊烷；（2）1,2–二甲基环丙烷；（3）戊 –1– 烯；（4）戊 –1– 炔

第三节　共轭二烯烃

分子中含两个碳碳双键的烃称为二烯烃。二烯烃的结构通式为 C_nH_{2n-2}，与相同碳原子数的炔烃互为同分异构体。按照两个双键的相对位置，二烯烃可以分为孤立二烯烃、共轭二烯烃和累积二烯烃。两个双键被两个或两个以上的单键隔开时称为孤立二烯烃；两个双键连接在同一个碳原子上称为累积二烯烃；两个双键被一个单键隔开的称为共轭二烯烃（conjugated diene）。例如：

$$CH_2=C=CH_2 \qquad CH_2=CH-CH=CH_2 \qquad CH_2=CH-CH_2-CH_2-CH=CH-CH_3$$

丙二烯　　　　　　　　丁 –1,3– 二烯　　　　　　　　庚 –1,5– 二烯

（累积二烯烃）　　　　（共轭二烯烃）　　　　　　　（孤立二烯烃）

孤立二烯烃的两个双键彼此相距较远，相互影响很小，性质与单烯烃相似。累积二烯烃，如丙二烯（$CH_2=C=CH_2$），中间的碳原子（连有两个双键的碳原子）为 sp 杂化，未参与杂化的两个 p 轨道分别与另两个碳原子的 p 轨道侧面重叠，形成两个相互垂直的 π 键；这类化合物性质一般不稳定，难于制备。下面主要讨论共轭二烯烃。

一、共轭二烯烃的特性

与孤立二烯烃相比，共轭二烯烃具有一些特殊的性质。例如，共轭二烯烃比相应的孤立二烯烃稳定。比较戊 –1,4– 二烯（孤立二烯烃）和戊 –1,3– 二烯（共轭二烯烃）的氢化热（表 4–7），戊 –1,4– 二烯的氢化热为 252 kJ·mol^{-1}，正好是戊 –1– 烯氢化热的两倍；（E）– 戊 –1,3– 二烯的氢化热为 226 kJ·mol^{-1}，而（E）– 戊 –2– 烯与戊 –1– 烯的氢化热之和为 241 kJ·mol^{-1}。

也就是说,共轭双键比孤立双键稳定 15 kJ·mol^{-1}。丁 –1,3– 二烯也同样如此,丁 –1,3– 二烯的氢化热(239 kJ·mol^{-1})比丁 –1– 烯氢化热(127 kJ·mol^{-1})的二倍低 15 kJ·mol^{-1}。这种因为共轭而增加的稳定性称共轭能,也称离域能或共振能。

表4–7 几种单烯烃和二烯烃的氢化热

化合物	戊 –1– 烯	(E)– 戊 –2– 烯	戊 –1,4– 二烯	(E)– 戊 –1,3– 二烯
结构式				
氢化产物				
氢化热 /(kJ·mol^{-1})	126	115	252	226

共轭二烯烃除了表现出额外的稳定性外,在化学性质上也与孤立二烯烃有明显区别。例如,丁 –1,3– 二烯与溴加成得到两种异构体。

$$H_2C{=}CH{-}CH{=}CH_2 \xrightarrow{\ Br_2(1\ mol)\ } \underset{\displaystyle \overset{|}{Br}}{\overset{\displaystyle \overset{|}{Br}}{H_2C{-}CH{-}CH{=}CH_2}} + \underset{}{\overset{\displaystyle \overset{|}{Br}}{H_2C{-}CH}{=}CH{-}\overset{\displaystyle \overset{|}{Br}}{CH_2}}$$

二、共轭二烯烃的结构

以最简单的共轭二烯烃——丁 –1,3– 二烯为例,研究结果表明,丁 –1,3– 二烯分子中的四个碳原子和六个氢原子均在同一平面上,所有键角都接近 120°,C=C 键长 0.134 nm,C—C 键长 0.148 nm(图 4–9)。

丁 –1,3– 二烯分子中的每个碳原子均为 sp^2 杂化,每个碳原子都以 sp^2 杂化轨道与其他碳原子的 sp^2 杂化轨道及氢原子的 1s 轨道相互重叠,形成三个 C—C σ 键和六个 C—H σ 键,所有原子都在同一平面,每个碳原子未参与杂化的 p 轨道与该平面垂直,侧面相互重叠形成 π 键(图 4–10)。

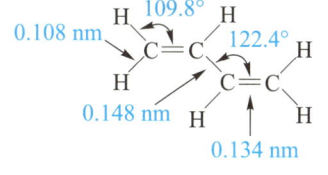

图 4–9 丁 –1,3– 二烯分子的键参数

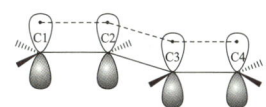

图 4–10 丁 –1,3– 二烯分子中的 p 轨道

因为四个 p 轨道彼此侧面平行,构成 π 键时,除了 C$_1$ 与 C$_2$、C$_3$ 与 C$_4$ 的 p 轨道从侧面重叠外,C$_2$ 与 C$_3$ 之间的 p 轨道也可以重叠。从而使得每一个碳原子的 p 电子不再定域于相邻两个碳原子之间,而是离域在 4 个碳原子上,形成一个包括 4 个原子、4 个电子的"大 π 键",称

为共轭 π 键或离域 π 键（图 4-11）。

在丁 -1,3- 二烯中，虽然发生了电子的离域，但由于 4 个碳原子并不等同，碳原子间 p 轨道的重叠程度也不同。其中 C_1 和 C_2 之间，C_3 和 C_4 之间的 p 轨道重叠程度较大，而 C_2 和 C_3 之间的 p 轨道重叠程度较小。从丁 -1,3- 二烯的 π 分子轨

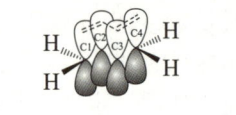

图 4-11　丁 -1,3- 二烯分子中
p 轨道重叠示意图

道（图 4-12）可以看出，碳原子 4 个 2p 轨道的重叠产生 4 个 π 分子轨道，其中 π_1 和 π_2 为成键轨道，π_3^* 和 π_4^* 为反键轨道，4 个 π 电子成对分布在 π_1 和 π_2 轨道中；π_1 轨道没有节面，4 个 p 轨道均可相互重叠成键，π_2 轨道有一个节面，C_1 和 C_2、C_3 和 C_4 的 p 轨道可以重叠，C_2 和 C_3 的 p 轨道不能重叠。π_1 和 π_2 "叠加"的结果，使得 C_1 和 C_2、C_3 和 C_4 的 p 轨道重叠加强，形成 π 键，而 C_2 和 C_3 的 p 轨道重叠较弱。

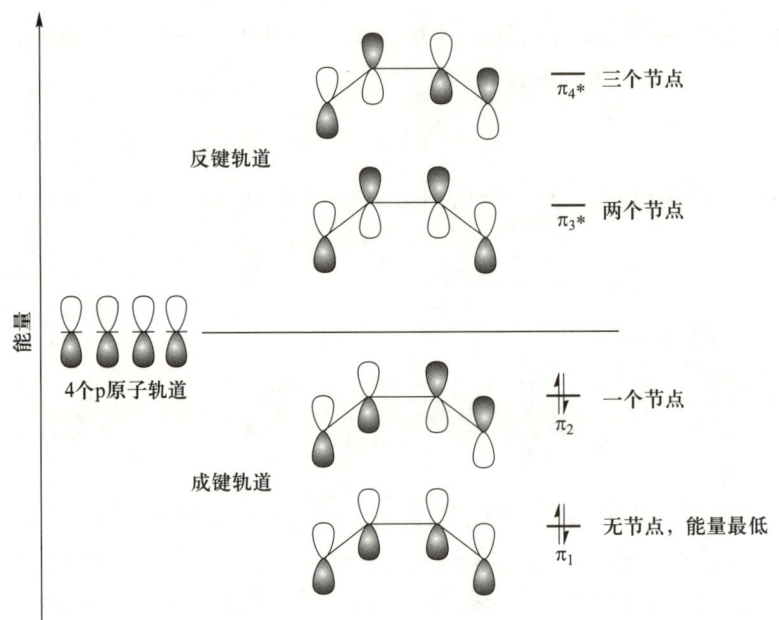

图 4-12　丁 -1,3- 二烯的 π 分子轨道图

丁 -1,3- 二烯因为 π 电子的离域，体系内能降低，稳定性增强，但这种离域只是部分离域，电子云分布也不均匀，C_1 和 C_2、C_3 和 C_4 之间更具双键性质。实际上，丁 -1,3- 二烯中的双键键长（0.134 nm）与普通的双键键长并无明显差别，碳碳单键键长（0.148 nm）虽然比普通的碳碳单键（0.154 nm）短，但这主要是因为碳原子的 sp^2 杂化引起的，离域的贡献并不是主要的。

三、共振论简介

共振论是表示分子结构的一种方法。有些分子可以用一个 Lewis 结构式表示，有的分子则可以画出两个或更多的路易斯结构式，因为没有一种路易斯结构式可以准确表示分子的真实结构，所以用这些路易斯结构式的集合描述分子的结构，称为共振；每一个单独的路易斯结

构式称为共振结构或极限结构,分子的实际结构是这些极限结构的杂化体。每一个极限结构对杂化体的贡献不尽相同,能量最低最稳定的极限结构贡献最大,分子的实际结构更类似最稳定的极限结构。共振论主要有两方面内容,包括极限结构的书写及对稳定极限结构的判断。

1. 极限结构的书写原则

（1）所有的极限结构必须是合理的路易斯结构式。

（2）各极限结构中原子位置和 σ 键不变,只有电子分布发生改变。

（3）各极限结构的总电子数、未成对电子数及净电荷数必须一致。

（4）各极限结构用双箭头"⟷"相关联,合起来表示共振杂化体。

（5）分子的实际结构只有一个（杂化体）,极限结构并不存在。

2. 极限结构的书写方法

从一个路易斯结构式开始,通过电子转移产生一个新的路易斯结构式。弯箭头"⌢"表示电子对的转移,鱼钩弯箭头"⌢"表示单电子的转移。弯箭头的尾部,表示可以转移出的电子,一般是原子中的未成键电子或不饱和键上的 π 电子;弯箭头的头部,表示电子转移到的位置,也就是接受电子的位置,一般是能容纳电子的原子（如带正电荷的原子及电负性较大的原子）或者本身具有可以转移出电子的原子。例如:

（1）　$H_2C = CH - CH_2$　⟷　$H_2\overset{+}{C} - CH = CH_2$

（2）　$H_2C - CH = CH_2$　⟷　$H_2C = CH - \overset{-}{C}H_2$

（3）　$H_2C = CH - CH_2$　⟷　$H_2\overset{\cdot}{C} - CH = CH_2$

（4）　$\underset{H_3C}{\overset{\displaystyle O}{\big|}} - O^-$　⟷　$\underset{H_3C}{\overset{\displaystyle O^-}{\big|}} - O$

（5）　$\underset{H_3C}{\overset{\displaystyle H_3C}{>}} C = O$　⟷　$\underset{H_3C}{\overset{\displaystyle H_3C}{>}} \overset{+}{C} - O^-$

（1）π 电子转移到带正电荷的碳原子上;（2）和（4）孤对电子转移到有可以转移出电子的原子;（3）π 电子和未成键电子的转移;（5）π 电子转移到电负性大的氧原子上。

3. 极限结构稳定性的判断

一般来说,极限结构稳定性的判断有以下原则,其中（1）和（2）较为重要。

（1）共价键多的极限结构稳定。例如:

$$H_2C = CH - CH = CH_2 \quad \longleftrightarrow \quad H_2\overset{+}{C} - CH = CH - \overset{-}{C}H_2$$
稳定

（2）所有原子满足八隅体的极限结构稳定。例如:

$$H_3C - \overset{+}{C}H - Cl \quad \longleftrightarrow \quad H_3C - CH = \overset{+}{C}l$$
稳定

（3）电荷分离少的极限结构稳定。例如：

$$H_3C-\overset{..}{O}-N=O \longleftrightarrow H_3C-\overset{+}{\overset{..}{O}}=N-\overset{-}{\overset{..}{O}}$$

稳定

（4）负电荷处在电负性大的原子上的极限结构稳定。例如：

$$\underset{H_3C\quad CH_2}{\overset{\displaystyle \overset{O}{\parallel}}{C}} \longleftrightarrow \underset{H_3C\quad CH_2}{\overset{\displaystyle \overset{O^-}{\mid}}{C}}$$

稳定

共振论在有机化合物的物理性质及化学性质方面都有重要应用，如推测分子的极性、比较化合物的酸碱性、判断反应中间体的稳定性及合理描述反应历程等。

四、共轭二烯烃的反应

由于不饱和键的存在，共轭二烯烃同单烯烃一样，既能发生催化加氢反应，也能与卤化氢、水、卤素等试剂发生亲电加成反应。但由于共轭二烯烃结构上的特殊性，当其仅与一分子试剂发生反应时，共轭二烯烃具有一些不同于单烯烃的性质。例如，共轭二烯烃的 1,2- 加成与 1,4- 加成反应、Diels-Alder 反应。

（一）1,2- 加成与 1,4- 加成

丁 -1,3- 二烯与一分子 HBr 发生加成反应时，在不同的反应条件下，会生成不同比例的两种产物。

$$H_2C=CH-CH=CH_2 + HBr \longrightarrow \underset{\underset{Br}{\mid}}{H_3C-CH}-CH=CH_2 + \underset{\underset{Br}{\mid}}{H_3C-CH}=CH-CH_2$$

	3-溴丁-1-烯	1-溴丁-2-烯
0℃	70%	30%
40℃	15%	85%

其中，溴化氢加到同一个双键的两个碳原子上，称为 1,2- 加成，也称直接加成；溴化氢加到共轭双键的两端碳原子上，称为 1,4- 加成，也称共轭加成。

1,2-加成

1,4-加成

在低温下，反应产物主要是 1,2- 加成产物，高温时，主要生成 1,4- 加成产物。

为什么丁 -1,3- 二烯与 HBr 加成会生成 1,2- 加成和 1,4- 加成两种产物呢，这是因为生成的反应中间体是一个通过共振稳定的烯丙基正离子，两个共振结构同溴负离子反应产生两种不同的产物。

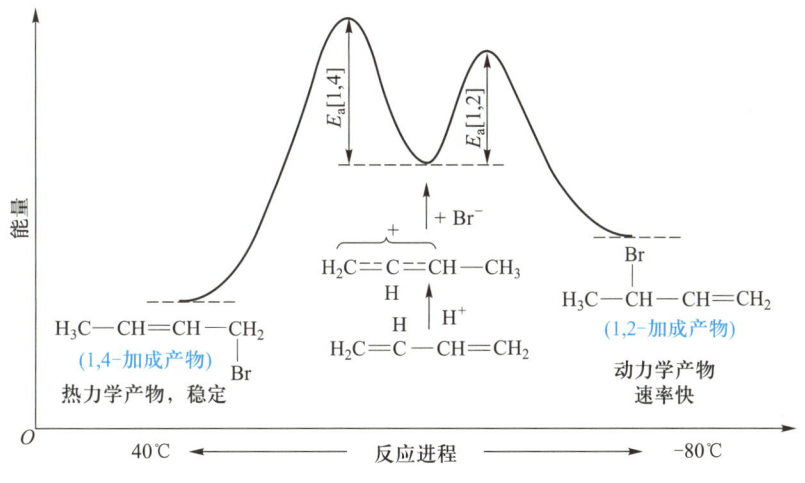

两种产物都是通过同一种烯丙基正离子中间体生成的。在低温下,反应产物主要为1,2-加成产物,是因为多数分子的动能较低,不能形成能量更高的过渡态,而因为邻近效应(proximity effect),溴负离子距 C_2 更近,与 C_2 的反应快,所以主要生成动力学(速率)控制产物 3-溴丁-1-烯;高温时,克服活化能不再是主要因素,因为 1,4-加成产物更稳定,所以主要生成热力学(平衡)控制产物 1-溴丁-2-烯(图 4-13)。

图 4-13 1,3-丁二烯与溴化氢亲电加成反应能量示意图

1,2-加成产物和 1,4-加成产物之间可以通过重排进行转化。在较高的温度及 Lewis 酸存在下,1,2-加成产物可以转化为 1,4-加成产物。

【思考题 4-6】比较 HBr 与下列物质发生亲电加成反应的相对活性。

(1) $H_2C=CHCH_2CH_3$　　　　(2) $CH_3CH=CHCH_3$

(3) $H_2C=CHCH=CH_2$　　　　(4) $CH_3CH=CHCH=CH_2$

第四章
思考题答案

(二)狄尔斯-阿尔德(Diels-Alder)反应

1928 年,德国化学家狄尔斯(O. P. H. Diels, 1876—1954)和阿尔德(K. Alder, 1902—1958)将丁-1,3-二烯与马来酐在苯溶液中加热,结果定量生成了环己烯的衍生物。

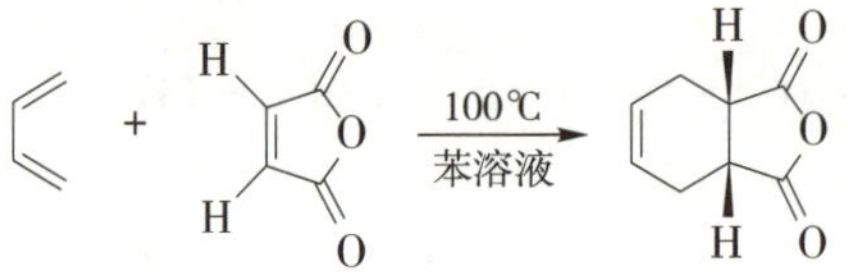

共轭二烯烃与含有双键或叁键的化合物发生 1, 4- 加成, 生成六元环状化合物的反应称为狄尔斯 – 阿尔德反应, 也称双烯合成反应, 简称狄 – 阿反应。其中, 共轭二烯烃称双烯体, 与共轭二烯烃发生环加成反应的烯烃或炔烃称亲双烯体。

在亲双烯体上连接有吸电子基团(如—NO_2、—CN、—COOH、—COR 等)时, 狄 – 阿反应容易进行, 若亲双烯体上没有取代基或者连接有给电子基团时, 反应较难进行。例如:

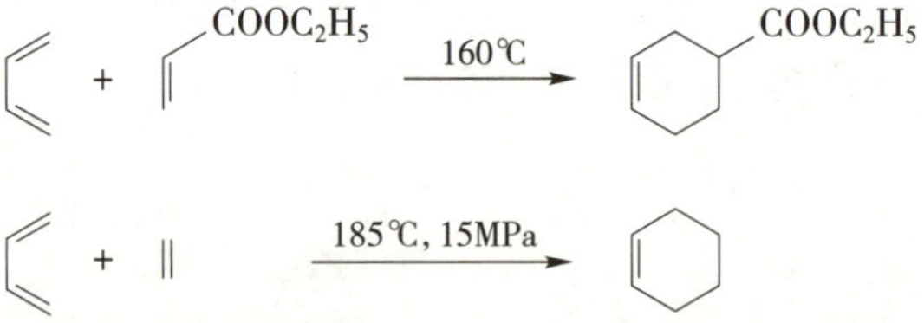

狄 – 阿反应是经过一个环状过渡态的协同反应, 只有 s– 顺式的共轭二烯烃才能发生。在反应过程中, 分子之间的电子重新排布, 旧键断裂和新键生成同时进行, 反应中不存在离子型或自由基型中间体。其产物具有高度的立体专一性, 会保持亲双烯体原有的顺反异构。

s–顺式　　　　　s–反式

例如:

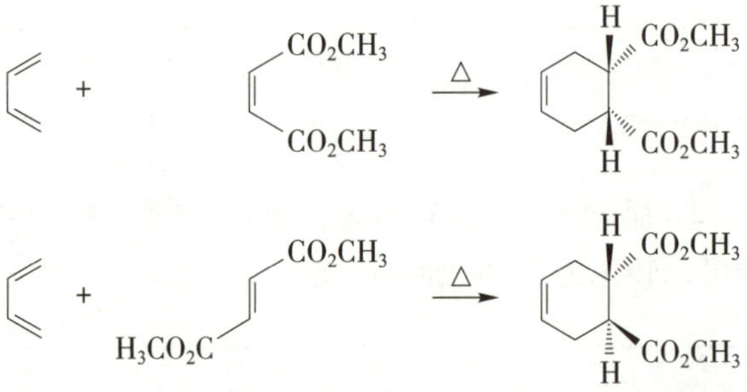

狄 – 阿反应是合成六元环状化合物的最重要的方法, 其应用范围非常广泛, 在理论研究和工业生产上占有重要地位。例如, 盐酸伊达比星是一种用于治疗急性髓细胞性白血病的药物, 其中间体的合成就以对苯二醌和 2– 乙氧基丁 –1, 3– 二烯为原料采用狄 – 阿反应来完成。

4-4

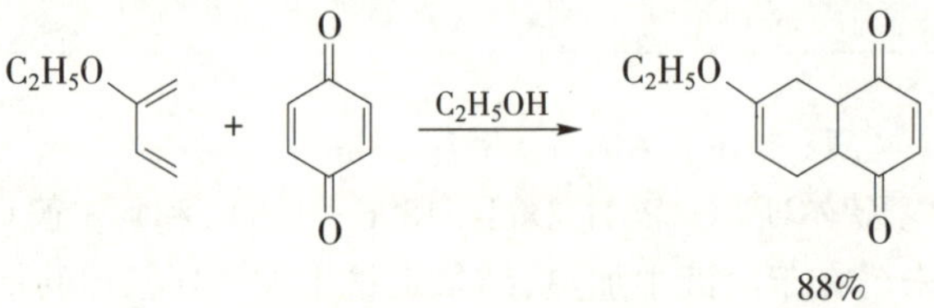

88%

第四节 不饱和烃的来源

乙烯、丙烯、丁二烯及乙炔等低级不饱和烃是重要的化工原料。低级烯烃主要来源于石油裂解气及石油炼制过程中产生的炼厂气。随着石油资源的日渐枯竭，以煤和天然气为原料生产低级烯烃是今后发展的重要方向。乙炔在自然界不存在，工业上制备乙炔的方法主要有电石法和天然气裂解法（主要包括部分氧化法、电弧法和等离子体法）。

$$CaC_2 + 2H_2O \longrightarrow Ca(OH)_2 + HC\equiv CH$$
$$2CH_4 \longrightarrow HC\equiv CH + 3H_2$$

电石法污染严重、耗能大；天然气裂解法资源丰富、无污染，随着技术的日趋成熟，已经成为乙炔生产的主要方法。

许多植物的次生代谢物中都含有烯烃。植物器官如叶片、花瓣及果实中都含有微量乙烯；植物色素及挥发油中含有一些结构较复杂的烯烃，如柠檬烯、蒎烯及金合欢烯、番茄红素、β–胡萝卜素等。具有抗氧化、防癌抗癌、预防心血管疾病和动脉硬化的番茄红素结构如下。

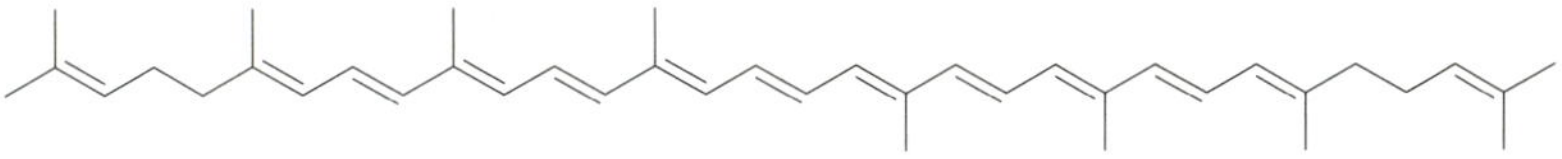

番茄红素

一些重要的不饱和脂肪烃见表4–8。

表4–8 一些重要的不饱和脂肪烃

名称	结构式	性状	用途
乙烯	$H_2C\!=\!CH_2$	无色气体	用于合成塑料、橡胶、纤维、乙醇、环氧乙烷；植物内源激素之一，用作果实催熟剂
丙烯	$H_2C\!=\!CH\!-\!CH_3$	无色气体	用于生产聚丙烯、丙烯腈、环氧丙烷、丙酮、甘油、橡胶、异丙醇、异丙苯
异丁烯	$\begin{array}{c}CH_3\\ \mid \\ H_2C\!=\!C\!-\!CH_3\end{array}$	无色气体	用于制造丁基橡胶、聚异丁烯橡胶、抗氧化剂
异戊二烯	$\begin{array}{c}CH_3\\ \mid \\ H_2C\!=\!C\!-\!C\!=\!CH_2\\ \quad\quad\mid\\ \quad\quad H\end{array}$	无色液体	用于合成天然橡胶、黏合剂、合成农药、生产维生素E
环戊二烯		无色液体	狄–阿反应的双烯体原料，用于合成生物碱、樟脑，也用于制造杀虫剂如硫丹
乙炔	$HC\equiv CH$	无色气体	用于合成塑料、纤维、橡胶、农药及香料

【知识延伸】生活中的塑料和合成橡胶

从1869年赛璐珞的发明到现在，塑料制品用一百多年的时间改变和改造了人类的生活。如今，塑料、合成橡胶和合成纤维这三大合成材料在日常生活中触目可及，并因为其良好的性能，在更多的领域中获得了广泛应用。

塑料，也称树脂，其主要成分是一种以单体为原料，经过多聚反应形成的高分子聚合物。在加工完成时呈现固态形状，在制造及加工过程中，可以借流动来造型。塑料具有耐久性、耐化学腐蚀性、轻便性、可塑性及透明性等诸多良好的特性。组成塑料的主要成分不同，获得的塑料特性也会有很大差别。

合成橡胶，也称合成弹性体，是人工合成的高弹性聚合物。经过硫化和加工之后，合成橡胶具有高弹性、绝缘性、气密性、耐油、耐高温或低温等性能，是制造飞机、船舶、车辆、医疗器械等的必需品。

常见的塑料及合成橡胶制品涵盖了人类生活的方方面面，很多聚合物在现代社会中已经家喻户晓（见表4-9）。

表4-9　生活中常见的聚合物

聚合物	结构	单体结构	用途
聚乙烯（PE）	$-(CH_2CH_2)_n-$	$H_2C=CH_2$	食品袋、奶瓶、防弹背心、建筑材料、手术器械
聚氯乙烯（PVC）	$-(CH_2CH)_n-$ 〡 Cl	$H_2C=CHCl$	管道、门窗、地膜、包装材料
聚甲基丙烯酸甲酯（有机玻璃）	$-(CH_2C)_n-$ （CH_3 / CO_2CH_3）	$H_2C=C(CH_3)COCH_3$（$\parallel O$）	防撞嵌板、人工骨、人工关节
聚四氟乙烯	$-(CF_2CF_2)_n-$	$F_2C=CF_2$	人工心脏、人工血管、人工食道、不粘锅
聚异戊二烯	$-(CH_2C=CHCH_2)_n-$（CH_3）	$H_2C=C(CH_3)-CH=CH_2$	汽车轮胎
聚苯乙烯	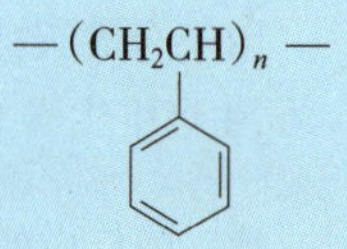 $-(CH_2CH)_n-$（苯环）	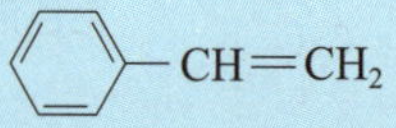 （苯环）$CH=CH_2$	餐盒等泡沫包装材料

然而，这些材料大多在自然条件下难以降解，容易对环境造成污染。因此，大力加强废弃塑料再生利用及新型易降解材料的研究开发已经成为当今化学工业的研究热点。

【知识连接】

1. 烯烃的化学性质(以丙烯为例)

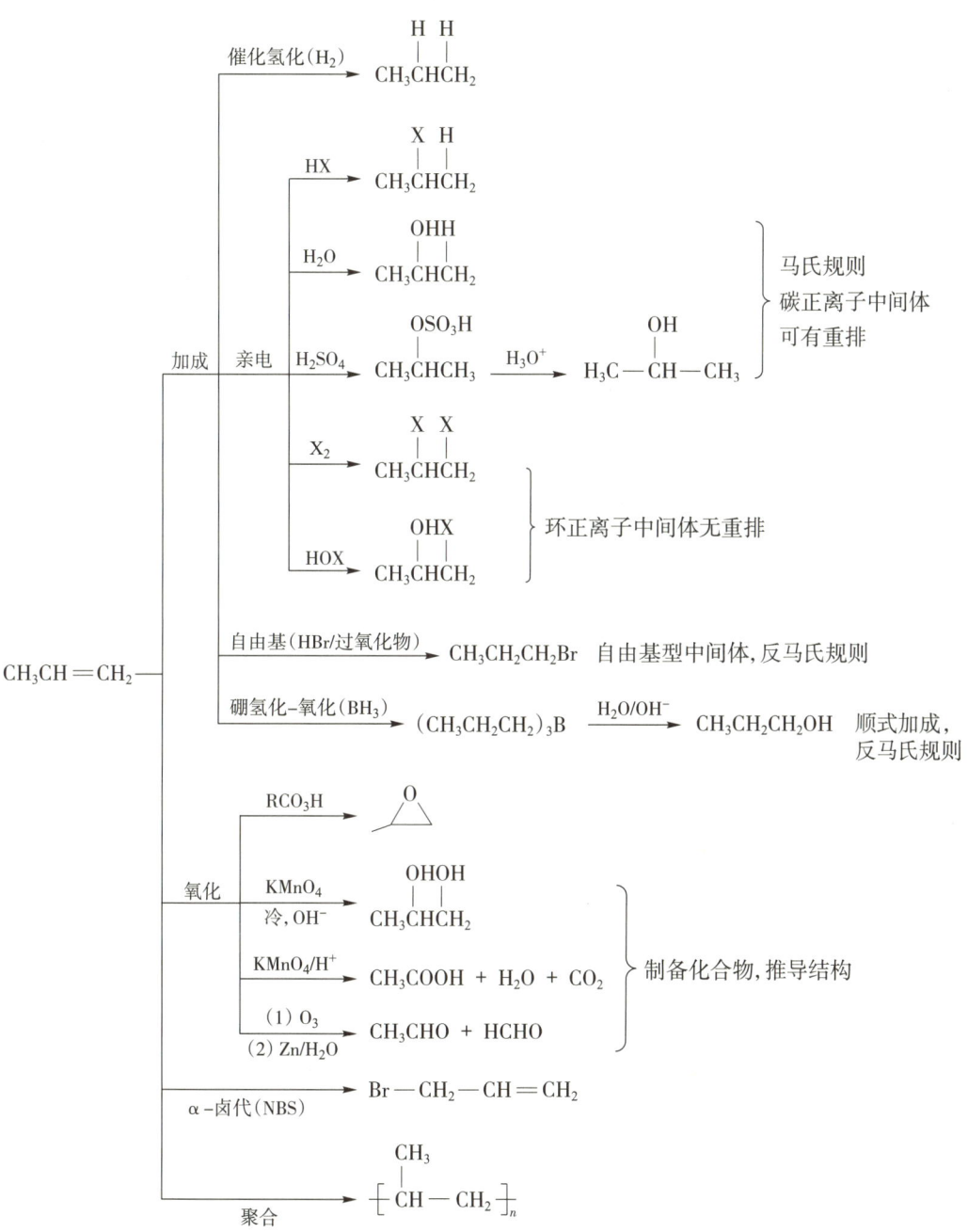

2. 炔烃的化学性质（以丙炔为例）

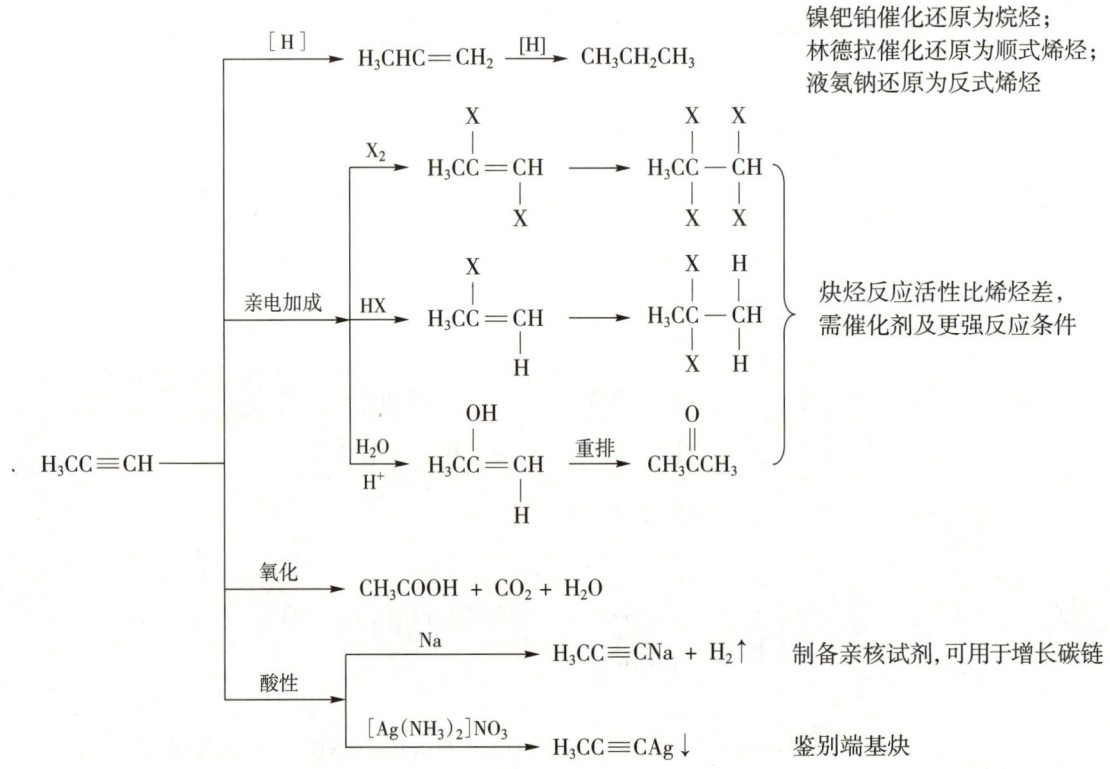

镍钯铂催化还原为烷烃；
林德拉催化还原为顺式烯烃；
液氨钠还原为反式烯烃

炔烃反应活性比烯烃差，
需催化剂及更强反应条件

制备亲核试剂,可用于增长碳链

鉴别端基炔

3. 共轭二烯烃的化学性质（以丁 –1,3– 二烯为例）

【英汉词汇】

烯烃   alkene

炔烃   alkyne

共轭二烯烃   conjugated diene

溴鎓离子   cyclic bromonium

共轭效应   conjugative effect

马氏规则   Markovnikov Rule

碳正离子   carbonium ion

亲电加成   electrophilic addition

N– 溴代丁二酰亚胺   N–bromosuccinimide, NBS

【参考文献】

[1] Hughes P. Was Markovnikov's Rule an Inspired Guess? [J]. J. Chem. Educ., 2006, 83, 1152–1154.

[2] Lindlar H, Dubuis R. Palladium Catalyst for Partial Reduction of Acetylenes [J]. Organic Syntheses, 1966, 46, 89.

[3] Wang J, Morral J, Hendrix C, et al. A Straightforward Stereoselective Synthesis of D- and L-5-Hydroxy-4-hydroxymethyl-2-cyclohexenylguanine [J]. J. Org. Chem., 2001, 66, 8478–8482.

[4] Urgoitia G, SanMartin R, Herrero M T, et al. Aerobic Cleavage of Alkenes and Alkynes into Carbonyl and Carboxyl Compounds [J]. Acs Catal., 2017, 7, 3050–3060.

[5] 刘欣悦, 刘晓琳, 韩婷, 等. 基于 C—H 活化的炔烃聚合反应合成多功能稠 (杂) 环聚合物 [J]. 中国科学: 化学, 2021, 51 (2): 224–234.

[6] 王耀鑫, 崔晨, 杨小会. 烯烃氢氯化反应的研究进展 [J]. 有机化学, 2021, 41, 3808–3815.

[7] 袁耀锋, 王文峰. 从轨道对称守恒原理看 Diels–Alder 反应区域选择性 [J]. 大学化学, 2016, 31 (1): 68–74.

【习题】

1. 用系统命名法命名下列化合物, 有立体异构体的标明构型。

（1）　（2）

（3）　（4）$H_3CH_2CH_2C$ ... $C(CH_3)_3$; H_3CH_2C ... $C≡CH$

（5）

2. 根据名称写出下列化合物的结构式。

（1）2-甲基-4-甲亚基己烷　（2）(2E,4Z)-3,5-二甲基庚-2,4-二烯

（3）3,3-二甲基丁-1-炔　（4）5-乙基-6-甲基庚-2-炔

（5）(E)-4-甲基庚-2-烯-5-炔　（6）5-乙烯基辛-2-烯-6-炔

3. 下列化合物中是否存在共轭体系, 若存在, 请指明共轭体系的类别。

（1）CH_3CH_2O—◯—CCH_3 (O)　（2）$H_2C=CH$—◯—CH_2CH_3

（3）CH_3C(O)—◯—CH_2CH_3　（4）◯—CH_2OH

（5）$H_2C=CH—CH_3$　（6）CH_3CHO

4. 写出化合物分子式为 C_4H_8 的所有异构体。

5. 按要求选择正确答案。

（1）最稳定的碳正离子：A. 〔环己烯环，取代基 $\overset{+}{C}H_2$〕　　B. 〔环己烯环，CH_3，正电荷在环上〕　　C. 〔环己烯环，CH_3，正电荷在环上〕　　D. 〔环己烯环，CH_3，正电荷在环上〕

（2）最稳定的碳正离子：A. 〔结构式〕　　B. 〔结构式〕　　C. 〔结构式〕　　D. 〔结构式〕

（3）次序规则最优先的取代基：

A. —CHO 　　　　　B. —C≡CCH₃ 　　　C. —CHCH₂CH₃（上方 Cl）　　D. —C(CH₃)₃

（4）与 Br_2/CCl_4 亲电加成反应活性最强：

A. $CH_2=C(CH_3)_2$ 　　B. $CH_2=CH_2$ 　　C. $CH_2=CHCl$ 　　D. $CH_3CH=CH_2$

6. 给出下列反应的主要产物。

（1）$(CH_3)_2CHCH=CCH_2CH_3$（上方 CH_3）$\xrightarrow{Cl_2/CCl_4}$

（2）$(CH_3)_2CHCH=CCH_2CH_3$（上方 CH_3）$\xrightarrow{Cl_2/H_2O}$

（3）$(CH_3)_2CHCH=CCH_2CH_3$（上方 CH_3）$\xrightarrow{HCl}$

（4）$(CH_3)_2CHCH=CCH_2CH_3$（上方 CH_3）$\xrightarrow{H_2O}$

（5）〔苯基〕—C≡CH + H_2O $\xrightarrow[\triangle]{HgSO_4/H_2SO_4}$

（6）〔结构式〕 + H_2O $\xrightarrow[\triangle]{HgSO_4/H_2SO_4}$

（7）〔环戊烯，CH_3、Br 取代〕$\xrightarrow{O_3, Zn/H_2O}$

（8）〔结构式〕$\xrightarrow{HBr}$

（9）〔环己烯，甲基取代〕$\xrightarrow{KMnO_4/H^+}$

（10）〔环己烯，甲基取代〕$\xrightarrow{H_2SO_4}$

（11）〔结构式〕$\xrightarrow[(2)\ H_2O_2,\ OH^-]{(1)\ B_2H_6}$

（12）〔结构式〕 + 〔结构式，Br Br〕$\xrightarrow{\triangle}$

7. 用化学方法对下列各组化合物进行鉴别。

（1）2-甲基丁烷、3-甲基丁-1-炔、3-甲基丁-1-烯

（2）丁-1-炔、丁-2-炔、丁烷

（3）戊-2-烯、1,1-二甲基环丙烷、环戊烷

8. 以丙烯或丙炔为原料，合成下列化合物（其他试剂任选）。

（1）$CH_3CH_2CH_2OH$ 　　　（2）戊-2-炔 　　　（3）〔结构式，C=C，H H〕

9. 下列双烯体哪些能进行狄 – 阿反应？写出其与乙烯反应的产物。

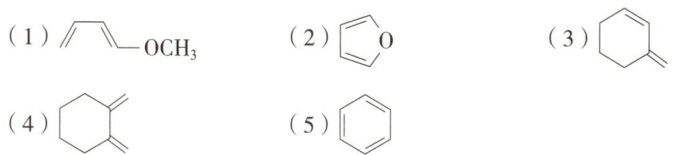

10. 若下列各化合物是通过双烯合成反应所获得,请指出其反应原料。

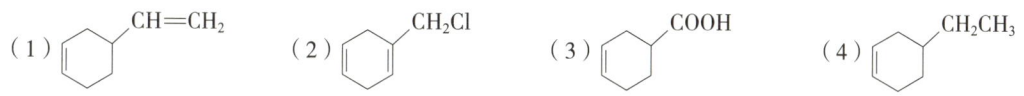

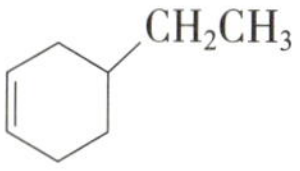

11. 化合物 A,分子式为 C_5H_{10},可以吸收一分子氢,与 $KMnO_4/H_2SO_4$ 作用生成含有 4 个碳原子的羧酸,但经臭氧化并还原水解后得到两个不同的醛,试推导 A 可能的结构式。

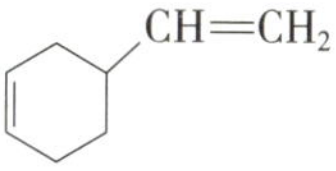

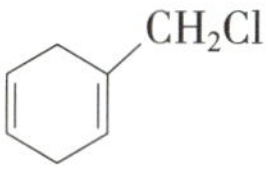

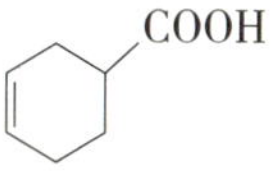

12. 某醇的分子式为 $C_6H_{12}O$,与浓硫酸共热生成 B 和 C,B 和 C 的分子组成均为 C_6H_{10},B 和 C 可以使溴水褪色,但与酸性高锰酸钾反应时,B 的产物为 5– 羰基己酸($CH_3COCH_2CH_2CH_2COOH$),C 的产物为环戊酮。试推导 A、B、C 的结构式,并写出各步反应式。

13. 古龙香水的成分月桂烯是一种从杨梅蜡中分离出来的具有芳香气味的化合物,分子式为 $C_{10}H_{16}$,其结构不含叁键。对该化合物进行催化氢化,其转化为 2,6– 二甲基辛烷。将月桂烯进行臭氧化并经锌粉还原水解得到 2 mol 甲醛、1 mol 丙酮,以及另一化合物 A($C_5H_6O_3$)。试推测月桂烯及化合物 A 的结构式。

扫一扫,获取本章习题答案

第四章 习题答案

第五章　芳　香　烃

【导言】

　　具有芬芳气味的香料、香草很早就引起了化学家的研究兴趣,其中有的芳香成分以酯或苷的形式存在于植物香精油中,被用来配制香水、制作香皂,也用作饮料的保香剂和防腐剂。人们在研究燃煤时得到在煤层中间存在的较为稳定的成分——煤焦油。追究和比较一些植物香气成分和煤焦油成分时发现它们具有相同或类似的母体碳环骨架。这些有机化合物属于本章要介绍的芳香烃。萤火虫为什么能够发光是一个有趣的问题,研究发现,萤火虫身体中的荧光素能在酶的催化下消耗ATP(腺苷三磷酸),并与氧气发生反应,产生激发态的氧化荧光素,氧化荧光素(包含苯环的较大共轭芳香体系)从激发态回到基态时释放出强烈的荧光(如图)。

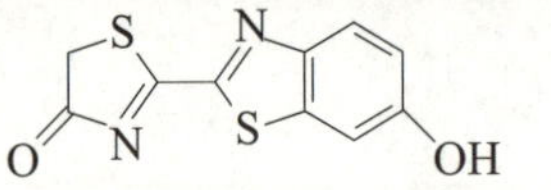

　　前面已经学习的烷烃、环烷烃、烯烃和炔烃属于脂肪烃,而芳香烃的性质与脂肪烃相比有很大的不同。“芳香”的含义最初是指这类化合物具有特殊的香味,但其后的研究发现,大多数此类化合物并没有香味。现在通常所说的芳香烃指的是具有芳香性的烃。芳香性是一种特殊的稳定性:分子结构虽然高度不饱和,但化学特性表现为不易发生加成和氧化反应,而易于发生取代反应。

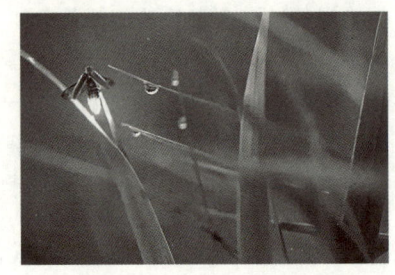
氧化荧光素

　　本章主要讨论芳香烃的结构及性质,重点学习芳环的亲电取代反应类型及机理,这将为人类创造和使用芳香烃及其用途广泛的衍生物奠定理论基础。下面首先从最简单的芳香烃——苯的结构特征开始。

第一节　苯　的　结　构

一、凯库勒结构式

　　苯是一种无色透明液体,最初是由英国化学家法拉第(M. Faraday, 1791—1867),于1825年从生产照明用气体的残留物中分离得到的。苯的分子式为 C_6H_6,而相同碳原子数目的直链烷烃分子式为 C_6H_{14},也就是说,苯具有高度的不饱和性,但苯所表现出的性质又与这种不饱和性不相吻合。由于当时的技术无法测定出真实的结构,也没有合理的理论依据支持,所以,在很长时间内苯的结构一直是个谜。历史上曾出现过多种苯的结构猜想,其中最有代表性的是德国化学家凯库勒 1865 年提出来的结构式(Ⅰ)或(Ⅱ),称为凯库勒结构式。(Ⅰ)和(Ⅱ)

都是单双键交替的六元环;不同的是,(Ⅰ)和(Ⅱ)中的单双键位置相反。同时,凯库勒还认为(Ⅰ)和(Ⅱ)处于一种快速的互变状态。

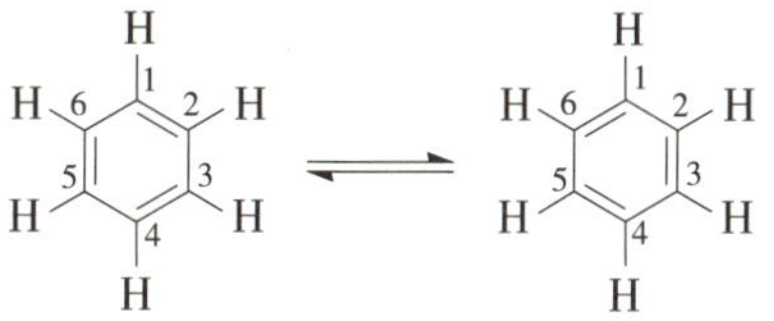

（Ⅰ）　　　　　　　　（Ⅱ）

苯的凯库勒结构式

凯库勒结构式可以解释一些苯的性质,如苯与溴反应只得到一种单取代溴代物 C_6H_5Br,因为 6 个氢原子是等同的;苯催化氢化生成环己烷;也可勉强解释苯的邻位二溴代物 $C_6H_5Br_2$ 只有一种,因为(Ⅰ)和(Ⅱ)可以快速互变,所以无法分离。但对于苯的特殊的稳定性,凯库勒结构式却无法解释,这个结构看起来像"环己三烯",却很难发生类似烯烃的加成和氧化反应,苯不与溴的四氯化碳溶液发生加成反应,也不被高锰酸钾氧化,即使发生催化氢化,也比烯烃困难得多。

【知识背景】化学建筑大师——凯库勒

凯库勒(F. A. Kekulé),1829 年出生于德国达姆施塔特一个旧式波希米亚贵族家庭。凯库勒从小热爱建筑,中学时代就表现出卓越的语言与绘画才能。1847 年进入吉森大学学习建筑,不久在李比希的影响下对化学产生了浓厚兴趣,遂放弃建筑学改学化学。1852 年在吉森大学获博士学位,1858 年任比利时根特大学教授,1867 年被波恩大学聘请为教授。

凯库勒一生致力于有机化学结构理论的研究,先后发表了《关于多原子基团的理论》《论含碳化合物的组成和转化,兼论碳的化学性质》及《论芳香族化合物的结构》等重要论文。论证了碳在有机化合物中呈四价;阐明了有机化合物结构和种类的多样性是因为碳原子既能自身又能跟其他元素的原子形成单键或重键;提出了苯的环状结构的设想,认为苯的结构是处在快速振荡中的有交替单、双键的正六边形。凯库勒关于碳四价、碳链学说及苯的环状结构的观点,为现代有机化学结构理论奠定了基础。除了在学术上取得巨大成就,凯库勒还培养了包括范特霍夫、拉登堡(A. Ladenburg,1842—1911)及克莱森等在内的多位著名化学家。

二、苯环结构的现代解释

近代物理方法证明,苯分子为平面结构,6 个碳原子和 6 个氢原子处在同一平面,6 个碳原子构成平面正六边形,各键角都是 120°,所有的 C—C 键键长均为 0.139 nm,比 sp^3—sp^3 杂化的 C—C 单键(0.154 nm)短,比 sp^2—sp^2 杂化的 C=C 双键(0.134 nm)长,如图 5-1(a)所示。由此可见,苯分子中并没有单、双键之分,所有的 C—C 键都是一样的。

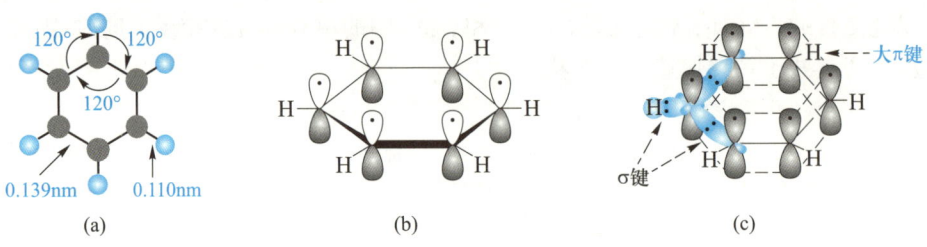

图 5-1　苯的键长和键角（a）、苯分子中的 p 轨道（b）及 π 电子云（c）示意图

　　杂化轨道理论认为，苯分子中的 6 个碳原子均为 sp^2 杂化，每个碳原子的 3 个 sp^2 杂化轨道分别同其他两个碳原子和一个氢原子形成 3 个 σ 键，所有原子位于同一平面，碳原子未杂化的 p 轨道垂直于该平面，如图 5-1（b）所示。相互平行的 6 个 p 轨道侧面重叠，6 个 π 电子离域到 6 个碳原子上，形成闭合的共轭体系。环状的电子云对称分布在六元环平面的上方和下方，如图 5-1（c）所示。正是因为形成这种完全的共轭体系，苯分子的内能大大降低，稳定性增强。

　　虽然杂化轨道理论满意地解释了苯的结构，但因为 π 电子离域到 6 个碳原子上，所以分子轨道理论更能准确地描述电子排布。根据分子轨道理论，苯分子中的 6 个 2p 轨道组合成 6 个 π 分子轨道。其中 π_1、π_2 和 π_3 能量均低于原子轨道，为成键轨道；π_4^*、π_5^* 和 π_6^* 能量均高于原子轨道，为反键轨道。在三个成键轨道中，π_1 轨道没有节面，能量最低；π_2 和 π_3 各有一个节面，能量相同，称为简并轨道。每个成键轨道包含两个 π 电子，构成全充满的闭壳层 π 电子体系，如图 5-2 所示。基态时苯分子的 π 电子云分布是三个成键轨道的叠加，叠加的结果使得 π 电子云在苯环上下对称均匀分布，电子密度完全平均化。因此，苯具有特殊的稳定性。

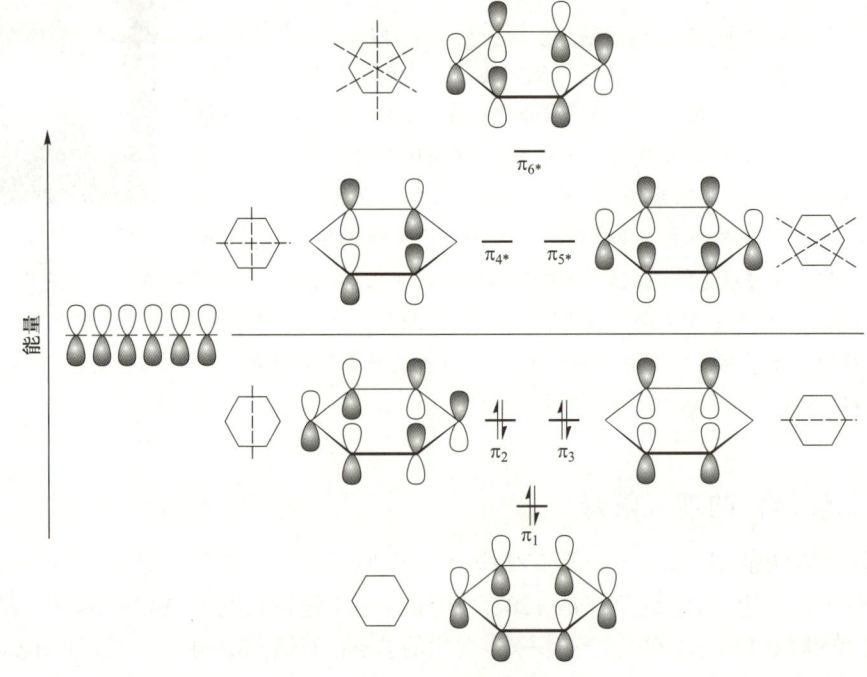

图 5-2　苯的 π 分子轨道示意图

苯分子的稳定性可以通过氢化热数据来说明。氢化热越小,表明该分子氢化时需要吸收的能量越高,该分子也就越稳定。环己烯结合 1 mol 氢生成环己烷的氢化热为 120 kJ·mol^{-1}。苯生成环己烷需结合 3 mol 氢,理论上来说,如果不考虑双键之间的相互影响,苯生成环己烷的氢化热就是假想的"环己 –1,3,5– 三烯"的氢化热,也就是环己烯生成环己烷的 3 倍,即 360 kJ·mol^{-1}。但实际上,苯的氢化热只有 208 kJ·mol^{-1},比假想的三个孤立双键的"环己三烯"少了 152 kJ·mol^{-1}。这个差值就是苯的共轭能,也叫共振能或离域能。共轭能越大,表明分子因为共轭而产生的稳定化程度越高。苯分子因为形成完全闭合的共轭体系,电子云分布完全平均化,所以共轭能很大。而部分共轭的环己 –1,3– 二烯的氢化热为 232 kJ·mol^{-1},共轭能只有 8 kJ·mol^{-1},没有共轭的环己 –1,4– 二烯的氢化热为 240 kJ·mol^{-1},共轭能为零。

【思考题 5-1】哪些事实可以说明苯的特殊稳定性。

三、苯的结构式的表示方法

在了解苯的真实结构后,接下来的问题就是如何画出苯的结构式。共振论认为,苯的结构是苯的两个最稳定的极限结构式的杂化体:

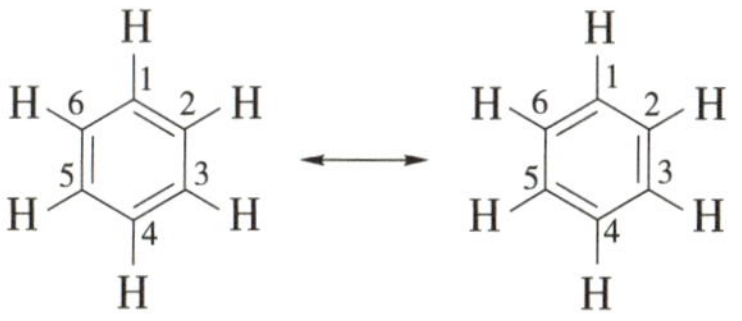

为了准确地描述这种杂化体,用一个带圆圈的正六边形表示苯环,在六边形的每个角上都表示每个碳原子连有一个氢原子,直线表示 σ 键,圆圈表示 π 电子均匀分布在 6 个碳原子上:

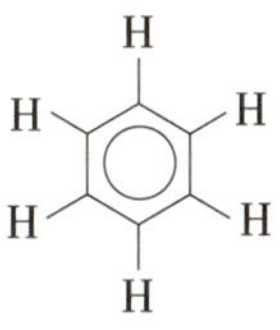

简写为

这种表示方法虽然更能代表苯的真实结构,但在实际使用时也有不足,尤其是对取代苯和稠环芳烃等,不易判断 π 电子数及电子云分布。而在描述反应机理时,使用该结构也有诸多不便,所以目前仍普遍采用凯库勒式表示苯的结构式:

或

但需注意的是,这种结构实际上是不存在的,也就是说苯环上并不存在交替的单双键。

第二节　芳香烃的分类和命名

一、芳香烃的分类

芳香烃按分子中是否含有苯环可分为苯系芳香烃和非苯系芳香烃。苯系芳香烃是最主要的芳香烃,根据分子中苯环的数目可分为单环芳香烃和多环芳香烃;多环芳香烃按环的结合方式又可分为联苯类芳香烃、多苯代脂肪烃及稠环芳香烃。非苯系芳香烃虽不含苯环,但具有与苯环相似的性质。

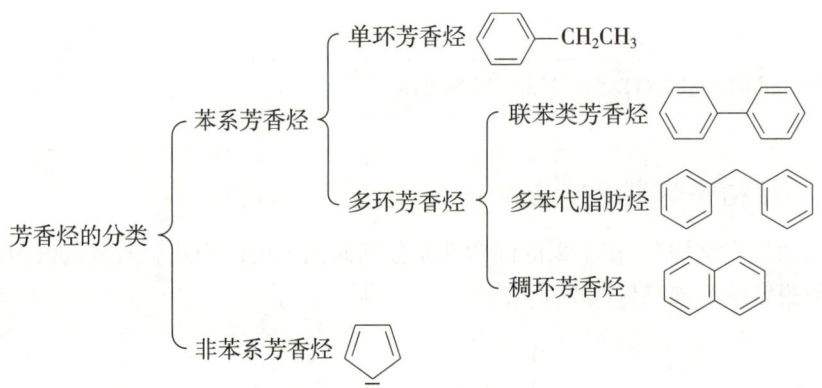

二、芳香烃的命名

（一）单环芳香烃的命名

单环芳香烃是指分子中只含一个苯环的芳香烃。单环芳香烃的系统命名主要有两种方法,以苯环作为母体命名和以苯环作为取代基命名。

1. 苯环作为母体

如果苯环上连接的烷基比较简单,以苯环为母体结构命名,前面加上相应取代基的名称,称为某烷基苯。根据习惯常将"基"字省略。例如:

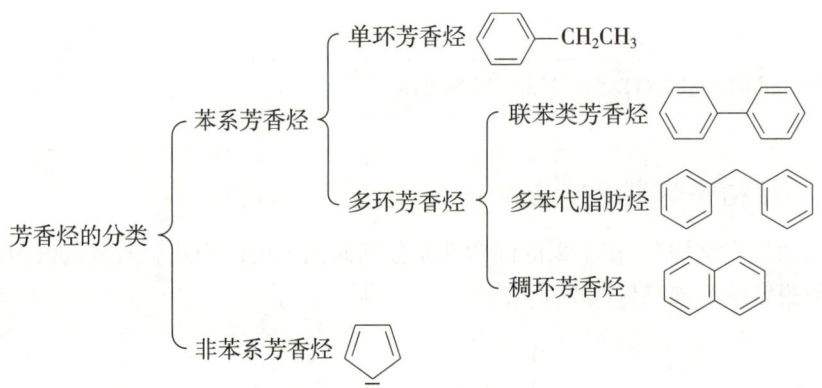

| 甲苯 | 异丙基苯 | 叔丁基苯 | 环己基苯 |
| methylbenzene | isopropylbenzene | *tert*-butylbenzene | cyclohexylbenzene |

系统命名法对二取代苯取代基位置用数字编号,编号时将与取代基相连的碳编号定为 1,并使另一取代基位次最低。命名时将取代基及其数目和位次编号置于母体名"苯"之前。普通命名法中将与 1 位碳原子相邻的 2 位和 6 位称为邻位(*ortho-*,简写 *o-*),3 位和 5 位称为间位(*meta-*,简写 *m-*),4 位称为对位(*para-*,简写 *p-*)。所以苯的二元取代物有邻、间、对三种异构体。例如:

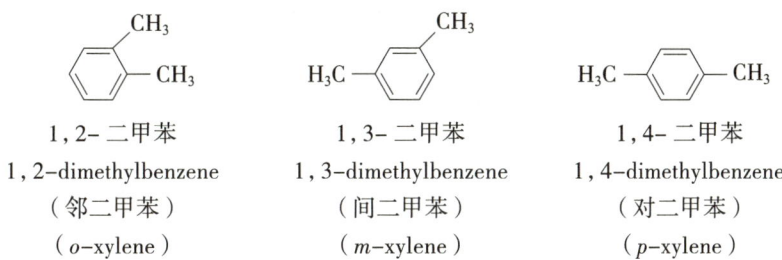

1,2-二甲苯	1,3-二甲苯	1,4-二甲苯
1,2-dimethylbenzene	1,3-dimethylbenzene	1,4-dimethylbenzene
(邻二甲苯)	(间二甲苯)	(对二甲苯)
(*o*-xylene)	(*m*-xylene)	(*p*-xylene)

若两个取代基不同,则按照取代基英文名字母顺序原则排序,排序在前者位次为1。经常与苯环相连只作为取代基的有简单烷基(—R)、卤素(—F、—Cl、—Br、—I)、硝基(—NO$_2$)等。例如:

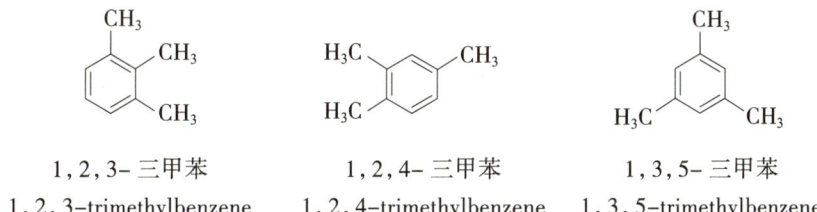

1-甲基-2-硝基苯	1-氯-3-乙基苯	1-叔丁基-4-甲基苯
1-methyl-2-nitrobenzene	1-chloro-3-ethylbenzene	1-(*tert*-butyl)-4-methylbenzene

对于苯的三元取代物,如果取代基相同,则有3种异构体,如1,2,3-、1,2,4- 和1,3,5-三甲苯。

1,2,3-三甲苯	1,2,4-三甲苯	1,3,5-三甲苯
1,2,3-trimethylbenzene	1,2,4-trimethylbenzene	1,3,5-trimethylbenzene

若取代基不同,则需遵循最低位次组原则编号,这时第一个列出基团不一定编1号。例如:

4-溴-2-乙基-1-甲基苯	1-环丙基-3-乙基-5-异丙基苯
4-bromo-2-ethyl-1-methylbenzene	1-cyclopropyl-3-ethyl-5-isopropylbenzene

2. 苯环作为取代基

当苯环的侧链是构造比较复杂的烃基,或者是不饱和烃基、稠环芳香烃时,通常把侧链作母体,而把苯环当作取代基来命名。苯环上去掉一个氢原子后剩下的部分叫苯基(phenyl),常用 Ph 表示;芳香烃分子中芳环上去掉一个氢原子后剩下的部分称为相应的芳基(aryl),常用

Ar 表示。甲苯的甲基上去掉一个氢原子剩下的部分叫苯甲基或苄基（benzyl）。例如：

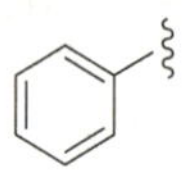

苯基
phenyl

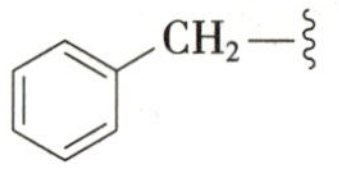

苄基（苯甲基）
benzyl

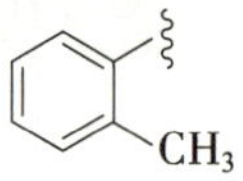

2- 甲基苯基
2-methylphenyl

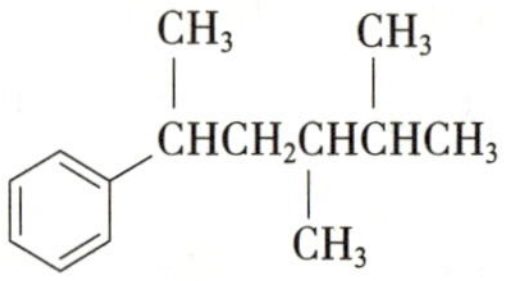

2, 3- 二甲基 -5- 苯基己烷
2, 3-dimethyl-5-phenylhexane

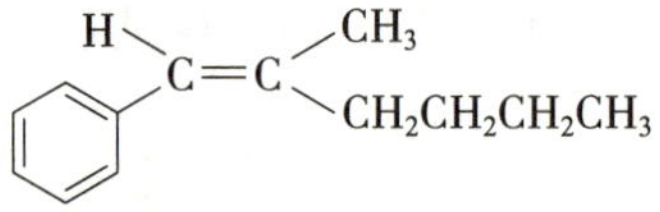

（Z）-2- 甲基 -1- 苯基己 -1- 烯
（Z）-2-methyl-1-phenylhex-1-ene

　　在新的 IUPAC 系统命名中，特性基团（characteristic group），是指加在母体氢化物上的单个杂原子（—X、=O）、带氢原子或其他杂原子的杂原子基团（—OH、—NH$_2$、—SO$_3$H）、含一个碳原子的杂原子基团（—CHO、—CN、—COOH）等。但实际使用中仍将沿用已久的官能团（functional group）作为特性基团的俗称使用。

　　当苯环上连有羧基、醛基、羟基等特性基团时，通常作为"苯甲酸""苯甲醛""苯酚"等来命名。可见这些基团是与苯环一起作为母体的，称为母体官能团，其名称作为化合物名的后缀。例如：

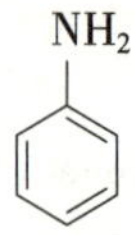

苯胺
aniline

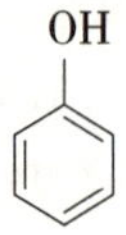

苯酚
phenol

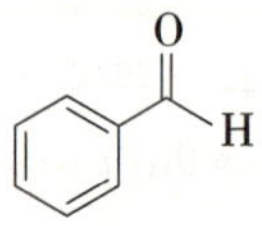

苯甲醛
benzaldehyde

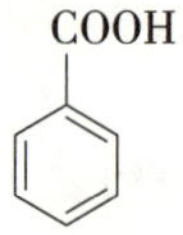

苯甲酸
benzoic acid

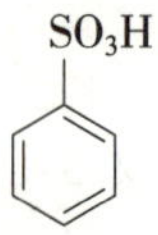

苯磺酸
benzenesulfonic acid

　　如果环上不止一个官能团，先按官能团优先次序确定主官能团，根据主官能团类别确定母体名称；主官能团以外的其他官能团当作取代基，把与主官能团相连的苯环上的碳原子编为 1 位，其他取代基的编号需依次遵循最低位次（组）原则和取代基英文名字母次序原则。常见官能团的优先次序见表 5-1。排在前面的为主官能团，后面的则作为取代基。需要注意的是，官能团的优先次序和取代基的优先次序（次序规则）是两个不同的概念，不要混淆。例如：

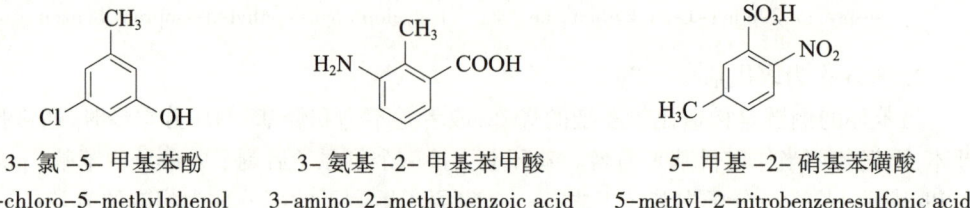

3- 氯 -5- 甲基苯酚
3-chloro-5-methylphenol

3- 氨基 -2- 甲基苯甲酸
3-amino-2-methylbenzoic acid

5- 甲基 -2- 硝基苯磺酸
5-methyl-2-nitrobenzenesulfonic acid

表 5-1　常见特性基团的优先次序

化合物类别	特性基团	作前缀时名称	作后缀时名称
羧酸	—COOH	羧基	酸
磺酸	—SO₃H	磺酸基	磺酸
酸酐	$\overset{O}{\underset{\parallel}{}}\ \overset{O}{\underset{\parallel}{}}$ —C—O—C—	—	酸酐
酯	—COOR	烷氧羰基	酸烷基酯
酰卤	$\overset{O}{\parallel}$ —C—X	卤羰基	酰卤
酰胺	$\overset{O}{\parallel}$ —C—NH₂	氨基羰基	酰胺
腈	—C≡N	氰基	腈
醛	—CHO	甲酰基	醛
酮	=O	氧亚基	酮
醇、酚	—OH	羟基	醇、酚
硫醇、硫酚	—SH	巯基	硫醇、硫酚
胺	—NH₂	氨基	胺
醚	—OR	烃氧基	—
硫醚	—SR	烃硫基	—
卤化物	—X	卤	—
硝基化合物	—NO₂	硝基	—

（二）多环芳香烃的命名

1. 联苯类芳香烃

两个或多个苯环直接以单链相连形成的一类化合物称为联苯类芳香烃,最简单的是两个苯环组成的联苯。命名时需对两个环编号,一般对较小位次的取代基以不带撇的数字编号。例如:

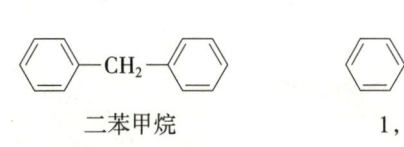

联苯	4′-乙基-3-甲基联苯	3-乙基-4′-甲基联苯
1,1′-biphenyl	4′-ethyl-3-methyl-1,1′-biphenyl	3-ethyl-4′-methyl-1,1′-biphenyl

2. 多苯代脂肪烃

脂肪烃分子中的氢原子被两个或两个以上的苯环取代的化合物。命名时把苯环作为取代基,烷烃作为母体。例如:

二苯甲烷	1,1-二苯乙烷	1,2-二苯乙烷
diphenylmethane	1,1-diphenylethane	1,2-diphenylethane

3. 稠环芳香烃

稠环芳香烃是指两个或两个以上苯环通过共用环边(C—C 键)连接在一起而形成的化合物。最常见的稠环芳香烃是萘、蒽和菲。稠环芳香烃一般有固定的编号。其中,1,4,5,8 位又称 α 位,2,3,6,7 位又称 β 位,9,10 位又称 γ 位。例如:

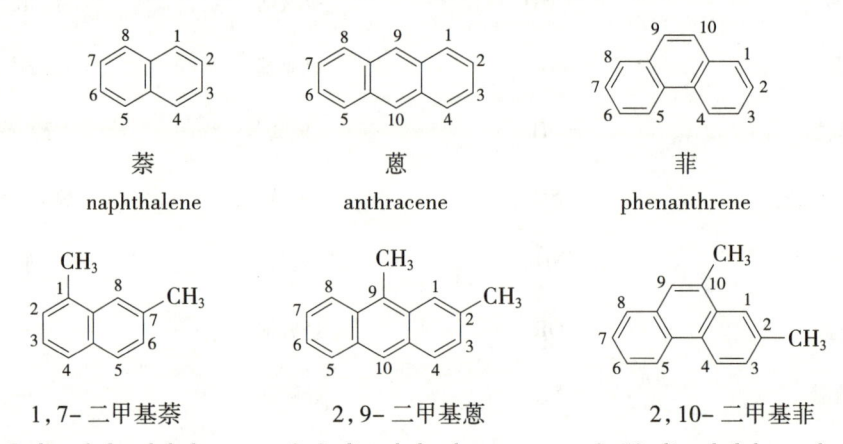

萘	蒽	菲
naphthalene	anthracene	phenanthrene

1,7-二甲基萘	2,9-二甲基蒽	2,10-二甲基菲
1,7-dimethylnaphthalene	2,9-dimethylanthracene	2,10-dimethylphenanthrene

不同取代基的多取代萘,根据固定编号,使取代基的位次尽可能小,按照英文字母顺序列出;如果有官能团,应让官能团的编号尽量小。例如:

1-氯-6-甲基萘	8-甲基萘-2-酚
1-chloro-6-methylnaphthalene	8-methylnaphthalen-2-ol

【思考题 5-2】写出下列化合物的命名：

（1）

CH_3 / Br / CH_2CH_3

（2）HO — Cl

第三节　苯及其同系物的物理性质

单环芳香烃大多为无色液体，具有特殊气味，相对密度小于 1；沸点随相对分子质量的增加而升高，含同数碳原子的各种异构体，其沸点相差不大；结构对称的异构体，一般具有较高的熔点。芳香烃不溶于水，易溶于石油醚、乙醚和四氯化碳等有机溶剂。液态芳香烃是良好的有机溶剂，苯在工业上作为溶剂曾被广泛使用，但苯对人的神经和心血管系统有明显的毒性，所以一般用毒性小得多的甲苯和二甲苯代替。表 5-2 列出了一些常见芳香烃的物理常数。

表 5-2　一些常见芳香烃的物理常数

化合物	IUPAC 名称	熔点 /℃	沸点 /℃	相对密度（d）
苯	benzene	5.5	80.1	0.878 9
甲苯	toluene	−94.9	110.8	0.866 0
乙苯	ethylbenzene	−95.0	136.2	0.867 0
异丙基苯	isopropylbenzene	−96	152 ~ 154	0.864
邻二甲苯	o-xylene	−25.2	144 ~ 145	0.880 8
间二甲苯	m-xylene	−47.9	139	0.864 2
对二甲苯	p-xylene	13	138	0.861 1
1, 2, 3- 三甲苯	1, 2, 3-trimethylbenzene	−25.4	176.1	0.894 4
1, 2, 4- 三甲苯	1, 2, 4-trimethylbenzene	−43.9	169	0.875 6
1, 3, 5- 三甲苯	1, 3, 5-trimethylbenzene	−44.7	165	0.863 7
苯乙烯	styrene	−31	145	0.906 0
苯乙炔	phenylacetylene	−44.9	142.4	0.930 0
联苯	biphenyl	69 ~ 71	256	0.991
二苯甲烷	diphenylmethane	25	265	1.006
三苯甲烷	triphenylmethane	92 ~ 94	360	1.013 9
萘	naphthalene	80.2	217.9	1.162

【思考题 5-3】二甲苯三种异构体的沸点差别不大，但对二甲苯的熔点却比邻二甲苯和间二甲苯高出很多。为什么？

第四节　苯及其同系物的化学性质

苯及其同系物的化学性质主要表现在两方面,一是苯环上烷基取代基(侧链)的反应;二是涉及苯环的反应,包括苯环被破坏(大 π 键断裂)和保留苯环(苯环上氢原子被取代)的反应。

一、烷基苯侧链的反应

(一)氧化反应

烷烃和苯都不易被氧化,如在强氧化剂高锰酸钾或重铬酸钾的酸性溶液条件下,烷烃和苯都不发生反应,但二者相连的烷基苯在相同条件下却容易被氧化,反应发生在苯环的 α 位(苄位),所以无论侧链长短,都会生成苯甲酸。

$$\text{C}_6\text{H}_5\text{CH}_3 \xrightarrow{\text{KMnO}_4} \text{C}_6\text{H}_5\text{COOH}$$

$$\text{C}_6\text{H}_{11}\text{-C}_6\text{H}_4\text{-CH(CH}_3\text{)}_2 \xrightarrow{\text{KMnO}_4} \text{HOOC}\text{-C}_6\text{H}_4\text{-COOH}$$

需要注意的是,苯环侧链如果没有 α–H,也即与苯环直接相连的碳原子上没有氢原子时,这样的烷基(如叔丁基)不易被氧化。例如:

$$\text{H}_3\text{CH}_2\text{C}\text{-C}_6\text{H}_4\text{-C(CH}_3\text{)}_3 \xrightarrow[\triangle]{\text{KMnO}_4} \text{HOOC}\text{-C}_6\text{H}_4\text{-C(CH}_3\text{)}_3$$

烷基苯侧链的氧化常用来制备不同取代的苯甲酸。

(二)卤代反应

在光照、高温等条件下,烷基苯侧链上的氢原子可以被卤素(氯或溴)取代。例如:

$$\text{C}_6\text{H}_5\text{CH}_3 \xrightarrow[h\nu\text{ 或 }\triangle]{\text{Cl}_2} \text{C}_6\text{H}_5\text{CH}_2\text{Cl} \xrightarrow[h\nu\text{ 或 }\triangle]{\text{Cl}_2} \text{C}_6\text{H}_5\text{CHCl}_2 \xrightarrow[h\nu\text{ 或 }\triangle]{\text{Cl}_2} \text{C}_6\text{H}_5\text{CCl}_3$$

$$\text{C}_6\text{H}_5\text{CH}_2\text{CH}_3 \xrightarrow[h\nu\text{ 或 }\triangle]{\text{Br}_2} \text{C}_6\text{H}_5\text{CHCH}_3 + \text{HBr} \quad (\text{Br})$$

该反应属于自由基取代反应,苯环 α 位 C—H 键解离能较其他 C—H 键的低,更容易发生均裂,生成苄基自由基中间体。苄基自由基类似烯丙基自由基,因为存在 p–π 共轭而较稳定。因此,侧链的卤代反应主要发生在苯环的 α 位,生成 α–H 被卤素取代的产物。

卤代试剂除了溴或氯外,也常用 *N*- 溴代丁二酰亚胺(NBS)或 *N*- 氯代丁二酰亚胺(NCS)。例如:

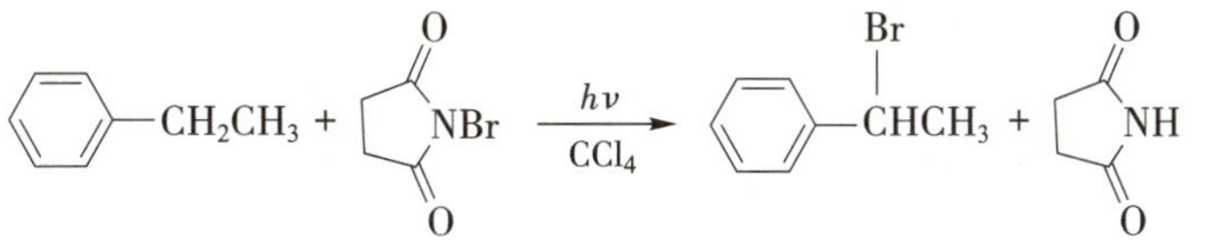
CH$_2$CH$_3$ +
NBr
$h\nu$
CCl$_4$
Br
CHCH$_3$ +
NH

N- 溴代丁二酰亚胺　　　　丁二酰亚胺

【思考题 5-4】试比较下列化合物发生自由基溴代的反应活性顺序：

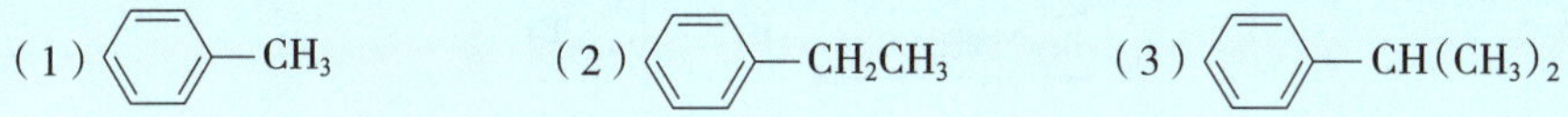
（1）
CH$_3$
（2）
CH$_2$CH$_3$
（3）
CH(CH$_3$)$_2$

二、苯环大 π 键断裂的反应

苯分子中因为存在环状大 π 键，6 个 π 电子均处在成键轨道上，构成全充满的闭合共轭体系，因此很稳定，通常情况下这种共轭体系不易被破坏。但苯毕竟是高度不饱和的，在特殊条件下，苯的大 π 键也可发生断裂，生成相应的加成或氧化产物。

（一）加成反应

与烯烃和炔烃相比，苯的加成反应要困难得多。在镍催化下，苯的加氢需要高温高压，若用活性高的铂催化剂，反应可在较温和的条件下进行。

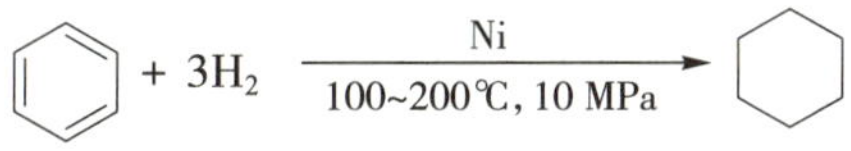
+ 3H$_2$
Ni
100~200℃, 10 MPa

在紫外光照射下，苯可以与氯加成，生成 1, 2, 3, 4, 5, 6- 六氯环己烷（六六六），六六六有 8 种异构体，曾是很有名的杀虫剂，因为高毒、高残留及不易降解，20 世纪 80 年代就已经被禁用。

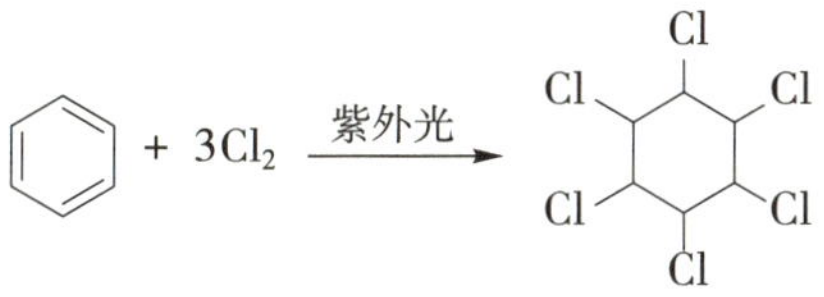
+ 3Cl$_2$
紫外光
Cl
Cl
Cl
Cl
Cl
Cl

1, 2, 3, 4, 5, 6- 六氯环己烷

（二）氧化反应

苯环本身很难被氧化，在高温和五氧化二钒的催化下，苯环被氧化生成顺丁烯二酸酐。

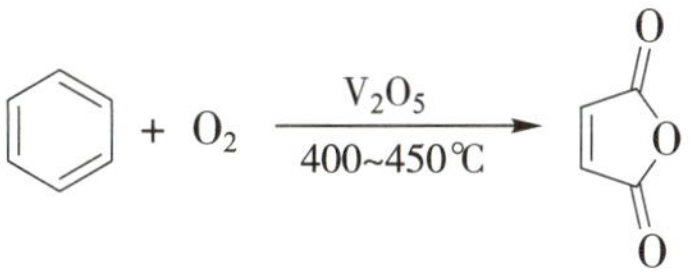
+ O$_2$
V$_2$O$_5$
400~450℃
O
O
O

三、苯环的亲电取代反应

将以上反应和第四章内容对比可以看出，烯烃很容易被氧化，而苯环的氧化需要高温和特殊的催化剂；烯烃的催化氢化可以在常温常压下进行，苯的催化氢化则困难得多。从苯的分

子式可以看出,苯是不饱和的,应该像烯烃和炔烃一样能发生加成反应。例如,环己烯和环己二烯,在四氯化碳溶液中很快与溴发生亲电加成反应。于是我们很自然想到,苯分子中的双键也应该容易与溴发生加成反应。但实际上,在相同条件下,苯与溴根本不发生反应。

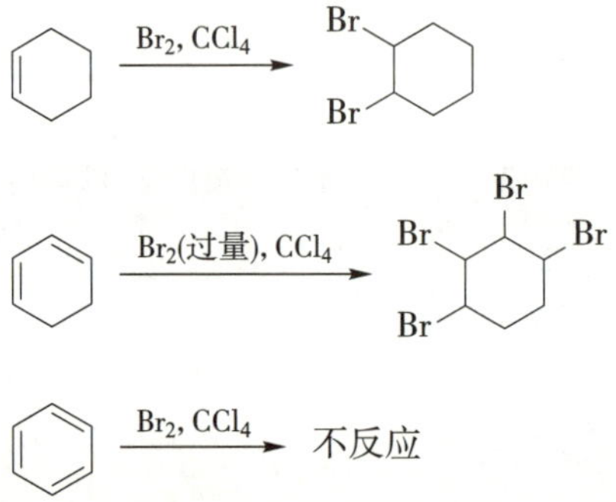

但另一方面,在催化剂如铁或三溴化铁存在下,苯却可以很容易与溴发生反应,生成分子式为 C_6H_5Br 的产物,并放出溴化氢气体。显然,这个反应生成的是苯分子中的氢原子被溴取代的产物。

$$C_6H_6 + Br_2 \xrightarrow{FeBr_3} C_6H_5Br + HBr$$

事实上,苯的最重要、应用范围最广的反应是苯环上氢原子被其他基团取代的反应,其中最常见也最具代表性的有以下五类:

(1)卤代反应 氢原子被卤素取代。例如:

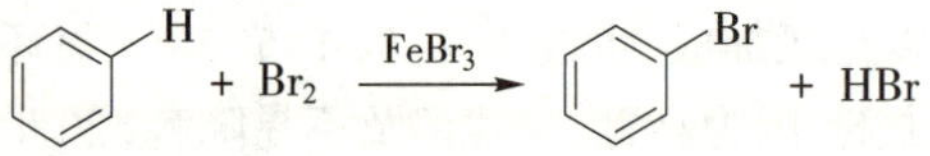

(2)硝化反应 氢原子被硝基取代。例如:

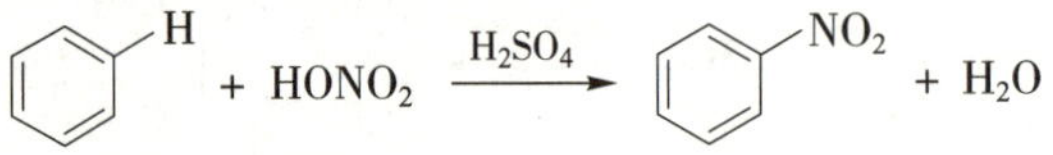

(3)磺化反应 氢原子被磺酸基取代。例如:

(4)烷基化反应 氢原子被烷基取代。例如:

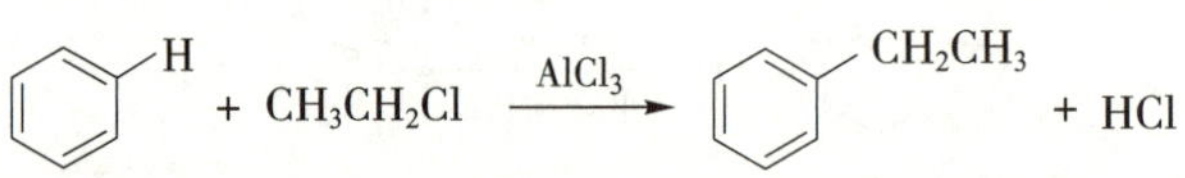

(5)酰基化反应 氢原子被酰基取代。例如:

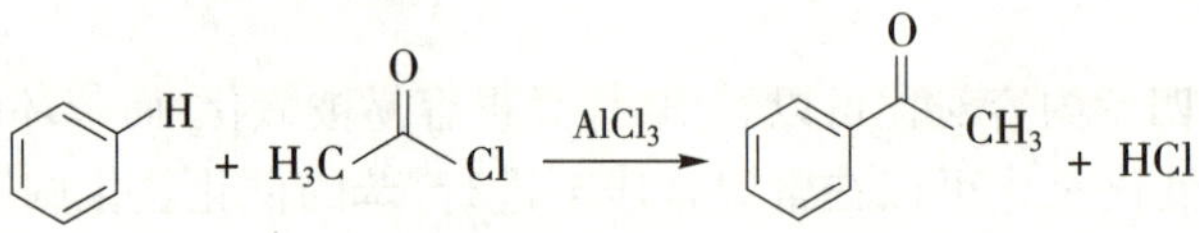

那么,这类反应是如何进行的呢?从苯的结构看出,环状大 π 键的电子云对称分布于苯环的上下区域。因此,苯环是富电子体系,易被缺电子的亲电试剂(E^+)进攻。由于反应的最终结果是苯环上氢原子被亲电试剂取代,所以这类反应被称为亲电取代反应。尽管亲电试剂各有不同,但其反应机理是类似的,主要包括两步反应:首先亲电试剂与苯环结合,生成碳正离子中间体(称为芳基正离子或环己二烯正离子,亦称 σ 络合物),接着在碱的作用下碳正离子很快消除一个质子生成取代产物。具体机理如下:

第一步:亲电试剂(E^+)与苯环作用产生碳正离子中间体。

苯环提供一对 π 电子与缺电子的亲电试剂 E^+ 结合,生成碳正离子,与亲电试剂相连的碳原子由原来的 sp^2 杂化变为 sp^3 杂化,苯环原有的芳香性消失,这一步活化能高,反应速率慢,是决定总体反应速率的步骤。

第二步:碳正离子失去一个质子生成产物。

碳正离子在碱(B^-)的作用下失去 sp^3 杂化碳原子上的质子,恢复苯环的芳香体系,生成亲电取代产物。

为什么路易斯碱是夺取质子而不是作为亲核试剂与碳原子成键呢?如果路易斯碱与碳原子成键,则得到的加成产物是没有芳香性的环己二烯衍生物。从反应过程来看,碳正离子失去质子恢复稳定的芳香体系所需能量更低,反应更易进行。所以苯容易发生取代反应而不是加成反应。苯的亲电取代反应机理可用能量示意图(图 5-3)表示,对于不同的亲电试剂,反应机理都是一样的两步反应,区别在于亲电试剂产生的途径有所不同。

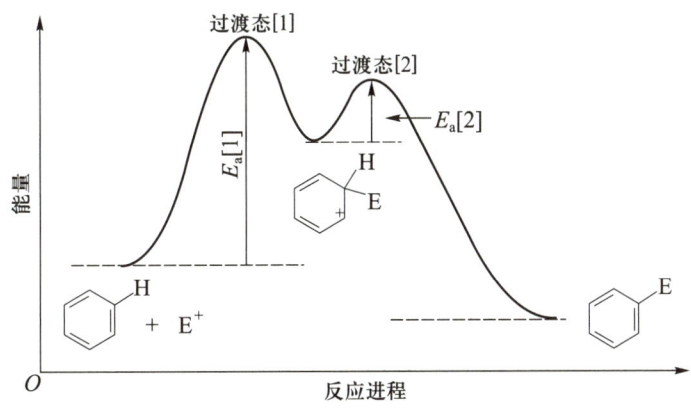

图 5-3 苯的亲电取代反应能量示意图

（一）卤代反应

在三氯化铁或三溴化铁等路易斯酸催化下，苯与氯或溴反应生成氯苯或溴苯。

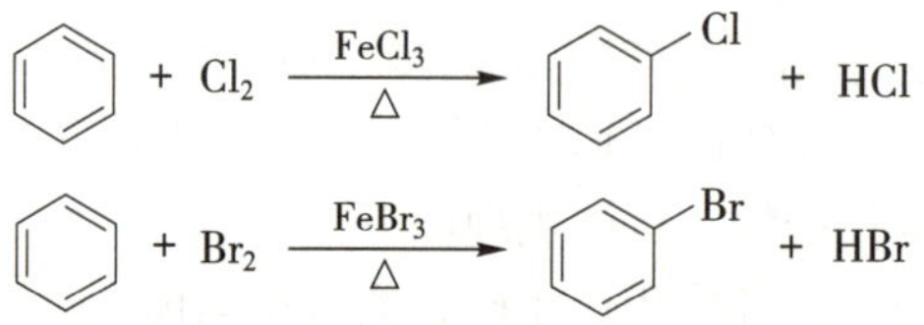

苯的溴代反应机理：

第一步：溴与三溴化铁作用产生亲电试剂溴 – 三溴化铁络合物。

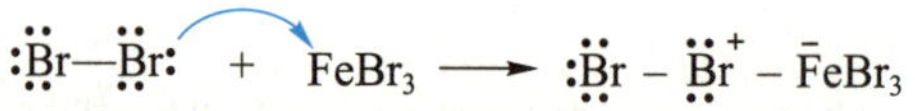

在没有催化剂的条件下，溴很难与苯发生取代反应，三溴化铁中的铁原子是缺电子的，可以从溴原子获取一对电子，生成溴 – 三溴化铁络合物，从而使 Br—Br 键发生极化，增强溴的亲电性能。

第二步：苯与亲电试剂作用产生碳正离子中间体。

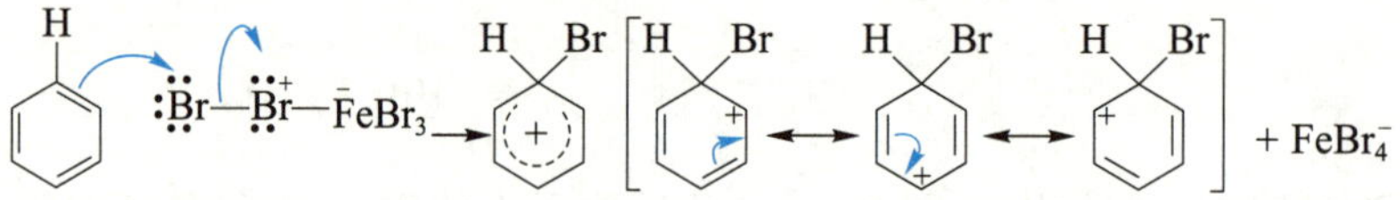

苯提供一对 π 电子与活化的亲电试剂溴 – 三溴化铁络合物形成 C—Br 键，生成环己二烯正离子，同时产生四溴化铁负离子。该步为反应速率的决定步骤。

第三步：碳正离子失去质子生成溴苯。

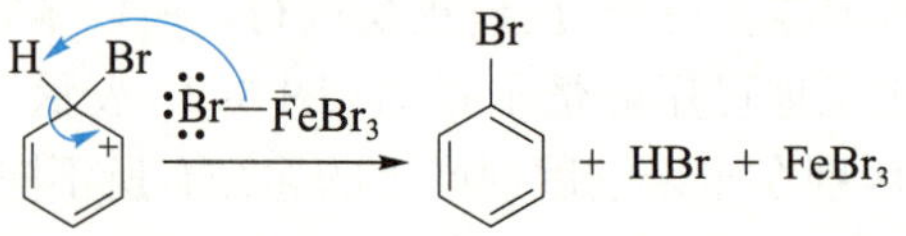

在四溴化铁负离子的作用下，环己二烯正离子从与溴相连的碳原子上消除一个质子，生成溴苯，同时产生溴化氢和三溴化铁，实现催化剂再生。

苯的卤代反应是制备氯代苯和溴代苯的常用方法，但制备氟代苯和碘代苯不用此方法，因为氟与苯的反应太剧烈，而碘的活性太低很难与苯发生反应。

（二）硝化反应

在浓硫酸存在下苯与浓硝酸反应，生成硝基苯。

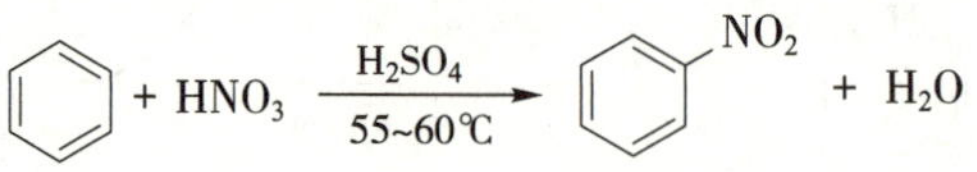

苯的硝化反应机理：

第一步：浓硝酸和浓硫酸反应产生亲电试剂硝基正离子 NO_2^+。

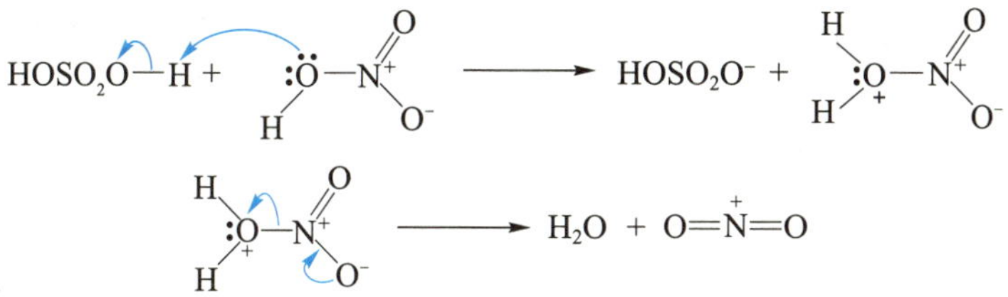

由于硫酸的酸性比硝酸强,硫酸与硝酸作用时硫酸给出质子,生成硫酸氢根离子和质子化的硝酸,质子化的硝酸失水产生亲电试剂硝基正离子 NO_2^+,也称硝鎓离子(nitronium ion)。

第二步:苯与硝基正离子反应生成环己二烯正离子中间体。该步为反应速率的决定步骤。

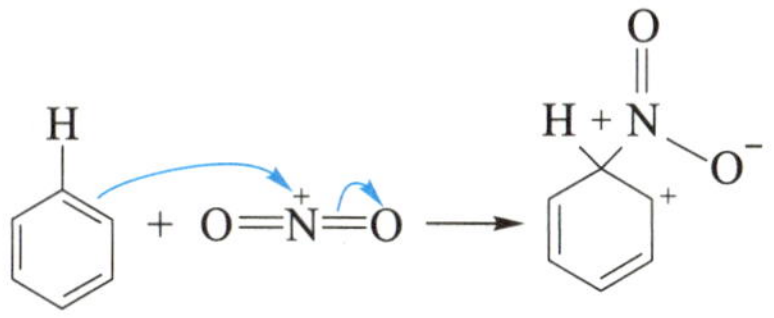

第三步:环己二烯正离子中间体失去质子生成硝基苯

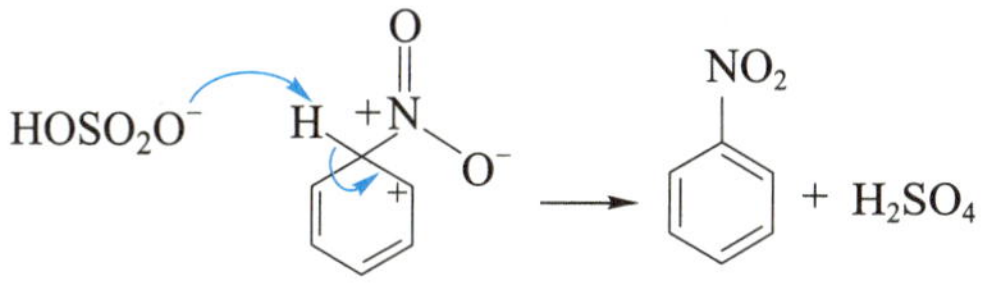

硝化反应是制备芳香族硝基化合物的重要方法,芳香族硝基化合物很容易被还原为芳胺,进而转化为多种芳香族衍生物。

(三)磺化反应

苯与浓硫酸或发烟硫酸作用生成苯磺酸,这种在芳环上引入磺酸基(—SO$_3$H)的反应称为磺化反应。苯与浓硫酸作用生成苯磺酸的反应是可逆反应,若用发烟硫酸,则反应速率加快,并促使平衡向产物方向移动。

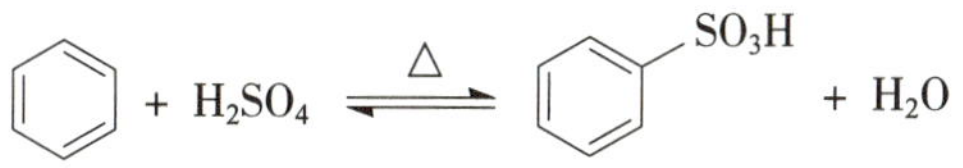

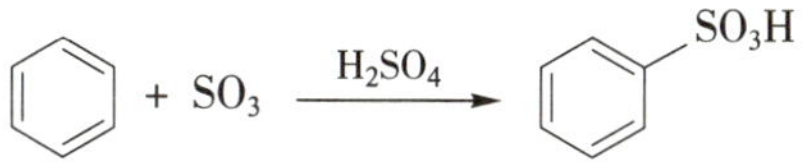

苯的磺化反应机理:

第一步:硫酸脱水产生亲电试剂 SO_3。

$$2H_2SO_4 \rightleftharpoons SO_3 + HSO_4^- + H_3O^+$$

第二步:苯与亲电试剂 SO_3 反应生成碳正离子中间体。该步为决定反应速率的步骤。

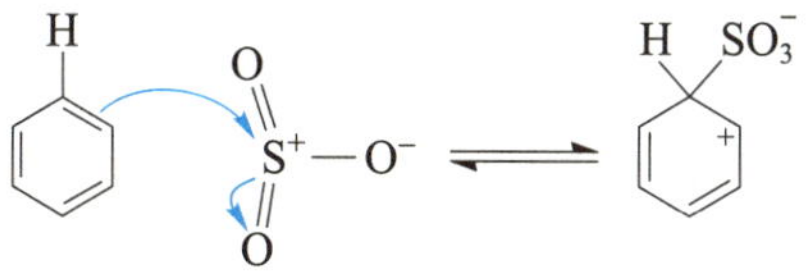

第三步：碳正离子中间体在硫酸氢根离子的作用下脱去质子生成苯磺酸根负离子。

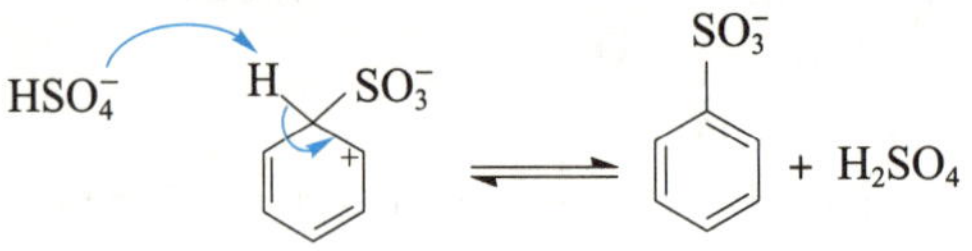

$$HSO_4^- \quad \text{苯环-H + SO}_3^- \longrightarrow \text{苯环-SO}_3^- + H_2SO_4$$

第四步：苯磺酸根负离子质子化生成苯磺酸。

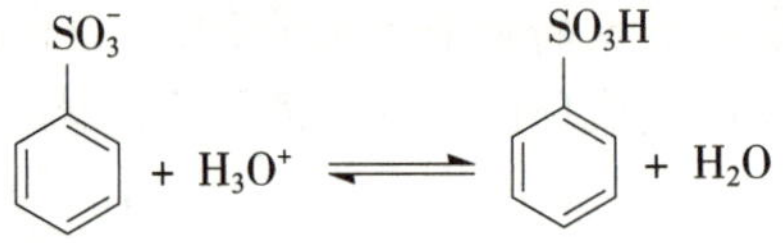

$$\text{苯环-SO}_3^- + H_3O^+ \Longrightarrow \text{苯环-SO}_3H + H_2O$$

苯磺酸与稀酸共热可脱去磺酸基，利用这一性质，有机合成上可用磺酸基占据芳环上某些位置，使这些位置不再发生反应，起到保护位置的作用。

（四）烷基化和酰基化反应

傅瑞德尔 – 克拉夫茨（Friedel-Crafts）反应包括傅瑞德尔 – 克拉夫茨烷基化反应和傅瑞德尔 – 克拉夫茨酰基化反应，可分别简称为傅 – 克烷基化反应和傅 – 克酰基化反应，是法国化学家傅瑞德尔和美国科学家克拉夫茨在 1877 年共同发现的。

1. 傅瑞德尔 – 克拉夫茨烷基化反应

在无水三氯化铝催化下，苯与卤代烃反应生成烷基苯。这种在分子中引入烷基的反应称为烷基化反应。除三氯化铝外，催化剂也可以用 $FeCl_3$、BF_3、$ZnCl_2$、HF、H_2SO_4 等。例如：

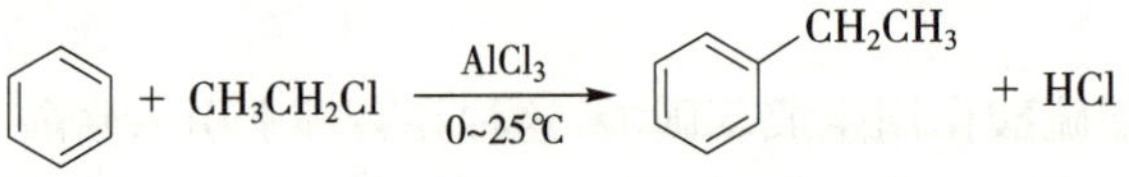

$$\text{苯} + CH_3CH_2Cl \xrightarrow[0\sim25℃]{AlCl_3} \text{苯-CH}_2CH_3 + HCl$$

烷基化反应机理：

第一步：卤代烷与三氯化铝作用产生亲电试剂烷基正离子 R^+。

$$R—Cl + AlCl_3 \longrightarrow R^+ + AlCl_4^-$$

第二步：苯提供一对 π 电子与缺电子的烷基正离子结合，生成环己二烯型正离子。该步为决定反应速率的步骤。

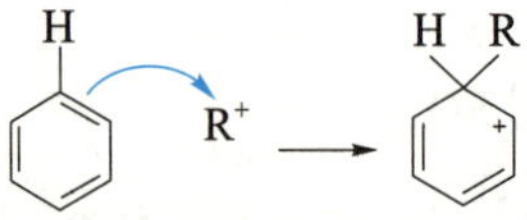

第三步：环己二烯型正离子失去质子，生成烷基苯。

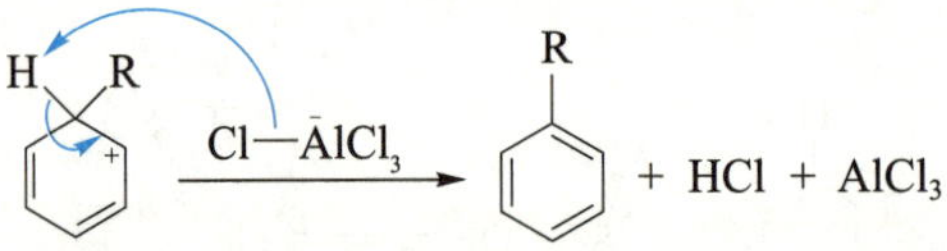

$$\xrightarrow{Cl—\bar{A}lCl_3} \text{苯-R} + HCl + AlCl_3$$

对于亲电试剂，不同的卤代烷可能有所区别。一般来说，二级和三级卤代烷可产生较稳定的二级和三级烷基正离子：

$$(CH_3)_3C—Cl + AlCl_3 \longrightarrow (CH_3)_3C—\overset{+}{Cl}—\bar{A}lCl_3 \longrightarrow (CH_3)_3C^+ + AlCl_4^-$$

而对于卤甲烷和一级卤代烃，由于不易形成稳定的碳正离子，亲电试剂可能是卤代烃与路易斯酸形成的络合物：

$$H_3C—\overset{+}{Cl}—\bar{A}lCl_3 \quad CH_3CH_2—\overset{+}{Cl}—\bar{A}lCl_3$$

但乙烯型卤代烃如氯乙烯和氯苯由于很难形成碳正离子，所以不能用作烷基化试剂。

除了卤代烷外，其他一些容易产生碳正离子的化合物如醇和烯烃也常用作烷基化试剂。例如：

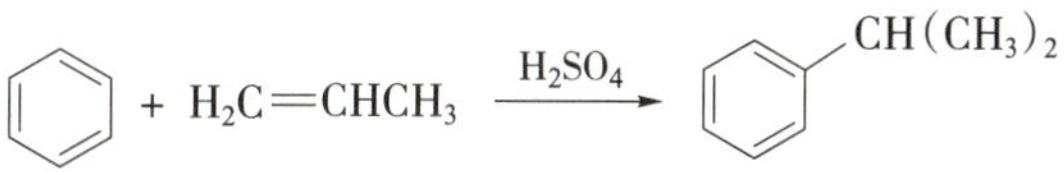

某些一级和二级卤代烷由于在反应过程中会发生重排生成更稳定的碳正离子，烷基化时会生成重排产物。例如：

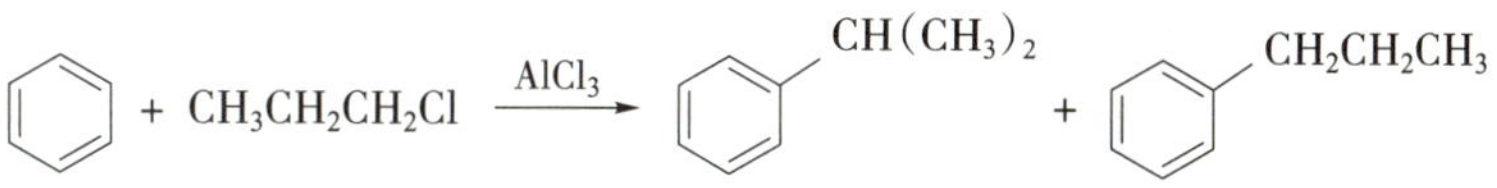

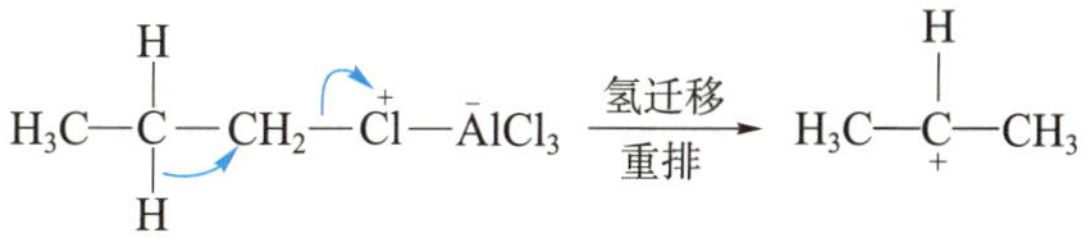

2. 傅瑞德尔 – 克拉夫茨酰基化反应

在无水三氯化铝催化下，苯与酰卤（RCOCl）反应生成芳香酮。这种在分子中引入酰基的反应称为酰基化反应。

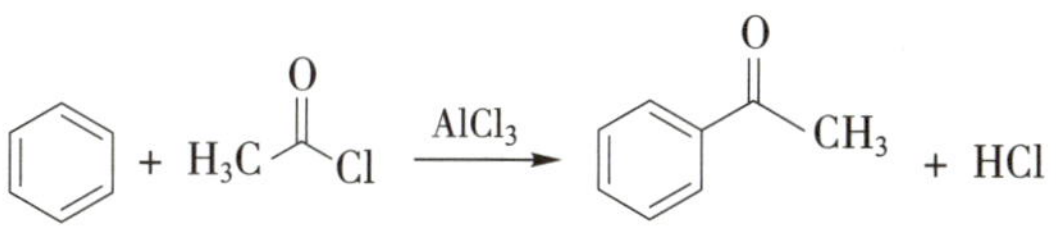

酰基化反应机理：

第一步：酰卤与三氯化铝作用产生亲电试剂酰基正离子。

第二步：苯提供一对 π 电子与缺电子的酰基正离子结合，生成环己二烯型正离子中间体。该步为反应速率的决定步骤。

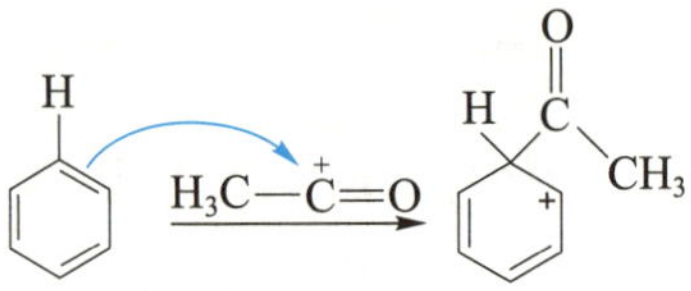

第三步：环己二烯型正离子失去质子，生成芳香酮。

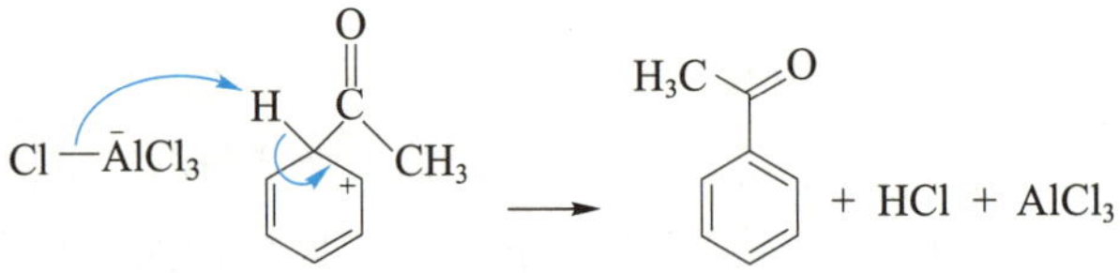

5-1

傅瑞德尔–克拉夫茨酰基化反应是制备芳香酮的主要方法。除酰卤外，酸酐也是常用的酰基化试剂。与烷基化反应不同，酰基化反应不会生成重排产物。

【思考题5-5】试解释为何二氯甲烷与过量的苯在无水三氯化铝催化下反应生成的主要产物为二苯甲烷。

四、亲电取代反应的定位规律

前面以苯为例介绍芳香族烃五种常见的亲电取代反应及其反应机理。如果苯环上已经有了一个取代基，这个取代基会不会对苯环的亲电取代反应产生影响。例如，甲苯的硝化，首先遇到的问题是硝基进入苯环的位置，是进入甲基的邻位、间位还是对位？其次，就是反应的活性，甲苯的硝化比苯的硝化更容易还是更难？表5-3列出了常见的一元取代苯的硝化反应数据，包括反应的相对速率（假设苯的硝化速率为1）及不同位置硝化产物的比例。从这些数据可以看出，不同取代基对硝化反应的影响差别很大。归纳起来主要有两个方面，一是反应的区域选择性，一类取代基使亲电取代反应主要发生在其邻位和对位，另一类取代基使亲电取代反应主要发生在其间位。二是反应的相对速率，一类取代基使苯环的亲电取代反应比苯更易进行，另一类取代基使苯环的亲电取代反应比苯更难进行。

表5-3   一取代苯的硝化反应数据

取代基	相对反应速率	硝化产物比例/%			（邻＋对）/间
		邻位	对位	间位	
—OH	1 000	55	45	痕量	100/0
—NHCOCH$_3$	快	19	80	1	99/1
—CH$_3$	25	57	40	3	97/3
—C(CH$_3$)$_3$	16	12	80	8	92/8
—H	1.0				
—CH$_2$Cl	0.3	32	52	16	84/16

续表

取代基	相对反应速率	硝化产物比例 /%			（邻 + 对）/ 间
		邻位	对位	间位	
—F	0.03	12	88	痕量	100/0
—Cl	0.03	30	69	1	99/1
—Br	0.03	37	62	1	99/1
—I	0.18	38	60	2	98/2
—N$^+$(CH$_3$)$_3$	1.2×10^{-8}	0	11	89	11/89
—NO$_2$	6×10^{-8}	6	1	93	70/93
—CF$_3$	2.6×10^{-5}	0	0	100	0/100
—SO$_3$H	慢	21	7	72	28/72
—COOH	$<10^{-3}$	19	1	80	20/80
—CO$_2$C$_2$H$_5$	3.7×10^{-3}	28	4	68	32/68

（一）定位基的分类

根据苯环上原有取代基对亲电试剂进入苯环位置的影响,可将取代基分为两类。

第一类定位基:邻对位定位基。

苯环上原有取代基使亲电取代反应主要发生在其邻位和对位(邻位和对位取代产物之和大于 60%),这类取代基称邻对位定位基。主要包括两类,一类是烷基,另一类是取代基中与苯环直接相连的原子带有孤对电子,如氨基(—NH$_2$)、羟基(—OH)及卤素(—X)等。除卤素原子外,其他邻对位定位基都是致活基,卤素原子是弱的致钝基。常见取代基的亲电取代定位效应及反应活性见表 5–4。

表 5–4 常见取代基的亲电取代定位效应及反应活性

	活化基				钝化基		
强度	最强	强	中	弱	弱	强	最强
取代基	—O$^-$	—NR$_2$ —NHR —NH$_2$ —OH' —OR	—OCOR —NHCOR	—C$_6$H$_5$ —CH$_3$ —CR$_3$	—F —Cl, —Br, —I, —CH$_2$Cl	—COR, —CHO —CO$_2$R, —CONH$_2$ —CO$_2$H, —SO$_2$H —CN, —NO$_2$ —CF$_3$	—$\overset{+}{N}$R$_3$
说明	+C 最强	+C>-I		—CH$_3$ σ-π 弱 —CR$_3$ +I 弱	—CH$_2$Cl -I —X +C<-I	—CF$_3$ -I 强 其余 -C 和 -I 强	-I 最强
	邻对位定位基				间位定位基		

第二类:间位定位基。

苯环上原有取代基使亲电取代反应主要发生在其间位,这类取代基称间位定位基(间位取代产物大于 40%),其特点是取代基中与苯环直接相连的原子带正电荷或部分正电荷。例如:

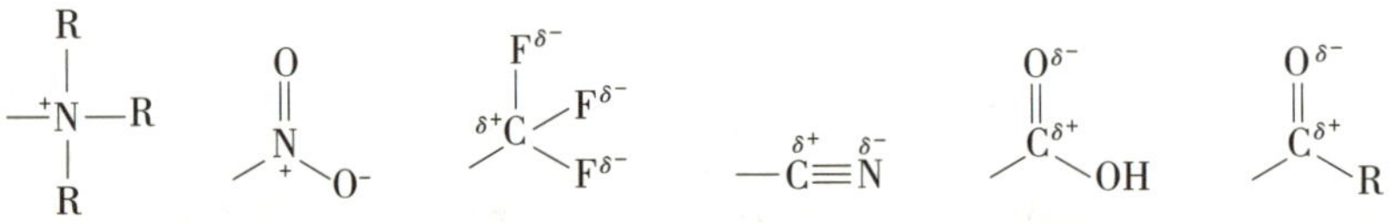

所有间位定位基都是致钝基。常见间位定位基的定位效应见表 5-4。

需要说明的是,取代基的定位能力排序只是一个大致次序,不同的亲电取代反应类型及反应条件对排序也有影响,特别是比较定位能力相近的基团时。

(二)定位规律的理论解释

为什么有的取代基使苯环致活,有的使苯环致钝;为什么有的取代基是邻对位定位基,有的取代基是间位定位基?要理解这些问题,必须从反应机理入手。在苯环的亲电取代反应中,亲电试剂进攻苯环生成碳正离子中间体,这一步是决定反应速率的步骤。所以,如果与苯相比,取代基使苯环碳电子密度增加,则有利于亲电试剂进攻,有利于碳正离子中间体的稳定,反应更易进行,这类取代基就是致活基;反之,如果取代基使苯环电子密度降低,不利于碳正离子中间体的稳定,这类取代基就是致钝基。而取代基的定位效应,主要是在原取代基的邻、对位还是间位,这也可从生成产物相应的碳正离子中间体的稳定性来判断。如果碳正离子中间体越稳定,则生成该中间体时过渡态能量越低,该中间体越容易生成,反应越容易进行,得到的相应产物所占比例就高。所以,在分析某个取代基的定位效应时,先分别写出亲电试剂进攻其邻位、对位及间位得到的碳正离子中间体的所有共振结构式,分析这些共振结构式中是否有特别稳定或特别不稳定的极限结构,然后比较不同情况下碳正离子中间体的稳定性。如果共振结构式中有相对较稳定的极限结构,相应的碳正离子中间体也较稳定,如果有相对不稳定的极限结构,相应的碳正离子中间体也不稳定。

1. 致活基

当苯环上连的取代基是烷基时,无论是诱导效应还是超共轭效应,烷基都是给电子的,都使苯环的电子密度增加。

当取代基中与苯环相连的原子是具有孤对电子的氮原子和氧原子时(—NH$_2$,—OH 等),需要同时考虑诱导效应和共轭效应。单从诱导效应看,由于氮和氧的电负性都大于碳,表现出吸电子的诱导效应,结果使苯环电子密度降低;单从共轭效应看,氮和氧的孤对电子都处于 2p 轨道,与苯环的共轭程度高,表现出强的给电子效应,使苯环上电子密度大大增加。诱导效应和共轭效应方向相反,综合起来,共轭效应占主导,结果表现出给电子效应,使苯环电子密度增加。

致活基增强碳正离子中间体的稳定性,降低反应活化能,使亲电取代反应速率加快,有利于反应进行(见图 5-4)。

2. 致钝基

当取代基中与苯环相连的原子带正电荷时,表现出强的吸电子诱导效应,或带部分正电荷时（—NO₂，—COOH，—CN 等），同时存在诱导效应和共轭效应，其方向是一致的，都表现出吸电子效应，结果使苯环上电子云密度大大降低。

当苯环上连的取代基是卤素原子时，也同样存在诱导效应和共轭效应。一方面，由于卤素原子的电负性较大，所以表现出强的吸电子诱导效应，使苯环上电子密度降低；另一方面，卤素原子 p 轨道上孤对电子可以和苯环共轭，表现出给电子的共轭效应。比较这两种电子效应，因为氟原子的吸电子能力很强，虽然其给电子的共轭效应也很强，但总的结果是吸电子的诱导效应占主导，而氯原子，因其孤对电子在 3p 轨道，且 C—Cl 键键长较长，与碳原子的 p 轨道重叠程度小，所以共轭效应较弱，同样的道理，溴和碘的共轭效应更弱。所以，综合考虑，卤素的吸电子诱导效应稍占主导，对苯环的亲电取代反应有弱的致钝作用。

致钝基降低碳正离子中间体的稳定性，增高反应活化能，使亲电取代反应速率降低，不利于反应进行（见图 5-4）。

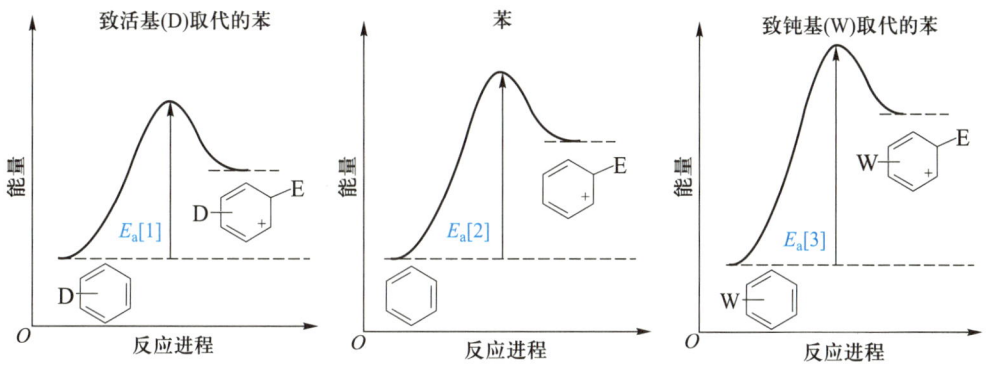

图 5-4　苯及取代苯的亲电取代反应能量示意图

3. 邻对位定位基

（1）烷基　以甲基为例，亲电试剂进攻苯环产生的碳正离子中间体如下。

亲电试剂进攻甲基的邻位：

亲电试剂进攻甲基的对位：

亲电试剂进攻甲基的间位：

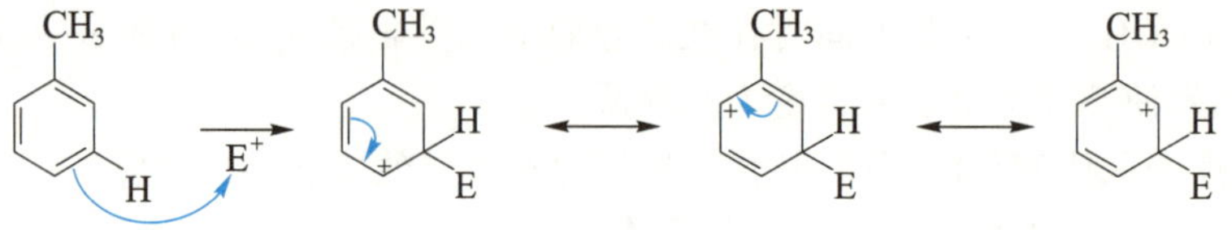

亲电试剂进攻甲基的邻位或对位所产生的碳正离子中间体的共振极限结构中，都有一个连有甲基的三级碳正离子，甲基通过给电子的诱导效应和超共轭效应分散正电荷，使得这种结构较稳定，相应的碳正离子中间体也较稳定，较易生成；而进攻间位时，没有这种稳定的极限结构，相应的碳正离子中间体稳定性较低，相对不容易生成。因此，甲苯亲电取代反应主要生成邻位和对位产物，甲基是邻对位定位基。其他烷基与甲基类似，也是邻对位定位基。

（2）羟基　亲电试剂进攻苯环产生的碳正离子中间体如下。

亲电试剂进攻羟基的邻位：

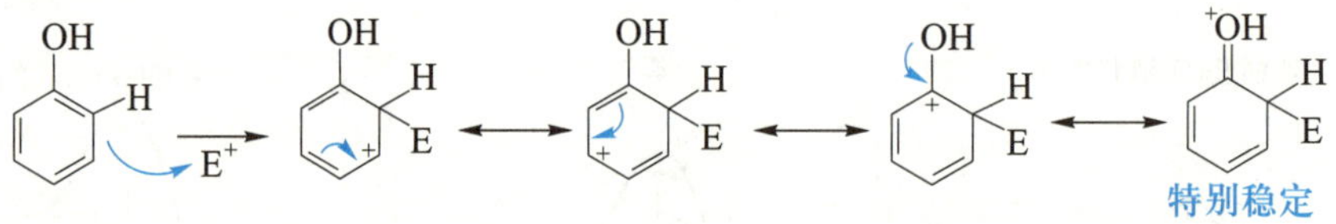

亲电试剂进攻羟基的对位：

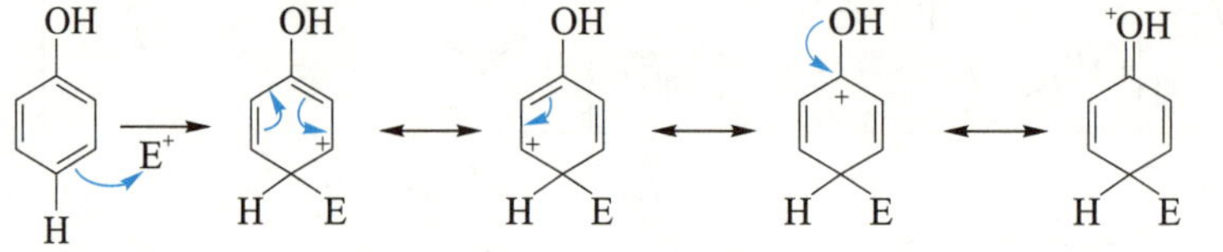

亲电试剂进攻羟基的间位：

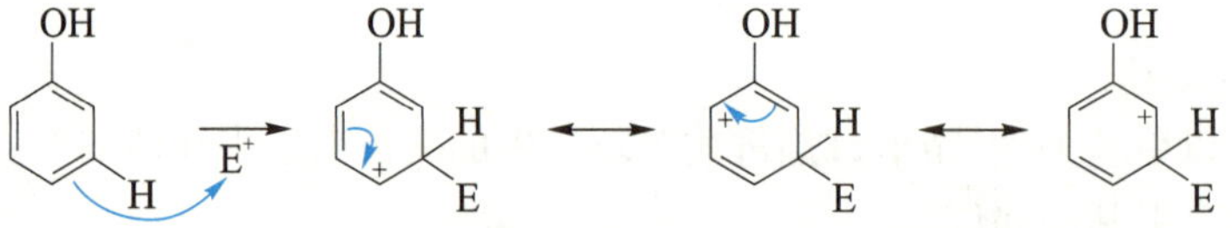

亲电试剂进攻羟基的邻位和对位所产生的碳正离子中间体各有四种共振极限结构，且各有一种特别稳定的结构，该结构中氧原子和所有碳原子均为稳定的八隅体，使得相应碳正离子中间体特别稳定也容易生成。间位取代的中间体，由于氧原子上的孤对电子不能通过共轭直接增强碳正离子的稳定性，只有普通的三种极限结构，没有特别稳定的结构。因此，苯酚的亲电取反应主要生成邻位和对位产物，羟基是邻对位定位基。其他类似的取代基还有—OR，—OCOR，—NH$_2$，—NHCOR 等。因为与苯环直接相连的原子都有孤对电子，亲电试剂进攻邻位和对位时都可形成稳定的碳正离子中间体，所以都是邻对位定位基。

（3）卤素（F，Cl，Br，I）　亲电试剂进攻苯环产生的碳正离子中间体如下。

亲电试剂进攻卤素的邻位：

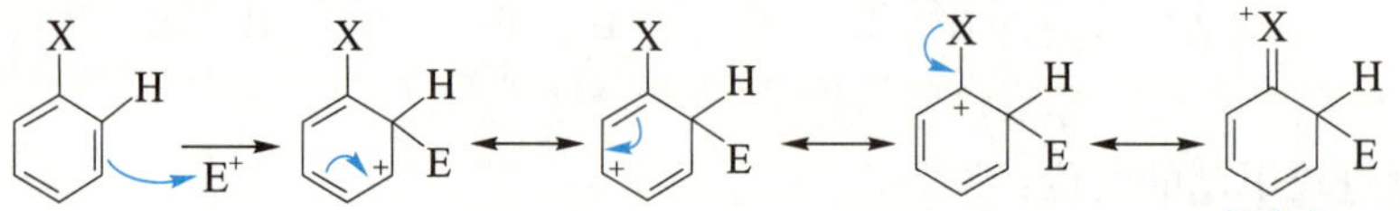

亲电试剂进攻卤素的对位：

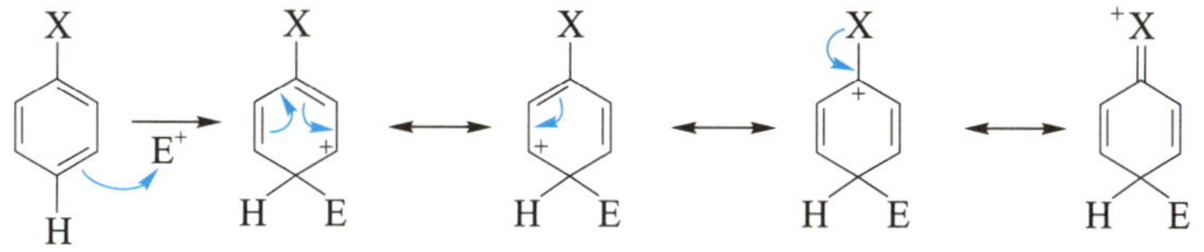

亲电试剂进攻卤素的间位：

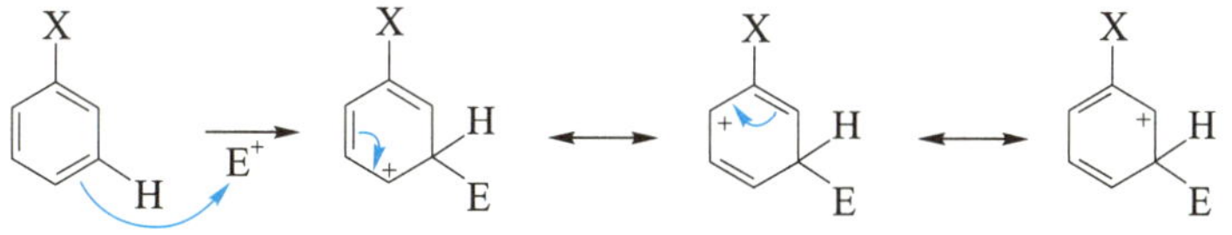

同羟基一样,亲电试剂进攻卤素的邻位和对位所产生的碳正离子中间体也各有四种共振极限结构,且各有一种相对较稳定的结构,卤素原子和所有碳原子均为较稳定的八隅体,卤素原子上的孤对电子通过共轭增强碳正离子的稳定性;间位取代的中间体,没有这种较稳定的结构。因此,卤素是邻对位定位基。

4. 间位定位基

（1）三氟甲基　亲电试剂进攻三氟甲基的邻位：

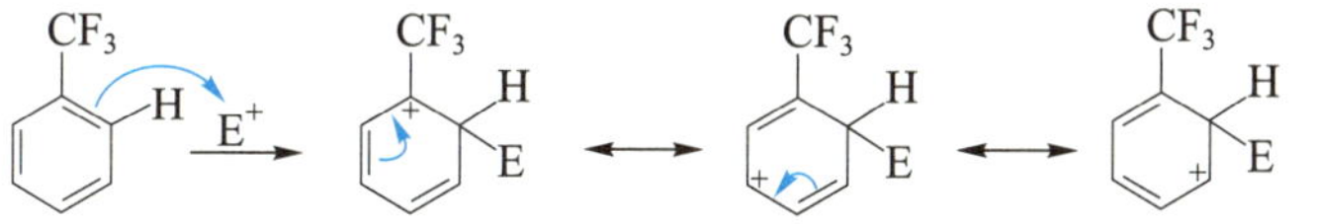

亲电试剂进攻三氟甲基的对位：

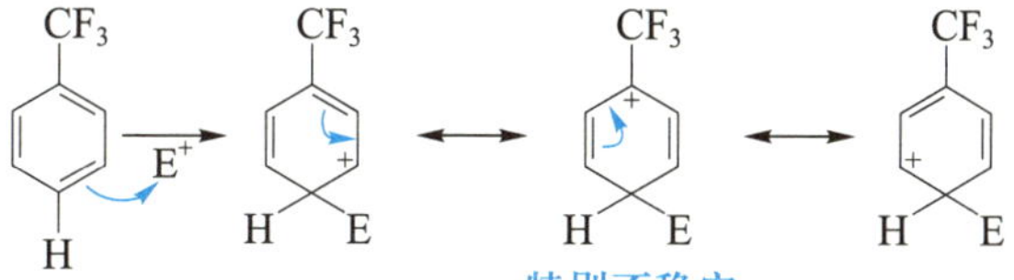

亲电试剂进攻三氟甲基的间位：

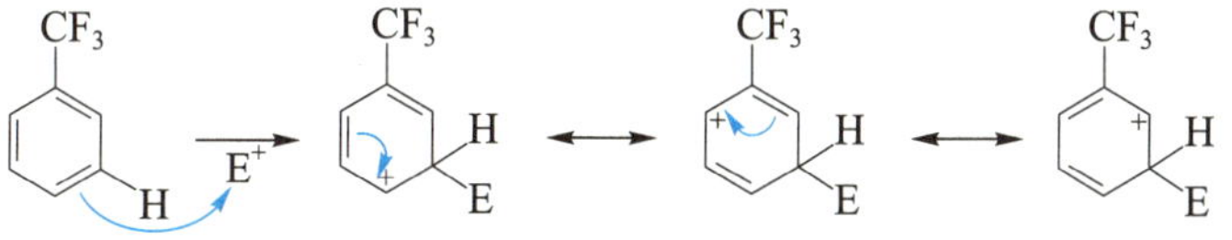

三氟甲基邻、对位取代的碳正离子中间体的共振极限结构中,各有一种特别不稳定的结构。在该结构中,带正电荷的碳原子直接与三氟甲基中带部分正电荷的碳原子相连,由于三氟甲基的强吸电子效应,体系正电荷更加集中,相应的碳正离子中间体不稳定,难于生成。间位

取代的碳正离子没有这种特别不稳定的极限结构,中间体较邻对位的稳定而易于生成,间位取代的产物为主要产物。因此,三氟甲基为间位取代基。与三氟甲基相似,其他一些间位定位基如—SO₃H,—C≡N,—COOH,—COOR,—COR,—CHO 等,与苯环直接相连的原子也都带部分正电荷。

（2）硝基　亲电试剂进攻硝基的邻位:

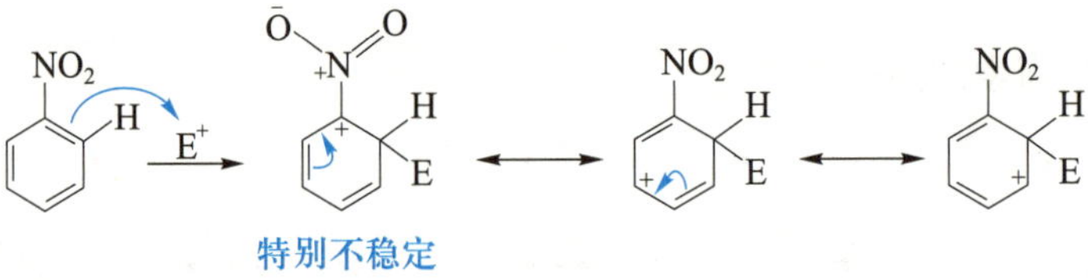

特别不稳定

亲电试剂进攻硝基的对位:

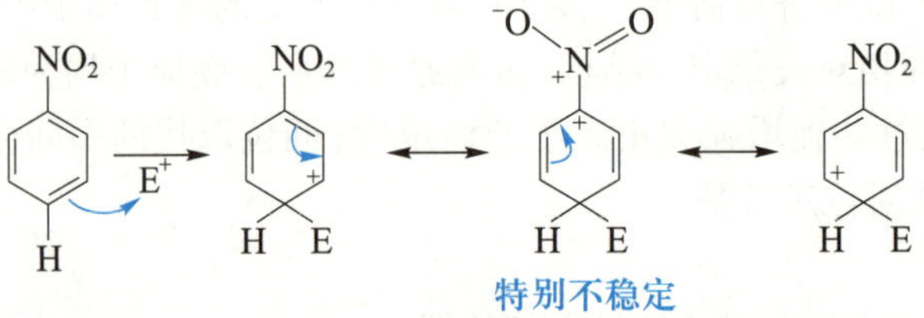

特别不稳定

亲电试剂进攻硝基的间位:

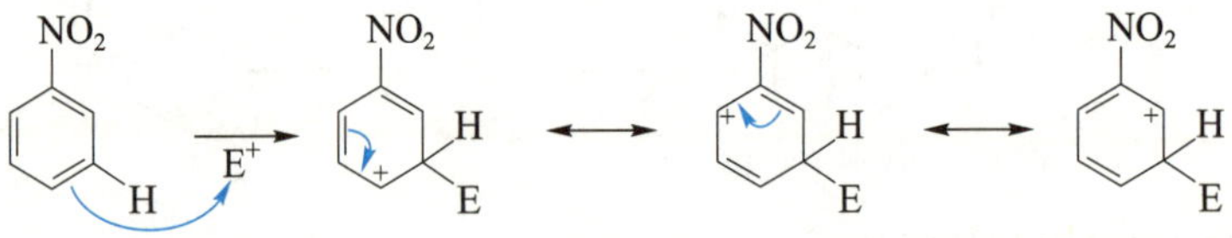

　　硝基邻、对位取代的碳正离子中间体的共振极限结构中,各有一个特殊的结构。在该结构中,带正电荷的碳原子直接与硝基中带正电荷的氮原子相连,使得碳正离子中间体特别不稳定。间位取代的碳正离子中间体没有特别不稳定的共振极限结构。因此,硝基苯的亲电取代主要发生在间位,硝基为间位定位基。与硝基类似,如果取代基中直接与苯环相连的原子带正电荷,该取代基为间位定位基,如—N⁺(CH₃)₃。

【案例 5-1】解释下列各组化合物发生亲电取代反应所得间位产物的百分率。

　　（a）$C_6H_5CH_3$（4.4%）,$C_6H_5CH_2Cl$（15.5%）,$C_6H_5CHCl_2$（33.8%）,$C_6H_5CCl_3$（64.6%）。

　　（b）$C_6H_5N^+(CH_3)_3$（100%）,$C_6H_5CH_2N^+(CH_3)_3$（88%）,$C_6H_5CH_2CH_2N^+(CH_3)_3$（19%）。

　　分析　取代基的吸电子能力越强,间位定位能力越强,间位产物比例越高。

　　答案　（a）甲苯甲基中的氢原子被电负性大的氯原子取代后,由于氯原子的强吸电子诱导效应,甲基由给电子基团逐渐转变为吸电子基团,间位定位效应逐渐增强,氯原子越多,吸电子能力越强,间位产物比例越多。

　　（b）$C_6H_5N^+(CH_3)_3$中与苯环直接相连的氮原子带正电荷,具有强的吸电子诱导效应,—N⁺(CH₃)₃为强间位定位基,当氮原子与苯环之间被亚甲基隔开后,其诱导效应降低,间位定位能力减弱,间位产物比例降低;当被两个亚甲基隔开后,吸电子诱导效应迅速减弱,与苯环直接相连的亚甲基给电子诱导效应占优势,邻对位产物变为主要产物,间位产物比例大大降低。

(三) 定位规律的应用

定位规律可以用来判断亲电取代反应是否容易发生、反应发生的位置等,在有机合成路线的设计中有重要的指导作用。

1. 判断反应难易

致活基使亲电取代反应更容易进行,致钝基使反应更难进行。在前面介绍的傅瑞德尔 – 克拉夫茨反应中,如果苯环上有硝基、三氟甲基、氰基、磺酸基、羧基、酰基等强致钝基,无论是烷基化还是酰基化反应都不能发生。在烷基化反应中,常常会造成多元取代。如苯的烷基化,因为烷基是致活基,生成的烷基苯比苯的活性更高,容易进一步发生反应,生成多取代产物:

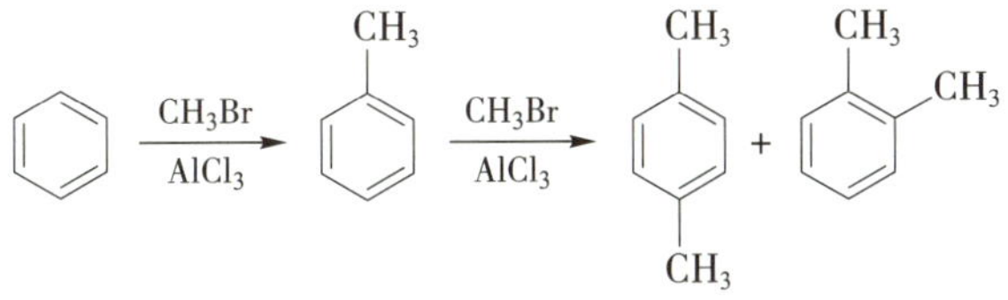

$$\text{苯} \xrightarrow[\text{AlCl}_3]{\text{CH}_3\text{Br}} \text{甲苯} \xrightarrow[\text{AlCl}_3]{\text{CH}_3\text{Br}} \text{对二甲苯} + \text{邻二甲苯}$$

但酰基化反应中,因为酰基是致钝基,所以不会进一步反应生成多取代产物。

2. 预测反应产物

如果苯环上只有一个取代基,只要了解这个取代基是属于邻对位定位基还是间位定位基,就能写出相应的主要产物。如果苯环上有两个取代基,在判断亲电取代反应发生的位置时,就需要考虑这两个取代基各自的定位效应及强弱次序。对于二取代苯,发生亲电取代反应时,通常有以下规律:

(1) 如果原有两个取代基属于同一类,定位效应由定位能力强的定位基支配;但如果两个取代基定位能力相差不大,得到两种异构体的比例也相差不大。两个取代基都是间位定位基时,反应一般很难进行。

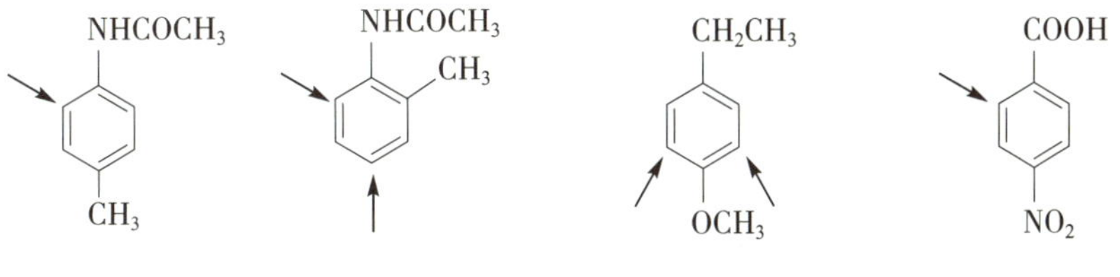

(2) 如果原有两个取代基不属于同一类定位基,定位效应由邻对位定位基支配。

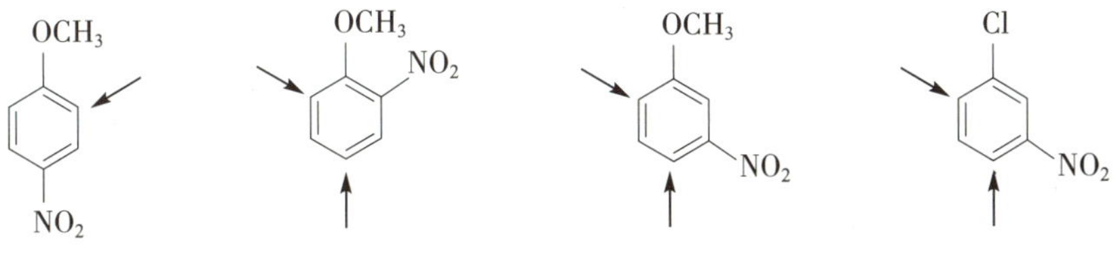

烷基和卤素,一个是弱的致活基,一个是弱的致钝基,它们的定位能力差别不大,当二者的定位作用不一致时,通常很难确定主要产物。例如:

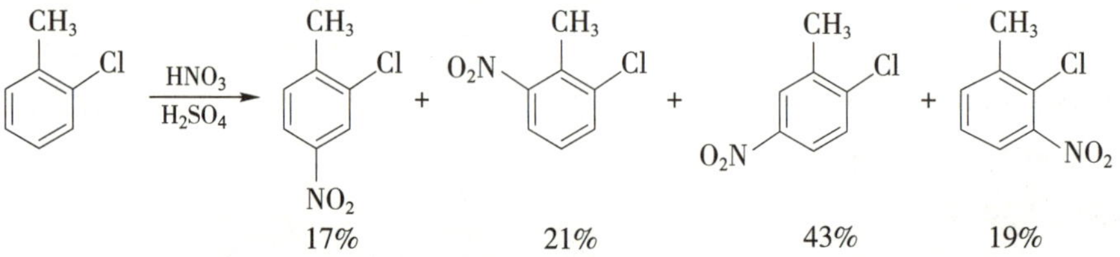

17%　　　　21%　　　　43%　　　　19%

（3）如果原有两个取代基彼此处于间位,由于空间位阻较大,反应很难发生在两个取代基之间的位置;体积较大的邻对位定位基(如叔丁基)的邻位也很少发生反应。例如:

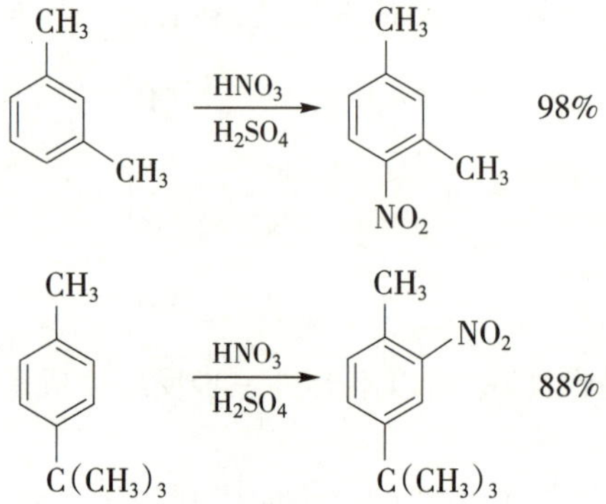

98%

88%

3. 设计合成路线

制备多取代芳烃时,必须考虑每个取代基的定位效应,制定合理的合成路线。例如,由苯制备对硝基溴苯,硝基是间位定位基,溴是邻对位定位基,但它们彼此处于对位。如果先硝化,后溴代,得到的产物是间硝基溴苯,不是所需要的产物:

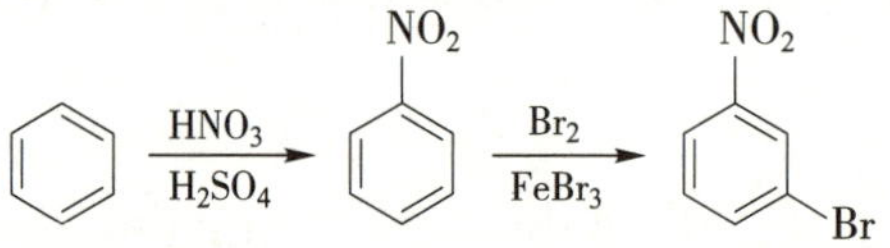

所以只能先溴代,后硝化,得到邻硝基溴苯和对硝基溴苯的混合物,再通过分离得到目标产物对硝基溴苯:

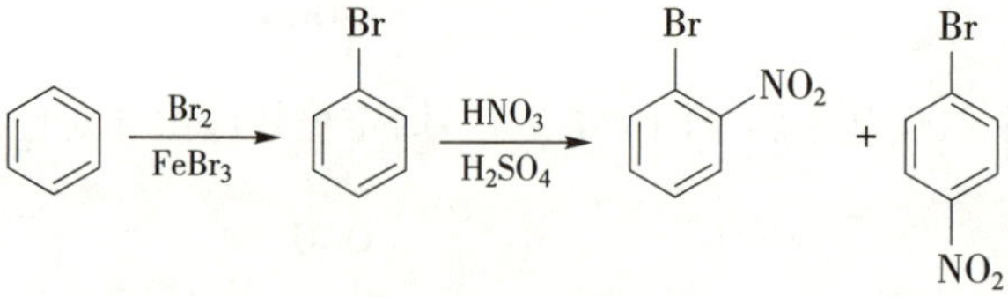

又如,从苯出发制备间硝基苯乙酮,硝基和乙酰基都是间位定位基,彼此又处于间位,表面上看,酰基和硝基的引入顺序不重要,但如果先引入硝基,由于硝基的强致钝作用,傅-克酰基化反应不能进行,所以只能先引入酰基。

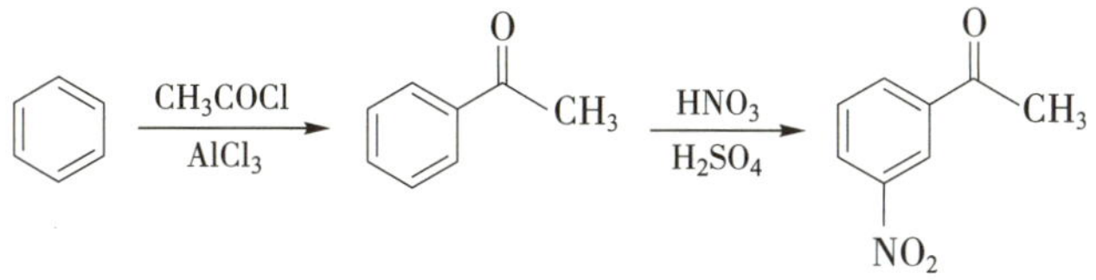

再如,从苯出发制备对硝基苯甲酸,硝基和羧基都是间位定位基,但它们彼此处于对位。可以考虑先引进一个邻对位定位基如甲基,然后硝化,生成对硝基甲苯,再通过氧化可得对硝基苯甲酸。

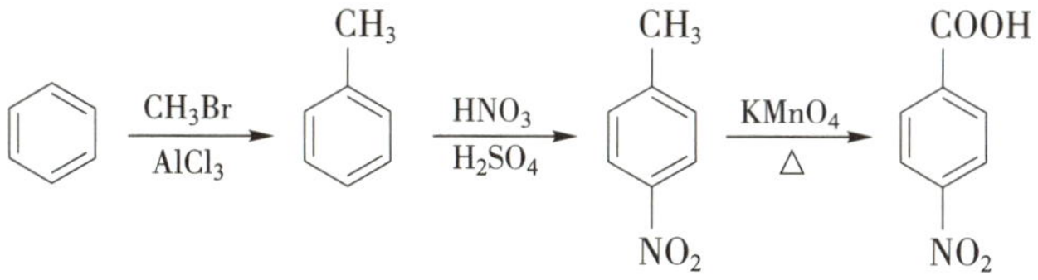

5–2

【案例 5-2】 以苯为原料合成(a)间溴苯甲酸,(b)邻溴苯甲酸。

分析 由苯合成二取代苯需要注意以下几方面:① 取代基的定位效应,② 取代基在环上的相对位置,③ 取代基引入的顺序,④ 是否需要对某个位置进行保护(占位)。

答案 (a)溴原子是邻对位定位基,羧基是间位定位基,二者处于间位,所以先引入羧基再溴代;羧基不能直接引入,可通过烷基氧化转换,烷基可以通过傅-克烷基化引入。

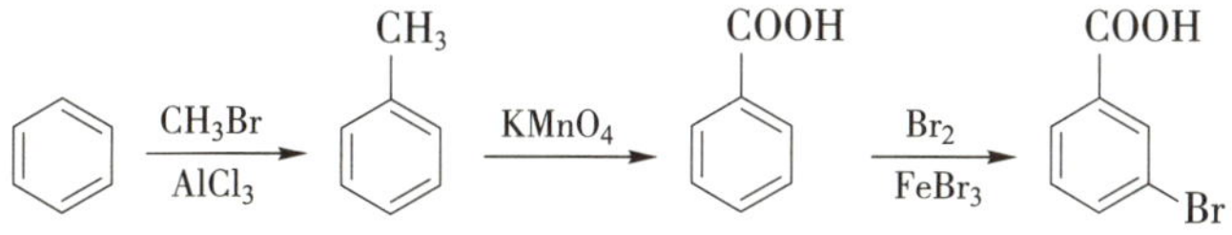

(b)溴和羧基处于邻位,羧基需由烷基转换;溴和烷基均为邻对位定位基,先引入烷基或溴从定位来说都可以,但烷基是致活基,反应相对较容易,所以先引入烷基;如果烷基苯直接溴代,会生成大量的对位产物,所以需要先把对位保护起来,可利用磺酸基进行占位,因为高温下磺化主要生成对位产物。对烷基苯磺酸再溴代,溴只能进入烷基的邻位,然后脱去磺酸基后再氧化即得目标化合物。

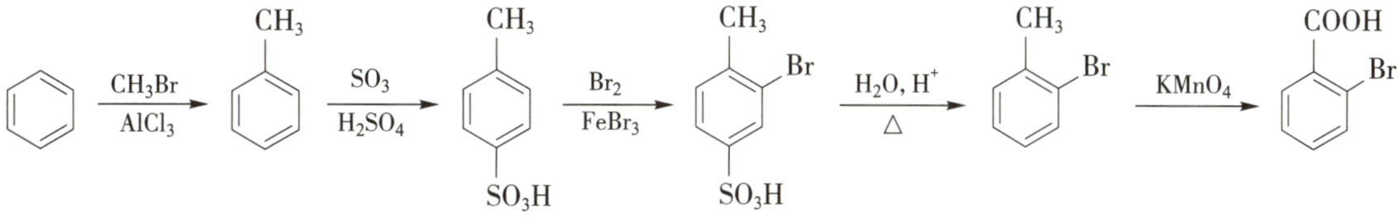

【思考题 5-6】 写出二甲苯的三种异构体发生硝化反应所得一元硝化产物的结构。

第五章
思考题答案

第五节 稠环芳香烃

一、稠环芳香烃的结构

稠环芳香烃是指两个或两个以上苯环通过共用环边（C—C 键）连接在一起而形成的化合物。最常见的稠环芳香烃有萘、蒽和菲，其结构与苯类似。本节主要介绍萘。

萘的分子式为 $C_{10}H_8$，可以看作两个苯环共用两个相邻碳原子稠合而成。萘分子中所有碳原子均为 sp^2 杂化，10 个碳原子处于同一平面，未参与杂化的平行 2p 轨道间侧面重叠，形成具有 10 个 π 电子的环状闭合的共轭体系。但由于环间有两个共用碳原子，各 2p 轨道的重叠程度不完全相同，电子云密度并非完全平均化，键长也不完全相等。

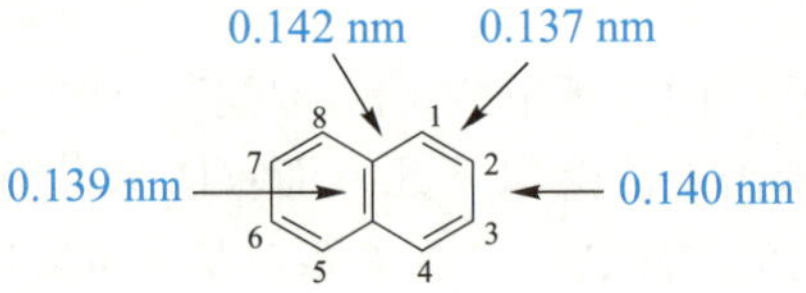

二、萘的化学反应

萘的化学性质比苯活泼，比苯容易发生还原反应、氧化反应和亲电取代反应。

（一）还原反应

萘比苯容易被还原，如在乙醇存在下，萘可被金属钠还原为 1,4- 二氢萘，加热条件下可生成更稳定的 1,2- 二氢萘；在更高温度下，萘可被钠和戊醇还原为四氢萘。

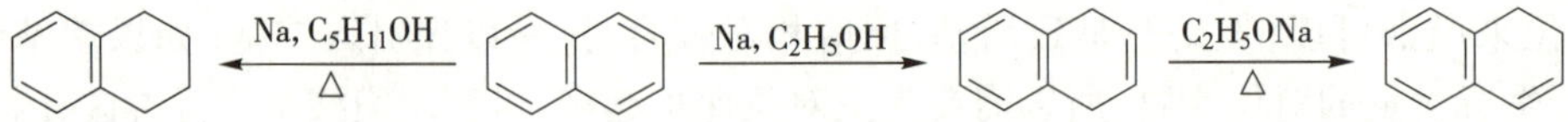

萘在金属镍的催化下加氢可得四氢萘，如果用活性高的铂作催化剂，萘可被彻底还原为十氢萘。

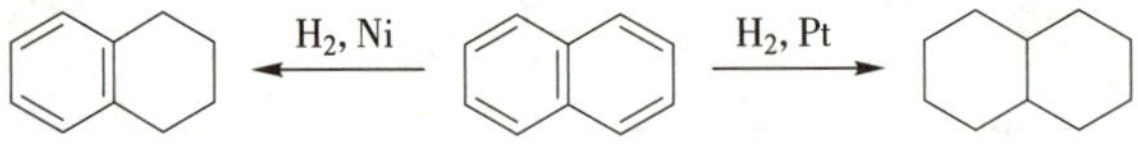

（二）氧化反应

萘比苯容易被氧化，不同条件可得不同的氧化产物。萘在室温下用三氧化铬的乙酸溶液氧化生成 1,4- 萘醌。工业上在高温和催化剂作用下，萘被空气氧化生成邻苯二甲酸酐。

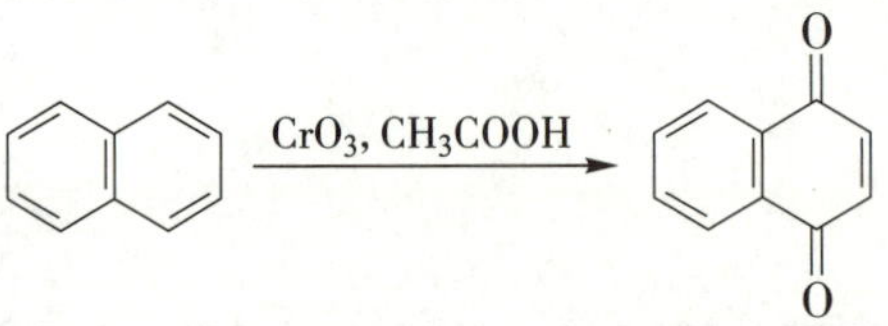

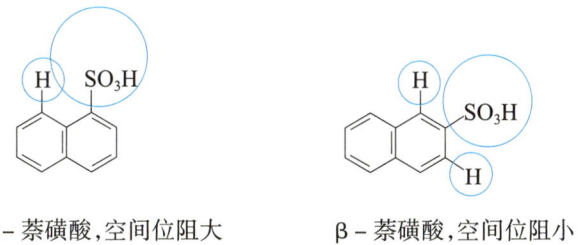

$$\text{（萘）} + O_2\text{（空气）} \xrightarrow[\triangle]{V_2O_5} \text{（苯酐）}$$

（三）萘的亲电取代反应

与苯类似，萘的主要反应也为亲电取代反应，如卤代、硝化及磺化等。但萘比苯活泼，亲电取代反应更容易进行，由于萘的 α 位电子密度比 β 位大，反应主要生成 α 位取代的产物。例如：

$$\text{（萘）} \xrightarrow[FeCl_3]{Cl_2} \text{（1-氯萘）}$$

$$\text{（萘）} \xrightarrow[H_2SO_4]{HNO_3} \text{（1-硝基萘）}$$

$$\text{（萘）} \xrightarrow[<80℃]{H_2SO_4} \text{（α-萘磺酸，}SO_3H\text{）}$$

$$\xrightarrow[160℃]{H_2SO_4}$$

$$\text{（萘）} \xrightarrow[160℃]{H_2SO_4} \text{（β-萘磺酸，}SO_3H\text{）}$$

萘的磺化反应是可逆的，低温时，主要生成 α-萘磺酸，因为 α 位活泼，反应所需活化能小，反应容易进行。但 α-萘磺酸的磺酸基体积较大，与 8 位的氢原子有较大的排斥作用，稳定性较差。虽然生成 β-萘磺酸的活化能更高，但在高温下，反应能顺利进行，由于 β-萘磺酸空间位阻小，产物稳定，所以，高温时主要产物是 β-萘磺酸。

α-萘磺酸，空间位阻大　　　　β-萘磺酸，空间位阻小

如果萘环上已经有一个取代基，第二个取代基进入的位置除了受原有取代基的性质和位置影响外，还要考虑萘环本身的结构特点，因为 α 位较活泼，所以一般来说，第二个取代基容易进入 α 位。

当第一个取代基是致活基时，它使所连接的环活化，亲电取代易发生在同一环上，若原来取代基是在 α 位（1 位），则第二个取代基主要进入同环的另一 α 位（4 位）；若原来取代基

在 β 位（2 位），则第二个取代基主要进入同它相邻的 α 位（1 位）。

当第一个取代基是致钝基时，它使所连接的环钝化，亲电取代易发生在另一环上，不论原有取代基是在 α 位还是在 β 位，第二个取代基一般进入另一环的 α 位（5 位或 8 位）。例如：

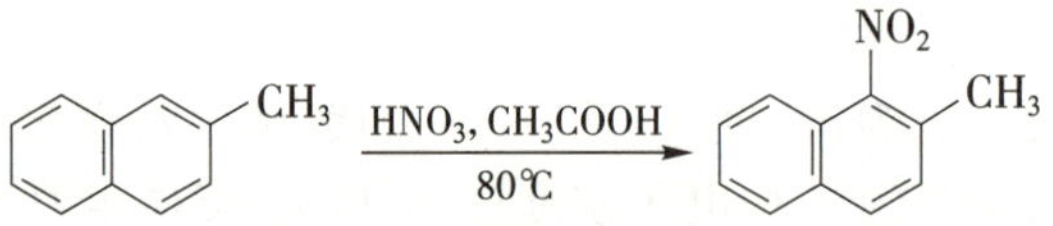

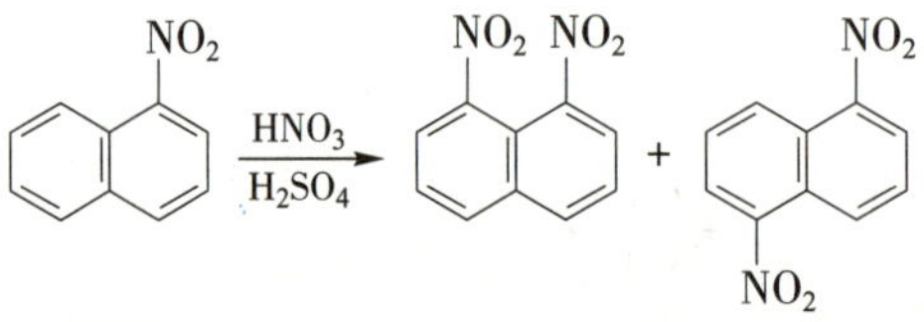

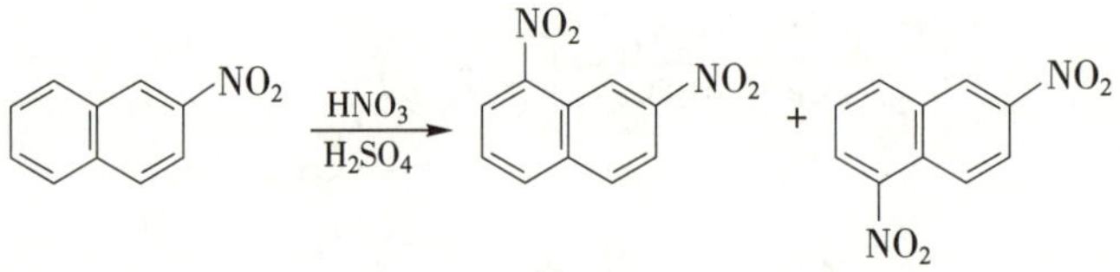

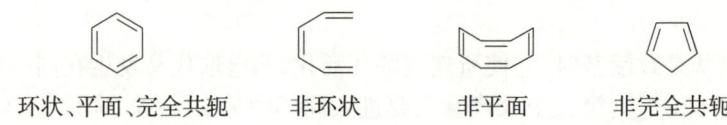

5-3

第六节　休克尔规则和非苯芳香烃

一、休克尔规则

前面讨论了含苯环的芳香烃，这类化合物都表现出难加成、难氧化而易发生亲电取代反应的性质，也就是通常说的芳香性。除了含苯环的芳香烃，还有没有别的化合物也具有芳香性呢，又如何从结构上判断一个化合物有没有芳香性呢？1931 年休克尔（E. Hückel）提出了一个判断芳香体系的简便规则：对于平面、单环且完全共轭的多烯，只有含 $4n+2$（$n=0$，1，2，3，4，…）个 π 电子的体系，才具有特殊的稳定性，即具有芳香性。这个规则称为休克尔规则或 $4n+2$ 规则。

在运用休克尔规则时，也要注意到，并不是只有单环的共轭多烯才具有芳香性，像前面提到的萘、蒽及菲等许多稠环芳香烃同样具有芳香性。一般来说，一个芳香性的分子必须同时满足以下条件。

（1）闭合的共轭体系　一个闭合的共轭体系一定是环状的完全共轭的体系，参与共轭的原子必须在同一平面，才能保证 p 轨道彼此平行。但并不能简单地认为，只要所有原子都是 sp^2 杂化，就一定是平面分子，如环辛四烯，通常为非平面的盆形结构。

环状、平面、完全共轭　　非环状　　　非平面　　　非完全共轭

（2）π电子数目符合 $4n+2$（$n=0, 1, 2, 3, 4, \cdots$）　π电子指的是参与完整共轭体系的 p 轨道上的电子,不包含其他轨道上的电子。

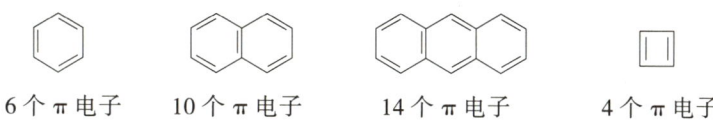

6个π电子　　10个π电子　　　14个π电子　　　4个π电子

如果一个单环、平面、闭合共轭体系的 π 电子数目为 $4n$（$n=0, 1, 2, 3, 4, \cdots$）,这种体系特别不稳定,称这种性质为反芳香性。

二、非苯芳香烃

（一）轮烯

轮烯指的是一类具有单双键交替的单环多烯烃,命名时把成环碳原子的数目写在方括号中,后面加上"轮烯",如［10］轮烯、［18］轮烯。

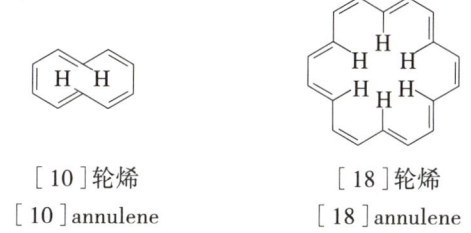

［10］轮烯　　　　　　　　　［18］轮烯
［10］annulene　　　　　　　［18］annulene

［10］轮烯有 10 个 π 电子,满足 π 电子数目 $4n+2$ 的要求,但由于环内两个氢原子距离很近,有较大的排斥力,使得分子中的原子不在一个平面上,不能形成完整的共轭体系。所以,［10］轮烯没有芳香性。［18］轮烯有 18 个 π 电子,同样满足 π 电子数目 $4n+2$ 的要求,虽然环内有 6 个氢原子,但由于环内空间较大,氢原子之间基本没有排斥作用,分子中各原子处在同一平面,可以形成闭合的共轭体系。所以,［18］轮烯具有芳香性。

（二）芳香离子

除了中性分子外,某些带正电荷或负电荷的离子,如果满足环状、共平面、完全共轭、π 电子符合 $4n+2$ 的条件,也同样具有芳香性。在运用休克尔规则时要注意两点,一是碳原子的杂化方式,双键碳原子和带正电荷的碳原子为 sp^2 杂化,带负电荷的碳原子与不饱和键相连时为 sp^2 杂化,与烷基相连时为 sp^3 杂化。二是共轭体系的 π 电子数计算,一个双键贡献 2 个 π 电子,一个带负电荷的碳原子贡献 2 个 π 电子,带正电荷的碳原子不贡献 π 电子。

环丙烯、环戊二烯和环庚三烯都没有芳香性,因为它们都有一个 sp^3 杂化的碳原子,不能形成完全闭合的共轭体系。但环丙烯基正离子、环戊二烯负离子和环庚三烯正离子都具有芳香性。

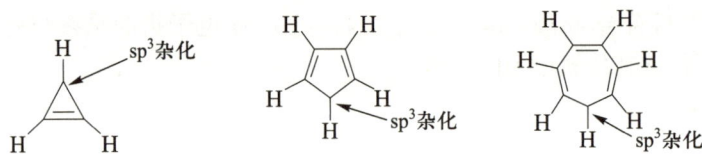

1. 环丙烯基正离子

环丙烯基正离子中碳原子均为 sp^2 杂化,所有原子位于同一平面,未杂化的 p 轨道侧面平行,构成环状大 π 键,参与共轭的 p 轨道上共有 2 个 π 电子,符合 $4n+2$($n=0$)规则,具有芳香性。

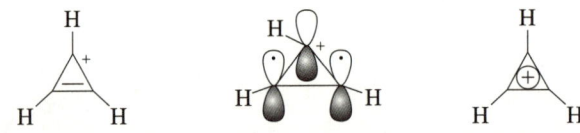

2. 环戊二烯负离子

环戊二烯负离子中碳原子均为 sp^2 杂化,未杂化的 p 轨道侧面平行,形成环状闭合的共轭体系,参与共轭的 p 轨道上共有 6 个 π 电子,符合 $4n+2$($n=1$)规则,具有芳香性。

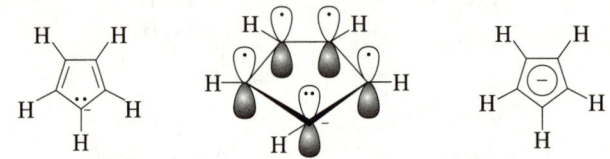

3. 环庚三烯正离子

环庚三烯正离子中碳原子均为 sp^2 杂化,参与共轭的 p 轨道上共有 6 个 π 电子,具有芳香性。

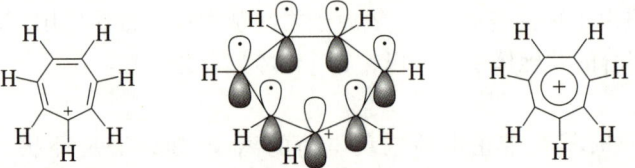

【案例 5-3】比较环戊二烯和环己 -1,3- 二烯亚甲基上氢的酸性,并说明理由。

分析　化合物酸性强弱也就是给出质子能力的强弱,可通过给出质子后所得共轭碱的稳定性判断,共轭碱越稳定,化合物越容易给出质子,酸性越强。

答案　环戊二烯的酸性强。环戊二烯失去一个质子后生成环戊二烯负离子,原来的 sp^3 杂化碳原子变为 sp^2 杂化,p 轨道上有 2 个电子,形成 6 个 π 电子的闭合的环状共轭体系,具有芳香性,所以环戊二烯负离子很稳定。环己 -1,3- 二烯失去一个质子后生成环己 -1,3- 二烯负离子,因为其中还有一个 sp^3 杂化的碳原子,6 个 π 电子不能完全离域,不能形成环状闭合的共轭体系,没有芳香性,其稳定性远不如环戊二烯负离子。因此,环己 -1,3- 二烯的酸性比环戊二烯弱得多。

第七节 芳香烃的来源

芳香烃,尤其是苯、甲苯及二甲苯等轻质芳香烃是重要的化工原料,芳香烃的来源主要是煤和石油,而生物质的转化也将越来越成为制取芳香烃的重要途径。

煤焦油分馏:煤隔绝空气加热至 1 000 ~ 1 300℃,分解得到焦炭、煤气和煤焦油。煤焦油中含有大量的芳香族化合物,分馏煤焦油可得多种馏分,如苯、甲苯、二甲苯、萘、蒽及菲等。

石油芳构化:石油中的脂肪烃可通过芳构化转变为芳香烃。例如,石油中含 6 ~ 8 个碳原子的烷烃,在催化剂铂或钯等存在下,经脱氢、环化和异构化等一系列反应转变为苯、甲苯和二甲苯。

生物质转化:生物质汽化法和生物质热解法是制备芳香烃的重要方法。生物质汽化法是在高温条件下,将秸秆、林业加工废弃物等转化为合成气,合成气经费–托 Fischer–Tropsch 合成或经甲醇制备芳香烃。生物质热解法是将农产品、海洋植物、代谢废料、纤维废料等加热分解产生热解产物(挥发性有机物),在催化剂的作用下,经脱氢、脱羰、脱羧、异构化、聚合等一系列复杂反应,制备苯、甲苯、萘、二甲苯等产品。生物质储量丰富,可再生,在化石资源日益稀缺的情况下,利用生物质制芳香烃产品具有广阔的应用前景。但目前生物质生产芳香烃仍处于技术开发阶段,离大规模生产尚有一定距离。

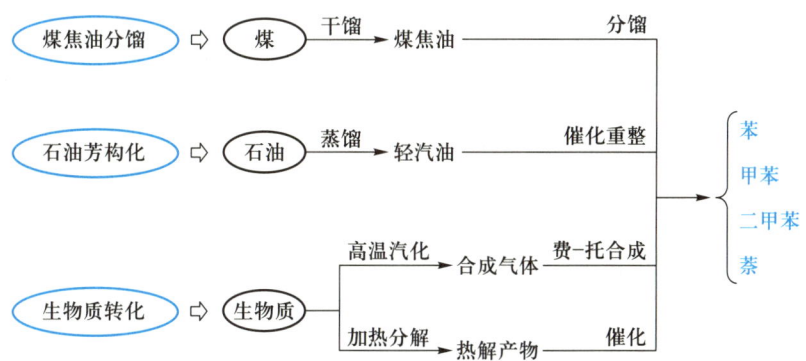

【知识延伸】多环芳香烃的危害与治理

多环芳香烃(polycyclic aromatic hydrocarbons 简称 PAHs)指分子中含有两个或两个以上苯环的芳香烃,一般是无色或淡黄色的结晶,熔点及沸点较高,不溶于水,其化学性质较稳定,不易水解。多环芳香烃是一类致癌性很强的环境污染物,已成为世界各国共同关注的有机污染物。其中致癌活性最高的是苯并[a]芘(简称 BaP),常作为 PAHs 污染环境的指标。

苯并[a]芘

　　多环芳香烃产生的途径很多,如火山爆发、森林火灾和生物合成等自然因素,以及化学工业、交通运输、日常生活等人为因素。石油化工厂、焦化厂、炼油厂等所排放的废弃物中有大量多环芳香烃,焦化煤气厂所排放的废水中苯并[a]芘含量可高达 25.4 ~ 46.0 μg/L,远高于 0.03 μg/L 的国家排放标准;飞机、汽车等机动车辆所排放的废气中含有约 100 种 PAHs;焚烧垃圾、锅炉燃烧、家庭小炉灶燃烧时排放大量 PAHs,家庭炉灶每年所产生的 BaP 含量可达 599 μg/m^3;香烟烟雾中含有多种 PAHs,一支雪茄烟的主要气流中 PAHs 的含量为 8 ~ 122 μg,吸一支烟可产生 0.02 ~ 0.035 μg 苯并[a]芘。此外,烧烤、熏肉、熏鱼等食品加工制作过程也会产生较多的多环芳香烃。

　　多环芳香烃在环境中分布广泛。全世界每年排放在大气中的多环芳香烃约为几十万吨,主要以吸附在颗粒物和气相的形式存在;PAHs 进入水体主要通过城市生活污水和工业废水排放,由于多环芳香烃在水中的溶解度较小,它在地表水中浓度很低,但多环芳香烃易于从水中分配到生物体内或沉积物中;土壤中的多环芳香烃主要来自大气中多环芳香烃的沉降,并能通过生物富集进入食物链。多环芳香烃可破坏人体内的遗传物质,引发细胞增长,增加癌病的发病率。

　　对多环芳香烃污染的治理主要有物理修复、生物修复和化学修复。如利用 PAHs 水溶解度低而辛醇 - 水系分配系数高的特点,用含有较高有机质含量的沉积物(如沼泽沉积物)吸附多环芳香烃;利用特定的微生物(如白腐真菌)降解多环芳香烃,以及采用化学氧化的方法使多环芳香烃发生光解生成苯醌类化合物。

【知识连接】

1. 苯及其衍生物的主要化学性质

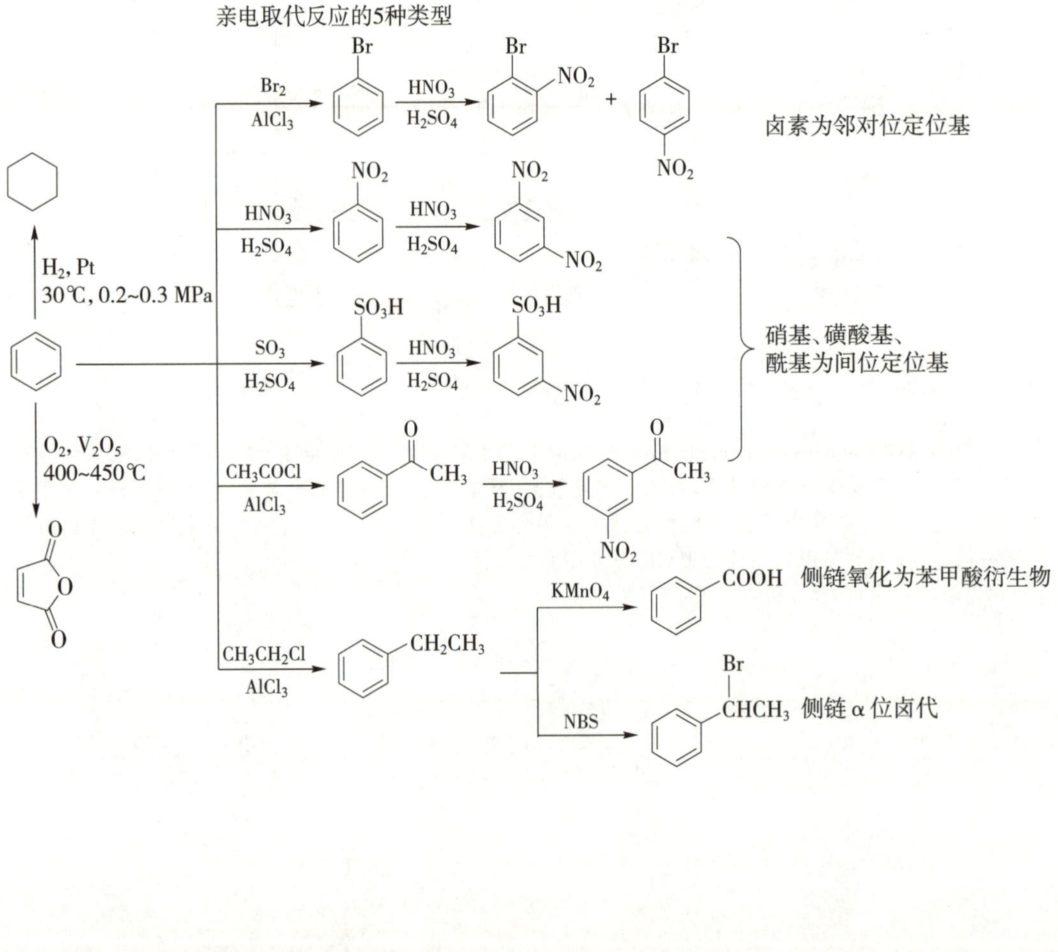

亲电取代反应的5种类型

2. 萘衍生物的主要化学性质

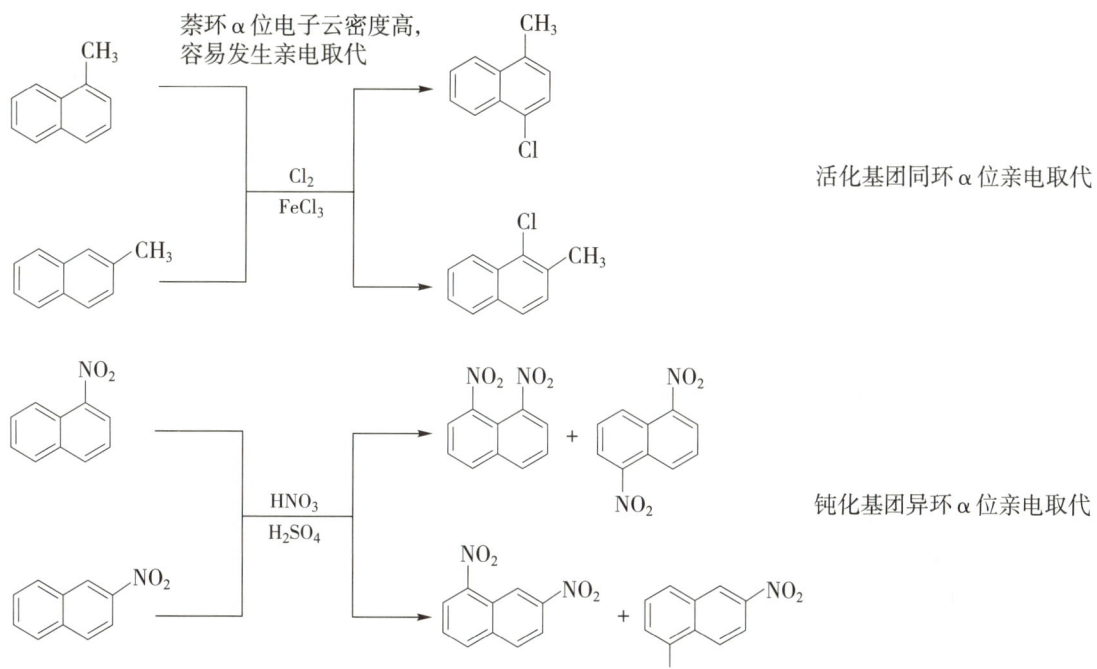

萘环α位电子云密度高，容易发生亲电取代

活化基团同环α位亲电取代

钝化基团异环α位亲电取代

【英汉词汇】

芳香烃	aromatic hydrocarbon	酰基化反应	acylation
芳香性	aromaticity	卤化	halogenation
苯	benzene	硝化	nitration
亲电取代	electrophilic substitution	定位效应	orientation effect
磺化	sulfonation	萘	naphthalene
烷基化反应	alkylation	轮烯	annulen

【参考文献】

［1］Ashdown A. A. Earliest History of the Friedel–Crafts Reaction［J］. Ind. Eng. Chem., 1927, 19, 1063–1065.

［2］Rueping M, Nachtsheim B J. A review of new developments in the Friedel–Crafts alkylation——From green chemistry to asymmetric catalysis［J］. Beilstein J. Org., Chem., 2010, 6, doi: 10.3762/bjoc.6.6.

［3］Lewis D. Charles Friedel（1832—1899）and James Mason Crafts（1839—1917）: The Friedel–Crafts Alkylation and Acylation Reactions［J］. Synform, 2018, 04, A49–A52.

［4］朱敏, 张霄, 游叔力. 可见光促进的苯及衍生物去芳构化反应［J］. 高等学校化学学报, 2020, 41, 1407–1414.

［5］安万凯, 吴璐璐, 金秋, 等. 傅克烷基化反应在超高交联聚合物中的应用［J］. 大学化学, 2017, 32（12）: 1–11.

［6］李强根,李宣映,买双.单取代苯环定位效应定量分析和图形可视化解释［J］.大学化学,2019,34
（1）:108–115.

【习题】

1. 命名下列化合物。

（1） 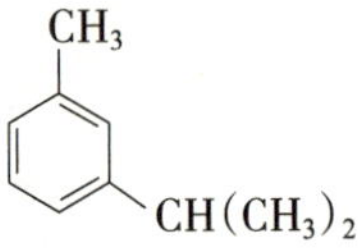　　　　　　　　（2） 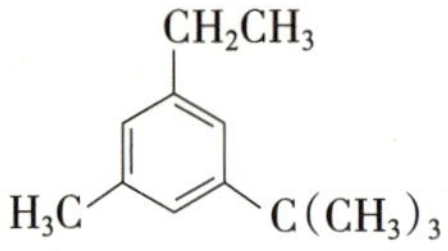　　　　　　　　（3）

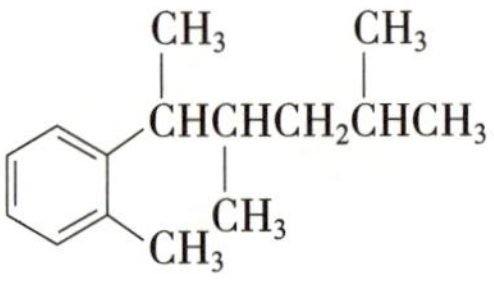

（4） 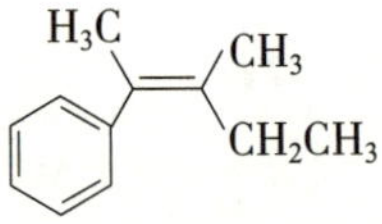　　　　　　　　（5） 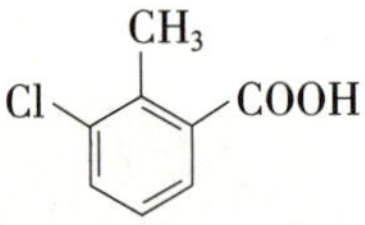　　　　　　　　（6）

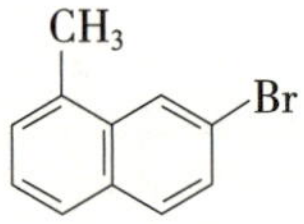

2. 写出分子式为 C_9H_{12} 的芳香烃的所有异构体并命名。

3. 简述苯的结构特征。

4. 试解释为什么苯的熔点（5.5℃）比 1,3- 环己二烯（−98℃）和 1,4- 环己二烯（−90℃）高得多。

5. 下列化合物或离子是否具有芳香性,简要说明理由。

（1） 　　（2） 　　（3） 　　（4） 　　（5）

（6） 　　（7） 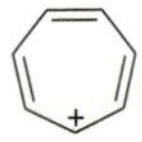　　（8）

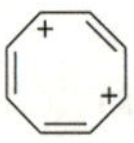

6. 写出下列反应的主要产物。

（1） 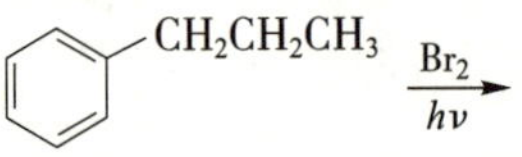　　　　　　　　　　　　（2）

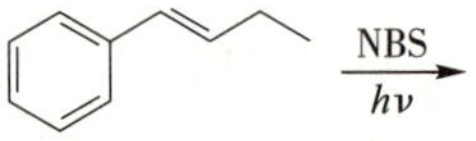

（3） 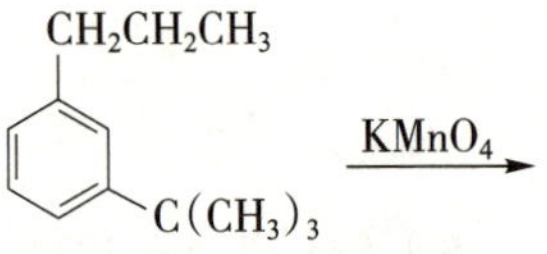　　　　　　　　　　　　（4）

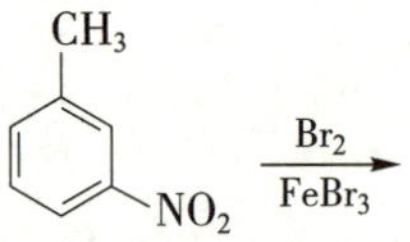

（5） 　　　　　　　　　　　　（6）

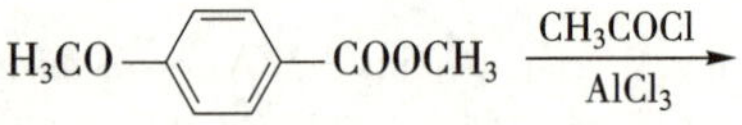

（7） 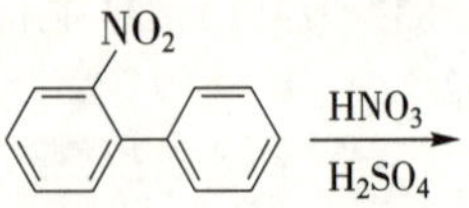　　　　　　　　　　　　（8）

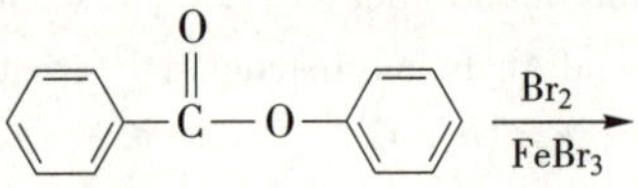

（9） 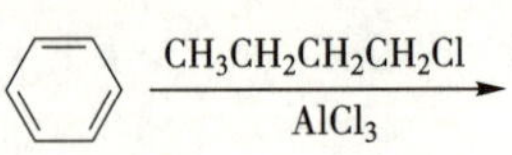　　　　　　　　　　　　（10）

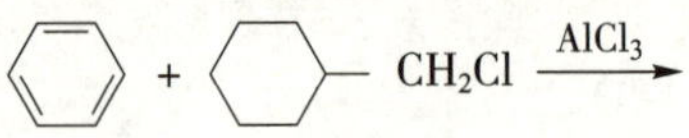

（11） 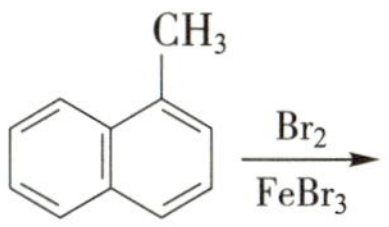
（12）

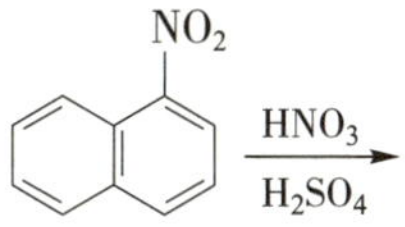

7. 指出下列化合物发生亲电取代反应时,亲电试剂进入芳环的主要位置(用箭头表示)。

（1） 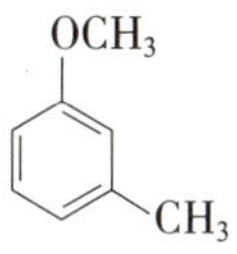
（2） 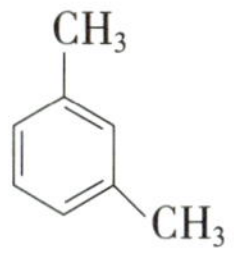
（3） 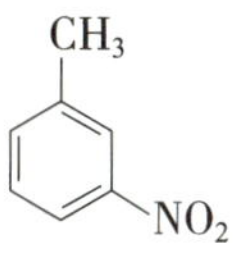
（4）

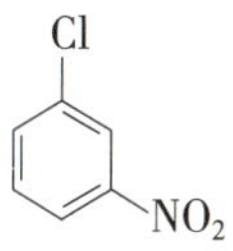

（5） 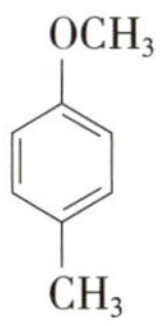
（6） 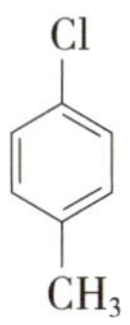
（7） 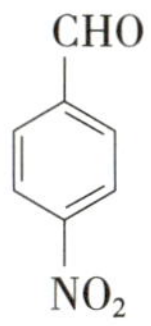
（8）

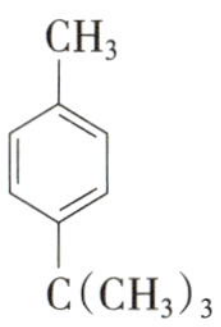

8. 比较下列各组化合物发生芳环亲电取代反应的活性顺序。

（1）A. 苯　　　　　　B. 甲苯　　　　　　C. 邻二溴苯　　　　D. 对二甲苯　　　　E. 溴苯

（2）A. 硝基苯　　　　B. 苯甲醛　　　　　C. 苯　　　　　　　D. 氯苯　　　　　　E. 苯胺

（3）A. 苯　　　　　　B. 甲苯　　　　　　C. 氯化苄　　　　　D. 苯二氯甲烷　　　E. 苯三氯甲烷

9. 下列反应能否发生,为什么?

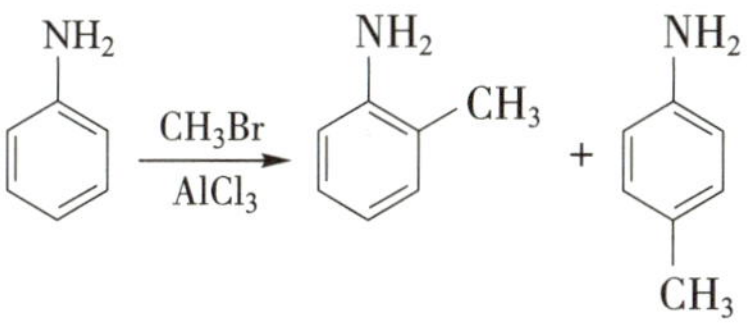

10. 以苯为原料合成下列化合物。

（1） 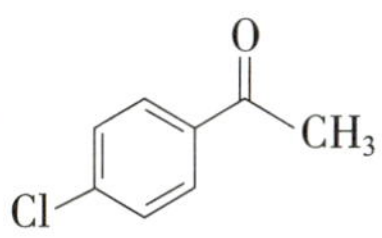
（2）

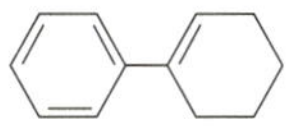

（3） 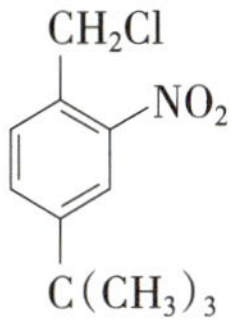
（4）

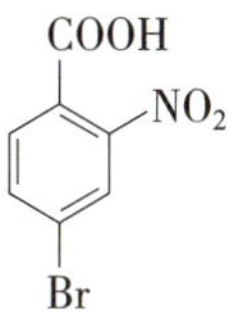

11. 某化合物（A）的分子式为 C_8H_{10},在三溴化铁催化下与溴反应,只得到一种一溴代产物（B）,（B）在光照下与氯反应,生成两种一氯代产物,推导（A）、（B）的结构并写出有关反应方程式。

12. 化合物（A）,分子式为 C_9H_8,（A）与氯化亚铜氨溶液反应产生砖红色沉淀,（A）催化加氢生成

（B），分子式为 C_9H_{12}，（A）和（B）氧化都生成（C），分子式为 $C_8H_6O_4$，（C）加热失水生成（D），分子式为 $C_8H_4O_3$，试写出（A）、（B）、（C）、（D）的结构式及有关反应方程式。

扫一扫，获取本章习题答案

第五章　习题答案

第六章 对映异构与非对映异构

【导言】

　　1953 年，一种名为"沙利度胺"的新药被研发出来，该药对于减轻孕妇呕吐反应的疗效极佳。1957 年，"沙利度胺"以"反应停"为商品名正式推向市场。两年后，人们发现许多出生的婴儿都是短肢畸形，形同海豹（如图）。1961 年，婴儿的这种"海豹肢畸形"被流行病学调查证实是孕妇服用"反应停"所导致的，该药被禁用。后来研究发现，"反应停"是一种手性药物，是由等量的（R）-（+）-沙利度胺和（S）-（-）-沙利度胺组成的外消旋体，其中右旋体具有很好的镇静作用，而左旋体却具有强烈的致畸作用。这就是震惊世界的"反应停"事件。

(S)-(-)-沙利度胺
强致畸剂

(R)-(+)-沙利度胺
镇静剂

　　本章将重点讨论对映异构（两个化合物分子呈实物和镜像的关系，但不能完全重合）与非对映异构，这些异构体一般具有旋光活性，所以又称为旋光异构，是不同的化合物分子。在生命体中，由于酶对底物分子具有极高的立体选择性（如图），所以不同立体结构的旋光异构体一般具有不同强度甚至完全不同的生理活性。

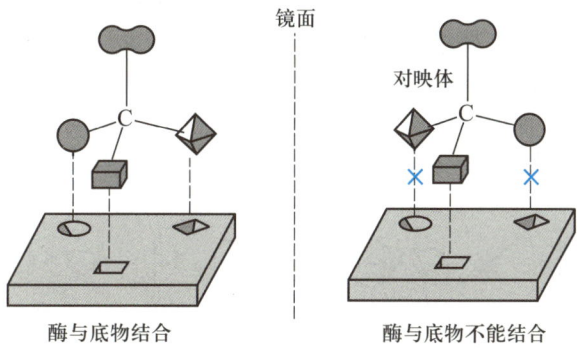

酶与底物结合　　　　　　　酶与底物不能结合

第一节　旋光性与手性

一、平面偏振光与物质的旋光性

光波是一种电磁波,其振动方向与传播方向垂直。普通光是包含有各种波长的光,并且在垂直于光波前进方向的所有平面上振动。如果普通光通过一个特制的尼克尔棱镜(Nicol prism),只有与棱镜晶轴平行的光线才能通过,其他平面上振动的光全部或部分被阻挡。这种通过尼克尔棱镜后,只在一个平面上振动的光叫作平面偏振光(plane-polarized light),简称偏振光(polarized light)(图 6-1)。

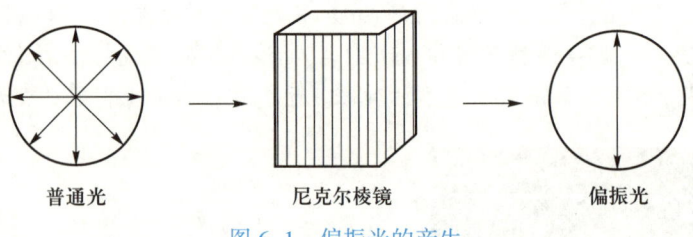

普通光　　　　　　尼克尔棱镜　　　　　　偏振光

图 6-1　偏振光的产生

当偏振光透过乳酸、葡萄糖、氨基酸等物质的溶液时,其振动平面会偏转一定的角度,这类物质具有旋光活性(optical activity),称为光活性物质(optically active compound)。而当偏振光透过水、乙醇、丙酮等其他液体时,它的振动平面不会发生偏转,这类物质就不具有旋光活性。一些光活性物质能使偏振光的振动平面向右(顺时针方向)偏转,这类物质称为右旋体(dextrorotatory),用符号(+)表示。而能使偏振光的振动平面向左(逆时针方向)偏转的物质称为左旋体(levorotatory),用符号(-)表示。光活性物质使偏振光偏转的角度称为旋光度(observed rotation),通常用 α 表示。

物质的旋光度由旋光仪(polarimeter)测出。旋光仪的基本结构如图 6-2 所示,主要包括一个光源,两个尼克尔棱镜和一个盛液管。第一个棱镜是固定的尼克尔棱镜,称为起偏器,其作用是将普通光转变为平面偏振光。用于装被测液体的盛液管置于两个尼克尔棱镜之间。第二个棱镜是可以转动的尼克尔棱镜,称为检偏器。当偏振光通过旋光性物质时,其振动平面旋转一定的角度,需将检偏器旋转一定的角度,偏振光才能通过。检偏器连着刻度盘,从刻度盘上可以读出偏振光振动平面偏转的角度和方向,这就是所测物质的旋光度。

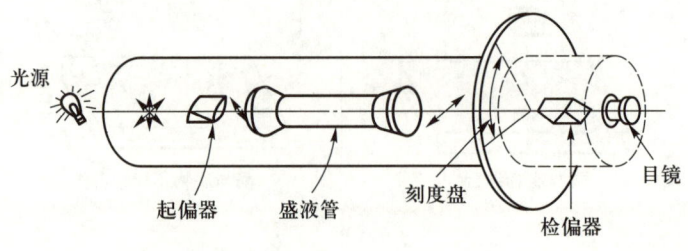

光源　　　　　　　　　　　　　　　　　　　　　　　　　　目镜

起偏器　　　盛液管　　　　刻度盘　　　检偏器

图 6-2　旋光仪构造示意图

物质的旋光度 α 主要取决于物质的分子结构,还与盛液管的长度、溶液浓度、温度、光源(单色光)的波长及溶剂等测定条件有关。但固定实验条件所测得的旋光度为一常数,可以反映光活性物质的旋光性能。为了比较不同物质的旋光性,通常规定溶液浓度为 $1\ g\cdot mL^{-1}$,盛液管长度为 $1\ dm$ 时所测得的旋光度称为比旋光度(specific rotation),用 $[\alpha]_\lambda^t$ 表示,常用单位为 $°\cdot cm^2\cdot g^{-1}$。比旋光度是手性化合物的物理常数。比旋光度与旋光度有如下关系:

$$[\alpha]_\lambda^t = \alpha/(\rho \times l)$$

式中,$[\alpha]_\lambda^t$ 是比旋光度,λ 为所用光源的波长,t 为测量温度,α 是测出的旋光度,ρ 为溶液的质量浓度,单位为 $g\cdot mL^{-1}$,l 为盛液管的长度,单位为 dm。一般测定旋光度时,用钠光灯作光源,其波长平均值为 589.3 nm,通常用 D 表示。例如,葡萄糖水溶液的比旋光度 $[\alpha]_D^{20}$=+52.7° $\cdot cm^2\cdot g^{-1}$(H₂O),表示测定温度为 20℃,以钠光灯作光源,经计算比旋光度为 52.7° $\cdot cm^2\cdot g^{-1}$,而且葡萄糖是右旋的,溶剂为水。

【思考题 6-1】某学生要测定(–)–可卡因的比旋光度,他将 2.4 g(–)–可卡因溶于 15 mL 氯仿中,盛液管的长度为 10.0 cm,旋光仪的光源为钠灯,在 20℃下测得旋光度为 –2.6°,计算(–)–可卡因的比旋光度。

二、手性与手性分子

如果把一个人的左手看成实物,他的右手就是左手的镜像。两只手看起来完全一样,但它们并不能完全重合在一起(图 6-3)。人们把一种物质具有的实物与镜像不能重合的特性叫作手性或手征性(chirality)。手性广泛存在于我们的生活中。例如,人的眼睛、耳朵、脚、螺丝钉、蝴蝶与兰花等,这些物质的实物与其镜像都不能完全重合。很多有机化合物分子也具有手性,任何一个和它的镜像不能完全重合的分子就叫作手性分子(chiral molecule)。手性分子都具有旋光活性。能和其镜像完全重合的分子称为非手性分子(achiral molecule)。常见的手性分子有糖类、氨基酸、生物碱及多种药物分子。

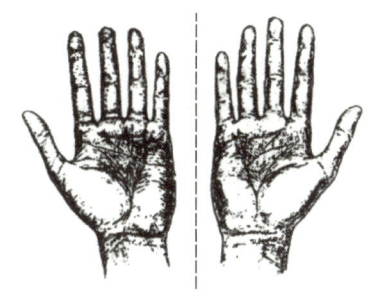

图 6-3 左手与右手的对映异构关系

如图 6-4 所示,乳酸分子的 α–碳原子连有四个不同的原子和基团,它们在碳原子周围有两种不同的空间排列方式,形成两种不同构型的乳酸分子。这两种乳酸分子具有实物和镜像的关系,但不能完全重合。人们把这种分子式相同,构造式也相同,但由于原子或基团在空间的排列方式不同,而使两种异构体互为实物与镜像的关系但不能完全重叠的现象,称为对映异构(enantiomerism)。这两种异构体被称为对映异构体(enantiomer),简称对映体。对映异构体的旋光度相等,旋光方向相反。如果把等物质的量的左旋体与右旋体混合在一起,它们的旋光作用相互抵消,不产生旋光现象,称为外消旋体(racemate),用符号(±)表示。人们在自然界中发现有两种乳酸(lactic acid),它们互为对映异构体,都是手性分子,具有旋光活性。从肌肉中提取的乳酸,可以使平面偏振光的振动平面向右偏转,$[\alpha]_D^{15}=+3.82° \cdot cm^2 \cdot g^{-1}$（$H_2O$）,称为右旋乳酸,即（+）-乳酸。葡萄糖在特殊细菌作用下经过发酵产生的乳酸,能使平面偏振光的振动平面向左偏转,$[\alpha]_D^{15}=-3.82° \cdot cm^2 \cdot g^{-1}$（$H_2O$）,称为左旋乳酸,即（-）-乳酸。由于手性化合物具有旋光活性,所以手性化合物的异构现象也称为<u>旋光异构</u>（optical isomerism）,旋光异构包括对映异构和非对映异构。

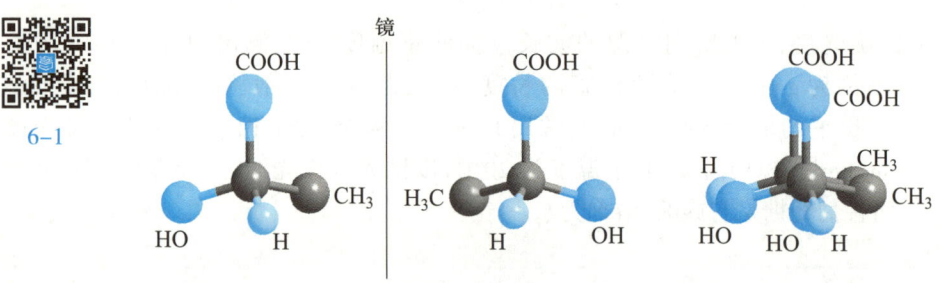

6-1

图 6-4　乳酸分子的对映异构

【知识背景】巴斯德与对映异构的发现

　　巴斯德（L. Pasteur, 1822—1895）,法国微生物学家、化学家,近代微生物学的奠基人。1848 年,巴斯德根据许多有机化合物溶液具有偏光作用,提出了"光活性是由分子不对称结构引起的"。巴斯德进一步研究酿酒过程产生的酒石酸盐的晶体,其结构已确定为 2,3-二羟基丁二酸钠铵,没有旋光活性。他在 28℃下小心地将酒石酸钠铵用水重结晶,惊奇地发现沉淀中有两种晶体。其中有些晶体较长的晶面在左边,另外一些则在右边,就像左手和右手（图 6-5）。巴斯德用镊子小心地把这两种晶体分开,分别溶解测定旋光度。发现较长的晶面在左边的晶体产生左旋现象,而较长的晶面在右边的晶体产生右旋现象。巴斯德首次将外消旋酒石酸盐分离为左旋体和右旋体,发现了对映异构现象,为有机立体化学的发展做出了卓越贡献。

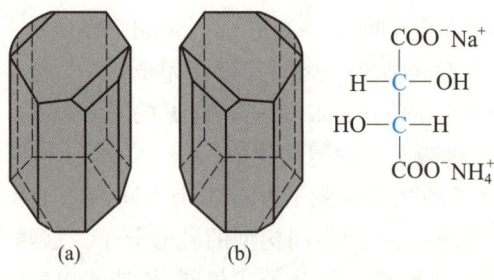

图 6-5　酒石酸钠铵的两种晶体

三、手性与分子的对称性

　　一个分子与其镜像分子不能完全重合,这种分子就是手性分子。因此,判断一个分子是否具有手性,最简便而准确的方法是做出一对实物和镜像的模型,考察它们是否完全重合。但是,对于一个比较复杂的分子采用这种方法极其不方便,应该寻找更简便的判断方法。分子的手性是由于分子内缺少对称因素引起的,手性分子也称为不对称分子。因此,确定一个分子是否具有手性比较方便的方法是判断分子中有无对称因素。常用于判断分子是否具有手性的对称因素有对称面和对称中心。

(一)对称面

若分子中能够找到一个平面,它能把分子分为实物与镜像关系的两半,这个平面称为对称面(symmetry plane)。例如,图 6-6 所示的反 -1,2- 二氯乙烯和 2- 氯丙烷分子都存在对称面,不具有手性,是非手性分子。

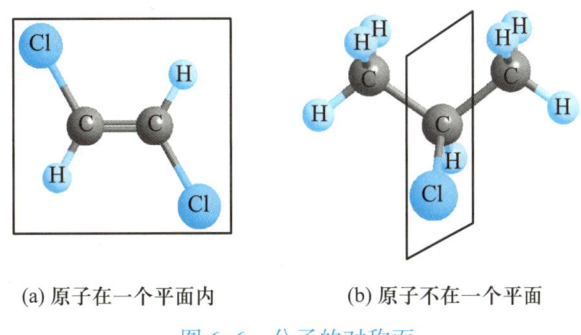

(a) 原子在一个平面内   (b) 原子不在一个平面

图 6-6 分子的对称面

(二)对称中心

若分子中能够找到一个点,从这个点往分子中各基团连线,这个点成为连线的中心,并且连线两端的原子或基团相同,该点就是分子的对称中心(symmetry center)。例如,图 6-7 所示的分子存在对称中心,不具有手性,是非手性分子。

需要注意的是:在考察分子的对称因素时,通常将基团也看为球形。一般来说,具有对称面或对称中心的分子,由于其实物与镜像能够完全重合,为非手性分子。因此,既无对称面也无对称中心的分子才具有手性,是不对称分子。

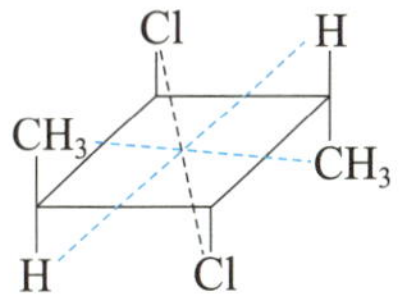

图 6-7 分子的对称中心

手性分子一般含有手性因素,主要包括手性中心、手性轴和手性面。常见的手性中心是手性碳原子(chiral carbon)。sp^3 杂化的碳原子上连有四个不同的原子或基团,该碳原子为手性碳原子,用 "C*" 表示。例如,乳酸中有一个手性碳原子,麻黄碱中有两个手性碳原子。

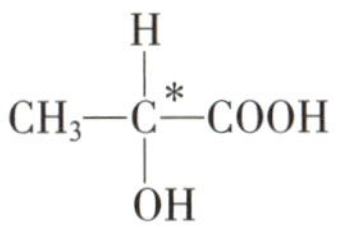

2- 羟基丙酸(乳酸) 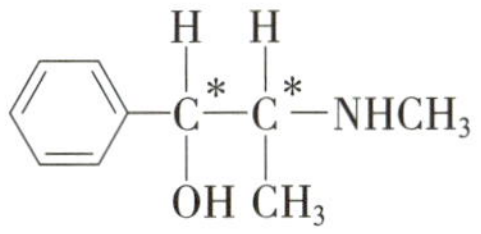   2- 甲氨基 -1- 苯基丙 -1- 醇(麻黄碱)

在大多数情况下,判断一个分子是否具有手性,最简便的方法是判断分子中有无手性碳原子。判断手性中心除了手性碳原子外,还有手性氮原子、手性磷原子及手性硅原子。本章只讨论含手性碳原子、手性轴与手性面(不含手性碳原子)化合物的旋光异构。

【思考题6-2】判断下列化合物各有几个手性碳原子,并用"*"号标出。

（1）CH₃—CH—CH₂CH₃   （2）⬡—CH₂—CH—COOH   （3）
    | |
    OH   NH₂

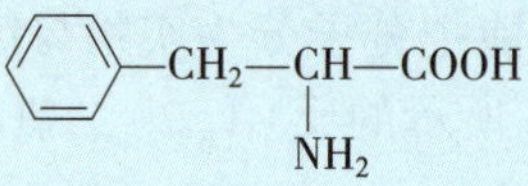

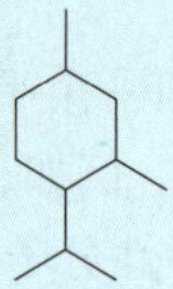

【思考题6-3】判断下列化合物是否具有手性,并分析其原因。
（1）1,2-二氯乙烷　　（2）3-甲基戊-1-烯　　（3）反-1,3-二甲基环丁烷

第二节　含一个手性碳原子化合物的对映异构

含有一个手性碳原子的化合物具有旋光活性,是手性分子,有一对对映异构体。

一、对映异构体的表达方法

表示对映异构体,一般有三种方法,即球棍模型、楔形式与费歇尔投影式。

（一）球棍模型

用不同颜色和大小的圆球代表手性碳原子及与它相连的原子或基团,用短棍表示共价键,并标出原子或基团的符号,用此球棍模型表达手性分子中各原子或基团在空间的实际排列。图6-4是用球棍模型表示乳酸的2种对映异构体分子。虽然用球棍模型表示对映异构体清晰直观,但并不方便。

（二）楔形式

将手性碳原子 C* 放在纸面上,用正常粗细的实线表示与 C* 相连的原子或基团在纸面上,用虚楔形线表示与 C* 相连的原子或基团伸向纸面后方,用实楔形线表示与 C* 相连的原子或基团伸向纸面前方。如图6-8所示,用楔形式表示乳酸分子的一对对映体。

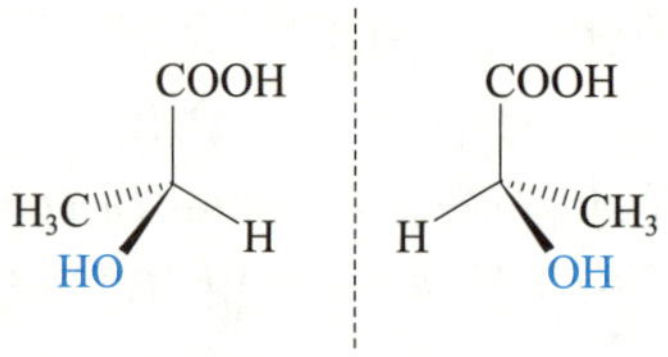

（三）费歇尔投影式

费歇尔投影式（Fischer projection）是一种人为规定的书写方式,德国化学家费歇尔最早提出用这种平面书写方式表示具有手性碳原子分子的立体构型。书写费歇尔投影式要

图 6-8　楔形式

符合如下规定:（1）碳链要尽量放在垂直方向上,氧化态高的碳原子在上面,氧化态低的在下面;其他基团放在水平方向上。（2）垂直方向碳链应偏向纸面后方,水平方向基团应偏向纸面前方。（3）将分子结构投影到纸面上,用横线与竖线的交叉点表示碳原子。图6-9表示了（-）-乳酸从球棍模型转化表达为费歇尔投影式的过程。

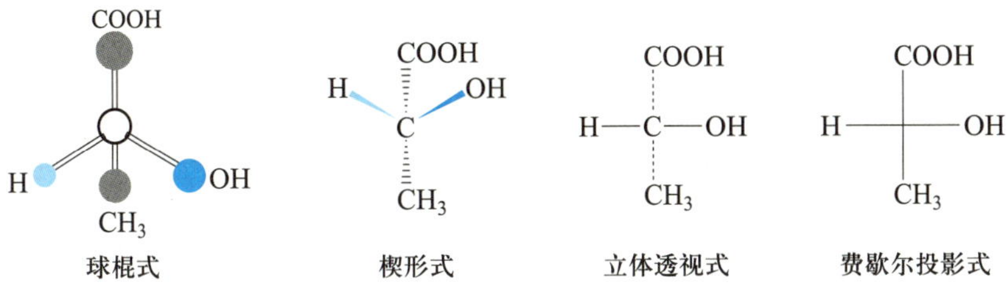

图 6-9 （-）-乳酸从球棍模型转化表达为费歇尔投影式的过程

写出的费歇尔投影式是以平面结构表示立体结构,它可以在纸平面上旋转 180°,但不能旋转 90°,否则将变为其对映体;费歇尔投影式中的原子或基团也不能任意对换,对换奇数次变为其对映体,对换偶数次则得到原结构。

二、对映异构体的构型标记

人们已经知道,乳酸分子中含有一个手性碳原子,有两种构型的分子,即左旋体和右旋体。那么如何标记这两种分子的构型呢? 一般有两种方法,包括 D、L 构型标记法与 R、S 构型标记法。

（一）D、L 构型标记法

1951 年以前,人们并不知道分子中各原子或基团在空间的真实排布,即绝对构型。为了标记不同构型的手性分子,费歇尔(H. E. Fischer)选择甘油醛(glyceraldehyde)为标准确定对映体的相对构型。具体方法如下:将甘油醛以标准费歇尔投影式书写,手性碳原子上所连的羟基在右边的规定为 D 型,在左边的规定为 L 型。

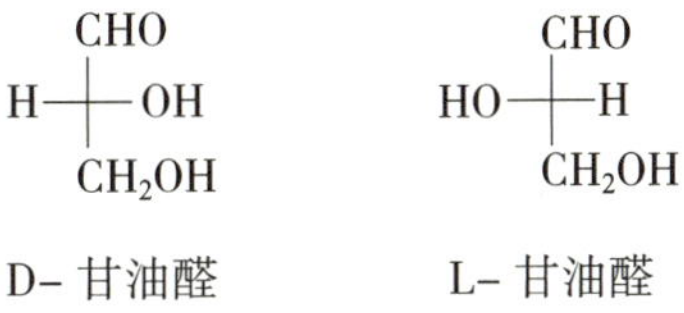

D- 甘油醛　　　　　L- 甘油醛

以甘油醛的构型为参照,确定其他化合物的相对构型。凡是通过化学反应可以和 D- 甘油醛关联的化合物,而且不断裂与手性碳原子相连的化学键,其相对构型为 D 型;反之,其相对构型为 L 型。例如,图 6-10 所示的化学转化。D- 甘油醛通过选择性氧化转化为 D- 甘油酸,后者再经选择性还原可以转化为 D- 乳酸。由 D- 甘油醛经过化学反应转化的手性化合物的相对构型均为 D 型。D、L 构型标记法只适用于一些比较简单的化合物,特别是糖类和氨基酸等化合物习惯使用 D、L 构型标记法。

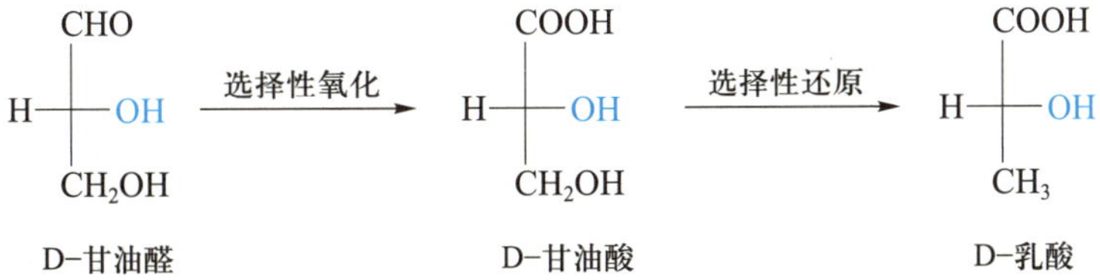

图 6-10 D- 甘油醛的化学转化

（二）R、S 构型标记法

对于一些复杂的手性化合物及不能和甘油醛用化学反应相关联的化合物,无法使用 D、L 构型标记法。R、S 构型标记法根据手性碳原子上四个不同的原子或基团在"次序规则"中的排列顺序表示手性碳原子的构型,可以真实反映原子或基团在空间的排列情况,因此也称为绝对构型标记法。用 R、S 标记构型的具体方法是:首先按"次序规则"将与手性碳原子相连的四个原子或基团由大到小排序。然后把最小的原子或基团放在离观察者最远的位置,将其他三个基团从大到小排序,若为顺时针方向,则该手性碳原子为 R 构型(R 为拉丁文 restus 首字母,意为"右"),若为反时针方向则为 S 构型(S 为拉丁文 sinister 首字母,意为"左")。如图 6-11 所示,乳酸分子的手性碳原子连有四个不同的原子或基团,按次序规则排序为 —OH＞—COOH＞—CH₃＞—H,将最小的 H 原子放在最远处。乳酸(a)中,剩下的三个基团 —OH、—COOH 与 —CH₃ 从大到小顺时针排列,为 R 构型;而在乳酸(b)中,剩下的三个基团从大到小反时针排列,为 S 构型。

6-2

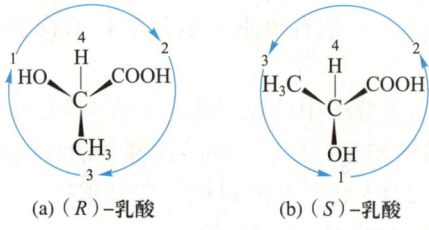

(a)（R）-乳酸　　　　(b)（S）-乳酸

图 6-11　R、S 构型标记示意图

【思考题 6-4】标出下列化合物的手性碳原子,并判断其相对构型与绝对构型。

（1）H_3C—*C*—H（COOH / OH）　　（2）H—*C*—OH（COOH / CH₂OH）

【知识背景】科学家费歇尔

费歇尔(H. E. Fischer, 1852—1919)出生于德国科隆地区的奥伊斯基兴小镇。1871 年进入波恩大学学习化学,1872 年转学到斯特拉斯堡大学继续学习。1874 年,在著名化学家拜尔的指导下,完成《有色物质的荧光苔墨素》论文,获得博士学位,是该校创立以来最年轻的博士。1874 年,费歇尔任慕尼黑大学的助教,成为拜尔的助手。1879 年任慕尼黑大学副教授,1881 年,任埃尔朗根－纽伦堡大学正教授。1888—1892 年任维尔茨堡大学化学系教授。1892—1919 年任柏林大学化学系主任。

1874 年,费歇尔合成了苯肼。1875—1877 年,他合成了多种芳基肼和烷基肼,发现芳基肼与醛、酮反应生成腙,并用该反应鉴别醛、酮。1884—

1894 年,费歇尔系统研究了各种糖类化合物,阐明了许多糖类分子的立体化学结构。1891 年,提出用费歇尔投影式表示糖类分子的立体结构。1895—1901 年,费歇尔不仅合成了尿酸、黄嘌呤、茶叶碱、咖啡碱等物质,还发现了嘌呤是以上化合物的母体结构。1902 年,费歇尔和他的学生研究了 150 种嘌呤的衍生物。1902—1908 年费歇尔系统研究蛋白质的组成和性质,提出蛋白质具有多肽结构,并证明蛋白质由简单的氨基酸相连而成。1902 年费歇尔因对嘌呤和糖类的合成研究做出卓越贡献被授予诺贝尔化学奖。

第三节 含两个手性碳原子化合物的对映异构

一般来讲,分子中的手性碳原子数目越多,旋光异构体的数目越多。当两个手性碳原子连接的四个基团或原子至少有一个不同时,称这两个手性碳原子为不同的手性碳原子。含有 n 个不同的手性碳原子的分子,其旋光异构体的数目为 2^n 个。

一、含有两个不同手性碳原子的化合物

若分子中含有 2 个不同的手性碳原子,则产生 RR、SS、RS 与 SR 4 种旋光异构体,包括 2 对对映异构体,这 4 种异构体都有旋光活性。例如,2,3,4- 三羟基丁酸分子中有 2 个不同的手性碳原子,可以写出下面 4 种旋光异构体。

$$
\begin{array}{cccc}
\text{COOH} & \text{COOH} & \text{COOH} & \text{COOH} \\
\text{H}\!-\!\!\!\!-\!\text{OH} & \text{HO}\!-\!\!\!\!-\!\text{H} & \text{H}\!-\!\!\!\!-\!\text{OH} & \text{HO}\!-\!\!\!\!-\!\text{H} \\
\text{H}\!-\!\!\!\!-\!\text{OH} & \text{HO}\!-\!\!\!\!-\!\text{H} & \text{HO}\!-\!\!\!\!-\!\text{H} & \text{H}\!-\!\!\!\!-\!\text{OH} \\
\text{CH}_2\text{OH} & \text{CH}_2\text{OH} & \text{CH}_2\text{OH} & \text{CH}_2\text{OH} \\
(\text{I}) & (\text{II}) & (\text{III}) & (\text{IV}) \\
(2R,3R) & (2S,3S) & (2R,3S) & (2S,3R)
\end{array}
$$

从费歇尔投影式可以看出,(Ⅰ)和(Ⅱ)互为实物与镜像的关系,但不能完全重合,是一对对映异构体。同理,(Ⅲ)和(Ⅳ)也是一对对映异构体。而(Ⅰ)和(Ⅲ)、(Ⅰ)与(Ⅳ),(Ⅱ)和(Ⅲ)、(Ⅱ)与(Ⅳ)不是实物与镜像的关系,但它们互为旋光异构体,称为非对映异构体(diastereomer)。非对映异构体旋光能力不同,而且具有不同的物理性质。含有多个不对称碳原子的手性分子有一种对映体,可能有 2 种或 2 种以上非对映体。

二、含有两个相同手性碳原子的化合物

2,3- 二羟基丁二酸,俗名为酒石酸(tartaric acid),含有 2 个相同的手性碳原子,它们所连接的 4 个原子或基团彼此相同。按照手性碳原子 RR、SS、RS 与 SR,用费歇尔投影式可以写出 4 种旋光异构体。

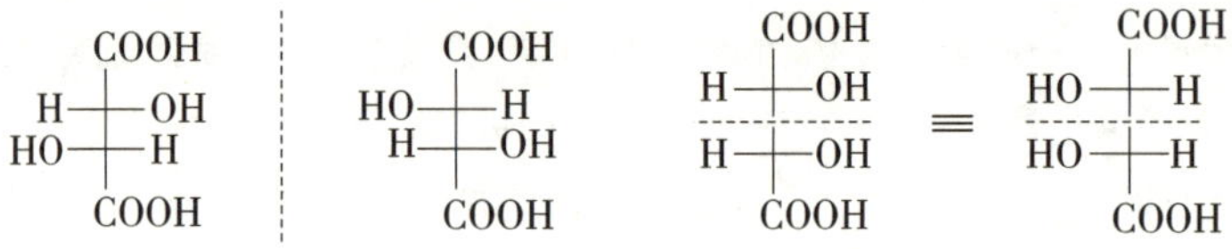

$$
\begin{array}{cccc}
\text{COOH} & \text{COOH} & \text{COOH} & \text{COOH} \\
\text{H——OH} & \text{HO——H} & \text{H——OH} & \text{HO——H} \\
\text{HO——H} & \text{HO——H} & \text{H——OH} \equiv & \text{HO——H} \\
\text{COOH} & \text{COOH} & \text{COOH} & \text{COOH} \\
(\text{Ⅰ}) & (\text{Ⅱ}) & (\text{Ⅲ}) & (\text{Ⅳ}) \\
(2R,3R) & (2S,3S) & (2R,3S) & (2S,3R)
\end{array}
$$

　　（Ⅰ）和（Ⅱ）互为实物与镜像的关系，但不能完全重合，是一对对映异构体。（Ⅲ）和（Ⅳ）看似一对对映体，但将（Ⅲ）在纸平面上旋转180°，就可与（Ⅳ）完全重合，所以（Ⅲ）和（Ⅳ）是同一化合物。仔细分析（Ⅲ），可以发现（Ⅲ）分子中具有对称面（图中虚线所示的平面），该平面将分子（Ⅲ）分为实物和镜像的两半，不具有旋光活性。分子（Ⅲ）中两个手性碳原子相同，但构型相反，相反的旋光方向使旋光活性在分子内被抵消。像这种含有多个手性碳原子的化合物，分子中存在对称面，整个分子没有旋光活性的化合物称为 内消旋体（meso compound）。内消旋体与外消旋体不同，内消旋体是单一的化合物，而外消旋体是两种对映体的等物质的量混合物，可以拆分为2种化合物。酒石酸有3种对映与非对映异构体。内消旋酒石酸虽然没有旋光活性，但它仍是3种旋光异构体之一。

> 【思考题6-5】氯霉素是一种广谱抗生素，判断下面氯霉素分子中手性碳原子的绝对构型，并写出氯霉素分子的其他旋光异构体。
>
> $$
> \begin{array}{c}
> \text{NO}_2 \\
> \\
> \text{HO——H} \\
> \text{H——NHCOCHCl}_2 \\
> \text{CH}_2\text{OH}
> \end{array}
> $$

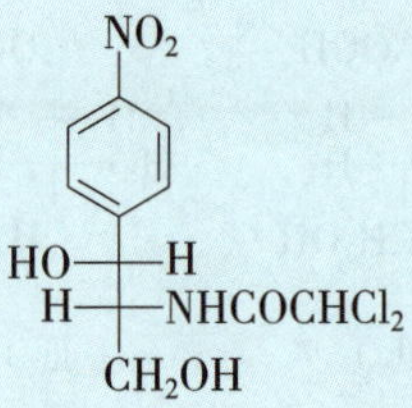

第四节　取代环烷烃的对映异构

　　取代环烷烃的构型异构比较复杂，往往同时存在顺反异构和对映异构。在分析环烷烃的构型异构问题时，可以简单地将环视为平面结构来处理。如图6-12所示，1,2-二氯环戊烷中连有氯的两个碳原子均为手性碳原子，而且是相同的手性碳原子，具有顺式和反式两种几何异构体。（a）为 cis-1,2-二氯环戊烷，分子内存在对称面（虚线所示平面），属于内消旋化合物，没有旋光活性。（b）与（c）为 trans-1,2-二氯环戊烷，它们呈实物与镜像的关系，但不能完全重合，互为对映异构体。因此，1,2-二氯环戊烷有3种旋光异构体，包括一对对映体和一个内消旋体。

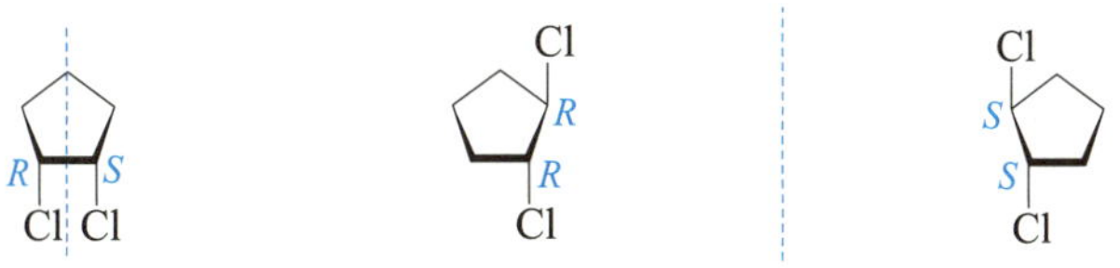

cis-1,2-二氯环戊烷　　　　trans-1,2-二氯环戊烷

（1R,2R)-1,2-二氯环戊烷　　（1S,2S)-1,2-二氯环戊烷

（a)　　　　　　　　（b)　　　　　　　　（c)

图 6-12　1,2- 二氯环戊烷的立体异构

【思考题 6-6】写出顺 -1,2- 二甲基环己烷的所有旋光异构体,并指出哪些旋光异构体互为对映体,哪些互为非对映体,是否存在内消旋体?

第五节　不含手性碳原子化合物的对映异构

内消旋酒石酸分子中有 2 个手性碳原子,但不是手性分子,没有旋光活性,说明是否具有手性碳原子不是分子具有手性的充分条件。另一方面,有些化合物不含有手性碳原子,但它们却是手性分子,具有旋光活性。说明是否具有手性碳原子也不是分子具有手性的必要条件。常见的不含手性碳原子的手性分子主要有两类,含手性轴的手性分子与含手性面的手性分子。

一、含手性轴的手性分子

某化合物分子没有手性碳原子,但存在一个轴,通过该轴的两个平面在轴的两侧的基团不同时,使实物分子与其镜像分子不能完全重合,该类化合物具有手性。此轴称为手性轴(chiral axis),该类化合物称为含手性轴的光活性化合物。常见的含手性轴的化合物主要有丙二烯型化合物与联苯型化合物。

（一）丙二烯型化合物

丙二烯(propadiene)中间碳原子是 sp 杂化,两个 π 键互相垂直,所以 C_1 和 C_3 上连接的四个基团不在同一个平面上。当两端碳原子上各自连有不同的基团时,该分子既没有对称面,也没有对称中心,是手性化合物,具有一对对映体。这类化合物存在手性轴,该轴为累积双键的碳碳连线(图 6-13)。

1935 年,密尔思(W. H. Mills)首次合成了光活性的丙二烯型化合物,其结构为 1,3- 二苯基 -1,3- 二(α - 萘基)丙二烯。

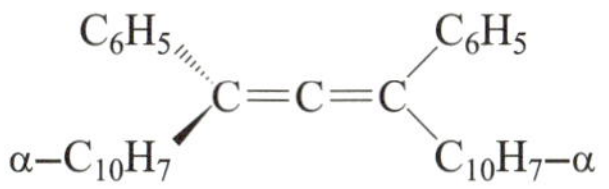

（二）联苯型化合物

联苯(biphenyl)的 4 个 α 位上如果都连有较大的基团,阻碍了苯环之间单键的自由旋

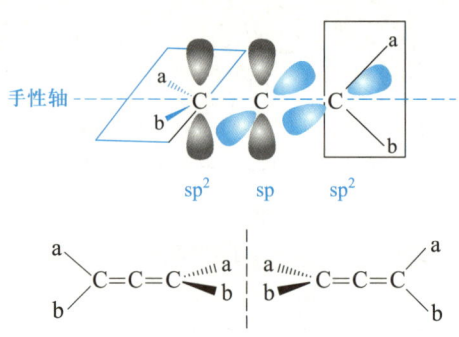

图 6-13　丙二烯衍生物的手性与对映异构

转,使两个苯环不能共平面。当每个苯环上的 2 个 α 位取代基不同时,整个分子既没有对称面,也没有对称中心,为手性化合物,具有一对对映体。这类分子的手性轴穿过连接两个苯环的 σ 键。例如,6,6′-二硝基联苯-2,2′-二甲酸是手性分子,具有一对对映体(图 6-14)。

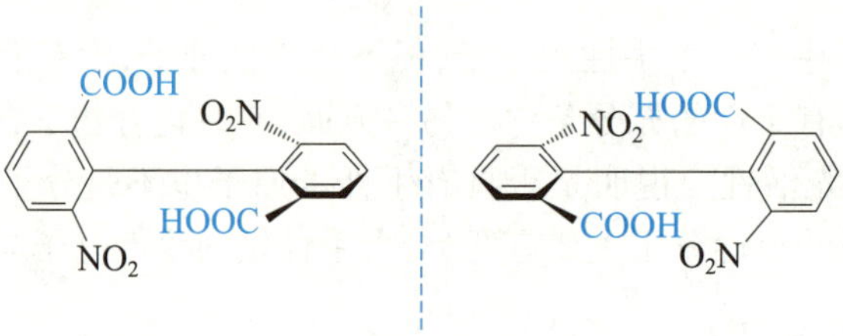

图 6-14　联苯型化合物的对映异构

【思考题 6-7】判断下列化合物分子是否具有手性。

（1） 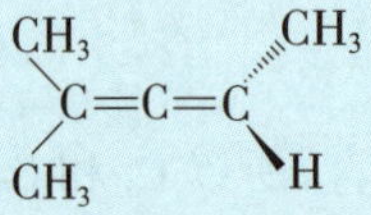 （2） 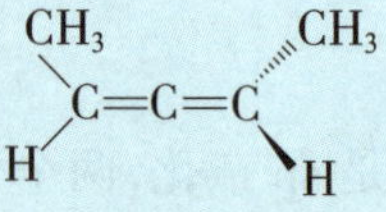 （3）

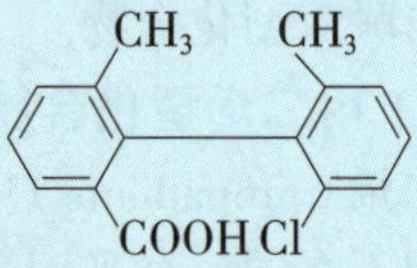

二、含手性面的手性分子

有些化合物分子没有手性碳原子,而存在一个扭曲的面,使分子呈现一种螺旋的结构,由于螺旋具有左手螺旋和右手螺旋,呈实物和镜像的关系,但不能完全重合,使该分子具有手性,这类化合物就称为含手性面(chiral plane)的手性分子。如图 6-15 所示,六螺苯是苯用相邻两个碳原子互相稠和,6 个苯环构成一个类似螺旋的结构。末端的两个苯环不在同一个平面上,即这两个苯环上各自的 4 个碳原子与 4 个氢原子不能同时保持在同一平面上,使整个分子不呈环形,而呈螺旋形,没有对称面,也没有对称中心。因此,六螺苯是手性分子,具有一对左手螺旋和右手螺旋的对映异构体。

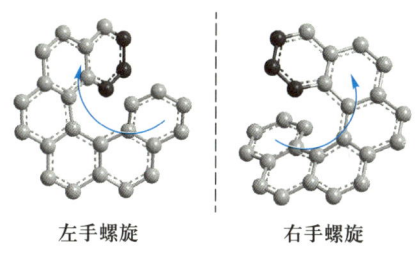

左手螺旋　　　　　右手螺旋

图 6-15　六螺苯的对映异构体

第六节　对映异构体的物理性质

一对对映体的旋光度大小相等,方向相反;它们的相对密度、熔点、沸点,以及在非手性溶剂中的溶解度等完全相同。非对映异构体的物理性质不同。外消旋体是两种对映体的等物质的量混合物,旋光度为零,有固定的熔点,且熔程很窄;它的熔点、相对密度和溶解度等物理性质与纯对映体不同。内消旋体的旋光度也为零,其熔点、相对密度和溶解度等物理性质也与纯对映体不同。表 6-1 列出了一些旋光异构体的物理常数。

表 6-1　一些旋光异构体的物理常数

名称	相对密度(d_4^{20})	熔点 /℃	比旋光度 $[\alpha]$ $°\cdot cm^2\cdot g^{-1}$	溶解度 /$[g\cdot(100\ gH_2O)^{-1}]$ 20℃
L-(+)-乳酸	—	53	+3.8	∞
D-(-)-乳酸	—	52.8	-3.8	∞
(±)-乳酸	$1.249^{15℃}$	16.8	—	∞
D-(+)-苹果酸	1.595	98~99	+2.3	∞
L-(-)-苹果酸	1.595	100	-2.3	∞
(±)-苹果酸	1.601	130~131	—	∞
L-(+)-酒石酸	1.760	170	+12	139
D-(-)-酒石酸	1.760	170	-12	139
(±)-酒石酸	1.788	206	—	20.6
meso-酒石酸	1.666	146~148		125

第七节　获得单一对映异构体的方法

不同的对映体一般具有强度不同,甚至不相同的生物活性,因而如何获得单一对映异构体的问题变得尤为重要。获得单一对映异构体的方法主要有外消旋体拆分(racemate resolution)

与不对称合成(asymmetric synthesis)。

一、外消旋体的拆分

在非手性条件下(反应物、反应试剂、溶剂与催化剂等均无手性)进行的有机化学反应,如果产物分子产生了一个手性碳原子,通常得到外消旋体。用物理、化学或生物的方法将外消旋体的一对对映体拆分为两个纯净的单一对映体,称为外消旋体拆分。目前常用的有以下几种方法。

(一)机械拆分法

机械拆分法是利用外消旋体中两种对映体的结晶形态不同,借助放大镜直接将二者分离的方法。1848 年,巴斯德在显微镜下,用镊子将酒石酸钠铵的两种晶体分开,首次用机械拆分法得到纯净的单一对映体,发现了对映异构现象,是立体有机化学学科发展的一个里程碑。但这种方法比较烦琐,并且大部分对映体不能使用这种方法分离,目前已很少使用。

(二)化学拆分法

化学拆分法的原理是将一对对映体混合物通过与旋光性拆分剂进行化学反应,转化为非对映体混合物,然后利用非对映体的沸点、溶解性及极性等物理性质的不同,通过分馏、重结晶或色谱法等手段将它们分离开,最后再去除旋光性拆分剂,得到纯净的单一对映体。化学拆分法多用于外消旋手性酸和手性碱的拆分。例如,如图 6-16 用化学拆分法拆分外消旋的手性羧酸,可先与左旋的手性胺反应,生成非对映异构体的混合物,再通过重结晶的方法将二者分离,最后分别加入稀盐酸将手性羧酸游离出来,分别得到纯净的左旋羧酸与右旋羧酸。

$$(\pm)\text{-RCOOH} \xrightarrow{(-)\text{-R'NH}_2} \begin{cases} (+)\text{-RCOO NH}_3\text{R'-}(-) \\ (-)\text{-RCOO NH}_3\text{R'-}(-) \end{cases} \xrightarrow{\text{分步结晶}} \begin{cases} (+)\text{-RCOO NH}_3\text{R'-}(-) \xrightarrow{\text{HCl}} (+)\text{-RCOOH} \\ (-)\text{-RCOO NH}_3\text{R'-}(-) \xrightarrow{\text{HCl}} (-)\text{-RCOOH} \end{cases}$$

(外消旋手性羧酸)　　　(铵盐非对映体混合物)　　　(分离的铵盐)　　　(分离的对映体酸)

图 6-16　化学拆分法拆分外消旋手性羧酸示意图

常用于拆分外消旋手性酸的手性碱有(-)-马钱子碱、(-)-奎宁碱与(-)-麻黄碱等。常用于拆分外消旋手性碱的手性酸有(+)-酒石酸、(-)-苹果酸与(+)-樟脑磺酸等。此外,也可以用单一构型的手性醇与外消旋手性酸反应,生成酯的非对映体混合物,再通过蒸馏、分馏等方法分离,最后将分离后的酯水解得到单一构型的手性酸。

【思考题 6-8】用化学方法拆分外消旋乳酸,需先与手性胺反应生成盐,写出外消旋乳酸与(R)-1-苯乙胺反应生成的化合物的结构式,并指出它们的关系。

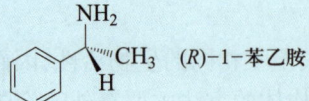

(R)-1-苯乙胺

第六章思考题答案

（三）柱色谱拆分法

柱色谱拆分法的原理是选择光活性的物质作为柱色谱的手性固定相（吸附剂），利用手性固定相对外消旋体的两种对映体的吸附能力不同，使它们的洗脱速度不同而进行分离。例如，外消旋的 Troger 碱可用 D– 乳糖作为吸附剂进行拆分。常用于柱色谱拆分法的手性固定相有环糊精、壳聚糖、淀粉、纤维素等的衍生物。

（四）酶拆分法

酶拆分法是利用酶对外消旋体进行选择性拆分，是近年来迅速发展的一种利用生化反应进行拆分的方法。例如，乙酰水解酶可选择性水解（＋）–N– 乙酰基苯丙氨酸为（＋）– 苯丙氨酸，由此可与（－）–N– 乙酰基苯丙氨酸分离。

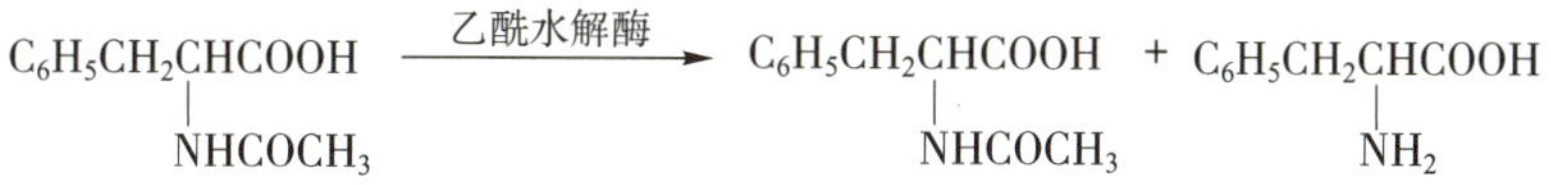

$$C_6H_5CH_2CHCOOH \xrightarrow{\text{乙酰水解酶}} C_6H_5CH_2CHCOOH + C_6H_5CH_2CHCOOH$$

NHCOCH$_3$	NHCOCH$_3$	NH$_2$
（±）–N– 乙酰基苯丙氨酸	（－）–N– 乙酰基苯丙氨酸	（＋）– 苯丙氨酸

二、不对称合成

在非手性条件下进行的有机化学反应一般得到外消旋体。而在手性条件下（手性反应物、手性试剂、手性溶剂或手性催化剂等）进行的有机化学反应，产物中某一对映异构体的量占优势，使反应产物具有旋光活性，这种合成反应称为不对称合成或对映选择性合成，也称为手性合成。不对称合成是目前有机化学研究领域的热点与前沿，主要有手性源法、手性诱导法、手性助剂法与不对称催化合成法。

（一）手性源法

手性源法以天然的手性物质为原料，经过构型转化或构型保持等化学反应，最终合成具有手性的目标分子。常用的手性原料有单糖、有机酸、手性醇、氨基酸及生物碱等。例如，2013年，J. L. Giner 等以手性氟代香叶醇为原料，实现了甲壳虫性信息素的全合成。

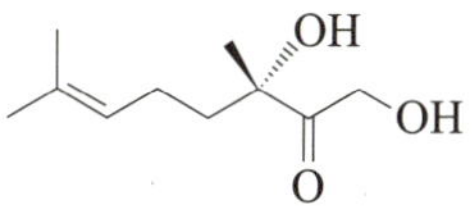

甲壳虫性信息素

CPB pheromone

（二）手性诱导法

手性诱导法以天然的手性物质为原料，通过已有的手性中心的诱导，在产物分子中形成一个新手性中心，常用于天然产物的全合成。

（三）手性助剂法

手性助剂法利用手性试剂与底物作用生成手性中间体，经过不对称反应生成新的手性中间体，然后去除手性助剂得到目标手性分子。例如，手性醇是常用的手性助剂，利用它与羧酸生成酯，或与醛、酮生成缩醛、缩酮实现不对称合成。

（四）不对称催化合成法

2021 年，德国科学家李斯特（List）教授与美国科学家麦克米伦（MacMillan）教授因在"不对称有机催化"上的突破性贡献，荣膺该年度诺贝尔化学奖。不对称催化合成法使用少量的手性催化剂就可以将大量的潜手性底物对映选择性地转化成特定构型的手性产物，实现手性放大、手性倍增，是最经济、最符合绿色化学理念的方法。2001 年，诺贝尔化学奖被授予诺尔斯（Knowles）、野依良治（Noyori）和夏普斯（Sharpless）三位在不对称催化合成领域做出突出贡献的科学家，说明不对称催化合成的研究对于化学学科的发展具有重要的影响。目前，不对称氢化、不对称氧化、不对称双烯合成、醛的不对称炔化，以及不对称羟醛缩合等多种反应取得了很大的进展，已广泛应用于手性药物和天然产物的合成中。例如，2010 年，B. M. Trost 等成功地将炔对醛的不对称加成反应用于天然产物人参三醇的全合成。

人参三醇

panaxytriol

【知识延伸】不对称催化合成的工业应用

手性即不对称性，是宇宙间的普遍特征。许多和生命活动有关的医药、农药分子都具有多种旋光异构体，这些异构体一般具有不同的生物活性。不对称催化合成使用少量的手性催化剂就可以合成大量的手性产物，是合成单一对映体最经济、最绿色的方法。目前，不对称催化氢化、氧化、双烯合成、醛的炔化与羟醛缩合等多种反应已取得了很大的进展，被广泛应用于手性药物和天然产物的合成研究。不对称催化合成不仅是合成手性医药与手性农药的重要手段，而且在手性香料、手性香精、手性食品添加剂、手性开关、手性液晶显示器，以及手性传感等在内的功能材料及其他相关领域也具有重要的应用前景。

迄今已有多家化学公司将不对称催化氢化、环氧化、环丙烷化与烯烃异构化等反应应用于各种光学纯医药、农药及香料的工业生产（表 6-2）。虽然不对称催化合成在工业化生产中已有较大进展，但还远不能满足人类对光学纯手性化合物日益增长的需要。随着未来不对称催化研究的发展，将会有更多的不对称催化反应应用于手性农药、手性医药及其中间体、手性香料等多种手性化合物的工业化生产。

表 6-2　不对称催化合成的部分工业应用

反应类型	生产公司	金属离子	最终产物	作用
氢化	孟山都（Monsanto）	Rh	L- 多巴胺	帕金森病
氢化	埃尼化学（Enichem）	Rh	L- 苯丙氨酸	营养增补剂
氢化	高砂（Takasago）	Ru	沙纳霉素	抗生素

续表

反应类型	生产公司	金属离子	最终产物	作用
氢化	孟山都（Monsanto）	Ru	(S)-萘普生	消炎、解热、镇痛药
氢化	孟山都（Monsanto）	Ru	(S)-布洛芬	消炎、解热、镇痛药
氢甲酰化	联合碳化物（Union Carbide）	Rh	(S)-萘普生	消炎、解热、镇痛药
氢氰化	杜邦（DuPont）	Ni	(S)-萘普生	消炎、解热、镇痛药
环氧化	大西洋富田（ARCO）	Ti	普萘洛尔	心脏病和高血压
环氧化	大西洋富田（ARCO）	Ti	缩水甘油	医药中间体
环丙烷化	默克（Merck）	Cu	西司他丁	抗生素
环丙烷化	住友化学（Sumitoms）	Cu	反式菊酸酯	农药中间体
烯烃异构化	高砂（Takasago）	Rh	L-薄荷醇	香料
烯烃异构化	高砂（Takasago）	Rh	铃兰香精	香料

【知识连接】

1. 同分异构现象的分类见表 6-3。

表 6-3　同分异构现象的分类

分类		产生原因	举例
构造异构	碳链异构	碳链（碳的骨架）不同	
	位置异构	取代基在碳链上或环上位置不同	
	官能团异构	官能团不同	
立体异构	顺反异构（几何异构）	双键或环使分子中某些原子或基团在空间的排列不同	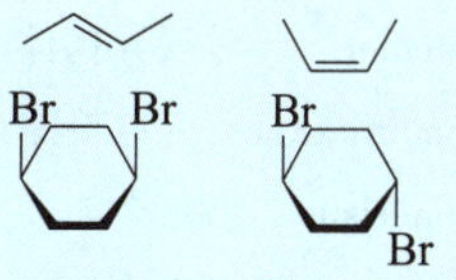
	对映异构	分子与其镜像不重合	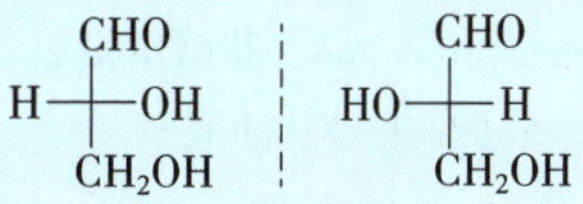

续表

分类	产生原因	举例
立体 异构　构象异构	单键旋转使分子中某些原子或基团在空间的相对位置不同	

2. 手性化合物分类

```
                           ┌── 含一个手性碳原子化合物
           ┌ 含手性碳原子化合物 ┤
           │               └── 含两个或两个以上手性碳原子化合物
手性化合物 ┤
           │                            ┌ 丙二烯型
           │               ┌ 含手性轴化合物 ┤
           └ 不含手性碳原子化合物 ┤         └ 联苯型
                            └ 含手性面化合物　六螺苯
```

【英汉词汇】

achiral molecule　非手性分子

asymmetric synthesis　不对称合成

biphenyl　联苯

chiral axle　手性轴

chiral carbon　手性碳原子

chiral drugs　手性药物

chirality　手性

chiral molecule　手性分子

chiral plane　手性面

dextrorotatory　右旋体

diastereomer　非对映异构体

enantiomeric excess　对映体过量值

enantiomerism　对映异构

enantiomer　对映异构体

Fischer projection　费歇尔投影式

glyceraldehyde　甘油醛

levorotatory　左旋体

meso compound　内消旋体

Nicol prism　尼克尔棱镜

observed rotation　旋光度

optical activity　旋光活性

optically active compound　光活性物质

optical isomerism　旋光异构

optical purity　光学纯度

plane-polarized light　平面偏振光

polarimeter　旋光仪

polarized light　偏振光

propadiene　丙二烯

racemate　外消旋体

racemate resolution　外消旋体拆分

specific rotation　比旋光度

symmetry center　对称中心

symmetry plane　对称面

【参考文献】

[1] Gal J. Molecular Chirality in Chemistry and Biology：Historical Milestones［J］. Helv. Chim. Acta., 2013, 96, 1617–1657.

[2] Litman Z C, Wang Y, Zhao H, et al. Cooperative Asymmetric Reactions Combining Photocatalysis and Enzymatic Catalysis［J］. Nature, 2018, 560, 355–359.

[3] Ojima I. Catalytic Asymmetric Synthesis, 3th Edition［M］. New Jersey：John Wiley & Sons, 2010.

[4] 张梦军, 廖春阳, 兰玉坤, 等. 对催化不对称合成的重大贡献——2001 年诺贝尔化学奖［J］. 化学教育, 2002,（01）: 5–13.

[5] 冯小明. 不对称合成领域发展态势分析［J］. 科学观察, 2012（06）: 33–37.

[6] 尚京川. 判断 R、S 构型的一种简单方法［J］. 大学化学, 1987, 2（04）: 55–56.

【习题】

1. 解释下列专业名词与基本概念的意义。

旋光活性与比旋光度、左旋体与右旋体、对映体与非对映体、手性与手性碳原子、外消旋体与内消旋体、D, L 构型标记法与 R, S 构型标记法。

2. 查阅资料, 试分析旋光性产生的原因。

3. 在 25 ℃ 下测得葡萄糖水溶液的旋光度为 +2.5°, 测量管长度为 10 cm, 已知葡萄糖 $[\alpha]_D^{25}$= +52.7° · $cm^2 · g^{-1}$（H_2O）, 计算此葡萄糖水溶液的浓度。

4. 判断 D– 甘油醛和 L– 甘油醛的绝对构型, 并画出它们的楔形式。

5. 判断下列化合物是否具有对映异构体和非对映异构体, 如果有, 则计算旋光异构体的数目。

（1）$CH_3CH_2CHCH_2CH_2CH_3$
　　　　　　$\overset{|}{CH_3}$

（2）

（3）

（4）

（5）

（6）

（7）$CH_2{=}C{=}CHCH_2CH_3$

6. 标出下列化合物分子中手性碳原子的绝对构型, 并判断是否为手性分子。

（1）

（2）

（3）

（4）

（5）

（6）

7. 用费歇尔投影式表达下列化合物的所有旋光异构体,并指明哪些异构体互为对映体,哪个是内消旋化合物。

（1）HOOC—C—C—COOH（上：H H，下：Cl Cl）

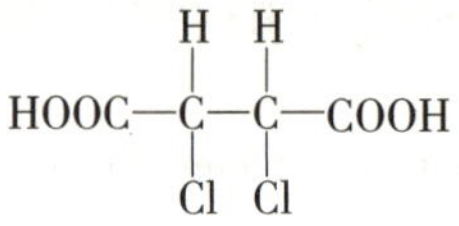

（2）苯基—CH—CH—CH₃（下：OH CH₃）

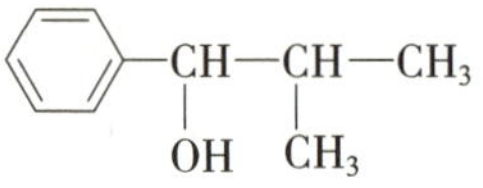

（3）丁 –2– 醇

（4）3– 溴 –2– 氯戊烷

8. 判断下列化合物哪些与（CHO—H—OH—CH₃）是同一化合物,哪些是其对映异构体。

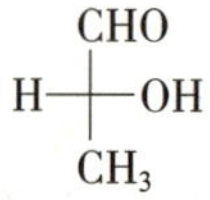

（1）CH₃—H—OH—CHO

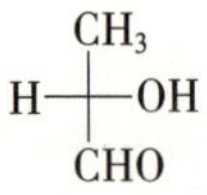

（2）OH—H—CHO—CH₃

（3）

（4）CH₃—C—H（上：CHO，下：OH）

（5）CHO—CH₃—OH—H

（6）OH—CH₃—CHO—H

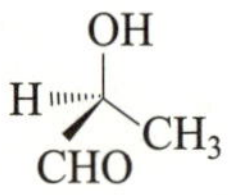

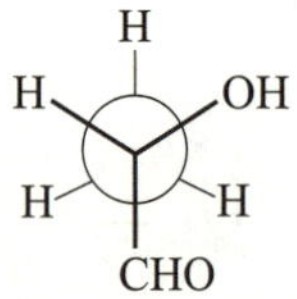

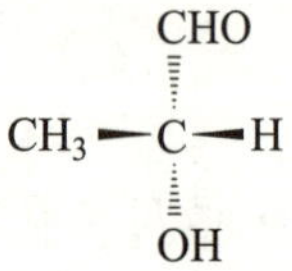

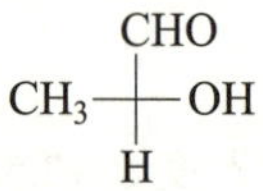

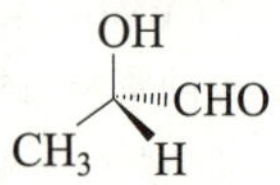

9. 将下列化合物的透视式改为费歇尔投影式,并用 R, S 标记各化合物中的手性碳原子。

（1）H₃C₂C（COOH H OH）

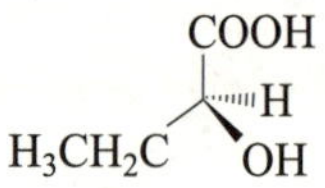

（2）Cl—CH₂OH—H—CHO

（3）F—C—Cl（上：CH₃，下：CH₂CH₃）

（4）H₃C—HO—OH—CH₃（H H）

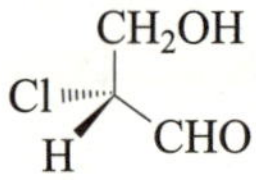

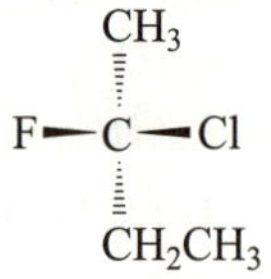

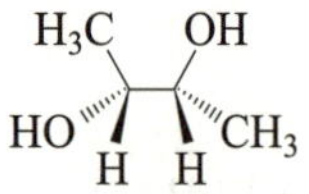

（5）HO—H₃C—CH₃—Br（H H）

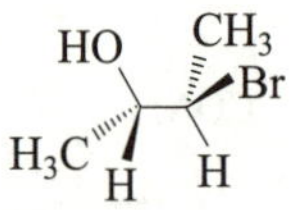

扫一扫,获取本章习题答案

第六章 习题答案

第七章　卤　代　烃

【导言】

　　卤代烃是烃分子中的氢原子被卤素原子取代后的化合物。目前绝大多数卤代烃都来自实验室及工业生产,它们具有广泛的使用价值。例如可作为杀虫剂和除草剂(图片是喷洒卤代杀虫剂的一个场景),作为溶剂、制冷剂和灭火剂等。滴滴涕(DDT)是人工合成的有机氯农药,因其强力持久的杀虫活性,于1938年推向市场,对预防疟疾、痢疾等疾病也有特效。但由于DDT在环境中非常难降解,引起许多生态环境问题,于20世纪70年代被世界各国逐步停止使用。

　　卤代烃在有机合成中扮演了重要角色。卤代烃的官能团卤原子很容易被其他基团所取代,发生亲核取代反应生成多种有机化合物;也可以发生消除反应制备不饱和有机化合物。这两类典型的有机反应,在后续章节的学习中将逐步得到应用。本章将详细讨论卤代烃的亲核取代反应、消除反应及其反应机理。同时,也重点介绍金属卤代物的制备及其特性,这将为人类创造新的有机化合物时,搭建化合物碳的骨架提供重要帮助。

第一节　卤代烃的结构、分类和命名

一、卤代烃的结构

　　卤代烃分子中卤素的电负性比碳原子大,使得成键电子对偏向卤素原子,碳原子带有部分正电荷,因此碳卤键是极性共价键:

$$\overset{\delta^+}{C}-\overset{\delta^-}{X}$$

　　以卤代甲烷为例(见表7-1):卤素的电负性较大,碳卤键的极性也相对较大,这一点可由偶极矩得到证实;卤素的电负性越小,碳卤键的键能则越小,除C—F键外,其他碳卤键的键能都比C—H键小。正是由于C—X键的这两个特点,使得卤代烃中的C—X键比C—H键更容易断裂而发生化学反应。

表 7–1 甲烷 / 卤甲烷的偶极矩及键能

甲烷 / 卤甲烷	偶极矩 μ/(10^{-30}C·m)	键能 /(kJ·mol^{-1})
CH$_3$—H		414
CH$_3$—F	6.07	452
CH$_3$—Cl	6.47	351
CH$_3$—Br	5.97	293
CH$_3$—I	5.47	234

二、卤代烃的分类

卤代烃按照卤素的种类,可以分为碘代烃(RI)、溴代烃(RBr)、氯代烃(RCl)和氟代烃(RF);按照分子中卤原子的数目,可以分为一卤代烃、二卤代烃、多卤代烃等。另外,卤代烃按烃基的种类可以如下分类。

卤代烃按烃基分类
- 饱和卤代烃
  - 伯卤代烃(RCH$_2$X)
  - 仲卤代烃(R$_2$CHX)
  - 叔卤代烃(R$_3$CX)
- 不饱和卤代烃
  - 乙烯基型(CH$_2$=CHX, ⬡—X)
  - 烯丙基型(CH$_2$=CHCH$_2$X, ⬡—CH$_2$X)
  - 隔离型(CH$_2$=CH—(CH$_2$)$_n$—CH$_2$X, $n \geq 1$)

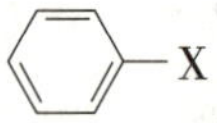

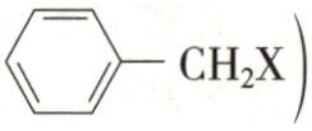

三、卤代烃的命名

一些结构简单的卤代烃常使用官能团类别名,根据与卤原子相连烃基的名称相应地命名为"某烃基卤"。例如:

CH$_3$CH$_2$CH$_2$Br   CH$_3$CHCH$_2$Cl(CH$_3$)   CH$_3$CHCH$_2$CH$_3$(I)

正丙基溴   异丁基氯   仲丁基碘

(CH$_3$)$_3$C—Br   ⬡—CH$_2$Cl   CH$_2$=CHCH$_2$Br

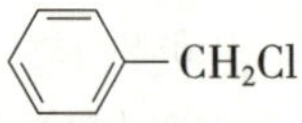

叔丁基溴   苄基氯   烯丙基溴

此外,个别卤代烃保留俗名。如 CHCl$_3$ 俗称氯仿(chloroform)、CHI$_3$ 俗称碘仿(iodoform)、

CCl_4 俗称四氯化碳（carbon tetrachloride）。

卤代烃的 IPUAC 系统命名主要采用取代操作法命名,卤原子作为取代基,烃作为母体命名。英文命名中,氟、氯、溴和碘原子用前缀 fluoro–、chloro–、bromo– 和 iodo– 表示。其他原则与烷烃、烯烃和芳香烃的命名相同。当卤素和烃基的编号相同时,按照英文字母顺序,顺序在前者编号较小。例如:

（R）–2– 溴 –3– 甲基丁烷

（R）–2–bromo–3–methylbutane

反 –1– 氯 –4– 甲基环己烷

trans–1–chloro–4–methylcyclohexane

（Z）–3– 氯 –4– 甲基己 –3– 烯

（Z）–3–chloro–4–methylhex–3–ene

4– 溴 –2– 氯甲苯

4–bromo–2–chloro–1–methylbenzene

第二节 卤代烃的物理性质

卤代烃中的氯甲烷、溴甲烷、氯乙烷、氯乙烯,以及 4 个碳原子以下的氟代物在室温下均为气体,其他大多数是液体。通常,直链一卤代烃的沸点随碳链的增长而升高。烃基相同时,随着卤素相对原子质量的增加,沸点升高。一氟代物和一氯代物都比水轻,而溴代物、碘代物及多卤代物都比水重。卤代烃不溶于水,能与烃类以任意比例混溶,同时也能溶解许多常见的有机化合物。因此,一些卤代烃如二氯甲烷、氯仿、四氯化碳、氯苯等常用作溶剂。表 7–2 列出部分卤代烷的物理常数。

表 7–2　部分卤代烷的物理常数

烷基	F		Cl		Br		I	
	沸点 /℃	d	沸点 /℃	d	沸点 /℃	d	沸点 /℃	d
CH_3—	–78.4		–24.2		3.6		42.4	2.279
C_2H_5—	–37.7		12.3		38.4	1.440	72.3	1.933
n–C_3H_7—	–2.5		46.6	0.890	71.0	1.335	102.5	1.747
i–C_3H_7—	–9.4		34.8	0.859	59.4	1.310	89.5	1.705
n–C_4H_9—	32.5	0.779	78.4	0.884	101.6	1.276	130.5	1.617
s–C_4H_9—	25.3	0.766	68.3	0.871	91.2	1.258	120.0	1.595

续表

烷基	F		Cl		Br		I	
	沸点 /℃	d	沸点 /℃	d	沸点 /℃	d	沸点 /℃	d
$i-C_4H_9-$	25.1		68.8	0.875	91.4	1.261	121.0	1.605
$t-C_4H_9-$	12.1		50.7	0.840	73.1	1.222	100分解	
$CH_2=CH-$	−72.0		−13.9		16		56	2.037
$CH_2=CHCH_2-$	−3.0		45	0.938	71	1.398	103	1.840

【思考题 7-1】根据一般规律，推测下列化合物的沸点顺序，并查阅手册核实。

（1）$CH_3(CH_2)_4CH_2Br$　　（2）$CH_3(CH_2)_5CH_2Br$

（3）$CH_3CH_2\overset{\overset{\displaystyle CH_3}{|}}{C}HCH_2Br$　　（4）$CH_3CH_2\overset{\overset{\displaystyle Br}{|}}{C}(CH_3)_2$

第三节　卤代烃的化学性质

卤代烃的官能团是卤原子，带有部分正电荷的碳原子是卤代烃的反应活性中心。卤原子很容易被其他原子或基团取代，生成多种烃的衍生物；同时，由于卤原子的吸电子诱导效应，卤代烃 α 位碳相连的氢有一定的活性，在碱的作用下易发生消除反应生成烯烃。

一、亲核取代反应及其机理

对于脂肪族卤代烃，带有负电荷或未共用电子对的亲核试剂（nucleophile，以 Nu：⁻ 表示）在反应中会进攻带有部分正电荷的碳原子，与之形成一个新的共价键；而卤素原子则带着一对电子以负离子的形式离去，从而发生取代反应。这种由亲核试剂进攻而引起的取代反应称为脂肪族亲核取代反应（nucleophilic substitution，简写做 S_N），通式为

$$Nu\!:^- + \ R-\overset{|}{\underset{|}{C}}\overset{\delta+}{} - X^{\delta-} \longrightarrow R-\overset{|}{\underset{|}{C}}\!:Nu + X\!:^-$$

被亲核试剂所进攻的卤代烃称为底物（substrate），卤素以负离子形式离去，称为离去基团（leaving group）。

（一）水解反应

$$R-X + H_2O \longrightarrow R-OH + HX$$

卤代烃的水解一般在碱性条件下进行。研究表明，有些卤代烷的水解速率仅与底物的浓度有关，而有些卤代烷的水解速率不仅与底物的浓度有关，而且与碱的浓度有关。例如：

氯甲烷碱性水解时,反应速率即与氯甲烷的浓度成正比,又与碱的浓度成正比,即

$$v=k_2\left[\,CH_3Cl\,\right]\left[\,OH^-\,\right]$$

叔丁基氯在上述条件下水解时,反应速率只与底物的浓度成正比,与碱的浓度无关,即

$$v=k_1\left[\,(CH_3)_3CCl\,\right]$$

为什么氯甲烷的碱性水解与碱的浓度有关,而叔丁基氯的碱性水解却与碱的浓度无关?在 20 世纪 30 年代,英国伦敦大学的化学家 Ingold 等人针对这种现象进行系统的研究,提出了双分子亲核取代反应(简写为 S_N2)和单分子亲核取代反应(简写为 S_N1)机理。

1. S_N2 反应历程

$$CH_3-Cl + OH^- \xrightarrow[60℃]{H_2O} CH_3-OH + Cl^-$$

氯甲烷碱性水解的反应速率与底物浓度和亲核试剂 OH^- 的浓度都有关,动力学上表现为二级反应。这说明反应最慢的一步两个分子都参加了反应,反应机理可表示为

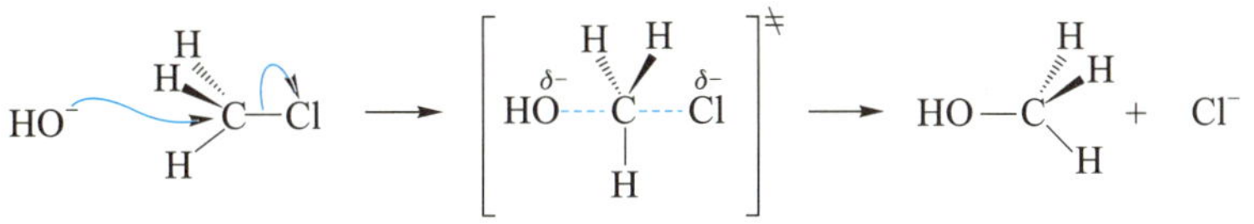

过渡态

首先,OH^- 是从 C—Cl 键的背面进攻中心碳原子的。C—OH 键逐渐形成的同时,C—Cl 键逐渐削弱。当中心碳原子由 sp^3 杂化状态转变为 sp^2 杂化时,其他三个取代基几乎处于同一平面。此时碳原子形成了五配位(即连有五个原子)的状态,能量处于最高峰,即过渡态形成。当 OH^- 继续接近中心碳原子并与碳原子完全键合时,Cl^- 已完全离去,中心碳原子由 sp^2 杂化状态再次转变为 sp^3 杂化,过渡态转变为水解产物。

在此 S_N2 反应中,由于亲核试剂是从离去基团的背面进攻碳原子的,若中心碳原子为手性碳,生成产物时中心碳原子构型完全翻转,就像大风吹翻了雨伞。这种碳构型的翻转现象也称为瓦尔登转换(Walden inversion)。例如:

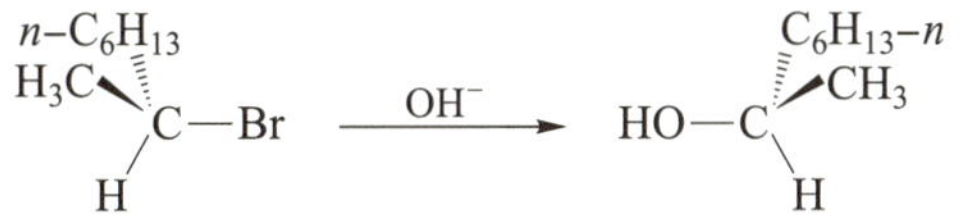

(S)-2- 溴辛烷   (R)- 辛 -2- 醇

因此,产物完全的构型转化是双分子亲核取代反应的立体化学标志。

2. S_N1 反应历程

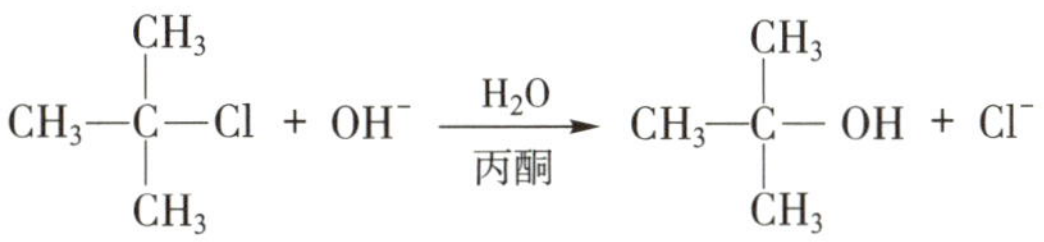

实验表明,叔丁基氯的碱性水解速率只与底物的浓度有关,而与亲核试剂(OH⁻)的浓度无关,动力学上属于一级反应,反应机理可表示为

$$第一步:\quad CH_3-\overset{\displaystyle CH_3}{\underset{\displaystyle CH_3}{C}}\!\!\frown\!\!Cl \;\underset{}{\overset{慢}{\rightleftharpoons}}\; CH_3-\overset{\displaystyle CH_3}{\underset{\displaystyle CH_3}{C^+}} \;+\; Cl^-$$

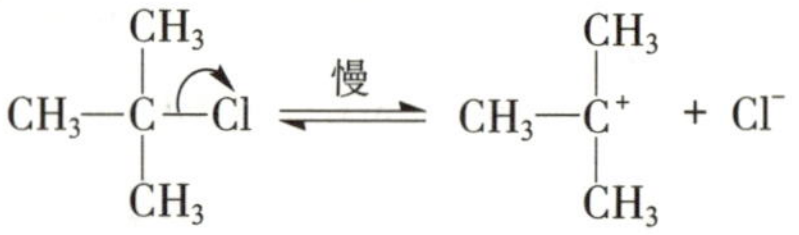

$$第二步:\quad CH_3-\overset{\displaystyle CH_3}{\underset{\displaystyle CH_3}{C^+}} \;+\; OH^- \;\overset{快}{\longrightarrow}\; CH_3-\overset{\displaystyle CH_3}{\underset{\displaystyle CH_3}{C}}-OH$$

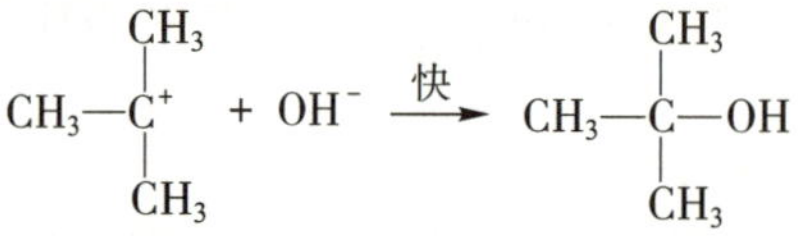

该反应是分步进行的,包括 C—Cl 键的断裂(不涉及亲核试剂)和 C—O 键的生成(涉及亲核试剂)。其中,C—Cl 键的断裂是最慢的一步,因此是决定反应速率的步骤(决速步)。当分子解离后,C—O 键的形成速率极快,是快的一步。

在 S_N1 反应中,碳卤键首先断裂形成了活泼中间体——碳正离子,中心碳原子由 sp^3 杂化状态转变为 sp^2 杂化。随即,亲核试剂进攻碳正离子形成产物,中心碳原子由 sp^2 杂化状态又转变为 sp^3 杂化。

由于活泼中间体碳正离子是平面构型,亲核试剂可以从中心碳原子的两侧进攻而与之成键,而且进攻碳正离子两侧的概率是均等的,所以当中心碳原子为手性碳原子时,理论上会产生数量相等的两种构型(构型保持和构型翻转)产物,即产物为外消旋体。例如:

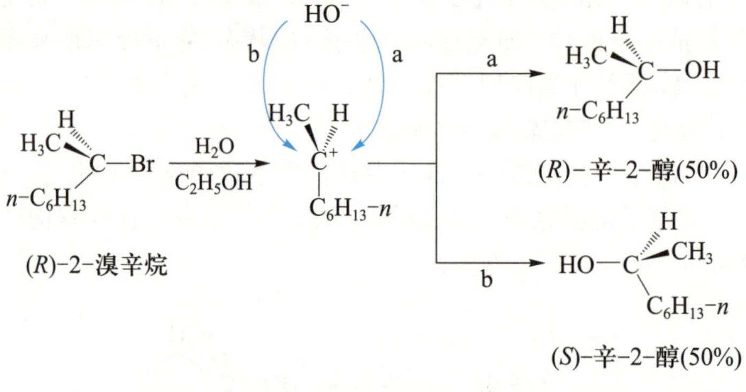

事实上,S_N1 亲核取代反应中构型完全外消旋化的情况并不普遍,很多情况下仅发生部分构型的转化。例如,上述(R)-2-溴辛烷制备醇的反应中,实际得到(R)-辛-2-醇的产率仅为 17%;(S)-辛-2-醇的产率却为 83%。这一现象可以通过 Winstein 等人研究总结的离子对(ion pairs)机理给出合理的解释。

在 S_N1 反应中,反应物的 C—X 键在溶剂中的解离是分阶段进行的,可表示为

$$R-X \;\rightleftharpoons\; [R^+X^-] \;\rightleftharpoons\; [R^+\|X^-] \;\rightleftharpoons\; [R^+] + [X^-]$$

$$\text{紧密离子对}\qquad\text{溶剂分隔离子对}\qquad\text{自由离子}$$

在紧密离子对阶段，R^+ 和 X^- 之间还有部分键合的特征，亲核试剂只能从 C—X 键的背面进攻中心碳原子，导致产物构型翻转。在溶剂分隔离子对阶段，两个离子被溶剂隔开，如果亲核试剂从介入溶剂的位置进攻中心碳原子，则产物保持原构型。如果亲核试剂从介入溶剂的背面进攻，就发生构型翻转（空间位阻小，更容易发生）。只有当反应物完全解离成自由离子后，亲核试剂才可能均等地由两侧进攻碳正离子，得到外消旋产物。

由于 S_N1 反应历程形成了碳正离子，因此，像其他形成碳正离子的反应一样，S_N1 反应也常会产生重排产物。例如，2-溴-3-甲基丁烷在碱性条件下进行水解时，主要产物通常是 2-甲基丁-2-醇，其反应历程如下：

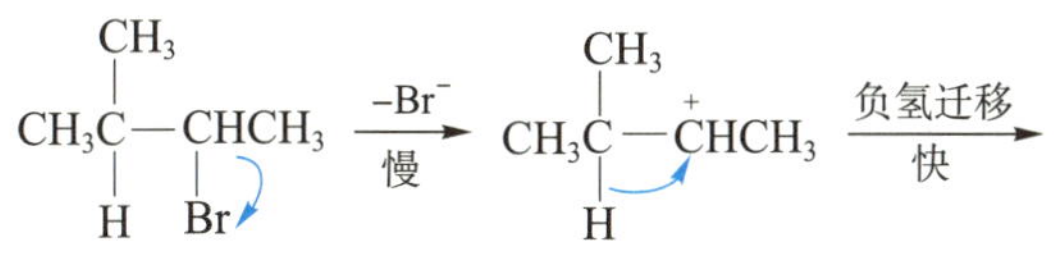

7-1

【思考题 7-2】 将下列化合物进行 S_N1 反应的难易排序：

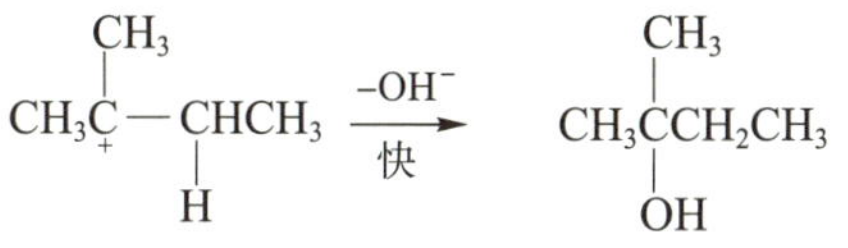

（1） 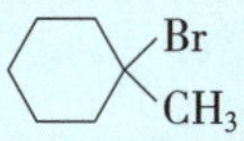　　　　　　　　（2） 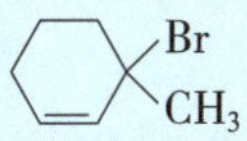　　　　　　　　（3）

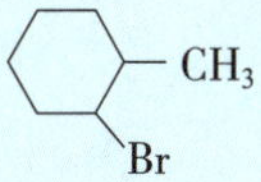

【思考题 7-3】 将下列化合物进行 S_N2 反应的难易排序：

（1）$CH_3CH_2CHCH_3$　　　（2）$CH_3C(CH_3)CH_3$　　　（3）$CH_3CH_2CH_2CH_2Br$
　　　　$\overset{Br}{|}$　　　　　　　　　　$\overset{Br}{|}$

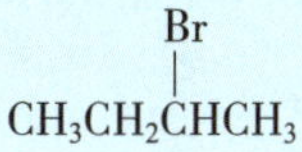

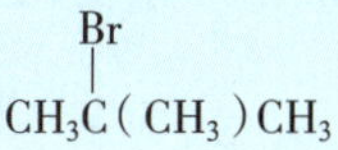

（二）醇解反应

卤代烃与醇钠作用，卤原子被烷氧基（RO—）取代而生成醚，这种制备混合醚（两个烃基不同的醚）的方法称为威廉逊（Williamson）合成：

$$R—X + R'O—Na \longrightarrow \underset{\text{醚}}{R—O—R'} + NaX$$

（三）硝酸银反应

卤代烷与硝酸银的醇溶液作用，卤原子被硝酸根离子取代生成硝酸酯和卤化银沉淀，此反应常用于卤代烃的定性鉴别：

$$R-X + AgNO_3 \xrightarrow{乙醇} \underset{硝酸酯}{R-ONO_2} + AgX\downarrow$$

当卤原子相同,但烃基结构不同时,反应活性次序是:烯丙基卤代烃、苄基卤代烃、叔卤代烃 > 仲卤代烃 > 伯卤代烃。而卤原子直接连接于双键及苯环上的卤代烃则不易发生此反应。

【思考题7-4】按照从大到小的顺序排列各组卤代烷对指定试剂的反应活性:
（1）在2%的 $AgNO_3/C_2H_5OH$ 溶液中反应:A. 1-氯丁烷;B. 1-碘丁烷;C. 1-溴丁烷;D. 2-碘丁烷。
（2）在 NaOH 水溶液中:A. 苄基氯;B. 氯苯;C. 对硝基苄基氯;D. 对甲氧基苄基氯。

（四）氨解反应

卤代烷与氨作用,卤原子被氨基（$-NH_2$）取代生成胺。

$$R-X + 2NH_3 \longrightarrow \underset{胺}{R-NH_2} + NH_4X$$

（五）氰解反应

卤代烷与氰化钠或氰化钾作用,卤原子被氰基（$-CN$）取代生成腈。

$$R-X + NaCN \xrightarrow{乙醇} \underset{腈}{R-CN} + NaX$$

卤代烃转化成腈后,分子中增加了一个碳原子;腈还可水解得到羧酸,这是有机合成中增长碳链的方法之一。

$$R-CN \xrightarrow[H^+]{H_2O} R-COOH$$

例如,苄基氯在二甲基亚砜（DMSO）溶剂中的氰基化产率高达92%;苄腈的水解产率则为77%。

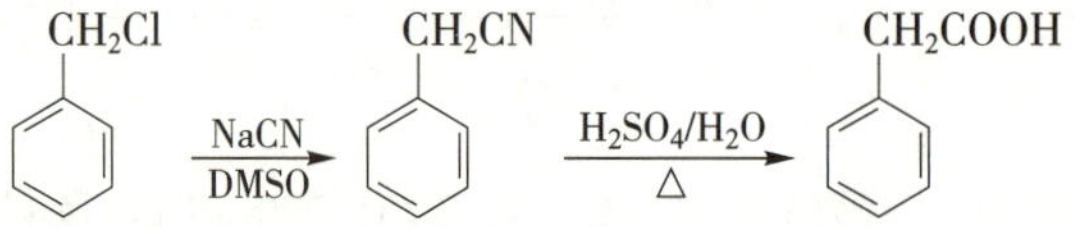

（六）末端炔盐反应

末端炔盐与卤代烃进行亲核取代反应可以生成炔烃。由于炔烃可以通过选择性还原得到烯烃或烷烃,因而这是有机合成中增长碳链的重要方法之一。所用的炔盐主要有炔基钠和炔基格氏试剂等。例如:

$$HC\equiv CH + NaNH_2 \xrightarrow{液\ NH_3} HC\equiv CNa \xrightarrow{n-C_4H_9Br} CH_3(CH_2)_3C\equiv CH$$
$$68\%$$

（七）卤素交换反应

在碘化钠丙酮溶液中，氯代烷和溴代烷的卤素可被碘置换，生成碘代烷。由于碘的电负性小，原子半径大，外层电子离原子核远，容易极化，是好的亲核试剂。同时，碘是第五周期元素，C—I 键易发生异裂，所以它又是一个好的离去基团。碘代烷很难通过烷烃直接碘代获得，所以常用这种交换反应制备碘代烷。碘化钠可溶于丙酮，而氯化钠和溴化钠不溶，产生了沉淀。因此，反应也可用于鉴别氯代烷和溴代烷。反应以 S_N2 机理进行，卤代烷的反应活性次序为：伯卤代烷 > 仲卤代烷 > 叔卤代烷。

$$R{-}Cl + NaI \xrightarrow{\text{丙酮}} R{-}I + NaCl\downarrow$$

$$R{-}Br + NaI \xrightarrow{\text{丙酮}} R{-}I + NaBr\downarrow$$

二、影响亲核取代反应的因素

考察影响亲核取代反应速率的因素时，往往从电子效应、空间效应和溶剂效应三个方面来考虑。电子效应和空间效应取决于反应物的结构和性质，是影响反应的内因；而溶剂效应则取决于反应的环境即溶剂，可视作外因。

（一）烃基结构的影响

对于离去基团相同、烃基不同的卤代烃，与中心碳原子相连烃基的电子效应和空间效应影响反应速率。

S_N2 反应的反应速率取决于过渡态生成的难易。由于亲核试剂要从离去基团的背面进攻中心碳原子，所以从空间效应上讲，中心碳原子上烃基越多，空间位阻就越大，对反应越不利。从电子效应上来看，中心碳原子上烃基越多，中心碳原子上的正电荷分布就越少，亲电性就越弱。

例如：

$$RBr + OH^- \xrightarrow{S_N2} ROH + Br^-$$

溴代烷相对速率：100　　7.9　　0.22　　≈0

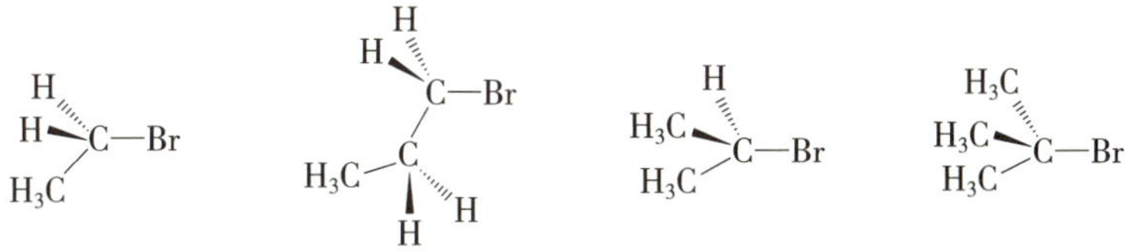

所以，不同烃基的饱和卤代烃，其 S_N2 反应的活性次序为

$$CH_3{-}X > RCH_2{-}X > R_2CH{-}X > R_3C{-}X$$

烯丙基和苄基卤代烃比一般的伯卤代烷容易发生 S_N2 反应，这是因为在发生 S_N2 反应时，

过渡态中心碳原子采取 SP^2 杂化,其 p 轨道一瓣与亲核试剂相连,另一瓣与离去基团相连;中心碳原子的 p 轨道可与 π 键共轭,导致过渡态能量降低,从而有利于 S_N2 反应进行。另外,乙烯型卤代烃由于卤原子 p 轨道与 π 键发生共轭,导致 C—X 键长变短,键能增加,很难发生 S_N2 反应。

S_N1 反应的反应速率取决于碳正离子的稳定性,因此,凡能使碳正离子稳定的因素都有利于反应的进行。从电子效应上看,中心碳原子上的烃基越多,越有利于正电荷的分散,碳正离子就越稳定。在空间效应方面,卤代烃中心碳原子连有的烃基越多,空间就越拥挤,因而 C—X 键解离生成碳正离子以部分消除空间拥挤的倾向就越强。

例如:

$$RBr \; + \; H_2O \; \xrightarrow{\;S_N1\;} \; ROH \; + \; HBr$$

溴代烷:	$(CH_3)_3CBr$	$(CH_3)_2CHBr$	CH_3CH_2Br	CH_3Br
相对速率:	100	0.023	0.013	0.003

因此,综合电子效应和空间效应两方面,不同饱和卤代烃 S_N1 反应的活性次序为

$$R_3C—X>R_2CH—X>RCH_2—X>CH_3—X$$

烯丙基卤代烃和苄基卤代烃虽然是伯卤代烃,但容易发生 S_N1 反应,这是因为它们在进行 S_N1 反应时,第一步形成的烯丙基碳正离子或苄基碳正离子因 p-π 共轭而稳定,故容易发生 S_N1 反应。与 S_N2 反应类似,乙烯型卤代烃也很难发生 S_N1 反应。

(二)离去基团的影响

C—X 的断裂和 X^- 的离去是卤代烃 S_N 反应的必经步骤。离去基团的离去能力强,无论对 S_N1 反应还是对 S_N2 反应都是有利的。离去基团的离去能力可以根据断裂键的键能和离去基团的电负性即碱性来判断。断裂 C—X 键的键能越小,键就越易断裂。如 C—X 键的键能数据为

	C—F	C—Cl	C—Br	C—I
键能/(KJ·mol^{-1})	458	339	285	218

所以 C—I 最易断裂,C—F 最难断裂。离去基团的碱性越弱,形成的负离子越稳定,就越容易被进入基团排挤而离去。这样的基团就是一个好的离去基团。HX 的酸性顺序为 $HI>HBr>HCl>HF$,它们的共轭碱的碱性顺序为 $F^->Cl^->Br^->I^-$。无论从键能数据分析还是从离去基团的碱性分析,卤素负离子的离去能力都是:$I^->Br^->Cl^->F^-$。下面列出了一些离去基团在亲核取代反应中的相对速率:

	F^-	Cl^-	Br^-	H_2O	I^-
相对速率:	0.01	1	50	50	150

一般而言,无论是 S_N1 反应还是 S_N2 反应,烃基相同的卤代烃其活性次序均为:RI>RBr> RCl>RF。

(三)亲核试剂的影响

在 S_N1 反应中,反应的决速步是碳正离子的形成,由于亲核试剂没有参与这步反应,所以亲核试剂对其影响很小;而在 S_N2 反应中,由于亲核试剂是与底物一起作用形成决定反应速率的过渡态,因此,亲核试剂的亲核性越强,反应速率就越快。

亲核试剂的亲核能力取决于其给电子能力和可极化性,给电子能力越强、可极化性越强,亲核性就越强。试剂的亲核性也与溶剂有关。

在元素周期表中,同一周期的元素,由左到右电负性逐渐增大,给电子能力下降,所以亲核性减弱。例如,$CH_3^->NH_2^->HO^->F^-$。对于同族元素,随着原子半径的增大,在质子溶剂中可极化性增大,所以亲核性增强。例如,$I^->Br^->Cl^->F^-$。

对于亲核原子相同的亲核试剂而言,碱性越强,亲核性越强,如 $RO^->ArO^->RCOO^-$;带有负电荷的试剂比不带电荷的中性试剂亲核性强,如 $HO^->H_2O$。

总之,在质子溶剂中,亲核性的大致顺序是:$CN^->I^->NH_3>RO^->OH^->Br^->ArO^->Cl^->H_2O>F^-$。

(四)溶剂的影响

溶剂可根据极性大小分为极性溶剂(polar solvent)和非极性溶剂(non-polar solvent);也可以按给出质子的难易程度分类,能与负离子形成强的氢键的溶剂称为质子溶剂(如水、甲醇、乙醇、乙酸),分子中的氢与分子内原子结合牢固不易给出质子的溶剂称为非质子溶剂(如二甲亚砜、二甲基甲酰胺、丙酮、吡啶)。溶剂对反应也会产生影响,这种影响称为溶剂效应(solvent effect)。极性质子溶剂对 S_N1 反应是有利的。

7-2

因为质子溶剂中的质子与反应中产生的负离子特别是由氧形成的负离子通过氢键溶剂化,使负离子稳定,因此有利于解离反应,有利于 S_N1 反应的进行。增加溶剂的酸性,即增加质子形成氢键的能力,有利于反应按 S_N1 的机理进行。而极性非质子溶剂对 S_N2 反应是有利的。因为非质子溶剂对于负离子很少溶剂化,亲核试剂一般可以不受非质子溶剂分子包围,因此 S_N2 反应在非质子溶剂中进行比在质子溶剂中进行的反应速率常数快很多。

【思考题 7-5】下列反应在 H_2O/C_2H_5OH 的混合溶剂中进行,如果增加水的比例,对反应有利还是不利?

(1)$(CH_3)_3C-Br \xrightarrow{H_2O} (CH_3)_3C-OH + HBr$

(2)$CH_3CH_2\overset{Br}{\underset{|}{C}}HCH_3 \xrightarrow[S_N2]{H_2O} CH_3CH_2\overset{OH}{\underset{|}{C}}HCH_3 + HBr$

三、消除反应及其机理

卤代烃与强碱的醇溶液共热时,分子内脱去卤原子和 β-C 上的氢原子而形成烯烃的反应称作消除（elimination）反应，简写作 E。

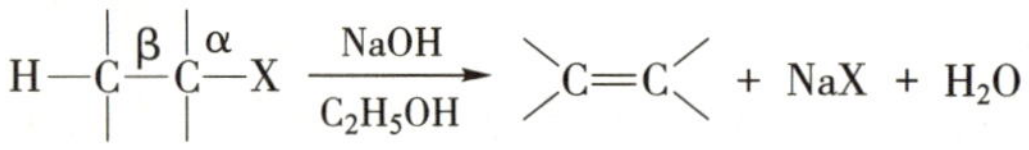

$$H-\overset{|}{\underset{|}{C}}\overset{\beta}{}\overset{|}{\underset{|}{C}}\overset{\alpha}{}X \xrightarrow[C_2H_5OH]{NaOH} >\!\!C\!\!=\!\!C\!\!< + NaX + H_2O$$

（一）消除反应的取向——查依采夫规律

1875 年，俄国化学家查依采夫（Saytzeff）通过研究大量含有多种不同 β–H 卤代烃的消除反应所得的实验事实总结出这样的规律：在 β– 消除反应中，主要产物是双键碳原子上所连烃基最多的烯烃，这个规律叫作查依采夫规律。例如：

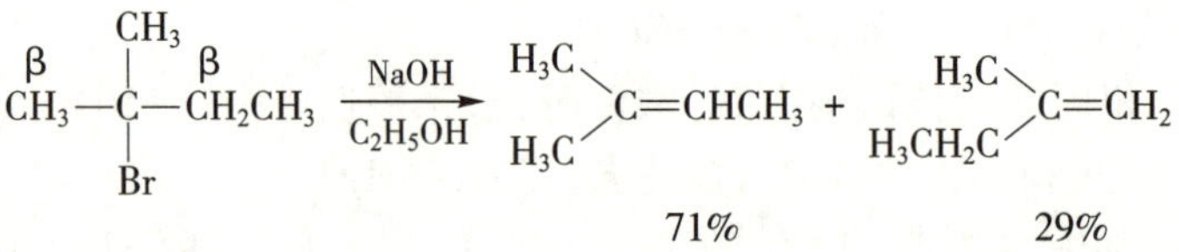

$$\underset{Br}{\overset{CH_3}{\underset{|}{\overset{|}{CH_3-C-CH_2CH_3}}}} \xrightarrow[C_2H_5OH]{NaOH} \underset{H_3C}{\overset{H_3C}{>}}\!\!C\!\!=\!\!CHCH_3 + \underset{H_3CH_2C}{\overset{H_3C}{>}}\!\!C\!\!=\!\!CH_2$$

$$ 71\% 29\%$$

（二）消除反应机理

消除反应机理与取代反应的机理相似，有单分子消除（E1）机理和双分子消除（E2）机理。

1. 单分子消除（E1）

叔卤代烷与碱反应是按单分子消除反应机理进行的：

第一步：$H_3C-\underset{CH_3}{\overset{CH_3}{\underset{|}{\overset{|}{C}}}}-Br \xrightarrow{慢} H_3C-\underset{CH_3}{\overset{CH_3}{\underset{|}{\overset{|}{C^+}}}} + Br^-$

第二步：$H_3C-\underset{CH_3}{\overset{CH_2-H}{\underset{|}{\overset{|}{C^+}}}} \xrightarrow[快]{OH^-} \underset{H_3C}{\overset{H_3C}{>}}\!\!C\!\!=\!\!CH_2 + H_2O$

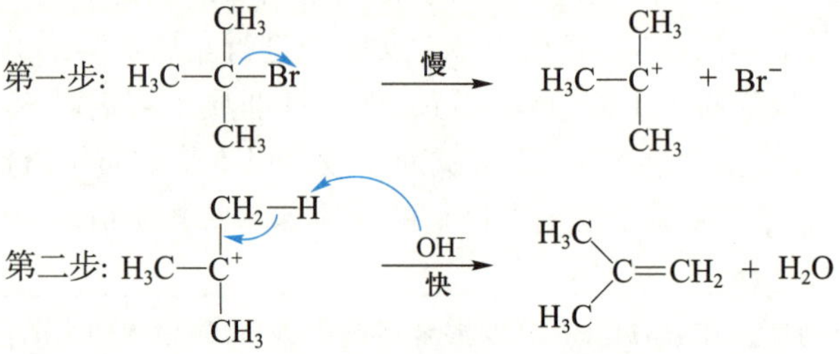

与 S_N1 反应类似，E1 消除反应也是分两步进行的。首先 C—Br 键异裂成为碳正离子，这一步与 S_N1 完全相同，然后 β–C 上脱去一个质子，从而在 α– 和 β– 碳原子之间形成双键。由此可以看出，S_N1 与 E1 实际上是存在相互竞争的：

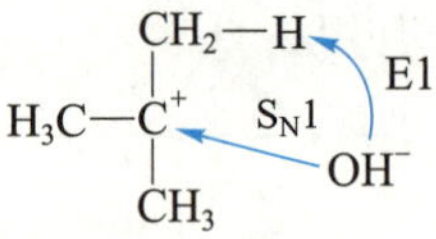

$$H_3C-\underset{CH_3}{\overset{CH_2-H}{\underset{|}{\overset{|}{C^+}}}} \quad \underset{OH^-}{\overset{E1}{S_N1}}$$

2. 双分子消除（E2）

伯卤代烷与碱作用时往往是按双分子消除反应机理进行的：

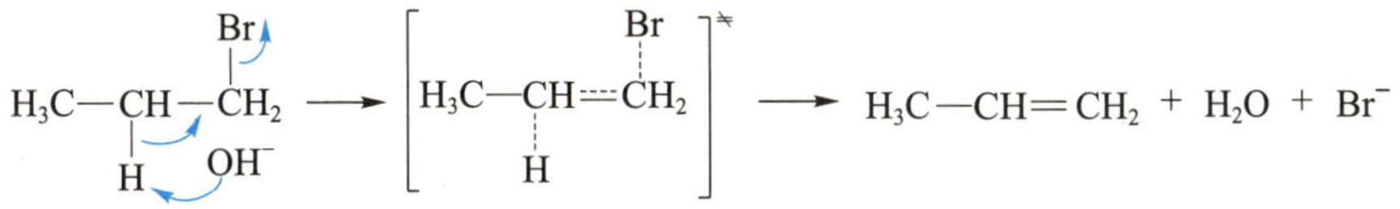

$$H_3C-CH-CH_2 \quad \longrightarrow \quad \left[H_3C-CH\cdots CH_2 \right]^{\neq} \quad \longrightarrow \quad H_3C-CH=CH_2 + H_2O + Br^-$$

与 S_N2 反应类似，E2 消除反应也是一步完成的。首先，OH^- 逐渐接近 β–H 形成弱键；与此同时，β–H 与碳原子之间，以及溴原子与碳原子之间的键逐渐减弱。随着 α–C 和 β–C 之间的新键逐渐形成，体系达到能量最高的过渡态。然后，旧键完全断裂、新的双键完全形成。与 S_N2 反应机理不同的是，E2 反应中 OH^- 进攻的是 β–H。同样，S_N2 与 E2 存在着相互竞争：

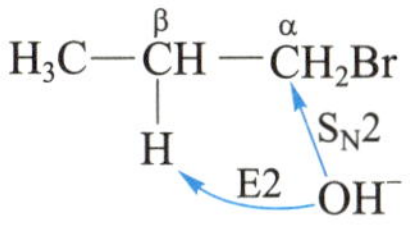

$$H_3C-\overset{\beta}{\underset{H}{CH}}-\overset{\alpha}{CH_2Br}$$

四、消除反应与亲核取代反应的竞争

亲核取代反应往往同时伴随着消除反应，这种现象在叔卤代烃的碱性水解时尤为显著。但究竟哪种反应更占优势取决于反应物的分子结构和反应条件。

通常，烃基结构对消除反应和亲核取代反应的影响有如下规律：

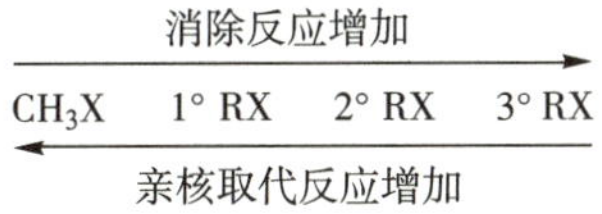

$$\xrightarrow{\text{消除反应增加}}$$
$$CH_3X \quad 1° RX \quad 2° RX \quad 3° RX$$
$$\xleftarrow{\text{亲核取代反应增加}}$$

例如，由表 7–3 得出，制备烯烃时适宜用叔卤代烃，而制备醚时则最好使用伯卤代烃。

表 7–3　R—Br 在 C_2H_5ONa/C_2H_5OH 作用下亲核取代产物和消除产物的比例

R—X	S_N2 产物 /%	E2 产物 /%
$CH_3CH_2CH_2Br$	91	9
$(CH_3)_2CH_2CH_2Br$	40	60
$CH_3CH(CH_3)Br$	20	80
$(CH_3)_3CBr$	<3	>97

进攻试剂对反应的影响主要表现在：试剂的碱性越强，进攻 β–H 的能力越强，对消除反应越有利。试剂的亲核性越强，进攻 α–C 的能力越强，对亲核取代反应越有利。

反应条件的影响主要表现在：消除反应需要断裂 C—H 键，活化能往往比取代反应高，因此升高温度有利于消除反应。另外，增大溶剂的极性有利于取代反应，减小溶剂的极性有利于消除反应。

【思考题 7-6】下列反应中,哪一个底物产生消除 / 取代产物的比值较大?

(1) $CN^- + CH_3CH_2CH(Br)CH_2CH_3$ 或 $(CH_3CH_2)_3CBr$

(2) $C_2H_5O^- + CH_2{=}CHCH_2CH_2Br$ 或 $CH_3CH_2CH_2CH_2Br$

第七章
思考题答案

五、卤代烃与金属反应

有机金属化合物是指含有金属碳键(C—M, M 代表金属)的化合物,它们在有机化学中有着十分广泛的用途。

(一) 与金属镁作用

卤代烃与金属镁在无水醚类(通常用乙醚或四氢呋喃)中反应生成有机镁化合物:

$$RX + Mg \xrightarrow{\text{干醚}} RMgX$$

这个反应是由法国化学家格利雅(Grignard)于 1900 年发现的,有机镁化合物又被称作格利雅试剂或格氏试剂。

尽管格氏试剂通常简写作 RMgX,实际的形态要复杂得多,因为溶剂醚分子参与了与镁离子的配位从而形成了较为稳定的格氏试剂:

$$\underset{R}{\overset{X}{\diagdown}}Mg\underset{O(C_2H_5)_2}{\overset{O(C_2H_5)_2}{\diagup}}$$

格氏试剂能被许多含活泼氢的物质如酸、水、醇、氨及炔氢等分解而还原为烃。因此,在制备格氏试剂时需要严格防止这些物质进入反应体系。比较重要的是格氏试剂能与 CO_2 作用,而后酸性水解生成羧酸。这是制备比卤代烃增加一个碳原子羧酸的方法之一。

7-4

$$RMgX \longrightarrow \begin{array}{ll} \xrightarrow{H-OH} & R-H + Mg(OH)X \\ \xrightarrow{H-OR} & R-H + Mg(OR)X \\ \xrightarrow{H-X} & R-H + MgX_2 \\ \xrightarrow{H-NH_2} & R-H + MgNH_2X \\ \xrightarrow{H-C\equiv CR'} & R-H + Mg(C\equiv CR')X \end{array}$$

$$RMgX \xrightarrow{CO_2} RCOOMgX \xrightarrow{H_3O^+} RCOOH$$

【知识背景】格氏试剂的发明人——格利雅

格利雅是法国著名化学家,1871年出生于法国瑟堡市。由于家境富裕,青少年时期的他曾一度不学无术。后下定决心痛改前非,并通过努力就读于法国里昂大学。格利雅最著名的科学贡献是他发现了一种增长碳链的有机合成方法,这种方法被后人称为"格利雅反应",反应中用到的烃基卤化镁则被后人称为"格氏试剂"。1910年在南希大学(University of Nancy)任教授。1912年,他因格氏试剂的发明获得诺贝尔化学奖。格利雅一生之中发表了6 000多篇科学论文,对人类科学事业做出了巨大的贡献。

(二)与金属锂作用

卤代烃与金属锂作用,生成有机锂化合物。它的活性比格氏试剂还高,也是有机合成中十分重要的有机金属试剂。

$$RX + 2Li \xrightarrow{\text{干醚}} RLi + LiX$$
$$\text{有机锂}$$

有机锂化合物可用来制备许多活性较低的金属化合物,其中,可与碘化亚铜作用生成铜锂试剂:

$$2RLi + CuI \xrightarrow{\text{干醚}} R_2CuLi + LiI$$
$$\text{二烃基铜锂}$$

二烃基铜锂和卤代烃反应能生成烃,这是一种重要的制备结构较复杂烃的方法,又称科瑞-郝思(Corey-House)合成法:

$$R_2CuLi + R'X \longrightarrow R—R' + RCu + LiX$$

值得注意的是,在卤代烃中,与卤原子相连的碳原子带部分正电荷,具有亲电性;而卤代烃转化为有机金属化合物时,碳原子带部分负电荷而具有亲核性。由此可见,烃被卤代后可以产生有机化学中两大类关键的反应试剂。因此,在烃分子中引入卤原子是改造有机化合物分子性能的重要手段之一。

第四节　重要的卤代烃

表7-4列出部分重要的卤代烃的结构、特性和生物活性及用途。

表 7-4　部分重要卤代烃的结构、特性和生物活性及用途

名称	结构式	来源与理化特性	生物活性及用途
溴甲烷	CH_3Br	人工合成的无色气体，在氧气中易燃，腐蚀铝、镁和其合金	化工原料及驱虫用熏蒸剂；剧毒，已禁用于制冷、灭火等
氯仿	$CHCl_3$	人工合成的无色液体，不易燃烧，光作用下氧化生成光气	有机合成原料及麻醉剂，对人体及环境有危害；常用作溶剂
四氯化碳	CCl_4	人工合成的无色液体，不燃烧，高温下可水解生成光气	用于有机合成、制冷剂、杀虫剂及有机溶剂，对人体及环境有危害
氟利昂	氟氯代甲烷和氟氯代乙烷的总称	人工合成的透明，无味，不易燃烧和爆炸的气体	性能优良的冷冻剂，用于冰箱和空调，但也是破坏臭氧层的元凶
甲状腺素	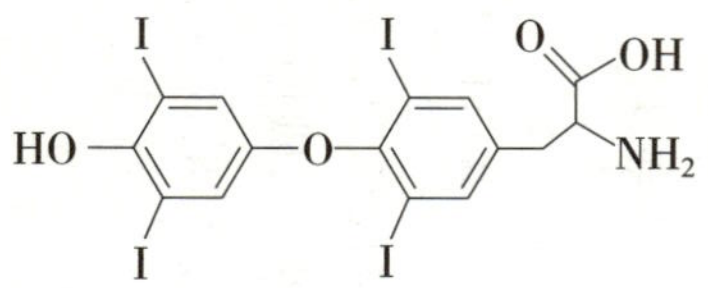	甲状腺分泌的激素，溶于碱溶液，不溶于水、乙醇和乙醚	能促进组织代谢，具有提高神经兴奋性和促进身体发育的作用
DDT	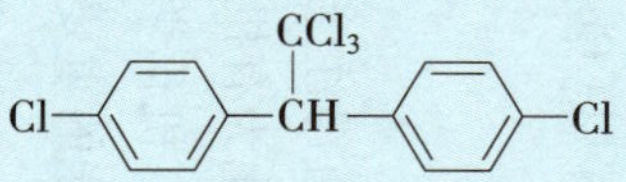	人工合成的白色晶体，无味无臭，不溶于水，溶于煤油	杀虫剂，对昆虫等冷血动物有很强的毒性，对恒温有特效

【知识延伸】卤代烃的功与过

卤代烃化学性质活泼,易转化成其他类型的有机化合物。因此,有机化合物分子中引入卤素原子常常是改变分子性能的第一步,在有机合成中起重要的桥梁作用。生活中有些卤代烃特别是一些多卤代烃可直接用作溶剂(例如 CH_2Cl_2)、制冷剂(如氟利昂)、灭火剂(如 CCl_4)、麻醉剂(如 C_2H_5Cl)、农药(如 DDT,CH_3Br)。此外,聚氯乙烯可制作成塑料制品;聚四氟乙烯可制作成多种耐酸碱材料。

尽管卤代烃的大量使用给人类带来了便利和好处,但同时也给地球生态环境带来极大的破坏。DDT 在全球抗疟疾运动中起到关键作用,一度使全球疟疾的发病得到了有效的控制。然而,由于 DDT 在环境中非常难降解,造成了许多生态环境问题。例如,DDT 进入食物链,最终会在动物体内富集,甚至在南极企鹅的血液中也检测出 DDT。基于此,许多国家立法禁止使用 DDT 等有机氯杀虫剂。氟利昂是 20 世纪 20 年代合成的,到 80 年代后期氟利昂的生产达到了高峰,年产量达到了 144 万吨。在对氟利昂实行控制之前,全世界向大气中排放的氟利昂已超过 2 000 万吨。由于它们在大气中的平均寿命可达数百年,所以排放的大部分仍留在大气层中,其中大部分仍然停留在对流层,一小部分升入平流层。在对流层相当稳定的氟利昂,上升进入平流层后,会在强烈紫外线的作用下被分解,释放出的氯原子同臭氧会发生连锁反应,成为破坏臭氧层的元凶。科学家估计一个氯原子可以破坏数万个臭氧分子,因此目前氟利昂已禁止使用。

【知识连接】

1. 卤代烃的反应:

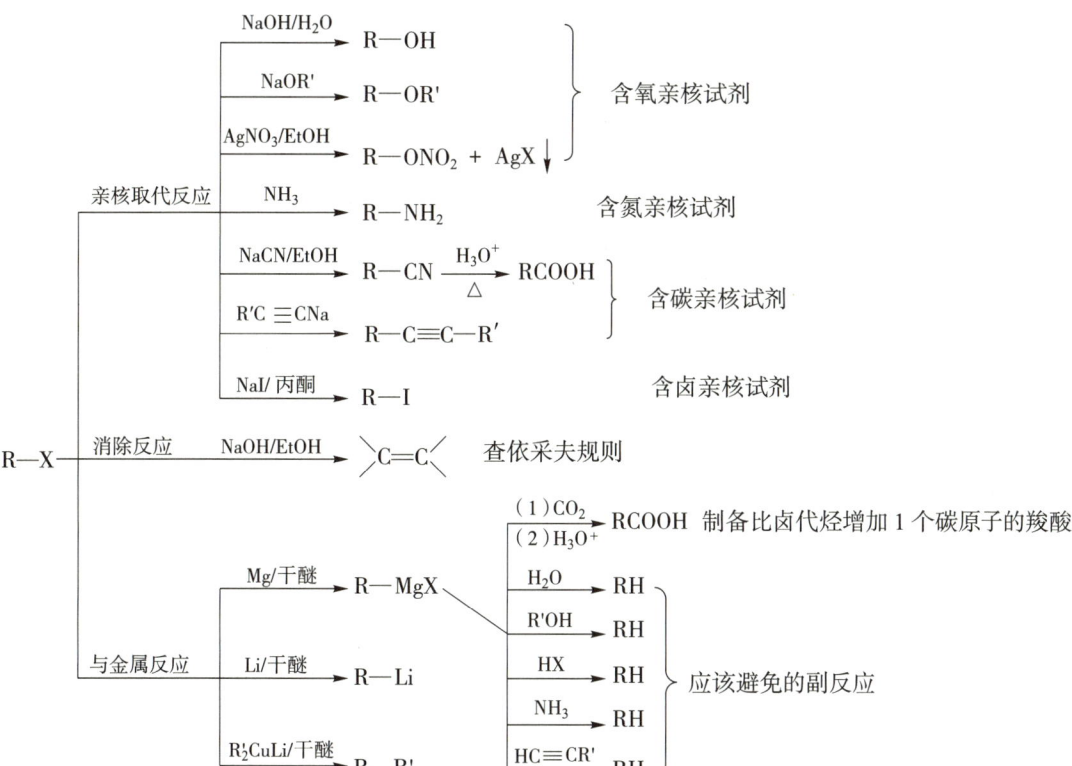

2. S_N2 和 S_N1 比较：

反应类型	S_N2	S_N1
反应历程	一步反应 $Nu\bar{:} + R—X \longrightarrow [Nu—R—X]^{\neq}$ $\longrightarrow R—Nu + X^-$	两步反应 $R—X \longrightarrow R^+ + X^-$（决速步） $R^+ + Nu^- \longrightarrow R—Nu$
反应动力学	双分子反应 $v=k[RX][Nu^-]$	单分子反应 $v=k[RX]$
立体化学	构型转化	外消旋化
亲核试剂	强亲核试剂	弱亲核试剂
底物（RX）	$CH_3 > 1° > 2° > 3°$	$3° > 2° > 1° > CH_3$
离去基团	$I^- > Br^- > Cl^-$	$I^- > Br^- > Cl^-$
溶剂	极性非质子溶剂	极性质子溶剂
重排	无	有
竞争反应	E2	E1

3. E2 和 E1 比较：

反应类型	E2	E1
反应历程	一步反应 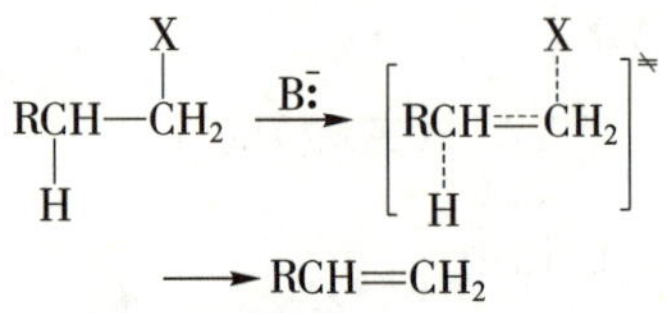 $RCH—CH_2 \xrightarrow{B\bar{:}} [RCH{=}CH_2]^{\neq} \longrightarrow RCH{=}CH_2$	两步反应 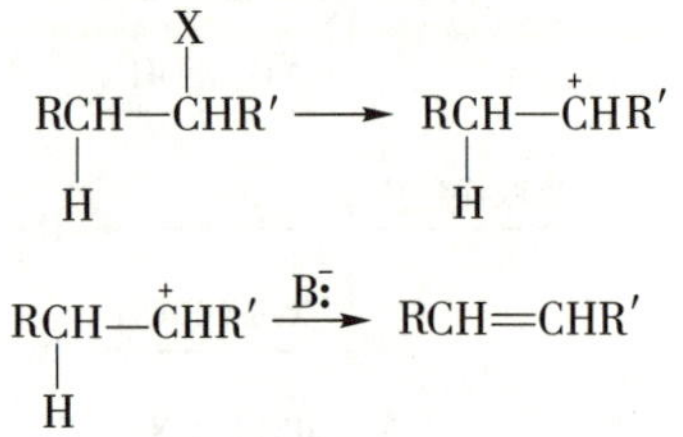 $RCH—CHR' \longrightarrow RCH—\overset{+}{C}HR'$ $RCH—\overset{+}{C}HR' \xrightarrow{B\bar{:}} RCH{=}CHR'$
反应动力学	双分子反应 $v=k[RX][B^-]$	单分子反应 $v=k[RX]$
立体化学	反式共平面消除	无
亲核试剂	强碱	弱碱
底物（RX）	$3° > 2° > 1°$	$3° > 2°$
离去基团	$I^- > Br^- > Cl^-$	$I^- > Br^- > Cl^-$
溶剂	极性非质子溶剂	极性质子溶剂
重排	无	有
竞争反应	S_N2	S_N1

【英汉词汇】

卤代烷　haloalkane　　　　　　　瓦尔登翻转　Walden inversion

亲核取代　nucleophilic substitution　　离子对　ion pairs

亲核试剂　nucleophile　　　　　　消除　elimination

底物　substrate　　　　　　　　格利雅试剂　Grignard reagent

离去基团　leaving group

【参考文献】

［1］Kornblum N, Fishbein L, Smiley R A. The Stereochemistry of the Reaction of Alkyl Halides with Silver Nitrite［J］. J. Am. Chem. Soc., 1955, 77, 6261–6266.

［2］Lanke V, Marek I. Stereospecific nucleophilic substitution at tertiary and quaternary stereocentres［J］. Chem. Sci., 2020, 11, 9378–9385.

［3］Aston J G, Bernhard S A. Composition of Grignard Reagent［J］. Nature, 1955, 165, 485.

［4］潘嘉晟, 王耀锋, 马爽爽, 等. 脂肪伯胺的合成及工业化研究进展［J］. 过程工程学报, 2021, 21（8）: 905–917.

［5］王哲清. 简述格氏反应［J］. 中国医药工业杂志, 2012, 43（4）: 311–316.

【习题】

1. 命名下列化合物或写出结构式：

（1）　　（2）　　（3）　　（4）

（5）　　（6）碘仿　　（7）顺 –3, 5– 二氯环戊烯

（8）（2S, 3S）–2– 溴 –3– 氯丁烷

2. 用反应式表示 2– 溴丁烷与以下化合物反应的主要产物。

（1）$NaOH/H_2O$　　　　　（2）Mg/ 乙醚　　　　　（3）产物（2）+ 乙炔

（4）KOH/ 醇　　　　　　（5）$AgNO_3$/ 乙醇　　　（6）NaCN/ 醇

3. 卤代烷与 NaOH 在水与乙醇混合物中进行反应, 请指出哪些属于 S_N2 机理, 哪些属于 S_N1 机理。

（1）产物的绝对构型完全转化　　　　　（2）有重排产物

（3）碱的浓度增加反应速率明显加快　　（4）增加溶剂的含水量反应速率明显加快

（5）三级卤代烷速率大于二级卤代烷　　（6）反应机理只有一步

（7）进攻试剂亲核性越强反应速率越快

4. 按要求回答下列问题。

（1）与 $AgNO_3$/ 乙醇溶液作用的活性大小次序进行排序：3– 溴丙 –1– 烯, 1– 溴丙 –1– 烯, 1– 溴丙烷,

2-溴丙烷

（2）按 S_N1 取代反应的速率大小进行排序：

$$\bigcirc\!\!\!-CH_2Cl \qquad \bigcirc\!\!\!-CHClCH_3 \qquad \bigcirc\!\!\!-CH_2CH_2Cl \qquad \bigcirc\!\!\!-CH_2CHClCH_3$$

5. 写出下列反应的主产物。

（1）$Cl-\bigcirc-CH_2Cl \xrightarrow[H_2O]{NaOH}$

（2）$H_3C-\bigcirc-CH_2Cl \xrightarrow{NaOC_2H_5}$

（3）$CH_2=CHCH_2CHCH(CH_3)_2 \xrightarrow[C_2H_5OH]{NaOC_2H_5}$
　　　　　　　　　$\underset{Br}{|}$

（4）$\bigcirc\!\!\!-Br + (CH_3)_2CuLi \xrightarrow[0℃]{无水乙醚}$

（5）$\bigcirc \xrightarrow[\triangle]{Br_2} \xrightarrow[无水乙醚]{Mg} \xrightarrow{D_2O}$

（6）$\bigcirc\!\!\!-C_2H_5 \xrightarrow[HNO_3]{H_2SO_4} \xrightarrow[\triangle]{Br_2} \xrightarrow{NaCN}{C_2H_5OH} \xrightarrow[\triangle]{H_3O^+}$

6. 下列合成路线有无错误，若有错误，请予以指正。

（1）

（2）$CH_3CH=CH_2 \xrightarrow[(A)]{Br/H_2O} CH_3CHCH_2OH \xrightarrow[(B)]{Mg/无水乙醚} CH_3CHCH_2OH$
　　　　　　　　　　　　　　　$\underset{Br}{|}$　　　　　　　　　　$\underset{MgBr}{|}$

（3）$(CH_3)_2C=CH_2 \xrightarrow[(A)]{HBr} (CH_3)_3CBr \xrightarrow[(B)]{C_2H_5ONa} (CH_3)_3COC_2H_5$

（4）$\bigcirc\!\!\!-CH_2CH_2CH(CH_3)_2 \xrightarrow[(A)]{Cl_2/\triangle} \bigcirc\!\!\!-CH_2CHCH(CH_3)_2 \xrightarrow[(B)]{C_2H_5ONa/NaOH}$
　　　　　　　　　　　　　　　　　　　　　　　　$\overset{Cl}{\underset{|}{}}$

　　$\bigcirc\!\!\!-CH=CHCH(CH_3)_2$

7. 用化学方法鉴别下列各组化合物。

（1）

（2）苯—CH₃   苯—CH₂Cl   苯—CH=CH₂   苯—Cl

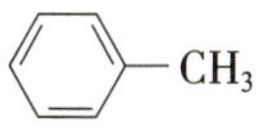

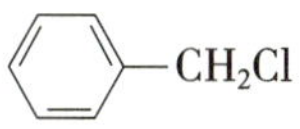

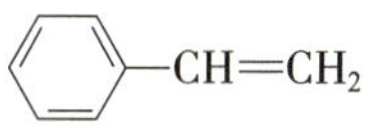

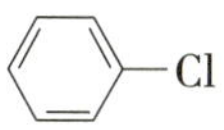

8. 完成下列转化。

（1）$CH_3CH_2CH_2OH \longrightarrow BrCH_2CH_2CH_2Br$

（2）苯环上CH₃ → 苯环上CH₂COOH

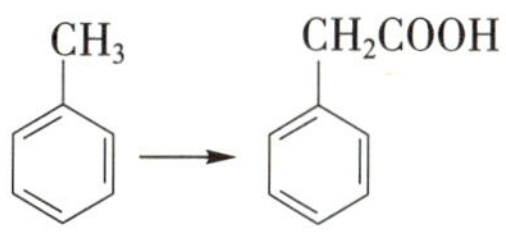

（3）2,4-二甲基溴苯 → 苯三甲酸（COOH, COOH, COOH）

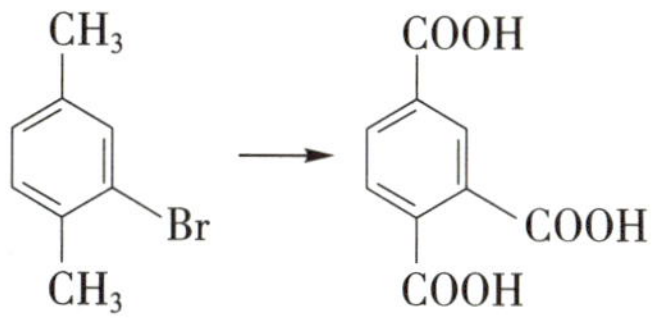

9. 化合物 A 的分子式为 C_4H_8，加溴后的产物用 $NaOH/C_2H_5OH$ 处理，生成 C_4H_6（B），B 能使溴的四氯化碳溶液褪色，并与银氨溶液生成沉淀。试推出 A、B 的结构式和各步反应。

10. 化合物 A 和 B 互为异构体，分子式为 C_9H_{12}，经浓 $KMnO_4$ 水溶液加热氧化都能生成化合物 C。A 和 B 在光照下进行一溴代反应分别得到产物 D 和 E。D 和 E 与热 KOH 乙醇溶液作用生成 F 和 G。F 经臭氧氧化再还原水解分别生成 H 和乙醛，而 G 则生成 I 和甲醛。试写出 A ~ I 的结构式和各步反应式。

扫一扫，获取本章习题答案

第七章　习题答案

第八章　醇、酚和醚

【导言】

　　提到"醇"，人们很自然就会想到日常生活中接触得最多的"乙醇"，无论是餐桌上的美酒，医用酒精，或是乙醇汽油，都说明乙醇已经成为人们生活中必不可少的一种有机化合物。中国已有几千年的酿酒历史，其原理就是糖类在酶的作用下发酵制得酒精，它可调制成各种酒精饮料。进入体内的乙醇被机体代谢，最终生成二氧化碳和水。当酒精在人体血液内达到一定浓度时，人对外界的反应能力及自身控制能力就会下降。按规定，饮酒驾车是指车辆驾驶人员血液中的酒精含量大于 $20\ mg \cdot (100\ mL)^{-1}$，小于 $80\ mg \cdot (100mL)^{-1}$ 的驾驶行为。大于后者浓度则属于醉酒驾车。在常用的便携式酒精检测仪中，一个小的燃料电池通过催化氧化醇产生电流，其强度与样品中乙醇的浓度成正比。

　　本章从醇、酚和醚的结构特征出发，主要介绍它们的命名方法；醇、酚与卤代烃类似的亲核取代反应、消除反应，以及与卤代烃不同的性质——酸性等。

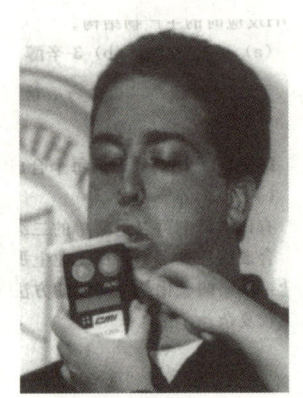

第一节　醇

一、醇的结构、分类和命名

（一）结构

　　氧原子的核外电子排布为 $1s^2 2s^2 2p_x^2 2p_y^1 2p_z^1$，饱和醇羟基中的氧是 sp^3 杂化，呈现近四面体形的键角，其中两对孤对电子分占两个 sp^3 杂化轨道，另外两个 sp^3 杂化轨道一个与氢原子的 1s 轨道形成 σ 键，一个与碳原子的 sp^3 杂化轨道形成 σ 键。甲醇的分子结构数据和球棍模型如图 8-1 所示。

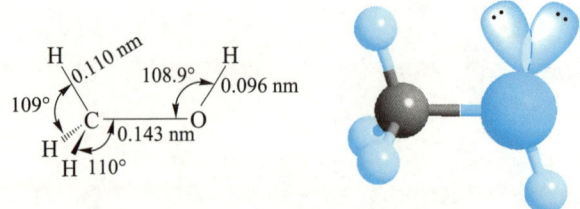

图 8-1　甲醇的分子结构数据和球棍模型

甲醇分子中 O—H 键比 C—H 键要短得多,主要原因是氧的电负性比碳的要高。同时氧的电负性也导致了醇分子内电荷的不均匀分布,分子中的 C—O 键和 O—H 键都有较强的极性。醇的偶极矩约为 6.67×10^{-30} C·m,是极性分子。

(二)分类

根据醇分子结构中所含羟基的数目来分类,含一个羟基的称为一元醇,含两个羟基的称为二元醇,以此类推。根据羟基所连烃基的结构,可分为饱和脂肪醇、不饱和脂肪醇和芳香醇。根据羟基所连碳原子的类型来分类,羟基连在一级碳原子上的醇称为伯醇(一级醇),羟基连在二级碳原子上的醇称为仲醇(二级醇),羟基连在三级碳原子上的醇称为叔醇(三级醇)。例如:

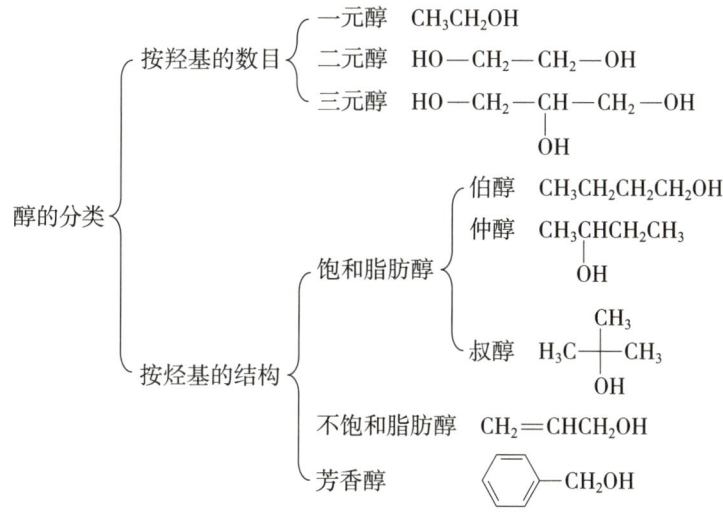

(三)命名

对于结构比较简单的醇常用官能团类别名来命名,即根据羟基所连的烃基称为某醇。例如:

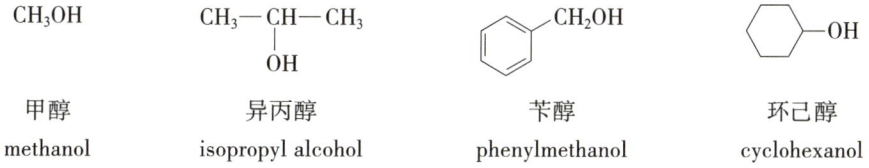

甲醇	异丙醇	苄醇	环己醇
methanol	isopropyl alcohol	phenylmethanol	cyclohexanol

有的醇也经常采用俗名。例如:

$$HO—CH_2—CH_2—OH \qquad HO—CH_2—\underset{\overset{|}{OH}}{CH}—CH_2—OH \qquad C(CH_2OH)_4$$

乙二醇	甘油(丙三醇)	季戊四醇
ethylene glycol	glycerin	pentaerythritol

结构比较复杂的醇采用系统命名法命名,遵循下列原则:① 选择连有羟基的碳原子在内的最长碳链作为母体氢化物(含有不饱和的碳碳双键或叁键尽可能包括在内),按其中碳原子的个数称为"某醇";② 从最靠近羟基的一端开始编号,使羟基所连碳原子位次最低,然后考

虑重键的位次最低;③ 命名时,取代基的位次、数目、名称及重键、羟基的位次在母体前依次注明。例如:

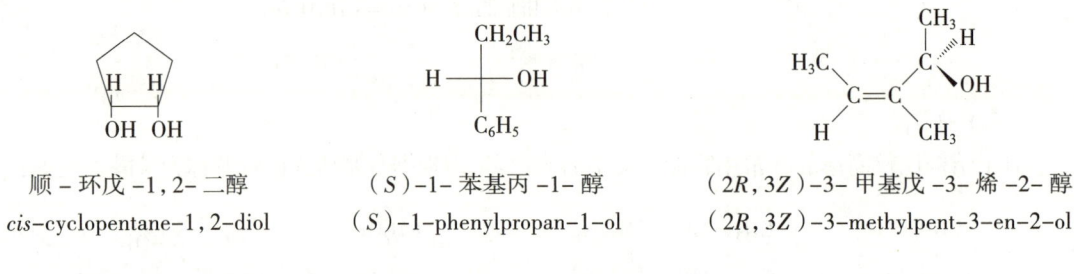

2- 甲基丙 -2- 醇
2-methylpropan-2-ol

5,5- 二甲基 -3- 丙基己 -2- 醇
5,5-dimethyl-3-propylhexan-2-ol

2- 苯基乙 -1- 醇
2-phenylethan-1-ol

二元醇和多元醇的命名,应选择连有尽可能多的羟基的碳链作为母体氢化物,羟基的数目写在“醇”字的前面,并注明羟基的位次。例如:

戊 -2,3- 二醇
pentane-2,3-diol

2,3- 二甲基丁 -2,3- 二醇
2,3-dimethylbutane-2,3-diol

对具有一定构型的醇还需标记它们的构型。例如:

顺 - 环戊 -1,2- 二醇
cis-cyclopentane-1,2-diol

(S)-1- 苯基丙 -1- 醇
(S)-1-phenylpropan-1-ol

(2R,3Z)-3- 甲基戊 -3- 烯 -2- 醇
(2R,3Z)-3-methylpent-3-en-2-ol

【思考题 8-1】用系统命名法命名下列化合物:

(1)   (2)(CH₃)₂C-CH₂OH   (3)

二、醇的物理性质

一些常见醇的物理常数见表 8-1。在常温下,含 1~4 个碳原子的直链饱和一元醇是无色液体,含 5~11 个碳原子的直链饱和一元醇为油状液体,12 个碳原子以上的醇为无臭无味的蜡状固体。甲醇、乙醇、丙醇都带有酒香,丁醇到十一醇带有不愉快的气味,二元醇和多元醇具有甜味。

表8-1 常见醇的物理常数

名称	熔点 /℃	沸点 /℃	相对密度（20℃）	溶解度 /[g · (100 g H₂O)⁻¹]
甲醇	-97	64	0.792	∞
乙醇	-115	78	0.789	∞
丙醇	-126	97	0.804	∞
异丙醇	-88	82	0.786	∞
丁醇	-90	118	0.810	7.9
异丁醇	-108	108	0.802	11.1
仲丁醇	-114	99.5	0.808	12.5
叔丁醇	25	82.5	0.789	∞
正戊醇	-78.5	138.0	0.817	2.3
新戊醇	53	114	0.812	∞
正己醇	-46.7	158	0.819	0.6
正庚醇	-34	176	0.822	0.2
烯丙醇	-129	97	0.855	∞
乙二醇	-11.5	198	1.113	∞
丙三醇	18	290（分解）	1.261	∞
苯甲醇	-15.3	205.3	1.040	4

　　直链饱和一元醇的沸点随相对分子质量的增加而有规律地升高,在同系列中,少于10个碳原子的醇,每增加一个CH_2,沸点将升高18～20℃。对于碳原子数相同的醇,含支链越多的沸点越低。低级醇的沸点比和它相对分子质量相近的烷烃要高得多,甲醇（相对分子质量32）的沸点为64.7℃,而乙烷（相对分子质量30）的沸点为-88.6℃。这是因为醇在液体状态,分子间能通过氢键而缔合,它们的分子实际以"分子缔合体"的形式存在:

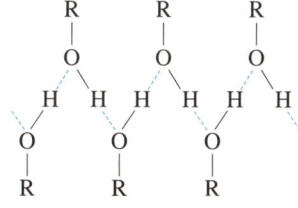

　　多元醇分子中有两个或两个以上的位置形成氢键,所以沸点更高。如乙二醇的沸点为198℃,丙三醇的沸点为290℃。

　　甲醇、乙醇、丙醇等都能与水以任意比例混溶。随着羟基结构的增大,醇在水中的溶解度明显降低。正丁醇在水中的溶解度是7.9 g/(100 g H₂O),碳原子数在癸醇之上的醇几乎不溶于水。低级醇可与水以任意比例混溶,是由于醇羟基和水分子之间形成氢键。高级醇不溶于水而易溶于有机溶剂。芳香醇由于芳环的存在,在水中的溶解度小。

　　脂肪族一元醇的相对密度大于烷烃,但小于1;多元醇和芳香醇的相对密度大于1。

【思考题 8-2】从表 8-1 中给出的相同碳原子数的直链醇与支链醇的沸点和溶解度数据,能发现什么规律? 如何解释?

三、醇的化学性质

羟基是醇的官能团,是这类化合物的反应中心。在醇羟基中,氧原子的电负性比氢原子大,氧氢键极性大,氢易于解离表现出酸性。由于氧原子的电负性比碳原子大,碳和氧共用的电子对偏向氧,使得醇显示碱性,也有亲核性。另外,在酸催化下 α- 碳原子可以发生饱和碳原子上的亲核取代反应。由于 α- 碳原子带有正电荷,导致 α 位的氢也容易被氧化。

(一)酸性

醇类似水分子都含有羟基,在一定条件下可解离出氢离子而显酸性。醇与金属钠或钾等活泼金属作用生成醇钠和氢气,但一般反应要比水缓和。利用这一性质,实验室中常用异丙醇处理废弃的少量活泼金属,不会引起燃烧或者爆炸。

$$2\,HO{-}H + 2\,Na \longrightarrow 2\,NaOH + H_2 \quad 反应剧烈$$

$$2\,RO{-}H + 2\,Na \longrightarrow 2\,RONa + H_2 \quad 反应缓和$$

表 8-2 列出一些常见醇的 pK_a 值。从表中可以看出,醇都是较弱的酸,除甲醇之外,其余的酸性都比水弱。羟基 α- 碳原子上的烷基增多,酸性减弱。这是由于烷基具有给电子效应,能使氧周围的电子云密度升高,使烷氧基更容易结合 H^+。所以不同烃基结构的醇与活泼金属反应活性次序如下:

$$甲醇 > 伯醇 > 仲醇 > 叔醇$$

$$CH_3OH > CH_3CH_2OH > (CH_3)_2CHOH > (CH_3)_3COH$$

表 8-2 一些常见醇和水的 pK_a

化合物	pK_a	化合物	pK_a	化合物	pK_a
H_2O	15.7	$(CH_3)_2CHOH$	17.1	CF_3CH_2OH	12.4
CH_3OH	15.5	$(CH_3)_3COH$	18.0	$CF_3CH_2CH_2OH$	14.6
CH_3CH_2OH	15.9	$ClCH_2CH_2OH$	14.3	$CF_3CH_2CH_2CH_2OH$	15.4

从表中的数据也可以看出,卤原子的取代增强了醇的酸性。这是由于卤原子的吸电子诱导效应增加了烷氧基负离子中的负电荷的稳定性所致。取代醇的酸性随着卤原子数目的增加而增大,但随着与羟基距离的增加而减小。

由于水的酸性比醇强,反过来,醇钠在水中会全部水解,生成醇和氢氧化钠。

$$RONa + H_2O \longrightarrow ROH + NaOH$$

醇和金属镁、铝等也能反应。因活性比钠弱,醇与金属镁作用时需用少量碘作催化剂,生成醇镁。醇镁和醇钠一样,也容易发生水解,在实验室中常用醇镁来除去乙醇中的水分以制备绝对乙醇。

$$2\ C_2H_5OH + Mg \xrightarrow{I_2} (C_2H_5O)_2Mg + H_2$$

$$(C_2H_5O)_2Mg + H_2O \longrightarrow 2\ C_2H_5OH + MgO$$

【思考题 8-3】比较下列醇的酸性。

(1) 环己醇 —OH

(2) 4-氯环己醇 —OH ... Cl

(3) 2-氯环己醇 —OH Cl

(4) 3-氯环己醇 —OH ... Cl

（二）碱性

醇的羟基氧未共用电子对可与 H⁺ 结合形成锌盐，因此醇具有碱性。例如：

$$CH_3CH_2\overset{..}{O}H + H^+ \longrightarrow CH_3CH_3\overset{+}{O}H_2$$

醇的碱性强弱和与氧相连的烃基的电子效应有关：烃基的给电子能力越强，醇的碱性越强；烃基的吸电子能力越强，醇的碱性越弱。醇的碱性强弱也可以由它的共轭酸的酸性强弱来判断，其共轭酸的酸性越弱，醇的碱性就越强。

醇羟基氧上因为有孤对电子，相当于路易斯碱，可以与存在空轨道的无机离子形成配合物。常常是低级醇可以和一些无机盐（$MgCl_2$、$CaCl_2$ 等）作用，形成结晶醇。例如，$MgCl_2 \cdot 6CH_3OH$、$CaCl_2 \cdot 4CH_3OH$ 及 $CaCl_2 \cdot 4C_2H_5OH$ 等。结晶醇不溶于有机溶剂，溶于水。利用这个性质，可以除去有机化合物中的少量醇。

（三）酯化

醇与含氧无机酸如硫酸、硝酸、磷酸等反应，生成无机酸酯，同时失去一分子水。

醇与浓硝酸作用可得硝酸酯：

$$ROH + HONO_2 \longrightarrow RONO_2 + H_2O$$
硝酸酯

甘油与硝酸通过酯化反应可制得三硝酸甘油酯，俗称硝化甘油，是一种烈性炸药。硝化甘油也用作药物，临床上用于血管扩张，治疗心绞痛和胆绞痛。三位美国科学家因发现硝化甘油能释放出信使分子 NO，同时阐明了 NO 在生命活动中的作用机制而获得 1998 年诺贝尔生理学或医学奖。

$$\begin{array}{l} CH_2-OH \\ | \\ CH-OH \\ | \\ CH_2-OH \end{array} + 3\ HNO_3 \longrightarrow \begin{array}{l} CH_2-ONO_2 \\ | \\ CH-ONO_2 \\ | \\ CH_2-ONO_2 \end{array} + 3\ H_2O$$

三硝酸甘油酯

硫酸氢酯是酸性酯，可以与碱反应生成盐。硫酸二甲酯和硫酸二乙酯常用作烷基化试剂，都有

剧毒！高级醇的硫酸氢酯的钠盐如十二烷基硫酸钠是重要的阴离子表面活性剂,具有去污、乳化和发泡作用。例如:

$$CH_3OH + HOSO_2OH \rightleftharpoons CH_3OSO_2OH + H_2O$$
硫酸氢甲酯

$$2CH_3OSO_2OH \xrightarrow{\triangle} (CH_3O)_2SO_2 + H_2SO_4$$
硫酸二甲酯

醇同样也能与磷酸作用生成磷酸酯。例如:

$$3\ C_4H_9OH + HO-\underset{HO}{\overset{HO}{P}}=O \rightleftharpoons (C_4H_9O)_3PO + 3\ H_2O$$
磷酸三丁酯

磷酸三丁酯常用作萃取剂或增塑剂,许多磷酸酯是重要的农药(见第十二章)。

【知识背景】诺贝尔与诺贝尔奖

　　阿尔弗雷德·伯恩哈德·诺贝尔(A. B. Nobel, 1833—1896 年)是瑞典的著名化学家、工程师、发明家、产业家。诺贝尔 1833 年出生于瑞典首都斯德哥尔摩。他的父亲是位发明家,从小受到父亲的熏陶,诺贝尔对化学研究和实验有着浓厚的兴趣。19 世纪下半叶,欧洲许多国家正处于工业革命的高潮,矿山开发、河道挖掘、铁路修建等工程都需要大量烈性炸药,硝化甘油是由意大利索伯莱格于 1847 年发明的,极不安全,非常容易发生爆炸,因此诺贝尔父子决心进行实验加以改进,不料,在一次实验中发生了大爆炸,工厂全部被炸毁,诺贝尔的弟弟罹难。在沉重打击下,诺贝尔并没有灰心丧气,反而更加百折不挠。经过反复钻研,在一个偶然的机会,发现当硝化甘油与硅藻土吸收剂混合时,即使受热或撞击也不易爆炸,可以安全使用,这就是黄色安全炸药(硅藻甘油炸药),当时诺贝尔年仅 34 岁。诺贝尔一生拥有 355 项专利发明,并在欧美等五大洲 20 个国家开设了约 100 家公司和工厂,积累了巨额财富。在他逝世的前一年,立嘱将其遗产的大部分(约 920 万美元)作为基金,将每年所得利息分别用于设立物理学、化学、生理学或医学、文学及和平 5 种奖金(即诺贝尔奖),授予世界各国在这些领域对人类做出重大贡献的人。截至 2020 年,已经有 185 人获得诺贝尔化学奖。

(四)卤代

　　醇与氢卤酸反应生成相应的卤代烃和水,反应属于亲核取代反应。这是制备卤代烃的重要方法之一。

$$R-OH + HX \longrightarrow R-X + H_2O$$

　　醇与氢卤酸反应的速率与醇的结构及氢卤酸的活性有关。不同结构的醇反应活性次序为:烯丙型醇和苄醇 > 叔醇 > 仲醇 > 伯醇 > 甲醇。

氢卤酸的酸性次序为 HI>HBr>HCl>HF。HI 很容易与伯醇作用,HBr 与伯醇反应需要加入浓硫酸,HCl 与伯醇反应需要用无水 $ZnCl_2$ 催化才能生成氯代烃。

$$CH_3CH_2CH_2CH_2OH \begin{cases} + HI \xrightarrow{\triangle} CH_3CH_2CH_2CH_2I + H_2O \\ + HBr \xrightarrow[\triangle]{\text{浓}H_2SO_4} CH_3CH_2CH_2CH_2Br + H_2O \\ + HCl \xrightarrow[\triangle]{\text{无水}ZnCl_2} CH_3CH_2CH_2CH_2Cl + H_2O \end{cases}$$

浓盐酸和无水氯化锌所配制的溶液称为卢卡斯(Lucas)试剂,在实验室中常用它来鉴别含 6 个碳原子及以下的一元醇。叔醇反应最快,仲醇次之,伯醇最慢。反应中生成的氯代烃不溶于水,会呈现浑浊或分层的现象。观察反应中出现浑浊或分层的快慢,可以区分伯醇、仲醇和叔醇。由于 6 个碳原子以上的一元醇水溶性差,一般不能利用卢卡斯试剂进行鉴别。甲醇、乙醇和异丙醇也不能用这种方法鉴别,因为反应生成的 CH_3Cl、CH_3CH_2Cl 为气体,$(CH_3)_2CHCl$ 的沸点为 36.5℃,在分层前大部分已挥发。

$$RCH_2OH + HCl \xrightarrow[\text{加热才反应}]{\text{无水}ZnCl_2} RCH_2Cl + H_2O \qquad \text{室温下无变化,加热后变浑浊}$$

$$R_2CHOH + HCl \xrightarrow[\text{室温, 10 min}]{\text{无水}ZnCl_2} R_2CHCl + H_2O \qquad \text{放置片刻后变浑浊}$$

$$R_3COH + HCl \xrightarrow[\text{室温, 1 min}]{\text{无水}ZnCl_2} R_3CCl + H_2O \qquad \text{立即浑浊}$$

醇与氢卤酸的反应是酸催化下的亲核取代反应。不同结构的醇可按 S_N1 或 S_N2 机理进行。氢卤酸与大多数伯醇按 S_N2 机理进行反应:

$$R-CH_2-OH \xrightarrow{H^+} R-CH_2-\overset{+}{O}H_2 \xrightarrow{X^-} \left[X \cdots \underset{\underset{H}{|}}{\overset{\overset{R}{|}}{C}} \cdots OH_2 \right]^{\neq} \longrightarrow X-CH_2R + H_2O$$

过渡态

一般烯丙型醇、苄基型醇、叔醇、仲醇和空间位阻较大的伯醇按 S_N1 机理进行反应:

$$R-\underset{\underset{R''}{|}}{\overset{\overset{R'}{|}}{C}}-OH \xrightarrow{H^+} R-\underset{\underset{R''}{|}}{\overset{\overset{R'}{|}}{C}}-\overset{+}{O}H_2 \xrightarrow[\text{慢}]{-H_2O} R-\underset{\underset{R''}{|}}{\overset{\overset{R'}{|}}{C}}{}^+ \xrightarrow[\text{快}]{X^-} R-\underset{\underset{R''}{|}}{\overset{\overset{R'}{|}}{C}}-X$$

由于 S_N1 反应过程中生成碳正离子,因此有可能产生重排产物。例如:

$$\underset{\underset{OH}{|}}{CH_3CH_2CH_2CHCH_3} + HBr \longrightarrow \underset{\underset{Br}{|}}{CH_3CH_2CH_2CHCH_3} + \underset{\underset{Br}{|}}{CH_3CH_2CHCH_2CH_3}$$

$$\qquad\qquad\qquad\qquad\qquad 86\% \qquad\quad 14\%\text{(重排产物)}$$

$$(CH_3)_2CHCH_2OH + HBr \longrightarrow (CH_3)_2CHCH_2Br + (CH_3)_3CBr$$
$$80\% \qquad\qquad 20\%(重排产物)$$

$$(CH_3)_3CCH_2OH + HBr \longrightarrow (CH_3)_2CCH_2CH_3$$
$$\underset{Br}{|}$$
$$100\%(重排产物)$$

这是由于在反应过程中,碳正离子不稳定而发生了重排。以下二级醇与卢卡斯试剂发生反应,二级碳正离子重排为更稳定的三级碳正离子,主产物为三级氯代烷。例如:

$$CH_3-\overset{CH_3}{\underset{H}{\overset{|}{C}}}-\overset{H}{\underset{OH}{\overset{|}{C}}}-CH_3 \xrightarrow{H^+} CH_3-\overset{CH_3}{\underset{H}{\overset{|}{C}}}-\overset{H}{\underset{{}^+OH_2}{\overset{|}{C}}}-CH_3 \xrightarrow{-H_2O} CH_3-\overset{CH_3}{\underset{H}{\overset{|}{C}}}-\overset{H}{\underset{+}{\overset{|}{C}}}-CH_3$$

$$\xrightarrow{重排} CH_3-\overset{CH_3}{\underset{+}{\overset{|}{C}}}-\overset{H}{\underset{H}{\overset{|}{C}}}-CH_3 \xrightarrow{Cl^-} CH_3-\overset{CH_3}{\underset{Cl}{\overset{|}{C}}}-\overset{H}{\underset{H}{\overset{|}{C}}}-CH_3$$

另外,用三氯化磷、五氯化磷等对醇进行亲核取代反应也是制备相应卤代烃的方法。

$$3\ ROH + PX_3 \longrightarrow 3\ RX + H_3PO_3$$
$$ROH + PX_5 \longrightarrow RX + POX_3 + HX$$

这类反应大多数伯醇按照 S_N2 机理进行。例如:

$$CH_3CH_2-\overset{..}{O}H + \underset{Br}{\overset{|}{\underset{Br}{P}}}-Br \longrightarrow Br^- + \overset{H\ H}{\underset{H_3C}{C}}-\overset{+}{O}-PBr_2 \xrightarrow{S_N2} CH_3CH_2Br + HPOBr_2$$

醇羟基是不好的离去基团,三溴化磷首先将羟基转变成一个好的离去基团,并提供亲核试剂 Br^-,然后经 S_N2 反应生成溴代烷。

仲醇和叔醇主要按 S_N1 机理进行反应。例如:

$$(CH_3)_3C-\overset{..}{O}H + \underset{Br}{\overset{|}{\underset{Br}{P}}}-Br \xrightarrow{-Br^-} \overset{H_3C}{\underset{H_3C}{\overset{H_3C}{C}}}-\overset{+}{O}-PBr_2 \xrightarrow{S_N1} (CH_3)_3C^+ + HPOBr_2$$
$$\downarrow Br^-$$
$$(CH_3)_3CBr$$

醇羟基转变为好的离去基团,然后异裂产生碳正离子,再与亲核试剂 Br^- 结合生成溴代烷。

上述方法中,最常用的是三溴化磷与一级醇生成相应溴代烷;在用二级醇及一些易发生重排反应的一级醇时须低温度反应,以免重排。

醇与二氯亚砜反应得到氯代烷,也是制备氯代烷的常用方法之一。该反应条件温和,反应中生成的氯化氢和二氧化硫均为气体,容易挥发或用弱碱除去。产物经直接蒸馏可得到纯的氯代烷。此方法一般不发生重排反应,是由伯醇和仲醇制备相应氯化物的好方法。反应机理

8-1

属于分子内亲核取代反应,在此不再详述。

$$CH_3CH_2CH_2CH_2CHCH_2OH + SOCl_2 \xrightarrow[\triangle]{吡啶} CH_3CH_2CH_2CH_2CHCH_2Cl$$
$$\qquad\qquad\qquad | \qquad\qquad\qquad\qquad\qquad\qquad\qquad\qquad\qquad | $$
$$\qquad\qquad\qquad CH_2CH_3 \qquad\qquad\qquad\qquad\qquad\qquad\qquad CH_2CH_3$$

（五）分子间脱水

醇在催化剂（如 H_2SO_4、H_3PO_4、Al_2O_3 等）存在下加热,可以发生两种脱水反应,即分子间脱水生成醚和分子内脱水生成烯烃。

在相对较低的温度下,伯醇主要发生分子间脱水反应生成醚。例如:

$$CH_3CH_2OH + CH_3CH_2OH \xrightarrow[140℃]{浓 H_2SO_4} CH_3CH_2OCH_2CH_3 + H_2O$$

反应机理首先生成质子化的醇,然后由另一分子醇中带部分负电荷的氧进行亲核取代反应生成醚:

$$CH_3CH_2OH \xrightarrow{H_2SO_4} CH_3CH_2 \xrightarrow[S_N2]{H\ddot{O}CH_2CH_3} CH_3CH_2-\overset{H}{\underset{+}{O}}-CH_2CH_3 + H_2O$$
$$\qquad\qquad\qquad\qquad \overset{|}{\underset{+}{OH_2}} \qquad\qquad\qquad\qquad\qquad\qquad \downarrow HSO_4^-$$
$$\qquad\qquad\qquad\qquad\qquad\qquad\qquad\qquad\qquad CH_3CH_2OCH_2CH_3 + H_2SO_4$$

伯醇分子间脱水进行亲核取代反应,主要按 S_N2 机理进行。如果是仲醇在酸性条件下易生成碳正离子,主要按照 S_N1 机理进行,有消除副产物;叔醇主要以 E1 机理发生消除反应,得到烯烃。

（六）分子内脱水

将醇和酸（硫酸、磷酸等）共热,可使醇分子内失去一分子水转变为烯,这是实验室制备烯的常用方法,此反应属于消除反应。例如:

$$\overset{\beta}{\underset{|}{CH_2}}-\overset{\alpha}{\underset{|}{CH_2}} \xrightarrow[170℃]{浓 H_2SO_4} CH_2{=}CH_2 + H_2O$$
$$\underset{H}{\quad}\quad\underset{OH}{\quad}$$

醇在强酸作用下分子内脱水的反应机理是按照 E1 机理进行的:

$$CH_3CH_2OH + H_2SO_4 \underset{}{\overset{快}{\rightleftharpoons}} CH_3CH_2\overset{+}{O}H_2 + HSO_4^-$$

$$CH_3CH_2-\overset{+}{O}H_2 \underset{}{\overset{慢}{\rightleftharpoons}} CH_3\overset{+}{C}H_2 + H_2O$$

$$HSO_4^- + H-CH_2-\overset{+}{C}H_2 \longrightarrow CH_2{=}CH_2 + H_2SO_4$$

从反应的机理看,生成碳正离子的一步是整个反应的决速步。过渡态的势能与形成碳正离子的稳定性有关,碳正离子的稳定性为烯丙基碳正离子、叔碳正离子 > 仲碳正离子 > 伯碳正离子。所以醇的反应活性的顺序为:烯丙基型醇、叔醇 > 仲醇 > 伯醇。一个不稳定的碳正离子容易转变成为一个更稳定的碳正离子,因此,在醇的脱水反应中会伴随有重排产物的生成。

醇脱水的消除反应取向与卤代烃相似,符合查依采夫规则。脱去的是羟基和含氢较少的 β-C 上的氢原子,在 α-C 和 β-C 之间生成双键碳原子上连有较多取代基的烯烃。

$$\text{仲醇}\quad CH_3CH_2CH_2\underset{\underset{OH}{|}}{C}HCH_3 \xrightarrow[140℃]{62\%H_2SO_4} CH_3CH_2CH=CHCH_3 + H_2O$$
$$80\%$$

$$\text{叔醇}\quad CH_3CH_2\underset{\underset{OH}{|}}{\overset{\overset{CH_3}{|}}{C}}CH_3 \xrightarrow[87℃]{46\%H_2SO_4} CH_3CH=\underset{\underset{CH_3}{|}}{C}CH_3 + H_2O$$
$$84\%$$

从以上例子可以看出,仲醇和叔醇的消除反应所需要的酸的浓度和温度较伯醇逐步降低。

一些不饱和醇、芳香醇、二元醇等脱水时,若能生成含稳定的共轭体系的烯烃,则此共轭烯烃为主要产物。例如:

$$C_6H_5\text{—}CH_2\text{—}\underset{\underset{OH}{|}}{C}H\text{—}\underset{\underset{CH_3}{|}}{C}H\text{—}CH_3 \xrightarrow[\triangle]{\text{浓}H_2SO_4} C_6H_5\text{—}CH=CH\underset{\underset{CH_3}{|}}{C}H\text{—}CH_3$$

正丁醇和浓 H₂SO₄ 共热,发生脱水反应,主要产物不是丁 -1- 烯,而是丁 -2- 烯。但是,用氧化铝作脱水剂产物是纯的丁 -1- 烯,这主要是由于反应在气相中进行,不发生重排。

$$CH_3CH_2CH_2CH_2OH \begin{cases} \xrightarrow{75\%H_2SO_4\ 140℃} CH_3CH=CHCH_3 \\ \qquad\qquad\qquad\qquad\text{丁-2-烯(主要产物)} \\ \xrightarrow{Al_2O_3\ 350\sim400℃} CH_3CH_2CH=CH_2 \\ \qquad\qquad\qquad\qquad\text{丁-1-烯} \end{cases}$$

由此可见,醇的分子内脱水和分子间脱水其实就是消除反应和亲核取代反应之间的竞争。一般情况下,低温有利于分子间脱水生成醚,高温有利于分子内脱水生成烯。而叔醇消除反应活性高,主要产物为烯烃。

(七)氧化

醇分子中由于羟基的诱导效应,使得 α- 碳原子上的氢较活泼,容易被氧化。不同结构的醇氧化生成不同的产物。含有 α-H 的伯醇和仲醇可以被氧化或脱氢,生成相应的醛或酮。醛还可以进一步氧化为羧酸。叔醇不含 α-H,在通常情况下不能被氧化。

1. 加氧

常用的氧化剂是酸性高锰酸钾和重铬酸钾。伯醇氧化首先生成醛,反应一般难以停留在中间产物醛的阶段,醛很容易与氧化剂作用得到羧酸。若要得到醛,一般可以采用两种方法。第一种方法是利用产物醛和原料醇的沸点差异,当生成的醛的沸点低于反应温度时,可以通过分馏将醛蒸出。第二种方法就是利用特殊的氧化剂,使氧化停留在醛的阶段。沙瑞特(Sarrett)试剂就是这类氧化剂。

$$CH_3CH_2CH_2OH \xrightarrow[H_3O^+]{KMnO_4} \left[CH_3CH_2\overset{O}{\overset{\|}{C}}H \right] \longrightarrow CH_3CH_2\overset{O}{\overset{\|}{C}}OH$$

$$\text{环己醇} \xrightarrow[H_3O^+]{K_2Cr_2O_7} \text{环己酮}$$

沙瑞特试剂是 CrO_3 和吡啶的配合物,它能迅速将伯醇氧化成醛、仲醇氧化成酮,产率高,而且对双键无影响。例如:

$$CH_2=CH-CH_2OH \xrightarrow[\text{吡啶}]{CrO_3} CH_2=CH-CHO$$

$$\text{环己醇} \xrightarrow[\text{吡啶}]{CrO_3} \text{环己酮}$$

仲醇一般被氧化为酮,酮很稳定,不容易进一步被氧化。例如:

$$H_3C-\underset{H}{\overset{CH_3}{\underset{|}{\overset{|}{C}}}}-OH \xrightarrow[H_3O^+]{KMnO_4} H_3C-\overset{O}{\overset{\|}{C}}-CH_3$$

丙酮

叔醇一般反应条件下不被氧化;若在强烈条件下氧化(如在酸性条件下加强热),原料首先脱水成烯烃,烯烃再被氧化成小分子化合物。

邻二醇经高碘酸或四乙酸铅氧化,两个羟基之间的碳碳单键断裂,生成相应的醛、酮。例如:

$$R-\underset{OH}{\overset{H}{\underset{|}{\overset{|}{C}}}}-\underset{OH}{\overset{H}{\underset{|}{\overset{|}{C}}}}-R' \xrightarrow[H_2O]{HIO_4} RCHO + R'CHO$$

这个反应是定量进行的。因此,根据高碘酸的消耗量可以推算多元醇中所含相邻羟基的数目。根据产物,可推知原化合物的结构,对含有多羟基的糖类化合物的结构测定具有重要意义。例如,丙三醇经 2 mol 高碘酸氧化,可得 2 mol 甲醛和 1 mol 甲酸。

$$H_2C-CH-CH_2 \xrightarrow{HIO_4} 2HCHO + HCOOH$$
$$\underset{OH}{|} \quad \underset{OH}{|} \quad \underset{OH}{|}$$

同时 α- 羟基的醛或酮及 1, 2- 二酮也可以被高碘酸氧化。例如：

$$R-\overset{H}{\underset{O}{\overset{|}{C}}}\overset{|}{\underset{OH}{\overset{|}{C}}}R' + HIO_4 \longrightarrow R-\overset{}{\underset{O}{\overset{}{C}}}-OH + R'-\overset{}{\underset{O}{\overset{}{C}}}-H$$

$$R-\overset{}{\underset{O}{\overset{}{C}}}\overset{}{\underset{O}{\overset{}{C}}}R' + HIO_4 \longrightarrow R-\overset{}{\underset{O}{\overset{}{C}}}-OH + R'-\overset{}{\underset{O}{\overset{}{C}}}-OH$$

2. 脱氢

醇氧化的另一种方式是脱氢。伯醇和仲醇可以在脱氢试剂的作用下失去氢，形成羰基化合物。醇的脱氢反应一般用于工业生产，在高温和催化剂（Cu、Ag、Ni 等）作用下，伯醇脱氢生成醛；仲醇脱氢生成酮。叔醇不能进行此类反应。例如：

8-2

$$伯醇 \quad CH_3-\overset{H}{\underset{}{\overset{|}{C}}}H-O-H \xrightarrow[250\sim300℃]{Cu} CH_3\overset{O}{\overset{\|}{C}}-H + H_2$$

$$仲醇 \quad CH_3-\overset{H}{\underset{CH_3}{\overset{|}{C}}}-O-H \xrightarrow[500℃]{Cu} CH_3-\overset{O}{\overset{\|}{C}}-CH_3 + H_2$$

【思考题 8-4】推测高碘酸氧化断裂下列二元醇的产物。

(1) 环戊烷 CH₂OH / OH

(2) 双环结构 OH / H / OH / H

四、重要的醇

表 8-3 列出了重要醇的结构、特性及用途。

表 8-3　重要醇的结构、特性及用途

名称	结构式	来源与理化特性	生物活性及用途
甲醇	CH_3OH	最初从木材干馏得到，俗称木醇。工业上由 CO 加 H_2 制得。无色液体，易燃、易挥发，可与水及大多数有机溶剂互溶	有毒。甲醇除用作溶剂外，也是重要的有机合成原料，主要用来制备甲醛、醋酸、氯甲烷、甲氨、硫酸二甲酯等有机产品，也用作燃料

续表

名称	结构式	来源与理化特性	生物活性及用途
乙醇	CH_3CH_2OH	酒的主要成分,俗称酒精。工业上主要是以石油裂解气中的乙烯为原料经水合而制得。为无色澄明液体,极易从空气中吸收水分,能与水形成共沸混合物	75% 的乙醇水溶液具有较强杀菌能力,是常用的消毒剂,是重要的有机溶剂,也是有机化学工业中的重要原料,用于合成酯类、乙醚、氯乙烷、乙胺等
丙三醇	$\begin{array}{ccc} CH_2 - & CH - & CH_2 \\ \| & \| & \| \\ OH & OH & OH \end{array}$	俗名甘油,以酯的形式存在于动植物油脂中,可从油脂制肥皂的余液中提取。无色、有甜味的黏稠液体,能与水以任意比例混溶,不溶于有机溶剂	用作化妆品、皮革、烟草、食品及纺织品等的吸湿剂。甘油也是有机合成的重要原料,三硝酸甘油酯俗称硝化甘油,是军工炸药和弹药的生产原料,也可用作医用药,治疗心绞痛和心肌梗死
苯甲醇	$\bigcirc$—CH_2OH	俗称苄醇,以酯的形式存在于许多植物精油中。稍溶于水,能与乙醇、乙醚等混溶,长期与空气接触会被氧化成苯甲醛	多用于香料工业,作为香料的溶剂和定香剂。有微弱的麻醉作用,也常用作局部注射麻醉剂

第二节 酚

一、酚的结构、分类和命名

(一)结构

酚是羟基直接与芳环相连形成的化合物,用 ArOH 表示。酚羟基的氧原子与不饱和碳原子直接相连,氧原子以 sp^2 杂化轨道分别与碳原子的 sp^2 杂化轨道和氢原子的 1s 轨道形成两个 σ 键,一对孤对电子占据一个 sp^2 杂化轨道,另一对孤对电子占据未参与杂化的 p 轨道。p 轨道电子与苯的大 π 键体系发生重叠,形成 p–π 共轭体系。苯酚的结构如图 8-2 所示。

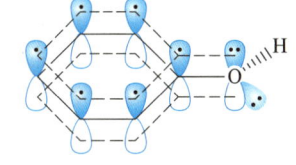

图 8-2 苯酚的结构示意图

(二)分类和命名

依据酚羟基所连芳环的不同,酚可以分为苯酚(phenol)、萘酚(naphthol)和蒽酚(indophenol)等;依据酚羟基的数目多少,可以将酚分为一元酚、二元酚及多元酚。

一些保留俗名的酚。例如:

焦儿茶酚
pyrocatechol

间苯二酚(雷琐酚)
resorcinol

氢醌
hydroquinone

甲苯酚(对位异构体)
cresol

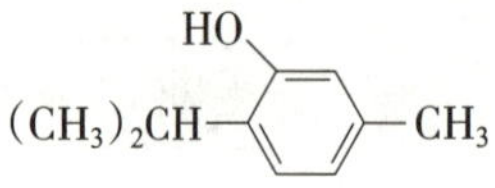

百里酚
thymol

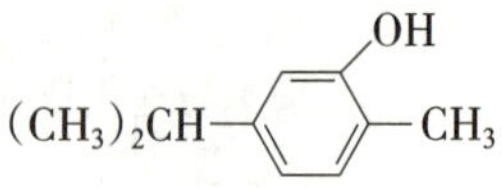

香芹酚
carvacrol

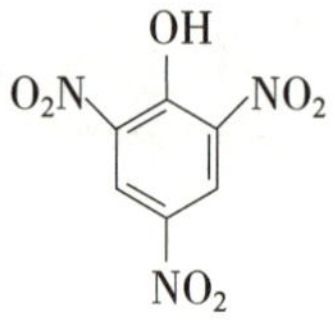

苦味酸
picric acid

酚的命名是在后缀"酚"字的前面加上芳基的名称。编号从羟基所连碳原子开始,遵循位次组最低原则,取代基按照英文字母顺序列出。例如:

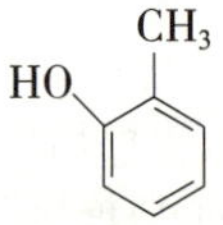

2- 甲基苯酚
2-methylphenol

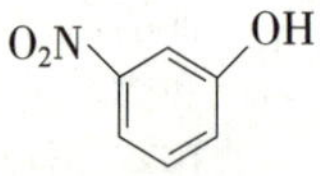

3- 硝基苯酚
3-nitrophenol

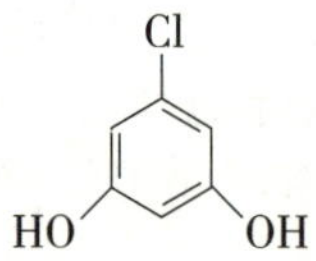

5- 氯苯 -1, 3- 二酚
5-chlorobenzene-1, 3-diol

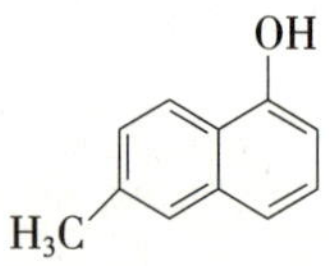

6- 甲基萘 -1- 酚
6-methylnaphthalen-1-ol

有更优先的特性基团时,酚羟基作为取代基命名。例如:

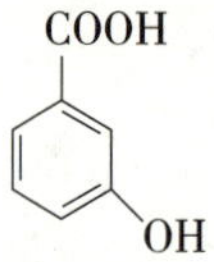

3- 羟基苯甲酸
3-hydroxybenzoic acid

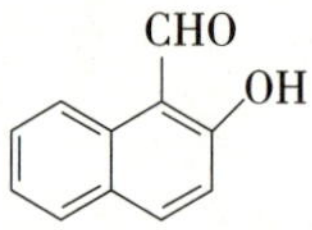

2- 羟基萘 -1- 甲醛
2-hydroxy-1-naphthaldehyde

二、酚的物理性质

由于分子中含有羟基,酚的物理性质与醇相似,酚分子间、酚与水分子间可发生氢键缔合,由此酚的沸点和熔点都比相对分子质量相近的烃类高。由于形成分子间氢键,常温下除极少数酚是高沸点液体外,大多数酚都是以无色晶体的形式存在。

表 8-4 给出一些常见酚的理化常数。由于酚羟基可以与水分子形成较强的氢键,所以酚微溶于水,随着羟基数目的增多或温度的升高,溶解度增大。酚易溶于乙醇、乙醚、苯、卤代烃等有机溶剂中。

表8-4　一些常见酚的理化常数

名称	熔点 /℃	沸点 /℃	溶解度 /[g·(100 g H$_2$O)$^{-1}$]	pK_a(25℃)
苯酚	41	181.7	9.3	9.94
邻甲苯酚	30.9	191	2.5	10.29
间甲苯酚	11.5	202.2	2.6	10.09
对甲苯酚	35.5	218	1.8	10.26

续表

名称	熔点 /℃	沸点 /℃	溶解度 /[g·(100 g H₂O)⁻¹]	pKₐ(25℃)
邻氯苯酚	9.3	175	2.8	8.48
间氯苯酚	33.5	214	2.6	9.02
对氯苯酚	43.2	220	2.7	9.38
邻硝基苯酚	45	214.5	0.2	7.22
间硝基苯酚	96	分解	1.4	8.39
对硝基苯酚	114	分解	1.7	7.15
2,4-二硝基苯酚	113	分解	0.6	4.09
2,4,6-三硝基苯酚	122	（330℃爆炸）	1.4	0.25
α-萘酚	94	279	难	9.31
β-萘酚	123	286	0.1	9.55
邻苯二酚	105	245	45.1	9.48
间苯二酚	110	281	111	9.44

【思考题 8-5】比较下面两种化合物溶解性,并分析哪种化合物在氢氧化钠稀溶液中溶解度大,利用这种溶解度的不同如何采用分液漏斗来分离这两种化合物。

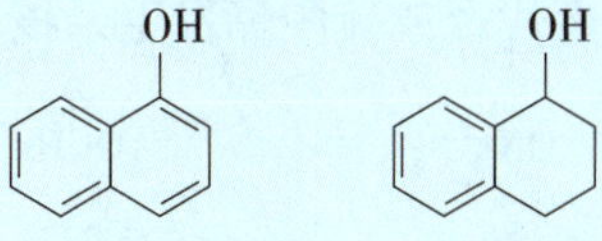

三、酚的化学性质

(一)酚的酸性

酚具有酸性,其 pKₐ 值约为 10,介于水(pK_a=15.7)和碳酸(pK_a=6.37)之间。酚可以与强碱作用成酚盐,而不与碳酸氢钠反应。苯酚可以与氢氧化钠作用形成苯酚钠而溶于水中,说明苯酚具有酸性。醇与氢氧化钠很难起作用,表明苯酚的酸性比醇强。

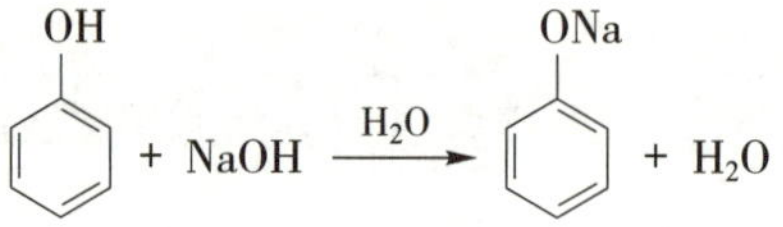

在酚盐中通入 CO_2，可以使苯酚重新游离出来而出现浑浊，说明苯酚的酸性比碳酸弱。利用酚这种能溶于碱，又能用酸将它从碱溶液中游离出来的性质，工业上常用来回收和处理含酚污水。酚不能与碳酸氢钠反应生成盐，利用这一性质可将酚和其他酸性物质（如羧酸等）分离提纯。

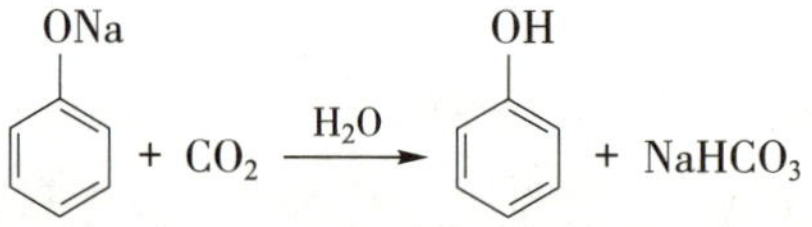

苯环上取代基对酚酸性的强弱影响很大。当取代基为吸电子基时，能增强酚的酸性。对硝基苯酚的酸性比苯酚强得多，这是因为硝基具有吸电子诱导效应和吸电子共轭效应，可以使酚羟基负离子的负电荷离域到硝基的氧原子上，从而使硝基苯酚负离子更加稳定。

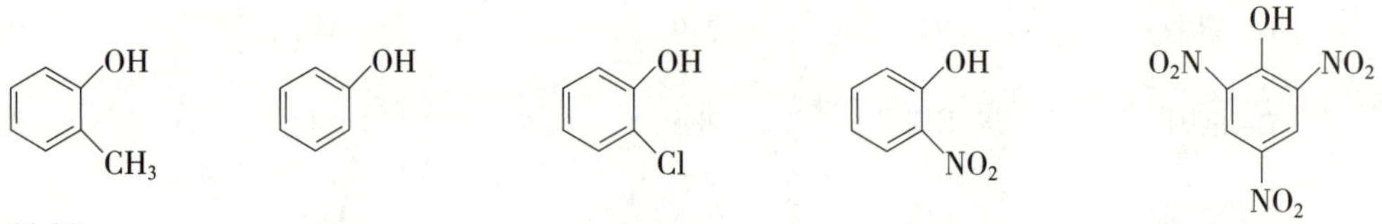

| pK_a | 10.29 | 9.94 | 8.48 | 7.22 | 0.25 |

苯环上连有的吸电子基团越多影响越大。如 $2,4,6$- 三硝基苯酚的 pK_a 值为 0.25，酸性与三氟乙酸的酸性相当，为强酸，俗称苦味酸。

（二）酚醚的生成

与醇相似，酚也可以反应生成醚，但是不能由酚直接脱水制备。由于酚羟基与苯环形成 p-π 共轭体系，使得 C—O 键很难发生断裂，因此酚很难分子间脱水成醚。酚醚的生成一般是在碱性条件下生成酚盐，然后再与卤代烃或硫酸酯发生亲核取代反应制得的。

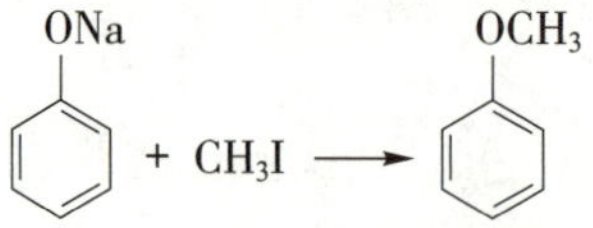

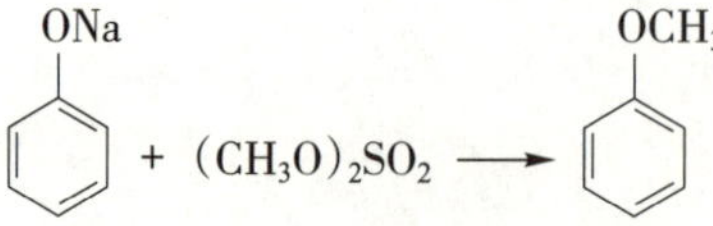

苯甲醚（茴香醚）

有些酚醚可用作除草剂，例如，由 $2,4$- 二氯苯酚与对硝基氯苯通过威廉逊合成得到的产物叫除草醚，可杀除水田一年生杂草。

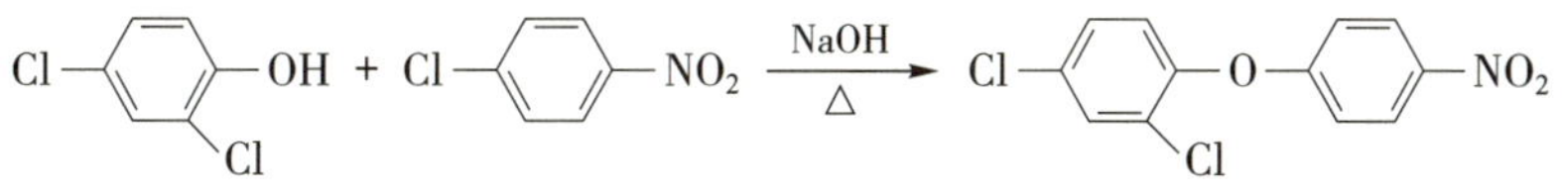

除草醚

（三）芳环上的取代反应

酚羟基是强的邻对位定位基,使芳环碳原子的电子云密度升高,芳环发生亲电取代反应更为容易。

1. 卤代

苯与溴水在室温条件下不发生反应,但苯酚在室温下与饱和溴水发生反应,生成 2,4,6-三溴苯酚白色沉淀。三溴苯酚在水中的溶解度很小,即使很稀的苯酚溶液与溴水作用也能生成三溴苯酚沉淀,灵敏度很高,反应现象明显,作用完全,是实验室用来检查苯酚的存在和进行定量测定苯酚含量的方法。

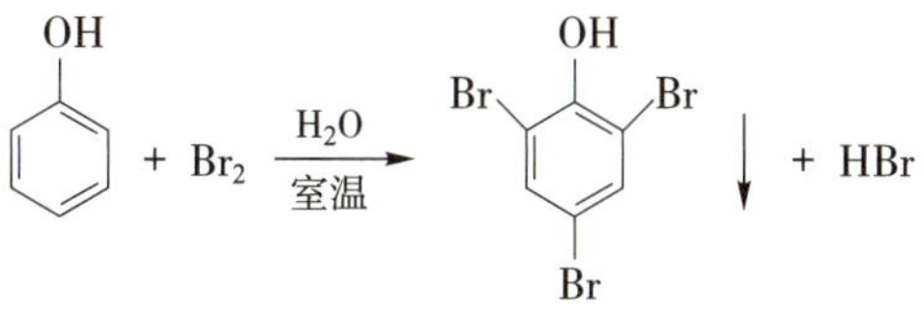

如果在低极性或非极性溶剂中（如 CCl_4、CS_2、$CHCl_3$ 等）进行卤代,并控制溴的用量,则可以得到一溴代苯酚。

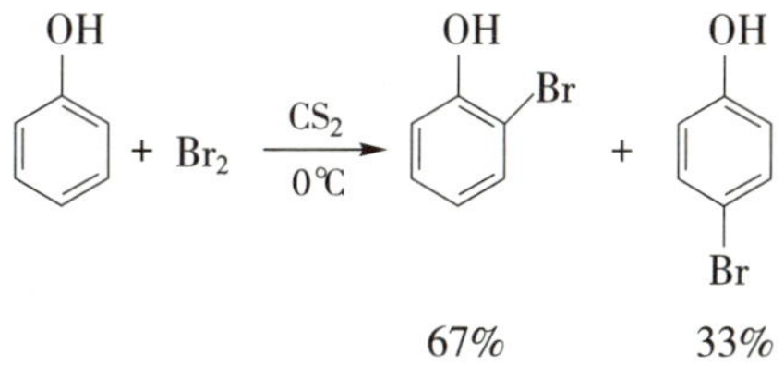

2. 硝化

苯酚在室温下与稀硝酸作用,生成邻硝基苯酚和对硝基苯酚的混合物。

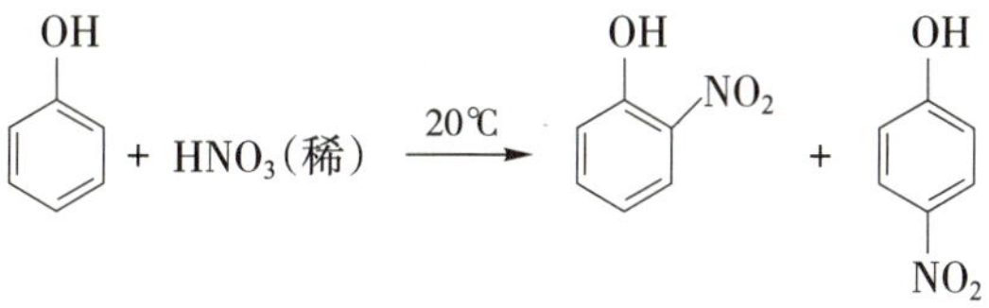

邻硝基苯酚和对硝基苯酚可用水蒸气蒸馏的方法进行分离,因为邻硝基苯酚分子中的羟基和硝基处在相邻位置,能通过氢键在分子内形成六元环螯合物,所以水溶性小,沸点较低,挥发性较大,能随着水蒸气蒸馏出来;而对硝基苯酚分子中的羟基和硝基处在对位,可形成分子间氢键,也可与水分子形成氢键,水溶性较大,沸点较高,难于挥发,难于随水蒸气蒸出而留在蒸馏后的残液中。

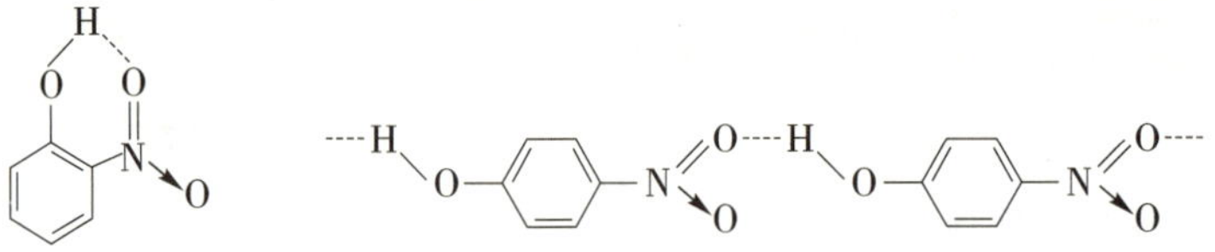

邻硝基苯酚　　　　　　　　　　　对硝基苯酚

由于浓硝酸具有强氧化性,多元硝基苯酚的制备一般用间接的方法以避免苯酚的氧化。如苦味酸(2,4,6- 三硝基苯酚)的制备就是先将苯酚磺化,再用硝基置换磺酸基得到。

3. 磺化

苯酚与浓硫酸很容易进行磺化反应,生成邻位及对位的羟基苯磺酸。

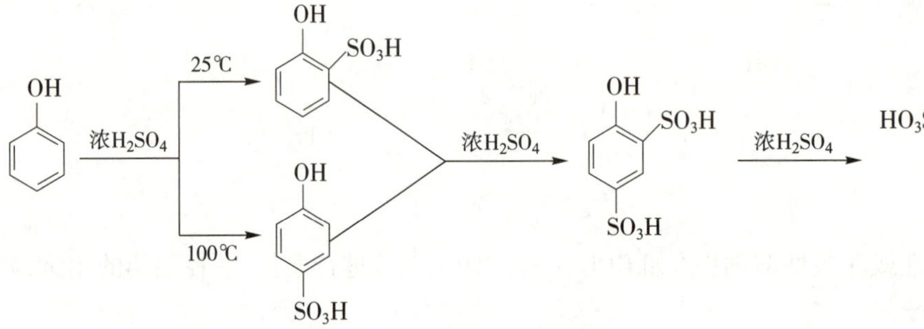

苯酚磺化产物受反应温度的影响较大。一般在室温时,苯酚与浓硫酸进行磺化主要得到邻羟基苯磺酸(动力学控制产物)。由于磺酸基的位阻较大,在较高温度(80~100℃)下,主要得到较稳定的对羟基苯磺酸(热力学控制产物)。两种产物继续磺化都可以得到 4- 羟基苯 -1,3- 二磺酸,乃至进一步磺化。磺酸基是吸电子基,当它连在芳环上时,可降低芳环上的电子云密度,使酚羟基不易被氧化。磺化反应是可逆的,在稀硫酸溶液中回流可以除去磺酸基,在有机合成上有重要意义。

（四）与 $FeCl_3$ 的反应

具有烯醇式结构的化合物大多数能与三氯化铁的水溶液发生显色反应。酚可以看作烯醇式结构,能够与三氯化铁作用生成有色的配合物。结构不同的酚所形成的配合物颜色不同:苯酚为蓝紫色;邻苯二酚为深绿色;间苯二酚、α- 萘酚、均三苯酚为紫色;对苯二酚为暗绿色;苯 -1,2,3- 三酚为棕红色等。该反应可以用来鉴别含有烯醇式结构的化合物。

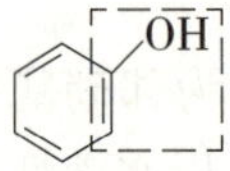

烯醇式骨架　　　　$6\,ArOH + FeCl_3 \longrightarrow [Fe(OAr)_6]^{3-} + 6\,H^+ + 3\,Cl^-$

（五）氧化反应

苯酚很容易被氧化,长久放置时与空气中的氧气接触就能被氧化,生成有色的醌类。

$$\underset{OH}{\text{OH}} \xrightarrow{\text{[O]}} \underset{O}{\overset{O}{\text{对苯醌}}}$$

对苯醌

多元酚更容易被氧化，氧化产物也是醌类化合物。例如，邻苯二酚和对苯二酚可以被氧化银氧化，产物分别是邻苯醌和对苯醌：

$$\underset{OH}{\underset{OH}{\bigcirc}} \xrightarrow[\text{乙醚}]{\text{Ag}_2\text{O}} \underset{O}{\overset{O}{\bigcirc}}$$

$$HO-\bigcirc-OH \xrightarrow[\text{乙醚}]{\text{Ag}_2\text{O}} O=\bigcirc=O$$

对苯二酚还能使溴化银还原成单质银，因而可用作照相底片感光后的显影剂：

$$HO-\bigcirc-OH + 2\,AgBr \longrightarrow O=\bigcirc=O + 2\,Ag\downarrow + 2\,HBr$$

（六）还原反应

酚能通过催化加氢使芳环还原。如苯酚在催化加氢后，被还原为环己醇，这是工业上生产环己醇的方法之一。

$$\bigcirc-OH \xrightarrow{\text{H}_2,\ \text{Ni}} \bigcirc-OH$$

环己醇

8-3

四、重要的酚

表 8-5 列出了重要酚的结构、特性及用途。

表 8-5 重要酚的结构、特性及用途

名称	结构式	来源与理化特性	生物活性及用途
苯酚	OH（苯环结构）	俗称石炭酸，工业上采用磺化碱熔法、异丙苯法、氯苯水解法等制备。为无色针状晶体，有特殊气味，见光或在空气中易被氧化而显淡红色。易溶于乙醚、乙醇等极性有机溶剂，难溶于水，但升高温度，可与水互溶	有很强的杀菌能力，可用于环境消毒；在医药上可用于洗涤剂和软膏的配制，有杀菌、止痛的作用。工业上主要用于制造酚醛树脂、离子交换树脂、环氧树脂、合成纤维、医药、染料、农药、炸药

续表

名称	结构式	来源与理化特性	生物活性及用途
对苯二酚	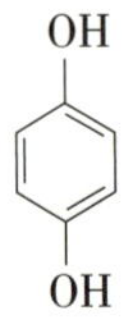	主要采用苯酚氧化法和二异苯丙法生产。属于多元酚，为无色晶体，能溶于水、乙醇和乙醚中。很容易被氧化	被广泛用于单体储运过程中的添加阻聚剂；还用作照相底片的显影剂；是制造蒽醌染料、偶氮染料、医药原料的重要原料
维生素 E	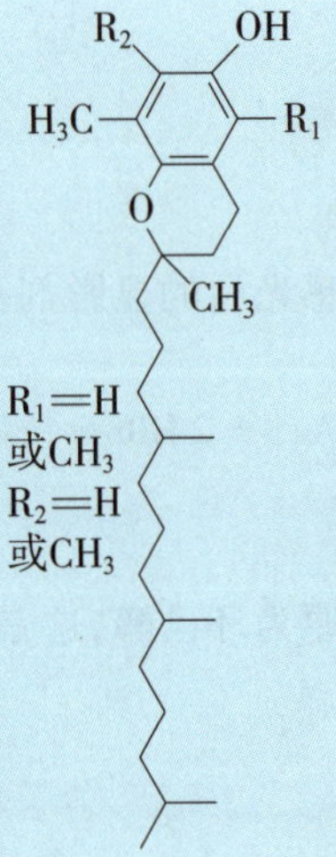 　$R_1=H$ 或 CH_3 $R_2=H$ 或 CH_3	是一组结构相似，称为生育酚类的脂溶性化合物。广泛分布于动植物油脂、蛋黄、牛奶、水果、莴苣叶等食品中，在麦胚油、玉米油、花生油、棉籽油中含量更丰富。不溶于水，易溶于脂肪和乙醇等有机溶剂中。耐热、耐酸并耐碱，极易被氧化	动物体内不能合成，所需的维生素 E 都是从食物中取得。主要用于防治不育症，作为抗衰老药物，作为抗氧化剂，保护机体细胞免受自由基的毒害，改善脂质代谢，预防冠心病、动脉粥样硬化
β-萘酚	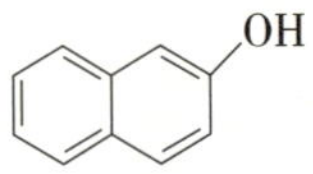	又名乙萘酚，存在于煤焦油中，工业生产一般采用碱熔法或异丙萘氧化法。白色至红色片状晶体，在空气中长期储存时颜色变深。不溶于冷水，易溶于热水、乙醇、乙醚、氯仿、苯	广泛用于生产直接染料、酸性染料、冰染染料，以及感光性树脂、香料、光谱性杀虫剂、医药及橡胶防老剂等

【知识延伸】白藜芦醇（resveratrol）

　　多酚是所有多羟基酚类衍生物的总称。多酚具有多种生物活性，主要在抗癌、抗氧化、抑制炎症、控制血压、调节血糖等方面起着积极的作用。多酚类物质按结构分为：酚酸、类黄酮类、二苯乙烯和木酚素。富含在葡萄酒中的白藜芦醇近年来引起人们的极大关注。偏爱奶酪等高脂肪食物的法国人，冠心病的发病率和死亡率低于其他西方国家，目前认为其原因可能与法国人常饮葡萄酒有关。

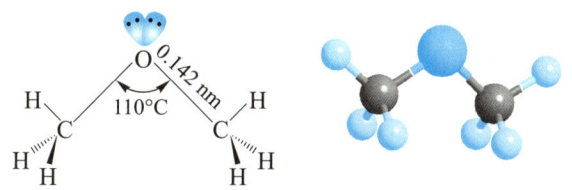

白藜芦醇结构式

　　白藜芦醇是一种具有很强生物活性的天然多酚类物质,在 1939 年首次被发现,是葡萄中的一种重要的植物抗毒素。白藜芦醇又称为芪三酚,化学名为 3,4',5- 三羟基二苯乙烯,分子式 $C_{14}H_{12}O_3$,相对分子质量 228.25,包括顺式和反式两种结构,其反式异构体的生物活性强于顺式。白藜芦醇难溶于水,易溶于甲醇、乙醚、乙醇、丙酮等有机溶剂。它是脂溶性抗氧化剂,具有抗炎、抗自由基等作用,可以预防细胞老化与癌症发生。

第三节　醚

一、醚的结构、分类和命名

（一）结构

　　醚（ether）可以看作水分子中的两个氢都被烃基取代的衍生物,也可以看作醇羟基中的氢被烃基取代的化合物。一般结构为 R—O—R′,烃基可以是脂肪族的,也可以是芳香族的。醚的官能团是 C—O—C,氧原子是 sp^3 杂化,其中两个 sp^3 杂化轨道分别与两个碳原子的 sp^3 杂化轨道重叠,形成两个 σ 键,还有两个 sp^3 杂化轨道分别被一对孤对电子占据。例如,二甲醚分子中的 C—O—C 键角约为 110°,接近于四面体结构的键角,碳氧键长约为 0.142 nm,如图 8-3 所示。

图 8-3　二甲醚分子的结构数据和球棍模型

　　醚分子为极性分子,醚的偶极矩是两个极性的 C—O 键的矢量和,两对孤对电子对其极性具有较大的贡献。

（二）分类

　　根据醚分子中两个烃基的不同可以进行简单的分类。两侧烃基相同的对称醚,称为简单醚（simple ether）,两侧烃基不相同的非对称醚,称为混合醚（mixed ether）。烃基中有芳环的称为芳香醚,没有芳环的则称为脂肪醚。脂环烃中环上碳原子被氧原子取代的称环醚（也称环氧化合物 epoxide)。含有多个氧原子的大环醚形状如王冠,称为冠醚(crown ether)。

$$CH_3-O-CH_3 \quad CH_3-O-CH_2CH_3$$

简单醚　　　　混合醚　　　　芳香醚 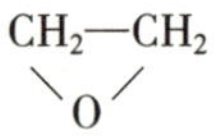　　　环醚 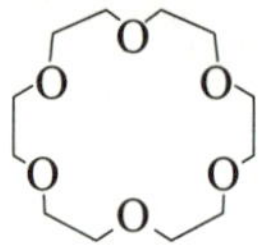　　　　冠醚

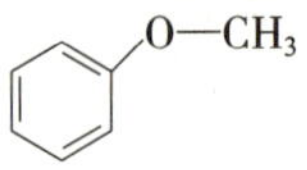

（三）命名

对结构简单的醚命名时可采用官能团类别名,即在醚字前面写出烃基的名称。混合醚的命名按照英文字母顺序列出烃基,后面加上"醚"字。例如:

$$CH_3CH_2-O-CH_2CH_3 \qquad CH_3-O-CH_2CH_3 \qquad CH_3-O-CH=CH_2$$

乙醚　　　　　　　　乙基甲基醚　　　　　甲基乙烯基醚　　　　甲基苯基醚
diethyl ether　　　ethyl methyl ether　　methyl vinyl ether　　methyl phenyl ether

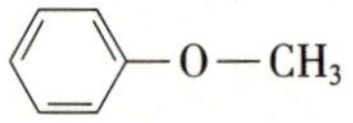

结构复杂的醚通常采用系统命名法命名。命名时以烃为母体氢化物,将碳原子数较小的烃基与氧原子连在一起作为烷氧基(RO—)。如果为不饱和醚,则选择不饱和程度较大的烃基作为母体氢化物。例如:

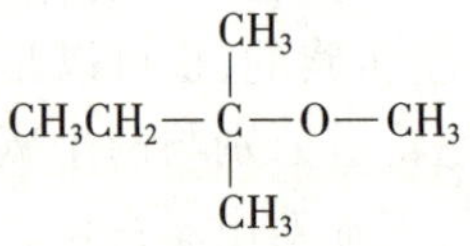

$$CH_3CH_2-\underset{\underset{CH_3}{|}}{\overset{\overset{CH_3}{|}}{C}}-O-CH_3 \qquad CH_3OCH_2CH_2CH_2OCH_3$$

2- 甲氧基 -2- 甲基丁烷　　　　1 , 3- 二甲氧基丙烷　　　　4- 甲氧基苯酚
2-methoxy-2-methylbutane　　1 , 3-dimethoxypropane　　4-methoxyphenol

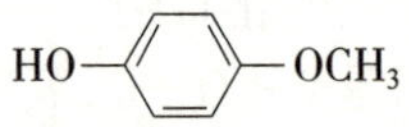

环醚也称为环氧化物,一般命名为环氧某烷,复杂时标明环氧在碳链上的位次。含有较大环的环醚一般看作含氧杂环化合物,按杂环衍生物来命名。例如:

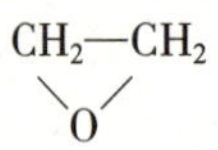

$$CH_2-CH_2$$

氧杂环丙烷　　　　　　　　氧杂环戊烷　　　　　　　1 , 4- 二氧杂环己烷
oxocylopropane　　　　　oxocyclopenpane　　　　　1 , 4-dioxocyclohexane
（环氧乙烷）　　　　　　　（四氢呋喃）　　　　　　 （1 , 4- 二氧六环）
（oxirane）　　　　　　　（tetrahydrofuran）　　　　 （1 , 4-dioxane）

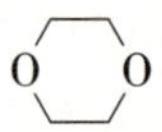

二、醚的物理性质

常见醚的物理常数见表 8-6。大多数醚都是易挥发、易燃的液体。醚分子中氧原子上没有活泼氢相连,不能形成分子间氢键,所以醚比相同碳原子数醇的沸点要低很多,而与相对分

子质量相近的烃的沸点接近。例如,乙醚沸点为 34.6℃,丁醇的沸点为 117.2℃,而戊烷的沸点为 36.1℃。

表 8-6　常见醚的物理常数

名称	熔点 /℃	沸点 /℃	相对密度（d_4^{20}）
甲醚	−139	−25	—
乙醚	−117	35	0.713 7
正丙醚	−12	90	0.736 0
异丙醚	−86	68	0.724 1
正丁醚	−95	142	0.768 9
环氧乙烷	−111	14	—
环氧丙烷	−112	34	0.830
四氢呋喃	−65	67	0.889 2
二苯醚	27	258	1.074 8
1,4- 二氧六环	12	101	1.033 7
苯甲醚	−38	155	0.996 1

除甲醚和甲乙醚为气体外,其余大多数醚为无色、有特殊气味的液体。由于醚分子中的氧可以与水形成氢键,所以低级醚在水中有一定的溶解度。例如,四氢呋喃、甲醚可与水互溶,乙醚微溶于水。

三、醚的化学性质

醚的化学性质比较稳定,常温下,醚与碱、氧化剂、还原剂及活泼金属等都不反应。但在酸性条件下,醚可以发生一些特殊的反应。

（一）与强酸成盐

醚分子中的氧原子作为电子对给予体与强酸（如浓硫酸、浓盐酸等）作用,可以生成锌盐（oxonium salt）。例如:

$$R-\overset{..}{O}-R' + H_2SO_4 \rightleftharpoons R-\overset{+}{\underset{|}{O}}-R' + HSO_4^-$$
$$\text{H}$$

$$R-\overset{..}{O}-R' + HCl \rightleftharpoons R-\overset{+}{\underset{|}{O}}-R' + Cl^-$$
$$\text{H}$$

锌盐是一种弱碱强酸盐,仅在浓酸中能稳定存在,遇水很快分解为原来的醚,可以利用这个性质将醚从烷烃或卤代烃中分离出来,从而达到纯化的目的。例如,乙醚和戊烷的沸点相近,但乙醚能溶于冷的浓硫酸中成为均相溶液,而戊烷不溶于冷的浓硫酸,有明显的分层,可以此方法将二者分离。

（二）醚键断裂

醚键一般很稳定,但与氢卤酸（常用 57% 浓氢碘酸）共热时会发生醚键断裂,生成卤代烷和醇。反应中,醚先与强酸生成锌盐,碳氧键极性变大,碘负离子作为亲核试剂进攻 α–C,从而使醚键断裂。若氢卤酸过量,则生成的醇可以进一步转变为卤代烷。例如:

$$CH_3\ddot{O}CH_2CH_3 + HI \rightleftharpoons CH_3\overset{+}{O}CHCH_3 \underset{|}{\overset{I^-}{\longrightarrow}} CH_3CH_2OH + CH_3I$$
$$\underset{H}{|} \qquad \downarrow HI（过量）$$
$$CH_3CH_2I + H_2O$$

如果是混合醚与氢碘酸反应,则较小的烃基生成碘代烷。单芳基醚中,Ar—O 键由于 p–π 共轭作用不容易断裂,醚键总是优先在脂肪烃基一侧断裂,生成酚和碘代烷。二芳基之间的醚键难于断裂。例如:

$$CH_3\ddot{O}CH_2CH_3 + HI \overset{\triangle}{\longrightarrow} CH_3I + CH_3CH_2OH$$

$$\text{（苯环）}—\ddot{O}CH_3 + HI \overset{\triangle}{\longrightarrow} CH_3I + \text{（苯环）}—OH$$

醚分子中的烃基如果是甲基,与 HI 作用能定量生成碘甲烷,把生成的碘甲烷蒸馏到硝酸银乙醇溶液中,根据生成碘化银的量就能推算出甲氧基的含量,这就是蔡塞尔（Zeisel）甲氧基测定法的原理。

酚醚化学性质比较稳定,不易氧化。酚醚与氢碘酸作用,又能分解得到原来的酚。因此在有机合成上,常利用转变成醚的方法来"保护酚羟基",以免羟基在反应中被破坏,待反应结束之后再将醚分解,恢复原来的酚羟基。

氢卤酸使醚键断裂的能力为:HI>HBr>HCl。氢溴酸、氢氯酸没有氢碘酸活泼,发生上述反应时需要提高试剂浓度和反应温度。

（三）自动氧化

含有 α–H 的醚（如乙醚）一般对氧化剂是稳定的,但若长期置于空气中或经过光照,也会发生缓慢的氧化生成醚的过氧化物（peroxide）。

$$CH_3CH_2—O—CH_2CH_3 \overset{O_2}{\longrightarrow} \underset{OOH}{CH_3\overset{|}{C}H}—O—CH_2CH_3$$

氢过氧化乙醚

过氧化醚是爆炸性极强的高聚物,蒸馏含有该化合物的醚时,过氧化醚残留在容器中,继续加热即会爆炸。为防止醚的氧化,一般应避光密封保存于棕色瓶中,还可以加入微量对苯二酚等抗氧化剂防止过氧化物的生成。储存过久的醚使用前应先检查是否有过氧化物的存在,可使用酸性淀粉碘化钾试纸,如有过氧化物,试纸变蓝。过氧化物的去除方法是向其中加入 $FeSO_4$ 或 Na_2SO_3 水溶液,使过氧化物还原分解。

四、环醚

(一)简单的环醚

脂环烃的成环碳原子被一个或多个氧原子取代后所形成的化合物称为环醚。小环醚又称环氧某烷,见表 8-6。

(二)环氧乙烷的反应

环氧乙烷常温常压下是气体,易于液化,能溶于水、乙醇、乙醚中。环氧乙烷是最小的环醚,类似于环丙烷结构,存在三元环的角张力和扭转张力。因此,与一般醚不同,环氧乙烷化学性质非常活泼,极易与多种试剂开环,发生亲电加成反应。例如:

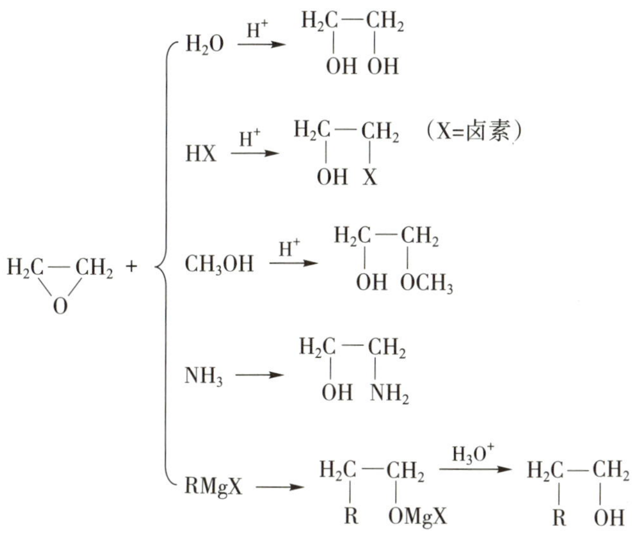

其中,环氧乙烷与格氏试剂反应,所得产物经水解得到增加两个碳原子的伯醇,这是有机合成中增加碳链的方法之一。环氧乙烷是极重要的化工原料,由它出发可以制备许多种化工产品。在金属银的催化下,乙烯直接氧化生成环氧乙烷,这是工业生产环氧乙烷的主要方法。

五、冠醚

冠醚(crown ether)是 20 世纪 60 年代合成的一类含有多氧大环的醚类化合物,结构中含有重复的 $-OCH_2CH_2-$ 基本单元,由于它的形状似皇冠,故统称为冠醚。

冠醚的命名以"$m-$冠$-n$"表示,m 代表环中所有原子数,n 为环中氧原子数。例如:

15- 冠 -5   18- 冠 -6   苯并 18- 冠 -6

冠醚最大的特点是分子中含有带孤对电子的氧原子,它们可以与金属离子结合形成配合物。冠醚环的大小不同,中间的空隙不同,就可以结合不同的金属离子。例如,15- 冠 -5 可以结合钠离子,而 18- 冠 -6 可以结合钾离子。冠醚的这种性质可以用来分离金属离子。

冠醚另一个重要的应用是用作相转移催化剂(phase transfer catalysis,简称 PTC)。由于冠醚分子中有亲油性的亚甲基排列在环的外侧,因而可使盐溶于有机溶液,或者使其从水相转移至有机相,从而大大提高反应效率。例如,在 KCN 和卤代烃的亲核取代反应中,KCN 和卤代烃分属于水相和有机相,不能均相反应。如果在反应体系中加入 18- 冠 –6,就可以与 KCN 形成配合物而将其带入有机相,使其与卤代烃在均相中反应。反应过程如下:

$$\text{(18-冠-6)} \xrightarrow{KCN} [\text{K}^+\text{配合物}] \; CN^- \xrightarrow{R-X} R-CN + [\text{K}^+\text{配合物}] \; X^-$$

【思考题 8-6】在 18- 冠 –6 存在下,高锰酸钾溶解在苯中产生 "紫色的苯",该试剂对于氧化烯烃非常有用,写出配合物的结构,指出为什么苯能溶解 $KMnO_4$,并解释为什么高锰酸根的反应活性提高了。

第八章
思考题答案

【知识背景】冠醚的发现者——佩德森

佩德森(C. J. Pedersen,1904—1989 年)美国化学家。1904 年出生于韩国釜山。1922—1926 年,在美国俄亥俄州戴顿大学攻读化学工程专业。1926 年进入麻省理工学院,1927 年获得有机化学硕士学位。同年进入特拉华州杜邦公司担任化学研究员。1947 年成为该公司高级研究员。20 世纪 60 年代,佩德森在研究石油产品与橡胶的自身氧化过程,研制有阻滞作用的抗氧化剂,并试图合成多齿配体时,意外发现了一种结晶副产品。经过反复检验和测定,确证了它是一种大环聚醚化合物,整个结构犹如皇冠,故被称为"冠醚"。1967 年,在日本东京举行的国际第十届配位化学学术会议上,他首次公布了 60 种新型大环聚醚化合物的合成及特性,引起了学术界内轰动。为了表彰佩德森首先发现"冠醚"的结构和特性并由此为化学、生物学及医学做出的重要贡献,1987 年瑞典皇家科学院决定授予他诺贝尔化学奖。

【 知识连接 】

1. 醇的性质

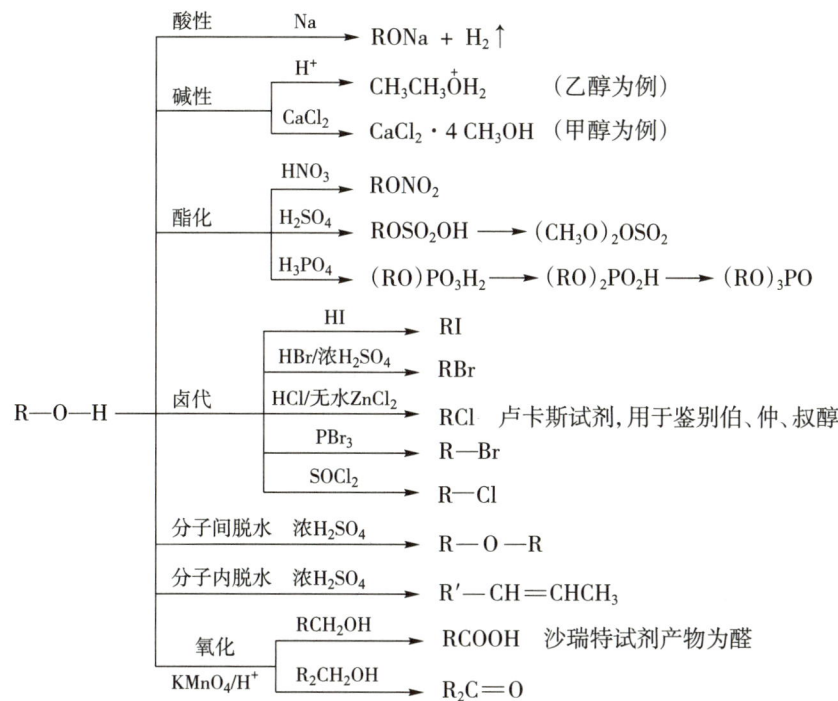

2. 酚的性质

3. 烷烃、卤代烃、烯烃、醇的相互转化

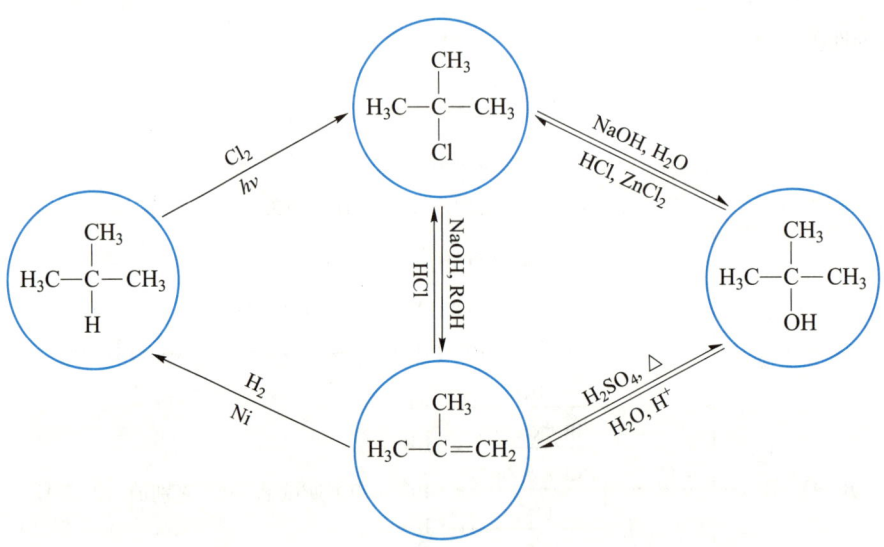

4. 亲核取代反应小结

分类	反应名称	反应式
氧原子作为亲核试剂	卤代烃水解	RX + NaOH $\longrightarrow$ ROH + NaX
	卤代烃醇解	RX + NaOR′ $\longrightarrow$ ROR′ + NaX
	环氧乙烷水解	$\underset{\displaystyle O}{H_2C-CH_2}$ + H_2O $\longrightarrow$ $\underset{\displaystyle OH\quad OH}{CH_2-CH_2}$
	环氧乙烷醇解	$\underset{\displaystyle O}{H_2C-CH_2}$ + $HOCH_2CH_3$ $\longrightarrow$ $\underset{\displaystyle OH\quad OCH_2CH_3}{CH_2-CH_2}$
	醇分子间脱水	$R-O-H$ $\xrightarrow{\text{浓}H_2SO_4}$ $R-O-R$ + H_2O
	重氮盐水解	（见第十一章含氮化合物）
氮原子作为亲核试剂	卤代烃氨解	RX + NH_3 $\longrightarrow$ RNH_2 + HX
	环氧乙烷氨解	$\underset{\displaystyle O}{H_2C-CH_2}$ + NH_3 $\longrightarrow$ $\underset{\displaystyle OH\quad NH_2}{CH_2-CH_2}$

续表

分类	反应名称	反应式
卤原子作为亲核试剂	卤代烃与 NaI	$RX + NaI \xrightarrow{\text{丙酮}} RI + NaX \quad (X=Cl, Br)$
	醇与氢卤酸	$R{-}OH + HX \longrightarrow R{-}X + H_2O$
	醇与无机酰卤	$R{-}OH + SOCl_2 \longrightarrow RCl + SO_2 + HCl$
	醚与氢碘酸	$R{-}O{-}R' + HI \xrightarrow{\triangle} RI + R'OH$
碳原子作为亲核试剂	卤代烃与 NaCN	$RX + NaCN \longrightarrow RCN + NaX$
	卤代烃与炔钠	$RX + R'C{\equiv}CNa \longrightarrow R'C{\equiv}CR + NaX$
	卤代烃与三乙负离子	（见第十章羧酸及其衍生物）

【英汉词汇】

醇　alcohol

乙醇　ethanol

一元醇　monohydric alcohol

烯醇　enol

伯醇　primary alcohol

仲醇　secondary alcohol

叔醇　tertiary alcohol

卢卡斯试剂　Lucas reagent

多元醇　polyhydric alcohol

苯酚　phenol

萘酚　naphthol

多酚　polyphenol

醌　chinone

乙醚　ether

醚键　ether bound

𨥯盐　oxonium salt

冠醚　crown ether

环醚　cyclic ether

相转移催化剂　phase transfer catalyst

过氧化物　peroxide

混合醚　complex ether

【参考文献】

［1］Watile R. A, Bunrit A, Margalef J, et al. Intramolecular substitutions of secondary and tertiary alcohols with chirality transfer by an iron（Ⅲ）catalyst［J］. Nat. Commun., 2019, 10, 3826.

［2］Dai C, Narayanam J M R, Stephenson C R J. Visible−Light−Mediated Conversion of alcohols to halides［J］. Nature Chem., 2011, 3, 140−145.

［3］Pedersen C J. The Discovery of Crown Ethers［J］. Science, 1988, 241, 536−540.

［4］王孝鹏,陈杰.受阻酚类抗氧剂在塑料中的研究及应用［J］.塑料科技,2021,(06):96-100.

［5］熊敏,徐宝财.特种表面活性剂和功能性表面活性剂（XIII）——冠醚型表面活性剂的合成及应用进展［J］.日用化学工业,2011,41（2）:139-145.

【习题】

1. 命名下列化合物。

（1） 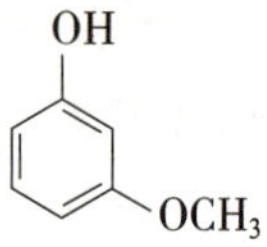　　（2） 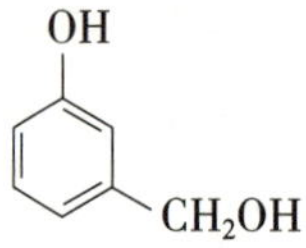　　（3） 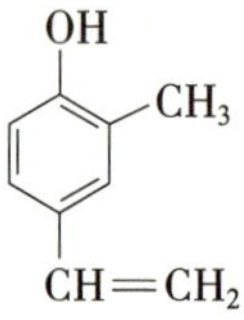　　（4）$CH_3-CH-CH-CH_3$ （带有 OCH_2CH_3 取代基）

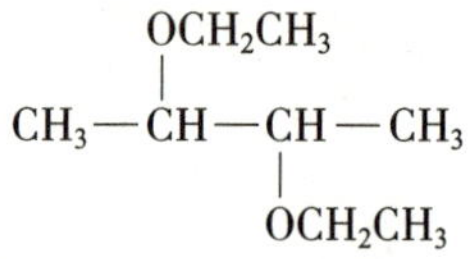

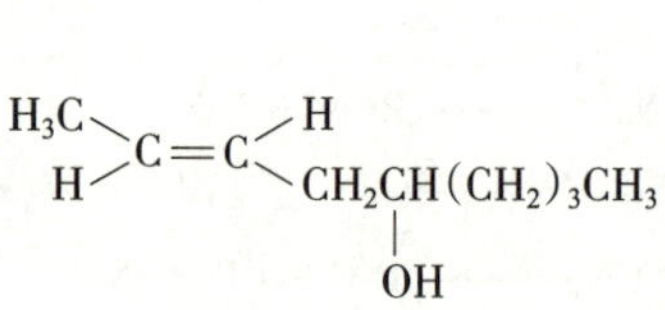

（5）　　（6）$H_3CO-\langle\ \rangle-CH_2Cl$　　（7）

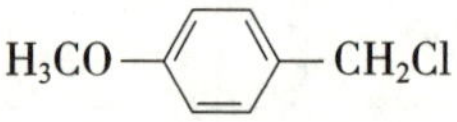

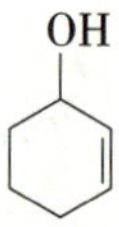

（8） 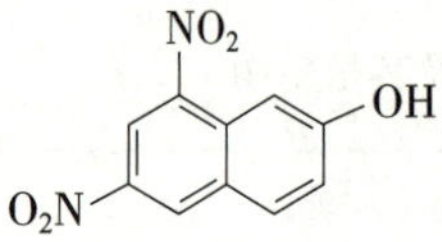　　（9） 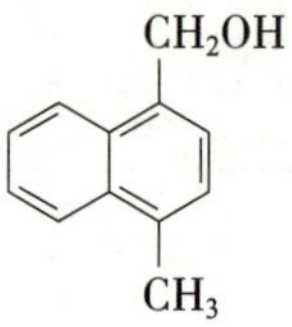　　（10）

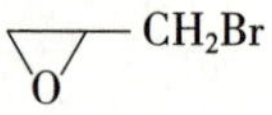

2. 写出下列化合物的结构式。

（1）苦味酸　　（2）蒽 -9- 酚　　（3）烯丙基苄基醚　　（4）乙基（萘 -1- 基）醚

（5）苯并 12- 冠 -4　　　　　（6）3- 甲基环戊醇　　（7）2,4- 二氯苯酚

（8）4- 硝基萘 -1- 酚　　（9）乙基（对甲苯基）醚　　（10）2-（2- 羟基乙氧基）乙醇

3. 邻硝基苯酚和对硝基苯酚的熔点、沸点哪一个高？为什么？

4. 回答下列问题。

（1）将下列化合物按沸点由高到低的顺序排列：

① CH_3CH_2OH　　② CH_3OCH_3　　③ $CH_3CH_2CH_2OH$

（2）将下列化合物的酸性由强到弱的顺序排列：

① 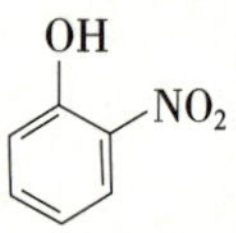　　② 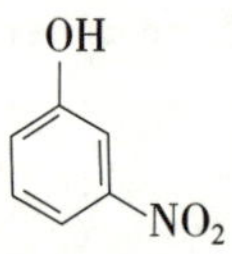　　③

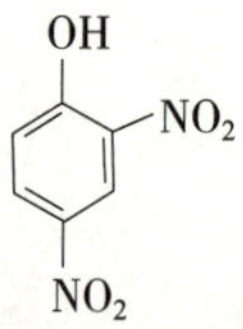

5. 分子式为 $C_5H_{12}O$ 的醚有几种构造异构体？写出它们的结构式。

6. 如何除去乙醚中混有的少量水和乙醇？

7. 写出对甲苯酚与下列物质反应的主要产物。

（1）HNO_3/H_2SO_4　　（2）NaOH

（3）Br_2/H_2O （4）$(CH_3)_2SO_4/NaOH$

8. 完成下列各反应。

（1）$\underset{\underset{OH}{|}}{CH_3CH_2CHCH_3}$ $\xrightarrow[\triangle]{\text{浓}H_2SO_4}$

（2）$(CH_3)_2CHOH$ $\xrightarrow{Na}$ $\xrightarrow{CH_3Br}$

（3）$(CH_3)_2CHOCH_3$ $\xrightarrow[\triangle]{2HI}$

（4）$CH_3CH_2CH_2OH$ $\xrightarrow{SOCl_2}$ $\xrightarrow[\text{无水乙醚}]{Mg}$

（5）$\xrightarrow[\triangle]{2\ HBr}$

（6）$\xrightarrow{CH_3CH_2MgBr}$ $\xrightarrow{H_3O^+}$ $\xrightarrow{KMnO_4}$

（7）$\xrightarrow{\text{稀}HNO_3}$

（8）$\xrightarrow{NaOH}$ $\xrightarrow{ClCH_2CH_2Cl}$

（9）$\xrightarrow[\triangle]{HI}$

9. 用简单的化学方法鉴别下列各组化合物。

（1）丁 –1– 醇、丁醚、苯酚

（2）对二甲苯、对甲基苯酚、硝基苯

（3）苯酚、苯乙醚、2– 苯基乙醇、苯乙烯

10. 完成下列转化（其他原料任选）。

（1）$CH_2{=}CH_2$ $\longrightarrow$ $HOCH_2CH_2OCH_2CH_3$

（2）$\text{—}CH_3$ $\longrightarrow$ $\text{—}CH_2CH_2CH_2OH$

（3）$\text{—}CH_2CH_3$ $\longrightarrow$ $H_3CH_2C\text{—}COOH$

11. 有一芳香族化合物 A，分子式为 C_7H_8O。A 不与 Na 反应，但能与浓 HI 作用生成两个化合物 B 和 C。B 不仅能溶于 NaOH，还能与 $FeCl_3$ 作用显紫色。C 能与 $AgNO_3$ 溶液作用，生成黄色碘化银沉淀。写出 A、B、C 的结构式。

12. 中性化合物 A（$C_8H_{16}O_2$），与 Na 作用放出 H_2，与 PBr_3 作用生成相应的化合物 $C_8H_{14}Br_2$；A 被 $KMnO_4$ 氧化生成 $C_8H_{12}O_2$；A 与浓硫酸一起共热脱水生成 B（C_8H_{12}）。B 可使溴水和碱性 $KMnO_4$ 溶液褪色；B 在低温下与浓硫酸作用再水解，则生成 A 的同分异构体 C，C 与浓硫酸一起共热也生成 B，但 C 不能被 $KMnO_4$ 氧化，

B 氧化生成己 $-2,5-$ 二酮和乙二酸。试写出 A，B，C 的结构式。

13. 写出下列反应的机理：

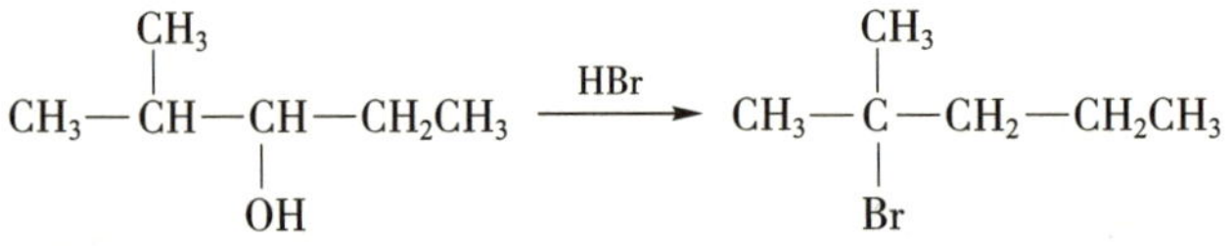

$$CH_3-CH-CH-CH_2CH_3 \xrightarrow{HBr} CH_3-\overset{CH_3}{\underset{Br}{C}}-CH_2-CH_2CH_3$$

带有 OH 和 CH₃ 取代基

扫一扫，获取本章习题答案

第八章　习题答案

第九章 醛、酮和醌

【导言】

　　1862 年,达尔文(C.R.Darwin,1809—1882)收到马达加斯加岛的大彗星风兰标本,立刻被那 30 cm 长的"尾巴"震惊了! 他预测岛上一定还有一种"嘴巴"同样长的蛾子,取食这种兰花藏在"尾巴"底部的花蜜,同时为其传粉。40 多年后,这种神奇的蛾子真的被发现了(如图所示)。马达加斯加长喙天蛾是唯一能给大彗星风兰授粉的昆虫。苯乙醛肟 $\left(\text{}\right)$ 及其类似物可能是吸引长喙天蛾传粉的重要物质,在这种兰花中可能存在着由酪氨酸合成"醛肟"类物质的生物途径。

　　本章重点讨论羰基化合物醛和酮。醛羰基连有一个烃基和一个氢原子,酮羰基连有两个烃基。我们将从羰基的结构开始,分析它们物理性质的变化规律;其结构中氧原子具有两对孤对电子,碳氧双键是高度极化的基团,具有正、负两个电荷中心,这些结构特性造就了醛、酮化学反应的多样性和反应机理的复杂性。

第一节 醛、酮

一、醛、酮的结构、分类和命名

(一)结构

　　醛、酮的官能团羰基是由一个 σ 键和一个 π 键组成的碳氧双键,碳原子和氧原子均为 sp^2 杂化,碳原子的一个 sp^2 杂化轨道与氧原子的一个 sp^2 杂化轨道"头对头"重叠形成碳氧 σ 键,和其他两个 σ 键形成近正三角形的平面结构,键角接近 120°;碳原子未参与杂化的 p 轨道与氧原子未参与杂化的一个 p 轨道"肩并肩"侧面重叠形成一个 π 键。羰基结构和代表物甲醛、丙酮的键参数见图 9-1。

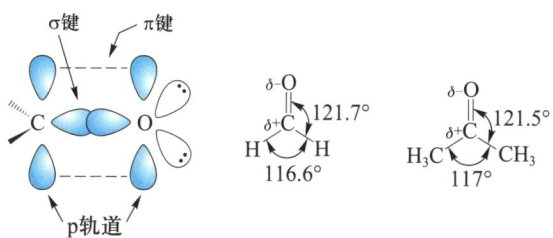

图 9-1 羰基结构

由于氧的电负性强,使碳氧双键的电子云分布不均匀,易形变的 π 电子偏向于氧原子,致使羰基碳原子带部分正电荷,氧原子带部分负电荷。

（二）分类

醛、酮按烃基结构不同可以分为脂肪族醛、酮,脂环族醛、酮和芳香族醛、酮。酮按烃基是否相同分为简单酮和混合酮,还可分为甲基酮和非甲基酮。

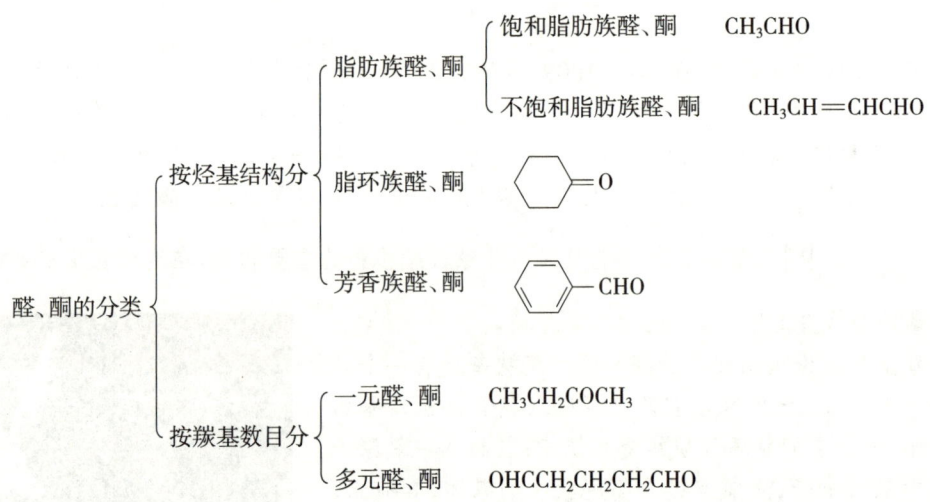

（三）命名

脂肪族醛、酮的系统命名法是选择含羰基的最长碳链为主链,命名为"某醛"或"某酮"。醛羰基的编号固定为 1,命名时不用标出;酮羰基的编号从靠近它的一端开始,并置于后缀"酮"之前。简单的醛酮命名时,主链碳原子位次还可用希腊字母 α, β, γ…来表示取代基的位置。

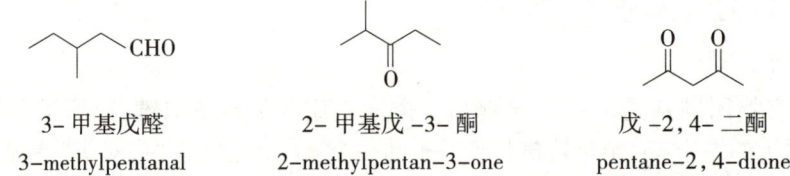

3- 甲基戊醛　　　　2- 甲基戊 -3- 酮　　　　戊 -2,4- 二酮
3-methylpentanal　　2-methylpentan-3-one　　pentane-2,4-dione

主链上含有不饱和键时,编号仍然从靠近羰基的一端开始,命名为"某烯（炔）醛"或"某烯（炔）酮",同时表明双键、叁键及酮羰基的位次,并分别置于相应的"烯""炔"和"酮"之前。

（E）- 己 -3- 烯醛　　　　（E）- 己 -4- 烯 -2- 酮　　　C_2H_5—C≡C—CHO
（E）-hex-3-enal　　　（E）-hex-4-en-2-one　　　戊 -2- 炔醛
　　　　　　　　　　　　　　　　　　　　　　　　　pent-2-ynal

芳香族醛、酮,常将芳环作为取代基。一些特殊的醛、酮也常用到俗名。

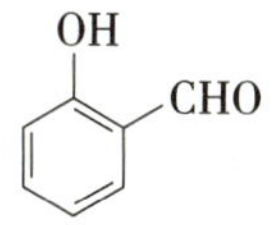

邻羟基苯甲醛
（水杨醛）
2-hydroxybenzaldehyde

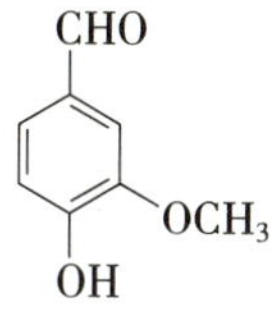

4- 羟基 -3- 甲氧基苯甲醛
（香草醛）
4-hydroxy-3-methoxybenzaldehyde

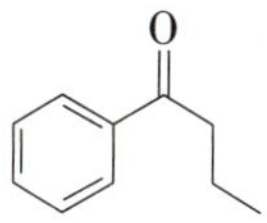

1- 苯基丁 -1- 酮
1-phenylbutan-1-one

若分子中同时含有酮羰基、醛羰基，可将某一个羰基作为取代基，其中酮羰基作为取代基时称为"氧亚基"（oxo），醛羰基作为取代基时称为"甲酰基"（formyl）。

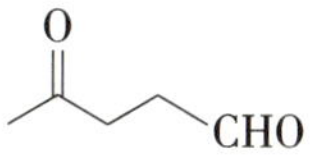

4- 氧亚基戊醛
4-oxopentanal

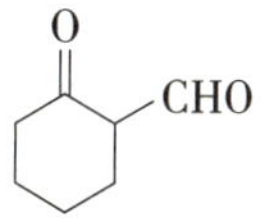

2- 甲酰基环己酮
2-formylcyclohexanone

【思考题 9-1】写出下列化合物的结构：
（1）β- 苯基丙烯醛　（2）环己 -1,3- 二酮　（3）1- 苯基丙 -1- 酮

二、醛、酮的物理性质

常温下，除甲醛为气体外，12 个碳原子以下的脂肪族醛、酮为液体，高级脂肪族醛、酮和芳香族醛、酮多为固体。一些常见醛、酮的物理常数见表 9-1。

表 9-1　一些常见醛、酮的物理常数

名称	熔点 /℃	沸点 /℃	相对密度（20℃）	溶解度 /$[g \cdot (100 \, g \, H_2O)^{-1}]$（20℃）
甲醛	−91 ~ −92	−21	0.815	易溶
乙醛	−121	20.8	0.783	∞
丙醛	−81	48.8	0.806	20
丁醛	−99	75.7	0.817	4
苯甲醛	−26	178.1	1.042	0.33
丙酮	−95.4	56.2	0.790	∞
丁酮	86.4	79.6	0.805	35.3
戊 -2- 酮	77.8	102	0.809	几乎不溶
戊 -3- 酮	−39.8	101.7	0.814	4.7
苯乙酮	20.5	202	1.028	微溶

和其他同系列有机化合物相似,醛、酮的沸点也随着相对分子质量的增加而逐渐升高。而且,随着相对分子质量的增加,醛、酮和烃类等的沸点之差也逐渐缩小。少于 5 个碳原子的醛、酮在水中的溶解度大,这是因为它们与水能形成氢键的缘故;当分子中的烃基部分增大时,醛、酮在水中的溶解度迅速下降。醛、酮在苯、醚、四氯化碳等有机溶剂中易于溶解。醛、酮的极性较大,使分子间产生偶极 – 偶极作用力,但分子间不能通过氢键缔合,因此,醛、酮的沸点比相对分子质量相近的烷烃和醚高,比醇低。一些相对分子质量相近的烷、醇、醚、酮、羧酸的沸点比较见表 9–2。

表 9–2   一些相对分子质量相近的化合物沸点比较

化合物	正戊烷	乙醚	正丁醛	丁酮	正丁醇	丙酸
相对分子质量	72	74	72	72	74	74
沸点 /℃	36	35	76	80	118	141

【思考题 9–2】按照沸点高低顺序排列下列化合物:
(1)丁烷 (2)甲乙醚 (3)丙醛 (4)丙醇 (5)乙酸

三、醛、酮的化学性质

(一)亲核加成反应

与烯烃的碳碳双键不同,羰基是一个极性官能团,羰基碳原子带部分正电荷,而羰基氧原子带部分负电荷。那么,究竟是亲电试剂还是亲核试剂更容易造成碳氧双键的破坏而发生加成呢?

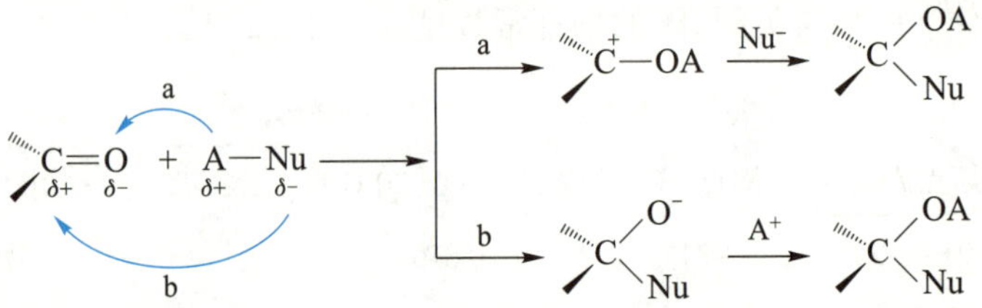

由于带负电荷的氧原子比带正电荷的碳原子稳定性高得多,当醛、酮发生加成时,一般是亲核试剂先进攻带正电荷的羰基碳原子,形成氧负离子中间体(方式 b),然后试剂中的亲电部分与氧负离子结合形成产物。对于羰基亲核加成反应而言,反应速率主要决定于两个方面,一是亲核试剂的亲核能力:亲核能力越强,反应越容易进行;二是羰基碳的正电性,正电性越强,反应越容易进行。

对于不同结构的醛、酮进行亲核加成反应的难易程度是不同的,它们的反应活性由高到低的排列按次序为

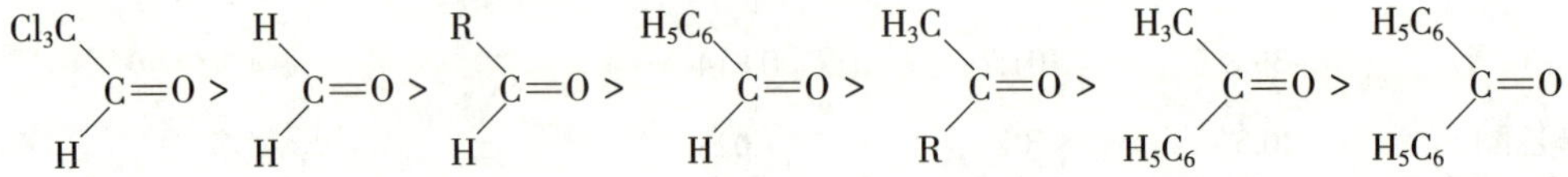

一般来说,酮羰基发生亲核加成比醛要难,这是基于两个方面的原因:一是烃基的给电子作用降低了羰基碳的正电性;二是两个体积较大的烃基增加了亲核试剂进攻羰基碳的空间位阻。所以,在亲核加成反应中,醛比酮要活泼。

1. 与含碳原子亲核试剂的加成

醛、酮与含碳原子亲核试剂的加成是搭建有机化合物分子骨架的有效方法之一。这些试剂包括氢氰酸、格氏试剂和金属炔化物。有机合成重要中间体腈醇和炔醇往往是利用这一类反应来制备的。

(1)与氢氰酸加成　醛酮能与氢氰酸发生反应生成 α-羟基腈(腈醇),此反应是可逆反应。

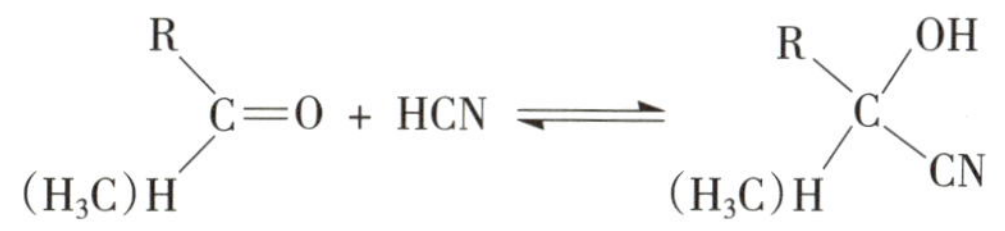

表 9-3 列出了不同醛酮与氢氰酸加成反应的平衡常数。从表中可以看出,醛、脂肪族甲基酮和 8 个碳以内的环酮能与 HCN 作用生成 α-羟基腈(腈醇)。

表 9-3　醛、酮与氢氰酸加成反应的平衡常数

醛、酮	K	醛、酮	K
CH_3CHO	很大	$CH_3COCH(CH_3)_2$	65
$p-NO_2C_6H_4CHO$	1 820	$CH_3COC(CH_3)_3$	32
C_6H_5CHO	211	环戊酮	48
$p-CH_3C_6H_4CHO$	110	环己酮	1 000
$p-CH_3OC_6H_4CHO$	32	环庚酮	7.8

产物与原来的醛酮相比较增加了 1 个碳原子,如果再进行一些衍生化反应,就可以得到 α-羟基酸、不饱和酸酯、不饱和酰胺等产物,所以该反应是有机合成中增长碳链的方法之一。以下例子是丙烯酰胺和甲基丙烯酸甲酯的合成方法。

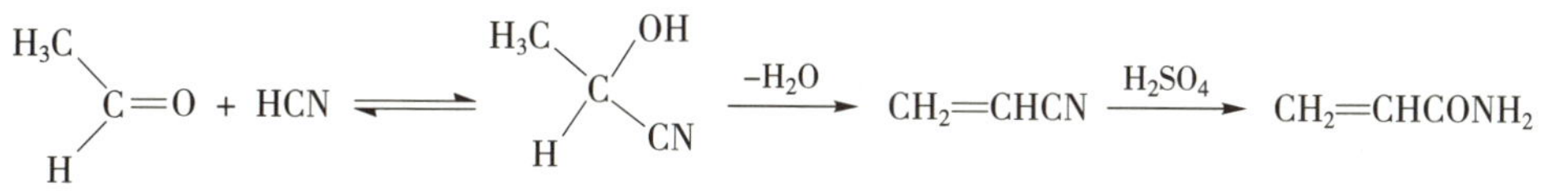

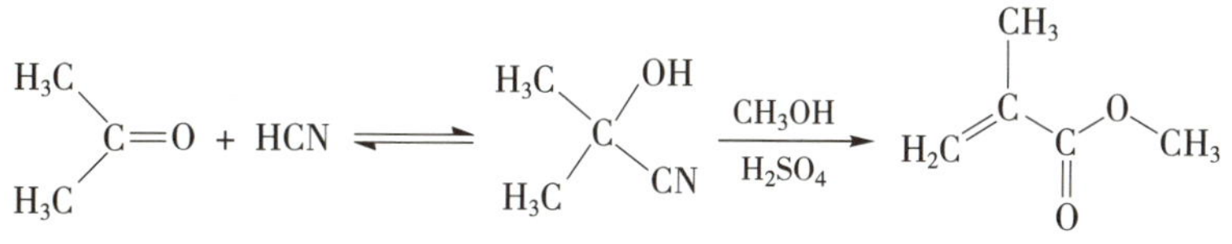

醛酮与氢氰酸的亲核加成分两步完成,首先氰根负离子亲核进攻羰基碳原子,引起加成反应形成氧负离子,该步反应是决定整个反应的速度决定步骤。然后碱性较强的氧负离子夺取氢氰酸的质子生成产物。

$$\overset{\delta+}{\underset{\delta-}{C=O}} + CN^- \xrightarrow{\text{慢}} \overset{O^-}{\underset{Nu}{C}} \xrightarrow[\text{快}]{H^+} \overset{OH}{\underset{Nu}{C}}$$

实验证明,醛、酮与氢氰酸的亲核加成反应受酸碱影响很大,碱能明显地促进反应,而强酸则能抑制反应。这是因为氢氰酸是弱酸,加碱能促进它的解离,而酸会抑制其解离。

$$HCN \underset{H^+}{\overset{OH^-}{\rightleftharpoons}} CN^- + H_2O$$

在实际工作中,氢氰酸既有毒又容易挥发,故常使用氰化钠加稀硫酸产生氢氰酸直接参与反应。

【思考题9-3】如何由乙醛制备乳酸?

(2)与格氏试剂加成　格氏试剂是活性较强的含碳亲核试剂,能与大多数醛或酮进行不可逆的亲核加成,增碳的烃氧基卤化镁产物经过水解后生成醇。

$$C=O + RMgBr \xrightarrow{\text{无水醚}} \overset{OMgBr}{\underset{R}{C}} \xrightarrow{H_3O^+} \overset{OH}{\underset{R}{C}}$$

从以下反应式可以看出,甲醛与格氏试剂加成后再水解生成的醇为伯醇;其他醛与格氏试剂加成后再水解得到仲醇;酮与格氏试剂加成后再水解得到叔醇。这是由格式试剂制备伯醇、仲醇、叔醇的重要方法。

$$\overset{H}{\underset{H}{C=O}} + RMgBr \xrightarrow{\text{无水醚}} \overset{H}{\underset{H}{\overset{OMgBr}{C}}}R \xrightarrow{H_3O^+} R-CH_2OH$$

$$\overset{R'}{\underset{H}{C=O}} + RMgBr \xrightarrow{\text{无水醚}} \overset{R'}{\underset{H}{\overset{OMgBr}{C}}}R \xrightarrow{H_3O^+} R-\overset{R'}{\underset{}{CH}}-OH$$

$$\overset{R'}{\underset{R''}{C=O}} + RMgBr \xrightarrow{\text{无水醚}} \overset{R'}{\underset{R''}{\overset{OMgBr}{C}}}R \xrightarrow{H_3O^+} R-\overset{R'}{\underset{R''}{C}}-OH$$

醛、酮与格氏试剂作用的机理与氢氰酸类似,不过亲核部分换成了烃基负离子,而亲电部分换成镁。

$$C=O + R-MgBr \xrightarrow{\text{慢}} \overset{O^-}{\underset{R}{C}} \xrightarrow[\text{快}]{^+MgBr} \overset{OMgBr}{\underset{R}{C}}$$

【思考题9-4】完成下列转化:

$$CH_3CH_2OH \longrightarrow \underset{OH}{\diagdown\diagup\diagdown}$$

2. 与含硫亲核试剂的加成

常用的含硫亲核试剂是饱和亚硫酸氢钠溶液,所得产物 α- 羟基磺酸钠具有类似无机盐的性质,在饱和亚硫酸氢钠溶液中析出结晶。此反应可用于分离鉴别不同结构的羰基化合物。表 9-4 是一些醛、酮与 $NaHSO_3$ 加成反应的活性。醛、脂肪族甲基酮和 8 个碳原子以内的环酮能与饱和亚硫酸氢钠溶液反应,产生 α- 羟基磺酸钠白色沉淀。

$$\underset{(H_3C)H}{\overset{R}{>}}C=O + NaHSO_3 \rightleftharpoons \underset{(H_3C)H}{\overset{R}{>}}\underset{SO_3Na}{\overset{OH}{C}}$$

表 9-4　一些醛、酮与 $NaHSO_3$ 加成反应的活性

醛、酮	2 h 后产率 /%	醛、酮	2 h 后产率 /%
HCHO	≈ 90	环己酮	35
RCHO	70 ~ 90	$CH_3COCH(CH_3)_2$	3
CH_3COCH_3	56.2	$CH_3CH_2COCH_2CH_3$	2
$CH_3COCH_2CH_3$	36.4	$C_6H_5COCH_3$	1

与含碳亲核试剂不同,亚硫酸氢钠亲核中心是硫原子,加成中间体通过分子内酸碱反应生成 α- 羟基磺酸钠。

$$\underset{\delta+}{\overset{}{C}}=\underset{\delta-}{O} + HO\ddot{S}ONa \rightleftharpoons C\underset{SO_3H}{\overset{ONa}{<}} \xrightarrow{\text{分子内酸碱反应}} C\underset{SO_3Na}{\overset{OH}{<}} \downarrow$$

与混合物分离的操作是将白色沉淀过滤后,与稀酸或稀碱共热,可分解为原来的醛、酮。

$$\underset{(H_3C)H}{\overset{R}{>}}\underset{SO_3Na}{\overset{OH}{C}} \begin{cases} \xrightarrow{HCl/H_2O} R-\overset{O}{\overset{||}{C}}-H(CH_3) + NaCl + SO_2\uparrow \\ \xrightarrow{Na_2CO_3/H_2O} R-\overset{O}{\overset{||}{C}}-H(CH_3) + Na_2SO_3 + CO_2\uparrow \end{cases}$$

【思考题 9-5】如何分离丙酮和苯乙酮的混合溶液?

3. 与含氮亲核试剂的加成

氨的衍生物都能与醛、酮发生亲核加成反应,生成醇胺,醇胺失水生成含碳氮双键的缩合物。这些缩合物一般有良好的晶形或特殊的颜色,可用于检验羰基的存在,所以氨的衍生物又称羰基试剂。

$\text{C=O} +$

试剂	名称	产物	名称
H_2N—R	胺	$\longrightarrow$ C=N—R	希夫碱
H_2N—OH	羟胺	$\longrightarrow$ C=N—OH	肟
H_2N—NH_2	肼	$\longrightarrow$ C=N—NH_2	腙
H_2N—NH—⬡	苯肼	$\longrightarrow$ C=N—NH—⬡	苯腙
H_2N—NH—⬡—NO_2 (O_2N)	2,4-二硝基苯肼	$\longrightarrow$ C=N—NH—⬡—NO_2 (O_2N)	2,4-二硝基苯腙
H_2N—$NHCONH_2$	氨基脲	$\longrightarrow$ C=N—NHCONH_2	缩氨脲

醛、酮的加成是可逆反应,反应机理一般认为是氨的衍生物先与羰基加成,然后 α- 醇胺失水使反应趋向完全。

$$\begin{matrix} R \\ (R')H \end{matrix}\text{C=O} + H_2N—Y \longrightarrow \begin{matrix} R & OH \\ (R')H & NH—Y \end{matrix}C \longrightarrow \begin{matrix} R \\ (R')H \end{matrix}\text{C=N}\begin{matrix}Y\end{matrix}$$

羰基试剂中 2,4- 二硝基苯肼是最为常用的鉴别试剂,产物 2,4- 二硝基苯腙是橙黄色或橙红色沉淀,反应非常灵敏。单糖结构确定中常使用的是苯肼试剂,将单糖与过量苯肼作用得到二苯腙(即糖脎),详见第十四章相关内容。

许多酶通过氨基与有羰基的底物形成亚胺化合物,实现酶的专一选择性。例如,眼球中的视黄醛(维生素 A 醛)和大分子蛋白质结合而成紫红质,具有将视觉获得的光信号转换成脑部神经脉冲的作用。所以,维生素 A 缺乏症能引起夜盲症。

视黄醛   视蛋白   紫红质

【思考题 9-6】下列化合物由哪些醛、酮与羰基试剂缩合得到?

（1）⬡—CH=N—NH—⬡   （2）⬡=NNHCONH$_2$

4. 与含氧亲核试剂的加成

当亲核试剂(HCN、NaHSO$_3$、格氏试剂和羰基试剂)的亲核能力足够强时,可以直接与醛、酮加成;对于醇和水这样弱的亲核试剂,则需在酸催化或羰基引入强吸电子基的情况下使羰基的极化程度加剧,才能与醛、酮发生亲核加成反应。

（1）与醇的加成　在干燥氯化氢催化下,等物质的量的醛与醇可顺利反应得到半缩醛。半缩醛不稳定,可继续与另一分子醇反应失水生成缩醛（偕二醚类化合物）。

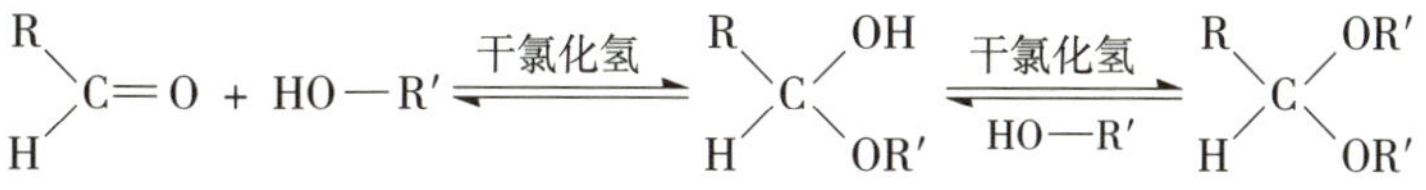

反应机理首先是羰基与质子形成𰰮盐（Ⅰ）,增加了羰基碳的正电性,然后与醇加成,脱去质子后生成不稳定的半缩醛（Ⅱ）;其羟基质子化形成𰰮盐,失水后变成（Ⅲ）,再与一分子醇加成,失去质子得到缩醛（Ⅳ）。

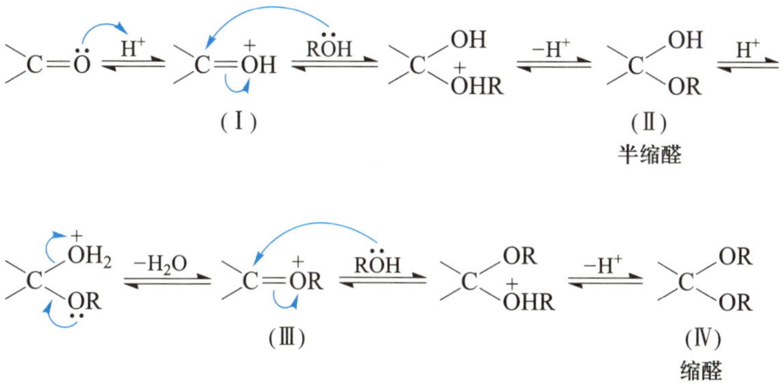

与醛相比,酮与醇的反应更为困难,一般转化率很低,反应平衡偏向于原料一边。可采用以下方法促进缩酮的生成。一是不断把反应产生的水从体系中除去,使平衡向右移动;二是使用乙二醇或乙二硫醇,环状缩酮容易生成;三是使用原甲酸三乙酯与酮在酸催化下反应,没有水生成,可以得到较好的产率。

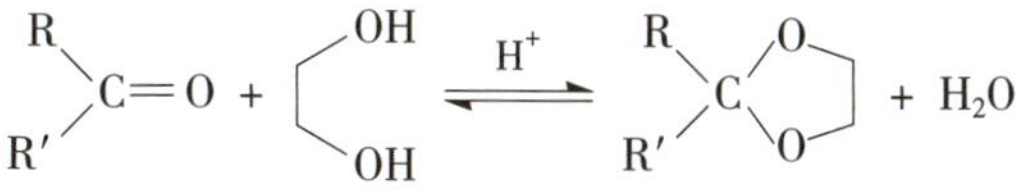

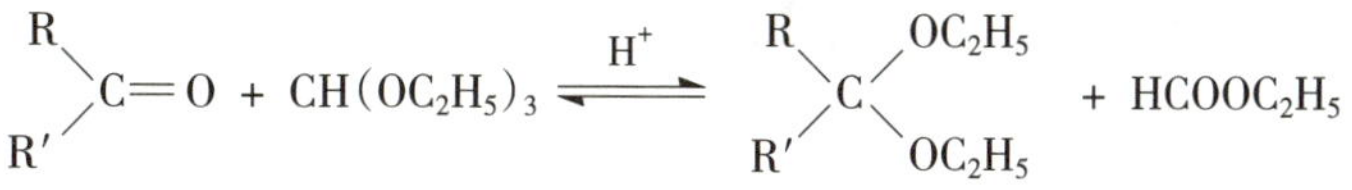

缩醛（酮）性质与醚类似,对碱、强氧化剂和强还原剂都很稳定,遇酸则分解为原来的醛、酮和醇。该反应重要的用途是在有机合成中用来保护羰基。例如,由丙烯醛制备2,3-二溴丙醛,直接加入溴时,醛基难免不被氧化。因此,先把羰基保护变成缩醛,缩醛对于氧化剂溴是稳定的,反应完成后再水解恢复醛基结构。

$$H_2C=CH-CHO + \begin{matrix} HS \\ HS \end{matrix} \xrightarrow[\triangle]{H^+} H_2C=CH-CH\begin{matrix} S \\ S \end{matrix}$$

（↓ Br_2/CCl_4）

$$\underset{\underset{Br}{|}\ \underset{Br}{|}}{H_2C-CH}-CHO \xleftarrow{H_3O^+} \underset{\underset{Br}{|}\ \underset{Br}{|}}{H_2C-CH}-CH\begin{matrix} S \\ S \end{matrix}$$

【思考题 9-7】完成下列转化：

$$\text{C}_6\text{H}_5-CHO \longrightarrow NO_2-\text{C}_6\text{H}_4-CHO$$

醛、酮与二醇的缩合反应在工业应用上具有重要价值。聚乙烯醇是溶于水的高分子化合物，不能用来制作纤维。在硫酸催化下，用 10% 的甲醛溶液处理聚乙烯醇后得到不溶于水、性能优良的纤维——维尼纶，这个过程也叫羟基封闭。

$$\left[\underset{\underset{OH}{|}\ \underset{OH}{|}}{-CH_2-CH-CH_2-CH-}\right]_n \xrightarrow[H^+]{HCHO} \left[-CH_2-CH-CH_2-CH-\begin{matrix}O\ \ O\end{matrix}\right]_n$$

聚乙烯醇   维尼纶

（2）与水的加成　在酸催化条件下，水也可与醛、酮发生亲核加成，形成偕二醇（水合物）。

$$\begin{matrix} \\ \end{matrix}C=O + H_2O \xleftarrow{H_3O^+} \underset{}{C}\begin{matrix} OH \\ OH \end{matrix}$$

水合物在热力学上很不稳定，很容易失水恢复为原来的醛、酮，显然可逆反应平衡偏向于反应物一边。

表 9-5 是一些醛、酮水合物的平衡常数。从表中可以看出，随着羰基所连基团增大，生成偕二醇的量逐步下降。这是因为空间位阻增大，羰基碳亲电性降低所致。甲醛在水溶液中几乎全部变为水合物，但是无法将之分离出来，原因是它很容易脱水，这是甲醛可作为优良交联剂的原因。当羰基与强吸电子基团（Cl_3C-、F_3C-、$RCO-$ 等）相连时，羰基变得异常活泼，可以形成稳定的水合物。例如：

$$Cl_3C-CHO + H_2O \longrightarrow \underset{\underset{Cl}{|}}{\overset{\overset{Cl}{|}}{Cl-C}}-\underset{\underset{OH}{|}}{\overset{\overset{OH}{|}}{CH}}$$

三氯乙醛   水合三氯乙醛

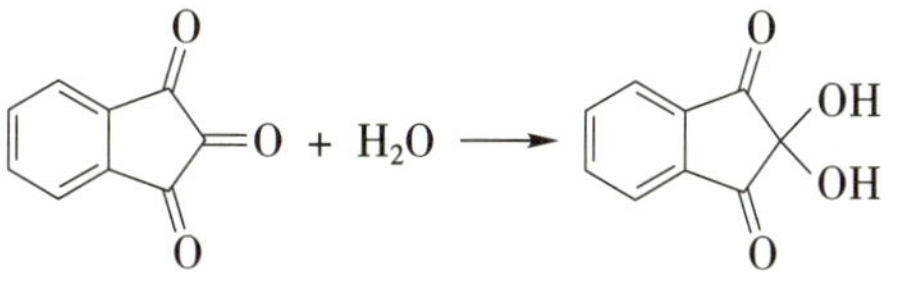

茚三酮　　　　　　　　　　　　　　水合茚三酮

表9-5　一些醛、酮水合物的平衡常数（25℃水中）

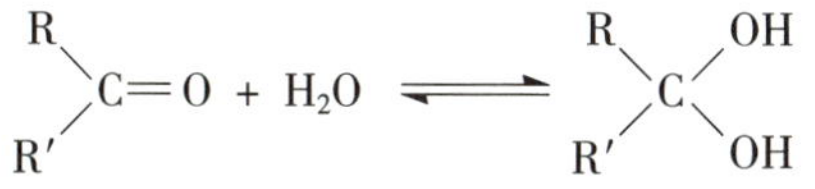

序号	醛、酮	K_f	序号	醛、酮	K_f
1	HCHO	2 280	9	CH_3COCH_3	1.4×10^{-3}
2	CH_3CHO	1.06	10	$C_6H_5COCH_3$	6.6×10^{-5}
3	CH_3CH_2CHO	0.85	11	$C_6H_5COC_6H_5$	1.2×10^{-7}
4	$(CH_3)_2CHCHO$	0.61	12	$ClCH_2COCH_3$	2.9
5	$(CH_3)_3CCHO$	0.23	13	$ClCH_2COCH_2Cl$	10
6	$ClCH_2CH_2CHO$	37	14	F_3CCOCH_3	35
7	CCl_3CHO	2.8×10^4	15	F_3CCOCF_3	1.2×10^6
8	C_6H_5CHO	8.3×10^{-3}			

　　水合三氯乙醛在医学上常用作催眠剂和镇静剂。水合茚三酮在氨基酸纸色谱和薄层色谱中常用作显色剂。

　　【思考题9-8】分析表9-5中醛、酮的结构和水合反应的平衡常数，可以看出，影响水合物含量的最关键因素是什么？

（二）共轭加成

　　在 α，β-不饱和醛、酮中，碳碳双键与烯烃类似，可以与亲电试剂加成。共轭体系的形成也造就了碳氧双键能够与亲核试剂进行1,2-加成和1,4-加成。

　　1. 亲电加成反应

　　由于羰基的吸电子效应，α，β-不饱和醛、酮中碳碳双键不如烯烃活泼，同时也影响了加成反应的取向。

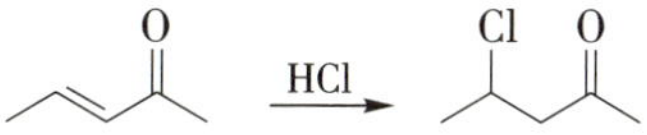

　　亲电加成反应机理如下：

$$-\underset{4}{\overset{|}{C}}=\underset{3}{\overset{|}{C}}-\underset{2}{\overset{|}{C}}-\underset{1}{\overset{}{C}}=O \xrightarrow{H^+} -\overset{|}{C}=\overset{|}{C}-\overset{|}{\underset{+}{C}}-OH \longleftrightarrow -\overset{|}{\underset{+}{C}}-\overset{|}{C}=\overset{|}{C}-OH$$

$$\downarrow B^-$$

$$-\overset{|}{\underset{B}{C}}-\overset{|}{\underset{H}{C}}-\overset{|}{C}=O \rightleftharpoons -\overset{|}{\underset{B}{C}}-\overset{|}{C}=\overset{|}{C}-OH$$

酮式　　　　　　　烯醇式

反应机理表面上看是 3,4- 加成,实质上是 1,4- 加成。只是得到的烯醇式不稳定,重排为稳定的酮式结构。

2. 亲核加成反应

α,β- 不饱和醛、酮进行亲核加成时,有 1,2- 加成和 1,4- 加成两种取向:

$$-\overset{|}{C}=\overset{|}{C}-\overset{|}{C}=O \xrightarrow{Nu^-}$$

1,2-加成 $\longrightarrow -\overset{|}{C}=\overset{|}{C}-\overset{|}{\underset{Nu}{C}}-O^- \xrightarrow{H^+} -\overset{|}{C}=\overset{|}{C}-\overset{|}{\underset{Nu}{C}}-OH$

1,4-加成 $\longrightarrow -\overset{|}{\underset{Nu}{C}}-\overset{|}{C}=\overset{|}{C}-O^- \xrightarrow{H^+} -\overset{|}{\underset{Nu}{C}}-\overset{|}{C}=\overset{|}{C}-OH \rightleftharpoons -\overset{|}{\underset{Nu}{C}}-\overset{|}{\underset{H}{C}}-\overset{|}{C}=O$

9-1

羰基活性增大,试剂的亲核性增强,且空间位阻较小时,一般是 1,2- 加成为主;反之是 1,4- 加成为主。从最终结果来看,α,β- 不饱和醛、酮与亲电试剂的加成、与亲核试剂 1,4- 加成结果几乎一致,试剂中正电荷部分总是加到 α- 碳原子上,负电荷部分总是加到 β- 碳原子上。

【思考题9-9】写出丙烯醛与下列试剂反应的方程式:
（1）HCN　（2）RMgBr　（3）H₂SO₄

（三）α- 活泼氢的反应

在醛、酮分子中,与羰基直接相连的碳原子称为 α- 碳原子,它所连接的氢原子称为 α- 氢原子（α-H）。由于羰基的强吸电子作用,使得 α-H 解离为质子的能力增强。

1. α-H 的活泼性

α-H 的活泼性表现在它具有一定的酸性。例如,乙醛 α-H 的 $pK_a=17$,丙酮 α-H 的 $pK_a=20$,较乙烷 α-H 的 $pK_a=49$ 小得多。在碱的催化作用下,具有 α-H 的醛、酮可形成活泼的碳负离子:

$$\overset{OH^-}{\curvearrowright}\overset{H}{\overset{|}{\underset{}{C}}}\overset{O}{\overset{\|}{C}}- \rightleftharpoons \left[-\overset{}{\overset{|}{\underset{}{C}}}\overset{O}{\overset{\|}{C}}- \longleftrightarrow -\overset{|}{C}=\overset{O^-}{\overset{|}{C}}- \right]$$

（Ⅰ）　　　（Ⅱ）

α-H 离去后生成的碳负离子（Ⅰ）,与氢结合重新得到酮;另外,通过共轭效应形成共振体烯醇式负离子（Ⅱ），与氢结合形成烯醇式结构。一般酮式结构比烯醇式结构稳定,所以酮与烯醇互变平衡偏向于酮式一边。两个亲核中心的存在决定了醛、酮 α–H 反应的多样性。

$$H_3C-\overset{\overset{O}{\|}}{C}-CH_3 \rightleftharpoons H_3C-\overset{\overset{OH}{|}}{C}=CH_2$$

酮式   烯醇式

某些结构特殊的醛、酮（或者在碱性环境中）,烯醇式结构的含量会明显升高。影响酮与烯醇互变平衡体系的因素将在后续章节中讨论。

2. α–H 的卤代

醛、酮在酸、碱催化下可与卤素反应,其 α–H 被取代,生成一卤代或多卤代醛、酮。

$$H_3C-\overset{\overset{O}{\|}}{C}- \xrightarrow{X_2} H_2C-\overset{\overset{O}{\|}}{C}- \xrightarrow{X_2} \underset{X}{HC}-\overset{\overset{O}{\|}}{C}- \xrightarrow{X_2} X-\underset{X}{C}-\overset{\overset{O}{\|}}{C}-$$

酸的催化有利于酮与烯醇互变平衡向烯醇式结构一边移动,烯醇式含量的高低决定了醛、酮 α–H 的取代程度。发生一卤代后,卤原子的吸电子作用使羰基碳的电子云密度降低,不利于酸催化下烯醇式结构的产生。因此,控制卤素的用量和体系低温可使反应停留在一卤代阶段。

碱催化下,醛、酮的卤代反应不易控制 α–H 的取代程度。碱的存在更有利于互变平衡向烯醇式结构一边移动。发生一卤代后,卤原子和羰基的吸电子作用使其余 α–H 更活泼,更容易被取代,很容易直接生成多卤代产物。

α–碳原子上同时连有三个氢原子的醛、酮,可卤代生成三卤代醛、酮,它们在碱性溶液中很易分解成三卤甲烷（卤仿）和羧酸盐。由于反应过程中有卤仿生成,常把乙醛或甲基酮与卤素的碱溶液作用生成三卤甲烷的反应叫作卤仿反应。

$$H_3C-\overset{\overset{O}{\|}}{C}-R \xrightarrow{X_2/OH^-} X_3C-\overset{\overset{O}{\|}}{C}-R \xrightleftharpoons{OH^-} X_3C-\underset{OH}{\overset{\overset{O^-}{|}}{C}}-R \xrightarrow{-RCOO^-} {}^-CX_3 \xrightarrow{H_2O} CHX_3$$

最常用的试剂是碘的碱性溶液,该反应称为碘仿反应,产物为淡黄色固体碘仿（CHI₃）;而氯仿、溴仿是无色透明的液体,不容易观察。由于次碘酸钠具有氧化性,可以把具有

$CH_3CH(OH)$—结构的醇氧化为 CH_3CO—结构的醛、酮。因此,碘仿反应可以鉴别 CH_3CO—和 $CH_3CH(OH)$—结构的存在。

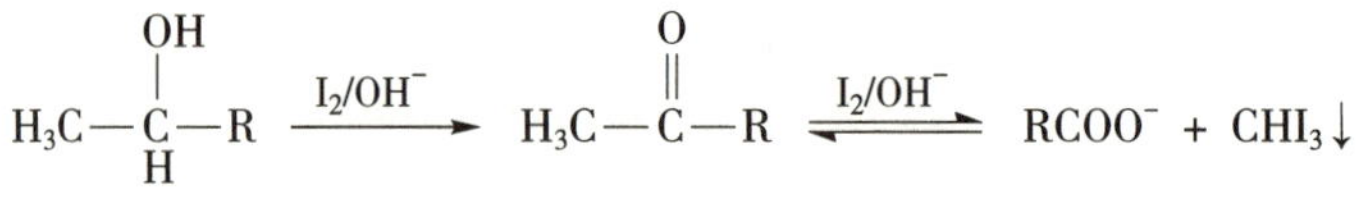

$$H_3C-\overset{\overset{OH}{|}}{\underset{\underset{H}{|}}{C}}-R \xrightarrow{I_2/OH^-} H_3C-\overset{\overset{O}{\|}}{C}-R \rightleftharpoons RCOO^- + CHI_3\downarrow$$

【思考题 9–10】用适当的化学方法区别戊 –2– 醇和戊 –3– 醇。

3. 羟醛缩合反应

有 α–H 的醛、酮在稀碱催化下,形成的 α– 碳负离子进攻另一分子醛、酮的羰基,形成 β– 羟基醛或 β– 羟基酮,此类反应称为羟醛缩合。此类反应是构建 1,3– 二氧碳骨架最有效的方法之一。

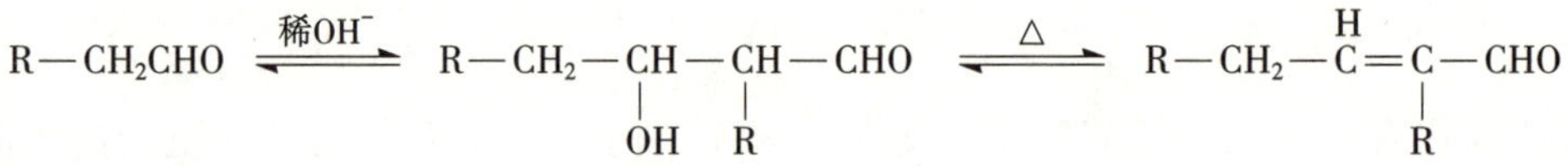

$$R-CH_2CHO \rightleftharpoons R-CH_2-\overset{}{\underset{\underset{OH}{|}}{CH}}-\overset{}{\underset{\underset{R}{|}}{CH}}-CHO \overset{\triangle}{\rightleftharpoons} R-CH_2-\overset{\overset{H}{|}}{C}=\overset{}{\underset{\underset{R}{|}}{C}}-CHO$$

反应机理如下:

反应机理如下：

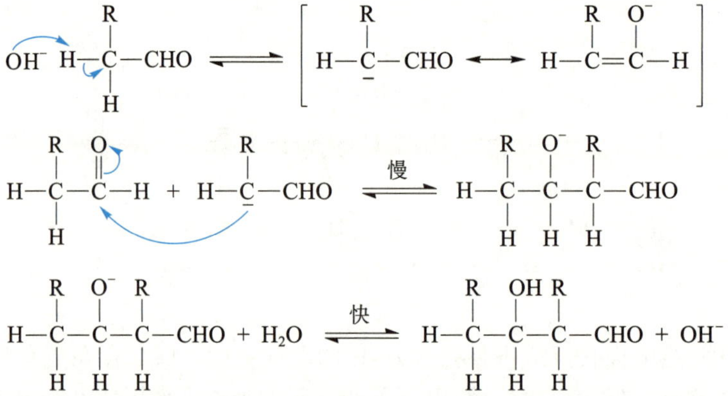

首先醛、酮在稀碱作用下形成碳负离子,作为亲核试剂对另一分子醛、酮进行亲核加成,生成氧负离子中间体。它接受一个质子生成 β– 羟基醛或 β– 羟基酮。由于羰基使 α–H 很活泼,故受热容易失水变成 α,β– 不饱和醛、酮。

酮的类似反应比醛难,平衡主要偏向于反应物。采用一些特殊方法使平衡向右移动,也能达到较高的收率。例如,常温下丙酮与稀碱平衡混合体系中只有 5% 左右的缩合物,若将氢氧化钡装在索氏提取器中,丙酮缩合产物不断从体系中提取出来,最终能达到 70% 的收率。

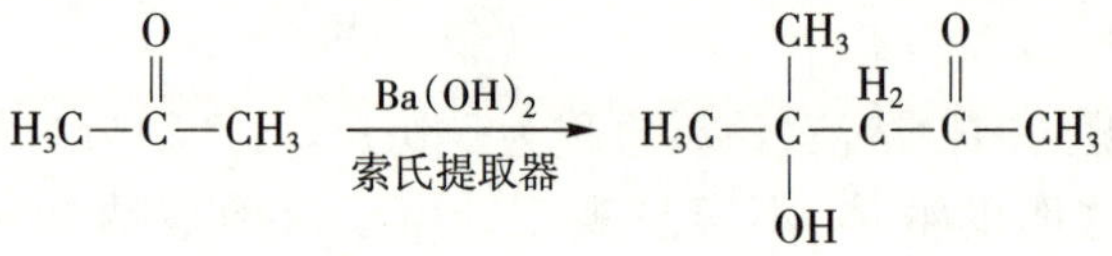

$$H_3C-\overset{\overset{O}{\|}}{C}-CH_3 \xrightarrow[\text{索氏提取器}]{Ba(OH)_2} H_3C-\overset{\overset{CH_3}{|}}{\underset{\underset{OH}{|}}{C}}-\overset{H_2}{C}-\overset{\overset{O}{\|}}{C}-CH_3$$

两种含有不同 α-H 的醛、酮也能相互发生羟醛缩合，成四种缩合产物的混合物，由于结构相似，分离困难，一般没有实用价值。若用一种含有 α-H 的醛、酮作为亲核试剂，另一种不含 α-H 的醛、酮作为羰基供体，则可控制得到一种主要产物，这就是交叉羟醛缩合反应。例如：

9-2

$$\text{C}_6\text{H}_5\!-\!\text{CHO} + \text{CH}_3\text{CHO} \xrightarrow[\triangle]{10\%\text{NaOH}} \text{C}_6\text{H}_5\!-\!\text{CH}=\text{CHCHO}$$
肉桂醛

生物体内在酶催化下，糖类的合成与分解涉及羟醛缩合及其逆过程。

【思考题 9-11】写出下列反应的羟醛缩合产物：
（1）丁醛在碱催化下。（2）苯甲醛与等物质的量的丙酮在碱催化下。

（四）氧化和还原

1. 氧化

醛极易被氧化，空气中的氧在室温下即可将其氧化为羧酸，苯甲醛瓶口出现大量白色固体就是因为氧化生成苯甲酸所致。而酮一般不易氧化。利用化学性质上的差异，很容易区别分子中的羰基是醛羰基还是酮羰基。最常用的两种弱氧化剂托伦（Tollens）试剂和费林（Fehling）试剂，能顺利氧化醛，而酮不被氧化。

（1）与托伦试剂的反应　托伦试剂是硝酸银的氨溶液。醛与托伦试剂反应，醛被氧化成为含有同碳原子数的羧酸，而试剂中的银离子则被还原成单质银，以灰色沉淀析出。

$$\text{R}\!-\!\text{CHO} + \text{Ag}^+ \xrightarrow[\triangle]{\text{OH}^-} \text{R}\!-\!\text{COO}^- + \text{Ag}\downarrow$$

如果用于反应的试管内壁非常洁净，金属银就能附着在试管内壁，形成一层明亮的银镜，所以此反应又称为银镜反应。工业上利用葡萄糖与托伦试剂反应制作镜子和保温瓶等。

（2）与费林试剂的反应　费林试剂是硫酸铜、氢氧化钠和酒石酸钾钠按一定比例配制而成的混合溶液。费林试剂中起氧化作用的是 Cu^{2+}，加入氢氧化钠的目的是提供反应所需的碱性条件，但在碱性条件下生成的 Cu(OH)_2 沉淀对反应不利，因此加入酒石酸钾钠与 Cu^{2+} 形成配合物离子。醛与费林试剂加热，醛被氧化为同碳原子数的羧酸，试剂中的 Cu^{2+} 被还原为砖红色的 Cu_2O 沉淀。

$$\text{R}\!-\!\text{CHO} + \text{Cu}^{2+} \xrightarrow[\triangle]{\text{OH}^-} \text{R}\!-\!\text{COO}^- + \text{Cu}_2\text{O}\downarrow$$

费林试剂只能氧化脂肪族醛，而不能氧化芳香族醛和酮（α-羟基酮例外），所以用费林试剂可鉴别脂肪族醛和酮，又可以鉴别脂肪族醛和芳香族醛。

托伦试剂和费林试剂对碳碳双键和碳碳叁键都不发生氧化反应，因此具有氧化选择性，可用来制备不饱和羧酸。例如：

$$CH_3-CH=CH-CHO \begin{cases} \xrightarrow{KMnO_4/H^+} CH_3-COOH + CO_2\uparrow \\ \\ \xrightarrow{Ag^+/Cu^{2+}} CH_3-CH=CH-COOH \end{cases}$$

（3）与强氧化剂的反应　酮对弱氧化剂稳定,但可被强氧化剂氧化,断链氧化为小分子的羧酸,在合成上没有实用价值。但环己酮由于具有环状的对称结构,其氧化断裂产物主要得到己二酸,工业上以己二酸为原料制备合成纤维——尼龙 66。

$$\text{⬡}=O \xrightarrow[V_2O_5]{HNO_3} HOOC\diagdown\diagup\diagdown COOH$$

2. 还原

醛、酮都可被还原,其产物取决于反应条件,温和反应条件下一般生成醇,强烈反应条件下生成烃。

（1）催化加氢还原　醛、酮在 Ni、Pt、Pd 等的催化下加氢,能分别被还原成伯醇或仲醇。

$$R-\overset{\displaystyle O}{\overset{\|}{C}}-H \xrightarrow{H_2/Ni} R-CH_2OH$$

$$R-\overset{\displaystyle O}{\overset{\|}{C}}-R' \xrightarrow{H_2/Ni} R-\overset{\displaystyle OH}{\underset{\displaystyle H}{\overset{|}{\underset{|}{C}}}}-R'$$

此反应是醇脱氢或氧化的逆反应。在生物体内羰基还原成羟基是一个很普遍的生物化学反应,一般是在酶的催化下进行的。

醛、酮催化加氢反应的选择性不强。如果醛、酮分子内同时含有碳碳双键或碳碳叁键,羰基和碳碳不饱和键都将同时被还原。例如:

$$CH_3-CH=CH-CHO \xrightarrow{H_2/Ni} CH_3CH_2CH_2CH_2OH$$

（2）与氢负离子的反应　醛、酮可与提供氢负离子（H^-）的还原剂如氢化铝锂（$LiAlH_4$）、硼氢化钠（$NaBH_4$）、异丙醇铝（$Al[O-CH(CH_3)_2]_3$）等发生还原反应,生成醇:

$$\diagup\hspace{-0.3em}\diagdown C=O \xrightarrow{LiAlH_4或NaBH_4} \diagup\hspace{-0.3em}\diagdown CH-OH$$

由于氢负离子是一种亲核试剂,所以它只能对碳氧双键进行选择性加氢,而对碳碳双键或叁键不起作用,因此可用于选择性还原羰基。例如:

$$CH_3-CH=CH-CHO \xrightarrow{NaBH_4} CH_3-CH=CH-CH_2OH$$

在这类还原剂中,氢化铝锂的还原能力最强,除羰基外它还可以还原许多基团,而硼氢化钠及异丙醇铝只能还原醛、酮。

（3）羰基直接还原成亚甲基

① 克莱门森（Clemmenson）还原：用锌－汞齐与浓盐酸作还原剂可以将醛、酮的羰基直接还原成亚甲基，这种方法被称为克莱门森还原法。

$$\text{（苯乙酮）} \xrightarrow{\text{Zn–Hg/HCl}} \text{（乙苯）}$$

此反应在浓盐酸介质中进行，所以分子中不能带有对酸敏感的基团，如醇羟基、碳碳双键等。

② 武尔夫－开息纳尔（Wolff–Kishner）－黄鸣龙还原：将醛、酮与肼反应变为腙，然后将腙和浓碱溶液在封闭管中加热，从而使羰基还原成亚甲基的方法，称为武尔夫－开息纳尔反应。我国化学家黄鸣龙在此基础上，发现用二缩乙二醇等为溶剂时，反应的操作更简单，产率也很高，因此又将其称为黄鸣龙改进法。

$$\text{（苯丙酮）} \xrightarrow[\text{二缩乙二醇，200 ℃}]{H_2N\text{—}NH_2,\text{NaOH}} \text{（正丙苯）}$$

通过芳香烃的酰基化反应制得酮，酮羰基经以上方法可以还原为亚甲基，是在芳环上引入直链烃基的间接方法。

【思考题 9-12】完成下列反应方程式：

$$
\begin{array}{ccc}
(\quad) & \xleftarrow{\text{Pt/H}_2} & \\
& & \text{（肉桂醛）} \\
(\quad) & \xleftarrow{\text{NaBH}_4} & \\
\end{array}
\quad\text{C}_6\text{H}_5\text{CH}=\text{CH—CHO}\quad
\begin{array}{ccc}
& \xrightarrow{\text{托伦试剂}} & (\quad) \\
& \xrightarrow{\text{KMnO}_4/\text{H}^+} & (\quad) \\
\end{array}
$$

【知识背景】我国有机化学发展的先驱者——黄鸣龙

黄鸣龙（1898—1979），江苏扬州人，是我国著名有机化学家。1919 年浙江医药专科学校毕业，1924 年获得德国柏林大学有机药物化学博士学位。1924—1934 年任浙江医专教授、主任，卫生署化学部主任；1934—1940 年在欧洲先灵公司等从事研究工作；1940 年回国在昆明任中研院化学所研究员，兼任西南联大教授；1945 年赴美在哈佛大学、默克公司从事研究工作。1952 年绕道欧洲回国，先后在中国人民解放军医学科学院化学系和中国科学院上海有机化学研究所任研究员。1955 年当选为中国科学院学部委员。黄先生一生从事有机化学的教育和研究工作，在有机化学的"结构与机理"及"反应和合成"方面都作出了具有深远影响的工作。20 世纪 40 年代黄先生发现了变质山道年 4 种立体异构体的循环转变，堪称立体化学的经典之作；1948 年发表了黄鸣龙还原反应；1952 年归国后引领和发展了我国的甾体化学研究。黄鸣龙是我国有机化学发展的先驱者和奠基人之一。

3. 歧化

芳香族醛及无 α–H 的脂肪族醛与浓碱共热,可以发生自身氧化还原反应,一分子醛被还原成醇,另一分子醛被氧化成酸,称为歧化反应。这类反应是康尼查罗于 1853 年发现的,也称康尼查罗(Cannizzaro)反应。例如:

$$2\ HCHO + NaOH(浓) \longrightarrow HCOONa + CH_3OH$$

$$2\ \langle\text{苯}\rangle\text{—CHO} + NaOH(浓) \longrightarrow \langle\text{苯}\rangle\text{—COONa} + \langle\text{苯}\rangle\text{—CH}_2\text{OH}$$

9–3

当不同的醛发生交叉歧化时,一般甲醛被氧化,其他醛被还原。这种交叉歧化在工业上有重要的用途。例如,用甲醛和乙醛为原料,先用稀碱发生羟醛缩合,然后用浓碱发生康尼查罗反应,可制备季戊四醇。

$$3\ HCHO + CH_3CHO \xrightarrow{Ca(OH)_2} (CH_2OH)_3C\text{—CHO} \xrightarrow[Ca(OH)_2]{HCHO} C(CH_2OH)_4 + (HCOO)_2Ca$$

季戊四醇可用于制备高级涂料、树脂及炸药等。

【思考题 9-13】下列化合物中,哪些能发生自身康尼查罗反应?
(1)甲醛　　　　　　　　(2)呋喃甲醛
(3)2-甲基 -2-苯基丙醛　　(4)苯乙醛
(5)2-甲基丁醛　　　　　(6)苯甲醛

第九章
思考题答案

四、重要的醛、酮

表 9-6 列出重要醛、酮的结构、特性及用途。

表 9-6　重要醛、酮的结构、特性及用途

名称	结构式	来源与理化特性	生物活性及用途
甲醛	HCHO	俗名蚁醛,为无色有刺激性气味的气体。工业上是甲醇下游产品	含有 40% 的甲醛水溶液称为福尔马林(formalin),常用作医药和农业上的杀菌剂和防腐剂。主要用于制造酚醛树脂、脲醛树脂、合成纤维及季戊四醇等
乙醛	CH_3CHO	无色易挥发液体。工业上主要由乙炔水合、乙烯或乙醇氧化制得	对黏膜有一定的刺激作用。是有机合成的重要原料,用于制备乙酸、乙酐、丁醇、丁醛、季戊四醇等
苯甲醛	〈苯〉—CHO	有辛辣气味的无色液体,具有特殊的杏仁气味。工业上分别以甲苯和苯为原料生产。实验室可采用催化还原苯甲酰氯的方法制备	对黏膜有一定的刺激作用。是重要的化工原料,可用于合成香料、医药、农药和染料及中间体

续表

名称	结构式	来源与理化特性	生物活性及用途
丙酮	CH_3COCH_3	有辛辣气味的无色液体。生产方法主要有异丙醇法、异丙苯法、发酵法、乙炔水合法和丙烯直接氧化法,国内以粮食发酵法生产丙酮仍占较大比重	对中枢神经系统有抑制、麻醉作用。工业上主要作为溶剂用于炸药、塑料、橡胶、纤维、制革、油脂、喷漆等行业中,也是合成烯酮、醋酐、碘仿、聚异戊二烯橡胶、甲基丙烯酸甲酯、氯仿、环氧树脂等物质的重要原料
三氯乙醛	CCl_3CHO	无色易挥发油状液体。国内主要采用乙醇氯化法,即由乙醇与氯气反应,生成氯油。将氯油与浓硫酸共热蒸馏,即可得到三氯乙醛	对皮肤和黏膜有强烈的刺激作用。对动物全身毒性较强,引起麻醉作用。可用于合成有机磷杀虫剂、三氯杀虫酯和拟除虫菊酯中间体等。另外,在医药上用于制造氯霉素、合霉素和催眠剂水合三氯乙醛
麝香酮	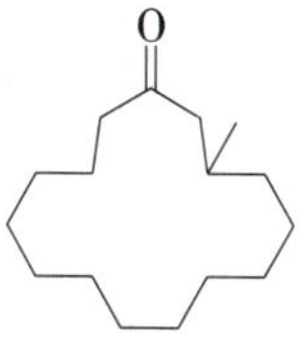	微黄色油状液体。天然麝香是从鹿科动物林麝或原麝成熟雄体香囊中的分泌物麝香经蒸馏制得左旋体;人工合成可制得外消旋体,为白色针状结晶	麝香酮具有芳香开窍、通经活络、消肿止痛。主治中风、痰厥、惊痫、中恶烦闷、心腹暴痛、跌打损伤、痈疽肿毒。麝香的香味浓郁,经久不散,对人的心理和生理系统有极其显著的影响,在香料工业和医药工业中都有十分重要的价值

第二节 醌

一、醌的结构和命名

醌类化合物根据分子中所含芳环骨架结构的不同,可分为苯醌、萘醌、蒽醌和菲醌等。醌的命名一般是在"醌"字的前面加上芳基的名称,并标出羰基的位置。醌也可以命名为环状不饱和共轭二酮。

苯醌的结构特点是单环中两个双键与两个羰基共轭。例如:

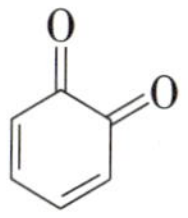

1,2-苯醌(邻苯醌)

1,2-benzoquinone

环己-3,5-二烯-1,2-二酮

cyclohexa-3,5-diene-1,2-dione

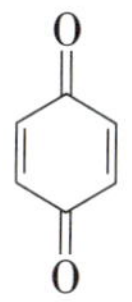

1,4-苯醌(对苯醌)

1,4-benzoquinone

环己-2,5-二烯-1,4-二酮

cyclohexa-2,5-diene-1,4-dione

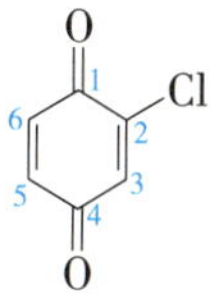

2-氯-1,4-苯醌

2-chloro-1,4-benzoquinone

2-氯环己-2,5-二烯-1,4-二酮

2-chlorocyclohexa-2,5-diene-1,4-dione

萘醌的结构特点是二环四个双键与两个羰基共轭。例如：

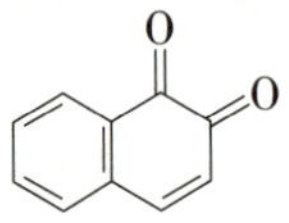

1,2-萘醌（α-萘醌）
1,2-naphthoquinone
萘-1,2-二酮
naphthalene-1,2-dione

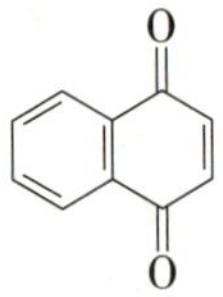

1,4-萘醌（β-萘醌）
1,4-naphthoquinone
萘-1,4-二酮
naphthalene-1,4-dione

由以上结构可以看出,醌类化合物都可以看成是环状 α,β- 不饱和二元酮,具有较大的共轭体系。

二、醌的化学性质

醌是一种环状多烯二酮,经 X 射线分析说明,对苯醌中碳碳键长分别为 0.149 nm 及 0.132 nm,这与烃中碳碳单键 0.154 nm 和碳碳双键 0.134 nm 的长度接近,说明苯醌没有芳香性。实际上苯醌的性质与 α,β- 不饱和酮相似,可以进行多种方式的加成反应。

（一）加成反应

1. 羰基的加成反应

醌分子中的羰基,能与羰基试剂加成。例如,对苯醌能与羟胺作用分别得到对苯醌单肟和对苯醌双肟。

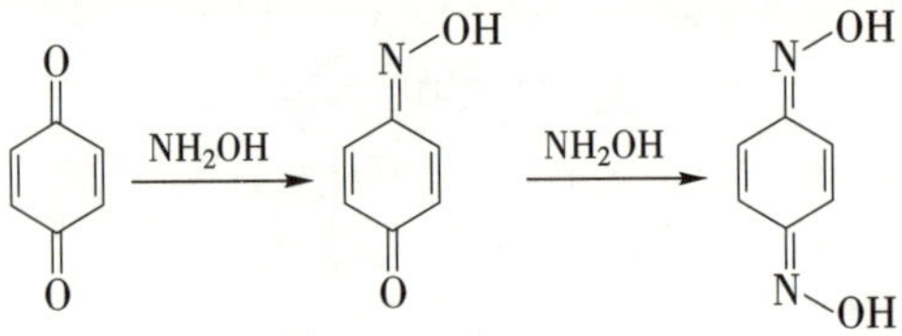

2. 双键的加成

醌分子中的碳碳双键可以和卤素等亲电试剂加成。例如,对苯醌和氯加成可得二氯代和四氯代化合物。

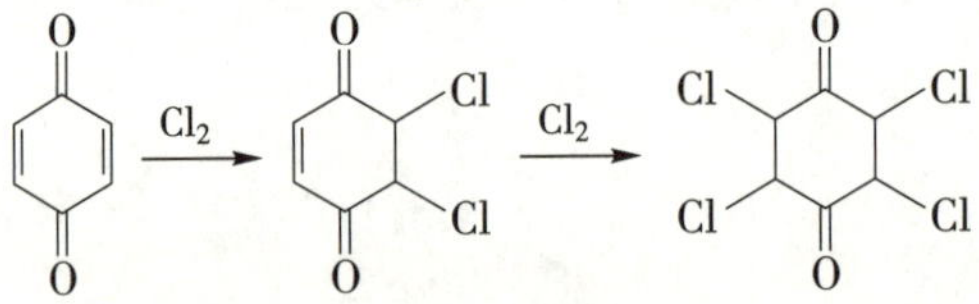

3. 1,4- 加成

醌的结构相当于 α,β- 不饱和羰基化合物,由于碳碳双键和碳氧双键共轭,可以发生 1,4- 加成反应,可与氢卤酸、亚硫酸氢钠等许多试剂加成。例如,对苯醌与氯化氢加成后,生成对苯二酚的衍生物。

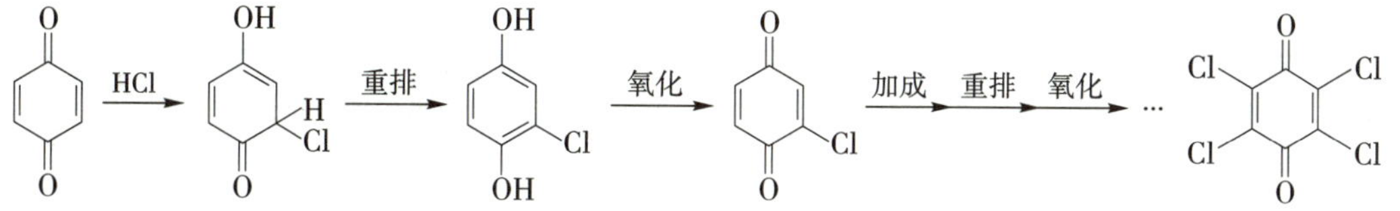

四氯对苯醌是黄色结晶,在农业生产中作为种子消毒的杀菌剂。

（二）还原反应

醌可以还原成酚。例如,对苯醌很容易还原成对苯二酚(氢醌),而对苯二酚又易氧化成对苯醌。

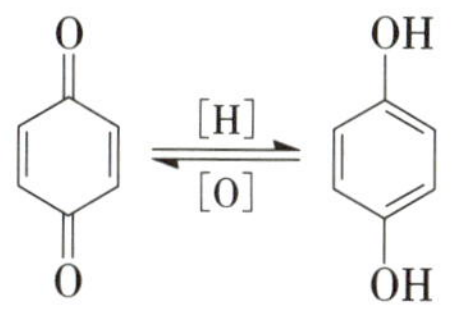

醌和酚之间的氧化还原反应是可逆的,这种氧化还原在生理生化过程中有着重要的意义。生物体内的氧化还原常以脱氢或加氢方式进行,通过一系列的氧化还原反应,最后将氢传递给氧,这样才能使氧化产生的能量逐步释放,以供生物体利用。在该过程中,常有某些物质在酶的控制下进行氢的传递作用,其中之一就是通过醌和酚之间的氧化还原体系来实现的。

三、重要的醌

表9-7列出重要醌的结构、特性及用途。

表9-7　重要醌的结构、特性及用途

名称	结构式	来源与理化特性	生物活性及用途
大黄素	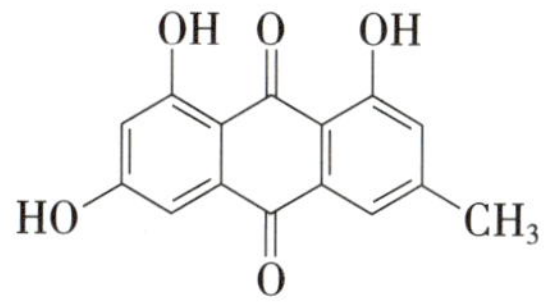	橙黄色结晶;具有蒽醌的特殊反应,溶于乙醇和碱溶液。大黄素是广泛存在于霉菌、真菌、地衣、昆虫及花中的色素。中药大黄为蓼科植物虎杖的根茎	具有抑制微生物生长、解痉止咳和抗肿瘤等生物活性。在临床上用于治疗白血病、胃癌等肿瘤;治疗各种炎症;还作为利尿、利胆、解痉、降压等常备药

续表

名称	结构式	来源与理化特性	生物活性及用途
辅酶 Q	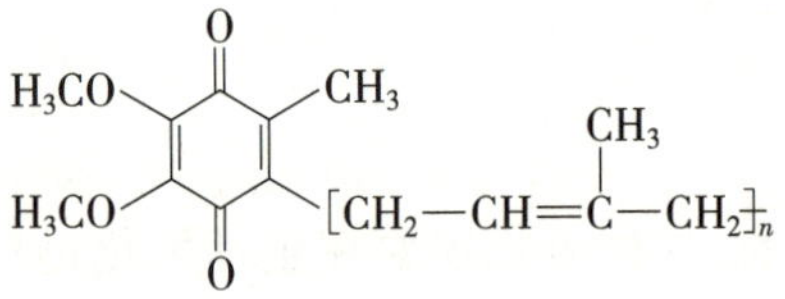 H₃CO、CH₃ 结构式（见图） $\begin{array}{c}\\ \text{[CH}_2\text{—CH=C—CH}_2]_n\end{array}$	黄色或橙黄色结晶性粉末；遇光易分解。易溶于氯仿、苯、丙酮、乙醚或石油醚。是生物体内广泛存在的脂溶性醌类化合物，不同来源的辅酶 Q 其侧链异戊烯单位的数目不同，人类和哺乳动物是 10 个异戊烯单位，故称辅酶 Q_{10}	辅酶 Q 在线粒体中参与电子转移作用，与脂类、糖类和蛋白质的代谢有关。在绿色植物的光合作用过程中参与氢的传递和电子的转移，是生物体内氧化还原过程中极为重要的物质。具有提高人体免疫力、抗氧化、延缓衰老和增强人体活力等功能，医学临床用于心血管系统疾病的治疗
维生素 K	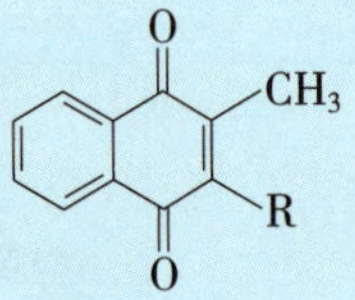 结构式（见图） $K_1:R=$ —CH₂CH=C—CH₂[CH₂CH₂—CH—CH₂]₃H $K_2:R=$ [CH₂CH=C—CH₂]₆H $K_3:R=H$	维生素 K_1 为黄色油状物，K_2 为黄色结晶体，K_3 是人工合成的维生素，为亮黄色结晶。维生素 K_1、K_2 存在于猪肝、蛋黄和绿色蔬菜中，人和动物肠内的细菌能合成维生素 K。均能溶于油脂及有机溶剂。性质不稳定，受光、氧化剂、强酸或卤素等作用易分解	是人体必需的一种维生素，有促进血液凝固、参与骨骼代谢和预防心血管疾病等功效。医药临床主要用于防止新生儿出血、预防内出血及痔疮、减少生理期大量出血和促进血液正常凝固等

【知识延伸】醌与染料

天然染料是指从植物、动物或矿产资源中获得的、较少或没有经过化学加工的染料。最主要的色素包括类胡萝卜素类、黄酮类、蒽醌类、萘醌类、苯并吡喃类、单宁类、生物碱类和靛类等。

蒽醌类化合物（anthraquinones）是各种天然醌类化合物中数量最多的也是最重要的一类天然色素，其结构中含有蒽醌母体，另有一定数量的羟基或羧基。主要有大黄素型、天然茜草型等，它们的结构如图 9-2、图 9-3 所示。高等植物中含蒽醌最多的是茜草科植物。

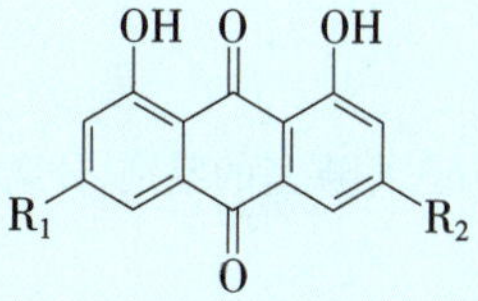

大黄酚	$R_1=CH_3$	$R_2=H$
大黄素	$R_1=CH_3$	$R_2=OH$
大黄素甲醚	$R_1=CH_3$	$R_2=OCH_3$
芦荟大黄素	$R_1=H$	$R_2=CH_2OH$
大黄酸	$R_1=H$	$R_2=COOH$

图 9-2　大黄素型蒽醌化合物的结构

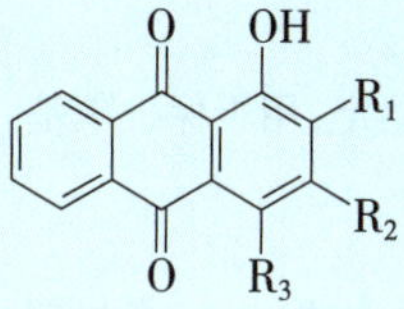

茜草素	$R_1=OH$	$R_2=H$	$R_3=H$
羟基茜草素	$R_1=OH$	$R_2=H$	$R_3=OH$
伪羟基茜草素	$R_1=OH$	$R_2=COOH$	$R_3=OH$

图 9-3　茜草型蒽醌化合物的结构

绝大多数蒽醌类色素无毒副作用，安全性高；具有药理功能，对某些疾病有预防和治疗作用；色调比较自然，更接近于天然物质的颜色；大部分蒽醌类色素对光、热、氧、金属离子及其他食品添加剂稳定性较强；对 pH 变化十分敏感，蒽醌类色素的色调会随 pH 的变化而改变。

萘醌类天然染料主要是紫色，存在于紫草根中（或贝类体内）。自然界中存在的萘醌类色素多数是 α-萘醌。从结构上看，这类物质的母核都为 5,8-二羟基-1,4-萘醌，都具有异己烯侧链；所不同的是旋光性、侧链中羟基的位置和侧链上的酯基。萘醌类化合物中重要的一类天然产物是紫草素（shikonin）、异紫草素（alkanin）及其衍生物，结构如图 9-4 所示。

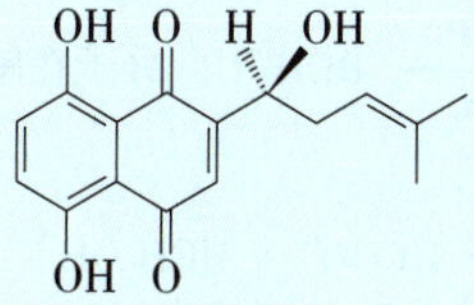

紫草素 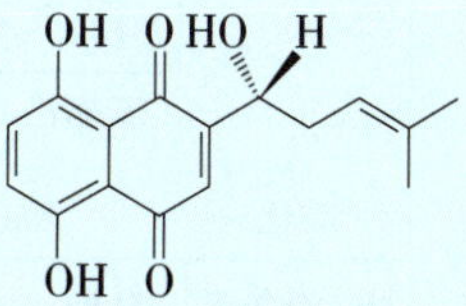　　　　　　　　　异紫草素

图 9-4　紫草素和异紫草素的结构

紫草素具有抗炎止痛的作用，还有抗免疫缺陷、抗凝血、保肝护肝、抗前列腺素生物合成、降血糖和清除活性氧等作用。提取紫草素及其衍生物单体，制成各种形式的药剂，能更有效地发挥紫草素的功用。

【知识连接】

1. 本章主要化学反应总结：

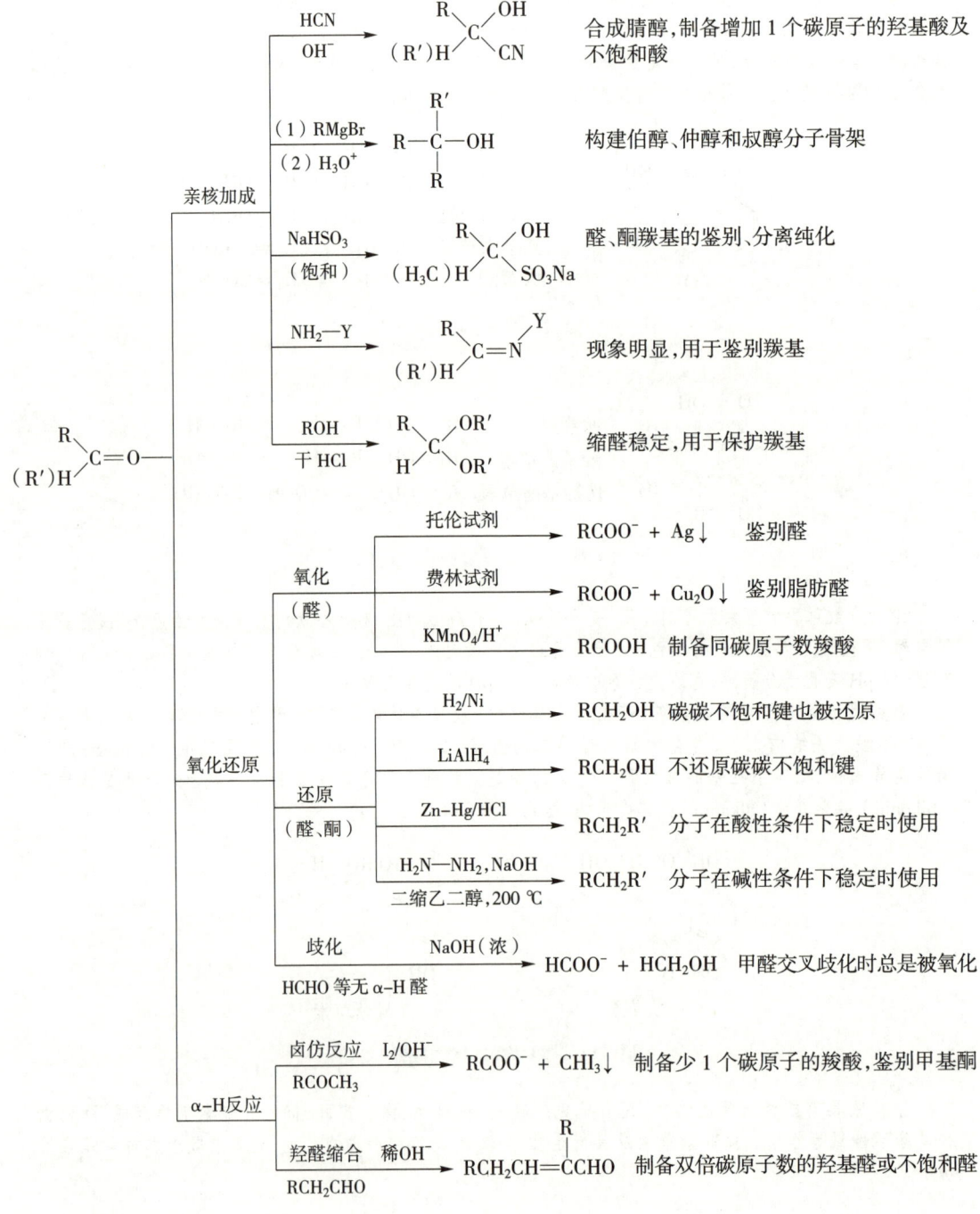

亲核加成

HCN / OH⁻ → 合成腈醇,制备增加 1 个碳原子的羟基酸及不饱和酸

（1）RMgBr /（2）H₃O⁺ → 构建伯醇、仲醇和叔醇分子骨架

NaHSO₃（饱和）→ 醛、酮羰基的鉴别、分离纯化

NH₂—Y → 现象明显,用于鉴别羰基

ROH / 干 HCl → 缩醛稳定,用于保护羰基

氧化还原

氧化（醛）

托伦试剂 → $RCOO^- + Ag\downarrow$　鉴别醛

费林试剂 → $RCOO^- + Cu_2O\downarrow$　鉴别脂肪醛

$KMnO_4/H^+$ → RCOOH　制备同碳原子数羧酸

还原（醛、酮）

H_2/Ni → RCH_2OH　碳碳不饱和键也被还原

$LiAlH_4$ → RCH_2OH　不还原碳碳不饱和键

Zn–Hg/HCl → RCH_2R'　分子在酸性条件下稳定时使用

$H_2N—NH_2$, NaOH 二缩乙二醇,200 ℃ → RCH_2R'　分子在碱性条件下稳定时使用

歧化　NaOH（浓）
HCHO 等无 α-H 醛 → $HCOO^- + HCH_2OH$　甲醛交叉歧化时总是被氧化

α-H 反应

卤仿反应　I_2/OH^-
RCOCH₃ → $RCOO^- + CHI_3\downarrow$　制备少 1 个碳原子的羧酸,鉴别甲基酮

羟醛缩合　稀 OH⁻
RCH₂CHO → RCH₂CH=CCHO（R）　制备双倍碳原子数的羟基醛或不饱和醛

2. 到本章为止烯烃、炔烃、醇、芳香烃傅－克酰基化、醛、酮等可能的相互转化

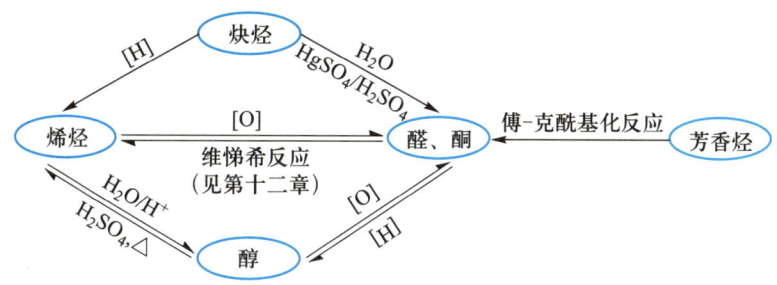

【英汉词汇】

醛　aldekyde	费林试剂　Feling reagent
酮　ketone	托伦试剂　Tollens reagent
醌　quinone	康尼查罗反应　Cannizzaro reaction
羰基　crbonyl group	歧化反应　disproportionation
亲核加成　ncleophilic addition	克莱门森还原　Clemmensen reduction
亲核试剂　ncleophilic reagent	武尔夫－开息纳尔－黄鸣龙还原　W－K－H reduction
半缩醛　hemiacetal	甲醛　fomaldehyde
半缩酮　hemiketal	福尔马林　formalin
缩醛　acetal	乙醛　acetaldehyde
缩酮　ketal	丙酮　acetone
偕二醇　gem–diol	苯甲醛　benzaldehyde
卤仿反应　haloform reaction	三氯乙醛　trichloroacetaldehyde
碘仿反应　iodoform reaction	麝香酮　musk ketone
烯醇式　enol form	大黄素　emodin
羟醛缩合　aldol condensation	辅酶 Q　coenzyme Q
氢醌　hydroquinone	维生素 K　vitamin K

【参考文献】

[1] Heathcock C H. The Aldol Reaction：Acid and General Base Catalysis［M］. Comprehensive Organic Synthesis，1991，2，133–179.

[2] Peltzer R M，Gauss J，Eisenstein O，et al. The Grignard Reaction–Unraveling a Chemical Puzzle［J］. J. Am. Chem. Soc，2020，142，2984–2994.

[3] Matsuo J，Murakami M. The Mukaiyama Aldol Reaction：40 Years of Continuous Development. Angew. Chem. Int. Ed，2013，52，9109–9118.

[4] Huang M. A Simple Modification of the Wolff–Kishner Reduction［J］J. Am. Chem. Soc，1946，68，2487–2488.

[5] Little D，Masjedizadeh M R. The Intramolecular Michael Reaction［J］. Org. React，1995，47，315.

[6] Son E J，Kim J H，Kim K，et al. Quinone and Its Derivatives for Energy Harvesting and Storage Materials ［J］. J. Mater. Chem. A，2016，4，11179–11202.

［7］韩广甸,金善炜,吴毓林.黄明龙——我国有机化学的一位先驱［J］.化学进展,2012,24（7）: 1229–1235.

［8］王海之,刘晓曦,余强,等.缩合反应制甲基丙烯酸甲酯工艺及催化剂研究进展［J］.工业催化, 2021,29（6）:1–9.

【习题】

1. 用系统命名法命名下列化合物：

（1）CHO　　（2） 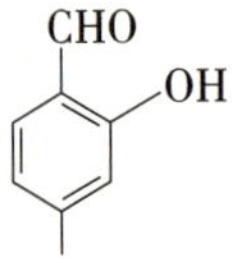　　（3） 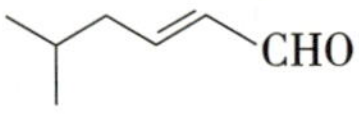　　（4）

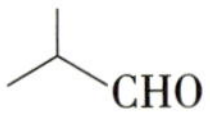

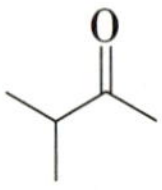

（5） 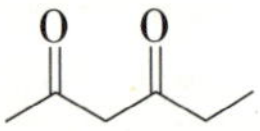　　（6） 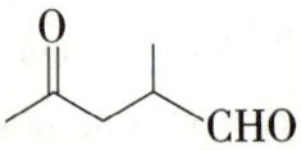　　（7） 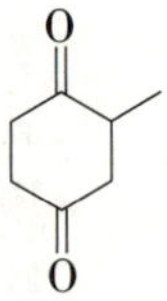　　（8）$CH_2(OH)_2$

2. 写出下列化合物的结构式：

（1）3-甲基戊醛　　　　　　（2）4-甲基戊-2-酮　　　　　（3）4-溴苯乙酮

（4）苯甲醛肟　　　　　　　（5）丙酮苯腙　　　　　　　（6）肉桂醛

3. 完成下列反应式：

（1） 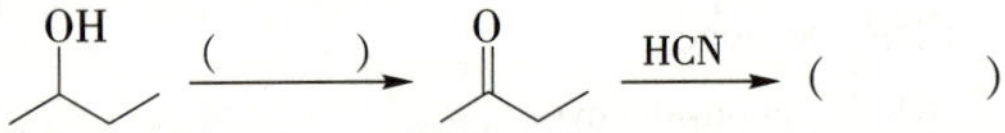 $\xrightarrow{\quad(\quad)\quad}$ $\xrightarrow{HCN}$ （　　　　）

（2） 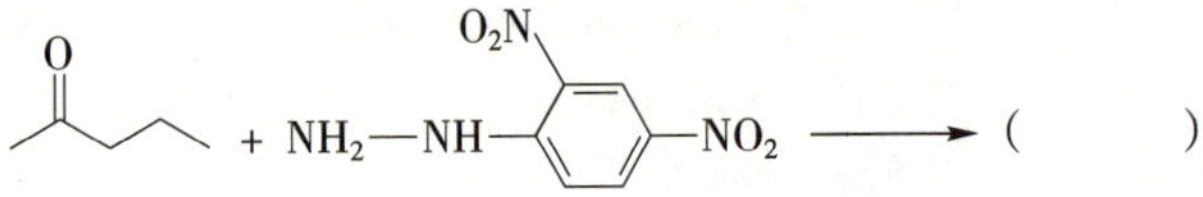 + NH_2-NH- $\longrightarrow$ （　　　　）

（3）$CH_3CH_2CHO + CH_3CH_2MgBr \xrightarrow{无水乙醚}$ （　　　）$\xrightarrow{H_3O^+}$ （　　　）

（4）$CHO + HCHO \xrightarrow{浓NaOH}$ （　　　）

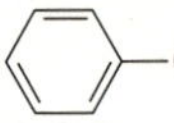

（5）$HC\equiv CH \xrightarrow{(\quad)} CH_3CHO \xrightarrow{(\quad)} CHCl_3 + （\qquad）$

（6）$CH_3CH_2CHO \xrightarrow{稀NaOH}$ （　　　）$\xrightarrow{\triangle}$ （　　　）

4. 将下列化合物按沸点由高到低排列成序。

（1）① 正丁醛　　② 正戊烷　　③ 正丁醇　　④ 2-甲基丙醛

（2）① 苯甲醇　　② 苯甲醛　　③ 乙苯　　　④ 苯甲醚

5. 完成下列转化：

（1）$H_2C=CH_2 \longrightarrow CH_3CH_2CH_2CH_2OH$

（2）$H_2C=CH-CH_3 \longrightarrow CH_3CH_2CH_2CH_2OH$

（3）

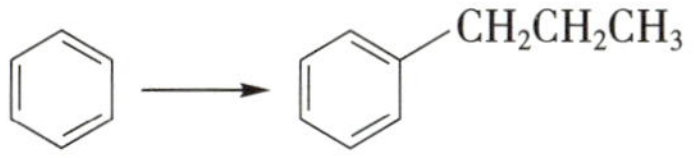

6. 用化学方法鉴别下列各组化合物：

（1）甲醛、乙醛、丙酮、1- 苯基丙酮

（2）戊醛、戊 -2- 酮、戊 -3- 酮、戊 -2- 醇

（3）苯甲醛、苯乙酮、对羟基苯甲醛

7. 某化合物分子式为 $C_6H_{12}O$，能与羟胺作用生成肟，但不起银镜反应，在铂的催化下加氢得到一种醇。此醇经过脱水、臭氧化再水解反应后得到两种液体，其中一种能发生银镜反应，但不发生碘仿反应，另一种能发生碘仿反应，但不能还原费林试剂。试写出该化合物的结构式和有关化学反应式。

8. 某化合物 A 的分子为 $C_8H_{14}O$，A 可迅速使溴水褪色，也能与苯肼反应生成黄色沉淀，A 经酸性高锰酸钾氧化生成一分子丙酮及另一化合物 B。B 具有酸性，与 NaOI 反应生成碘仿及一分子丁二酸。试写出 A、B 可能的结构式和有关的化学反应式。

9. 某化合物 A，分子式为 $C_{10}H_{12}O_2$，它不溶于氢氧化钠溶液，能与羟氨作用生成白色沉淀，但不与托伦试剂反应，A 经 $LiAlH_4$ 还原得到 B，B 的分子式为 $C_{10}H_{14}O_2$，A 与 B 都能发生碘仿反应。A 与浓的 HI 共热生成化合物 C，C 的分子式为 $C_9H_{10}O_2$，C 能溶于氢氧化钠溶液，经克莱门森还原生成化合物 D，D 的分子式为 $C_9H_{12}O$。A 经高锰酸钾氧化生成对甲氧基苯甲酸。试写出 A、B、C、D 的结构式和有关反应式。

扫一扫，获取本章习题答案

第九章　习题答案

第十章 羧酸及其衍生物

【导言】

食醋内刺激性的气味源自醋酸,它是乙醇氧化的产物。发酵面包制备中使用的酵母,随着发酵作用的进行也会产生醋酸。羧酸及其衍生物不仅广泛存在于自然界,也是重要的化工原料。户外运动所用的帐篷就是一种合成的酰胺类物质——尼龙,它是模仿蜘蛛网材料而制成的;服装中使用的聚酯纤维和在磁带中使用的聚酯胶片都是羧酸的衍生物。

1928 年英国细菌学家弗莱明(A.Fleming)首先发现了世界上第一种抗生素——青霉素。后来,英国牛津大学病理学家弗洛里(H.W.Florey,1898—1968)与生物化学家钱恩(E.B.Chain,1906—1979)实现对青霉素的分离与纯化,并发现其对传染病的疗效,弗莱明、弗洛里、钱恩三人共同获得 1945 年诺贝尔生理学或医学奖,青霉素属于羧酸衍生物,其立体结构 1949 年被报道出来(如图所示)。

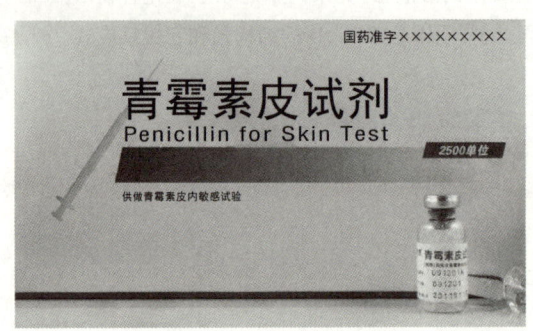

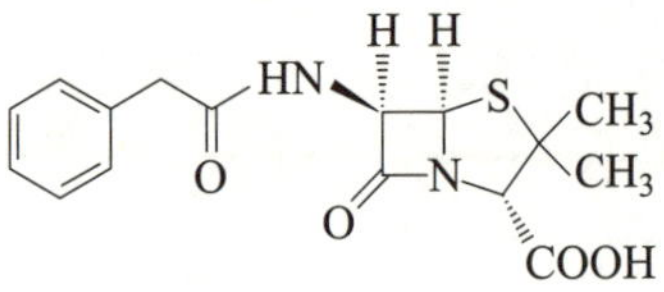

本章在分析羧基结构的基础上,重点介绍羧酸的酸性,羧酸及其衍生物独特的加成－消除反应,它们之间的相互转化及实际应用。

第一节 羧 酸

一、羧酸的结构、分类和命名

(一) 结构

羧酸的分子式通常写为 RCOOH。在羧酸分子中,羧基碳原子以 sp^2 杂化轨道分别与烃基和两个氧原子形成 3 个 σ 键,这 3 个 σ 键是在同一平面上,剩余的一个 p 电子与氧原子 p 轨道上的单电子侧面重叠形成 π 键。另外,羟基氧上的孤对电子与碳氧双键形成 p-π 共轭体系(图 10-1)。

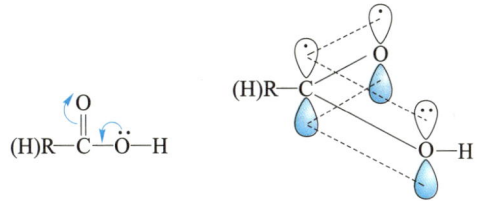

图 10-1 羧酸分子的结构示意图

由于 p-π 共轭,使羧基 C=O 键和 C—O 键的键长,和醛、酮、醇的键长相比,发生了平均化。例如:

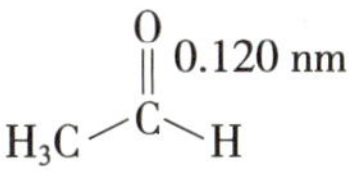

乙醛

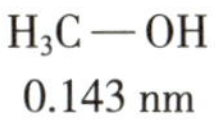

甲醇

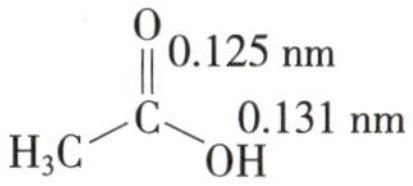

乙酸

X 射线衍射还证明甲酸根离子($HCOO^-$)中,碳原子与两个氧原子间的距离完全相等,键长都是 0.127 nm,没有单双键的区别(图 10-2)。这些事实都证明羧基中 p-π 共轭效应的存在。因此,在羧基中既不存在典型的羰基,也不存在典型的羟基,而是两者相互影响的统一体。

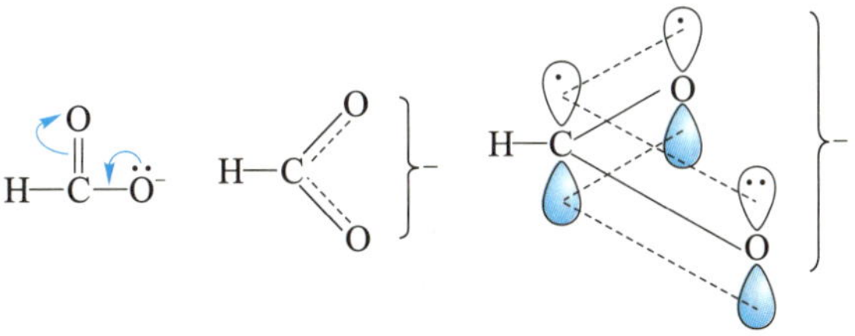

图 10-2 甲酸根离子的结构

(二)分类

羧酸根据烃基的不同可分为脂肪族羧酸、脂环族羧酸和芳香族羧酸;根据烃基中不饱和键的位置可分为共轭羧酸和非共轭羧酸;根据分子中所含羧基的数目,也可将羧酸分为一元羧酸、二元羧酸和多元羧酸。

羧酸的分类
- 按烃基的种类
  - 脂肪族羧酸（CH_3COOH）
  - 脂环族羧酸 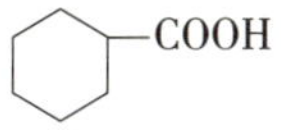
  - 芳香族羧酸 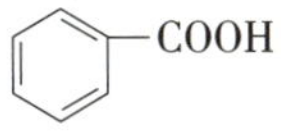
- 按羧基的位置
  - 共轭羧酸（$CH_3CH=CH—COOH$）
  - 非共轭羧酸（$CH_2=CH—CH_2—COOH$）
- 按羧基的数目
  - 一元羧酸（HCOOH）
  - 二元羧酸（HOOC—COOH）
  - 多元羧酸（$HOOCCH_2CHCH_2COOH$ / COOH）

（三）命名

羧酸的命名分为俗名和系统命名法。许多羧酸是从自然界得到的，它们往往有根据其来源命名的俗名。如甲酸从蚂蚁蒸馏液中分离得到，故称蚁酸。常见羧酸的俗名如下：

$$H—COOH$$

蚁酸
formic acid

$$HOOC—COOH$$

草酸
oxalic acid

$$HOOC—CH_2—CH_2—COOH$$

琥珀酸
succinic acid

巴豆酸
crotonic acid

$$C_6H_5—CH=CH—COOH$$

肉桂酸
cinnamic acid

羧酸系统命名法的原则与醛相同。脂肪族羧酸是选择含有羧基的最长碳链作为主链，从羧基碳原子开始编号，用阿拉伯数字（或希腊字母 α, β, γ, δ 等）标明取代基的位次。例如：

$$\overset{\delta\ \ \gamma\ \ \ \beta\ \ \ \alpha}{\underset{5\ \ \ 4\ \ \ 3\ \ \ 2\ \ \ 1}{CH_3CH_2CHCH_2COOH}}$$
$$\underset{CH_3}{|}$$

3- 甲基戊酸（β - 甲基戊酸）
3-methylpentanoic acid

$$\overset{\beta\ \ \ \ \alpha}{H_2C=C—CH_2COOH}$$
$$\underset{\underset{\gamma\ \ \ \ \delta}{\underset{4\ \ \ \ 5}{CH_2CH_3}}}{|}$$

3- 甲亚基戊酸（β - 甲亚基戊酸）
3-methylenepentanoic acid

新的命名原则规定，当命名化合物中既有环又有链时，以带有最优先官能团的环或链作为母体氢化物来命名，而不论环的大小和链的长短（注意：IUPAC—2013 英文命名原则是环总是优先于链，没有被采纳）。

脂环族羧酸和芳香族羧酸的命名，当羧基与环碳原子直接相连时，一般将环烃名称之后加上羧酸名称。当羧基不与环碳原子相连时，则将环作为取代基。例如：

苯甲酸
benzoic acid

4- 环己烷丁酸
4-cyclohexylbutanoic acid

2- 苯基丙酸
2-phenylpropanoic acid

二元羧酸的命名，选择含有两个羧基的碳链为主链，按碳原子数目称为某二酸；多元羧酸的命名则选择连有羧基最多的碳链为主链，标明羧基的位置及数目，标出主链碳原子数目（不包括羧基碳原子）。例如：

$$HOOC—CH_2—COOH$$

丙二酸
malonic acid

$$\overset{1}{HOOC}—\overset{}{CH_2}—\overset{2}{CH}—\overset{3}{CH_2}—\overset{4}{CH_2}—COOH$$
$$\underset{COOH}{|}$$

丁烷 -1, 2, 4- 三羧酸
butane-1, 2, 4-tricarboxylic acid

到目前为止,我们已经学习了许多复合官能团化合物包含其立体异构的命名,现将它们的系统命名法小结如下:

（1）确定主官能团　当分子中有多个官能团时,按官能团次序在前面是主官能团。

官能团次序:

$$—COOH > —SO_3H > —COOR > —COX > —CONH_2 > —CN > —CHO > —COR > —OH > —NH_2 > —OR$$

（2）确定主链　无环化合物母体氢化物（主链）的选择自上而下,遵照如下原则:

① 含有最多个数的优先特性基团的链;

② 最长的碳链;

③ 汇聚最多数量重键数的链;

④ 最多双键的链;

⑤ 主特性基团位次最低的链;

⑥ 所有重键的位次组最低的链;

⑦ 双键位次组最低的链;

⑧ 取代基数目最多的链;

⑨ 取代基位次组最低的链;

⑩ 取代基英文字母排列在前的链。

（3）编号　让主官能团的位次尽可能小,取代基编号时遵循"最低位次组"原则。

（4）确定构型　R/S、Z/E 或 cis/trans 等。

（5）写名称　根据最长碳链和主官能团等以上原则确定母体的名称,其他官能团作为取代基,基团按照英文字母顺序列出。

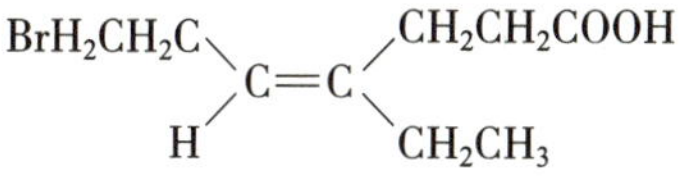

（Z）–7–溴 –4– 乙基庚 –4– 烯酸
（Z）–7–bromo–4–ethylhept–4–enoic acid

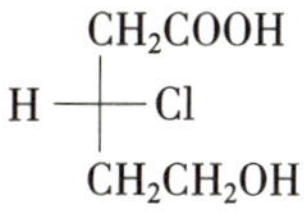

（R）–3– 氯 –5– 羟基戊酸
（R）–3–chloro–5–hydroxypentanoic acid

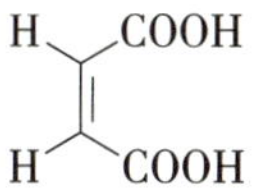

cis– 丁烯二酸
cis–butenedioic acid
马来酸
maleic acid

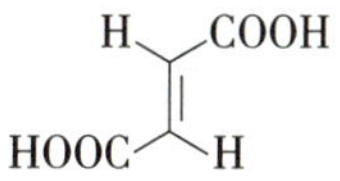

trans– 丁烯二酸
trans–butenedioic acid
富马酸
fumaric acid

【思考题 10-1】用系统命名法命名下列化合物:

（1）⟨苯基⟩—CH＝CHCOOH

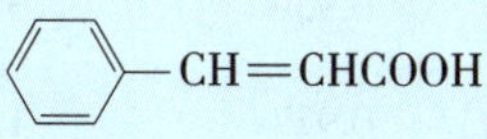

（2）

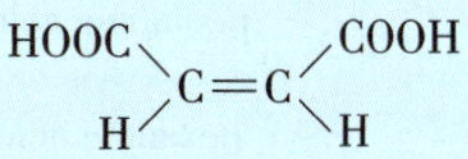

【思考题 10-2】写出下列化合物结构式：
（1）2- 乙基 -3- 甲基丁二酸　　　　　　　　　（2）3- 环戊基丁酸

二、羧酸的物理性质

室温下，低级脂肪酸 $C_1 \sim C_3$ 为有刺激性酸味的液体，中级脂肪酸 $C_4 \sim C_9$ 为有难闻恶臭味的油状液体，动物的汗液和牛奶变质发生的酸臭味主要成分是丁酸，壬酸常是含脂肪食物发生氧化分解时的产物之一。高级脂肪酸为蜡状固体，挥发性低，无气味。脂肪族二元羧酸和芳香族羧酸都是固体。

羧基是极性较强的亲水基团，其与水分子间的缔合比醇与水的缔合强，所以羧酸在水中的溶解度比相应的醇大。饱和一元羧酸中，$C_1 \sim C_4$ 的羧酸可以和水混溶。随着羧酸相对分子质量的增大，其疏水烃基的比例增大，在水中的溶解度迅速降低。C_{10} 以上的高级羧酸基本上不溶于水，而溶于有机溶剂；芳香族羧酸相对分子质量较大，难溶于水。

羧酸的沸点比相对分子质量相近的醇的沸点要高。例如，甲酸的沸点（100.5℃）比乙醇（78.5℃）高；乙酸的沸点（117.9℃）比丙醇（97.2℃）高。这是由于羧酸分子通过氢键缔合成稳定的二聚体的缘故。

$$R-C\begin{array}{c}O\cdots H-O\\ \\O-H\cdots O\end{array}C-R$$

直链饱和一元羧酸的熔点随着碳原子数的增加而呈锯齿形上升，偶数碳原子的羧酸比相邻两个奇数碳原子的羧酸熔点都高，这一现象和烷烃熔点变化的情况类似。这是因为含偶数碳原子的羧酸碳链对称性比含奇数碳原子羧酸的碳链高，在晶格中排列较紧密，分子间作用力大，故熔点较高。例如，丁酸的熔点（-4.5℃）比戊酸（-33.8℃）高。

表 10-1 列出了一些常见羧酸的物理常数。

表 10-1　一些常见羧酸的物理常数

系统名	IUPAC 名称	熔点 /℃	沸点 /℃	相对密度（d_4^{20}）	溶解度 $g \cdot (100\ g\ H_2O)^{-1}$
甲酸	methanoic acid	8.4	100.5	1.220	∞
乙酸	ethanoic acid	16.6	117.9	1.049	∞
丙酸	propionic cid	−20.8	141	0.992	∞
丁酸	butanoic acid	−4.5	163.5	0.959	∞
戊酸	pentanoic acid	−33.8	186	0.939	3.70
己酸	hexanoic acid	−4.0	205.7	0.927	1.08

续表

系统名	IUPAC 名称	熔点 /℃	沸点 /℃	相对密度 (d_4^{20})	溶解度 g·(100 g H$_2$O)$^{-1}$
cis- 丁烯二酸	cis-butenedioic acid	139 ~ 140	160（脱水成酐）	1.590	78.8
trans- 丁烯二酸	trans-butenedioic acid	287	165$^{0.23\,kPa}$	1.635	0.7
乙二酸	ethanedioic acid	189.5	157（升华）	1.650	10
苯甲酸	benzoic acid	122.4	249	1.265 9	0.34

【思考题 10-3】下表列出了一些相对分子质量相近的羧酸、醇、氯代烷和烷烃的沸点数据,有何特点? 为什么?

化合物	相对分子质量	沸点 /℃	化合物	相对分子质量	沸点 /℃
甲酸	46	100.7	乙酸	60	117.9
乙醇	46	78.5	正丙醇	60	97.4
一氯甲烷	50.5	−24.2	一氯乙烷	64.5	12.3
丙烷	44	−42.2	丁烷	58	−0.5

三、羧酸的化学性质

羧酸的化学特性主要由羧基的结构所引起,羧基中的羰基和羟基的相互影响,使羧酸的性质可归纳为下列几种类型。

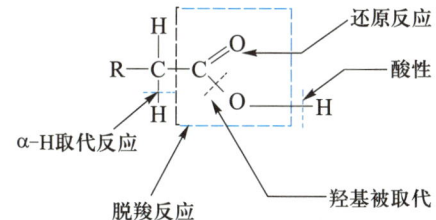

（一）酸性及其影响因素

1. 酸性

羧酸具有弱酸性,在水溶液中能解离出质子和羧酸根离子,存在着如下解离平衡:

$$RCOOH \rightleftharpoons RCOO^- + H^+$$

羧酸的酸性比醇和水的酸性强。一方面由于羧酸羰基的 π 键与羟基氧原子上未共用电子对形成 p-π 共轭体系,使得 O—H 之间电子云密度降低,易解离出 H$^+$;另一方面解离后产生的酸根负离子由于 p–π 共轭效应更强而具有更好的稳定性,容易生成。因此羧酸的酸性比水和醇都强。

一元饱和脂肪族羧酸的 pK_a 值一般在 3~5,酸性比一般无机酸弱但比碳酸(H_2CO_3 $pK_{a1}=6.37$)强。各类含氢化合物的酸性比较见表 10–2。

表 10–2　各类含氢化合物的酸性比较

化合物	RCOOH	ArOH	HOH	ROH	HC≡CH	NH₂H	RH
pK_a	3~5	9~11	≈15.7	16~19	≈25	≈35	≈50

羧酸能与碱作用成盐,也能与碳酸盐或碳酸氢盐作用生成羧酸盐并放出二氧化碳。利用此反应可以鉴别羧酸。对于不溶于水的羧酸,将其转化成碱金属盐后,便可溶于水。

$$RCOOH + Na_2CO_3 \longrightarrow RCOONa + CO_2\uparrow + H_2O$$

羧酸盐用稀硫酸或稀盐酸酸化后又可变为羧酸而游离出来。

$$RCOONa + HCl \longrightarrow RCOOH + NaCl$$

利用羧酸的酸性和羧酸盐的性质,可分离羧酸与中性或碱性化合物。例如,苯酚的酸性比碳酸弱,它不溶于碳酸氢钠的饱和溶液,可用碳酸氢钠的饱和溶液分离苯甲酸和苯酚的混合物。将不溶于水的羧酸转变为可溶性的盐,制成溶液使用,可以用于配制农药和从中草药中分离出含有羧基的有效成分等。例如,生产中使用的植物生长调节剂 α– 萘乙酸、2,4– 二氯苯氧乙酸(2,4–D)先与氢氧化钠反应生成可溶性的盐,然后再配制成所需浓度的溶液使用。

2. 诱导效应对酸性的影响

羧酸的酸性强度应取决于分子本身结构是否易于解离,以及解离后的羧酸根负离子的稳定性。羧酸中烃基上的氢原子被吸电子基团取代时,由于吸电子的诱导效应,使羧基上的氢容易以质子形式解离,同时由于吸电子效应使生成的酸根上的负电荷得以分散,酸根离子得到稳定。因此,直接与羧基相连的是吸电子基团时,则酸性增强,并且取代基的吸电子能力越强,数目越多,距羧基越近,产生的吸电子效应就越大,羧酸的酸性就越强。相反,当羧酸碳链上含有给电子取代基时,使酸性减弱。一些羧酸的酸性见表 10–3。

表 10–3　一些羧酸的 pK_a 值

化合物	pK_a	化合物	pK_a	化合物	pK_a
FCH₂COOH	2.67	Cl₃CCOOH	0.65	CH₃CH₂CHClCOOH	2.86
ClCH₂COOH	2.86	Cl₂CHCOOH	1.29	CH₃CHClCH₂COOH	4.41
BrCH₂COOH	2.89	ClCH₂COOH	2.86	CH₂ClCH₂CH₂COOH	4.70
ICH₂COOH	3.16	CH₃COOH	4.75	CH₃CH₂CH₂COOH	4.82
HCOOH	3.75	(CH₃)₂CHCOOH	4.86	(CH₃)₃CCOOH	5.05

诱导效应广泛存在于有机化合物分子中,它影响着化合物各方面的性质,基团诱导效应的强度主要受原子或基团的电负性大小、原子杂化状态、带电荷状态、配位键状态等因素的影响。各种基团诱导效应排列次序为

吸电子诱导效应:$-NR_3^+ > -NO_2 > -SO_2R > -F > -Cl > -Br > -I > -C\equiv CR > -OH > -OR > -C_6H_5 > -CH=CH_2 > -H$

给电子诱导效应:$-C(CH_3)_3 > -CH(CH_3)_2 > -CH_2CH_3 > -CH_3 > -H$

3. 共轭效应对酸性的影响

芳香族羧酸的酸性,除受到基团的诱导效应影响外,往往还受到共轭效应的影响。芳香族羧酸的酸性大于一元脂肪酸。如苯甲酸的酸性(pK_a=4.20)比乙酸(pK_a=4.75)强,这是因为苯环对羧基有吸电子诱导效应及吸电子共轭效应。在对位取代的苯甲酸中,取代基具有吸电子效应时,酸性增强,具有给电子效应时,酸性减弱。例如:

COOH / NO$_2$	COOH / Cl	COOH	COOH / CH$_3$	COOH / OCH$_3$
pK_a 3.42	3.97	4.20	4.38	4.47

4. 二元羧酸的酸性

由于羧基是吸电子基团,二元羧酸中两个羧基相互影响,使其酸性比一元饱和羧酸强,但随着两个羧基的距离增大,酸性也逐渐减弱。二元羧酸中,草酸的酸性最强,戊二酸的两个羧基相隔3个碳离子,其酸性与一元羧酸接近。当第一个羧基解离形成羧基负离子后,产生给电子的诱导效应,使第二个羧基不易解离,酸性减弱,所以二元羧酸的pK_{a2}大于pK_{a1}。例如:

	乙二酸	丙二酸	丁二酸	戊二酸	己二酸
pK_{a1}	1.46	2.80	4.17	4.33	4.43
pK_{a2}	4.46	5.85	5.64	5.57	5.52

【思考题10-4】将下列化合物按酸性强弱次序排列。

(1) CH_3CH_2COOH $CH\equiv CCOOH$ $CH_2=CHCOOH$

(2) $CF_3CH_2CH_2COOH$ CF_3CH_2COOH $CF_3CH_2CH_2CH_2CH_2COOH$

(3) ⬡-COOH   ◯-COOH

（二）羧酸衍生物的生成

羧酸中羟基可以被卤素（—X）、酰氧基（—OCOR）、烷氧基（—OR）、氨基（—NH$_2$）取代，分别生成酰卤、酸酐、酯、酰胺，这些产物统称为羧酸衍生物。

1. 酰卤的生成

羧酸中羟基被卤原子取代形成酰卤。酰卤是有机合成中非常有用的试剂，最常使用的酰卤是酰氯，它主要由羧酸与三氯化磷 PCl$_3$、五氯化磷 PCl$_5$、亚硫酰氯（SOCl$_2$）等卤化剂反应制取。

$$R-\overset{\overset{\text{O}}{\|}}{C}-OH \begin{cases} \xrightarrow{PCl_3} R-\overset{\overset{\text{O}}{\|}}{C}-Cl + H_3PO_3 \\ \xrightarrow{PCl_5} R-\overset{\overset{\text{O}}{\|}}{C}-Cl + POCl_3 + HCl\uparrow \\ \xrightarrow{SOCl_2} R-\overset{\overset{\text{O}}{\|}}{C}-Cl + SO_2\uparrow + HCl\uparrow \end{cases}$$

由于酰氯很容易水解，因此不能用水洗的方法除去反应中的无机物，通常用蒸馏法分离。在制备酰氯时采用哪种试剂，主要决定于原料、产物和副产物之间的沸点差。PCl$_3$ 适合于制备沸点低的酰氯，PCl$_5$ 适用于制备沸点较高的酰氯。用 SOCl$_2$ 作卤化剂时，因副产物均为气体，生成的酰氯容易分离提纯，纯度较高。

2. 酸酐的生成

羧酸（除甲酸外）在脱水剂存在下加热，分子间失去一分子水而生成酸酐。常用脱水剂如 P$_2$O$_5$、乙酸酐等。

$$R-\overset{\overset{\text{O}}{\|}}{C}-OH + HO-\overset{\overset{\text{O}}{\|}}{C}-R \xrightarrow[\triangle]{\text{脱水剂}} R-\overset{\overset{\text{O}}{\|}}{C}-O-\overset{\overset{\text{O}}{\|}}{C}-R + H_2O$$

某些二元羧酸可直接加热成酐。例如，丁二酸、戊二酸、邻苯二甲酸等加热分子内脱水生成五元或六元环状酸酐：

酸酐也可由羧酸盐与酰氯反应加热得到，此方法可制备混合酸酐。

$$R-\overset{\overset{\text{O}}{\|}}{C}-ONa + R'-\overset{\overset{\text{O}}{\|}}{C}-Cl \longrightarrow R-\overset{\overset{\text{O}}{\|}}{C}-O-\overset{\overset{\text{O}}{\|}}{C}-R' + NaCl$$

3. 酯的生成

羧酸与醇在强酸性催化剂作用下生成酯和水的反应称为酯化反应。

$$RCOOH + R'OH \underset{\triangle}{\overset{H^+}{\rightleftharpoons}} RCOOR' + H_2O$$

酯化反应是可逆的,逆反应是酯的水解反应。在反应过程中不断除去水分,或增加某一种反应物的用量,都可以提高酯的产率。酯化反应一般较慢,需要酸催化,常用的催化剂有浓H_2SO_4、对甲苯磺酸、强酸型离子交换树脂等。

羧酸的酯化反应随着羧酸和醇的结构及反应条件的不同,可以按照不同的反应机理进行。羧酸和醇之间脱水有如下两种方式:① 是由羧酸中的羟基与醇羟基的氢结合脱水生成酯,称为酰氧键断裂;② 是由羧酸中的氢和醇中的羟基结合脱水生成酯称为烷氧键断裂。

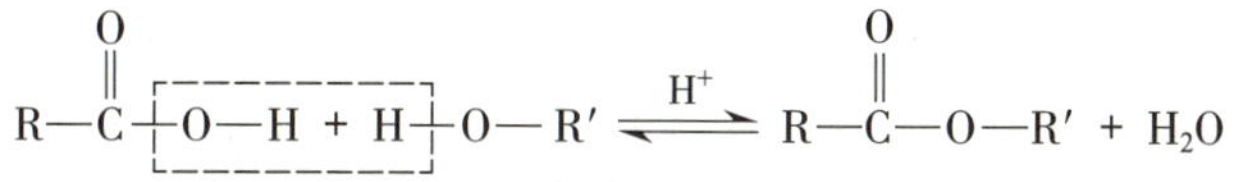

酰氧键断裂　　一级醇、二级醇

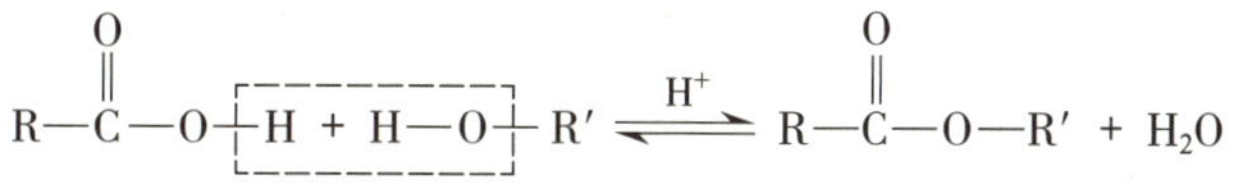

烷氧键断裂　　三级醇

伯醇、仲醇一般发生酰氧键断裂,如用同位素 ^{18}O 标记的醇酯化,反应完成后,^{18}O 在酯分子中而不是在水分子中。这说明酯化反应生成的水,是醇羟基中的氢与羧基中的羟基结合而成的,即羧酸发生了酰氧键的断裂。

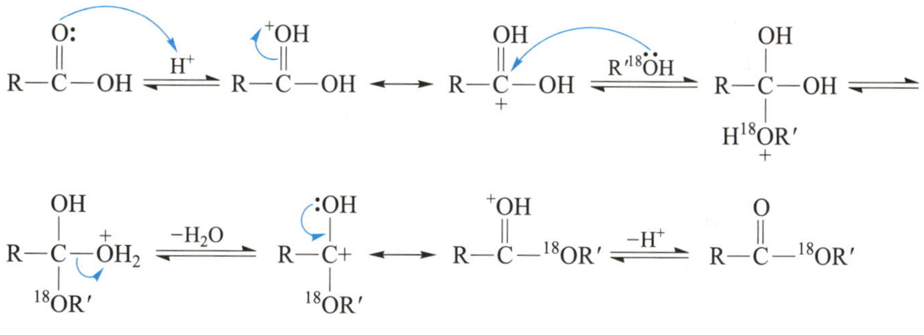

叔醇则发生烷氧键断裂,因叔醇在酸作用下易生成碳正离子,酯化反应是由碳正离子向羧酸分子中羰基氧的进攻而引起的。反应机理为

$$(CH_3)_3C\ddot{O}H \underset{-H^+}{\overset{H^+}{\rightleftharpoons}} (CH_3)_3C-\overset{+}{O}H_2 \underset{+H_2O}{\overset{-H_2O}{\rightleftharpoons}} (CH_3)_3C^+$$

$$(CH_3)_3C^+ \rightleftharpoons \underset{O=C-R}{\overset{:OH}{|}} R-\overset{\overset{+}{O}H}{\underset{||}{C}}-OC(CH_3)_3 \underset{-H^+}{\overset{H^+}{\rightleftharpoons}} R-\overset{O}{\underset{||}{C}}-OC(CH_3)_3$$

例如：

$$CH_3C\overset{O}{\underset{||}{}}{}^{18}OH + (CH_3)_3COH \rightleftharpoons CH_3C\overset{{}^{18}O}{\underset{||}{}}OC(CH_3)_3 + H_2O \quad (H^+)$$

不同的羧酸和醇进行酯化反应的活性不同，次序如下：

醇的活性：$CH_3OH > RCH_2OH > R_2CHOH > R_3COH$

酸的活性：$HCOOH > RCOOH > R_2CHCOOH > R_3CCOOH$

【思考题 10-5】排列出丁酸与下列醇在酸催化下发生酯化反应的活性次序：

（1）$(CH_3)_3CCH(OH)CH_3$　　　　　　（2）$CH_3CH_2CH_2CH_2OH$

（3）CH_3OH　　　　　　　　　　　　（4）$CH_3CH(OH)CH_2CH_3$

4. 酰胺的生成

在羧酸中通入氨气或加入碳酸铵，首先生成羧酸的铵盐，铵盐加热脱水生成酰胺。

$$R-\overset{O}{\underset{||}{C}}-OH + NH_3 \longrightarrow R-\overset{O}{\underset{||}{C}}-O^-\overset{+}{N}H_4 \underset{-H_2O}{\overset{\triangle}{\longrightarrow}} R-\overset{O}{\underset{||}{C}}-NH_2$$

$$\qquad\qquad\qquad\qquad\qquad\qquad 羧酸铵 \qquad\qquad\qquad 酰胺$$

胺与氨相似，也可与羧酸作用生成被取代的酰胺（见第十一章）。

（三）羧酸的还原反应

羧酸中的羧基是有机化合物的最高氧化态，一般分子稳定，难于被还原。催化氢化（H_2/Ni）或金属与酸（$Fe + HCl$）不能使之还原，只有特殊的还原剂如 $LiAlH_4$ 可将其还原为伯醇。$LiAlH_4$ 是选择性的还原剂，只还原羧基，不还原碳碳双键。

$$R-CH=CHCH_2-\overset{O}{\underset{||}{C}}-OH \overset{LiAlH_4}{\longrightarrow} \overset{H_2O}{\longrightarrow} R-CH=CHCH_2CH_2OH$$

（四）α-H 的取代反应

羧酸的 α-H 在少量红磷或三卤化磷催化剂存在下，被溴或氯取代生成 α- 卤代酸。例如：

$$CH_3COOH + Cl_2 \overset{红磷}{\underset{或碘}{\longrightarrow}} ClCH_2COOH$$

控制卤素用量可以得到一氯乙酸、二氯乙酸 $CHCl_2COOH$，直至三氯乙酸 CCl_3COOH。α- 卤代酸是重要的中间合成体，常用于制备 α- 羟基酸、α- 氨基酸、α- 氰基酸等。

$$R-\underset{\underset{X}{|}}{CH}-COOH \begin{cases} \xrightarrow{OH^-} R\underset{\underset{OH}{|}}{CH}COOH \\ \xrightarrow{NH_3} R\underset{\underset{NH_2}{|}}{CH}COOH \\ \xrightarrow{CN^-} R\underset{\underset{CN}{|}}{CH}COOH \xrightarrow{H_3O^+} R\underset{\underset{COOH}{|}}{CH}COOH \end{cases}$$

有些卤代羧酸是有效的除草剂,如 α,α-二氯丙酸或 α,α-二氯丁酸。在碱性条件下,氯乙酸与 2,4-二氯苯酚钠反应可制得 2,4-二氯苯氧乙酸(简称 2,4-D):

$$Cl-\langle\rangle-ONa + ClCH_2COOH \longrightarrow Cl-\langle\rangle-OCH_2COOH$$

2,4-D 是一种有效的植物生长调节剂,高浓度时可防治禾谷类作物田中的双子叶杂草;低浓度时,具有对某些植物有刺激早熟,提高产量,防止落花落果,产生无籽果实等多种作用。

(五)脱羧反应

羧酸或其盐在加热时脱去二氧化碳的反应称为脱羧反应。饱和一元羧酸在加热下较难脱羧,通常用一元羧酸的钠盐与碱石灰(NaOH-CaO)共熔,可脱去羧基,生成少 1 个碳原子的烃。例如,无水醋酸钠和碱石灰混合加热,发生脱羧反应生成甲烷,是实验室制取甲烷的方法。

$$CH_3COONa + NaOH \xrightarrow[\triangle]{CaO} CH_4\uparrow + Na_2CO_3$$

当羧酸的 α-碳原子上连有吸电子基时,如—NO_2、—CN、—CO—、—Cl 时,则容易脱羧。芳香族羧酸比饱和一元羧酸容易脱羧。例如:

$$Cl_3CCOOH \xrightarrow{\triangle} CHCl_3 + CO_2\uparrow$$

$$H_3C-\overset{\overset{O}{\|}}{C}-CH_2COOH \xrightarrow{\triangle} H_3C-\overset{\overset{O}{\|}}{C}-CH_3 + CO_2\uparrow$$

脱羧反应是生物体内重要的生物化学反应,呼吸作用所生成的二氧化碳就是羧酸脱羧的结果。生物体内的脱羧是在脱羧酶的作用下完成的。例如:

$$CH_3COOH \xrightarrow{脱羧酶} CH_4 + CO_2$$

10-1

(六)二元酸的受热反应

二元羧酸当单独加热或与脱水剂共热时,随着两个羧基间距离不同而发生脱羧、脱水或两者兼有的反应。两个羧基直接相连或连在同一碳原子上的二元羧酸,受热后易脱羧生成比原来羧酸少 1 个碳原子的一元羧酸。如乙二酸、丙二酸加热时,脱羧生成甲酸和乙酸。

$$HOOC—COOH \xrightarrow{\triangle} HCOOH + CO_2\uparrow（脱羧）$$

$$HOOC—CH_2—COOH \xrightarrow{\triangle} CH_3COOH + CO_2\uparrow（脱羧）$$

　　两个羧基间隔 2 个或 3 个碳原子的二元羧酸,受热只发生脱水反应,生成环状酸酐。如丁二酸、戊二酸在加热时,分子内脱水生成含五元环和六元环的稳定的环酐。

$$\begin{array}{l} CH_2—CO\boxed{OH} \\ | \\ CH_2—COO\boxed{H} \end{array} \xrightarrow{\triangle} \quad + H_2O（脱水）$$

$$H_2C\begin{array}{l} CH_2—CO\boxed{OH} \\ \\ CH_2—COO\boxed{H} \end{array} \xrightarrow{\triangle} \quad + H_2O（脱水）$$

　　己二酸及庚二酸在氢氧化钡存在下加热,既脱羧又失水,生成少 1 个碳原子的环酮:

$$\begin{array}{l} CH_2—CH_2—CO\boxed{OH} \\ | \\ CH_2—CH_2—\boxed{COOH} \end{array} \xrightarrow[\triangle]{Ba(OH)_2} \quad O + CO_2\uparrow + H_2O（脱羧、脱水）$$

$$H_2C\begin{array}{l} CH_2—CH_2—CO\boxed{OH} \\ \\ CH_2—CH_2—\boxed{COOH} \end{array} \xrightarrow[\triangle]{Ba(OH)_2} \quad O + CO_2\uparrow + H_2O（脱羧、脱水）$$

【思考题 10-6】下列羧酸哪些能形成环状羧酐,哪些不能形成,为什么?
（1）顺（或反）-1,2- 环戊烷二羧酸　　　　　　　（2）顺（或反）-1,3- 环己烷二羧酸
（3）顺（或反）-1,2- 环己烷二羧酸

四、重要的羧酸

表 10-4 列出重要羧酸的结构、特性及用途。

表 10-4　重要羧酸的结构、特性及用途

名称	结构式	来源及理化特性	生物活性及用途
甲酸	$\begin{array}{c} O \\ \\ H—\overset{\|}{C}—OH \end{array}$	存在于蜂类、蚁类和荨麻体内;工业上可由一氧化碳和粉状氢氧化钠在高温高压下作用生成甲酸钠,而后酸化制备。为无色有刺激性的液体,可与水、乙醇、乙醚等混溶。既有羧酸的性质,又具有醛类的性质	对皮肤和黏膜的腐蚀作用类似于无机强酸。在工业上用作酸性还原剂,也可作为橡胶的凝聚剂,印染工业中的媒染剂、防腐剂,合成工业中的甲酰化剂、缩合剂

续表

名称	结构式	来源及理化特性	生物活性及用途
乙酸	$CH_3-\overset{\overset{\displaystyle O}{\|\|}}{C}-OH$	在自然界分布极广,如酸牛奶中、酸葡萄酒中都含有乙酸,就是由于微生物发酵所致。工业上常用的制备方法是乙醛空气氧化法,甲醇在铑催化剂存在下和一氧化碳直接结合成乙酸。乙酸是无色有刺激性的液体,16℃以下能结成似冰状的固体,所以常把无水乙酸叫作冰醋酸。易溶于水及其他有机溶剂	食醋中的乙酸应用于食品的防腐或调味。是很重要的有机化工原料,可以合成乙酸酐、乙酸乙酯、乙酸乙烯酯和乙酸纤维素酯等化合物,并可进一步转化为许多精细化工品
乙二酸	HOOC—COOH	常以盐的形式存在于植物细胞膜中。工业上主要利用甲酸钠减压下加热到400℃生产草酸。易溶于水及乙醇,不溶于乙醚等有机溶剂。比磷酸酸性略强,对皮肤、黏膜均有刺激性和腐蚀作用。具有还原性,用作标定 $KMnO_4$ 溶液的浓度	能使血液中钙离子沉淀而引起心脏和循环器官障碍甚至虚脱,草酸钙往往在在肾析出造成尿毒症。可以和许多金属形成配合物,它们大多是溶于水的,因此草酸可以作为清洗剂除去铁锈和墨水等污迹
苯甲酸		存在于安息香树的树脂中或芍药的根中。工业可由甲苯氧化或由三氯甲苯水解得到。是无色结晶,微溶于水,溶于乙醇、氯仿和乙醚中,易升华。在水中的溶解度随温度不同而有很大差异,故可以用水来结晶纯化,也能随水汽蒸发	具有抑菌防腐能力,对许多霉菌、酵母菌有抑制作用,且对人体毒性很小,故其酒精溶液用于治疗皮肤病。苯甲酸及其盐常用作食品和某些药物制剂的防腐剂。可以合成染料、香料、药物等,它的某些衍生物在农业上用作除草剂及植物调节剂

第二节　羧酸衍生物

羧酸衍生物是羧酸分子中的羟基被—X、—OCOR、—OR、—NH₂(或—NHR、—NR₂)取代而形成的化合物,分别称为酰卤、酸酐、酯、酰胺。不少羧酸衍生物是天然有机化合物的重要成分。一些羧酸衍生物反应活性很高,可以转变成多种其他化合物,是十分重要的有机合成中间体。

一、羧酸衍生物的结构

羧酸衍生物常用通式 $R-\overset{\overset{\displaystyle O}{\|\|}}{C}-L$ 表示,结构特征是含有酰基($R-\overset{\overset{\displaystyle O}{\|\|}}{C}-$)。酰基中羰基碳原子为 sp² 杂化,与酰基直接相连的杂原子(X、O、N)因电负性比 C 大,具有吸电子的诱导效

应;另外杂原子(X、O、N)上都具有未共用电子对,它们所占据的 p 轨道与酰基的 π 轨道形成 p-π 共轭体系,具有给电子的共轭效应。由于共轭效应的影响,使得某些羧酸衍生物的 C—L 键具有部分双键的性质。不同类型化合物 C—L 键键长比较见表 10-5。

表 10-5　羧酸衍生物 C—L 键键长与典型单键 C—L 键键长比较

化合物	键长 /nm	化合物	键长 /nm
乙酰氯 $CH_3CO—Cl$	0.179 5	乙酸酐 $CH_3CO—O—OCCH_3$	0.140 0
氯乙烷 $CH_3CH_2—Cl$	0.179 5	甲醚 $CH_3—O—CH_3$	0.140 2
乙酰胺 $CH_3CO—NH_2$	0.136 9	乙酸甲酯 $CH_3CO—OCH_3$	0.136 0
乙胺 $CH_3CH_2—NH_2$	0.146 8	乙醇 $CH_3CH_2—OH$	0.141 1

数据结果显示:酰氯和酸酐中 C—Cl 键和 C—O 单键的键长变化不大,主要是由于 Cl 和 $OCOCH_3$ 较强的吸电子诱导效应,与酰基的共轭效应较弱。在酯和酰胺中 C—O 单键和 C—N 单键键长变短,具有部分双键的性质,是由于共轭效应占主导地位。综合分析,在羧酸衍生物中,基团 L 的给电子能力次序为

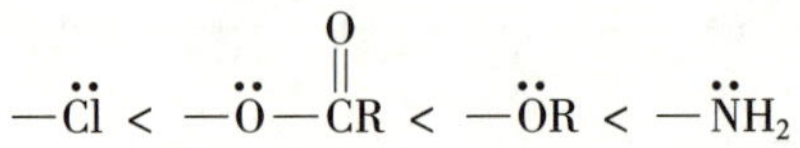

$$
-\ddot{Cl} < -\overset{\overset{\displaystyle O}{\parallel}}{\ddot{O}-CR} < -\ddot{O}R < -\ddot{N}H_2
$$

二、羧酸衍生物的命名

(一)酰卤的命名

酰卤的命名方法是在酰基名称后面加上相应的卤原子的名称,称为"某酰卤"。例如:

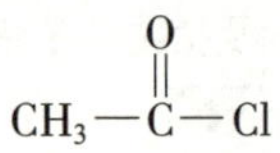

乙酰氯
acetyl chloride

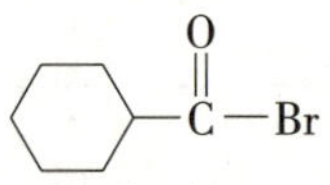

环己烷甲酰溴
cyclohexanecarbonyl bromide

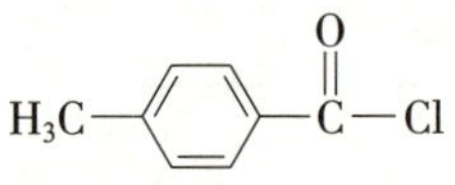

4- 甲基苯甲酰氯
4-methylbenzoyl chloride

(二)酰胺的命名

酰胺的命名方法是将羧酸名称后缀"酸"或"甲酸"替换为"酰胺"或"甲酰胺"即可。例如:

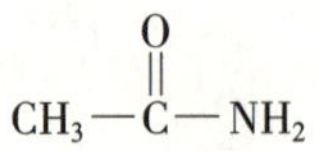

乙酰胺
acetamide

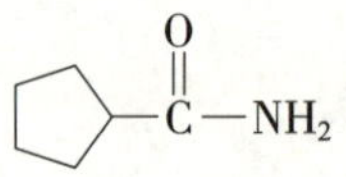

环戊烷甲酰胺
cyclopentanecarboxamide

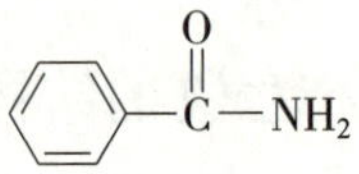

苯甲酰胺
benzamide

如果酰胺的氮原子上连有取代基,用"N"标出取代氨基上所连的烃基。例如:

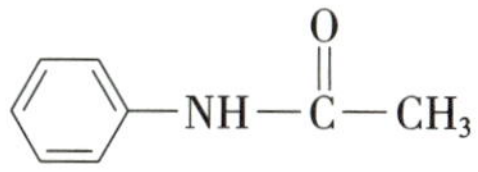

N- 苯基乙酰胺	*N*,*N*- 二甲基甲酰胺	*N*- 乙基 –*N*- 甲基丁酰胺
N-phenylacetamide	*N*,*N*-dimethylformamide	*N*-ethyl–*N*-methylbutyramide

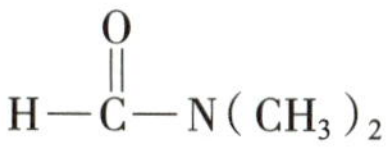

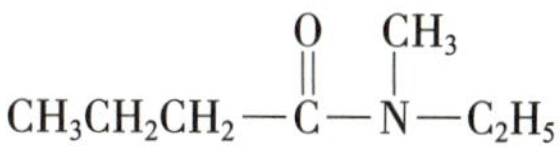

（三）酸酐的命名

根据相应的羧酸命名。两个相同羧酸形成的酸酐为简单酸酐，称为"某酸酐"，简称"某酐"；两个不相同羧酸形成的酸酐为混合酸酐，称为"某酸某酸酐"，简称"某某酐"，两种酸的列出按照英文字母顺序排列；二元羧酸分子内失去一分子水形成的酸酐为内酐，称为"某二酸酐"。例如：

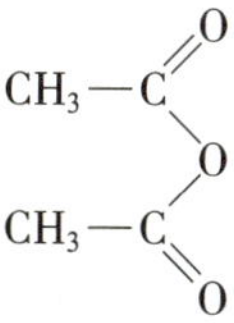

乙（酸）酐	乙（酸）丙（酸）酐	邻苯二甲酸酐
acetic anhydride	acetic propionic anhydride	phthalic anhydride

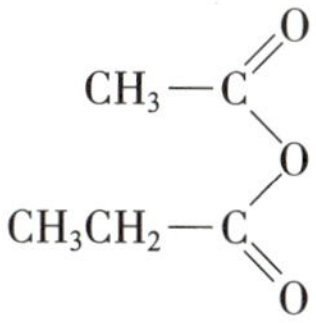

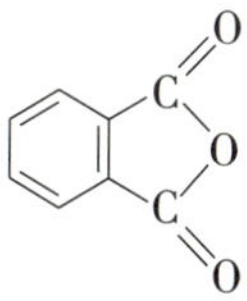

（四）酯的命名

酯的命名方法是根据相应羧酸和相应醇称为"某酸某酯"。例如：

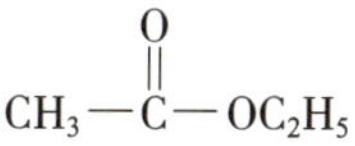

乙酸乙酯	环己烷甲酸乙酯	苯甲酸甲酯
ethyl acetate	ethyl cyclohexanecarboxylate	methyl benzoate

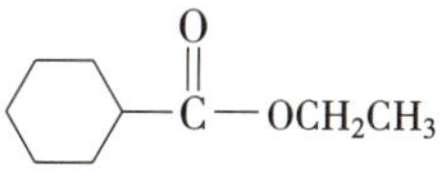

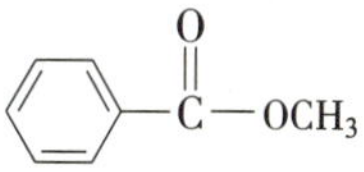

有两个取代基时，按照英文名的字母顺序排列。例如：

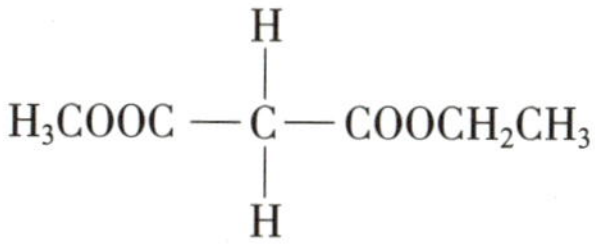

丙二酸乙（基）甲（基）酯

ethyl methyl malonate

【思考题 10-7】用系统命名法命名下列化合物：

（1）$CH_3CH_2-\overset{\displaystyle O}{\underset{\displaystyle \|}{C}}-Br$ 　　　　（2）

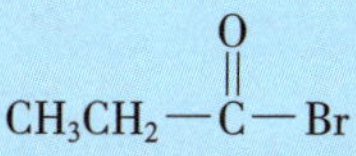

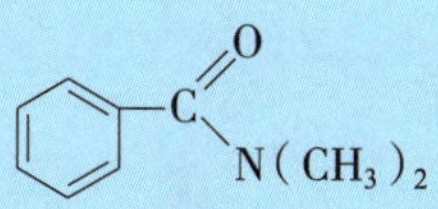

$$(3)\ C_6H_5 - \overset{\displaystyle O}{\overset{\|}{C}} - O - \overset{\displaystyle O}{\overset{\|}{C}} - C_6H_5 \qquad\qquad (4)\ \begin{matrix} \\ \end{matrix}\ \begin{matrix} COOC_2H_5 \\ OH \end{matrix}$$

三、羧酸衍生物的物理性质

低级的酰氯和酸酐都是无色且对黏膜有刺激性的液体,高级的则为白色固体。大多数酯都是液体,低级的酯具有花果香味,如乙酸异戊酯有香蕉香味(俗称香蕉水),正戊酸异戊酯有苹果香味;甲酸苯乙酯有野玫瑰香味;丁酸甲酯有菠萝香味等。酰胺除甲酰胺和个别 $N-$ 取代酰胺为液体外,其他酰胺都是固体。

酰氯、酸酐和酯的沸点比相对分子质量相近的羧酸低,而酰胺的沸点、熔点比相应的羧酸要高。例如,乙酰胺的沸点是 221℃,而乙酸的沸点是 117.9℃。原因在于酰氯、酸酐和酯分子之间不能形成氢键,而酰胺分子间通过氢键可以产生较强缔合作用:

$$\begin{matrix} & O & & & & O & & & & O & \\ & \| & & H & & \| & & H & & \| & & H \\ R - C - N & & & & R - C - N & & & & R - C - N & \\ & & H & & & & H & & & & H \end{matrix}$$

当酰胺分子中氮上氢原子被烃基取代之后,分子间的缔合作用减小或消失,熔点和沸点随之下降。例如,甲酰胺的熔点为 2.5℃,而 $N,N-$ 二甲基甲酰胺的熔点为 –61℃。

酰氯与酸酐不溶于水,低级的酰氯和酸酐遇水分解为水溶性化合物。低级酰胺易溶于水,$N,N-$ 二甲基甲酰胺(简称 DMF)是很好的非质子极性溶剂,能与水和大多数有机溶剂混溶。酯在水中溶解度比相应的羧酸小,但溶于有机溶剂,本身常常作为溶剂使用。例如,乙酸乙酯作为溶剂大量用于油漆、塑料等工业。所有的羧酸衍生物可溶于乙醚、氯仿、丙酮和苯等有机溶剂。

大多数酯的相对密度小于 1,而酰氯、酸酐和酰胺的相对密度几乎都大于 1。表 10-6 列出一些羧酸衍生物的物理常数。

表 10-6　一些羧酸衍生物的物理常数

名称	沸点 /℃	熔点 /℃	相对密度(d_4^{20})
乙酰氯	51	–112	1.105
乙酰溴	76	–96	1.663(16℃)
丁酰氯	102	–89	1.028
苯甲酰氯	197	–1	1.212
乙酸酐	140	–73	1.081
丁二酸酐	261	120	1.503
邻苯二甲酸酐	284	131	1.527
苯甲酸酐	360	42	1.199

续表

名称	沸点/℃	熔点/℃	相对密度(d_4^{20})
甲酸乙酯	54	−80	0.923
乙酸甲酯	58	−98	0.933
乙酸乙酯	77	−84	0.901
乙酸丁酯	126	−77	0.882
乙酸异戊酯	142	−78	0.876（15℃）
乙酸苄酯	215.5	−51.3	1.055
苯甲酸乙酯	213	−32.7	1.052（16℃）
$N,N-$ 二甲基甲酰胺	153	−61	0.944 5
乙酰胺	221	82	1.159
$N-$ 苯基乙酰胺	306	113～114	1.21
苯甲酰胺	290	130	1.341
邻苯二甲酰亚胺	238	升华	—

【思考题 10-8】为什么乙酸和乙酰胺的相对分子质量比乙酸乙酯和乙酰氯的小,但沸点却较高?

四、羧酸衍生物的化学性质

羧酸衍生物由于结构相似,均含有酰基,因而发生在酰基上的反应是它们的共性。但由于酰基所连的基团不同,反应活性有很大差异。除存在共性之外,羧酸衍生物还具有各自的特性。

(一)酰基的亲核加成 - 消除反应

酰卤、酸酐、酯及酰胺分子中的酰基,可以发生水解、醇解和氨解等反应,反应的结果是与酰基直接相连的基团被—OH、—OR、—NH$_2$ 等取代,这类反应属于酰基的亲核取代反应。

1. 水解——生成羧酸

羧酸衍生物水解生成相应的羧酸,衍生物水解图解如下:

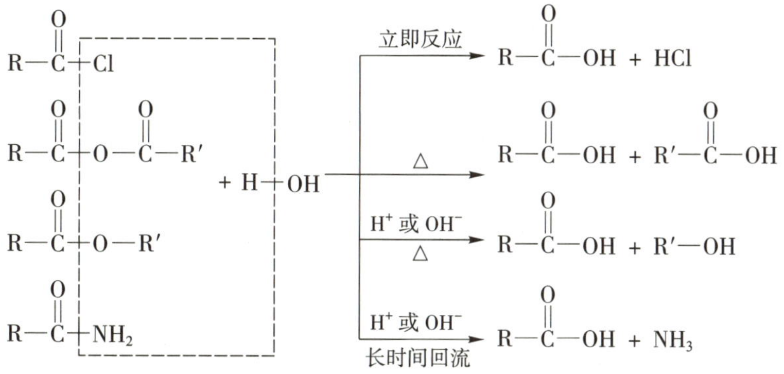

酰卤与水的反应十分剧烈，生成卤化氢 HX 并放出大量的热；酸酐与冷水不作用，加热则很快水解；酯与水的反应不但要求加热，而且必须以 H^+ 或 OH^- 作催化剂；酰胺水解须有 H^+ 或 OH^- 作催化剂并需长时间加热回流。它们的水解产物都是酸。

以酰卤为例，其水解机理如下：

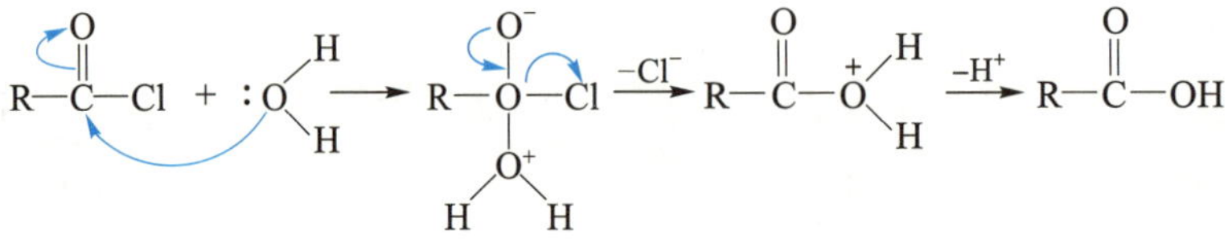

【案例 10-1】酯的水解

$$R-\overset{\overset{\displaystyle O}{\|}}{C}-OC_2H_5 + H_2O \xrightarrow[\triangle]{H^+ 或 OH^-} R-\overset{\overset{\displaystyle O}{\|}}{C}-OH + C_2H_5OH$$

解析：不论酸性水解或是碱性水解，不同结构的酯表现出不同的水解速率，表 10-7 列出酯的结构对碱催化水解反应的影响。

表 10-7 酯的结构对碱催化水解反应的影响

$$(RCO_2CH_2CH_3 \xrightarrow[25℃]{H_2O/OH^-} RCO_2^- + CH_3CH_2OH)$$

序号	R—	相对反应速率	序号	R—	相对反应速率
1	CH_3	1	5	CH_3CH_2—	0.79
2	$ClCH_2$—	290	6	$(CH_3)_2CH$—	0.37
3	Cl_2CH—	6 130	7	$(CH_3)_3C$—	0.03
4	Cl_3C—	23 150	8	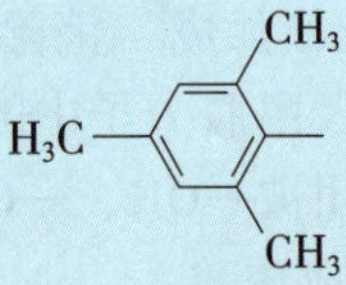	≈0

从表 10-7 中实验数据，可以发现酯酰基碳原子上连有吸电子基时，其水解速率加快；酯羰基碳原子所连接的 R 基团体积越小，酯的水解越快。

【案例 10-2】酰胺的水解

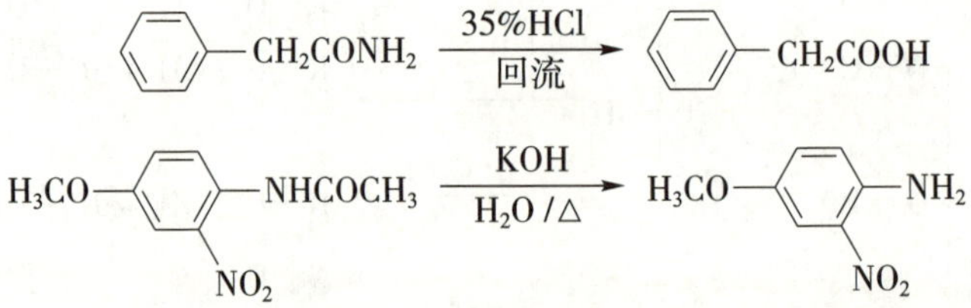

解析：酰胺比酯更稳定，需在浓度较大的酸或碱催化下并长时间加热回流才能完成反应。

生物体内的蛋白质中有大量的酰胺键,水解时酰胺键的稳定性大约是酰氧键的 100 倍,从而蛋白质在水溶液中结构比较稳定,仅在特定条件下水解。

2. 醇解——生成酯

羧酸衍生物都能发生醇解反应,产物主要是酯。羧酸衍生物醇解反应如下:

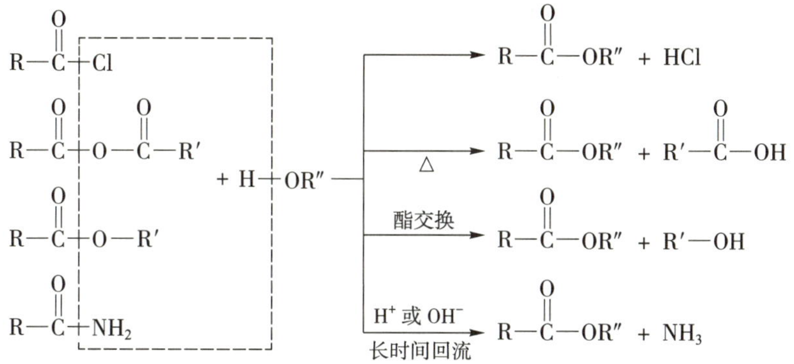

3. 氨解——生成酰胺

酰氯、酸酐、酯可以发生氨解反应,产物是酰胺。由于氨本身是碱,所以氨解反应比水解反应更易进行。酰氯和酸酐与氨的反应都很剧烈,需要在冷却或稀释的条件下缓慢混合进行反应。羧酸衍生物氨解反应如下:

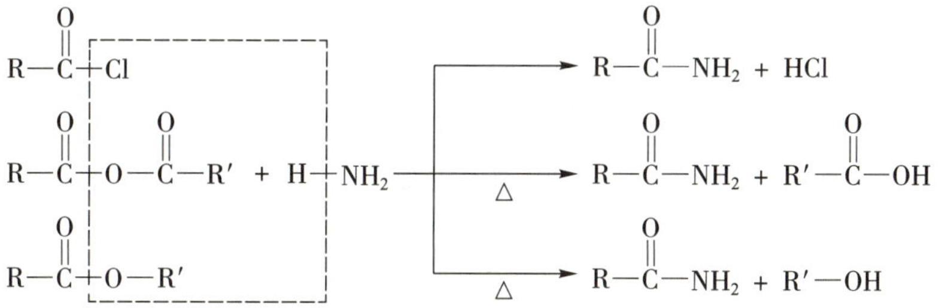

4. 羰基的亲核取代反应机理小结

羧酸衍生物的水解、醇解、氨解都属于亲核取代反应机理,该反应分亲核加成和消除两步进行。首先是亲核试剂进攻酰基碳原子,发生亲核加成反应,形成四面体中间体;然后再消除脱去一个小分子 HL,形成取代产物。总的结果是发生亲核取代反应。

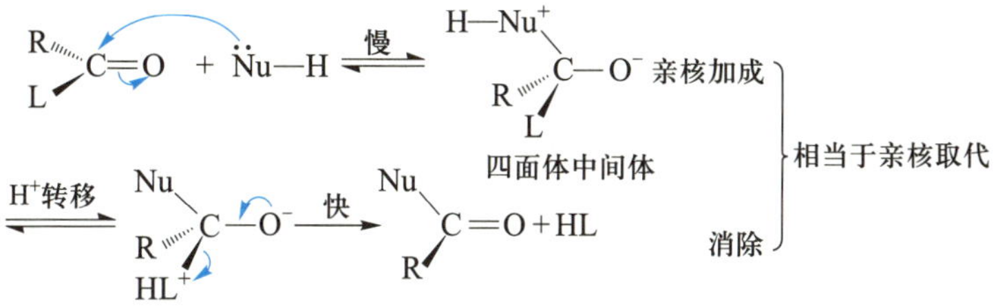

$$L = X,\ OCOR,\ OR,\ NH_2$$
$$HNu = H_2O,\ ROH,\ NH_3\ 等亲核试剂$$

　　酰基亲核取代反应速率受空间效应和电子效应两方面影响,并且与亲核加成和消除两步均有关。第一步亲核加成反应,如果羧基碳原子连接的基团体积小,具有吸电子效应,则有利于亲核试剂的进攻和形成稳定的四面体氧负离子中间体,反应速率加快。吸电子效应:—X>—OCOR>—OR>—NH$_2$。第二步消除反应,反应速率取决于离去基团的稳定性,稳定性次序为:X⁻>OCOR⁻>OR⁻>NH$_2$⁻。综合上述影响反应活性因素得出羧酸衍生物亲核取代反应(水解、醇解和氨解)的反应活性为

$$R-\overset{O}{\overset{\|}{C}}-X > R-\overset{O}{\overset{\|}{C}}-O-\overset{O}{\overset{\|}{C}}-R' > R-\overset{O}{\overset{\|}{C}}-OR' > R-\overset{O}{\overset{\|}{C}}-NH_2$$

【思考题 10-9】比较下列化合物发生水解反应的速率大小:

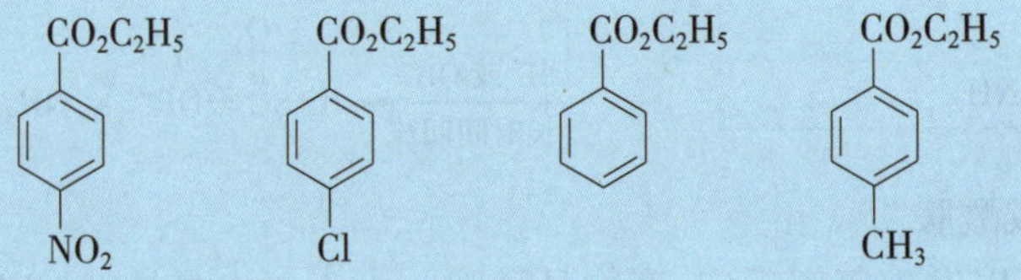

【思考题 10-10】试预测以下化合物与 NaOH 水溶液作用时哪一个酯基先被水解,哪一个最难水解,为什么?

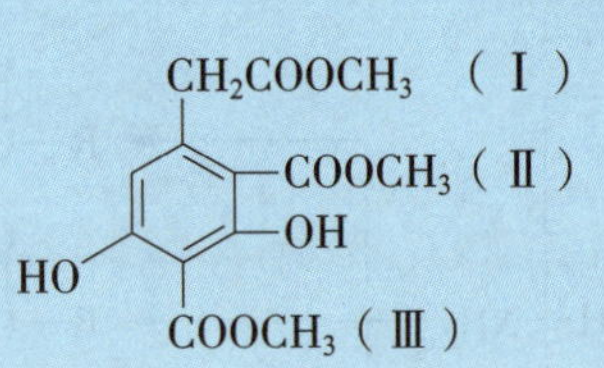

(二)酯缩合反应

　　酯分子中的 α-H 由于受到酯基的影响变得较活泼,用醇钠等强碱处理时,两分子的酯脱去一分子醇生成 β-酮酸酯,这个反应称为克莱森(Claisen)酯缩合反应。例如,两分子乙酸乙酯在乙醇钠作用下发生缩合反应生成 3-氧亚基丁酸乙酯,或称乙酰乙酸乙酯。

$$CH_3CO-\boxed{OC_2H_5 + H}-CH_2COOC_2H_5 \xrightarrow[\text{C}_2\text{H}_5\text{OH}]{\text{C}_2\text{H}_5\text{ONa}} CH_3COCH_2COOC_2H_5 + C_2H_5OH$$

乙酰乙酸乙酯

　　酯缩合反应机理类似于羟醛缩合反应。首先强碱夺取 α-H 形成碳负离子,碳负离子向另一分子酯酰基进行亲核加成,再失去一个烷氧基负离子生成 β-酮酸酯,其反应机理如下:

$$CH_3-\overset{O}{\overset{\|}{C}}-OC_2H_5 \underset{}{\overset{C_2H_5O^-}{\rightleftharpoons}} {}^-CH_2-\overset{O}{\overset{\|}{C}}-OC_2H_5 + C_2H_5OH$$

$$CH_3-\overset{\overset{O}{\|}}{C}-OC_2H_5 + \overset{-}{C}H_2-\overset{\overset{O}{\|}}{C}-OC_2H_5 \rightleftharpoons CH_3-\overset{\overset{O^-}{|}}{\underset{CH_2COOC_2H_5}{C}}-OC_2H_5$$

$$CH_3-\overset{\overset{O^-}{|}}{\underset{CH_2COOC_2H_5}{C}}-OC_2H_5 \rightleftharpoons CH_3-\overset{\overset{O}{\|}}{C}-CH_2COOC_2H_5 + C_2H_5O^-$$

其他含有 α–H 的酯也可发生克莱森缩合反应。例如：

$$2\ C_6H_5CH_2-\overset{\overset{O}{\|}}{C}-OC_2H_5 \xrightarrow{C_2H_5ONa} C_6H_5CH_2-\overset{\overset{O}{\|}}{C}-\overset{\underset{C_6H_5}{|}}{CH}-\overset{\overset{O}{\|}}{C}-OC_2H_5 + C_2H_5OH$$

两个都有 α–H 的酯缩合时，由于两者的自身缩合和相互间的交叉缩合，通常得到四种不同的产物，在有机合成上没有多少价值。无 α–H 的酯与有 α–H 的酯缩合，反应产物一般较纯，在有机合成上具有重要价值。例如：

$$CH_3CH_2COOC_2H_5 \xrightarrow{C_2H_5ONa} CH_3\overset{-}{C}HCOOC_2H_5 \xrightarrow{H-\overset{\overset{O}{\|}}{C}-OC_2H_5}$$

$$C_2H_5O-\overset{\overset{O^-}{|}}{\underset{H}{C}}-\overset{\underset{CH_3}{|}}{CH}COOC_2H_5 \rightarrow H-\overset{\overset{O}{\|}}{C}-\overset{\underset{CH_3}{|}}{CH}COOC_2H_5$$

在生物体内长链脂肪酸及一些其他化合物的生成，就是由乙酰辅酶 A 经过类似的酯缩合等生化反应逐步形成的。

【知识背景】酯缩合背后的科学家——克莱森

克莱森（R. L. Claisen 1851—1930）出生于德国科隆。1874 年，克莱森在波恩大学凯库勒实验室学习进修，取得了博士学位并成为凯库勒的助手，1878 年开始在波恩大学任教。1882—1885 年，克莱森在英国曼彻斯特欧文斯学院与亨利·恩菲尔·德罗斯科和卡尔·肖莱马一起工作。1886 年回国后就职于德国慕尼黑大学的冯·贝耶尔实验室。1887 年，克莱森开始在慕尼黑大学任教。1890 年克莱森成为亚琛工业大学的有机化学教授。1897 年克莱森成为基尔大学的化学教授。1904 年克莱森成为柏林大学的荣誉教授，与埃米尔·费歇尔一起工作。1907 年，克莱森荣誉退休，在莱茵河畔戈德斯堡建立了自己的私人实验室。

克莱森是一个很有技巧和富于创造力的化学家。他的成就包括羰基化合物的酰化，烯丙基重排（Claisen 重排），肉桂酸（PhCH=CHCOOH）的制备，吡唑（邻二氮杂茂）的合成，异噁唑衍生物的合成和乙酰乙酸乙酯的制备。

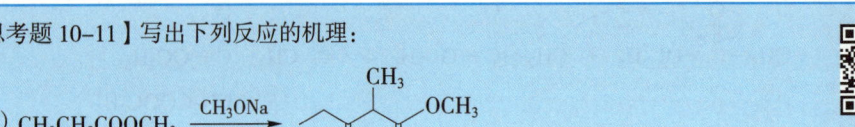

【思考题 10-11】写出下列反应的机理：

（1）$CH_3CH_2COOCH_3$ $\xrightarrow{CH_3ONa}$

（2）

第十章
思考题答案

（三）酰胺的特性

1. 酰胺的酸碱性

酰胺分子中，氨基上的未共用电子对与羰基形成 p–π 共轭体系，使氮原子上的电子云密度降低，减弱了氨基接受质子的能力，是近乎中性的化合物。

$$R-\overset{\overset{\displaystyle O}{\parallel}}{C}-\overset{\cdot\cdot}{N}H_2$$

在酰亚胺分子中，由于两个酰基的吸电子诱导及共轭效应，使氮原子上氢原子的酸性明显增强，能与强碱生成盐。例如：

$$\text{邻苯二甲酰亚胺} + NaOH \longrightarrow \text{邻苯二甲酰亚胺钠盐} + H_2O$$

2. 脱水反应

酰胺在脱水剂 P_2O_5 或亚硫酸氯 $SOCl_2$ 存在下加热，分子内脱水生成腈，这是制备腈的重要方法。

$$R-\overset{\overset{\displaystyle O}{\parallel}}{C}-NH_2 \xrightarrow[\triangle]{P_2O_5} RC\equiv N + H_2O$$

腈在酸或碱催化下水解，首先形成酰胺，如进一步水解则生成羧酸。羧酸铵盐、酰胺和腈的关系如下：

$$RCOOH \underset{HCl}{\overset{NH_3}{\rightleftharpoons}} RCOONH_4 \underset{+H_2O}{\overset{-H_2O}{\rightleftharpoons}} RCONH_2 \underset{+H_2O}{\overset{-H_2O}{\rightleftharpoons}} RCN$$

3. 霍夫曼降级反应

酰胺与溴的碱性溶液作用，脱去羰基，生成比原酰胺少一个碳原子的伯胺，称为酰胺的霍夫曼（Hofmann）降级反应。

$$RCONH_2 + Br_2 + 4NaOH \longrightarrow RNH_2 + 2NaBr + Na_2CO_3 + 2H_2O$$

反应中，氨基首先被溴取代生成 *N*– 溴代酰胺，在强碱作用下脱去溴化氢生成不稳定的酰基氮烯中间体，立即重排成为异氰酸酯，经水解脱去二氧化碳生成伯胺。

$$RCONH_2 \xrightarrow{Br_2} R-\overset{\overset{\displaystyle O}{\|}}{C}-N\!\!\begin{array}{c}Br\\H\end{array} \xrightarrow{OH^-} \boxed{R}-\overset{\overset{\displaystyle O}{\|}}{C}-\ddot{N}: \xrightarrow{重排} O\!=\!C\!=\!N\!-\!R \longrightarrow R-NH_2 + CO_2\uparrow$$

必须注意取代酰胺不能发生脱水反应和霍夫曼降级反应。

第三节　碳酸衍生物

碳酸在结构上可看作羟基甲酸或共有一个羰基的二元羧酸，属于无机酸，极不稳定。

碳酸分子中的羟基被其他基团取代后的生成物，称为碳酸衍生物。含一个羟基的酸性碳酸衍生物不稳定，易分解并放出二氧化碳。最常见的碳酸衍生物是两个羟基都被其他基团取代的中性衍生物，如碳酰氯、碳酰胺、碳酸酯，十分稳定，它们是一类重要的有机化合物，用于化肥农药、医药、高分子等工业中。

一、碳酸衍生物的结构和名称

碳酸一取代的衍生物和二取代的衍生物的结构和名称如下：

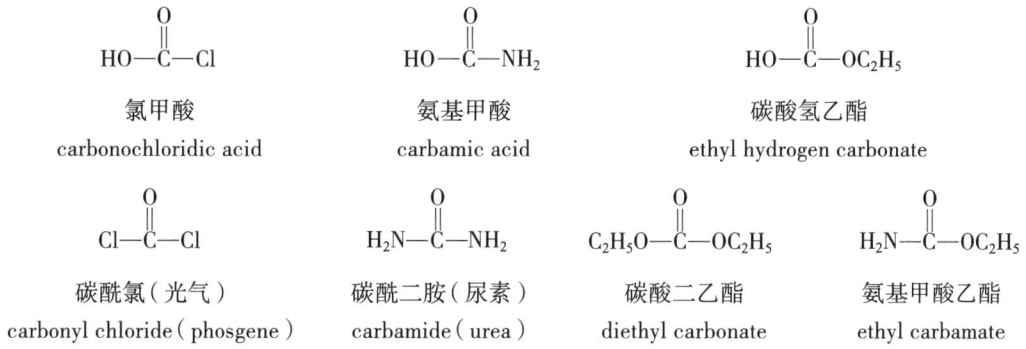

氯甲酸	氨基甲酸	碳酸氢乙酯
carbonochloridic acid	carbamic acid	ethyl hydrogen carbonate

碳酰氯（光气）	碳酰二胺（尿素）	碳酸二乙酯	氨基甲酸乙酯
carbonyl chloride（phosgene）	carbamide（urea）	diethyl carbonate	ethyl carbamate

二、碳酰氯

碳酰氯别名是光气或氯代甲酰氯，是碳酸的二酰氯，为无色有特殊气味的气体，低温时为黄绿色液体，沸点 8℃，熔点 –118℃，相对密度 1.432（0℃）。极毒，吸入光气可使肺部损害糜烂。第一次世界大战时曾被作为毒气用于战争。

光气具有酰卤的一切性质，如极易水解、醇解和氨解。

$$Cl-\overset{\overset{\displaystyle O}{\|}}{C}-Cl \begin{cases} \xrightarrow{H_2O} CO_2 + 2\,HCl \\ \xrightarrow{C_2H_5OH} Cl-\overset{\overset{\displaystyle O}{\|}}{C}-OC_2H_5 \xrightarrow{C_2H_5OH} C_2H_5-O-\overset{\overset{\displaystyle O}{\|}}{C}-OC_2H_5 \\ \xrightarrow{NH_3} H_2N-\overset{\overset{\displaystyle O}{\|}}{C}-Cl \xrightarrow{NH_3} H_2N-\overset{\overset{\displaystyle O}{\|}}{C}-NH_2 \end{cases}$$

氯代甲酸酯　　　　　碳酸二乙酯
氯代甲酰胺　　　　　尿素

光气最初是由一氧化碳和氯气在光照下合成。

$$CO + Cl_2 \xrightarrow[200\,℃]{光} Cl-\overset{\overset{\displaystyle O}{\|}}{C}-Cl$$

三氯甲烷在光照下与空气接触能产生少量光气,四氯化碳在高温下与水作用也能生成光气。因此,在储存 $CHCl_3$ 时必须注意避光,使用 CCl_4 灭火时人必须站在上风以防中毒。

三、碳酰胺

(一)氨基甲酸酯

氨基甲酸酯是氨基直接与甲酸酯的酰基相连的化合物,也可看作碳酸的单酯单酰胺。

光气发生醇解和氨解后可产生氨基甲酸酯,这是一类高效低毒的农药,用于防治水稻、大豆、棉花、蔬菜等农作物的害虫,且残效好,对人畜毒性低,在体内无积累作用,是较为理想的杀虫剂。例如,氨基甲酸乙酯是一种镇静药和催眠药,药名乌拉坦。

$$Cl-\overset{\overset{\displaystyle O}{\|}}{C}-Cl + C_2H_5OH \longrightarrow Cl-\overset{\overset{\displaystyle O}{\|}}{C}-OC_2H_5 \xrightarrow{NH_3} H_2N-\overset{\overset{\displaystyle O}{\|}}{C}-OC_2H_5$$

乌拉坦

$N-$ 甲基 $-1-$ 萘基氨基甲酸酯是广谱的杀虫剂,商品名称是西维因,它是目前使用量较大的一种农药。其合成路线如下:

西维因

属于氨基甲酸酯类的杀虫剂有速灭威、除蝇威、灭杀威、害朴威,用作除草剂的有灭草灵。它们的结构式如下所示:

速灭威　　　　　　　除蝇威　　　　　　　灭杀威

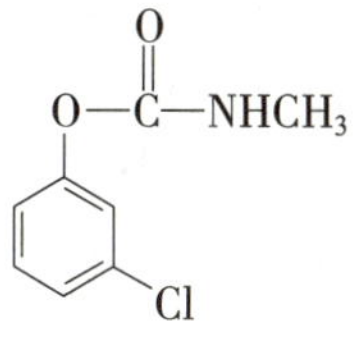

$$
\begin{array}{cc}
\text{(害朴威结构式)} & \text{(灭草灵结构式)} \\
\text{害朴威} & \text{灭草灵}
\end{array}
$$

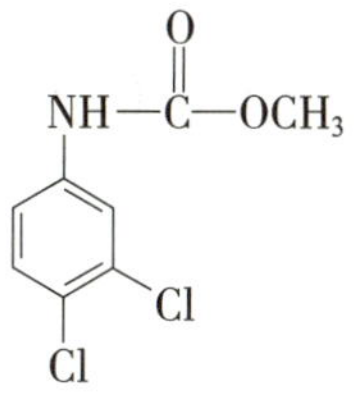

（二）尿素

尿素简称脲，又称碳酰二胺（或氨基甲酰胺），白色结晶，熔点 132.7℃，易溶于水和乙醇，不溶于氯仿和乙醚。尿素是蛋白质在人类和哺乳动物体内代谢的最终产物之一，存在于人和牲畜的尿中，成人每天约排泄 20～30 g 的尿素。工业上尿素是由 CO_2 和 NH_3 在高温高压下合成的。

$$
CO_2 + 2\,NH_3 \xrightarrow[20\,MPa]{180℃} H_2N\overset{\displaystyle O}{\overset{\|}{-C-}}NH_2 + H_2O
$$

尿素具有酰胺的一般性质，但因同一羰基上连有两个氨基，而具有一些特殊的性质。

1. 水解反应

尿素在酸、碱或酶的催化下，产生铵盐或放出氨气，这是尿液具有氨味的原因。

$$
H_2N\overset{\displaystyle O}{\overset{\|}{-C-}}NH_2
\begin{cases}
\xrightarrow[HCl]{H_2O} & CO_2\uparrow + NH_4Cl \\[2mm]
\xrightarrow[H_2O]{NaOH} & Na_2CO_3 + NH_3\uparrow \\[2mm]
\xrightarrow[\text{酶}]{H_2O} & CO_2\uparrow + NH_3\uparrow
\end{cases}
$$

2. 放氮反应

尿素与亚硝酸盐或次卤酸盐作用均可放出 N_2。例如：

$$
HN_2\overset{\displaystyle O}{\overset{\|}{-C-}}NH_2 + 2\,HONO \longrightarrow 2N_2\uparrow + CO_2\uparrow + 3\,H_2O
$$

此反应可用来破坏重氮盐反应中过量使用的亚硝酸，而不留残迹。

$$
H_2N\overset{\displaystyle O}{\overset{\|}{-C-}}NH_2 + 3\,NaOBr \longrightarrow N_2\uparrow + CO_2\uparrow + 2\,H_2O + 3\,NaBr
$$

通过测量生成氮气的体积可定量测定尿液中尿素的含量。

3. 缩二脲反应

将尿素加热到 150℃，则两分子间可脱去一分子氨生成缩二脲。

$$H_2N-\overset{\overset{O}{\|}}{C}-NH_2 + H_2N-\overset{\overset{O}{\|}}{C}-NH_2 \xrightarrow{150℃} H_2N-\overset{\overset{O}{\|}}{C}-NH-\overset{\overset{O}{\|}}{C}-NH_2 + NH_3\uparrow$$
缩二脲

缩二脲难溶于水,能与 $CuSO_4$ 碱溶液发生络合作用产生紫红色,这个颜色反应称为缩二脲反应。凡含有两个或两个以上酰胺键(—NH—CO—)的分子均有这个反应。

尿素是高效固体氮肥,含氮量高达 46.6%,它是重要的化肥也是重要的工业原料。例如,巴比妥(barbitone)类安眠药就是以尿素和丙二酸二乙酯为原料合成的。

$$RR'C\begin{matrix}COOC_2H_5\\COOC_2H_5\end{matrix} + \begin{matrix}H_2N\\H_2N\end{matrix}C=O \xrightarrow{NaOC_2H_5} RR'C\begin{matrix}\overset{O}{\|}\\C-N\\\\C-N\\\overset{\|}{O}\end{matrix}\begin{matrix}H\\ \\C=O\\ \\H\end{matrix} + 2\ C_2H_5OH$$

由于氮原子上的氢受两个羰基的影响而具酸性,故此化合物又称巴比妥酸,当 R=R′ 为 C_2H_5 时称巴比妥,当 R 为 C_2H_5,R′ 为 C_6H_5 时则称为苯巴比妥。

脲与甲醛可以缩聚为脲醛树脂,由于着色性强,能制成颜色鲜艳的各种日用品,故脲醛树脂又称为电玉。

第四节　取　代　羧　酸

一、取代羧酸的结构和分类

羧酸分子中烃基上的氢原子被其他原子或原子团取代后形成的化合物称为取代羧酸。取代羧酸有卤代酸、羟基酸、羰基酸、氨基酸等,本章主要讨论羟基酸和羰基酸。

取代羧酸

卤代酸 $R-\overset{\overset{\ \ }{|}}{\underset{X}{C}H}-COOH$　（X=F,Cl,Br,I,可以取代在α,β 或其他碳原子上）

羟基酸 $R-\underset{OH}{C}H-COOH$　（羟基可取代在碳链不同位置上）

（羟基可取代在苯环不同位置上）

羰基酸 $R-\overset{\overset{O}{\|}}{C}-COOH$　（羰基可在碳链不同位置上）

氨基酸 $R-\underset{NH_2}{C}H-COOH$　（氨基可取代在碳链不同位置上）

取代羧酸分子中既有羧基,又有其他官能团,这些基团之间存在相互影响。

二、羟基酸

（一）羟基酸的命名

分子中含有羟基的羧酸叫作羟基酸,即羧酸烃基上的氢原子被羟基取代的产物。羟基酸可分为醇酸和酚酸,前者羟基和羧基均连在脂肪链上,后者羟基和羧基连在芳环上。醇酸可根据羟基与羧基的相对位置称为 α- 羟基酸、β- 羟基酸、γ- 羟基酸等,羟基连在碳链末端时,称为 ω- 羟基酸。酚酸以芳香酸为母体,羟基作为取代基。在生物科学中,羟基酸的命名一般以俗名为主,辅以系统命名。例如:

$$HO—CH_2—COOH$$

乙醇酸（2- 羟基乙酸）

glycolic acid（2-hydroxyacetic acid）

$$HO—CH_2—CH_2(OH)—COOH$$

甘油酸（2,3- 二羟基丙酸）

glyceric acid（2,3-dihydroxypropanoic acid）

$$OHC—COOH$$

乙醛酸（2- 氧亚基乙酸）

glyoxylic acid（2-oxoacetic acid）

$$CH_3—CO—COOH$$

丙酮酸（2- 氧亚基丙酸）

pyruvate（2-oxopropanoic acid）

$$CH_3—\underset{OH}{CH}—COOH$$

乳酸（2- 羟基丙酸）

lactic acid

（2-hydroxypropanoic acid）

$$HO—CH—COOH$$
$$HO—CH—COOH$$

酒石酸（2,3- 二羟基丁二酸）

tartaric acid

（2,3-dihydroxysuccinic acid）

$$\underset{CH_2COOH}{\overset{CH_2COOH}{HO—C—COOH}}$$

柠檬酸（2- 羟基丙烷 -1,2,3- 三羧酸）

citric acid

（2-hydroxypropane-
1,2,3-tricarboxylic acid）

$$\underset{CH_2COOH}{HO—CH—COOH}$$

羟基丁二酸（苹果酸）

2-hydroxysuccinic acid

（malic acid）

邻羟基苯甲酸（水杨酸）

2-hydroxybenzoic acid

（salicylic acid）

3,4,5- 三羟基苯甲酸（没食子酸）

3,4,5-trihydroxybenzoic acid

（gallic acid）

（二）羟基酸的性质

羟基酸多为结晶固体或黏稠液体。由于分子中含有两个或两个以上能形成氢键的官能团,羟基酸一般水溶性大于相应的羧酸,疏水支链或碳环的存在使水溶性降低。羟基酸的熔点一般高于相应的羧酸。许多羟基酸具有手性碳原子,也具有旋光活性。

羟基酸除具有羧酸和醇（酚）的典型化学性质外,还具有两种官能团相互影响而表现出的特殊性质。

1. 酸性

醇酸含有羟基和羧基两种官能团,由于羟基具有吸电子效应,醇酸的酸性较母体羧酸强,羟基离羧基越近,其酸性越强。例如,羟基乙酸的酸性比乙酸强,而 2- 羟基丙酸的酸性比 3- 羟基丙酸强。

$$\begin{array}{cccccc}
& CH_3COOH & \underset{|}{CH_2COOH} & CH_3CH_2COOH & \underset{|}{CH_2CH_2COOH} & \underset{|}{CH_2CH_2COOH} \\
& & OH & & OH & OH \\
pK_a & 4.75 & 3.83 & 4.88 & 4.51 & 3.87
\end{array}$$

酚酸的酸性与羟基在苯环上的位置有关。例如,在三种羟基苯甲酸中,邻羟基苯甲酸的酸性最强(pK_a =3.00),间羟基苯甲酸的酸性次之(pK_a =4.12),对羟基苯甲酸的酸性最弱(pK_a =4.54)。当羟基在羧基的对位时,羟基与苯环形成 p-π 共轭,尽管羟基还具有吸电子诱导效应,但共轭效应相对强于诱导效应,总的效应使羧基电子云密度增大,这不利于羧基中氢离子的解离;当羟基在羧基的间位时,羟基不能与羧基形成共轭体系,对羧基只表现出吸电子诱导效应;当羟基在羧基的邻位时,羟基和羧基负离子形成分子内氢键,增强了羧基负离子的稳定性,有利于羧酸的解离,使酸性明显增强。

2. 氧化反应

α- 醇酸中的羟基由于受羧基的影响,比醇中的羟基更容易氧化。如乳酸在弱氧化剂条件下就能被氧化生成丙酮酸:

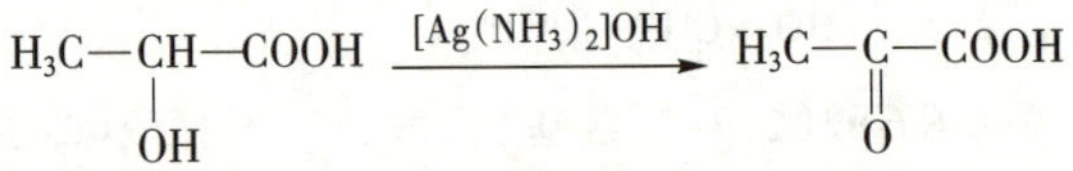

$$H_3C\text{—}\underset{\underset{OH}{|}}{CH}\text{—}COOH \xrightarrow{[Ag(NH_3)_2]OH} H_3C\text{—}\underset{\underset{O}{\|}}{C}\text{—}COOH$$

生物体内的多种醇酸在酶的催化下,也能发生类似的反应。

3. 加热脱水反应

醇酸受热能发生脱水反应,羟基的位置不同,得到的产物也不同。α- 醇酸受热一般发生分子间相互酯化,交叉脱水反应,生成交酯。

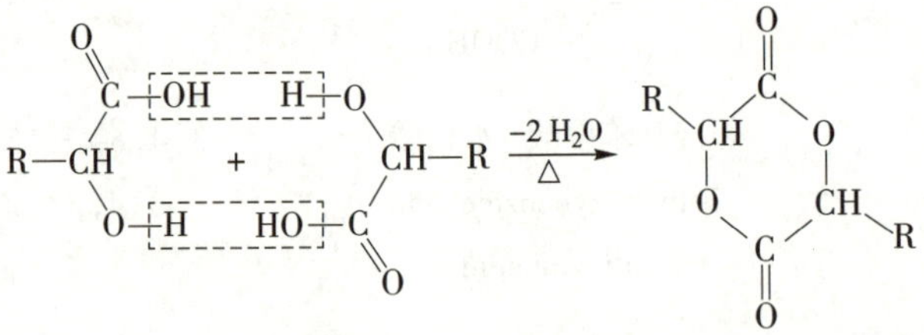

β- 羟基酸受热发生分子内脱水,主要生成 α,β- 不饱和羧酸。

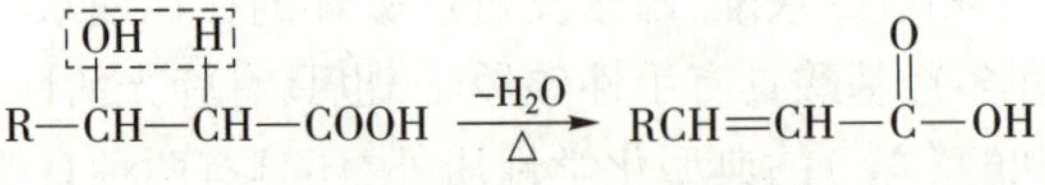

γ- 和 δ- 羟基酸受热,生成五元和六元环内酯。

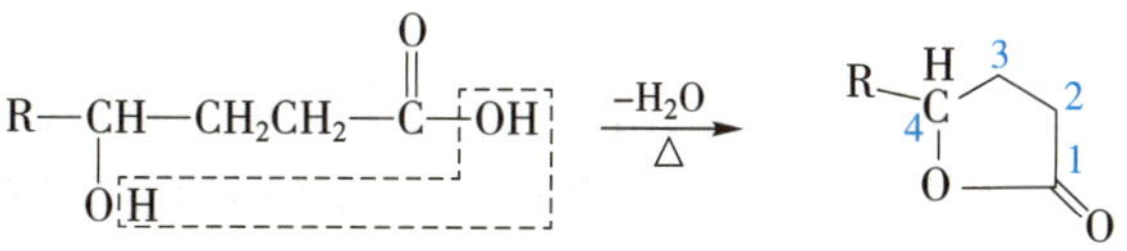

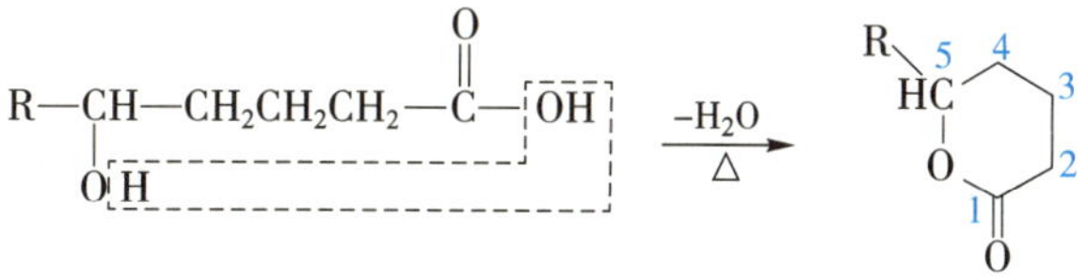

羟基与羧基间的距离大于 4 个碳原子时,受热则生成长链的高分子聚酯。

三、羰基酸

分子中既含有羰基又含有羧基的化合物称为羰基酸,根据羰基位置可分为醛酸和酮酸,酮酸又可按羰基与羧基的相对位置不同分为 α– 酮酸、β– 酮酸、γ– 酮酸等。例如:

乙醛酸   丙酮酸

醛酸是油脂自氧化的分解产物,具有刺鼻臭味。

最简单的酮酸为丙酮酸,它是动植物体内糖类和蛋白质代谢的中间产物,是生化过程中重要中间体。丙酮酸可由乳酸氧化得到。

(一)羰基酸的命名

羰基酸的系统命名选含有羰基和羧基的最长碳链作为主链,称为某醛酸,或氧亚基某酸。许多羰基酸可作为酰基取代的羧酸来命名,称为"某酰某酸"。例如:

庚醛酸   3– 氧亚基丁酸(乙酰乙酸)

heptanaldehydic acid   3–oxobutanoic acid(acetoacetic acid)

(二)羰基酸的化学性质

1. 氧化反应

酮和酸不易被氧化,但 α– 酮酸易被氧化,甚至能被弱氧化剂托伦试剂氧化。

2. 脱羧反应

α–酮酸分子中,羰基与羧基直接相连,由于氧原子较强的电负性,使得羰基与羧基碳原子间的电子密度较低,因而,碳碳键容易断裂。丙酮酸在加热时容易脱羧,与浓 H_2SO_4 共热则脱羰基。

$$CH_3-\overset{\overset{O}{\|}}{C}-COOH \xrightarrow{\text{稀}H_2SO_4} CH_3CHO + CO_2$$

$$CH_3-\overset{\overset{O}{\|}}{C}-COOH \xrightarrow{\text{浓}H_2SO_4} CH_3COOH + CO$$

β–酮酸更易脱羧,甚至在室温时也会慢慢脱羧。例如:

$$CH_3-\overset{\overset{O}{\|}}{C}-CH_2-COOH \xrightarrow{\triangle} CH_3-\overset{\overset{O}{\|}}{C}-CH_3 + CO_2$$

$$\text{（环己酮-2-甲酸）} \xrightarrow{\triangle} \text{（环己酮）} + CO_2$$

$$CH_3-\overset{\overset{O}{\|}}{C}-\underset{\underset{\text{（苯基）}}{|}}{CH}-COOH \xrightarrow{\triangle} CH_3-\overset{\overset{O}{\|}}{C}-CH_2-\text{（苯基）} + CO_2$$

3. 乙酰乙酸乙酯的成酮分解和成酸分解

乙酰乙酸乙酯及其亚甲基上的烷基或酰基取代物在不同条件下可进行不同的分解反应——成酮分解及成酸分解,生成各种酮和羧酸。

（1）成酮分解 乙酰乙酸乙酯及其取代衍生物在稀碱（5%NaOH）作用下,酯基发生水解、酸化后,加热可脱去 CO_2,生成了甲基酮,故称为成酮分解。

$$CH_3-\overset{\overset{O}{\|}}{C}-\underset{\underset{H(R)}{|}}{CH}-\overset{\overset{O}{\|}}{C}-OC_2H_5 \xrightarrow{5\%NaOH} CH_3-\overset{\overset{O}{\|}}{C}-\underset{\underset{H(R)}{|}}{CH}-\overset{\overset{O}{\|}}{C}-ONa$$

$$\xrightarrow{H^+} CH_3-\overset{\overset{O}{\|}}{C}-\underset{\underset{H(R)}{|}}{CH}COOH \xrightarrow[-CO_2]{\triangle} CH_3-\overset{\overset{O}{\|}}{C}-CH_2-H(R)$$

（2）成酸分解 乙酰乙酸乙酯及其取代衍生物与浓碱（40%NaOH）作用,同时发生乙酰基的断裂,生成乙酸或取代乙酸,故又称为成酸分解。

$$CH_3-\overset{\overset{O}{\|}}{\underset{\beta}{C}}-\overset{\overset{H(R)}{|}}{\underset{\alpha}{C}}H-\overset{\overset{O}{\|}}{C}-OC_2H_5 \xrightarrow[\triangle]{40\%NaOH} CH_3-\overset{\overset{O}{\|}}{C}-ONa + \overset{\overset{H(R)}{|}}{\underset{\;}{CH_2}}-\overset{\overset{O}{\|}}{C}-ONa + C_2H_5OH$$

在成酸水解时往往伴随着成酮分解,故用此法制取羧酸效率不高。乙酰乙酸乙酯主要用来合成甲基酮类化合物。

4. 乙酰乙酸乙酯的互变异构

乙酰乙酸乙酯是无色有愉快香味的液体,沸点 180℃,微溶于水,易溶于乙醇、乙醚等有机溶剂。它具有酮和酯的典型性质,能发生水解反应,也能与羰基试剂(苯肼、羟胺)、$NaHSO_3$、HCN 等加成。另一方面,它能与金属钠反应放出氢气,能使溴的四氯化碳溶液褪色,并能与 $FeCl_3$ 发生显色反应,这些反应说明乙酰乙酸乙酯分子中存在烯醇式结构,研究发现是由酮式－烯醇式两种异构体组成的动态平衡体系。

$$CH_3-\overset{\overset{O}{\|}}{C}-\overset{\overset{H}{|}}{C}H-\overset{\overset{O}{\|}}{C}-OC_2H_5 \Longrightarrow$$

酮式　　　　　　　　　　烯醇式

在常温下平衡体系中酮式占 92.5%,烯醇式占 7.5%,二者相互异构化的速率很快,无法分离出任何一种异构体,因此乙酰乙酸乙酯具有酮和烯醇的双重反应性能。在 -78℃低温条件下分离出这两种异构体。一种为针状结晶,熔点 -39℃,为酮式结构;另一种为无色油状液体,为烯醇式结构。

在室温时,两种或两种以上异构体能够相互转变,并共同存在于动态平衡体系中的现象,称为互变异构现象。它是官能团异构的特殊形式。这种酮式与烯醇式的互变异构现象,称为酮－烯醇互变异构现象,能够相互转变的异构体称为互变异构体。

产生互变异构的原因有三个:一是羰基和酯基双重吸电子基的影响,亚甲基上的氢原子很活泼,容易转移到羰基上形成烯醇式结构;二是烯醇式异构体中,羟基氢原子与酯基中的双键氧通过分子内氢键形成了一个稳定的六元环,使烯醇式结构得以稳定存在;三是烯醇式中羟基、碳碳双键和酯基的大 π 键形成了共轭体系,降低了体系的内能,因而更加稳定。

互变异构现象不仅存在于乙酰乙酸乙酯结构中,还存在于许多含活泼氢的其他羰基化合物中,在互变平衡体系中烯醇式含量与亚甲基上 H 的活性、烯醇式中共轭体系结构的稳定性有关。表 10-8 列出室温下某些化合物中烯醇式的含量。

表 10-8　室温下某些化合物中烯醇式含量

名称	结构式(酮式 ⇌ 烯醇式)	烯醇式含量 /%
乙酸乙酯	$CH_3-\overset{\overset{O}{\|}}{C}-OC_2H_5 \Longrightarrow CH_2=\overset{\overset{OH}{\|}}{C}-OC_2H_5$	0
丙酮	$H_3C-\overset{\overset{O}{\|}}{C}-CH_3 \Longrightarrow H_3C-\overset{\overset{OH}{\|}}{C}=CH_2$	0.000 25

续表

名称	结构式（酮式 ⇌ 烯醇式）	烯醇式含量 /%
丙二酸二乙酯	$C_2H_5O-\overset{O}{\overset{\|}{C}}-CH_2-\overset{O}{\overset{\|}{C}}-OC_2H_5 \rightleftharpoons C_2H_5O-\overset{O}{\overset{\|}{C}}-CH=\overset{OH}{\overset{\|}{C}}-OC_2H_5$	0.1
乙酰乙酸乙酯	$CH_3-\overset{O}{\overset{\|}{C}}-CH_2-\overset{O}{\overset{\|}{C}}-OC_2H_5 \rightleftharpoons CH_3-\overset{OH}{\overset{\|}{C}}=CH-\overset{O}{\overset{\|}{C}}-OC_2H_5$	7.5
乙酰丙酮	$CH_3-\overset{O}{\overset{\|}{C}}-CH_2-\overset{O}{\overset{\|}{C}}-CH_3 \rightleftharpoons CH_3-\overset{OH}{\overset{\|}{C}}=CH-\overset{O}{\overset{\|}{C}}-CH_3$	76
苯甲酰丙酮	$C_6H_5-\overset{O}{\overset{\|}{C}}-CH_2-\overset{O}{\overset{\|}{C}}-CH_3 \rightleftharpoons C_6H_5-\overset{OH}{\overset{\|}{C}}=CH-\overset{O}{\overset{\|}{C}}-CH_3$	90

生物体内存在的一些代谢中间物质，如丙酮酸、草酰乙酸，以及糖类、嘧啶和嘌呤的某些衍生物等，都能发生互变异构现象。

（三）乙酰乙酸乙酯等在有机合成中的应用

1. 乙酰乙酸乙酯在有机合成上的应用

乙酰乙酸乙酯中的亚甲基上的氢原子由于受到两个羰基吸电子的影响，性质变得很活泼，在乙醇钠作用下失去质子生成稳定的碳负离子，然后碳负离子作为亲核试剂与卤代烃、酰卤、卤代酸酯、卤代酮等试剂发生反应，生成烷基（或酰基）取代的乙酰乙酸乙酯。亚甲基上的第二个氢与醇钠作用后，可再与 RX（最好为伯卤代烷）反应，生成二取代的乙酰乙酸乙酯。

$$CH_3-\overset{O}{\overset{\|}{C}}-CH_2-\overset{O}{\overset{\|}{C}}-OC_2H_5 \xrightarrow{C_2H_5ONa} [CH_3-\overset{O}{\overset{\|}{C}}-\overset{-}{C}H-\overset{O}{\overset{\|}{C}}-OC_2H_5]Na^+ \xrightarrow{RX} CH_3-\overset{O}{\overset{\|}{C}}-\underset{R}{\overset{\|}{C}H}-\overset{O}{\overset{\|}{C}}-OC_2H_5$$

一取代乙酰乙酸乙酯

$$\xrightarrow{C_2H_5ONa} [CH_3-\overset{O}{\overset{\|}{C}}-\underset{R}{\overset{-}{C}}-\overset{O}{\overset{\|}{C}}-OC_2H_5]Na^+ \xrightarrow{R'X} CH_3-\overset{O}{\overset{\|}{C}}-\underset{R}{\overset{R'}{C}}-\overset{O}{\overset{\|}{C}}-OC_2H_5$$

二取代乙酰乙酸乙酯

仲卤代烃产率很低，叔卤代烃在此条件下发生消除，乙烯式卤代烃反应活性极低也不适用。可以通过亚甲基上的取代，引入各种不同的基团后，再经酮式分解或酸式分解，就可以得到：一取代甲基酮、二取代甲基酮、二酮、羧酸等。这是有机合成上制备酮和羧酸的最重要的方法之一。

从乙酰乙酸乙酯合成的甲基酮，其结构如下：

$$CH_3-\overset{O}{\overset{\|}{C}}-CH\begin{cases}R\\H(R')\end{cases}$$

R 或 R′ 来自卤代烃、卤代酮、酰卤或卤代酸酯，
H(R′) 可以一取代，也可以二取代

来自乙酰乙酸乙酯部分

例如,以乙酰乙酸乙酯和含 4 个碳原子的有机化合物为原料合成 2- 庚酮。

$$CH_3COCH_2COOC_2H_5 \xrightarrow[\text{(2) } CH_3(CH_2)_3Br]{\text{(1) } NaOC_2H_5} \underset{80\%\sim81\%}{CH_3COCHCOOC_2H_5} \xrightarrow{\text{成酮水解}} \underset{52\%\sim61\%}{CH_3CO(CH_2)_4CH_3}$$

（结构式含支链 $(CH_2)_3CH_3$）

2. 丙二酸二乙酯在有机合成中的应用

与乙酰乙酸乙酯相似,丙二酸二乙酯分子中含有的活泼亚甲基,在醇钠等强碱催化下,能产生一个碳负离子,可以与卤代烃发生亲核取代反应,产物经水解和脱羧后生成羧酸。用这种方法可合成 RCH_2COOH 型和 $RR'CHCOOH$ 型的羧酸,如用适当的二卤代烷作为烃化试剂,也可以合成脂环族羧酸。例如,以丙二酸二乙酯和含 3 个或 3 个以下碳原子的有机化合物为原料合成 2- 甲基戊酸。

$$CH_2(COOC_2H_5)_2 \xrightarrow{C_2H_5ONa} [CH(COOC_2H_5)_2]^-Na^+ \xrightarrow{CH_3CH_2CH_2Br} CH_3CH_2CH_2CH(COOC_2H_5)_2$$

$$\xrightarrow{C_2H_5ONa} [CH_3CH_2CH_2C(COOC_2H_5)_2]^-Na^+ \xrightarrow{CH_3Br} CH_3CH_2CH_2C(COOC_2H_5)_2 \xrightarrow[\triangle]{H_2O, OH^-}$$

（含 CH_3 支链）

$$CH_3CH_2CH_2CCOO^- \xrightarrow{H^+} CH_3CH_2CH_2C{-}COOH \xrightarrow[\triangle]{-CO_2} CH_3CH_2CH_2CHCOOH$$

（第一个结构含 COO^- 和 CH_3 支链；中间含 $COOH$ 和 CH_3 支链；最后含 CH_3 支链）

10-3

四、重要的取代羧酸

表 10-9 列出了重要取代羧酸的结构、特性及用途。

表 10-9　重要取代羧酸的结构、特性及用途

名称	结构式	来源及理化特性	生物活性及用途
乳酸	$CH_3-CH-COOH$ 下接 OH	葡萄糖经乳酸菌发酵而产生的乳酸为左旋体。牛奶变酸得到的乳酸为外消旋体。肌糖无氧酵解得到的乳酸为右旋体。有很强的吸湿性,一般呈糖浆状无色或微黄色液体,其浓溶液有腐蚀性。溶于乙醇、乙醚和甘油,不溶于氯仿等极性小的有机溶剂。呈弱酸性	其钙盐医药上用作治疗缺钙症。在印染上常用作媒染剂,在食品工业中用作增酸剂

续表

名称	结构式	来源及理化特性	生物活性及用途
苹果酸	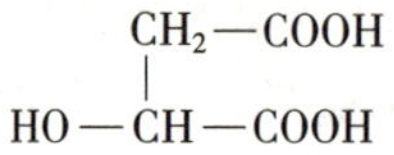 $\begin{array}{l}CH_2—COOH\\ \mid\\ HO—CH—COOH\end{array}$	最初从苹果中获得,因此得名。未成熟的苹果中含量最多;番茄、葡萄、杨梅、山楂中也含有苹果酸。丁烯二酸经水合后,可得苹果酸。无色针状结晶,或白色晶体粉末,带有刺激性爽快酸味,不溶于乙醚,易溶于水,溶于乙醇	是生物体内糖代谢的中间物质,主要用于食品、医药行业、日化行业和化工行业等
酒石酸	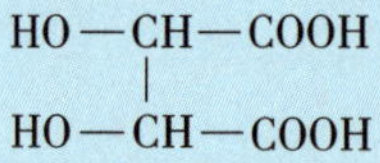 $\begin{array}{l}HO—CH—COOH\\ \mid\\ HO—CH—COOH\end{array}$	以游离状态,或以钾、钙等盐的形式存在于多种水果中。有三种旋光异构体,自然界存在的酒石酸为右旋体。外消旋酒石酸在工业上是通过双氧水与马来酸酐作用后水解制得。葡萄酒酿造工业产生的副产物酒石,通过酸化处理即可制得 L- 酒石酸。它是无色半透明晶体或粉末,溶于水、乙醇、丙酮	用作抗氧化增效剂、缓凝剂,鞣制剂,螯合剂,广泛用于医药、食品、制革、纺织等工业。最大的用途是饮料添加剂。酒石酸钾钠可用于配制费林试剂。酒石酸锑钾还有抗血吸虫的作用
柠檬酸	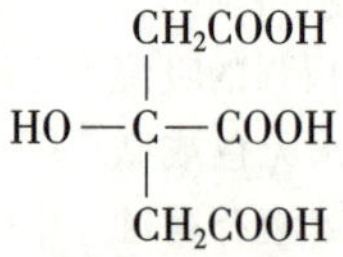 $\begin{array}{l}CH_2COOH\\ \mid\\ HO—C—COOH\\ \mid\\ CH_2COOH\end{array}$	广泛分布于柠檬、柑橘、葡萄等植物的果实,以及动物组织与体液中。人工合成的柠檬酸是用砂糖、糖蜜、淀粉、葡萄等含糖类物质发酵而制得的。无色晶体,常含一分子结晶水,有很强的酸味,易溶于水、乙醇和乙醚。其钙盐在冷水中比热水中易溶解,此性质常用来鉴定和分离柠檬酸	在化学实验室中常用柠檬酸及其盐作缓冲剂。生物体中的糖类、脂肪及蛋白质代谢过程,都要通过由柠檬酸经顺乌头酸转化为异柠檬酸的过程。柠檬酸在食品工业中用作调味品;在医药上,其钠盐为抗凝血剂,镁盐为温和的泻剂,钾盐为祛痰剂和利尿剂,铁铵盐为补血剂

续表

名称	结构式	来源及理化特性	生物活性及用途
没食子酸	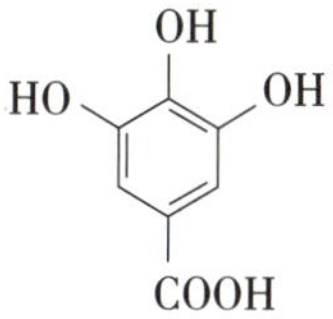	植物中分布最广的一种有机酸，以游离状态或结合成鞣质存在于五倍子、咖啡、茶叶和柿子中。由五倍子发酵或水解制得。无色晶体，难溶于冷水，能溶于热水、乙醇和乙醚中。加热至 235～240 ℃发生脱羧得到焦性没食子酸	为强还原剂，用作照相显影剂。在空气中能迅速氧化成暗褐色，故可作抗氧剂。其水溶液遇三氯化铁能析出蓝黑色沉淀，常用作蓝黑墨水的原料
单宁酸	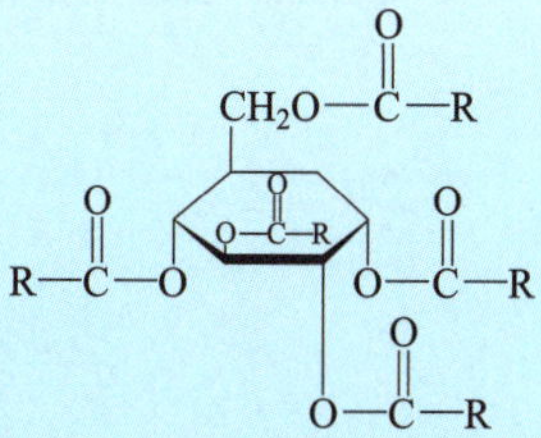 “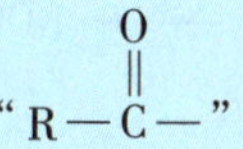”代表五倍子酰基或间双五倍子酰基 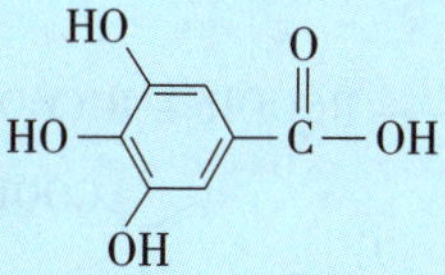 五倍子酸 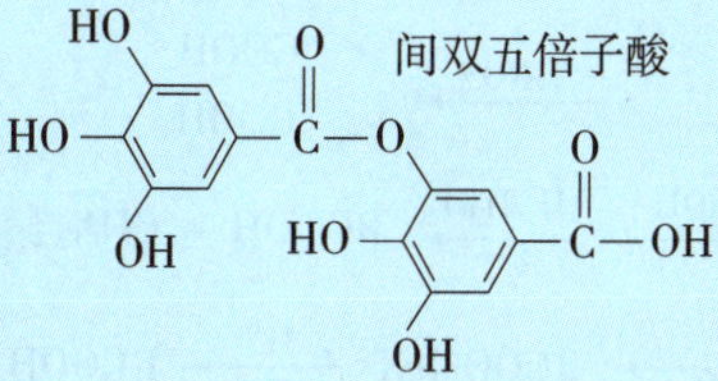 间双五倍子酸	单宁是一类天然产物，存在于石榴、咖啡、茶叶、柿子等许多植物中。无定形粉末，有强烈的涩味；能溶于热水、乙醇、丙酮，不溶于石油醚、苯及乙醚。有较强还原性，暴露于空气中能变黑；能与生物碱生成难溶于水的沉淀	单宁有鞣皮的作用，即将生皮变为皮革，所以也称为鞣质或鞣酸。具有杀菌、防腐和凝固蛋白质的作用。在医药上常用作止血及收敛剂，如鞣酸蛋白是内服治疗腹泻的药物。单宁还可用作生物碱中毒时的解毒剂

【知识延伸】

阿司匹林，化学名称为乙酰水杨酸（邻乙酰氧基苯甲酸），相对分子质量 180.16，为白色结晶或结晶性粉末，熔点 135～138 ℃；味微酸；微溶于水，易溶于乙醇，溶于氯仿和乙醚，也溶于碱溶液。性质不稳定，在潮湿空气中可缓慢水解成水杨酸和醋酸而略带酸臭味，故储藏时应置于密闭、干燥处，以防分解。

1829 年法国人首次从柳树皮中提取出一种可治病的活性物质——水杨酸。水杨酸在治疗发热、风湿等方面效果显著，但是由于酸性较强，对胃肠道刺激较大。1853 年夏尔·弗雷德里克·热拉尔（Gerhardt）利用水杨酸与醋酸酐合成了乙酰水杨酸，但没能引起人们的重视；1859 年德国化学家菲利克斯·霍夫曼又进行了合成,并为他父亲治疗风湿关节炎,疗效极好;1899年德国拜尔公司正式以阿司匹林(aspirin)的药名给乙酰水杨酸注册。阿司匹林已应用百年,与青霉素、安定成为医药史上三大经典药物之一,至今仍是世界上应用最广泛的解热、镇痛和抗炎药,也是作为比较和评价其他药物的标准制剂。

　　目前阿司匹林在临床上主要应用于镇痛、解热;消炎、抗风湿;关节炎的治疗;预防血管内血栓的形成。阿司匹林的合成方法是以水杨酸和乙酸酐为原料,通过酰化反应,将水杨酸的酚羟基酰化,采用催化剂能加速反应的进行。

$$\underset{}{\text{[邻羟基苯甲酸结构]}}\text{—COOH} + (CH_3CO)_2O \xrightarrow{\triangle} \underset{}{\text{[乙酰水杨酸结构]}}$$

　　水杨酸(邻羟基苯甲酸)为无色无臭的针状结晶,是制备阿司匹林的原料。水杨酸有抗真菌作用,能治疗脚癣等皮肤病。阿司匹林、非那西丁(phenacetin)与咖啡因(caffeine)三者配伍的制剂称为复方阿司匹林,用"APC"表示。

【知识连接】

1. 羧酸的制备

羧酸的制备
- (1) 氧化法
  - 醇氧化和脱氢 $RCH_2OH \xrightarrow{[O]} RCHO \xrightarrow{[O]} RCOOH$
  - 醛氧化 $RCHO \xrightarrow{[O]} RCOOH$
  - 烯烃氧化 $RCH{=}CHR' \xrightarrow{KMnO_4} RCOOH + R'COOH$
  - 炔烃氧化 $RC{\equiv}CR' \xrightarrow{KMnO_4} RCOOH + R'COOH$
  - 芳烃氧化 $\underset{}{\text{[乙苯]}}CH_2CH_3 \xrightarrow{[O]} \underset{}{\text{[苯甲酸]}}COOH$
  - 环己酮氧化 $\underset{}{\text{[环己酮]}} \xrightarrow{HNO_3} \underset{}{\text{[己二酸]}}\begin{matrix}COOH\\COOH\end{matrix}$
- (2) 经卤仿反应 $CH_3COR \xrightarrow{X_2/NaOH} \xrightarrow{H^+/H_2O} RCOOH + CHX_3\downarrow$
- (3) 经格氏试剂 $R{-}MgX \xrightarrow[\text{干醚}]{CO_2} RCOOMgX \xrightarrow{H^+/H_2O} RCOOH$
- (4) 水解法
  - 腈水解 $RCN \xrightarrow{H^+/H_2O} RCOOH$
  - 酰胺/酯水解(见2)
  - 油脂水解 $\begin{matrix}CH_2{-}COOR_1\\CH{-}COOR_2\\CH_2{-}COOR_3\end{matrix} \xrightarrow{NaOH} \begin{matrix}CH_2{-}OH\\CH{-}OH\\CH_2{-}OH\end{matrix} + \begin{matrix}R_1COONa\\R_2COONa\\R_3COONa\end{matrix}$
- (5) 乙酰乙酸乙酯和丙二酸二乙酯法(见3)

2. 羧酸衍生物的相互转化

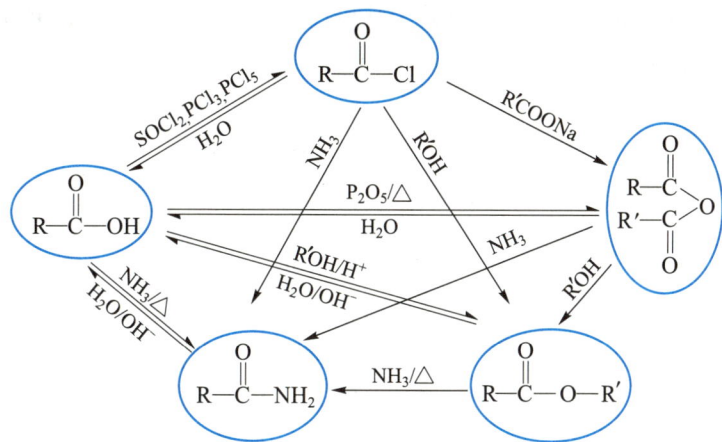

3. 乙酰乙酸乙酯在有机合成中的应用

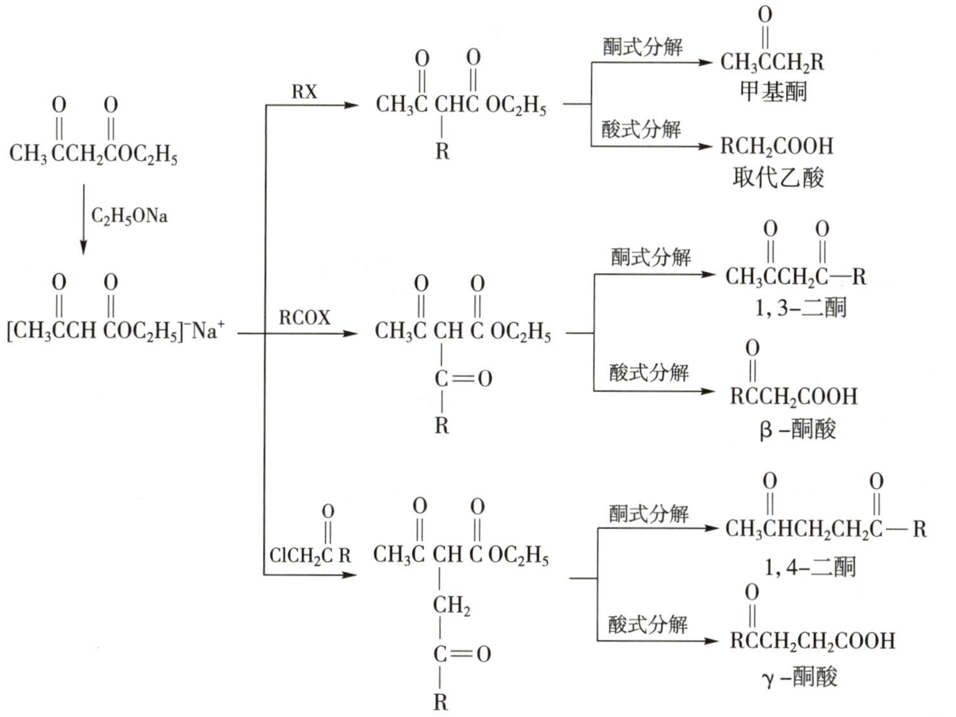

$CH_3CCH_2COC_2H_5$
$\downarrow C_2H_5ONa$
$[CH_3CCH COC_2H_5]^- Na^+$

RX → $CH_3C CHC OC_2H_5$ （R）
- 酮式分解 → CH_3CCH_2R 甲基酮
- 酸式分解 → RCH_2COOH 取代乙酸

RCOX → $CH_3C CH C OC_2H_5$ （C=O，R）
- 酮式分解 → CH_3CCH_2C-R 1,3-二酮
- 酸式分解 → $RCCH_2COOH$ β-酮酸

$ClCH_2C R$ → $CH_3C CH C OC_2H_5$ （CH_2，C=O，R）
- 酮式分解 → $CH_3CHCH_2CH_2C-R$ 1,4-二酮
- 酸式分解 → $RCCH_2CH_2COOH$ γ-酮酸

4. 相关知识对比总结

电子效应与反应类型及反应活性的联想

既有 p-π 共轭效应（+C）又有诱导效应（-I）		只有诱导效应（-I）

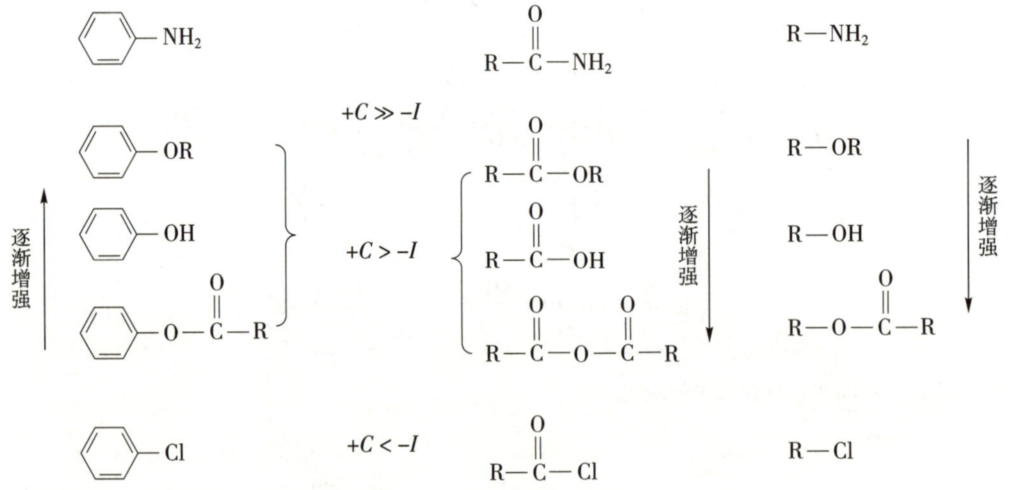

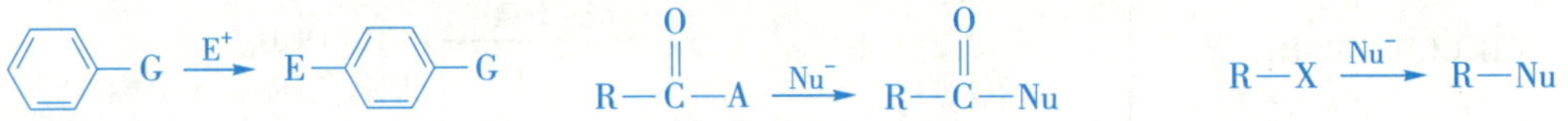

$+C \gg -I$

$+C > -I$

$+C < -I$

发生苯环亲电取代反应 | 发生羰基亲核加成 – 消除反应（相当于亲核取代反应） | 发生 α–C 亲核取代反应

苯环电子云密度越高越容易反应 | 羰基碳电正性越强越容易反应 | α–C 电正性越强越容易反应

定位于电子云密度高的邻对位 | α–H 的酸性排序也是如此 | 质子化利于形成好的离去基

【英汉词汇】

羧酸	carboxylic acid	酯	ester
甲酸	formic acid	酰胺	amide
乙酸	acetic acid	酰化剂	acylating agent
苯甲酸	benzoic acid	取代酸	substituted carboxylic acid
丙酮酸	pyruvic acid	乳酸	lactic acid
羧酸衍生物	derivatives of carboxylic acid	柠檬酸	citric acid
酰卤	acyl halide	草酸	oxalic acid
酸酐	acid anhydride	酒石酸	tartaric acid

水杨酸	salicyclic acid	交酯	lactide
酰基	acyl group	内酯	lactone
水解	hydrolysis	酮体	ketone body
醇解	alcoholysis	酰化	acylation
氨解	ammonolysis	克莱森缩合	Claisen condensation
缩二脲反应	biuret rection	互变异构	tautomerism
羧基	carboxyl group	脲	urea
酯化	esterification	巴比妥酸	barbituric acid
脱羧	decarboxylation		

【参考文献】

［1］Hauser C R, Hudson B E. The Acetoacetic Ester Condensation and Certain Related Reactions［J］. Org. React, 1942, 1, 266–302.

［2］Shang R, Liu L. Transition Metal–Catalyzed Decarboxylative Cross–Coupling Reactions［J］. Sci. China Chem, 2011, 54, 1670–1687.

［3］Sabatini M T, Boulton L T, Sneddon H F, et al. A Green Chemistry Perspective on Catalytic Amide Bond Formation［J］. Nat. Catal, 2019, 2, 10–17.

［4］Beurden K, Koning S, Molendijk D, et al. The Knoevenagel Reaction: A Review of The Unfinished Treasure Map to Forming Carbon–Carbon Bonds［J］. Green Chem. Lett. Rev, 2020, 13, 349–364.

［5］孙雪梅. 羧酸及其衍生物与牙齿表面吸附的研究［J］. 国外医学. 口腔医学分册, 2003, 30（3）: 209–211.

［6］何广科, 陈山, 马鸿飞, 等. 克莱森酯缩合反应中碱性试剂作用的探讨［J］. 化学教育, 2014, 35（10）: 57–59.

【习题】

1. 用系统命名法命名下列化合物：

（1）$CH_3CH_2CHCH_2COOH$ (with CH_3 substituent)

（2）$CH_3CH = CHCOOH$

（3）$HOOCCH_2CH_2COOCH_3$

（4）CH_3CH_2COCl

（5）$CH_3COCH_2COOC_2H_5$

（6）$HOCH_2CH_2CHCH_2COOH$ (with Cl substituent)

（7）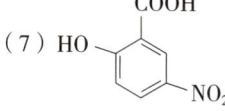

（8）
$$H-\overset{\overset{\textstyle O}{\|}}{C}-N\overset{\textstyle CH_3}{\underset{\textstyle CH_3}{}}$$

2. 写出下列化合物的结构式：

（1）4- 乙基 -2- 甲基辛酸

（2）6- 羟基萘 -1- 甲酸

（3）（2E）-3- 溴 -3- 氯 -2- 甲基丙烯酸

（4）对甲苯基甲酰氯

（5）甲基丁二酸酐

（6）柠檬酸

（7）4- 溴 -N,N- 二甲基苯甲酰胺　　　　　　　（8）邻苯二甲酸二甲酯

3. 按要求排序：

（1）酸性由强到弱排列：丙二酸、2- 羟基丙酸、2- 氯丙酸和丙酸。

（2）酸性由强到弱排列：苯甲酸、对硝基苯甲酸、间硝基苯甲酸和对甲基苯甲酸。

（3）沸点由高到低排列：丙烷、甲酸、乙醇和甲醚。

（4）沸点由高到低排列：丙醇、乙酸、乙酸甲酯、乙酰胺。

（5）乙醇和下述酸在 H^+ 催化酯化时的速率由大到小排列：

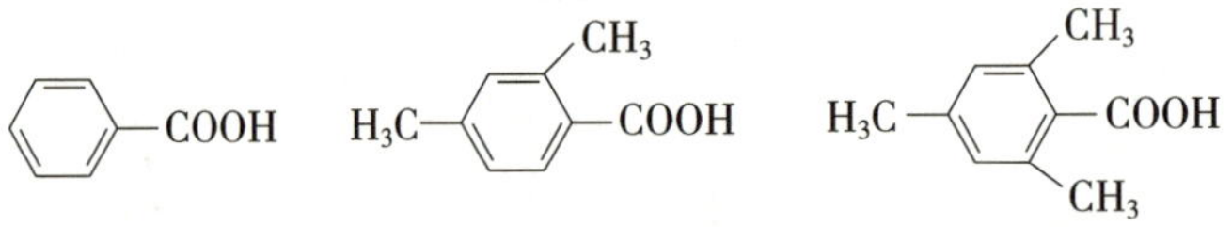

（6）苯甲酸和下述醇在 H^+ 催化酯化时的速率由大到小排列：

$$(CH_3)_2CCH_2CH_3 \qquad CH_3CHCH_2CH_3 \qquad CH_3CH_2CH_2OH$$
$$\;\;\;\;\;\;\;\;\;|\qquad\qquad\qquad\qquad |$$
$$\;\;\;\;\;\;\;OH \qquad\qquad\qquad\;\; OH$$

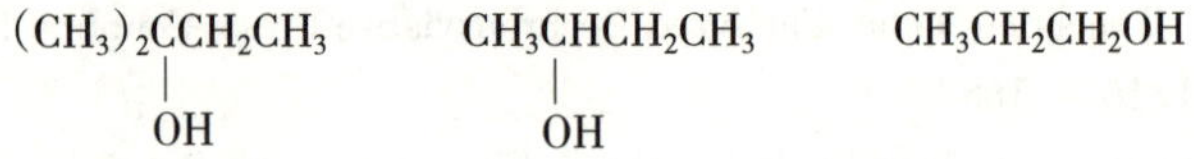

（7）在碱性条件下水解反应的速率由大到小排列：

$$CH_3COOCH_3 \quad CH_3COOC_2H_5 \quad CH_3COOCH(CH_3)_2 \quad CH_3COOC(CH_3)_3$$

（8）烯醇化由易到难的次序排列：

$$C_6H_5COCH_2COCF_3 \quad CH_3COCH_2COCH_3 \quad C_6H_5COCH_2COCH_3 \quad CH_3COCH_2COC(CH_3)_3$$

4. 用化学方法鉴别下列各组化合物：

（1）乙醇, 乙酸, 乙醛　　　　　　　（2）甲酸、草酸、丙二酸

（3）

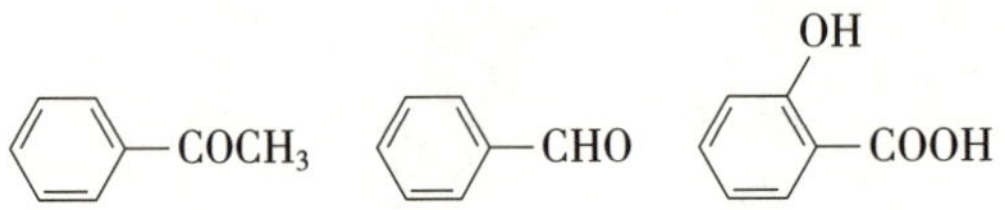

（4）$CH_3COCH_2COOCH_3$ $CH_3CHCOOH$
$\qquad\qquad\qquad\qquad\qquad\qquad\qquad\qquad\qquad\quad |$
$\qquad\qquad\qquad\qquad\qquad\qquad\qquad\qquad\quad OH$

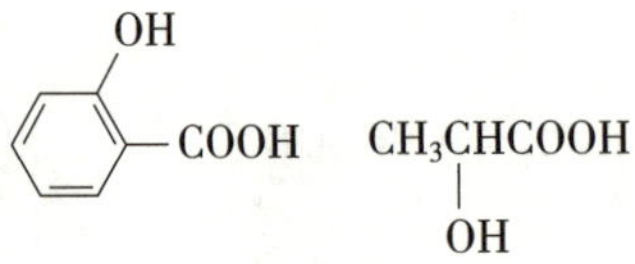

5. 完成下列反应式：

（1）　$\xrightarrow{Na_2Cr_2O_7/\ H_2SO_4}$

（2）$(CH_3)_2CHOH + H_3C-$$-COCl \longrightarrow$

（3）$-COOH$　$\xrightarrow{LiAlH_4}$

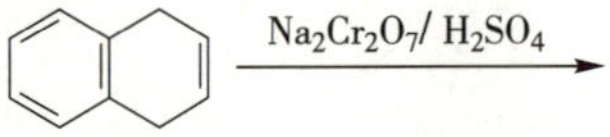

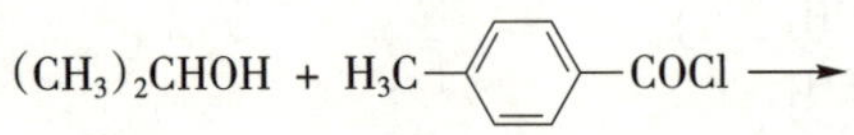

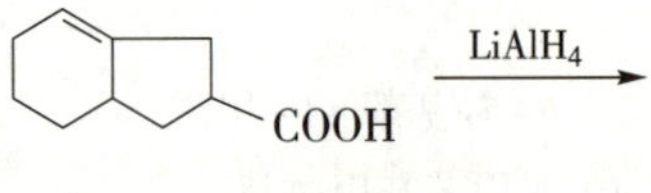

（4）$NCCH_2CH_2CN \xrightarrow[NaOH]{H_2O} \xrightarrow{H^+}$

（5）

$$\text{邻苯二乙酸} \xrightarrow[\triangle]{\text{Ba(OH)}_2}$$

（6）$CH_3COCl +$ 甲苯$CH_3 \xrightarrow{\text{无水 AlCl}_3}$

（7）$(CH_3CO)_2O +$ 苯酚$OH \longrightarrow$

（8）$CH_3CH_2COOC_2H_5 \xrightarrow{\text{NaOC}_2\text{H}_5}$

（9）$CH_3CH(COOH)_2 \xrightarrow{\triangle}$

（10）内酯 $\xrightarrow[\triangle]{\text{H}_2\text{O, NaOH}}$

6. 合成题：

（1）以甲苯及必要试剂为原料合成 $\text{C}_6\text{H}_5-CH_2CHCOOH$，侧链 C_2H_5

（2）以甲苯为原料合成 $CH_3-\text{C}_6\text{H}_4-CH_2COOH$

（3）以乙酰乙酸乙酯及其他不超过 2 个碳原子的有机物为原料，合成 3– 甲基戊 –2– 酮

7. 写出下列反应的机理：

（1）$CH_3CH_2CO_2CH_3 \xrightarrow{\text{NaOCH}_3}$ 产物

（2）$CH_3CHCH_2CH_2COOH \underset{}{\overset{\text{H}^+}{\rightleftharpoons}}$ 内酯，OH

8. 有一烃 A 分子式为 $C_{11}H_{20}$，进行催化加氢时每摩尔 A 吸收 2 mol 氢得化合物 B（$C_{11}H_{24}$），A 经高锰酸钾氧化可得三个化合物 C（C_4H_8O）、D（$C_4H_6O_4$）、E（$C_3H_6O_2$），C 与 2，4– 二硝基苯肼反应生成黄色沉淀，但不发生银镜反应。D 能与碳酸氢钠溶液作用放出二氧化碳，D 加热时生成 F（$C_4H_4O_3$）。E 也与碳酸氢钠水溶液作用放出二氧化碳。推测 A、B、C、D、E、F 的结构式，并写出有关反应方程式。

9. 两个化合物 A 和 B，A 的分子式为 $C_4H_5O_3$，B 为 $C_8H_{12}O_4$。A 显酸性，B 显中性。将 A 在浓 H_2SO_4 存在下加热，可得产物 C，C 比 A 更易被 $KMnO_4$ 溶液氧化。将 B 用稀 H_2SO_4 处理，得到 D，D 为 A 的同分异构体，也显酸性。将 D 在 H_2SO_4 存在下加热，则发生降解。降解产物有银镜反应。试写出化合物 A，B，C，D 的结构式。

10. 杀菌剂 A（$C_{13}H_{10}O_3$）经水解可得 B 和 C，A、B、C 均可与 $FeCl_3$ 溶液显色，经分析得 B 为 C_6H_6O，C

为苯的二元取代物,且可与碱反应,硝化可有两种一元硝化产物,试写出 A、B、C 的结构式。

11. 有机酸 A($C_5H_6O_4$)无旋光性,当加 1 mol H_2 后,被还原为 B($C_5H_8O_4$),B 分子中有一个手性碳原子。A 加热易失水生成 C($C_5H_4O_3$),C 与 CH_3CH_2OH 作用能得到两个互为异构体的化合物 D 和 E,D 和 E 分别同 PCl_3 反应后,再与 C_2H_5OH 作用得到同一化合物 F。试写出 A、B、C、D、E 和 F 的结构式。

12. 有机化合物的提纯是科研和生产中经常遇到的实际问题,经常根据具体情况采用溶解、萃取、过滤、重结晶、蒸馏和分馏等物理方法,有时也利用必要的化学反应。若在实验室中分离环己烷甲酸、苯甲醚和邻甲基苯酚三种化合物,试设计实验方案。

13. 在某学生合成实验过程中,为提纯化合物首先溶解在 NaOH 碱性水溶液中,然后加入盐酸酸化,分液漏斗中用乙醚萃取,得到乙醚萃取液。蒸干乙醚后发现化合物 A 已经完全转变为化合物 B。试回答下列问题:

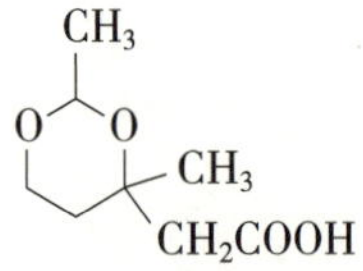

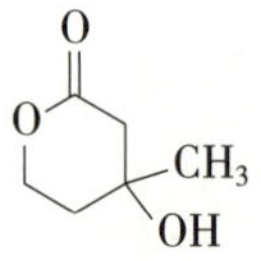

（1）指出化合物 A、B 分别形成环的官能团名称。

（2）化合物 B 和化合物 A 相比,碳原子数有何变化? 该变化是在学生加碱时,还是加酸时发生的?

（3）写出化合物 A 转化成化合物 B 的反应机理。

扫一扫,获取本章习题答案

第十章　习题答案

第十一章　含氮有机化合物

【导言】

有机含氮化合物如胆胺（脑磷脂的重要组成部分）、胆碱（调节脂代谢）、肾上腺素（收缩血管、兴奋心脏）对维护人类健康有着重要的作用；另外如重氮化合物（重要的有机合成试剂和中间体）、偶氮化合物（染料、指示剂）在化工生产中占据重要地位。

1856年，18岁的研究生 W.H.Perkin 正在进行合成抗疟疾特效药物金鸡纳碱（奎宁）的工作时把强氧化剂重铬酸钾加入到了苯胺的硫酸盐中，结果烧瓶中出现了一种沥青状的黑色残渣，他只好去把烧瓶清洗干净，以便继续实验。考虑到这种焦黑状物质肯定是一种有机物，多半难溶于水，Perkin 就采用加入酒精的方法清洗烧瓶。当酒精加入烧瓶后，Perkin 忽然睁大了早已疲倦的眼睛：黑色物质被酒精溶解成了美丽夺目的紫色！人类第一个合成染料苯胺紫由此诞生。

本章将对硝基化合物做简要介绍；重点讨论胺的结构及与碱性的关系，胺的烷基化和酰基化，芳胺的亲电取代反应，以及重氮盐在有机合成中的应用。这些含氮有机化合物的知识储备，会为进一步理解和掌握复杂的大分子含氮有机化合物奠定基础。

第一节　硝基化合物

一、硝基化合物的结构、分类和命名

烃分子中的氢被硝基取代的化合物称为硝基化合物，一元硝基化合物的通式为 $R—NO_2$。

（一）结构

电子衍射法的实验数据表明，硝基具有对称的结构，两个 $N—O$ 键的键长是相等的，既不

是一般的氮氧单键，也不同于氮氧双键。价键理论认为，硝基中氮原子以 sp^2 杂化轨道形成三个共平面的 σ 键，未参与杂化的 p 轨道和两个氧原子的 p 轨道形成共轭体系，发生 π 电子的离域和 N—O 键的平均化。硝基化合物的分子结构如图 11-1 所示。

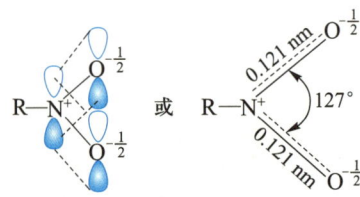

图 11-1　硝基化合物的分子结构

（二）分类及命名

根据硝基所连烃基的不同可以分为脂肪族硝基化合物和芳香族硝基化合物。硝基连在脂肪族烃基上称为脂肪族硝基化合物，硝基直接连在芳环上称为芳香族硝基化合物。硝基化合物的命名类似于卤代烃，即以硝基为取代基来命名。例如：

$$CH_3NO_2 \qquad H_3C—\underset{\underset{\displaystyle NO_2}{|}}{CH}—CH_3 \qquad H_3C—\underset{}{\bigcirc}—NO_2$$

硝基甲烷　　　　　2-硝基丙烷　　　　　1-甲基-4-硝基苯
nitromethane　　　2-nitropropane　　　1-methyl-4-nitrobenzene

二、硝基化合物的物理性质

常见硝基化合物的物理常数如表 11-1 所示。

表 11-1　常见硝基化合物的物理常数

名称	构造式	熔点 /℃	沸点 /℃	相对密度（d_4^{20}）
硝基甲烷	CH_3NO_2	−29	100.8	1.132 2（25℃）
硝基乙烷	$CH_3CH_2NO_2$	−90	115	1.044 8（25℃）
1-硝基丙烷	$CH_3CH_2CH_2NO_2$	−108	131.5	1.022 1（24℃）
2-硝基丙烷	$(CH_3)_2CHNO_2$	−93	120	1.024（0℃）
硝基苯	$C_6H_5NO_2$	5.7	210.8	1.203 7
2,4,6-三硝基甲苯	2,4,6-$CH_3C_6H_2(NO_2)_3$	82	240 分解	1.654

三、硝基化合物的化学性质

（一）脂肪族硝基化合物的缩合反应

硝基是强吸电子取代基。脂肪族硝基化合物硝基邻位碳原子上的氢（α-H）具有明显的酸性。如硝基甲烷的 pK_a 值为 10.2，能在碱作用下生成碳负离子。形成的碳负离子可以作为

亲核试剂进行反应,与羰基化合物发生缩合反应。例如:

$$CH_3(CH_2)_7CHO + CH_3NO_2 \xrightarrow[C_2H_5OH]{NaOH} CH_3(CH_2)_7\overset{OH}{\underset{|}{C}}HCH_2NO_2$$

　　与芳香族羰基化合物发生缩合时,生成的 β – 羟基化合物容易进一步失水生成 α , β – 不饱和硝基化合物,因为生成的双键与芳环共轭,体系更稳定。例如:

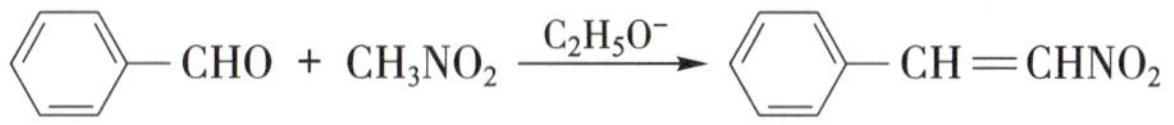

(二)还原

　　芳环上的硝基能被多种还原剂还原。硝基既可以被强还原剂直接还原成氨基,得到芳胺;也可以在适当的条件下用温和还原剂还原得到中间产物。例如,硝基苯可以被还原为亚硝基苯。芳胺是有机合成的重要中间体。在强酸性条件下(通常是稀盐酸),用铁、锌、锡等金属可以将硝基直接还原成胺。如硝基苯还原成苯胺:

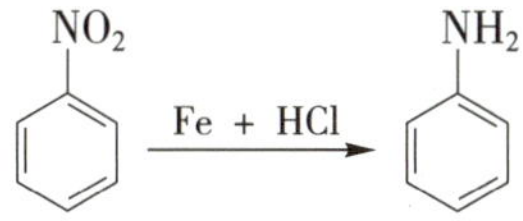

　　由于金属还原会生成大量的金属离子副产物,严重污染环境,工业上一般采取 Cu、Ni 或 Pd 催化下用氢气还原的方法制备苯胺类化合物。

　　在适当的反应条件下,多硝基化合物可以在硫化钠、硫化铵、硫氢化钠、硫氢化铵及氯化亚锡 / 盐酸等还原剂作用下选择性还原,缺点是选择性仅能靠实验结果确定,大多没有规律可以预测。例如:

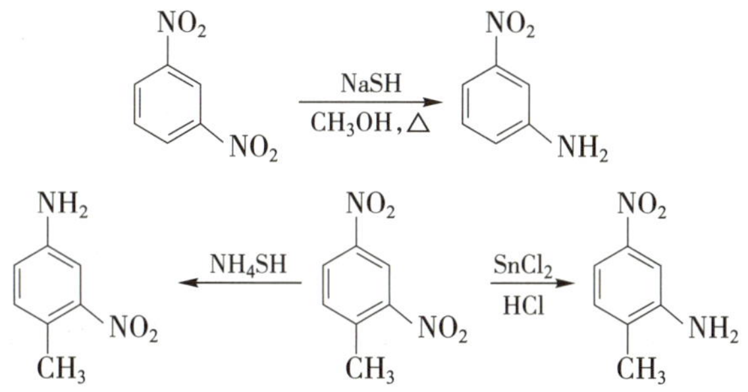

(三)硝基对芳环上其他取代基的影响

　　硝基有很强的吸电子作用,芳环上的硝基会使芳环碳原子的电子云密度降低,亲电取代反应变得难于发生或者收率大大降低。另一方面,硝基的存在会使得其邻、对位的一些取代基的反应性受到很大影响。如芳基卤原子可以发生亲核取代反应,羧基和酚羟基酸性增强,烷基直接与芳环相连碳原子上的氢有一定酸性等。

　　1. 硝基卤苯的亲核取代反应

　　氯苯分子中的碳卤键因为 p–π 共轭效应得到加强,不易发生水解反应。但当氯苯的邻位或对位被硝基取代后,由于硝基的吸电子作用使其邻、对位与氯原子相连的碳原子电子云密度大大降低,有利于亲核试剂的进攻,而容易发生苯环上的亲核取代反应,并且硝基数目越多,反应越容易发生。

【思考题11-1】如何用反应机理解释表11-2中所列的四个化合物发生亲核取代反应的速率差异?

表11-2　芳卤亲核取代反应的相对速率

ArCl	相对速率
氯苯	1
邻硝基氯苯	2.10×10^{10}
间硝基氯苯	5.64×10^{5}
对硝基氯苯	7.05×10^{10}

2. 硝基酚和硝基芳香族羧酸的酸性

苯酚的酸性比碳酸还弱,但当苯酚的苯环上引入硝基后,因为硝基的吸电子诱导效应和吸电子共轭效应,会使其酸性增强。酚羟基酸性增强的程度与硝基的数目和位置都有关系,数目越多,酸性增强程度越大。对于单硝基酚,硝基处于对位时诱导效应较小,但吸电子共轭效应强,酸性较苯酚有一定增强;硝基处于邻位时共轭和诱导吸电子效应最大,酸性应该最强,但由于分子内氢键作用,对氢的解离有阻碍作用,酸性反而稍弱于对位;处于间位时无共轭效应,且诱导效应不大,酸性增加最少。例如:

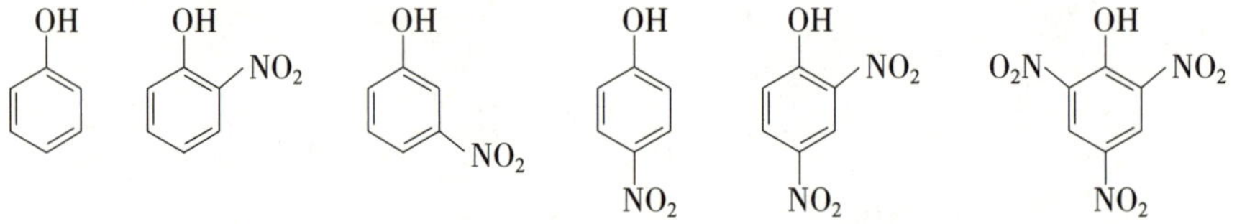

| pK_a | 9.94 | 7.22 | 8.39 | 7.15 | 4.09 | 0.25 |

其中,三硝基苯酚的酸性已接近无机酸,可与 NaOH、Na_2CO_3、$NaHCO_3$ 作用。

与硝基苯酚的酸性增强相似,在苯甲酸的苯环上引入硝基也会导致羧基酸性增强。例如:

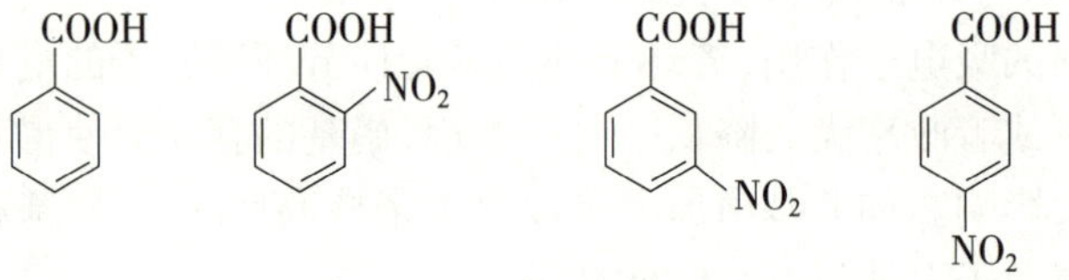

| pK_a | 4.20 | 2.21 | 3.49 | 3.42 |

其中,硝基处于羧基邻位时酸性增强最为明显,而处于间位和对位则酸性增强程度较小。

第二节 胺

一、胺的结构、分类和命名

（一）胺的结构

胺可看作是氨分子中氢原子被烃基取代后的衍生物。在氨及胺分子中氮原子为不等性 sp^3 杂化，其外层 5 个电子分布在四个不等性杂化轨道上，其中三个 sp^3 杂化轨道与氢原子或碳原子形成三个 σ 键，第四个 sp^3 杂化轨道被一对孤对电子占据，整个分子呈三角锥形。

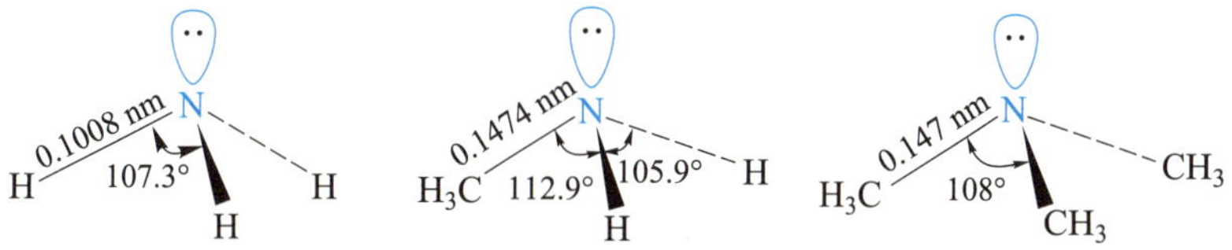

氨的结构　　　　甲胺的结构　　　　三甲胺的结构

在胺分子中如果三个 σ 键所连基团不同，理论上分子具有手性，应有两种对映体存在，互为镜像关系。但实际上由于这两种对映体只需消耗很小的能量（约 $25\ kJ \cdot mol^{-1}$）就能相互转化（室温下两种构型翻转的速率可以达到 $10^3 \sim 10^5$ 次 $\cdot s^{-1}$），因而无法分离。

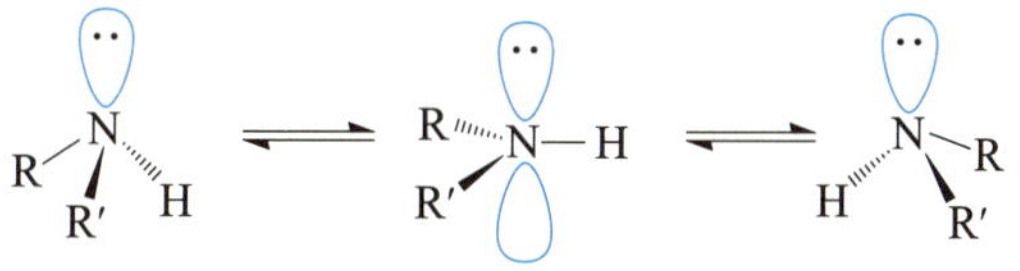

sp^3 杂化　　　　sp^2 杂化　　　　sp^3 杂化

四个烃基都不同的季铵盐则是手性分子，可以分离得到两种对映体：

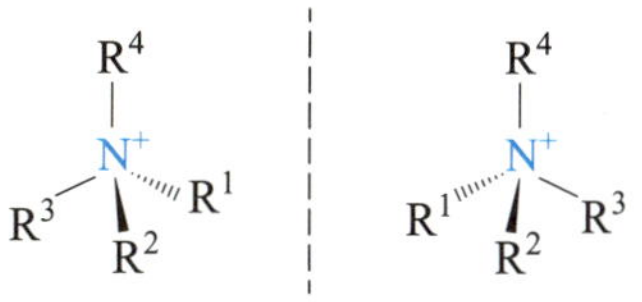

芳香族胺中的氮原子近似 sp^2 杂化，未杂化的 p 轨道与芳环大 π 键发生共轭，构成 p-π 共轭体系。苯胺分子中苯环平面与—NH_2 3 个原子所在平面之间的夹角为 $142.5°$，而甲胺分子中 C—N 键与—NH_2 所在平面之间的夹角为 $125°$：

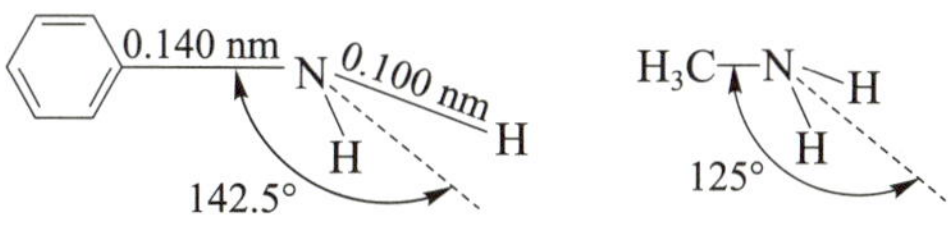

说明在苯胺分子中，氮原子更接近于平面构型，氮原子的杂化状态介于 sp^3 杂化与 sp^2 杂化之间。这样更有利于氮原子的孤对电子与苯环的大 π 键电子互相重叠，形成共轭体系。

（二）胺的分类与命名

1. 分类

胺可以根据氮原子上所连烃基的数目分为伯胺、仲胺和叔胺。与一个烃基相连的称为伯胺，与两个烃基相连的称为仲胺，与三个烃基相连的称为叔胺。铵盐或铵碱中 4 个氢原子都被烃基取代的产物分别称为季铵盐和季铵碱。还可以根据烃基来分类，氨基的氮原子直接和脂肪族烃基相连的称为脂肪族胺，直接与芳环相连的称为芳香族胺。

$$
胺的分类
\begin{cases}
按与氮所连接的烃基数目
\begin{cases}
伯胺　(Ar)R—NH_2\\
仲胺　(Ar)R—NH—R'(Ar')\\
叔胺　(Ar)R—N—R'(Ar')\\
\qquad\qquad\quad|\\
\qquad\qquad R''(Ar'')\\
季铵盐和季铵碱　R_4N^+Cl^-
\end{cases}\\
按与氮所连接的烃基种类
\begin{cases}
脂肪族胺　CH_3—NH—C_2H_5\\
芳香族胺
\end{cases}
\end{cases}
$$

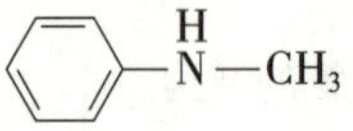

另外，还可以根据分子中氨基的数目分为一元胺、二元胺和多元胺。

2. 命名

伯胺的命名按照官能团类别名，一般在母体氢化物 RH 的名称之后加后缀"胺"来命名。并省略"基"字。对称仲胺、叔胺，在取代基名称前加"二"或"三"构成前缀，后边加上后缀"胺"。例如：

H₃C—NH₂　　甲胺　methanamine

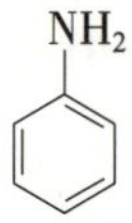

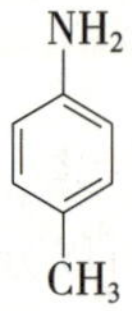

苯胺　aniline

对甲基苯胺　p-toluidine

$(C_2H_5)_2NH$　二乙胺　diethylamine

$(C_6H_5)_3N$　三苯胺　triphenylamine

不对称仲胺、叔胺，可作为伯胺或仲胺的 N- 取代衍生物来命名。命名时首先选择连有氨基的最长碳链为主链，或者连有氨基的环为母体，其他烃基作为 N- 取代基，置于母体名之前；在后缀"胺"之前加上氨基的位次。有不同取代基时，按英文字母顺序先后列出。例如：

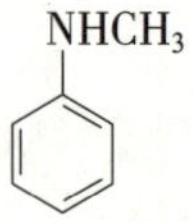

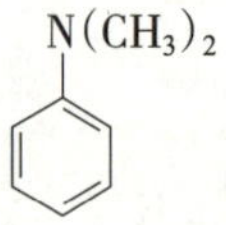

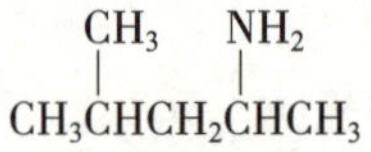

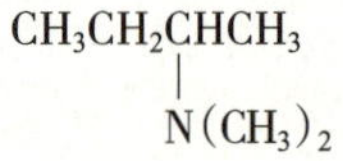

N- 甲基苯胺　N-methylaniline

N, N- 二甲基苯胺　N, N-dimethylaniline

4- 甲基戊 -2- 胺　4-methylpentan-2-amine

N, N- 二甲基丁 -2- 胺　N, N-dimethylbutan-2-amine

季铵类化合物可看作铵的衍生物。铵的四个氢都被烃基取代，氮原子上连有四个烃基即为季铵离子,它与氢氧根结合就是季铵碱,与酸根结合就是季铵盐。季铵类化合物的命名是将阴离子和取代基的名称放在"铵"之前。例如:

NH_4^+	$(CH_3)_4N^+$	$CH_3CH_2\overset{\underset{\|}{CH_3}}{\underset{\underset{\|}{CH_3}}{N^+}}CH_3OH^-$	$(CH_3CH_2)_4N^+Cl^-$
铵离子	四甲铵离子 (季铵离子)	氢氧化三甲基乙铵 (季铵碱)	氯化四乙铵 (季铵盐)
ammonium	tetramethylammonium	N,N,N–trimethylethanaminium hydroxide	tetraethylammonium chloride

【思考题 11-2】命名下列化合物:

$$\underset{CH_3}{\overset{NHCH_3}{\bigcirc}} \qquad CH_3CH_2\underset{\underset{NHCH_3}{\|}}{CH}CH_2CH_3$$

二、胺的物理性质

一些一元胺的物理常数见表 11-3。

表 11-3　一些一元胺的物理常数

化合物	英文名称	结构式	熔点/℃	沸点/℃	溶解度 g/100g H₂O
甲胺	methylamine	CH_3NH_2	−93.5	−6.3	易溶
乙胺	ethylamine	$CH_3CH_2NH_2$	−80.6	16.6	∞
正丙胺	propylamine	$CH_3CH_2CH_2NH_2$	−83	49	∞
正丁胺	butylamine	$CH_3CH_2CH_2CH_2NH_2$	−50	77.8	∞
二甲胺	dimethylamine	$(CH_3)_2NH$	−92.2	6.9	易溶
二乙胺	diethylamine	$(CH_3CH_2)_2NH$	−50	55.5	易溶
三甲胺	trimethylamine	$(CH_3)_3N$	−117.1	9.9	$41^{19℃}$
三乙胺	triethylamine	$(CH_3CH_2)_3N$	−114.7	89.4	∞
苯胺	aniline	$\bigcirc\!\!-NH_2$	−6.1	184.4	$3.6^{18℃}$

续表

化合物	英文名称	结构式	熔点/℃	沸点/℃	溶解度 g/100g H₂O
N-甲基苯胺	N-methylaniline	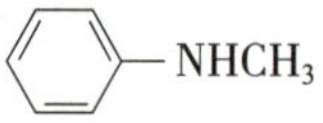 ⬡—NHCH₃	-57	196.3	难溶
N,N-二甲基苯胺	N,N-dimethylaniline	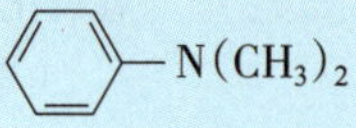 ⬡—N(CH₃)₂	2.5	194.2	不溶
邻甲基苯胺	o-toluidine	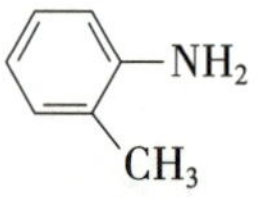 ⬡ NH₂/CH₃	-16.4	200.4	$1.5^{25℃}$
间甲基苯胺	m-toluidine	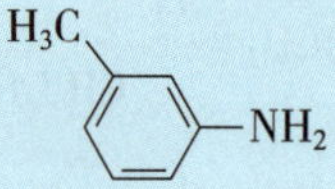 H₃C⬡ NH₂	-31.3	203.4	微溶
对甲基苯胺	p-toluidine	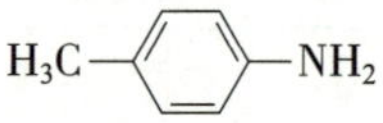 H₃C⬡—NH₂	43.8	200.6	$0.74^{21℃}$
二苯胺	diphenylamine	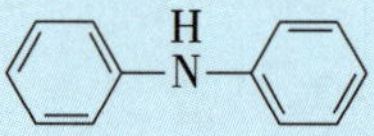 ⬡—NH—⬡	52.9	302	不溶
三苯胺	triphenylamine	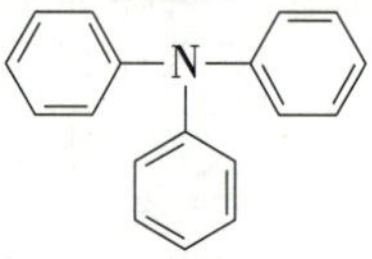 (⬡)₃N	126.5	365	不溶

甲胺、二甲胺、三甲胺和乙胺室温下为气体，其他低级脂肪族胺为液体。

胺分子中的氮原子的未共用电子对能与水形成分子间氢键，所以低级脂肪胺能溶于水，随着亲油的烃基增大，水溶性逐渐下降，高级胺难溶或不溶于水。伯胺或仲胺氮原子上还有氢，存在分子间氢键，但由于氮的电负性比氧低，所以伯胺或仲胺的沸点比相对分子质量相近的醇低。叔胺由于氮原子上没有连接氢原子，所以没有分子间氢键作用，其沸点与相对分子质量接近的烷烃相近，见表11-4。

表11-4　一些相对分子质量相近的醇、烷烃和胺的沸点比较

	CH₃(CH₂)₄NH₂	CH₃(CH₂)₄OH	(CH₃CH₂)₃N	(CH₃CH₂)₃CH
相对分子质量	87	88	101	100
沸点/℃	104.4	138	89.4	93.5

低级脂肪胺有不愉快的、甚至是难闻的臭味,特别是低级脂肪族胺。动物尸体腐烂后产生的 1,4- 丁二胺(腐胺)和 1,5- 戊二胺(尸胺)有恶臭,并有剧毒。

【思考题 11-3】比较表 11-5 中相对分子质量相近的化合物沸点高低,并分析其原因。

表 11-5　胺与相对分子质量相近的烷烃和醇的沸点比较

序号	化合物	相对分子质量	沸点 /℃
1	乙烷	30	−88.6
2	甲胺	31	−6.7
3	甲醇	32	64.7
4	丙烷	44	−42.2
5	乙胺	45	16.6
6	乙醇	46	78.5

三、胺的化学性质

(一)碱性与成盐

胺中氮原子上的孤电子对既可以与质子结合,也可以进攻缺电子的碳原子,因而胺兼具碱性和亲核性。在水溶液中胺中的氮原子可以接受水解离出的质子从而呈弱碱性。

$$RNH_2 + H_2O \rightleftharpoons RN^+H_3 + OH^-$$

胺的碱性以其水溶液中的碱解离常数 K_b(或其负对数 pK_b)表示,K_b 越大(或 pK_b 越小)碱性就越强。胺的碱性强弱次序依次为脂肪族胺 > 氨 > 芳香族胺。影响脂肪族胺的碱性强弱的因素很多,在水溶液中可以从以下三个方面进行分析。

(1)诱导效应的影响　胺分子中与氮原子相连的烃基具有给电子诱导效应,使氮原子上电子云密度增高,接受质子的能力比氨强;铵离子形成后也因正电荷得以分散而稳定。因此,氮原子上的烃基越多碱性越强。

(2)溶剂化效应的影响　在水溶液中,胺的碱性强弱与胺和质子结合后形成的铵离子溶剂化难易有关。氮原子上所连的氢原子越多,与水形成氢键的机会越多,溶剂化程度就越大,铵离子越稳定,碱性也就越强。

(3)空间效应的影响

氮原子周围的空间被较大基团占据之后,质子难于与氮原子接近,碱性也会降低。

对脂肪胺来说烃基越多其电子效应会促使其碱性增强,而从空间效应来看氮原子周围烃基越多,对质子接近氮原子的阻碍就越大,碱性反而越弱,这两种影响是互相矛盾的。

综合上述各种因素,水溶液中脂肪族胺的碱性一般为仲胺 > 伯胺 > 叔胺 > 氨。

芳香族胺氮原子上的未共用电子对由于与芳环的大 π 键形成 p-π 共轭体系,而使氮原子上电子密度降低,碱性变弱。所以芳香族胺的碱性比氨弱很多。

各种胺的碱性强弱次序如下:

$$(CH_3)_2NH > CH_3NH_2 > (CH_3)_3N > NH_3 > \langle\!\!\!\bigcirc\!\!\!\rangle{-}NH_2 > (\langle\!\!\!\bigcirc\!\!\!\rangle)_2NH$$

| pK_b | 3.27 | 3.35 | 4.22 | 4.75 | 9.40 | 13.2 |

季铵碱是典型的离子型化合物,类似于氢氧化钠,呈强碱性。例如,它有很强的吸湿性,能吸收空气中的水分,并能吸收二氧化碳。

总之,影响胺的碱性强弱(在水溶液中)的因素是多方面的,一个胺的碱性强弱应该是诸多因素综合影响的结果。各类胺的碱性强弱大致表现出如下次序:季铵碱 > 脂肪族胺 > 氨 > 芳香族胺。

苯胺衍生物因苯环上取代基不同,或取代基在苯环上的位置不同,也会表现出不同的碱性。通过诱导效应或共轭效应能使芳环上电子云密度增大的,相应的芳香族胺的碱性增强,而使芳环上电子云密度减小的,相应的芳香族胺的碱性降低。当芳香族胺的氨基邻、对位上有—OH、—OR、—OCOR、—NH$_2$、—NHR、—NHCOR 等基团时,由于它们给电子的共轭效应比吸电子的诱导效应强,总的效应是使芳环上电子云密度增加,因此相应的芳香族胺碱性增强。但当这些基团在氨基间位时,只有吸电子的诱导效应起作用,相应的芳香族胺的碱性反而减弱。芳环上的吸电子取代基,无论是吸电子的诱导效应还是吸电子的共轭效应,都使芳香族胺的碱性减弱。

表 11-6 列出苯胺和一些取代苯胺的 pK_b。

表 11-6 苯胺和一些取代苯胺的 pK_b

化合物	苯胺	羟基苯胺			甲基苯胺			硝基苯胺			氯代苯胺		
		邻	间	对	邻	间	对	邻	间	对	邻	间	对
pK_b	9.40	9.28	9.83	8.50	9.56	9.28	8.90	14.26	11.53	13.00	11.35	10.48	10.02

【思考题 11-4】请对下列化合物的碱性排序作出分析:

对羟基苯胺 > 邻羟基苯胺 > 间羟基苯胺

由于胺为弱碱性,所以可溶性的铵盐遇强碱则能释放出游离胺。

$$RN^+H_3Cl^- + NaOH \longrightarrow RNH_2 + NaCl + H_2O$$

利用以上性质可以将胺与其他不溶于酸的有机化合物分离,胺可与酸形成盐而溶于稀酸中,分离后再用强碱从季铵盐中置换出胺。

【案例 11-1】如何将长链烷基取代的羧酸、胺和卤代烷(RCOOH、RNH$_2$、RX)的混合物分离。

问题:混合物中含有不同结构的化合物,由于官能团不同导致其性质也各不相同,可以利用其性质的不同通过一定手段将其分离。

分析 长链羧酸 RCOOH 有酸性,能与碱性物质成盐而溶于水,长链胺 RNH_2 有碱性可与酸性物质成盐而溶于水,RX 是中性化合物,水溶性不好,可用化学方法分离。

解答

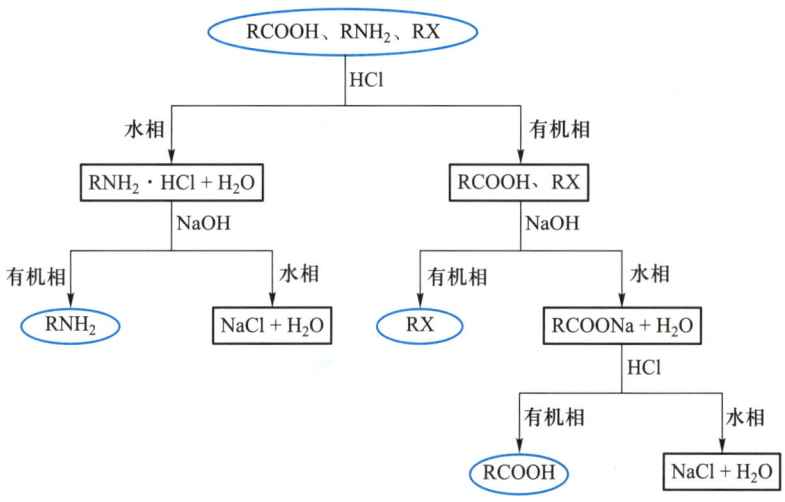

(二)烷基化反应

在卤代烃的亲核取代反应中,卤代烃可以与氨反应生成伯胺:

$$RX + NH_3 \longrightarrow RNH_2 + HX$$

胺的氮原子上引入烷基的反应,称为胺的烷基化反应;产物伯胺是与氨类似的亲核试剂,在反应体系中可以继续与过量的卤代烃作用,伯胺氮原子上的氢被烷基取代得到仲胺;生成的仲胺仍可继续与卤代烃反应生成叔胺,叔胺再与卤代烃作用则得季铵盐。

$$RNH_2 \xrightarrow{RX} R_2NH_2 \xrightarrow{RX} R_3N \xrightarrow{RX} R_4N^+X^-$$

伯胺　　　　仲胺　　　　叔胺　　　　季铵盐

伯胺虽然可以用卤代烃和过量的氨反应制得,但容易得到伯胺、仲胺、叔胺和季铵盐的混合物。用邻苯二甲酰亚胺钾与卤代烃发生 S_N2 反应,生成 $N-$ 烃基邻苯二甲酰亚胺,后者在酸或碱存在下水解,即可得到伯胺,称为盖布瑞尔(S. Gabries)伯胺合成法,这种方法制备伯胺的产率和纯度都很高。

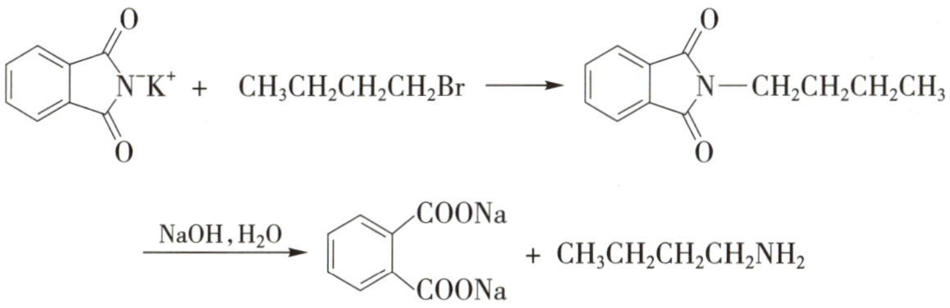

（三）酰化反应

伯胺、仲胺与氨一样，能与酰卤、酸酐等酰基化试剂进行酰基化反应，氨基上的氢原子被酰基取代，生成酰胺。而叔胺的氮原子上没有氢原子，不能生成酰胺。例如：

$$(CH_3CO)_2O + C_6H_5NH_2 \longrightarrow CH_3CONHC_6H_5 + CH_3COOH$$

$$(CH_3CH_2)_2NH + C_6H_5COCl \longrightarrow C_6H_5CON(CH_2CH_3)_2 + HCl$$

酰胺在酸或碱的催化下，发生水解反应而释放出原来的胺，所以酰基化反应可在合成中用来保护氨基。例如，在苯胺的硝化反应中，将氨基酰化保护，既可避免苯胺被硝酸氧化，又可适当降低苯环的反应活性，可制备一硝化产物：

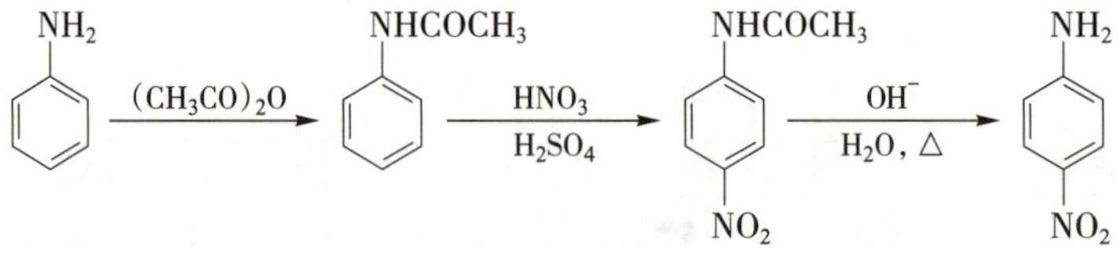

伯胺或仲胺氮原子上的氢原子也可以被磺酰基取代，生成磺酰胺。常用的磺酰化试剂是苯磺酰氯（C_6H_5—SO_2Cl）或对甲基苯磺酰氯（p-CH_3—C_6H_5—SO_2Cl），反应需在碱性溶液中进行。伯胺磺酰化产物的氮原子上还有一个氢原子，由于磺酰基极强的吸电子诱导效应，使得这个氢原子显酸性，能与反应体系中的氢氧化钠生成盐而使磺酰胺溶于碱液中。仲胺生成的磺酰胺，氮原子上没有氢原子，所以不与氢氧化钠成盐，不溶于碱液中，呈固体析出。叔胺的氮原子上没有可被磺酰基置换的氢，故与苯磺酰氯不起反应。伯胺、仲胺和叔胺与苯磺酰氯的碱溶液反应的现象不同，据此可以对它们进行鉴别，称为兴斯堡反应（Hinsberg reaction）。

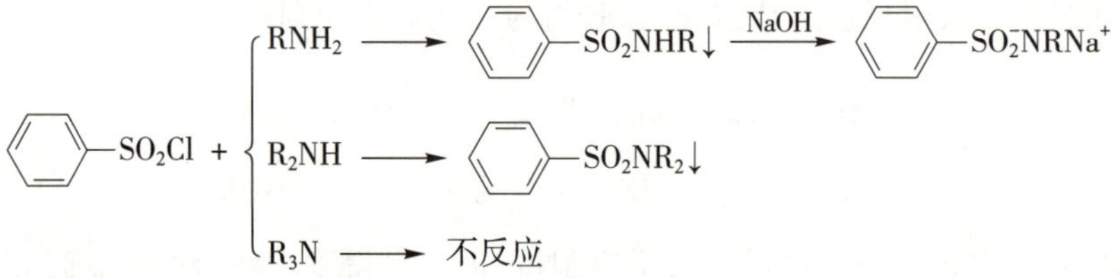

磺酰胺水解得到原来的胺，但其水解速率一般比酰胺慢得多。

（四）与亚硝酸的反应

不同的胺与亚硝酸的反应情况不同。由于亚硝酸不稳定，反应中一般用亚硝酸钠和盐酸或硫酸反应制得。

1. 伯胺与亚硝酸的反应

脂肪族伯胺与亚硝酸作用生成脂肪族重氮盐，由于重氮盐不稳定，即使在低温下的酸性溶液中也立即分解生成碳正离子，同时定量放出氮气，所以可定量测定伯胺中的氨基。碳正离子发生一系列反应生成醇、烯烃、卤代烷等复杂产物。因此，脂肪族伯胺与亚硝酸的反应没有制备价值。

$$RNH_2 + HNO_2 \longrightarrow R\overset{+}{-}N\equiv NCl^- \longrightarrow R^+ + Cl^- + N_2\uparrow$$
$$\qquad\qquad\qquad\qquad\qquad\qquad\quad\longrightarrow 醇 + 烯 + 卤代烃$$

　　芳香族伯胺在低温下与亚硝酸反应生成芳香族重氮盐,该重氮盐较稳定,是重要的有机合成中间体。

　　2. 仲胺与亚硝酸的反应

　　脂肪族仲胺和芳香族仲胺与 HNO_2 作用,都得到 $N-$ 亚硝基胺:

$$R_2NH + HNO_2 \longrightarrow R_2N\!-\!NO$$

　　$N-$ 亚硝基胺都是黄色油状物或固体,具有强烈致癌作用。腌制食品及罐头中常有少量亚硝酸盐或外加用作防腐剂的亚硝酸盐在胃酸的作用下产生亚硝酸,可能引起机体内某些胺类化合物亚硝化产生致癌的亚硝胺。

　　3. 叔胺的反应

　　脂肪族叔胺的氮原子上没有氢原子,只能与 HNO_2 作用生成亚硝酸盐。这是一个不稳定的盐,若以强碱处理则重新游离出叔胺。芳香族叔胺与 HNO_2 反应,可以在芳环上导入亚硝基:

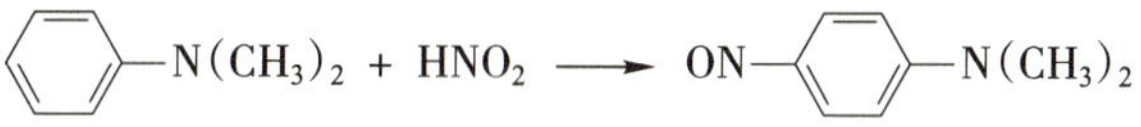

（五）芳香族胺的亲电取代反应

　　1. 卤代

　　芳香族伯胺分子中的氨基使芳环高度活化,发生氯化和溴化反应时,迅速生成多氯和多溴化物,反应很难停留在一氯化或一溴化的阶段。例如:

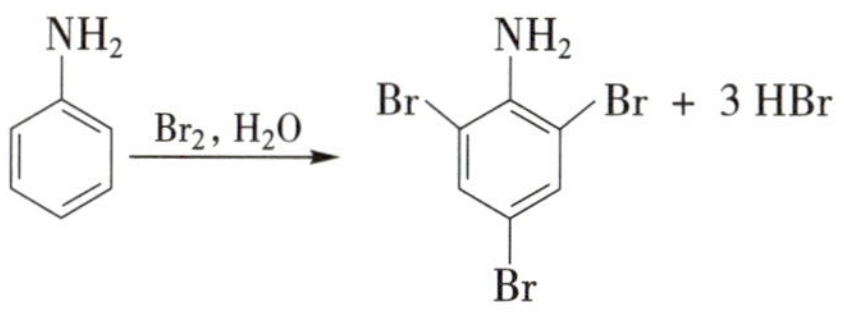

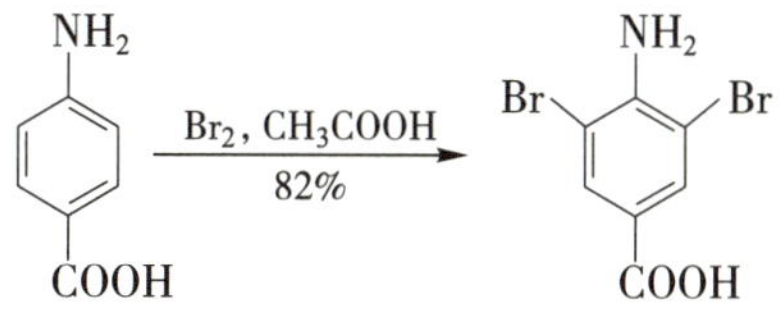

　　若将氨基乙酰化,降低氨基的给电子能力,然后卤代,反应可以停留在一卤代阶段,去除乙酰基后可得到一卤代芳胺。例如:

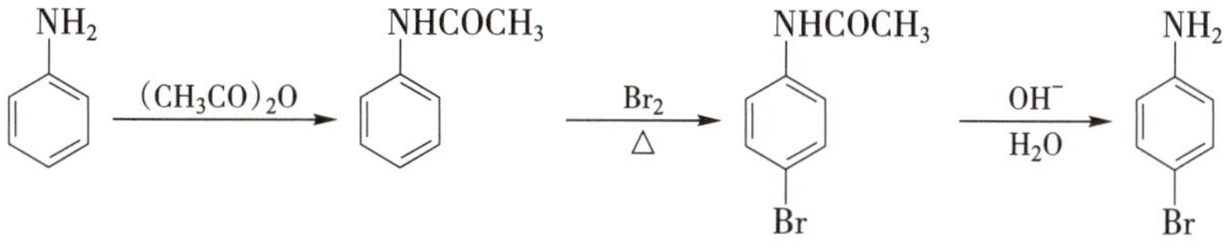

若氨基对位上已经有取代基,则生成邻位取代产物。例如:

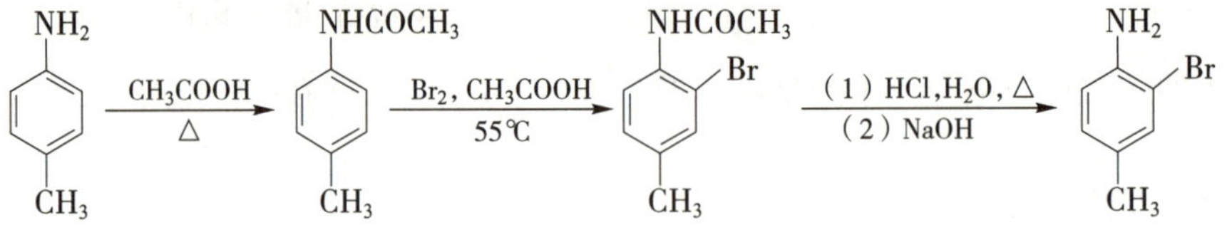

2. 硝化

硝酸是较强的氧化剂,芳香族伯胺直接用硝酸硝化往往伴随较多的氧化反应产物,因而不能直接用硝酸硝化。氨基用酰基保护后,硝化可以顺利进行。通过控制反应条件可以得到邻位和对位取代的产物。例如,从苯胺制取邻(对)硝基苯胺,可以经过如下过程:

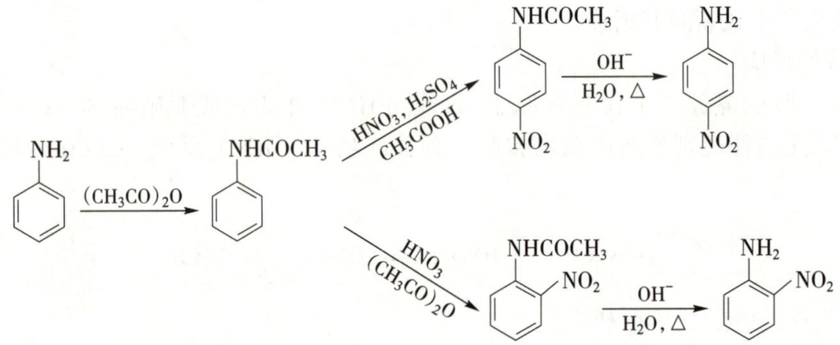

若将苯胺先溶于硫酸中生成硫酸盐,由于形成的—NH_3^+是致钝的间位定位基,硝化会得到间位产物。

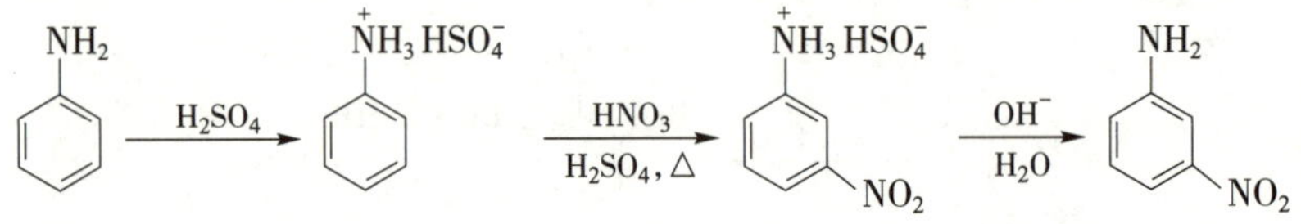

3. 磺化

苯胺与浓硫酸反应先生成硫酸盐,然后在 180 ~ 190℃烘焙,可以经重排得到对氨基苯磺酸。

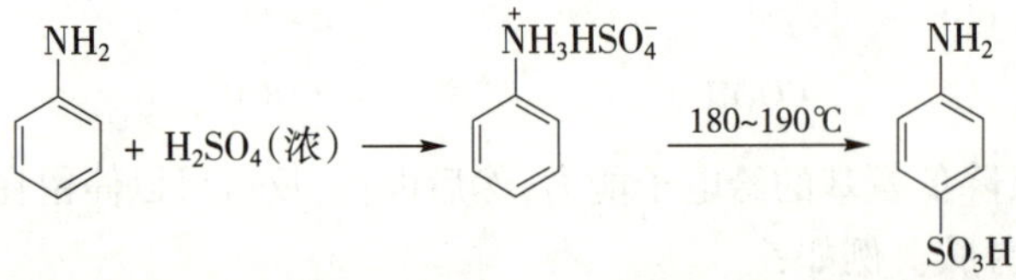

4. 傅瑞德尔 - 克拉夫茨酰基化反应

芳香族伯胺中和仲胺的氮原子上还有氢原子,要使酰基化反应在芳环上发生,必须先将氨基进行保护,芳环上酰基化后再除去保护基。芳香族叔胺可以直接进行酰基化反应。例如:

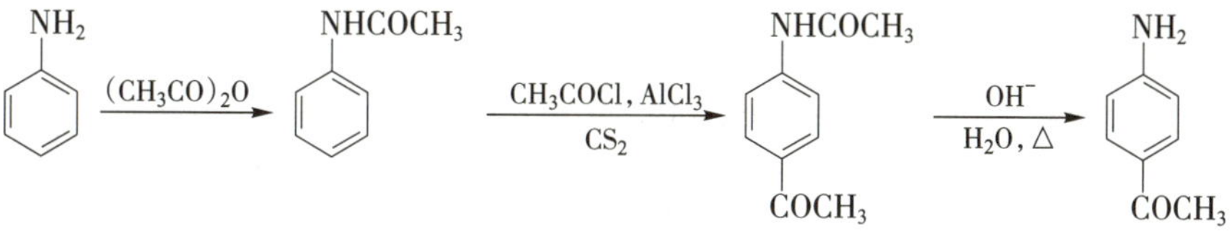

（六）芳香族重氮盐的反应

芳香族伯胺在低温和酸性条件下与亚硝酸反应,生成芳香族重氮盐,由于苯环的共轭稳定作用,低温(一般低于5℃)强酸性介质中可以稳定存在。干燥的重氮盐遇热或撞击容易爆炸,所以一般不把重氮盐分离出来,而在溶液中直接进行下一步反应。

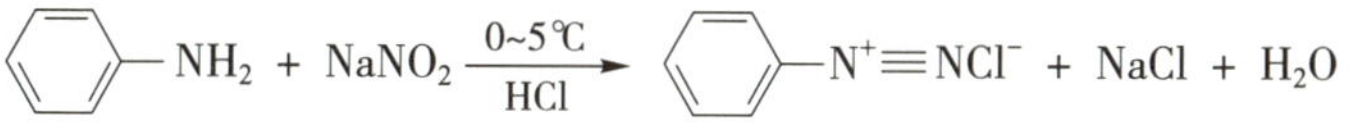

重氮盐是很活泼的化合物,重氮基可以在一定条件下发生取代反应,被—H、—OH、—X、—CN 等取代,还可以与一些富电子芳环发生偶联反应生成偶氮化合物。

1. 重氮基的取代反应

（1）被卤素和氰基取代　重氮盐酸盐在氯化亚铜的盐酸溶液中反应得到重氮基被氯取代的产物,放出氮气。重氮氢溴酸盐在溴化亚铜的氢溴酸溶液中反应,重氮基被溴取代并放出氮气。重氮盐与氰化亚铜反应,重氮基被氰基取代。利用芳香族重氮盐在亚铜离子的催化下生成卤代苯和苯甲腈的反应也称为桑德迈尔反应（Sandmeyer reaction）。

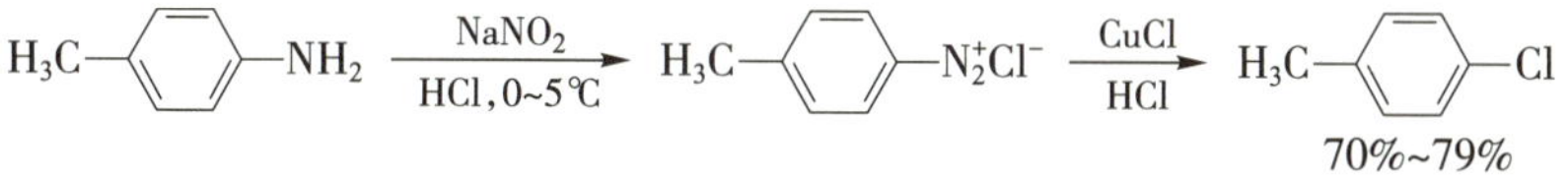

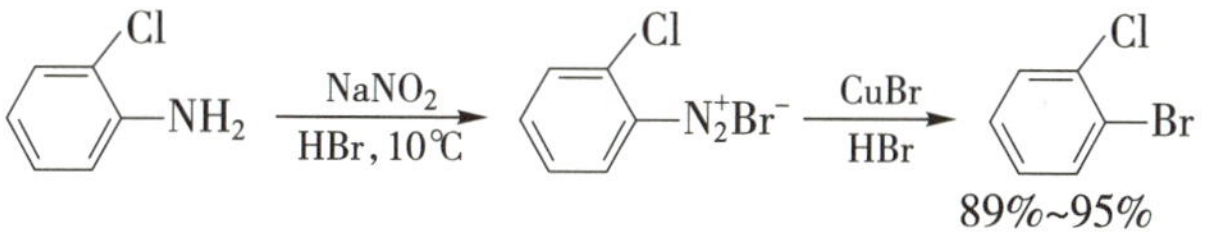

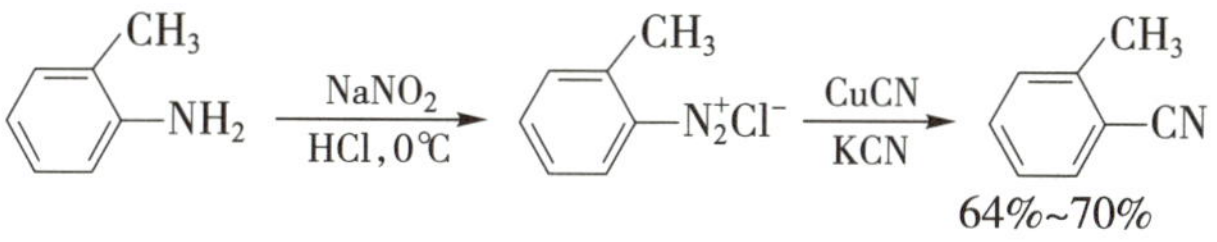

重氮基比较容易被碘取代,直接加热重氮盐的碘化钾溶液,即可生成相应的碘代产物。

（2）被羟基取代　将重氮盐的酸性水溶液加热即发生水解,放出氮气,生成酚。该反应一般用重氮硫酸盐在40% ~ 50%的强酸性条件下进行,这样可以避免生成的酚与未反应的重氮盐发生偶联。并且硫酸根负离子的亲核性较弱,不易生成副产物硫酸苯酯。

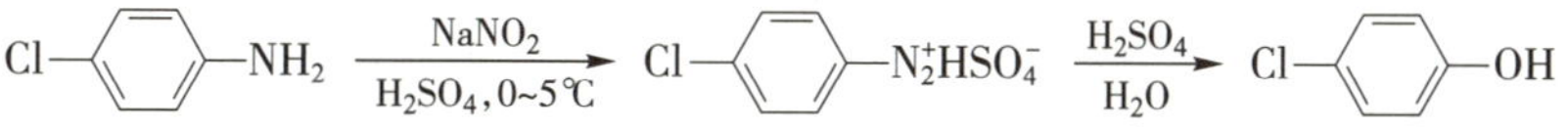

【知识背景】桑德迈尔与桑德迈尔反应

特拉格特·桑德迈尔（T. Sandmeyer, 1854—1922），瑞士化学家。他发现了重氮官能团在亚铜盐的催化下被卤素或氰基所取代的反应。

桑德迈尔出生于瑞士西部，最初努力学习想要成为机械师。但是在他的朋友古斯塔夫·施密特（J. Gustav Schmidt）的影响下，桑德迈尔对化学产生了浓厚的兴趣。1882 年，桑德迈尔被维克多·迈耶（Viktor Meyer）聘为苏黎世工业大学（Eidgenössische Technische Hochschule Zürich）的化学讲师，并和迈耶合作成功合成了噻吩。1884 年，桑德迈尔在用乙炔铜和苯胺的重氮盐合成苯乙炔时，得到的主产物却是氯苯。经过仔细研究，桑德迈尔发现反应中产生的 CuCl 催化使重氮基被氯取代。随后，桑德迈尔发现用 CuBr 和 CuCN 也能得到相应的溴苯和苯甲腈，因此人们把这一类反应称为桑德迈尔反应。1888 年，桑德迈尔与拥有化工厂的约翰·鲁道夫·嘉基 – 梅里安（Johann Rudolf Geigy-Merian）开始在化工领域工作。这段时间，桑德迈尔参与开发了几种染料，发明了一种新的合成靛蓝。他还开展过靛红的合成工作。

（3）被氢取代　在次磷酸、乙醇或甲醛氢氧化钠溶液等弱还原剂作用下，重氮基可被氢取代，生成芳烃。此反应在有机合成中也很重要。重氮基的引入通常经过在芳环首先引入间位定位的硝基，硝基经还原为邻对位定位基的氨基，再重氮化得到。这一反应弥补了当需要硝基或氨基作定位基引入需要的基团后需要除去的问题。例如，以苯为原料制备 1, 3, 5- 三溴苯反应设计如下：

【案例 11-2】以甲苯为原料合成间溴甲苯

通过重氮化反应，可将芳香氨基转化成芳香重氮盐，而芳香重氮盐可在一定条件下放氮而被氢原子取代。因此，可以考虑借用氨基的定位功能，将溴引入苯环的特定位置，然后再将氨基除去。

问题：设计以甲苯为原料合成间溴甲苯的路线，并写出设计思路。

分析 甲苯中,甲基为邻对位定位基,直接溴代无法得到间溴甲苯,所以必须在苯环上引入另外一个定位基团,使溴原子进入甲基的间位,并且该基团在溴代反应完成后,必须能够除去。如果在甲基对位引入一个活性基团,定位效应大于甲基,这样溴原子就可以进入甲基的间位,然后再除去该基团,就可以得到目标产物。氨基是一个活性很高的邻对位定位基,可能会在其邻位引入两个溴原子,所以考虑降低其活性后再引入溴原子,最后将氨基脱去。

解答

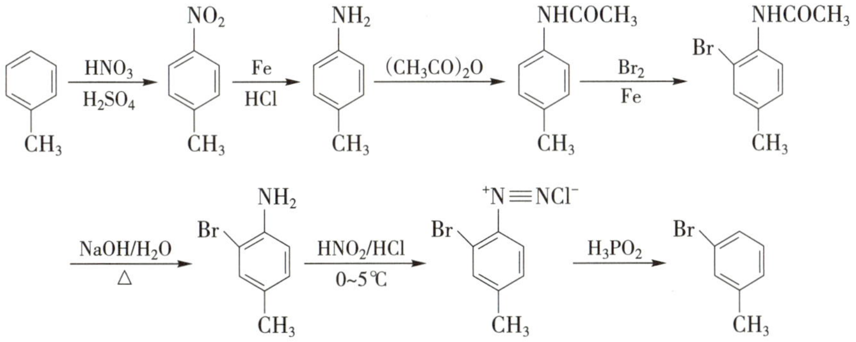

2. 重氮盐偶联的反应

在适当条件下,重氮盐与芳环上富电子的芳胺或酚类作用,生成偶氮(—N=N—)化合物的反应称为偶联反应。例如,在弱碱性条件下(pH=8 ~ 10)与苯酚发生偶联反应得到对羟基偶氮苯。在弱酸性条件下(pH=5 ~ 7)与 N, N– 二甲基苯胺发生偶联反应。偶联主要发生在对位,当对位被占据时,偶联反应发生在邻位。

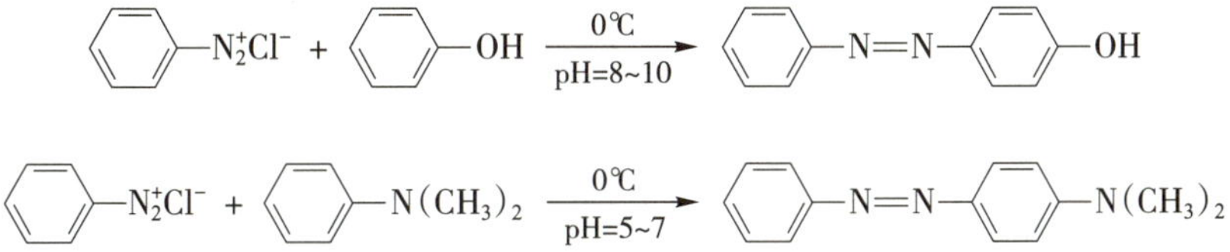

偶氮化合物通常具有鲜明的颜色,其中许多可以作染料,称为偶氮染料。当今世界上偶氮染料用量约占合成染料的三分之二。偶氮染料中除偶氮基团外,还有一些吸电子或给电子基团,它们本身不发色,但可以使染料染色发生不同程度的改性,如增加水溶性便于染色。这些基团包括羟基、磺酸基和羧基等,称为助色团。有些染料可以作生物切片的染色剂或酸碱指示剂。例如,指示剂甲基橙就是一种偶氮化合物,它是由对氨基苯磺酸重氮化后,再与 N, N– 二甲基苯胺对位发生偶合而制的。当溶液的 pH<3.1 时为红色,pH>4.4 时为黄色。

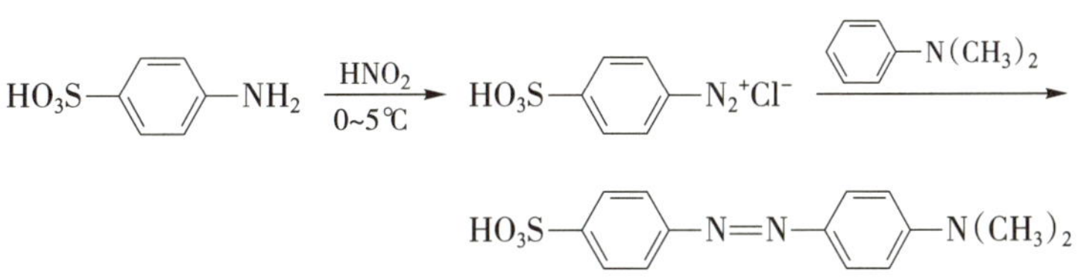

（甲基橙）

【思考题 11-5】重氮盐为什么不能与苯或甲苯发生偶联反应?

第十一章
思考题答案

四、重要的胺类化合物

在自然界中存在许多简单和复杂的胺,在实验室中还合成了其他具有生物活性的胺。表 11-7 列出了一些重要的具有生物活性的胺类化合物的来源、性质和用途

表 11-7 一些重要的胺类化合物的来源、性质和用途

名称	结构式	来源与特性	活性及用途
苯胺	⬡—NH₂	从煤焦油中提取,或硝基苯还原;油状液体微溶于水,易溶于有机溶剂	重要的有机合成原料,用于制备染料、药物、树脂
多巴胺	HO—⬡—CH₂CH₂NH₂ (HO)	酪氨酸经过多个生理作用生成多巴胺。白色结晶。在水中易溶,在无水乙醇中微溶,不溶于有机溶剂	大脑中含量最丰富的儿茶酚胺类神经递质,也是肾上腺素及去甲肾上腺素的前体。多巴胺对运动控制起重要作用,多巴胺系统在学习记忆中发挥作用,缺少多巴胺是中老年人患有帕金森综合征的原因之一
肾上腺素	HO—⬡—CH(OH)(H)—CH₂NHCH₃ (HO)	肾上腺髓质的主要激素,以 R 异构体在动物及人体中存在。白色粉末状结晶;易溶于酸碱,在中性或碱性溶液中迅速氧化	对交感神经有兴奋作用,有加速心脏跳动、收缩血管、增高血压、放大瞳孔等功能
胆碱	$[H_3C-N^+(CH_3)(CH_3)-CH_2CH_2-OH]^+ OH^-$	广泛分布于动植物体内,最初从胆汁中发现,故名胆碱;无色吸湿性强的晶体,易溶于水、乙醇,不溶于有机溶剂	调节脂肪代谢;酰化后的产物乙酰胆碱是动物体内重要的神经递质,参与突触间及突触与肌肉间的信号传递
矮壮素	$[H_3C-N^+(CH_3)(CH_3)-CH_2CH_2-Cl]^+ Cl^-$	由三甲胺等原料化学合成;白色结晶,易溶于水,不溶于有机溶剂	优良的植物生长调节剂,通过抑制作物细胞伸长,能使植株变矮,秆茎变粗,叶色变绿,增强作物的耐旱性和耐涝性,使作物抗倒伏、抗盐碱

【知识延伸】从染料到药物的华丽转身

磺胺类药是现代医学中常用的一类抗菌消炎药,其品种很多,是一个庞大的"家族"。可是,最早的磺胺却是一种偶氮染料。在磺胺类药问世之前,西医对于炎症,尤其是对流行性脑脊髓膜炎、肺炎和败血症等,都因无特效药而感到非常棘手。

1932年,德国化学家合成了一种名为"百浪多息"的红色染料,曾被用于治疗丹毒等疾患。然而,它在试管内却无明显的杀菌作用,因此当时没有引起医学界的重视。德国生物化学家杜马克(G.Domagk,1895—1964)在试验过程中发现,"百浪多息"对于感染溶血性链球菌的小白鼠具有很高的疗效。后来,他又用兔、狗进行试验,都获得成功。这时,他的女儿得了链球菌败血症,奄奄一息,他在焦急不安中,决定使用"百浪多息",结果女儿得救了。

令人奇怪的是"百浪多息"只有在体内才能杀死链球菌,而在试管内则不能。法国巴斯德研究院的特雷富埃尔和他的同事断定,"百浪多息"一定是在体内变成了对细菌有效的另一种物质。于是他们着手对"百浪多息"的代谢产物进行分析,分离出了"磺胺"。从此,磺胺的名字很快在医疗界广泛传播开来,随之科学界展开了对磺胺的研究热潮。1937年制出"磺胺吡啶",1939年制出"磺胺噻唑",1941年又制出了"磺胺嘧啶"……这样,医生就可以在一个"人丁兴旺"的"磺胺家族"中挑选适用于治疗各种感染的药物了。

1939年,杜马克获得诺贝尔生理学或医学奖。磺胺药具有抗菌谱广、可以口服、吸收较迅速、较为稳定等优点,有的药物如磺胺嘧啶还能通过血脑屏障渗入脑脊液。磺胺药单独应用,微生物易产生耐药性,甲氧苄啶的出现,加强了磺胺药的抗菌作用,使磺胺药的应用更为普遍。

如今磺胺类药物使用逐渐减少,一方面因为更高效、毒副作用更小的青霉素类药物的涌现,另一方面磺胺类药物抗性越来越严重造成。

【知识连接】

1. 含氮化合物碱性比较

$$
\text{含氮化合物碱性比较}
\begin{cases}
(1)\ \text{季铵碱>脂肪族胺>氨>芳香族胺} \\
\\
(2)\ \text{仲胺>伯胺>叔胺(脂肪族胺在水溶液中)}
\end{cases}
\left.\begin{array}{l}\text{电子效应}\\\text{空间效应}\\\text{溶剂效应}\end{array}\right.
$$

2. 胺的烷基化、酰基化反应

$$
\underset{\text{伯胺}}{RNH_2} \xrightarrow{RX} \underset{\text{仲胺}}{R_2NH} \xrightarrow{RX} \underset{\text{叔胺}}{R_3N} \xrightarrow{RX} \underset{\text{季铵盐}}{R_4N^+X^-} \quad \text{卤代烷的胺解(亲核取代)}
$$

$$
\left.\begin{array}{l}
RCOCl + R'NH_2 \longrightarrow R'NHCOR + HCl \\
RCOCl + R'_2NH \longrightarrow R'_2NCOR + HCl \\
RCOCl + R_3N \longrightarrow \text{不反应}
\end{array}\right\} \text{羧酸衍生物的胺解(加成-消除)}
$$

含苯磺酰氯反应：

- 与 RNH_2 反应生成 苯-SO_2NHR ↓，经 NaOH 生成 苯-$SO_2\bar{N}RNa^+$
- 与 R_2NH 反应生成 苯-SO_2NR_2 ↓
- 与 R_3N 反应 不反应

用于鉴别伯、仲、叔胺

3. 重氮化反应及应用

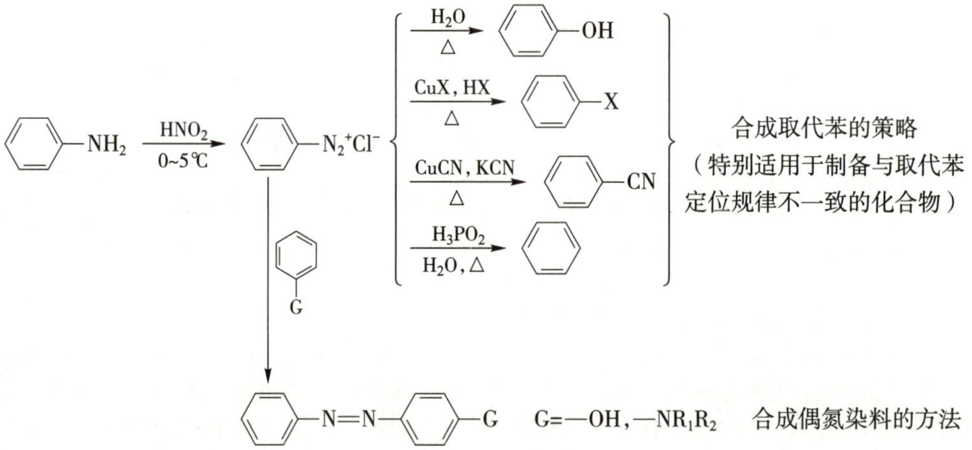

合成取代苯的策略
（特别适用于制备与取代苯
定位规律不一致的化合物）

合成偶氮染料的方法

G=—OH，—NR$_1$R$_2$

【英汉词汇】

胺　amine

伯胺　primary amine

仲胺　secondary amine

叔胺　tertiary amine

季铵盐　quaternary ammonium salts

芳香族胺　aromatic amine

氨基　amino

重氮盐　diazonium salt

偶氮化合物　azo compound

偶联反应　coupling reaction

【参考文献】

［1］Hodgson H H. The Sandmeyer Reaction［J］. Chem. Rev., 1947, 40, 251–277.

［2］Luzzio F A. The Henry Reaction: Recent Examples［J］. Tetrahedron, 2001, 57, 915–945.

［3］Babu S S, Muthuraja P, Yadav P, et al. Aryldiazonium Salts in Photoredox Catalysis – Recent Trends［J］. Adv. Synth. Catal., 2021, 363, 1782–1809.

［4］Sheng M, Frurip D, Gorman D. Reactive Chemical Hazards of Diazonium Salts［J］. J. Loss Prv. Process Ind., 2015, 38, 114–118.

［5］陈应春. 不对称胺催化新进展［J］. 第三军医大学学报, 2013, 35(17): 1773–1778.

［6］赖波, 廉雨, 庞翠翠, 等. 典型的偶氮与非偶氮染料的荧光特征［J］. 光学学报, 2011, 31(05): 257–261.

【习题】

1. 命名下列化合物。

（1）

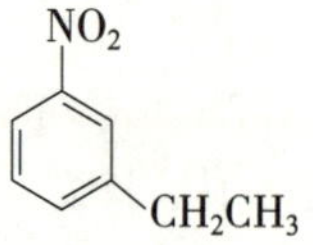

（2）C$_2$H$_5$—N(CH$_3$)—CH(CH$_3$)$_2$

（3）CH$_3$CHCH$_2$CH$_2$CH$_3$
　　　　|
　　　NHCH$_3$

（4）$\underset{}{\overset{}{}}$ 苯基 $N\!\!<\!\!\overset{CH_3}{\underset{C_2H_5}{}}$　　　　（5）$(CH_3)_3N^+(C_2H_5)OH^-$　　　　（6）$H_3C\!-\!\!\!\!\!\!\!\!\!\!\!\!\!\!-\!N_2^+Br^-$

2. 比较下列各组化合物的碱性,按照由强到弱分别排序。

（1）NH_3　　　CH_3NH_2　　　$C_6H_5NH_2$　　　$(C_2H_5)_4N^+OH^-$

（2）$\overset{}{}\!-\!NH_2$　　　$H_3CO\!-\!\!\!\!\!\!\!\!\!\!-\!NH_2$　　　$O_2N\!-\!\!\!\!\!\!\!\!\!\!-\!NH_2$　　　$Cl\!-\!\!\!\!\!\!\!\!\!\!-\!NH_2$

（3）NH_3　　　$\overset{}{}\!-\!NH_2$　　　$\overset{}{}\!-\!NH_2$　　　$\overset{}{}\!-\!NH\!-\!\overset{}{}$

（4）$\underset{Cl}{\overset{NH_2}{}}$　　　$\underset{}{\overset{NH_2}{}}NO_2$　　　$\underset{OCH_3}{\overset{NH_2}{}}$　　　$\underset{}{\overset{NH_2}{}}CH_3$

3. 完成下列反应:

（1）$\overset{}{}\!-\!CHO\ +\ CH_3NO_2\ \xrightarrow{\ NaOH\ }$

（2）$O_2N\!-\!\!\!\!\!\!\!\!\!\!-\!Cl\ +\ CH_3CH_2ONa\ \longrightarrow$

（3）$Cl\!-\!\!\!\!\!\!\!\!\!\!-\!NO_2\ \xrightarrow[\ HCl\ ]{\ Zn\ }$

（4）$\overset{}{}\!-\!NHCH_3\ +\ CH_3CH_2COCl\ \longrightarrow$

（5）$\underset{NO_2}{\overset{NH_2}{}}\ \xrightarrow[\ (2)\ H_3PO_2\ ]{\ (1)\ NaNO_2,\ HCl\ }$

（6）$\underset{}{\overset{NH_2}{}}CH_3\ \xrightarrow[\ HCl,\ 0\sim5^{\circ}C\ ]{\ NaNO_2\ }\ ?\ \xrightarrow[\ KCN\ ]{\ CuCN\ }\ ?\ \xrightarrow[\ \triangle\ ]{\ H_3O^+\ }\ ?$

4. $N,N-$ 二甲基苯胺的碱性只略强于苯胺,而 $2,6-$ 二甲基 $-N,N-$ 二甲基苯胺的碱性却比 $2,6-$ 二甲基苯胺强得多,试给出合理的解释。

5. 用化学方法鉴别下列化合物:

　　A. $C_6H_5NH_2$　　　　　　　　B. $C_6H_5NHCH_3$　　　　　　　　C. $C_6H_5N(CH_3)_2$

6. 试写出 3 种及 3 种以上制备胺的方法。

7. 由指定原料合成化合物:

（1）由甲苯合成 $3,5-$ 二溴甲苯　　　　（2）由甲苯合成间硝基甲苯

（3）由甲苯合成对氰基苯甲酸　　　　（4）由苯合成 3,5– 二溴苯胺

（5）由苯合成间溴氯苯

8. 化合物 A 分子式为 $C_6H_{15}N$，能溶于稀盐酸，与亚硝酸反应在室温放出氮气得到化合物 B，B 能进行碘仿反应，B 与浓硫酸共热得到化合物 C（C_6H_{12}），C 能使高锰酸钾溶液褪色，而且反应后得到乙酸和 2– 甲基丙酸。试推测 A 的结构，并用反应式说明推断过程。

9. 推测下列反应的合理反应机理：

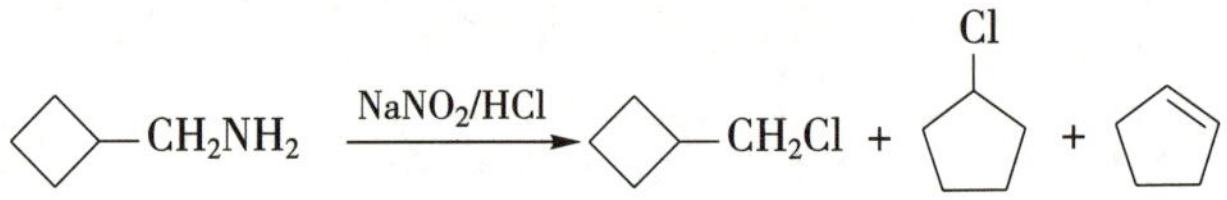

扫一扫,获取本章习题答案

第十一章　习题答案

第十二章　含硫和含磷有机化合物

【导言】

　　硫和磷是组成生物体内有机化合物的常见元素,很多生物化学反应都同含硫和含磷有机化合物有密切的关系。含磷有机物是指含碳—磷键的化合物或含有机基团的磷酸衍生物。含磷有机物在核酸、辅酶、有机磷神经毒气、有机磷杀虫剂、有机磷杀菌剂、有机磷除草剂、化学治疗剂、增塑剂、抗氧化剂、表面活性剂、络合剂、有机磷萃取剂、浮选剂和阻燃剂等方面被广泛应用。硫和碳直接相连的化合物被称为有机硫化物,可用于药物的合成,如常见的青霉素、磺胺药、头孢等,这些化合物对解除病痛、挽救生命起着重大作用。有些也可以用于农业中的杀虫剂和杀菌剂等。敌百虫(结构式见下)是一类重要的杀虫剂,可用于防治多种作物的双翅目、鳞翅目、鞘翅目和半翅目害虫,以及苍蝇、蟑螂、臭虫等家居害虫。

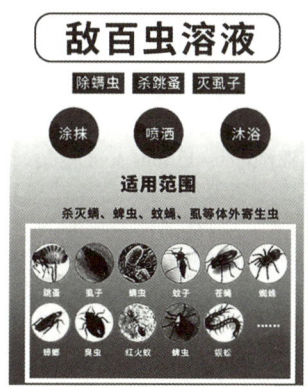

　　本章主要讨论含硫、磷的有机化合物的结构、分类、命名与性质,以及重要的含硫、含磷有机化合物的结构特点与应用价值。

第一节　含硫有机化合物

一、含硫有机化合物的结构、分类和命名

(一)结构和分类

　　硫和氧位于元素周期表的第 VIA 族,其外层价电子构型均为 s^2p^4,它们都能形成二价的化合物。另外,由于硫位于第三周期,价电子层距离原子核较远,受原子核的引力较小,所以硫的电负性比氧小;而硫最外电子层还有 3d 空轨道,该轨道与 3s、3p 轨道的能量相近,3s 或 3p 电子受激发后可以进入 3d 轨道,使硫原子形成四价或六价的高价化合物。因此,含硫有机化合

物一般分为两大类,一类是二价含硫有机化合物,另一类是高价含硫有机化合物。

二价含硫有机化合物相当于含氧有机化合物的氧被硫取代,形成对应的含硫有机化合物。另外,硫代羧酸还有一系列相应的衍生物,如硫代羧酸酯、硫代羧酸酰胺等。如果羧酸分子中的两个氧原子均被硫原子取代,则得到二硫代酸。

高价含硫有机化合物包括四价与六价含硫有机化合物。四价含硫有机化合物可以看作是亚硫酸的衍生物,主要有亚磺酸及其衍生物和亚砜;六价含硫有机化合物可以看作是硫酸的衍生物,主要有磺酸及其衍生物和砜;

含硫有机化合物的分类

二价硫化合物
　R—SH　硫醇(thiol)　　　　Ar—SH　硫酚(thiophenol)
　R—S—R'　硫醚(sulfide)　R—S—S—R'　二硫化物(disulfide)

$$R-\overset{\overset{S}{\|}}{C}-R'(H)$$ 硫酮/醛(thione/ thioaldehyde)

$$R-\overset{\overset{O}{\|}}{C}-SH \rightleftharpoons R-\overset{\overset{S}{\|}}{C}-OH$$ 硫代羧酸(thiocarboxylic acid)

$$R-\overset{\overset{S}{\|}}{C}-SH$$ 二硫代酸(dithiocarboxylic acid)

四价硫化合物　$$R-\overset{\overset{O}{\|}}{S}-OH$$ 亚磺酸(sulfurous acid)　$$R-\overset{\overset{O}{\|}}{S}-R$$ 亚砜(sulfoxide)

六价硫化合物　$$R-\overset{\overset{O}{\|}}{\underset{\underset{O}{\|}}{S}}-OH$$ 磺酸(sulfonic acid)　$$R-\overset{\overset{O}{\|}}{\underset{\underset{O}{\|}}{S}}-R$$ 砜(sulfone)

(二)命名

二价含硫有机化合物的命名与相应的含氧有机化合物类似,只需在母体名称前加一个硫字。例如:

$$H_3CH_2C - SH$$

〈苯环〉—SH

$$CH_3 - S - CH(CH_3)_2$$

乙硫醇　　　　　　　　　苯硫酚　　　　　　　　　异丙基甲基硫醚
ethanethiol　　　　　benzenethiol　　　　isopropyl(methyl)sulfane

对于复杂结构的含硫有机化合物命名,可以把—SH当作取代基,称为巯基(mercapto)。例如:

〈苯环〉COOH / SH

$$H_2C=CHCHCH_2COOH$$　（下为 SH）

$$H_2C-\overset{\overset{H}{\,}}{C}-CH_2$$　（下为 SH SH OH）

2-巯基苯甲酸　　　　　　3-巯基-戊-4-烯酸　　　　　2,3-二巯基丙-1-醇
2-mercaptobenzoic acid　3-mercaptopent-4-enoic acid　2,3-dimercaptopropan-1-ol

亚砜、砜和磺酸等含硫有机化合物命名,在它们的类名前加上相应的烃基名称。例如:

二甲亚砜
dimethyl sulfoxide

4-甲基苯磺酸
4-methylbenzenesulfonic acid

二甲砜
dimethyl sulfone

二、硫醇、硫酚和硫醚

(一)物理性质

低级硫醇有毒,具有极难闻的臭味。例如,正丙硫醇有类似新切碎的葱头发出的气味,烯丙硫醇气味和大蒜相近。乙硫醇在空气中的浓度达到 10^{-11} g·L^{-1} 时,即能被人察觉。因此,乙硫醇常用于监测燃气管道或化工管道的气密性。随着相对分子质量的增加,硫醇的臭味逐渐减弱。由于硫原子的电负性比氧原子小,而硫原子半径大于氧原子,S—H 键不能形成氢键,所以硫醇的沸点比相应的醇低得多。例如,乙醇的沸点为 78.4 ℃,而乙硫醇的沸点为 35.1 ℃。同时,硫醇在水中的溶解度也比相应的醇低得多,易溶于有机溶剂。低级硫醚为无色液体,也具有臭味,沸点较相应的醚高,不溶于水,而溶于大多数有机溶剂。表 12-1 列出了一些含硫有机化合物的物理常数。

表 12-1　一些含硫有机化合物的理化常数

化合物	英文名称	熔点 /℃	沸点 /℃	相对密度(d_4^{20})	pK_a
甲硫醇	methanethiol	−123	5.96	0.89(60℃)	10.70
乙硫醇	ethanethiol	−144	37.0	0.839	9.5
丙硫醇	1-propanethiol	−112	67.8	0.836(25℃)	—
丁硫醇	1-butanethiol	−116	97.8	0.837(25℃)	—
甲硫醚	dimethyl sulfide	−98.3	37.3	0.846(21℃)	—
乙硫醚	diethyl sulfide	−103.3	92.1	0.837	—
苯硫酚	benzenethiol	−14.9	169.5	1.074(25℃)	7.8

【思考题 12-1】为什么乙硫醇能够用于监测燃气管道的气密性?

(二)化学性质

1. 硫醇、硫酚的酸性

硫醇的酸性比相应的醇强得多。例如,乙醇的 pK_a 为 17,而乙硫醇的 pK_a 为 9.5。乙硫醇的酸性较强主要是由于硫的价电子在第三层,它与氢原子的 1s 轨道重叠程度较差,使 S—H

键易解离出氢离子。因此,硫醇能和氢氧化钠形成稳定的硫醇钠。

$$RSH + NaOH \longrightarrow RSNa + H_2O$$
硫醇钠

苯硫酚的酸性(pK_a=7.8)比苯酚的酸性(pK_a=10)强,它的酸解离常数与碳酸的第一解离常数(pK_{a1}=6.38)相近,所以硫酚可以溶于碳酸氢钠水溶液。

$$\langle\rangle\text{—SH} + NaHCO_3 \longrightarrow \langle\rangle\text{—SNa} + H_2O + CO_2\uparrow$$
苯硫酚钠

硫醇和硫酚都能同铅、汞、铜、银等重金属离子或其氧化物作用,生成沉淀或配合物。例如:

$$2\,RSH + HgO \longrightarrow (RS)_2Hg\downarrow + H_2O$$

硫醇汞(白色沉淀)

许多重金属盐能引起人畜中毒,主要是由于重金属离子能与有机体内的蛋白质或某些酶中的巯基结合,使蛋白质变性或使酶失去活性。硫醇能与重金属离子形成不易解离的无毒配合物由尿液排出体外,阻止它们与体内的酶结合,或在中毒初期夺取已与有机体内蛋白质或酶结合的重金属离子,生成稳定的配合物从尿液中排出体外,使酶恢复活性。因此,硫醇可用作某些重金属(Hg、Pb、As 等)的解毒剂。例如,2,3-二巯基丙-1-醇,又称为巴尔(BAL)或英国抗路易斯剂(British Anti-Lewiste),2,3-二巯基丙-1-醇与汞离子的反应式如下。

$$\begin{array}{ccc} CH_2CH\text{—}CH_2 \\ | \quad | \qquad | \\ OH \ SH \quad SH \end{array} + Hg^{2+} \longrightarrow \begin{array}{ccc} CH_2CH\text{—}CH_2 \\ | \quad | \qquad | \\ OH \ S \qquad S \\ \quad \backslash \ / \\ \quad Hg \end{array}$$

需要注意的是,汞中毒一般数周后才会表现出症状,此时中毒已较深。只有在中毒尚无症状前用药效果最好,用药晚时,往往已产生不可逆的损害。医学上常用的重金属解毒剂还有2,3-二巯基丙磺酸钠和2,3-二巯基丁二酸钠:

$$\begin{array}{ccc} H_2C\text{—}CH\text{—}CH_2 \\ | \qquad | \qquad | \\ SH \ \ SH \ \ SO_3Na \end{array} \qquad \begin{array}{ccc} NaOOC\text{—}CH\text{—}CH\text{—}COONa \\ | \qquad | \\ SH \quad SH \end{array}$$

2,3-二巯基丙磺酸钠　　　　2,3-二巯基丁二酸钠

2. 作为亲核试剂的反应

(1)硫醇、硫酚与卤代烷的反应　RS^- 的亲核性强于相应的 RO^-,因此硫醇、硫酚在碱性条件下,容易与卤代烃发生亲核取代反应生成硫醚,该反应是制备硫醚常用的方法。例如:

$$\left.\begin{array}{c} RSH \\ \langle\rangle\text{—SH} \end{array}\right\} + CH_3CH_2Br \xrightarrow{NaOH} \left\{\begin{array}{c} RSCH_2CH_3 \\ \langle\rangle\text{—SCH}_2CH_3 \end{array}\right.$$

（2）硫醚与卤代烃反应　硫醚具有较强的亲核性,可与卤代烃发生亲核取代反应生成卤化三烃基锍。常用的卤代烃有卤代羧酸酯、烯丙基卤及溴化苄等。例如:

$$CH_3SCH_3 + BrCH_2COOC_2H_5 \xrightarrow[25\,℃]{CH_3COCH_3} (CH_3)_2\overset{+}{S}CH_2COOC_2H_5Br^-$$

$$CH_3SCH_3 + ClCH_2CH=CH_2 \xrightarrow[室温]{H_2O} (CH_3)_2\overset{+}{S}CH_2CH=CH_2Cl^-$$

（3）硫醇与酰化试剂的反应　与醇相似,硫醇可与羧酸、酸酐或酰卤等酰基化试剂发生亲核加成 – 消除反应,生成羧酸硫醇酯。

$$\underset{}{R-\overset{\overset{\displaystyle O}{\|}}{C}-OH} + R'SH \longrightarrow R-\overset{\overset{\displaystyle O}{\|}}{C}-SR' + H_2O$$

乙酰辅酶 A 是生物体内存在的一类硫醇酯,其功能是使生物分子乙酰化,在糖类、脂肪和蛋白质代谢中具有重要的作用。乙酰辅酶 A 是由辅酶 A 在酶的催化下和乙酸作用生成的。

$$CH_3COOH + \underset{辅酶\ A}{HSCoA} \xrightarrow{酶} \underset{乙酰辅酶\ A}{CH_3\overset{\overset{\displaystyle O}{\|}}{C}-SCoA} + H_2O$$

3. 氧化反应

由于 S—H 键比 O—H 键更易断裂,使硫醇和硫酚比醇更容易被氧化,氧化反应发生在硫原子上。在碘、过氧化氢、空气中的氧等温和氧化剂作用下,硫醇和硫酚被氧化为二硫化物。

$$2\,RSH + I_2 \longrightarrow R-S-S-R + 2\,HI$$

二硫化物与过氧化物类似,但结构更加稳定。二硫化物可被温和的还原剂（如 $NaHSO_3$、Zn-HAc 等）还原为硫醇。S—S 键与巯基之间的氧化还原是生物体内十分重要的生理过程。例如,在酶的作用下,半胱氨酸与胱氨酸的互相转化。

$$2\,\underset{CH_2SH}{\overset{COOH}{\overset{|}{\underset{|}{HC-NH_2}}}} \underset{[H]}{\overset{[O]}{\rightleftharpoons}} \underset{H_2C-S-S-CH_2}{\overset{COOH\qquad COOH}{\overset{|\qquad\quad |}{HC-NH_2\ \ HC-NH_2}}}$$

半胱氨酸　　　　　　　　　胱氨酸

在过氧化氢的作用下,硫醚也可被氧化为亚砜或砜。例如,二甲硫醚可被过氧化氢氧化为二甲亚砜和二甲砜。

$$H_3C-S-CH_3 \xrightarrow{H_2O_2} H_3C-\overset{\overset{\displaystyle O}{\|}}{S}-CH_3 \xrightarrow{H_2O_2} H_3C-\overset{\overset{\displaystyle O}{\|}}{\underset{\underset{\displaystyle O}{\|}}{S}}-CH_3$$

二甲亚砜　　　　　　　　　二甲砜

二甲亚砜（dimethylsulfoxide, DMSO）为透明无色液体,沸点为 188 ℃,易溶于水。由于二甲亚砜极性较强,是一种优良的非质子极性溶剂,既能溶解有机化合物,也能溶解无机物。此外,二甲亚砜对皮肤具有较强的穿透能力,可作为透皮吸收药物的促渗剂。

三、磺酸

磺酸是一类重要的高价含硫有机化合物,可以看作硫酸分子中的一个羟基被烃基取代的衍生物,也可以看作烃分子中的氢被磺酸基取代的化合物。磺酸一般可分为脂肪族磺酸和芳香族磺酸,后者在有机合成研究和工业生产应用方面具有重要的价值,可由芳香族烃直接磺化制得。

(一)物理性质

磺酸是强酸性固体,不易挥发,吸湿性很强,易溶于水,难溶于极性小的有机溶剂。磺酸的 Ba、Ca、Pb 盐也溶于水,而相应的硫酸盐难溶于水。由于磺酸易溶于水,因此,在有机化合物分子中引入磺酸基,可增加其水溶性。

(二)化学性质

1. 酸性

芳香族磺酸可以与氢氧化钠生成相应的磺酸钠盐。例如:

$$\text{①}-SO_2OH + NaOH \longrightarrow \text{①}-SO_2ONa + H_2O$$

　　　苯磺酸　　　　　　　　　　　　苯磺酸钠

2. 羟基的取代反应

磺酸中的羟基与羧酸中的羟基类似,可被卤素取代生成磺酰卤。例如:

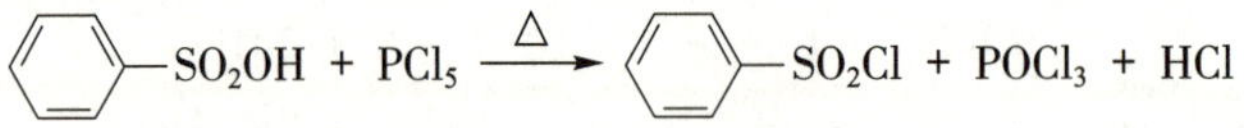

$$\text{①}-SO_2OH + PCl_5 \xrightarrow{\Delta} \text{①}-SO_2Cl + POCl_3 + HCl$$

　　　苯磺酸　　　　　　　　　　苯磺酰氯

磺酰卤化学性质很活泼,可与氨或胺反应生成磺酰胺(sulfanilamide),与醇反应生成磺酸酯。例如:

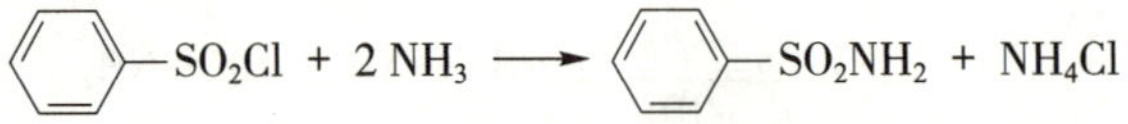

$$\text{①}-SO_2Cl + 2\,NH_3 \longrightarrow \text{①}-SO_2NH_2 + NH_4Cl$$

　　　　　　　　　　　　　　苯磺酰胺

$$\text{①}-SO_2Cl + C_2H_5OH \longrightarrow \text{①}-SO_2OC_2H_5 + HCl$$

　　　　　　　　　　　　　苯磺酸乙酯

3. 磺酸基的取代反应

磺酸基是一个很好的离去基团,可被—H,—OH,—CN,—SH,—NH₂ 等多种基团取代。例如,利用苯磺酸钠与氢氧化钠共熔是制备苯酚的经典方法。

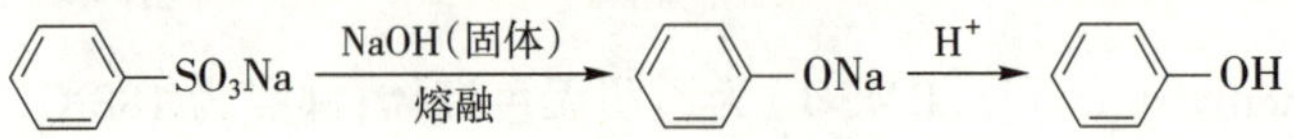

$$\text{①}-SO_3Na \xrightarrow[\text{熔融}]{NaOH(\text{固体})} \text{①}-ONa \xrightarrow{H^+} \text{①}-OH$$

【思考题12-2】完成下列反应：

（1）CH_3CH_2SH + 〔苯环〕—CH_2Br $\xrightarrow{NaOH}$

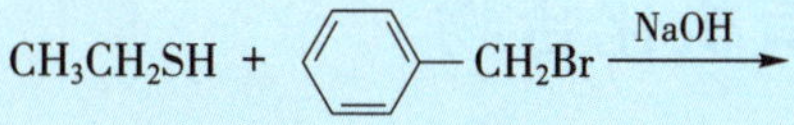

（2）〔苯环〕—SO_2Cl + $C_2H_5NH_2$ 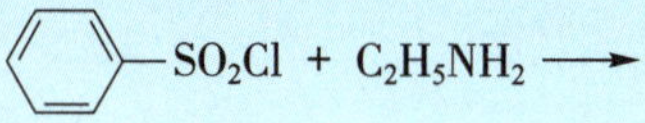 $\longrightarrow$

四、重要的含硫有机化合物

许多含硫有机化合物具有显著的生物活性，广泛应用于医药与农药领域。表12-2列出了一些含硫有机化合物的生物活性与用途。

表12-2　一些含硫有机化合物的生物活性与用途

化学名称	商品名称	结构式	生物活性与用途
4-氨基-N-（5-甲基-3-异噁唑-3-基）苯磺酰胺	新诺明 sulfamethoxazole	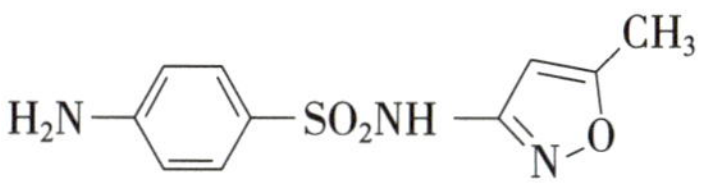 H_2N—〔苯环〕—SO_2NH—〔异噁唑环，CH_3〕	广谱抗生素，用于治疗各种炎症
N-胍基-4-氨基苯磺酰胺	磺胺胍 sulfaguanidine	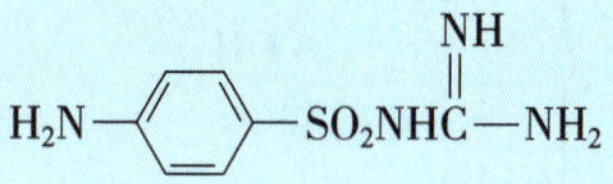 H_2N—〔苯环〕—SO_2NHC（$=NH$）—NH_2	抗生素，治疗肠炎与细菌性痢疾
4-氨基-N-嘧啶-2-基苯磺酰胺	磺胺嘧啶 sulfadiazine	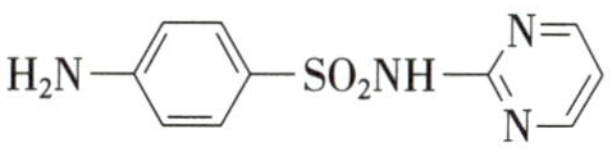 H_2N—〔苯环〕—SO_2NH—〔嘧啶环〕	抗生素，治疗脑膜炎与肺炎
5-（N,N-二甲氨基）-1,2,3-三噻烷	杀虫环 thiocyclam	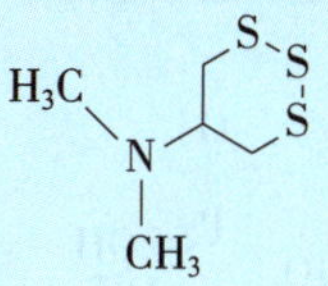 〔H_3C—N—CH_3，三噻烷环〕	具有触杀、胃毒作用的杀虫剂，用于防治马铃薯甲虫、玉米螟、水稻螟、甘蔗蔗螟、潜叶蛾等害虫
S,S'-[2-二甲氨基-1,3-亚丙基]二硫代苯磺酸酯	杀虫磺 bensultap	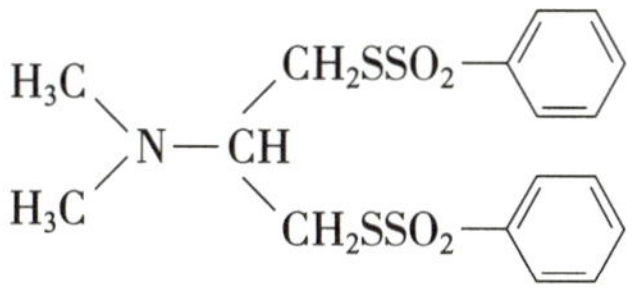 〔H_3C，H_3C—N—CH—CH_2SSO_2苯环、CH_2SSO_2苯环〕	具有触杀、胃毒作用的杀虫剂，用于防治水稻二化螟、小菜蛾、甜菜象甲、葡萄卷叶蛾等鳞翅目和鞘翅目害虫
四甲基秋兰姆二硫化物	福美双 thiram	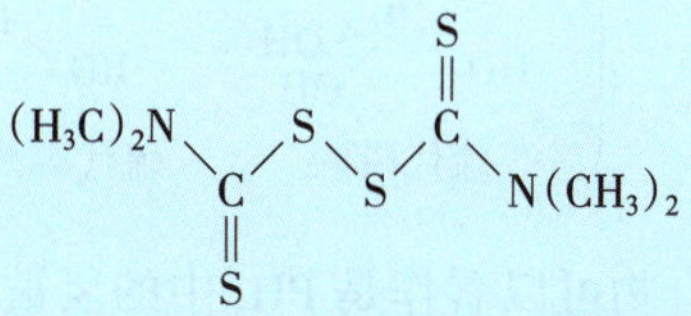 $(H_3C)_2N$—C（$=S$）—S—S—C（$=S$）—$N(CH_3)_2$	具有保护作用的杀菌剂，用于防治灰霉病菌、锈病、卷叶病等，也可用于处理土壤，防治腐霉属、镰孢属等病害

第二节　含磷有机化合物

一、含磷有机化合物的结构、分类和命名

（一）结构与分类

磷和氮在元素周期表中同属第 VA 族，外层价电子构型均为 s^2p^3，都能形成三价化合物。但是，由于磷位于第三周期，最外电子层还有 3d 空轨道，3s 或 3p 电子受激发后可以进入 3d 轨道，使磷原子形成五价化合物。因此，含磷有机化合物一般分为两大类，一类是三价含磷有机化合物，另一类是五价含磷有机化合物。

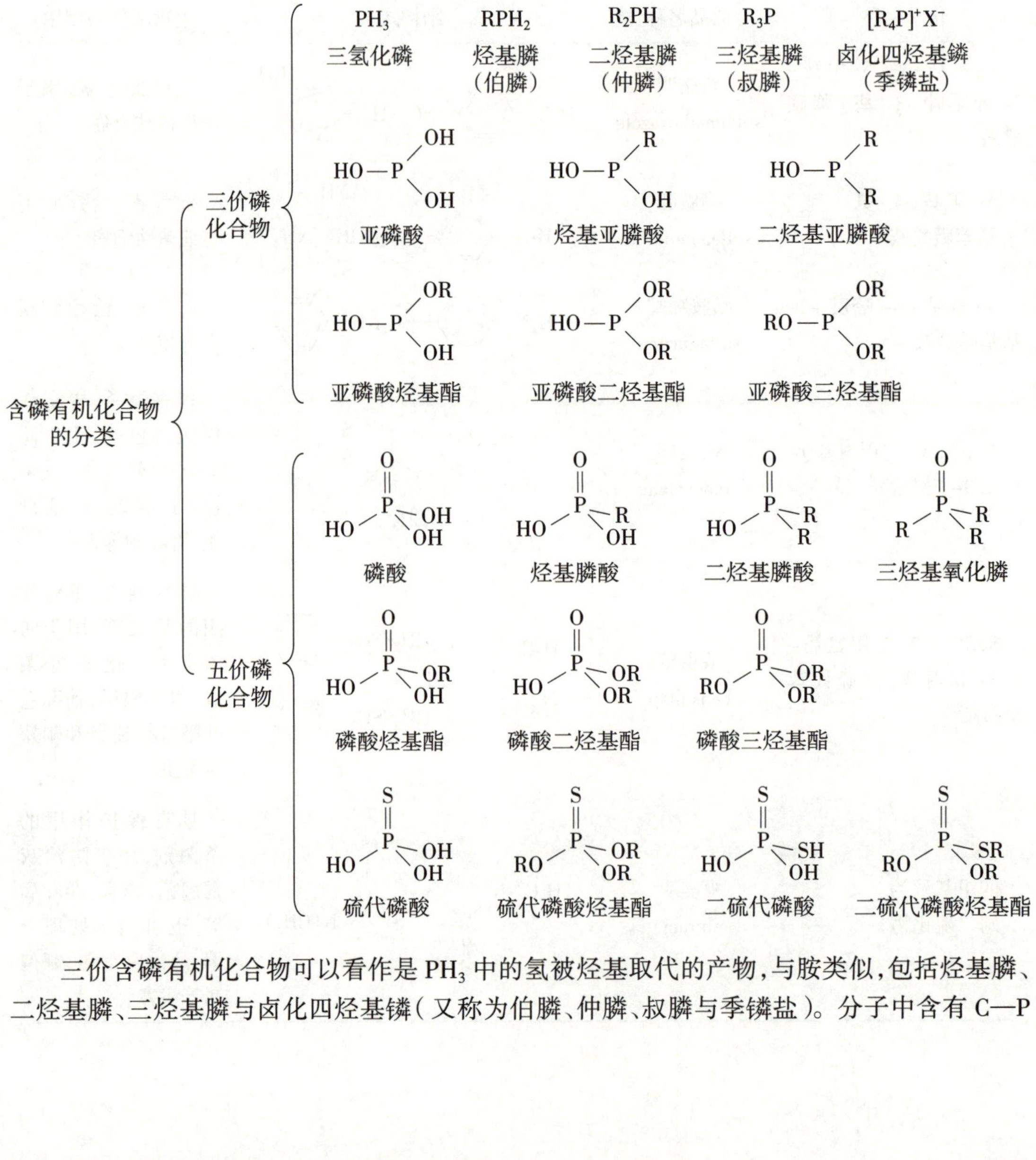

含磷有机化合物的分类

三价磷化合物：

PH_3	RPH_2	R_2PH	R_3P	$[R_4P]^+X^-$
三氢化磷	烃基膦（伯膦）	二烃基膦（仲膦）	三烃基膦（叔膦）	卤化四烃基鏻（季鏻盐）

亚磷酸　　烃基亚膦酸　　二烃基亚膦酸

亚磷酸烃基酯　　亚磷酸二烃基酯　　亚磷酸三烃基酯

五价磷化合物：

磷酸　　烃基膦酸　　二烃基膦酸　　三烃基氧化膦

磷酸烃基酯　　磷酸二烃基酯　　磷酸三烃基酯

硫代磷酸　　硫代磷酸烃基酯　　二硫代磷酸　　二硫代磷酸烃基酯

三价含磷有机化合物可以看作是 PH_3 中的氢被烃基取代的产物，与胺类似，包括烃基膦、二烃基膦、三烃基膦与卤化四烃基鏻（又称为伯膦、仲膦、叔膦与季鏻盐）。分子中含有 C—P

键的有机化合物称为膦（phosphine）。

烷基膦与胺相似，磷原子为 sp^3 杂化，一对未成键电子占据一个 sp^3 杂化轨道，具有四面体结构，分子呈棱锥形。

$$\underset{\substack{\text{三甲胺}}}{\overset{}{\text{H}_3\text{C}\underset{108°}{N}\text{CH}_3\;\text{CH}_3}} \qquad \underset{\substack{\text{三甲膦}}}{\overset{}{\text{H}_3\text{C}\underset{99°}{P}\text{CH}_3\;\text{CH}_3}}$$

与胺相比，C—P—C 键角比 C—N—C 键角小，主要原因是磷原子的未成键电子对受到原子核的约束小，轨道体积大，压迫另三个 σ 键，致使键角被压缩变小。

亚膦酸类与亚膦酸酯类化合物也属于三价含磷有机化合物，亚膦酸（phosphonous acid）类可看作是亚磷酸（phosphorous acid）分子中的羟基被烃基取代的产物。亚磷酸酯是亚磷酸与醇发生酯化反应的产物，分子中不含 C—P 键。

五价含磷有机化合物主要包括膦酸、磷酸酯与硫代磷酸酯。膦酸（phosphonic acid）是指磷酸（phosphoric acid）分子中的羟基被烃基取代的衍生物。其中磷酸分子中的三个羟基都被烃基取代的产物称为三烃基氧化膦。

磷酸酯是磷酸与醇发生酯化反应的产物，分子中不含 C—P 键。硫代磷酸酯和二硫代磷酸酯分别是硫代磷酸和二硫代磷酸与醇反应生成的酯。

（二）含磷有机化合物的命名

膦、亚膦酸和膦酸的命名是在相应的类名前加上烃基的名称。例如：

三苯（基）膦
triphenyl phosphine

苯基膦酸
phenyl phosphonic acid

乙基亚膦酸
ethyl phosphorous acid

季𬭸盐、季𬭸碱命名与季铵盐类似，命名为某化或氢氧化烃基𬭸，烃基按照英文字母顺序，由前到后排列。例如：

$$(\text{C}_2\text{H}_5)_4\text{P}^+\text{Br}^-$$
溴化四乙基𬭸
tetraethyl phosphonium bromide

$$(\text{C}_6\text{H}_5)_4\text{P}^+\text{Cl}^-$$
氯化四苯基𬭸
tetraphenyl phosphonium chloride

$$\text{CH}_3\text{CH}_2(\text{C}_6\text{H}_5)_3\text{P}^+\text{Cl}^-$$
氯化乙基三苯基𬭸
ethyl triphenyl phosphonium chloride

$$(\text{C}_2\text{H}_5)_4\text{P}^+\text{OH}^-$$
氢氧化四苯基𬭸
tetraphenyl phosphonium hydroxide

膦酸酯、亚膦酸酯、磷酸酯、亚磷酸酯、硫代磷酸酯和二硫代磷酸酯等酯的命名,与羧酸酯类似,称为"某酸某酯"。例如

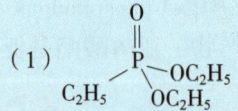

磷酸二乙酯

diethyl hydrogen phosphate

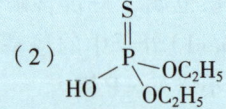

苯基膦酸二乙酯

diethyl phenylphosphonate

亚磷酸二甲酯

dimethyl hydrogen phosphite

【思考题 12-3】命名下列含磷有机化合物:

（1）

（2）

第十二章
思考题答案

二、含磷有机化合物的化学性质

1. 亲核取代反应

烃基膦的分子结构与胺类似,磷原子为 sp^3 杂化,其中三个杂化轨道分别与烃基碳原子或氢原子形成 σ 键,余下的一个 sp^3 杂化轨道具有一对未成键电子,整个分子为四面体构型。但烃基膦分子的键角小于胺。由于烃基膦分子的 C—P—C 键角减少,增加了磷原子孤对电子的裸露程度,而且磷原子外层电子可极化能力强于氮原子。因此,烃基膦的亲核性强于相应的胺,是一类很好的亲核试剂。例如,三苯基膦与溴甲烷很容易发生亲核取代反应生成溴化甲基三苯基膦。

$$(C_6H_5)_3P + CH_3Br \longrightarrow (C_6H_5)_3\overset{+}{P}CH_3Br^-$$

溴化甲基三苯基膦

烃基膦与卤代烷生成的季鏻盐,当 α-碳原子上有氢原子时,在强碱作用下容易脱去氢质子,生成磷叶立德(phosphorus ylide)。由于磷叶立德是德国化学家维蒂希(G. Wittig)发现的,所以又称为维蒂希试剂(Wittig reagent)。例如,溴化甲基三苯基膦在苯基锂的作用下,失去一个 α-H,生成亚甲基三苯基膦(methylene triphenyl phosphane)。

$$(C_6H_5)_3\overset{+}{P}CH_3Br^- \xrightarrow{C_6H_5Li} (C_6H_5)_3P=CH_2 + C_6H_6 + LiBr$$

亚甲基三苯基膦

维蒂希试剂是一个很好的亲核试剂,可以迅速与醛、酮反应直接生成烯烃,该反应称为维蒂希反应,是合成烯烃的一个非常重要的方法。例如,亚甲基三苯基膦与二苯甲酮反应生成 1,1-二苯基乙烯。

$$\begin{array}{c} C_6H_5 \\ C_6H_5 \end{array}\!\!\!C\!\!=\!\!O + (C_6H_5)_3P\!\!=\!\!CH_2 \xrightarrow{\ DMSO\ } \begin{array}{c} C_6H_5 \\ C_6H_5 \end{array}\!\!\!C\!\!=\!\!CH_2 + (C_6H_5)_3P\!\!=\!\!O$$

2. 氧化反应

三价含磷有机化合物比较活泼,容易被氧化。例如,三苯基膦与过氧化氢反应生成三苯基氧化膦。含有 P=O 键的有机磷农药往往具有较高的毒性。在氧化剂或生物酶的催化作用下,许多有机磷杀虫剂在生物体内先被氧化成含有 P=O 键的有机磷化合物,再发挥其毒效。

$$(C_6H_5)_3P \xrightarrow{\ H_2O_2\ } (C_6H_5)_3P\!\!=\!\!O + H_2O$$

三苯基氧化膦

【知识背景】当代化学的巨人——维蒂希

维蒂希(G. Wittig, 1897—1987),德国化学家,被誉为"当代化学的巨人"。1897 年出生于德国柏林,1923 年获得马尔堡大学博士学位。1944 年任屈宾根大学教授,1956 年任海德尔堡大学教授。维蒂希教授在有机合成领域做出了卓越贡献,主要有金属醚的重排、氮叶立德的重排机理、磷叶立德的发现及其与羰基化合物的反应、有机锂试剂的制备与应用、金属－卤素交换反应导致脱氢苯的发现、卡宾化学等。其中最重要的工作是磷叶立德与羰基化合物生成烯烃的反应(维蒂希反应),该研究成果使维蒂希获得了 1979 年诺贝尔化学奖,同时获奖的还有美国化学家布朗(H. C. Brown)。

维蒂希反应可在温和条件下使有机化合物分子在指定的位置上产生一个碳碳双键,是一种新的合成烯烃的方法,广泛应用于昆虫信息素、维生素与植物色素等天然产物的合成,在有机合成领域具有重要的地位。尤其是维生素 A 的合成,维蒂希反应是巴斯夫(BASF)公司工业化合成维生素 A 工艺的关键步骤。

三、生物体内的磷酸酯

一切生物体中都有含磷有机化合物,而且在生命过程中扮演着非常重要的角色。生物体中的磷主要是以磷酸单酯、二磷酸单酯或三磷酸单酯的形式存在。二磷酸和三磷酸相当于磷酸的酸酐。

磷酸单酯　　　　二磷酸单酯　　　　　　三磷酸单酯

上述各式中的 R 多为比较复杂的基团,如糖类等。三种磷酸酯中都有可以解离的氢,所以这些磷酸酯在水溶液中多以阴离子的形式存在,其解离程度决定于介质的酸度。

某些磷酸单酯是生化反应中极为重要的物质。这些酯在特定酶的作用下可以水解,放出能量,供给机体各种不同的需要。例如,三磷酸腺苷(adenosine triphosphate,ATP)水解为二磷酸腺苷(adenosine diphosphate,ADP)时,由于发生 P—O 键断裂而放出能量,在生化反应中将这样的键叫"高能键"(high-energy bond)。ATP 水解所释放的化学能被机体直接利用。

$$\text{腺苷}—O—\overset{\overset{O}{\parallel}}{\underset{OH}{P}}—O—\overset{\overset{O}{\parallel}}{\underset{OH}{P}}—O—\overset{\overset{O}{\parallel}}{\underset{OH}{P}}—OH + H_2O \rightleftharpoons \text{腺苷}—O—\overset{\overset{O}{\parallel}}{\underset{OH}{P}}—O—\overset{\overset{O}{\parallel}}{\underset{OH}{P}}—OH + H_3PO_4 + \text{能量}$$

三磷酸腺苷　　　　　　　　　　　　二磷酸腺苷

应该指出的是,在生化反应中所说的"高能键"并不是指它的强度,而是说在某些化学反应中它可以放出的能量。一般磷酸酯水解时放出的能量为 $8 \sim 16 \ kJ \cdot mol^{-1}$,而含高能键的磷酸酯水解时可放出 $33 \sim 54 \ kJ \cdot mol^{-1}$ 的能量。生物体许多生化过程,如光合作用、肌肉收缩、蛋白质的合成等,都需要依赖这些能量来完成。

四、有机磷农药

有机磷农药是一类生物活性好、价格低廉、使用范围广的含磷有机化合物。品种主要有膦酸与膦酸酯类、磷酸酯与硫代磷酸酯类,其中磷酸酯与硫代磷酸酯类比较多。目前使用的有机磷农药包括杀虫剂、杀螨剂、杀菌剂、除草剂、植物生长调节剂等。表 12-3 列出了一些有机磷农药的生物活性与用途。

表 12-3　一些有机磷农药的生物活性与用途

化学名称	商品名称	结构式	生物活性及用途
(2,2-二氯乙烯基)膦酸二甲酯	敌敌畏 dichlorvos	$Cl_2C{=}HC—\overset{\overset{O}{\parallel}}{P}\overset{OCH_3}{\underset{OCH_3}{<}}$	具有吸入、胃毒和触杀作用的杀虫、杀螨剂,用于防治苍蝇、蚊子、蟑螂、臭虫等居家害虫,以及果树、茶树、蔬菜、水稻等作物的吸吮与咀嚼式害虫
(2,2,2-三氯-1-羟基)膦酸二甲酯	敌百虫 trichlorfon	$Cl_3CHC—\overset{\overset{O}{\parallel}}{\underset{OH}{P}}\overset{OCH_3}{\underset{OCH_3}{<}}$	具有胃毒和触杀作用的非内吸性杀虫剂,用于防治多种作物的双翅目、鳞翅目、鞘翅目和半翅目害虫,以及苍蝇、蟑螂、臭虫等家居害虫

续表

化学名称	商品名称	结构式	生物活性及用途
(S)-1,2-双(乙氧基甲酰基)乙基二硫代磷酸二甲酯	马拉硫磷 malathion	$C_2H_5OOCCH-S-P\begin{smallmatrix}O\\OCH_3\\OCH_3\end{smallmatrix}$ $C_2H_5OOCCH_2$	具有胃毒和触杀作用的非内吸性杀虫剂、杀螨剂,用于防治多种作物的双翅目、鳞翅目、鞘翅目、膜翅目和半翅目害虫,以及牛、家禽与狗的体外寄生虫
(S)-甲基氨基甲酰甲基二硫代磷酸二甲酯	乐果 dimethoate	$H_3C\begin{smallmatrix}H\\N\end{smallmatrix}CH_2-S-P\begin{smallmatrix}S\\OCH_3\\OCH_3\end{smallmatrix}$	内吸性杀虫剂、杀螨剂,用于防治水稻、棉花、蔬菜、烟草、果树等作物的螨虫、蚜虫、介壳虫、粉虱等害虫
(S)-苄基二硫代磷酸二异丙酯	异稻瘟净 iprobenfos	$S-P\begin{smallmatrix}S\\OCH(CH_3)_2\\OCH(CH_3)_2\end{smallmatrix}$	内吸性杀菌剂,用于防治水稻稻瘟病、菌核病与纹枯病
N-甲基膦羧基甘氨酸	草甘膦 glyphosate	$HO-P\begin{smallmatrix}O\\\\OH\end{smallmatrix}CH_2NHCH_2COOH$	非选择性内吸性除草剂,用于防除谷物、豌豆、蚕豆、油菜、亚麻和芥菜田的一年生或多年生禾本科与阔叶科杂草
2-氯乙基膦酸	乙烯利 ethephon	$HO-P\begin{smallmatrix}O\\\\OH\end{smallmatrix}CH_2CH_2Cl$	内吸性植物生长调节剂,用于苹果、草莓、樱桃、番茄等收获前催熟,香蕉、杧果、柑橘类水果收获后催熟,促进苹果花蕾发育,防止玉米、亚麻等倒伏,提高葫芦科作物的坐果率

【知识延伸】磷与生命活动

磷是生命化学过程中的重要元素,哪里有生命,哪里就有磷,目前尚未发现在生命过程中不包含磷的生命体。人体内磷的含量居组成元素含量的第六位,大约占元素总量的1%。磷元素及含磷有机化合物不仅是生命过程中物质变化与能量变化的重要参与者,而且是生命物质。如ATP、DNA(占DNA相对分子质量的9%)、RNA等分子的重要组成部分;磷脂是细胞膜基本组成部分;磷酸钙(磷石)作为骨骼等主要矿物成分;磷酸肌醇是细胞器膜识别的化学物质。因此,磷被誉为生命活动的调控中心。磷在生命活动中的重要性主要表现在以下几个方面:① 磷与蛋白质、多肽关系密切。自1933年首次从酪蛋白中分离得到含磷肽后,许多通过共价键与磷结合的磷酰蛋白和磷酰肽相继被发现。蛋白质的磷酸化是蛋白质翻译后的一种最常见和最重要的修饰方式,蛋白质的磷酸化在蛋白质的生物合成、酶活性调节、离子通道的开闭及细胞信号的传递过程中都占有极其重要的地位,控制着众多生命现象,从低等到高等,从植物到动物。例如,组蛋白的磷酸化一般可导致对应区域基因表达的上调;人的记忆和学习过程与大脑的蛋白质磷酸化密切相关;果蝇视网膜的 R7 细胞受控于细胞周期蛋白质的磷酸化。② 磷酸二酯是遗传物质的骨架。磷酸酯是连接遗传物质 DNA 和 RNA 的桥连基团,相互连接的核苷形成可携带基因密码的长链。磷酸连接两部分核苷后,仍然带两个单位的负电荷,这种负电性具有独特的作用,不仅使其能存在于细胞膜内,而且可以防止磷酸二酯水解,从而保证遗传信息的稳定性。③ 磷酸及其酸酐在生物体新陈代谢中发挥着重要作用。在生物体内磷酸能与许多有机物结合成酯,而形成的磷酰基和焦磷酰基在生命物质的新陈代谢生化反应中,均是很好的离去基团,可使生物体内有机化合物的新陈代谢由温和、高效的生化过程来完成。④ 三磷酸腺苷(ATP)几乎参与了生物体内的所有生化反应,储存和分配蛋白质、核酸和多糖这三大类物质新陈代谢中所需的能量。

【知识连接】

本章主要反应总结:

$$
RSH \left\{
\begin{array}{l}
\xrightarrow{NaOH} RSNa \\[4pt]
\xrightarrow{HgO} (RS)_2Hg \\[4pt]
\xrightarrow{CH_3CH_2Br} RSCH_2CH_3 \\[4pt]
\xrightarrow{R'COOH} R'-\overset{\displaystyle O}{\underset{\displaystyle \|}{C}}-SR \\[4pt]
\xrightarrow{I_2} R-S-S-R
\end{array}
\right.
$$

$$
(C_6H_5)_3P \left\{
\begin{array}{l}
\xrightarrow{H_2O_2} (C_6H_5)_3P{=}O \\[4pt]
\xrightarrow{CH_3Br} (C_6H_5)_3\overset{+}{P}{-}CH_3\bar{B}r \xrightarrow{C_6H_5Li} (C_6H_5)_3P{=}CH_2 \xrightarrow{(C_6H_5)_2C{=}O} \begin{matrix}C_6H_5\\C_6H_5\end{matrix}{>}C{=}CH_2
\end{array}
\right.
$$

【英汉词汇】

硫醇	thiol	二甲亚砜	dimethylsulfoxide
二硫化物	disulfide	二硫代酸	dithiocarboxylic acid
硫醛	thioaldehyde	磺胺嘧啶	sulfadiazine
硫代羧酸	thiocarboxylic acid	福美双	thiram
二硫键	disulfide bond	磷酸	phosphoric acid
磺胺甲基异噁唑	sulfamethoxazole	巯基	sulfhydryl
杀虫磺	bensultap	硫酚	thiophenol
亚磷酸	phosphorous acid	硫酮	thione
砜	sulfone	硫醚	sulfide
亚砜	sulfoxide	磺胺胍	sulfaguanidine
磺酰胺	sulfanilamide	杀虫环	thiocyclam

亚膦酸　phosphonous acid　　　　　亚甲基三苯基膦　methylene triphenyl phosphane

膦　phosphine　　　　　　　　　　马拉硫磷　malathion

磷叶立德　phosphorus ylide　　　　草甘膦　glyphosate

维蒂希试剂　Wittig reagent　　　　敌敌畏　dichlorvos

敌百虫　trichlorfon　　　　　　　乐果　dimethoate

异稻瘟净　iprobenfos　　　　　　乙烯利　ethephon

【参考文献】

[1] Maercker A. The Wittig Reaction [J]. Org. React., 1965, 14, 270–490.

[2] Hoffmann R W. Wittig and His Accomplishments: Still Relevant Beyond His 100th Birthday [J]. Angew. Chem. Int. Ed., 2001, 40, 1411–1416.

[3] Kaiser D, Klose I, Oost R, et al. Bond–Forming and –Breaking Reactions at Sulfur (Ⅳ): Sulfoxides, Sulfonium Salts, Sulfur Ylides, and Sulfinate Salts [J]. Chem. Rev., 2019, 119, 8701–8780.

[4] Guo H, Fan Y C, Sun Z, et al. Phosphine Organocatalysis [J]. Chem. Rev., 2018, 118, 10049–10293.

[5] 彭梓航, 吴鹏飞, 黄庆. 聚苯硫醚纤维的制备及改性技术现状与展望 [J]. 合成纤维工业, 2021, 44 (3): 71–77.

[6] 梁楚翘, 李艳梅. 磷元素参与的生命活动 [J]. 化学教育, 2019, 40 (23): 1–4.

【习题】

1. 写出下列化合物的结构式。

（1）氧化三苯基膦　　　　（2）二苯亚砜　　　　　　（3）甲基对甲氧苯基硫醚

（4）二正丁基二硫　　　　（5）磷酸三乙酯　　　　　（6）苯基膦酸二甲酯

（7）2- 甲硫基辛烷　　　　（8）戊 -3- 硫醇

2. 命名下列化合物。

（1）H_3C─⟨⟩─SO_3H

（2）⟨⟩ 带 SH 和 CH_3 取代基

（3）Cl─⟨⟩─SO_2NH_2

（4）⟨⟩─SCH_3

（5）⟨⟩─$\overset{O}{P}(OH)_2$

（6）C_2H_5─S─S─C_2H_5

（7）$(C_2H_5O)_2\overset{O}{P}$─$OH$

（8）$(CH_3O)_2\overset{S}{P}$─SH

3. 将下列化合物按酸性强弱排序。

（1）⟨⟩─OH

（2）⟨⟩─SH

（3）⟨⟩─$COOH$

（4）⟨⟩─OH

（5）⟨⟩─SO_3H

4. 完成下列反应。

（1）$CH_3CH_2CH_2SH \xrightarrow{NaOH}$

（2）$H_3C-\langle\bigcirc\rangle-SH \xrightarrow{NaHCO_3}$

（3）$\begin{matrix} CH_2-CH-CH_2 \\ | \quad\ | \quad\ | \\ SH \quad SH \quad OH \end{matrix} + Hg^{2+} \longrightarrow$

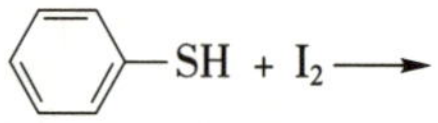

（4）$\langle\bigcirc\rangle-SH + I_2 \longrightarrow$

（5）$\langle\bigcirc\rangle-S-\langle\bigcirc\rangle + H_2O_2 \longrightarrow$

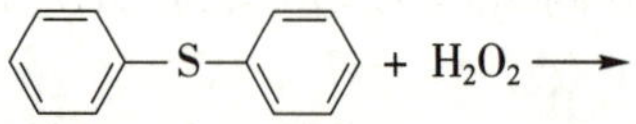

（6）$CH_3CH_2CH_2CH_2SH + HNO_3(浓) \longrightarrow$

（7）$C_2H_5-S-S-C_2H_5 \xrightarrow[HOAc]{Zn}$

（8）$H_3C-\langle\bigcirc\rangle-SO_3H \xrightarrow{PCl_5} ? \xrightarrow{NH_3}$

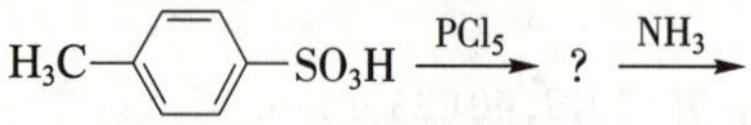

（9）$(C_6H_5)_3P + C_2H_5Br \longrightarrow$

（10）$\begin{matrix} H_5C_6 \\ \quad\ \ \diagdown \\ \quad\quad C=O \\ \quad\ \ \diagup \\ H_5C_6 \end{matrix} + (C_6H_5)_3P=CHCH_3 \xrightarrow{DMSO}$

扫一扫,获取本章习题答案

第十二章 习题答案

第十三章　杂环化合物及生物碱

【导言】

人类对待罂粟花（如图）的态度是矛盾的。它看起来鲜艳美丽，但同时可能会令你因联想到毒品（鸦片）而又心生厌恶。其实，对罂粟花成分研究结果的借鉴，曾极大地促进了人类生活质量的提高，就如看上去一样光彩夺目。这得首先从其提取物的分子结构说起。鸦片的主要成分是吗啡（morphine），它是一个环状化合物，但与之前学到的碳环化合物不同，构成吗啡分子的环除碳原子外，还有氮原子和氧原子。这种含有一个或多个非碳原子的环状化合物称为杂环化合物（heterocyclic）。非碳原子被称作杂原子，最常见的杂原子是 O、S、N。值得注意的是，像内酯、内酰胺、酸酐等环状化合物虽然含有杂原子，但其性质与脂肪族开链化合物类似，因此不包括在杂环化合物中。

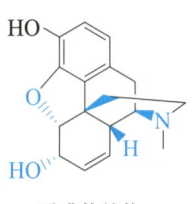

吗啡的结构

杂环化合物在自然界中广泛存在，大多具有重要的生理活性和药用价值。生物碱主要是由植物合成来保护自身以免被昆虫和动物啃食的胺类化合物。如吗啡具有镇痛作用，并由此衍生出大量的镇痛类药物。目前，大约超过70%的医药和农药产品至少含有一个杂环。例如，近年来药物销售量较大的降血胆固醇药——阿托伐他汀（atorvastatin）就含有一个五元氮杂环。另外，像叶绿素、动物体内的血红素等具有重要生理作用的化合物，也都属于杂环化合物。本章将重点介绍具有芳香性的典型杂环化合物的结构特征和化学特性。

第一节　杂环化合物的结构、分类和命名

一、杂环化合物的结构

（一）五元杂环化合物的结构

常见的五元杂环化合物包括吡咯、呋喃和噻吩三种。从分子结构看，它们好像与环戊二烯类似。其实不然，这三种杂环化合物分子的碳碳单键变短，而碳碳双键有所增长。也即它们的碳碳双键和单键有平均化的趋势。其键长数据如图13–1所示。

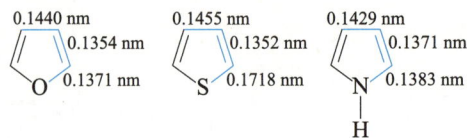

图 13-1 呋喃、噻吩、吡咯分子中的键长

实验证明,以上五元杂环化合物都是平面形分子,构成杂环的所有原子都是 sp^2 杂化,均有一个未参与杂化的 p 轨道,4 个碳原子的 p 轨道上各有一个电子,而杂原子的 p 轨道上有一对电子,这些 p 轨道都垂直于 sp^2 杂化轨道形成的平面,相互平行,形成一个环状闭合共轭体系。三种杂环的原子轨道分布如图 13-2。在此类共轭体系中,5 个 p 轨道里有 6 个 π 电子,均符合休克尔规则,因此三个杂环都具有芳香性,属于芳香族杂环。

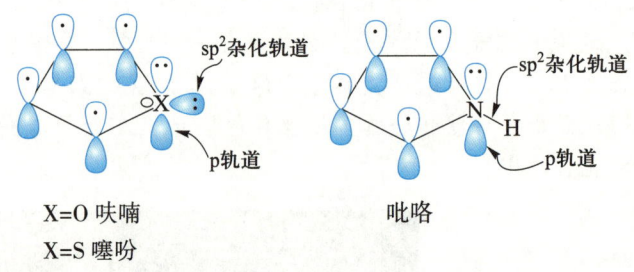

X=O 呋喃
X=S 噻吩

吡咯

图 13-2 呋喃、噻吩、吡咯的原子轨道图

在以上三个杂环体系中,从诱导效应来看,杂原子的电负性较碳原子大,电子沿着 σ 键的方向偏向于杂原子;从共轭效应来看,由于杂原子提供 2 个 p 电子,该 p 电子对发生离域而流向碳原子,使环上的电子密度增加,且均比苯环的电子密度高,因此它们属于富电子芳杂环。

(二)六元杂环化合物的结构

典型的六元杂环化合物是吡啶,它含有一个氮杂原子,构成吡啶环的碳原子和氮原子都是 sp^2 杂化,每个原子未杂化的 p 轨道上都有一个电子,这些 p 轨道相互平行,形成环状共轭体系。需要特别指出的是,氮原子还有一对孤对电子,它分布在未成键的 sp^2 杂化轨道上,并未参与共轭,如图 13-3 所示。

因此,吡啶环的共轭 π 电子数是 6 个,符合休克尔规则,具有芳香性,属于芳香族杂环。与五元芳杂环不同,吡啶中的氮原子电负性较大,具有吸电子诱导效应,使环碳原子的电子密度降低,低于苯环碳原子的电子密度,属于缺电子芳杂环。

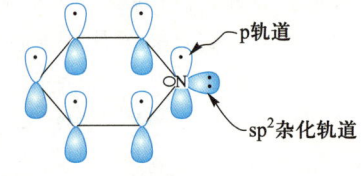

图 13-3 吡啶的原子轨道图

二、杂环化合物的分类

杂环化合物数量庞大,种类较多,一般是以杂环骨架为基础对它们进行分类。按照环的数目及其连接方式可分为单杂环和稠杂环。其中,单杂环又可根据构成环的原子数目分为五元、六元等杂环化合物。单杂环分类可概括如下:

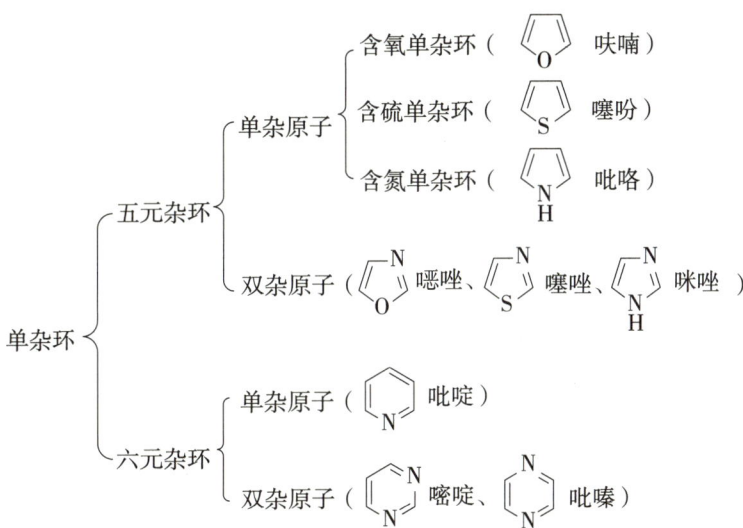

根据其骨架对应的碳环母核,常见的稠杂环分类如下:

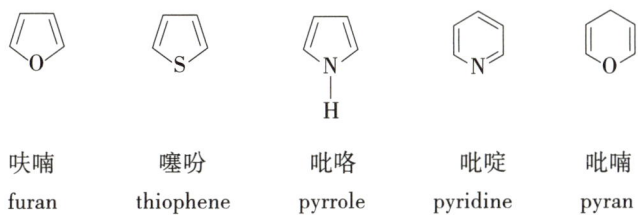

三、杂环化合物的命名

杂环化合物的命名比较复杂,我国一般采用外文名词音译法,使用与杂环化合物的英文俗名发音相近的汉字,在汉字左边加"口"字旁表示杂环。

(一)单杂环

呋喃	噻吩	吡咯	吡啶	吡喃
furan	thiophene	pyrrole	pyridine	pyran

当环上有取代基时,须对环上的原子进行编号。编号一般从杂原子开始,沿着环依次编号,并使取代基的位次最小。也可以用希腊字母表示其取代基的位次。需要注意的是,α 位表示与杂原子相邻原子的位置,并不是杂原子的位置,依此类推。例如:

2- 甲基呋喃	3- 硝基噻吩	2, 6- 二甲基吡啶	2- 甲基吡咯
2-methylfuran	3-nitrothiophene	2, 6-dimethylpyridine	2-methylpyrrole

当环上有两个或多个相同杂原子,同时还有取代基时,编号从连有氢原子或取代基的杂原子开始,优先使杂原子的编号最小,然后使取代基的位次最小。例如:

2- 甲基咪唑	5- 甲基咪唑	5- 氟嘧啶
2-methylimidazole	5-methylimidazole	5-fluoropyrimidine

当环上有几个不同的杂原子时,编号按 O,S,N 的顺序,并使各杂原子所处位次组最低。例如:

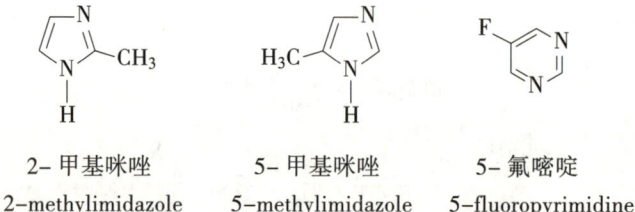

噁唑	噻唑
oxazole	thiazole

（二）稠杂环

稠杂环大多有固定的编号,一般从杂原子开始,公共原子不编号。但嘌呤是个例外,它的公共原子参与编号,而且其编号顺序较特殊。例如:

喹啉	异喹啉	吲哚	嘌呤
quinoline	isoquinoline	indole	purine

需要指出的是,如果杂环所连基团为羰基、羧基等高级官能团时,则将杂环作为取代基进行命名。例如:

呋喃 -2- 甲醛	吡啶 -2, 6- 二甲酸
furan-2-carbaldehyde	pyridine-2, 6-dicarboxylic acid

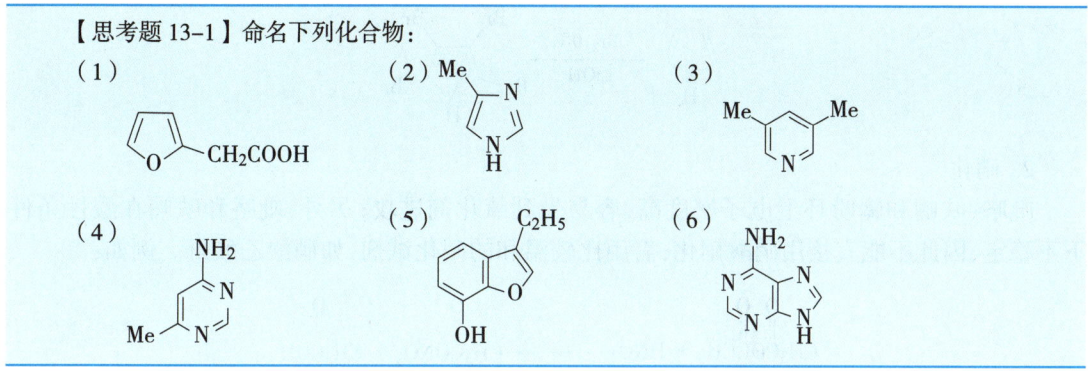

【思考题 13-1】命名下列化合物：

（1）　　　　　　　　（2）　　　　　　　　（3）

（4）　　　　　　　　（5）　　　　　　　　（6）

第二节　五元杂环化合物

一、化学性质

（一）亲电取代反应

吡咯、呋喃、噻吩都具有芳香性，且环碳原子的电子密度比苯环碳原子高，因此比苯环更容易发生亲电取代反应。由于氮、硫、氧原子具有不同的诱导效应和共轭效应，导致三个杂环化合物的亲电反应活性有所差别，反应活性最高的是吡咯，最低的是噻吩。五元杂环上的电子密度分布是不均匀的，α 位的电子密度比 β 位高，以苯环碳原子的电荷密度为标准，这三个化合物的有效电荷分布为

另外，从亲电反应生成的中间体来看，亲电试剂进攻 α 位时，生成的中间体正离子共振极限式较多，能量较低，比较稳定。这也是五元杂环亲电取代主要发生在 α 位的一种解释。

1. 卤代

五元芳香杂环与卤素反应十分剧烈，常得到多卤代物。如要得到单卤代物，则需要在低温和溶剂稀释的条件下进行。其中，吡咯活性太大，一般仍得到多卤代物。例如：

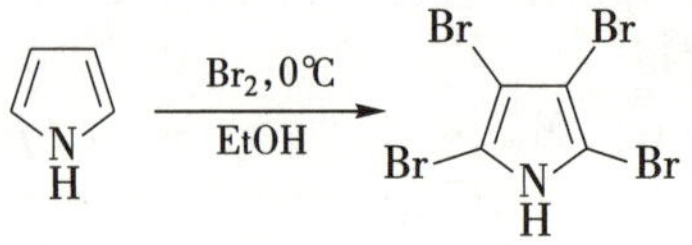

2. 硝化

吡咯、呋喃和噻吩环上电子密度高，容易受到氧化剂进攻；另外，吡咯和呋喃在酸性条件下不稳定，因此不能直接用硝酸硝化，需用比较温和的硝化试剂，如硝酸乙酸酐。例如：

$$\mathrm{CH_3\overset{\overset{O}{\|}}{C}O\overset{\overset{O}{\|}}{C}CH_3 + HNO_3 \longrightarrow CH_3\overset{\overset{O}{\|}}{C}ONO_2 + CH_3\overset{\overset{O}{\|}}{C}OH}$$

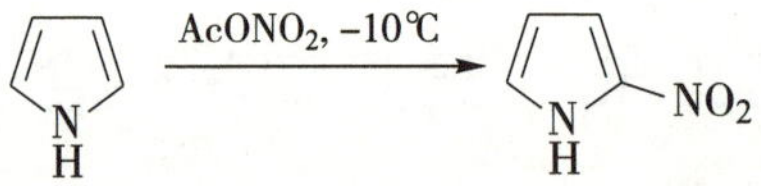

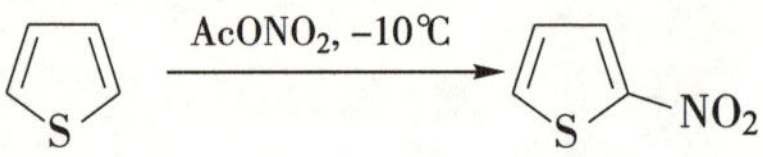

3. 磺化

吡咯和呋喃也不能用浓硫酸进行磺化，常用温和的非质子磺化试剂，如吡啶三氧化硫加合物。

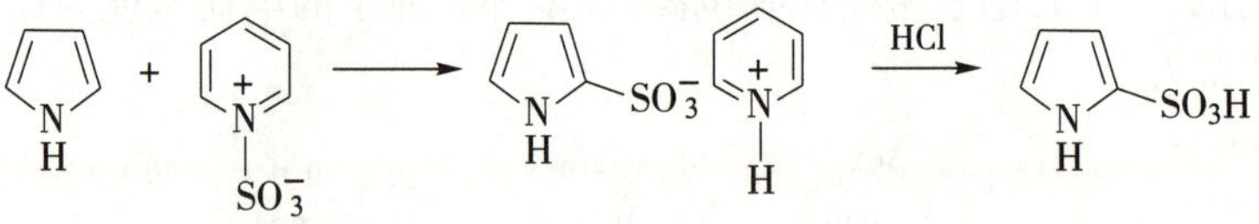

噻吩相对比吡咯和呋喃较为稳定，可在室温下直接与浓硫酸作用，得到噻吩 -2- 磺酸。

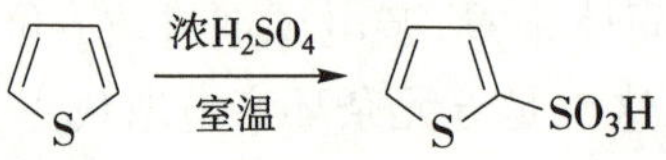

4. 傅瑞德尔 - 克拉夫茨反应

此类反应吡咯、呋喃、噻吩活性均较高，烷基化反应很难得到一烷基取代产物，所以利用价值不大。而它们的酰基化反应可得到单一取代的产物。傅瑞德尔 - 克拉夫茨反应常用的催化剂有 $AlCl_3$、BF_3、$SnCl_4$ 等。例如：

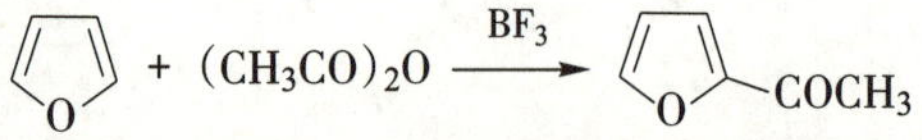

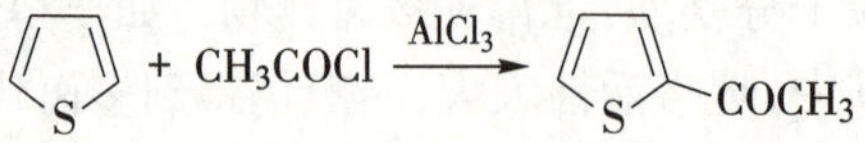

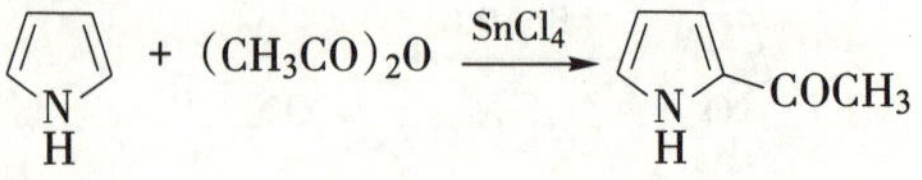

（二）吡咯的酸性

吡咯分子中氮原子的孤对电子参与了环系的共轭,导致氮原子的电子密度较低,其碱性大为减弱。实际上,吡咯氮原子所连接的氢表现出一定的弱酸性($pK_a=16.5$),能与氢氧化钾、氢氧化钠等强碱成盐。

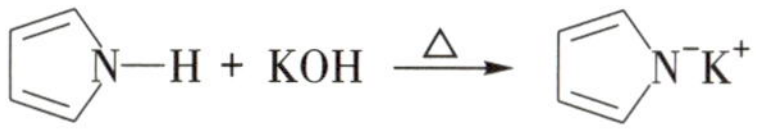

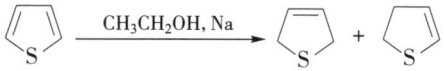

（三）还原

吡咯、呋喃、噻吩都可通过催化氢化还原为饱和杂环化合物。需要注意的是,还原吡咯和呋喃可选用 Pd/C,Ni 等常用催化剂。而噻吩中的硫原子与金属配位能力较强,会导致催化剂失去活性,所以还原噻吩需要特殊的催化剂,如 MoS_2。

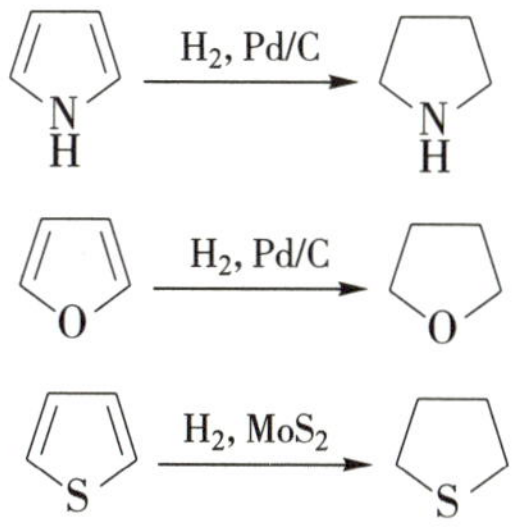

醇和金属钠作用产生的氢气可以将噻吩还原为二氢噻吩。

13-1

二、重要的五元杂环衍生物

动植物体内存在很多五元杂环衍生物,它们大多都具有特殊的生理活性。一些典型的五元杂环衍生物列于表 13-1 中。

表 13-1 典型的五元杂环衍生物的来源与用途

名称	结构式	来源	生物活性及用途
糠醛	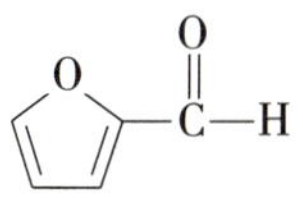	米糠等经水解得到戊醛糖,在酸催化下得到糠醛	制造酚醛树脂、农药、医药、橡胶和涂料
β-吲哚乙酸	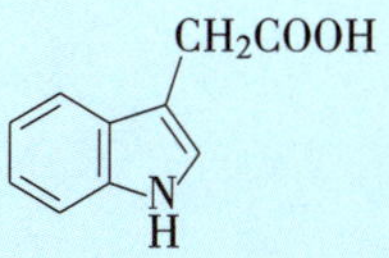	植物体内	刺激植物插条生根,促进无籽果实形成

续表

名称	结构式	来源	生物活性及用途
褪黑素	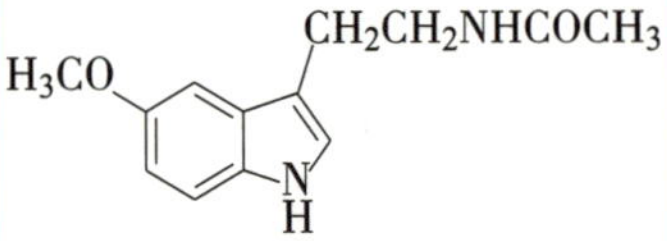 H₃CO ... CH₂CH₂NHCOCH₃ (吲哚环)	松果体	最强的内源性自由基清除剂,防止细胞产生氧化损伤;改善睡眠质量
靛蓝	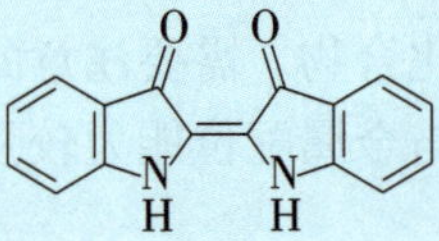 (靛蓝结构式)	蓝草植物	染料;清热,解毒
维生素 H	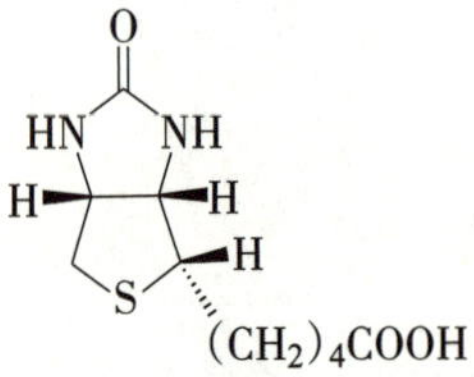 (维生素H结构式) (CH₂)₄COOH	牛奶,蛋黄,草莓	羧化酶的辅酶,脂肪和蛋白质正常代谢不可或缺
组胺	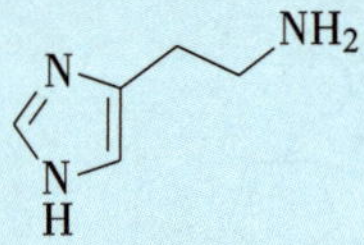 (咪唑环) CH₂CH₂NH₂	组氨酸在脱羧酶作用下产生	组织受伤或炎症、过敏反应时释放组胺;血管扩张剂
5-羟色胺	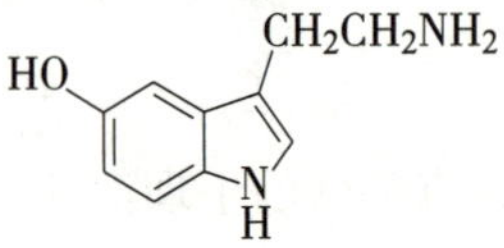 HO ... CH₂CH₂NH₂ (吲哚环)	最早从血清中发现,又名血清素,存在哺乳动物大脑皮层质及神经突触内	在情绪、睡眠、感知和体温调节中起重要作用。5-羟色胺缺乏会导致抑郁症

【思考题 13-2】完成下列反应,写出主要产物:

（1） 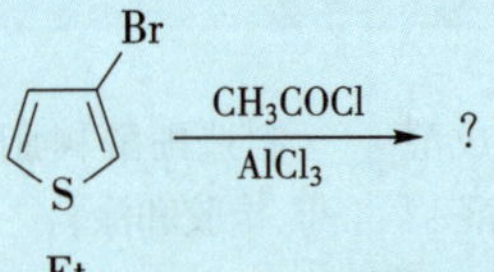 $\xrightarrow[\text{AlCl}_3]{\text{CH}_3\text{COCl}}$?

（2） $\xrightarrow[\text{(2) H}_2\text{O}]{\text{(1)} \; \text{O} \; \text{O} \; \text{AlCl}_3}$? $\xrightarrow[\text{HCl}]{\text{Zn(Hg)}}$?

（3） $\xrightarrow{\text{N}^+\text{SO}_3^-}$? $\xrightarrow{\text{H}^+}$?

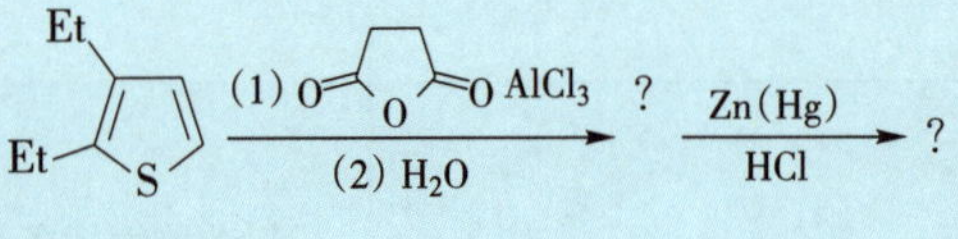

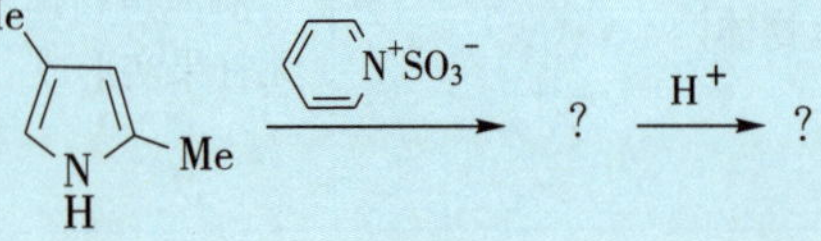

第三节 六元杂环化合物

一、吡啶的化学性质

（一）亲电取代反应

由于吡啶环上氮原子参与共轭的电子为 p 轨道上的一个电子,表现为吸电子共轭效应,另外氮原子还有吸电子诱导效应。这二者综合的结果使吡啶环上的碳原子电子密度降低,因此吡啶进行亲电取代反应的活性比苯环低很多,甚至不能发生傅瑞德尔 – 克拉夫茨反应。另外,吡啶环上不同位置电子密度降低的程度也不相同,α 位和 γ 位降低的程度比 β 位的大,即 β 位的电子密度相对而言比 α 位和 γ 位高。因此,亲电试剂取代主要发生在 β 位。这也可以从试剂亲电进攻后生成中间体的稳定性来得出结论。其亲电试剂进攻不同位置的情况如下:

如果亲电试剂进攻 α 位:

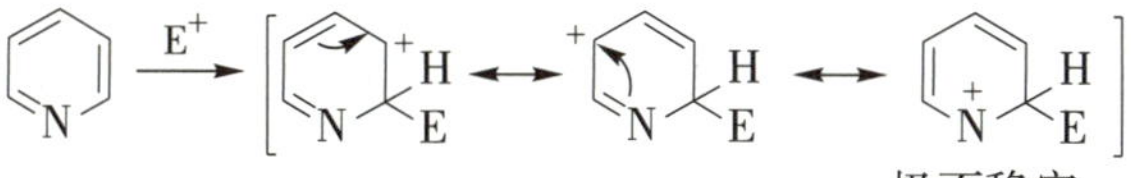

极不稳定

如果亲电试剂进攻 γ 位:

极不稳定

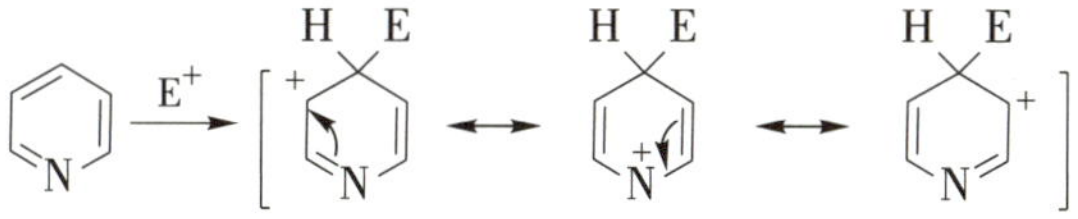

如果亲电试剂进攻 β 位:

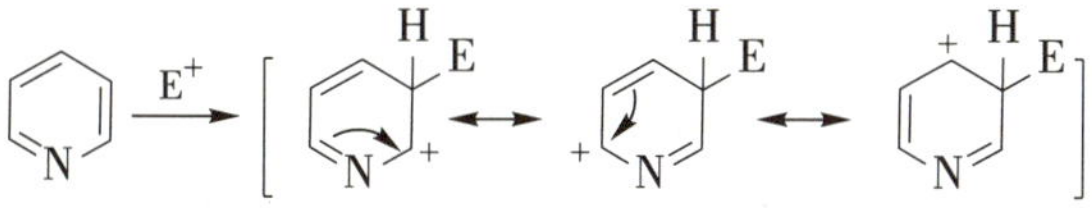

当亲电试剂进攻 α 位或 γ 位时,生成的中间体中均有一个极不稳定的共振极限式,而进攻 β 位时,则没有这种极不稳定极限式。相对而言,进攻 β 位生成的中间体离子相对稳定。因而,亲电反应容易发生在 β 位。

1. 卤代

吡啶的卤代反应要在高温和催化剂条件下进行,产物为 3– 卤代吡啶。例如:

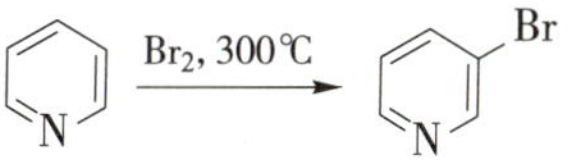

（86%）

2. 硝化

吡啶在高温下与浓的混酸（浓硫酸与浓硝酸）作用,得到 3– 硝基吡啶。

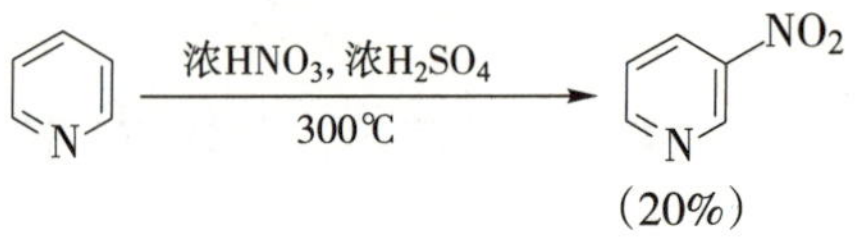

（20%）

3. 磺化

吡啶的磺化要在硫酸汞催化下与浓硫酸反应，产物为 3- 吡啶磺酸。

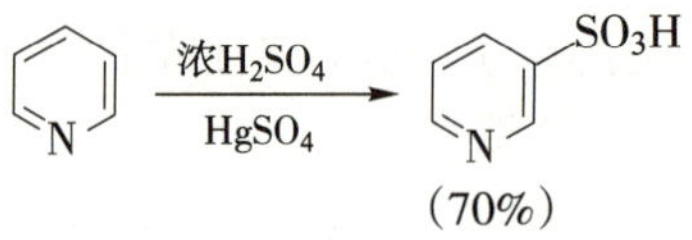

（70%）

（二）碱性

吡啶氮原子中一个 sp^2 杂化轨道上的孤对电子未参与共轭，能够接受质子而使吡啶具有碱性。但其碱性比脂肪族胺弱，比苯胺稍强，pK_b=8.8，若环上有给电子的取代基，则碱性增强。吡啶也可以作为亲核试剂，与卤代烷反应形成季铵盐。

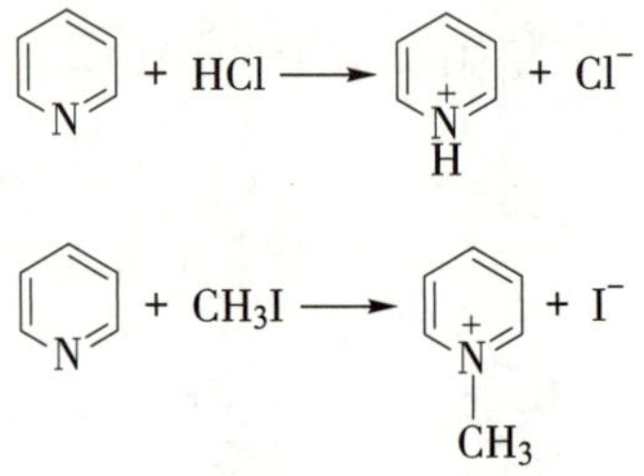

（三）氧化和还原

吡啶环对氧化剂较为稳定。带有烷基侧链的吡啶，在强氧化剂作用下则发生侧链氧化生成羧酸，而吡啶环不受影响。吡啶环甚至比苯还稳定，在强烈氧化条件下连有苯环的吡啶发生反应，结果是苯环被氧化为羧酸，而吡啶环保持不变。

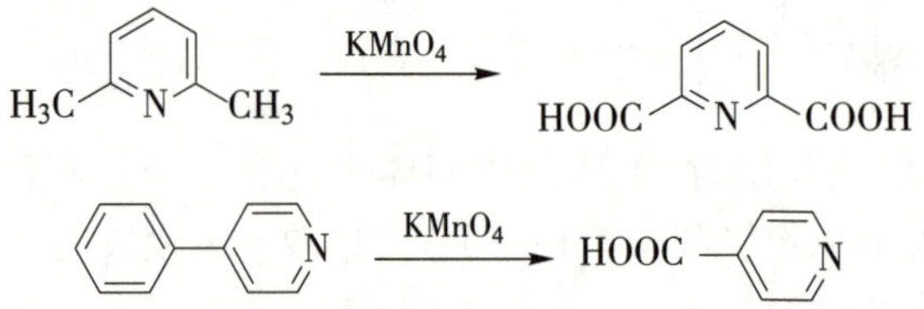

在酸性条件下，吡啶与过氧化物作用可得到吡啶 –N– 氧化物。它是一种重要的有机中间体，很容易在其邻、对位发生亲电或亲核取代反应。在还原剂的作用下，吡啶 –N– 氧化物又容易还原为吡啶，因此这是一种活化吡啶的方法。

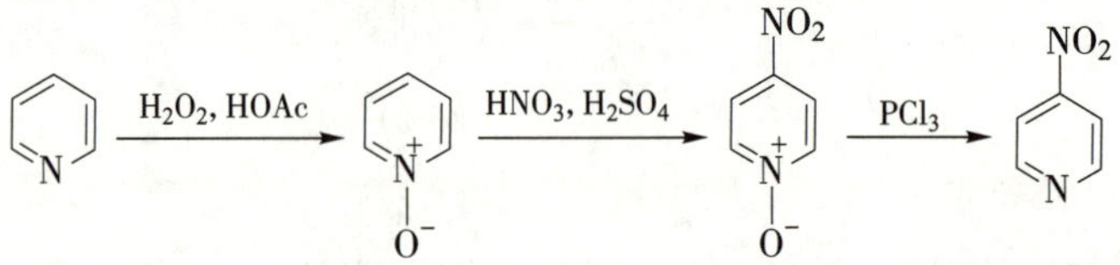

吡啶可以通过催化氢化还原为六氢吡啶,或用醇和金属钠作用产生氢将其还原为六氢吡啶。

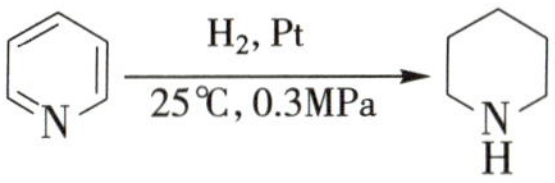

$$\text{吡啶} \xrightarrow[\substack{25℃, 0.3MPa}]{H_2, Pt} \text{六氢吡啶}$$

其他芳杂环的性质与吡咯、吡啶等类似。例如,咪唑环上的 3 位氮原子的孤对电子未参与环系的共轭,与吡啶环上的氮原子类似,使环钝化。因此,咪唑的亲电反应活性比吡咯弱,而且显碱性;1 位氮原子的孤对电子参与共轭,与吡咯上的氮原子类似。

13-2

二、重要的六元杂环衍生物

很多六元杂环衍生物具有重要的生理和药理作用,常见的重要六元杂环衍生物列于表 13-2 中。

表 13-2　常见的重要六元杂环衍生物的来源与用途

名称	结构式	来源	生物活性及用途
维生素 PP	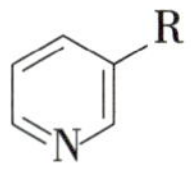 烟酰胺(R = —CONH$_2$) 烟酸（R = —COOH）	动物内脏、肌肉组织	促进新陈代谢;饲料添加剂
异烟肼	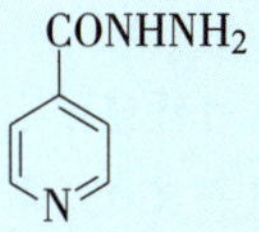 CONHNH$_2$	化学合成	具有杀菌作用;治疗结核病良药
维生素 B$_6$	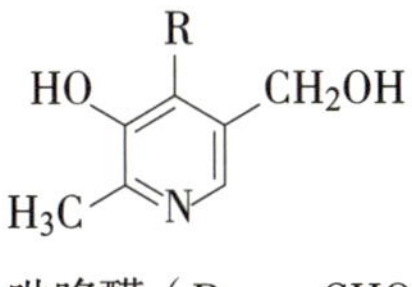 吡哆醛（R = —CHO） 吡哆醇（R = —CH$_2$OH） 吡哆胺（R = —CH$_2$NH$_2$）	小麦、蔬菜和坚果	脂肪、糖类、氨基酸代谢必需物质
维生素 B$_1$	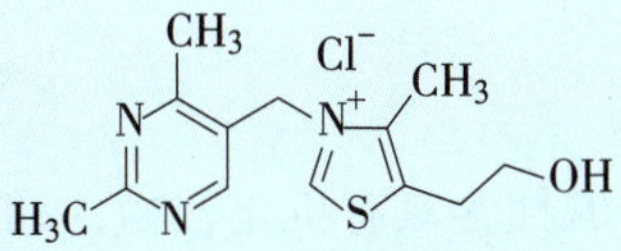	种子外皮和胚芽	抑制胆碱酯酶活性;治疗"脚气病",周围神经炎

续表

名称	结构式	来源	生物活性及用途
胡椒碱	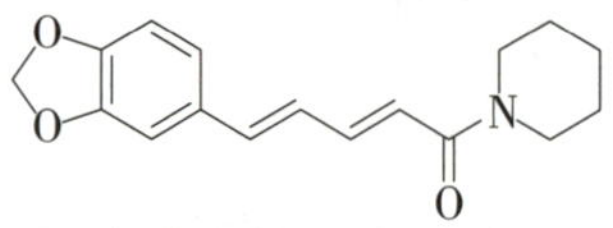 	胡椒	抗惊厥
氟尿嘧啶	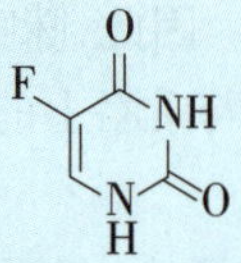 	化学合成	抗代谢抗肿瘤药

【思考题 13-3】试解释：

（1）吡啶的亲电取代反应发生在 3 位，而亲核取代发生在 3 位、6 位。

（2）咪唑的酸性和碱性都大于吡咯。

第十三章
思考题答案

【知识背景】喹啉的合成者——斯克劳浦

斯克劳浦（Zdenko Hans Skraup, 1850—1910），捷克裔奥地利化学家，1850 年生于布拉格。曾就读于布拉格技术大学和 GieBen 大学，并于 1875 年获得博士学位。他先后任教于维也纳贸易学院、格拉茨大学、维也纳大学。

斯克劳浦师从著名化学家 Rochleder 和 Adolf Lieben。他的研究始于和 Rochleder 教授共同研究喹啉类生物碱——金鸡纳碱。于 1878 年发表了第一篇文章之后，他在维也纳大学和格拉茨大学对喹啉化合物进行了深入研究，详细阐明了这类化合物的结构。1880 年，他首次成功合成了生物碱——喹啉化合物，该成果发表在 Monatsh Chem 期刊上，并将此反应称为 Skraup 反应。该反应奠定了合成喹啉衍生物的基础。为了纪念这位伟大的化学家，人们在维也纳大学修建了纪念碑。

第四节　生　物　碱

一、生物碱概述

生物碱（alkaloid）是一类存在于生物体内的碱性含氮有机化合物，一般具有强烈的生理作用。生物碱主要存在于植物中，大多是结构复杂的含氮杂环化合物，表现出碱性，因此生物碱也常称为植物碱。

　　生物碱常与酸（如乳酸、酒石酸、苹果酸、柠檬酸、草酸、琥珀酸等）结合成盐而存在于植物的不同器官中，也有少数以游离碱、糖苷或酯的形式存在。另外，一种植物中可以含有多种生物碱，同一种植物的不同器官，生物碱的种类和含量也可能不同。

　　生物碱具有极强的生理作用，广泛应用于医药中。如黄连中的小檗碱具有很好的消炎作用，麻黄中的麻黄碱可用于平喘等。目前，已分离出的生物碱已有数千种，它们也是研究得最多的植物有效成分。

二、重要的生物碱

　　表 13-3 列出了重要生物碱的结构、来源及用途。

表 13-3　重要生物碱的结构、来源及用途

名称	结构式	来源	生物活性及用途
麻黄碱（麻黄素）	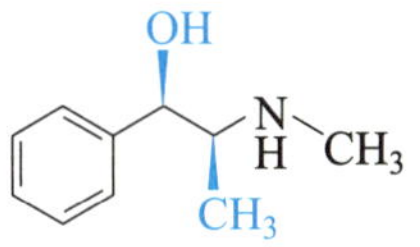	麻黄	扩张支气管，收缩血管，发汗、止喘
烟碱（尼古丁）	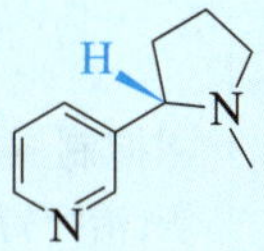	烟草	兴奋中枢神经，增高血压；农药杀虫剂
咖啡碱 可可碱	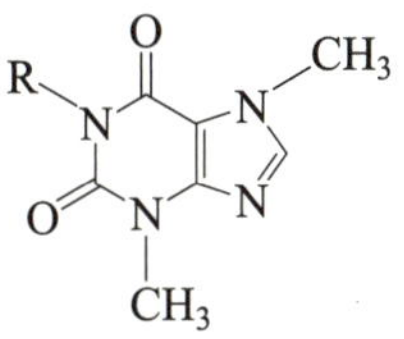 咖啡碱 (R=—CH_3) 可可碱 (R=—H)	可可豆 茶叶	兴奋中枢神经、止痛、利尿
吗啡碱	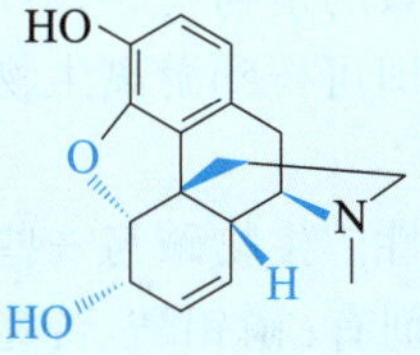	罂粟	麻醉中枢神经，镇痛、止咳、催眠

续表

名称	结构式	来源	生物活性及用途
小檗碱（黄连素）	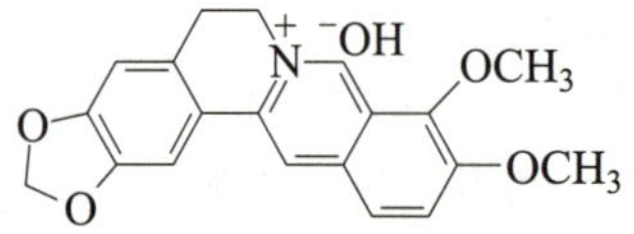	黄连	抗菌,治疗肠胃炎及细菌性痢疾
金鸡纳碱（奎宁）	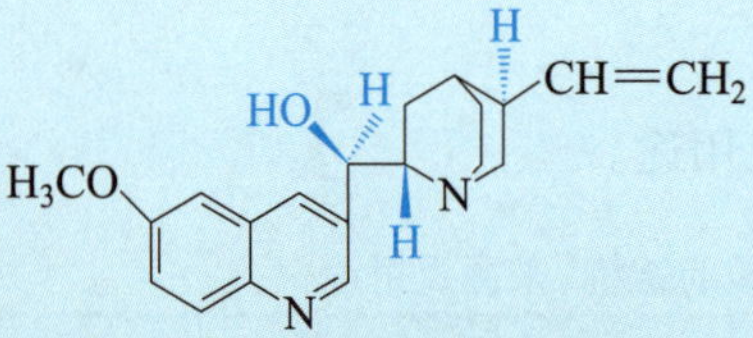	金鸡纳树	治疗疟疾,解热镇痛
喜树碱	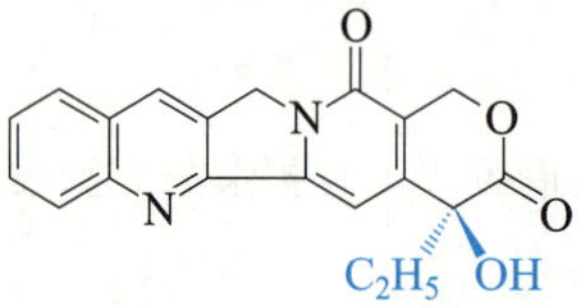	喜树	治疗肠癌、胃癌、白血病
颠茄碱（阿托品）	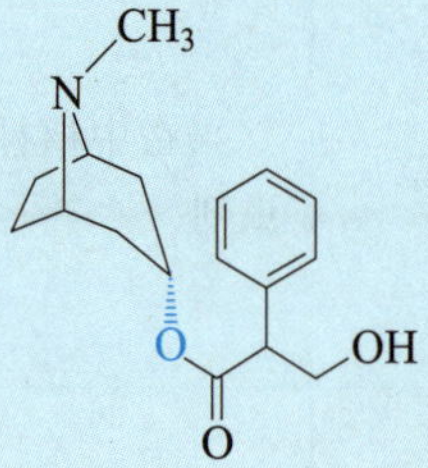	茄科植物	抑制腺体分泌,扩散瞳孔,缓解痉挛,治疗胃肠痛

三、生物碱的理化性质

生物碱大多是无色晶体,有挥发性,能用水蒸气蒸馏纯化。也有少数生物碱为液体,如烟碱等。生物碱一般易溶于有机溶剂,如氯仿、乙醚、苯等,不溶或难溶于水。在自然界中,它们往往以盐的形式存在,也有少数是以糖苷或酰胺等形式存在。

生物碱大多数是根据它们来源的植物而命名的。例如,烟碱是从烟草中取得的,颠茄碱是由颠茄中取得的。提取生物碱时,通常是先将含生物碱的植物切碎,然后用稀酸水溶液处理,使生物碱与酸等结合而溶于水,分离出来后加入强碱即可得到游离生物碱。由于生物碱不溶于水,可利用上述过程提取、分离出生物碱。

多数生物碱分子中含有手性碳原子,具有光学活性。生物碱与一些试剂反应生成沉淀或发生颜色变化,可依此检测它们的存在。常用的沉淀剂有:磷钼酸、苦味酸、单宁、碘－碘化钾等;显色剂主要有:甲醛、高锰酸钾、硝酸等。

【知识延伸】为什么动物的血液会"五颜六色"?

众所周知,牛、羊、鸡等动物的血液是红色的,但并不是所有动物的血液颜色都是红色。例如,蚯蚓的血是玫瑰红色的;河蚌的血是淡蓝色的;乌贼的血是绿色的;蜘蛛的血是青绿色的;田螺的血像牛奶,是白色的等。为什么动物血液有那么多种不同的颜色呢?这主要是由于不同动物体内的血色蛋白类型不同引起的。

从分子结构来看,血色蛋白都含有一个卟吩环,即由四个吡咯亚基通过甲基亚基(=CH—)链接,形成一个大共轭环状结构。卟吩环是平面形分子,每个氮原子有一对孤对电子,能与不同金属离子结合形成金属卟啉。这些金属卟啉在动物体内具有重要的生理作用。

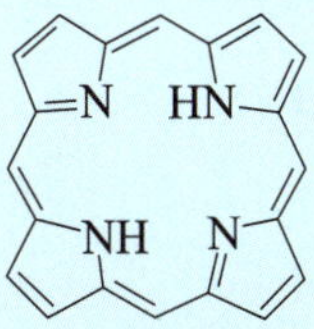

卟吩

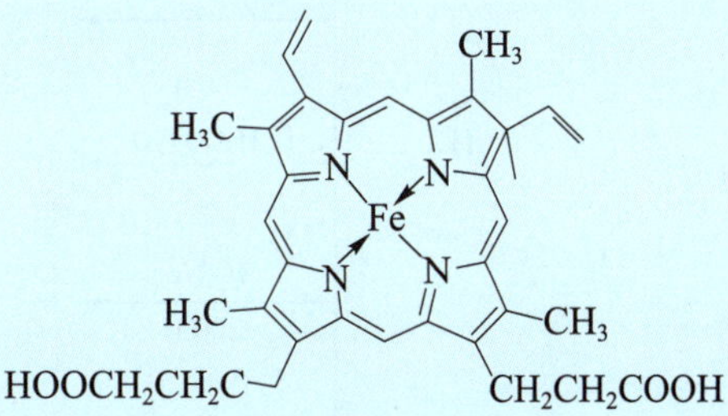

血红素

例如,血红素中的卟啉环结合的金属离子是亚铁离子,它具有运载氧气的功能,即在氧分压较高的肺部可与氧结合,当血液流经氧分压较低的组织时,氧合血红蛋白能分解为血红蛋白和氧,供组织新陈代谢使用,释放出的血红蛋白又重复进行氧气输送。不同动物的生活环境中氧含量、金属种类不同,所携带的血色蛋白也不尽相同。例如,海中丰富的铜使章鱼所拥有的血色蛋白呈青色;血绿蛋白的构造与血红蛋白相仿,只是血液中所含的不是铁,而是氧化亚铁;含有五氧化二钒的血色蛋白则为橙色,因而动物血液有不同颜色。

植物体内也存在大量的卟啉衍生物,如维生素 B_{12}、叶绿素等。维生素 B_{12} 是第一个被发现的含钴卟啉的天然化合物,它同时还含有一个氰基,能够治疗贫血症。叶绿素中的卟吩环与镁离子结合,是植物进行光合作用的主要色素,它能吸收大部分红光和紫光,反射绿光,因而使植物叶子呈现绿色。

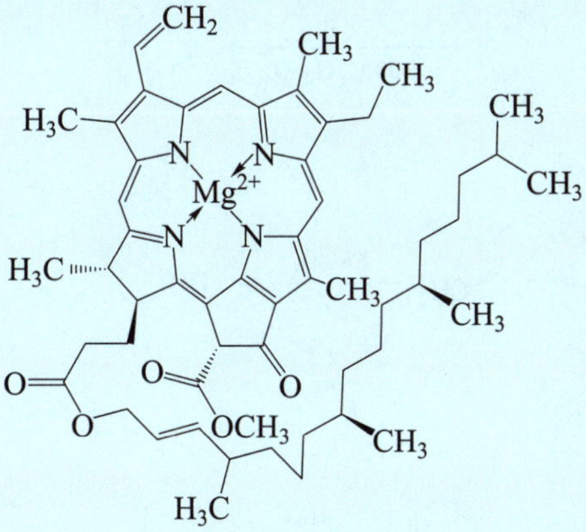

叶绿素 a

【知识连接】

1. 五元芳香族杂环的反应（以吡咯为例）

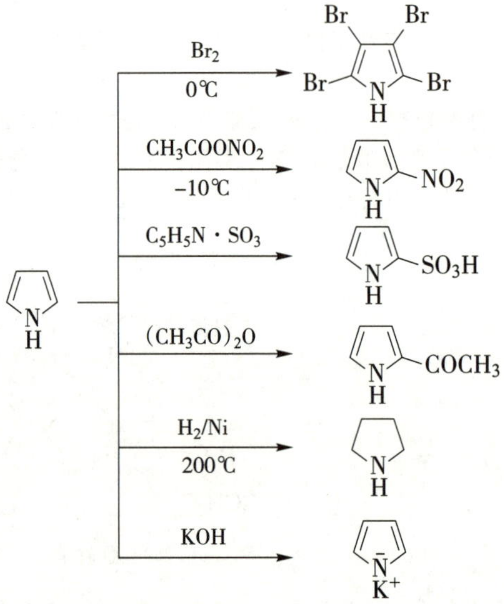

$$\begin{array}{c}
\xrightarrow[\text{0℃}]{\text{Br}_2} \\
\xrightarrow[\text{-10℃}]{\text{CH}_3\text{COONO}_2} \\
\xrightarrow{\text{C}_5\text{H}_5\text{N} \cdot \text{SO}_3} \\
\xrightarrow{\text{(CH}_3\text{CO)}_2\text{O}} \\
\xrightarrow[\text{200℃}]{\text{H}_2/\text{Ni}} \\
\xrightarrow{\text{KOH}}
\end{array}$$

2. 六元芳香族杂环的反应（以吡啶为例）

（1）亲电取代

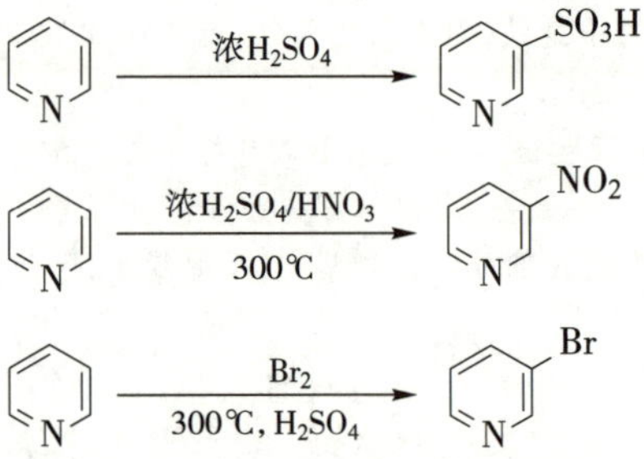

浓H_2SO_4

浓H_2SO_4/HNO_3 300℃

Br_2 300℃, H_2SO_4

（2）氧化反应

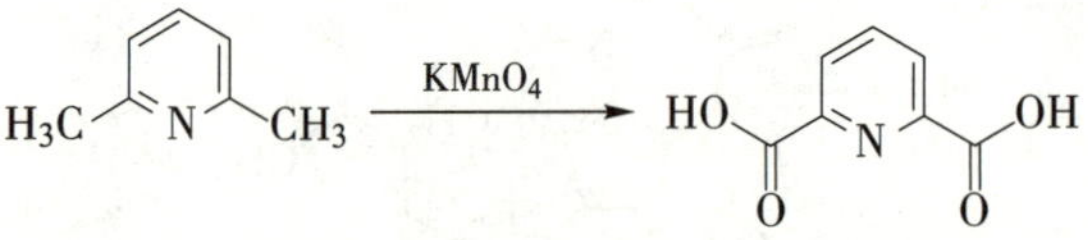

$KMnO_4$

（3）碱性反应

HCl

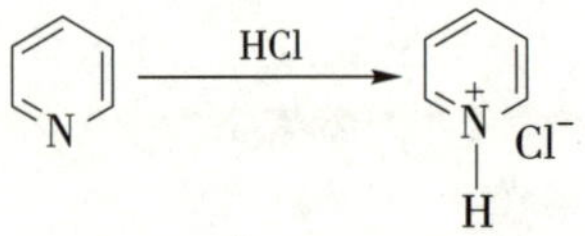

（4）还原反应

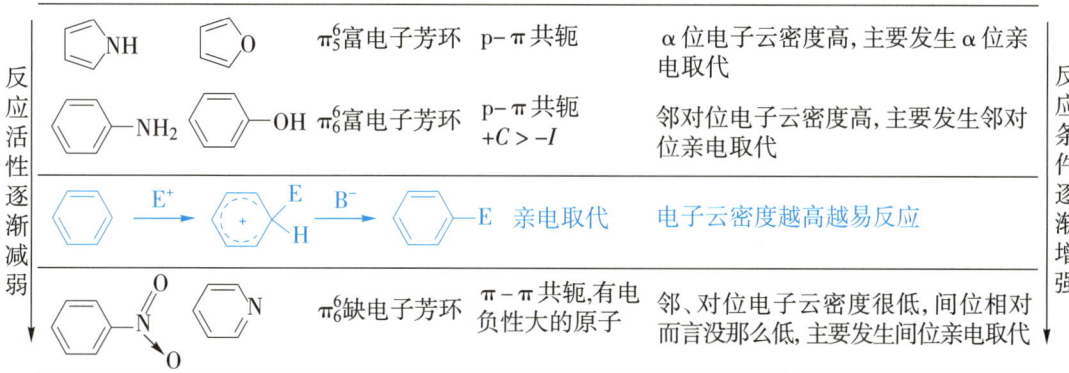

3. 芳香化合物电子效应与反应活性联想

反应活性逐渐减弱	NH O	π_5^6富电子芳环	p-π共轭	α位电子云密度高，主要发生α位亲电取代
	NH₂ OH	π_6^6富电子芳环	p-π共轭 +C>-I	邻对位电子云密度高，主要发生邻对位亲电取代

$$E^+ \longrightarrow \begin{array}{c}\text{E}\\\text{H}\end{array} \xrightarrow{B^-} \text{E}$$ 亲电取代　电子云密度越高越易反应

	N₋O, N	π_6^6缺电子芳环	π-π共轭，有电负性大的原子	邻、对位电子云密度很低，间位相对而言没那么低，主要发生间位亲电取代

反应条件逐渐增强

【英汉词汇】

杂环	heterocyclic	嘌呤	purine
呋喃	furan	噻唑	thiazole
异喹啉	isoquinoline	噁唑	oxazole
咪唑	imidazole	噻吩	thiophene
六氢吡啶	hexahydropyridine	喹啉	quinoline
四氢呋喃	tetrahydrofuran	吗啡	morphine
吡喃	pyran	吡啶	pyridine
吡咯	pyrrole	吡唑	pyrazole
吲哚	indole		

【参考文献】

［1］Belenkii L I, Chuvylkin N D, Nesterov I D. Positional Selectivity in Electrophilic Substitution Reactions of π−Excessive Heterocycles［J］. Chem. Heterocycl. Compd., 2012, 48, 241−257.

［2］Robinson B. Recent Studies of The Fisher Indole Synthesis［J］. Chem. Rev., 1969, 69, 227−250.

［3］Hirano K, Miura M. Direct Carbon−Hydrogen Bond Functionalization of Heterocyclic Compounds［J］. Synlett., 2011, 0294−0307.

［4］吴坤坤,李谦定,孟祖超,等. 杂环化合物类酸洗缓蚀剂研究进展［J］. 腐蚀科学与防护技术, 2016, 28（6）: 577−583.

［5］王兰英,王云侠,李剑利. 以结构为主线结合对比法进行杂环化合物教学［J］. 大学化学, 2014, 29（05）: 15−19.

［6］何涓. 1932 年以来杂环化合物的中文命名［J］. 化学通报: 印刷版, 2019, 082（004）: 373−378.

【习题】

1. 命名下列化合物：

（1） 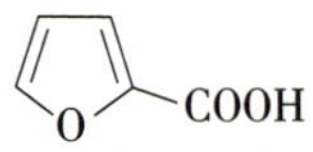 呋喃-COOH

（2） 吡啶-COOH

（3） 3-甲基吡咯 CH₃

（4） 嘧啶-OH

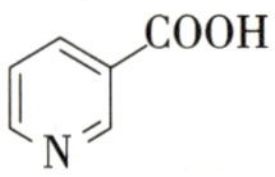

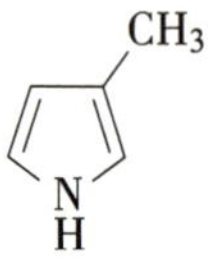

（5） 吲哚-CH₂COOH

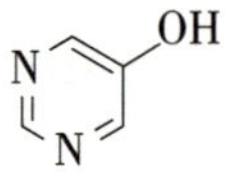

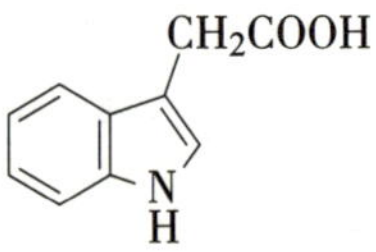

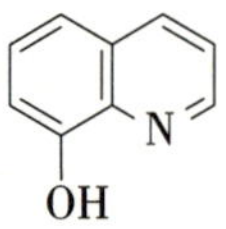

（6） 喹啉-OH

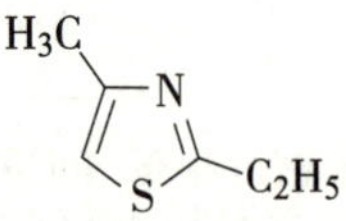

（7） 噻唑 H₃C—C₂H₅

（8） 嘌呤 OH / HO

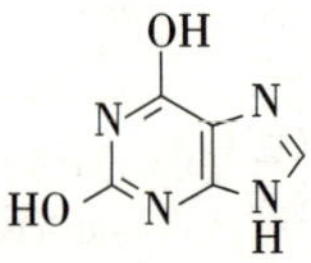

2. 下列化合物哪个可溶于酸,哪个可溶于碱? 哪个既可溶于酸又可溶于碱?

（1） 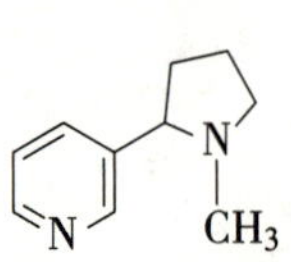 尼古丁结构 CH₃

（2） 腺嘌呤 NH₂

（3） 吗啡结构 HO / HO / N—CH₃

（4） 吲哚

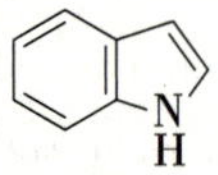

3. 写出下列反应的主要产物：

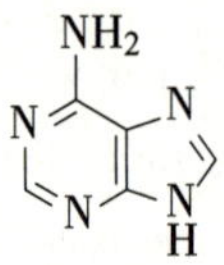

（1） 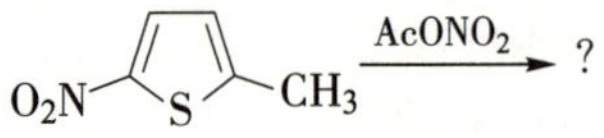 O₂N—噻吩—CH₃ $\xrightarrow{AcONO_2}$?

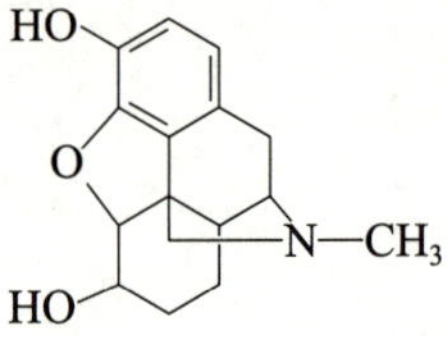

（2） 吡咯 + CH₃MgI ⟶ ?

（3） 吡啶 + C₂H₅I ⟶ ?

（4） N-甲基吡咯 $\xrightarrow{AcONO_2}$?

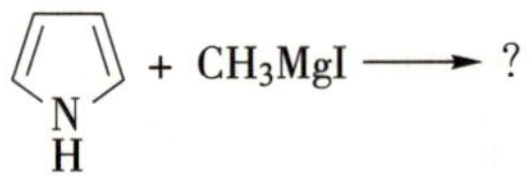

（5） 呋喃-CHO + CH₃CHO $\xrightarrow{OH^-}$?

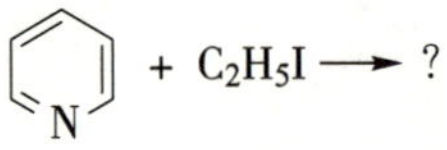

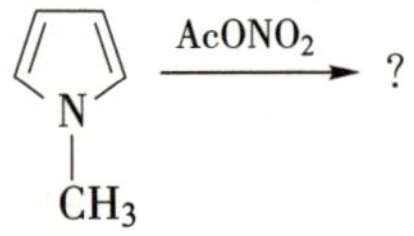

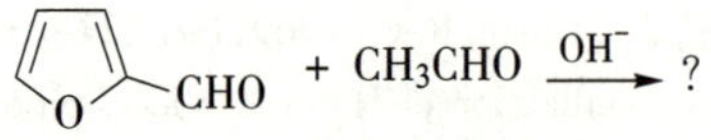

（6） 4-甲基吡啶 $\xrightarrow{KMnO_4}$? $\xrightarrow{SOCl_2}$?

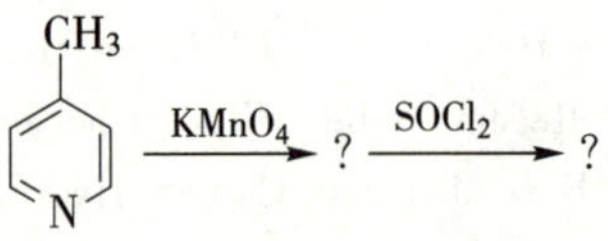

4. 由杂环化合物为原料,合成下列化合物：

（1） 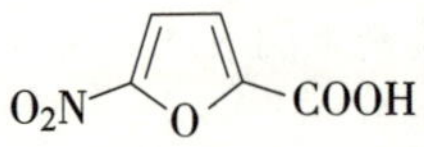 O₂N—呋喃—COOH

（2） 呋喃—环己醇(HO)

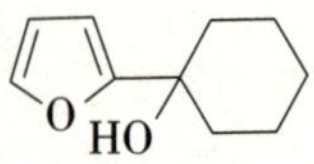

（3）

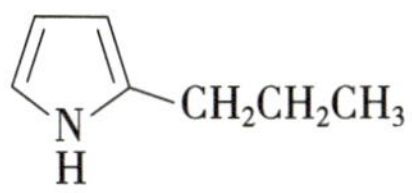

（4）

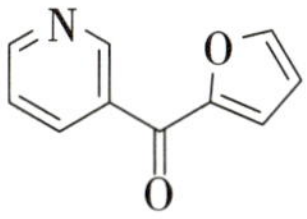

5. 麻黄碱具有扩张支气管、止喘等生理活性，写出麻黄碱的 4 个光学异构体。

6. 杂化化合物 A 的分子式为 C_7H_9NO，可与 2，4- 二硝基苯肼反应生成黄色沉淀；也可发生碘仿反应，得到 2- 位取代的杂环甲酸 B，B 的分子式为 $C_6H_7NO_2$。试推测化合物 A 与 B 可能的结构式，并写出 A 与 2，4- 二硝基苯肼反应，以及 A 发生碘仿反应的反应式。

7. 写出吡啶与浓硫酸发生磺化反应，得到吡啶 -3- 磺酸的反应机理。

扫一扫，获取本章习题答案

第十三章　习题答案

第十四章　糖　　类

【导言】

　　糖类化合物（saccharides）在自然界分布很广，与人们的生活息息相关。如蔗糖和淀粉，已经成为人们每天膳食的主要组成部分。棉花和亚麻是纤维素衣料的两种形式；人们也以木材的形式利用纤维素去建造房屋，或当作燃料来取暖。目前把经简单水解能生成多羟基醛，酮的化合物称为糖类化合物。几乎所有的植物和动物都能合成和代谢糖类物质，并以此来储存和传递能量。植物通过光合作用来合成葡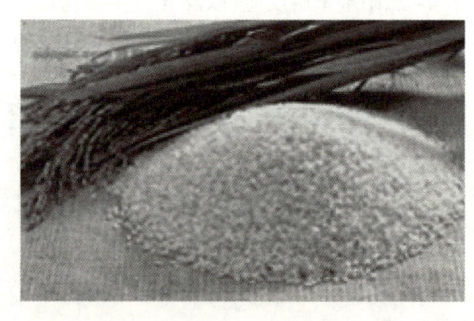
萄糖，并将许多葡萄糖分子连接在一起，构成淀粉以储存能量，或构成纤维素以支撑自身；动物则把葡萄糖分子连接成储能糖原。除此之外，科学研究还揭示出分子生物学中糖类在生命活动中的重要作用，如血红细胞表面的糖蛋白结构决定了血型的种类是 A、B、AB 或者 O 型。糖类化合物早期被称为碳水化合物（carbohydrates），是因为最早发现葡萄糖、蔗糖等均由碳、氢、氧三种元素组成，分子式可用 $C_m(H_2O)_n$ 通式来表示。但后来发现有些化合物如脱氧核糖（$C_5H_{10}O_4$），性质上属于碳水化合物，可氢与氧之比并不是 2:1；而有些化合物如乳酸（$C_3H_6O_3$）分子中氢氧之比符合 2:1 的关系，可是结构和性质上并不属于碳水化合物。因此"碳水化合物"这个名称并不恰当，但由于习惯原因，许多书籍一直沿用至今。

第一节　糖类的分类

　　糖类化合物通常根据它能否被水解及水解后生成的产物分为三类：

　　（1）单糖（monosaccharide）　不能再水解为更小分子的多羟基醛或多羟基酮，如葡萄糖、果糖等。

　　（2）寡糖（oligosaccharide）　也称低聚糖，是指水解后能生成 2~10 个单糖分子的糖类，其中水解生成两分子单糖的寡糖称为二糖，如蔗糖、麦芽糖等。

　　（3）多糖（polysaccharide）　水解后能生成 10 个以上单糖分子的糖类称为多糖，如淀粉、纤维素等。

第二节　单　糖

单糖是组成糖类化合物的基本结构单元,已发现的单糖有 200 多种,常见的有十几种。单糖根据分子中所含碳原子的数目可分为三碳糖、四碳糖、五碳糖和六碳糖。也可按分子中羰基的类型分为醛糖(aldose)和酮糖(ketose)。这两种分类方法在实际中又常合并使用。例如,葡萄糖为含 6 个碳原子的醛糖,称为己醛糖;果糖为含 6 个碳原子的酮糖,称己酮糖。自然界发现的单糖主要是五碳糖和六碳糖。糖类的命名一般根据其来源而采用俗名。单糖中最重要、分布最广的是葡萄糖和果糖。下面主要以这两种糖类为代表讨论单糖的结构和性质。

一、单糖的开链结构与构型

首先讨论葡萄糖的结构,它的开链结构式的确定经过了漫长的探索过程,是以如下一些事实为依据的:

(1)元素分析表明葡萄糖具有 CH_2O 的实验式,相对分子质量为 180,可以导出葡萄糖的分子式为 $C_6H_{12}O_6$。

(2)与 1 mol 羟胺等羰基试剂发生缩合反应,证明葡萄糖的分子中有一个羰基。

(3)用溴水氧化,得到一个六碳羧酸,证明葡萄糖分子一端是醛基。(酮羰基不被溴水氧化)。

(4)与 HCN 加成后水解生成六羟基酸,之后被 HI 还原得到正庚酸,证明葡萄糖是直链醛糖。

(5)葡萄糖与酸酐作用,生成五乙酰葡萄糖,这说明它含有五个羟基。由于两个羟基在同一碳原子上的结构是不稳定的,所以这五个羟基应该是分别连在 5 个碳原子上的。

由此推知,葡萄糖是开链的五羟基己醛。结构式可初步表达如下:

$$\overset{6}{H_2C}-\overset{5}{CH}-\overset{4}{CH}-\overset{3}{CH}-\overset{2}{CH}-\overset{1}{CHO}$$
$$\quad OH\;\;OH\;\;\;OH\;\;\;OH\;\;\;OH$$

从上述结构可以看出: C_2、C_3、C_4、C_5 都是手性碳原子,应有 2^4=16 种旋光异构体,八对对映体。葡萄糖就是这 16 种异构体中的一个。确定葡萄糖的构型在有机化学发展初期是非常困难的,被誉为"糖化学之父"的德国化学家费歇尔从 1884 年起,花费 10 多年的时间,用化学的方法确定了天然葡萄糖的构型,并获得了 1902 年诺贝尔化学奖。

由于当时没有测定绝对构型的方法,费歇尔为了研究方便,人为规定右旋的甘油醛羟基写在费歇尔投影式的右边,左旋的在左边,分别用 D、L 来表示。这样右旋的甘油醛表示为 D-(+)-甘油醛,左旋的甘油醛用 L-(-)-甘油醛表示。巧合的是这一人为的规定后来被证明恰好与实际结构一致。这样与标准物甘油醛相关联而得到的旋光物质的相对构型也就是绝对构型了。为了书写简便,在费歇尔投影式中将手性碳原子上的氢省略,用一短横线代表手性碳原子上的羟基。

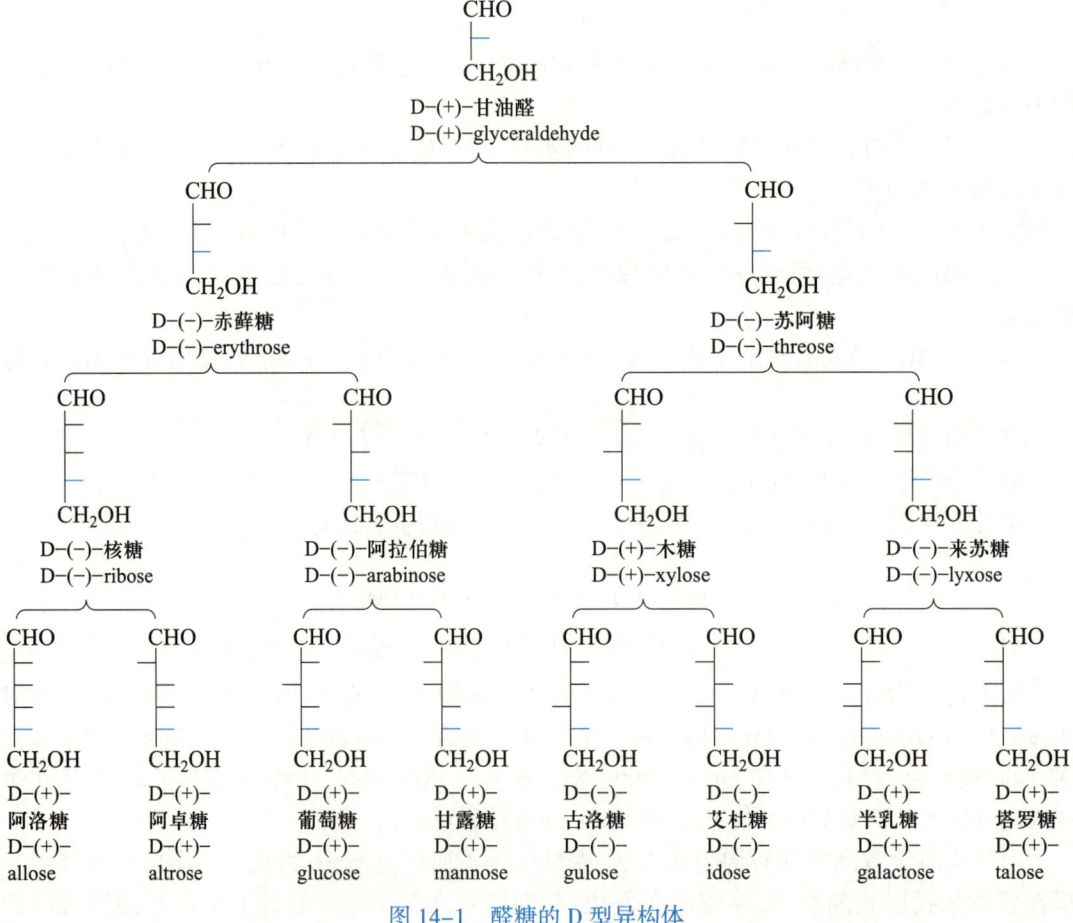

图 14-1　醛糖的 D 型异构体

由 D-(+)-甘油醛可以推导出所有 D 型丁醛糖、戊醛糖和己醛糖(图 14-1)。这种从 D-(+)-甘油醛衍生出来的一系列醛糖,都有一个共同的特点,即距离羰基最远的手性碳原子构型都是一样的,与该碳原子连接的羟基都在右边,即该手性碳原子的构型和 D-(+)-甘油醛分子中的手性碳原子构型一致,所以这些糖类都属于 D 构型,称为 D 系醛糖。

用绝对构型表示时,要求表示出每一个手性碳原子的构型。如 D- 葡萄糖,IUPAC 命名法为($2R,3S,4R,5R$)-2,3,4,5,6- 五羟基己醛,使用时这种命名很不方便,所以糖类的名称常用俗名,而分子构型就常用相对构型(D、L)表示。

同样方法还可以由 L–(–)–甘油醛推导出己醛糖的 8 种 L 型异构体,它们分别与 D 构型 8 种异构体是对映体。自然界存在的单糖大多是 D 构型。

自然界也发现一些 D–酮糖。它们的结构一般在碳链的第二位有酮羰基,比相同碳原子数目的醛糖少 1 个手性碳原子,异构体数目也相应减少。如存在于甘蔗和蜂蜜中的 D–果糖,为六碳酮糖,有 3 个手性碳原子,共有 8 种旋光异构体,D 型 4 种,L 型 4 种。同样,它也可以用增长碳链的方法推导出来。D–果糖结构用费歇尔投影式表示如下:

$$
\begin{array}{c}
CH_2OH \\
| \\
C{=}O \\
\text{———} \\
\text{———} \\
\text{———} \\
| \\
CH_2OH
\end{array}
$$

D–(–)– 果糖
D–(–)–fructose

【思考题 14–1】写出 L–葡萄糖、D–半乳糖、L–果糖的费歇尔投影式。

二、单糖的环状结构与构象

用葡萄糖的开链结构可以说明,它能够被弱氧化剂托伦试剂、费林试剂氧化,能够与苯肼、羟胺等发生反应等性质,但是无法解释下列实验现象。

（1）不同条件下可得到两种 D–葡萄糖晶体。在酒精中结晶出来的 D–葡萄糖,熔点为 146℃,比旋光度为 +112° · cm² · g⁻¹;从吡啶中结晶出来的 D–葡萄糖,熔点为 150℃,比旋光度为 +19° · cm² · g⁻¹。如果把两种不同的 D–葡萄糖晶体分别溶解于水中,放置一段时间,测得旋光度都逐渐发生变化,前者从 +112° · cm² · g⁻¹ 逐渐下降至 +52° · cm² · g⁻¹,后者则从 +19° · cm² · g⁻¹ 上升至 +52° · cm² · g⁻¹。当两者的比旋光度变化至 +52° · cm² · g⁻¹ 后,都不再发生变化。这种旋光性化合物在水溶液中旋光度逐渐变化,最终达到定值的现象称为变旋现象（mutamerism）。D–葡萄糖的这种变旋现象用链状结构无法解释。

（2）葡萄糖不与亚硫酸氢钠发生反应生成沉淀,只和一个分子醇作用即可生成稳定的缩醛型化合物,这也和开链结构的表达不符。应用近代物理化学方法（红外光谱和核磁共振谱）测定葡萄糖结构,发现它不存在醛基的特征峰;X 射线衍射法证明结晶状态的葡萄糖是以六元环存在的。

根据以上这些事实,并考虑到醛可以与醇反应生成半缩醛的事实,人们提出葡萄糖中的羟基和羰基可在分子内进行加成,形成环状半缩醛结构。

（一）单糖的氧环式结构

根据环的大小与稳定性关系可知:五元环和六元环最易形成。因此对于五碳糖和六碳糖来说,在一般情况下形成的都是五、六元环。葡萄糖一般形成的是六元环状结构,组成环的原子除碳外,还有一个氧。所以糖类的这种环状半缩醛结构又称氧环式结构。D-葡萄糖由开链式结构,通过 C_5 羟基对醛基的加成,形成氧环式结构。其过程可表示如下:

$$\beta\text{-D-(+)-葡萄糖}$$
$$[\alpha]_D^{20} = +19° \cdot cm^2 \cdot g^{-1}$$
$$64\%$$

$$\text{D-(+)-葡萄糖}$$
$$\text{极少量}$$

$$\alpha\text{-D-(+)-葡萄糖}$$
$$[\alpha]_D^{20} = +112° \cdot cm^2 \cdot g^{-1}$$
$$36\%$$

平衡混合物
$$[\alpha]_D^{20} = +52° \cdot cm^2 \cdot g^{-1}$$

D-葡萄糖由开链醛式转变成环状半缩醛结构时,原来醛基的碳原子变成手性碳原子,这就必然产生两种异构体。该手性碳原子上的羟基称为半缩醛羟基。如果半缩醛羟基(C_1 上的羟基)与决定构型的碳原子(C_5)上的羟基在碳链同侧的称为α型;在异侧的称为β型。显然α-D-葡萄糖和β-D-葡萄糖是非对映体,因为它们不是实物和镜像关系,区别只在于 C_1 的构型不同,而其他手性碳原子的构型完全相同。因此α-D-葡萄糖和β-D-葡萄糖互为差向异构体(epimer)。又由于是 C_1 上的构型不同,也称端基差向异构体(end-group isomerism)或异头物(anomer)。

单糖的环状结构可以解释用开链结构难以说明的一些性质。当 D-葡萄糖的两种异构体溶于水时,由于活泼的半缩醛羟基的存在,部分α-D-葡萄糖,通过开链式转变为β-D-葡萄糖,或部分β-D-葡萄糖通过开链式转变为α-D-葡萄糖。在建立平衡过程中,比旋光度不断发生变化,最后三者达到平衡时,比旋光度也达到一个平衡值 $+52° \cdot cm^2 \cdot g^{-1}$。一般来说凡具有半缩醛结构的糖类,均有变旋光现象。平衡时,溶液中约含 36% 的α-D-葡萄糖和 64% 的β-D-葡萄糖,以及很少量的开链葡萄糖。这样一个平衡混合物受到不同试剂进攻时,葡萄糖以不同形式参与反应。如与苯肼、费林试剂、托伦试剂发生反应时,是通过开链结构进行的,这些不可逆反应一旦发生,平衡随即移动直至终了。开链结构式在平衡混合物中很少,因此,对可逆性加成反应,如与 $NaHSO_3$ 的反应则不易发生。由于葡萄糖分子变成环状的结构之后,本身成为半缩醛结构,因此只能与一个分子的醇起作用,生成缩醛型结构。

在单糖的环状结构中,五元环与呋喃环相似,六元环与吡喃环相似。因此将五元环单糖称为呋喃糖(furanose),如β-D-呋喃果糖;六元环单糖称为吡喃糖(pyranose),如α-D-吡喃葡萄糖。

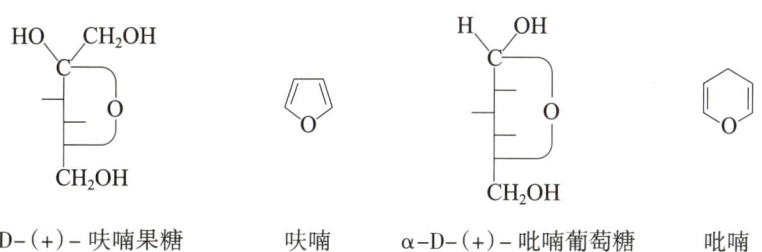

β-D-(+)-呋喃果糖　　呋喃　　α-D-(+)-吡喃葡萄糖　　吡喃

（二）哈沃斯透视式

用链状的费歇尔投影描述糖类的环状结构不能直观反映出基团空间相对位置。为了更接近真实和更能形象地描述单糖的环状结构,一般采用哈沃斯(N. Haworth)透视式,简称哈沃斯式。由链状式转化为哈沃斯式的过程见图14-2。

式（I）是开链D-葡萄糖的费歇尔投影式,6个碳原子并不是在一条直线上,其空间形象是向后弯曲。保持这种空间形象不变,把（I）式向右倒成水平的（II）式,右侧基团写在下面,左侧基团写在上面。（II）式的碳链也不是水平的直线,同样是向后弯曲的,这样就将式（II）写成（III）式。再将 C_5 上的基团绕着 C_4—C_5 之间的键轴旋转120℃,使 C_5 羟基与醛基接近,呈（IV）式。（IV）式 C_5 羟基进攻羰基碳原子,得到2种半缩醛异构体,α-D-吡喃葡萄糖（V）和β-D-吡喃葡萄糖（VI）。

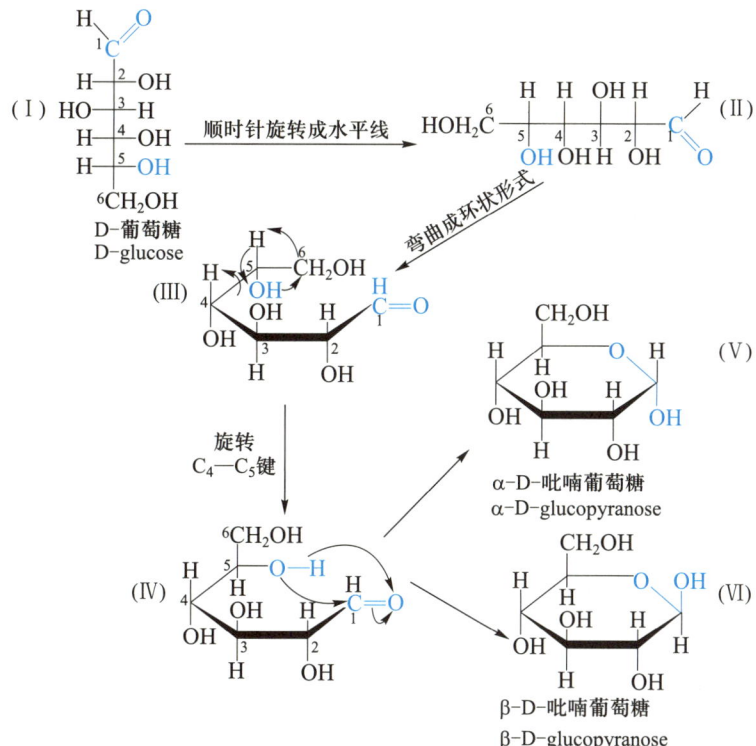

图 14-2　葡萄糖链式转化为哈沃斯式示意图

D– 果糖也可以用相似的方法由开链式变成哈沃斯式（图 14-3）。

果糖的开链结构式（Ⅰ）可以形成五元环状结构（Ⅱ）、（Ⅲ），也可以形成六元环状结构（Ⅳ）、（Ⅴ）。五元环果糖是 C_2 上的羰基与 C_5 上的羟基成环；六元环果糖是 C_2 上羰基与 C_6 上的羟基成环。在自然界中的果糖衍生物是以五元环呋喃果糖为主存在的。

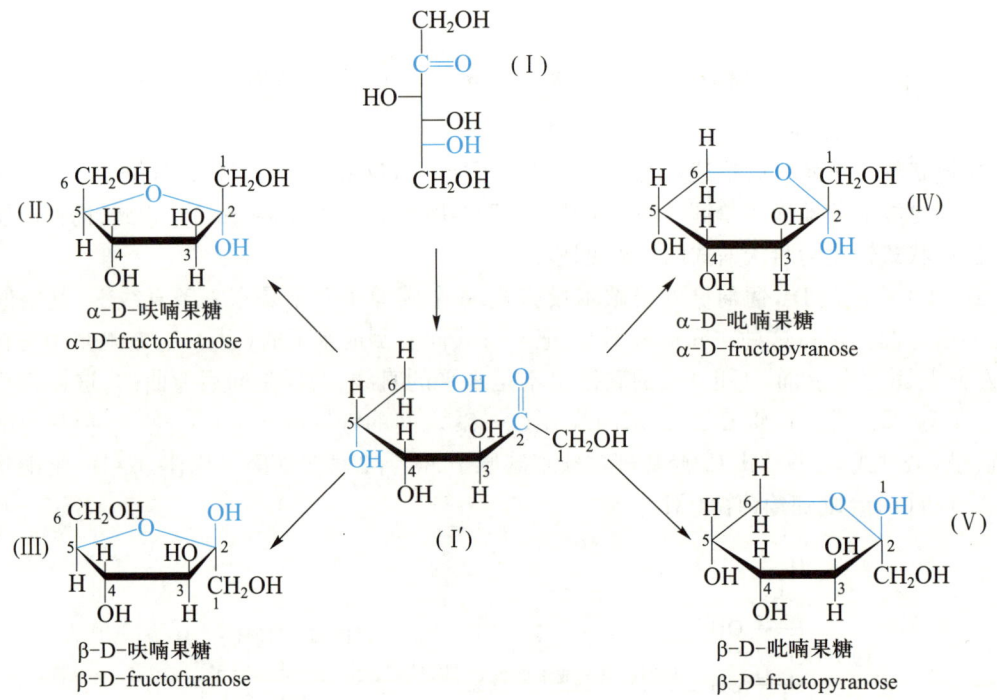

图 14-3　D– 果糖由开链式变成哈沃斯式示意图

从单糖的费歇尔投影式转变成哈沃斯式应注意下述书写规则：

（1）首先写出表示氧环式结构的平面六元或五元含氧环，并把指向前面的三根链用粗线表示，六元环氧通常写在环中的右上角，五元环氧写在正上方。成环碳原子位次以顺时针方向排列。

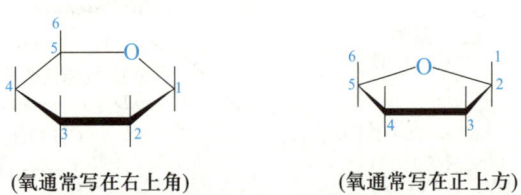

（2）将费歇尔投影式碳链右侧基团或原子写在哈沃斯式环平面的下方；左侧基团或原子写在环平面上方。遵循"左上右下"的原则。

（3）D 型糖的羟甲基（—CH_2OH）应写在环平面的上方，L 型糖的羟甲基则写在环平面下方。

（4）在 D 型糖中，半缩醛羟基在环平面下方为α型，在平面上方为β型。在 L 型糖中正好相反。

【思考题 14-2】写出下列糖类的哈沃斯式。

（1）β-D- 呋喃核糖　　　　　　（2）α-L- 吡喃甘露糖

（3）β-D- 呋喃果糖　　　　　　（4）α-D- 吡喃半乳糖 C_2 差向异构体

——【知识背景】让糖类分子动起来的科学家——哈沃斯 ——

哈沃斯（W. N. Haworth, 1883—1950）英国化学家。哈沃斯 1903 年开始糖类化合物和萜烯的研究工作。他发现单糖的碳原子不是直线排列而成环状——具有一定空间构型的分子由于单键的旋转和扭曲产生不同的原子空间排列，并用此来描述吡喃糖环的椅型和船型结构。如果说范特霍夫等人的碳四面体结构使"躺"在纸面上的分子"站"起来了，那么哈沃斯关于单糖构象的概念则是使"站"起来的分子"动"起来了。此结构后来被称为哈沃斯结构式。1925 年哈沃斯任伯明翰大学化学系主任。此后，哈沃斯转而研究维生素 C，并发现其结构与单糖相似。1934 年他与英国化学家赫斯特成功地合成了维生素 C，这是人工合成的第一种维生素。这一研究成果不仅丰富了有机化学的内容，而且可生产廉价的医药用维生素 C（即抗坏血酸）。为此，哈沃斯于 1937 年获得了诺贝尔化学奖。

（三）单糖的构象式

研究表明，晶体状态的吡喃葡萄糖具有椅型构象式。如下是 D- 吡喃葡萄糖的两种椅型构象式。

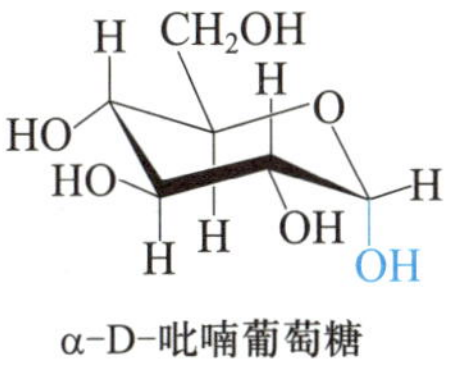

α-D-吡喃葡萄糖 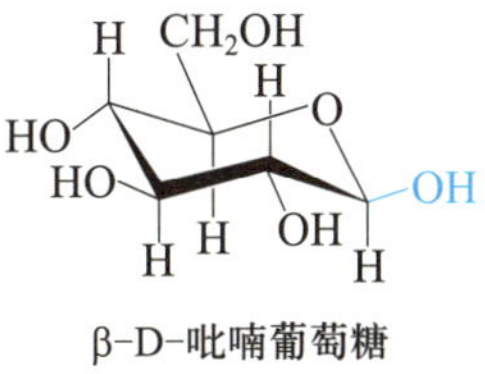　　　　　　β-D-吡喃葡萄糖

从构象式可以看出，在β型中所有较大基团都占据 e 键，而在α型中 C_1 上的半缩醛羟基只能占据 a 键，所以β型比α型更稳定，这也是为什么在变旋平衡体系中β-D- 吡喃葡萄糖占比例较大（64%）的原因。

14-1

三、单糖的物理性质

单糖都是无色结晶，有吸湿性，极易溶于水，可溶于乙醇，不易溶于乙醚、丙酮、苯等有机溶剂。单糖（除丙酮糖外）都有旋光性及变旋光现象，天然的单糖大多是 D 型。表 14-1 列出了一些单糖的物理常数。

表 14-1 一些单糖的物理常数

名称	熔点 /℃	比旋光度 $[\alpha]_D^{20}/(°\cdot cm^2\cdot g^{-1})$		
		α 型	β 型	平衡体系
D- 葡萄糖	146	+112.2	+18	+52
D- 甘露糖	132	+29.9	-16.3	+14.6
D- 半乳糖	167	+150.7	+52.8	+80.2
D- 果糖	103（分解）	-21	-133.5	-92
D- 阿拉伯糖	157～160	-55.4	-175	-104.6
D- 木糖	144～145	+93.6	-20	+18.8
D- 核糖	87	—	—	-9.7

四、单糖的化学性质

单糖是多羟基醛或多羟基酮,它属于多官能团化合物,因此其化学性质主要表现在羟基与羰基的性质,以及羟基和羰基相互影响而产生的一些特殊性质。单糖在水溶液中是以环状与开链式结构互变平衡存在的,有些性质是开链式结构表现出来的(如氧化、还原、成脎等);有些性质是环状结构表现出来的(如成苷、成酯等)。

(一)差向异构化

单糖分子中羰基α- 碳原子上的氢受羰基和同碳原子上羟基的双重影响而变得活泼,在碱性溶液中易发生酮式和烯二醇式的互变异构,这种变化称异构化(isomerize)。例如,用稀 $Ba(OH)_2$ 溶液处理 D- 葡萄糖可以得到结构不同的 D- 葡萄糖、D- 甘露糖和 D- 果糖的平衡体系混合物。

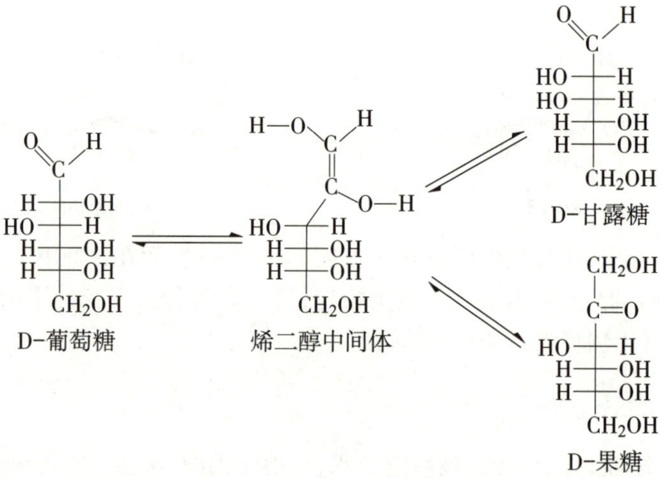

D- 葡萄糖和 D- 甘露糖只是 C_2 的构型不同,其他手性碳原子的构型完全一样,所以它们互称为 2- 差向异构体。差向异构体的相互转化称为差向异构化(epimerization)。在生物体

内这种转变可在酶的作用下完成。

利用葡萄糖异构化果糖的性质,在工业上可制备高甜度的果葡糖浆。首先利用酶水解廉价的谷物淀粉为葡萄糖,葡萄糖在葡萄糖异构化酶的作用下,转化为甜度较高的果糖,制成含果糖 40% 以上的果葡糖浆,也称人造蜂蜜。

（二）氧化反应

单糖都能被氧化剂所氧化,其氧化过程比较复杂,氧化产物与试剂的种类及溶液的酸碱性都有关系。

1. 碱性溶液中氧化

酮糖在碱性溶液中通过异构化作用可以转变为醛糖,因此所有的单糖都能被费林试剂、托伦试剂和本尼迪特试剂等碱性弱氧化剂氧化,单糖分子被氧化成小分子羧酸盐混合物。

$$单糖 + Cu^{2+} \xrightarrow[\triangle]{OH^-} Cu_2O\downarrow + 羧酸盐等混合物$$

在有机化学和生物化学中,把糖类能还原费林试剂等碱性弱氧化剂的性质统称为还原性(reductive);把具有还原性的糖类称为还原糖,故所有单糖都是还原性糖(reducing sugars)。

医药上利用糖类和本尼迪特试剂的反应测定尿液中葡萄糖的含量;工业上利用葡萄糖和托伦试剂的反应来镀银。

2. 酸性溶液中氧化

（1）溴水　单糖在酸性条件下不发生异构化,因此醛糖和酮糖的反应有所不同。在溴水作用下,醛糖能被氧化为糖酸(glyconic acid),而酮糖不被氧化,可依此来区别醛糖和酮糖。

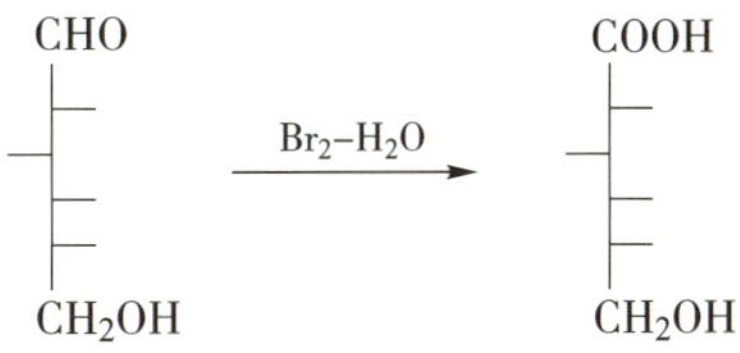

CHO ——→ COOH

Br₂–H₂O

CH₂OH　　　　CH₂OH

D- 葡萄糖　　　　D- 葡萄糖酸

葡萄糖酸在工业上由发酵法制得。以葡萄糖酸为原料可制备葡萄糖酸钙和葡萄糖酸锌等。葡萄糖酸钙是人体有效的补钙剂;葡萄糖酸锌是人体必需的微量元素锌的补充源。

（2）硝酸的氧化　酸性的强氧化剂硝酸不仅能氧化醛基,而且能氧化末端羟甲基,使醛糖氧化成糖二酸(glycaric acid)。例如:

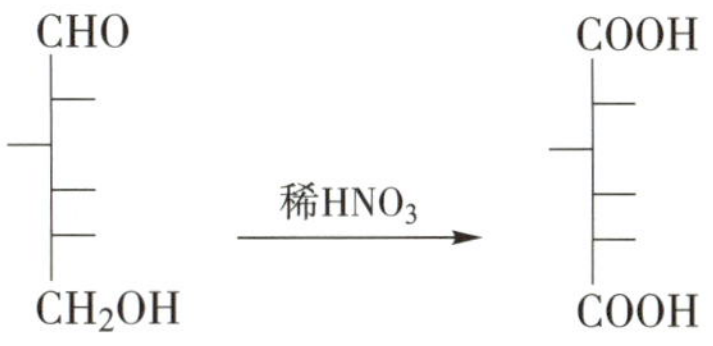

CHO ——→ COOH

稀HNO₃

CH₂OH　　　　COOH

D- 葡萄糖　　　　D- 葡萄糖二酸

酮糖在同样条件下氧化时,发生 C_1—C_2 键的断裂,生成比原来糖类少一个碳原子的糖二酸。例如:

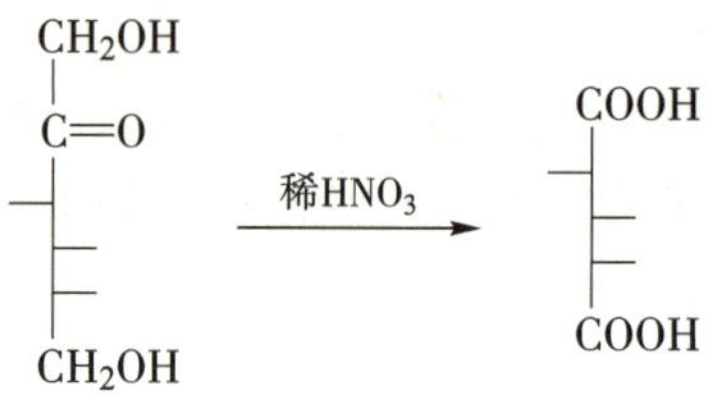

D- 果糖

（3）高碘酸氧化　醛糖和酮糖用高碘酸氧化时,邻二醇型、α- 羟基醛和α- 羟基酮结构的碳碳键均会断裂,每断裂一个 C—C 键消耗 1 mol 高碘酸,反应是定量的,可用来测定糖类的结构。

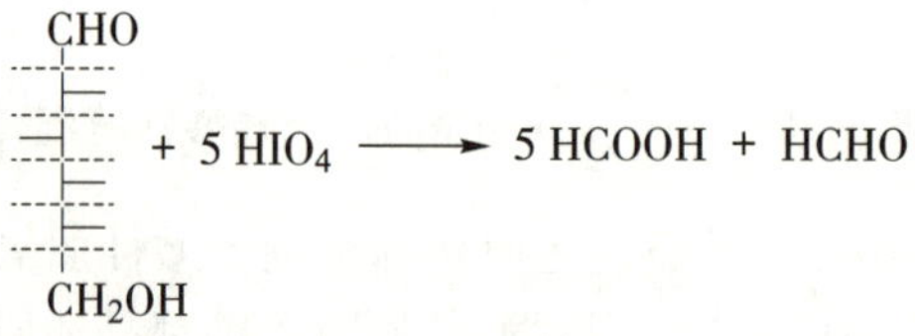

D- 葡萄糖

3. 生物体内氧化

在生物体内酶的作用下,某些单糖如葡萄糖、半乳糖的末端羟甲基也可被氧化成羧基,而醛基保持不变,生成相应的糖尾酸。例如:

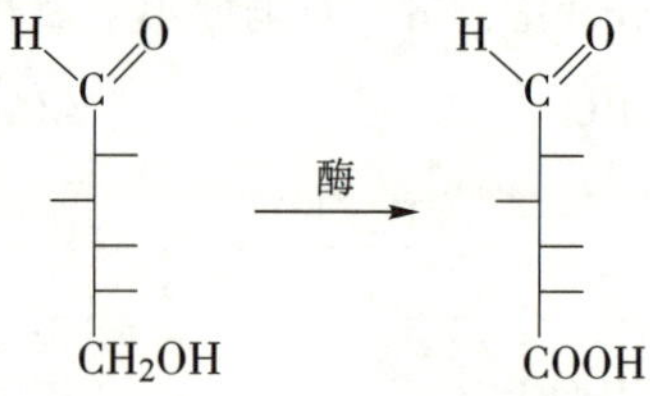

D- 葡萄糖　　　　D- 葡萄糖尾酸

【思考题 14-3】分别写出 D- 甘露糖和 D- 果糖与下列氧化剂反应的方程式。
（1）费林试剂　　　　（2）溴水　　　　（3）硝酸
【思考题 14-4】丙酮糖属于酮糖,为何与醛糖一样可被托伦试剂或费林试剂氧化,但是不与溴水反应?

【知识延伸】血糖的测定

糖尿病患者必须经常监测体内血糖的含量。血糖测定的方法很多,其中氧化酶法是临床实验室的常规检测方法。常用的试剂盒就是利用葡萄糖的酶氧化反应测定葡萄糖浓度。试纸条经过葡萄糖氧化酶处理,将血滴到试纸条上,血液中的葡萄糖可以利用空气中的氧气在葡萄糖氧化酶作用下氧化醛糖,生成葡萄糖酸和过氧化物。过氧化物氧化试纸条中的染料,根据血液中葡萄糖的含量生成不同色带。

（三）还原反应

在催化加氢或金属氢化物的作用下,单糖的羰基可被还原成羟基,生成多元糖醇（alditol）。实验室中常用 $NaBH_4$ 为还原剂,工业上以镍为催化剂加氢的方法生产多元糖醇。

例如,葡萄糖可以被还原成山梨醇;甘露糖可以被还原成甘露醇;果糖则可被还原成山梨醇和甘露醇的混合物。

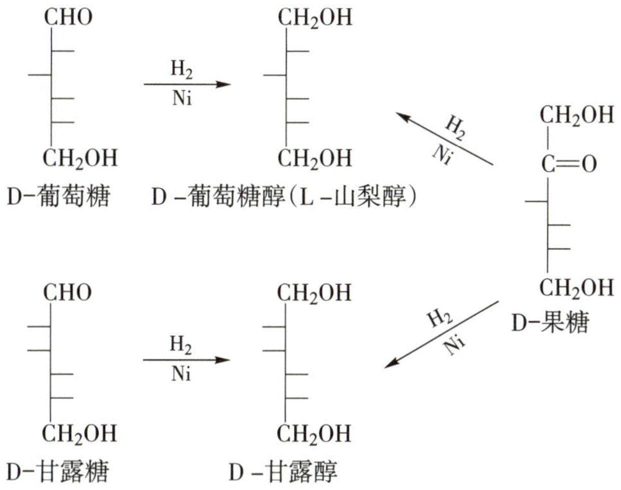

D-葡萄糖   D-葡萄糖醇（L-山梨醇）   D-果糖

D-甘露糖   D-甘露醇

甘露醇、山梨醇是化妆品和药物生产中用量较大的多元糖醇。例如,甘露醇、山梨醇有降低颅内压力,治疗脑水肿和利尿等作用。

【思考题 14-5】写出 D-葡萄糖和 D-果糖用硼氢化钠还原的产物?

【知识延伸】功能性新型甜味剂——糖醇

传统食品工业主要使用单糖和非功能性双糖作为甜味剂,如蔗糖、葡萄糖、乳糖、麦芽糖和果糖等。这些糖类物质含有较多的热量,如摄入量过多,易引起肥胖症、糖尿病、心血管病、高血压、龋齿等疾病。功能性甜味剂是指含有较低热量,能被高血压、糖尿病患者食用,具备独特生理功能的甜味剂,糖醇属于功能性甜味剂。糖醇由相应的糖类分子经镍催化加氢制成。用作功能性甜味剂的主要有:木糖醇、山梨糖醇、麦芽糖醇、甘露糖醇、乳糖醇和赤藓糖醇等。糖醇的生理功能主要表现在以下 3 个方面:① 低热值,可预防肥胖。② 适合糖尿病患者食用,糖醇在体内的代谢不受胰岛素的控制,不会引起血糖升高,因此可供糖尿病患者食用。此外,糖醇还具有降血脂的功能。③ 预防龋齿。木糖醇和麦芽糖醇还不易被微生物利用和发酵,也是良好的防龋齿的甜味剂。

我国糖醇的生产起步较早,90% 以上的产品用于出口,成为世界上第一位木糖、木糖醇的生产大国。糖醇在食品工业中主要用于生产糖果、乳制品及饮料。如欧美国家比较流行的无糖口香糖,使用木糖醇、山梨醇、甘露醇、麦芽糖醇等功能性甜味剂,既可预防龋齿,又可供糖尿病患者使用。

（四）成脎反应

单糖的羰基与苯肼反应首先生成苯腙。在过量的苯肼存在下，$\alpha-$ 碳原子上的羟基继续与苯肼反应生成的产物称为糖脎（osazone）。

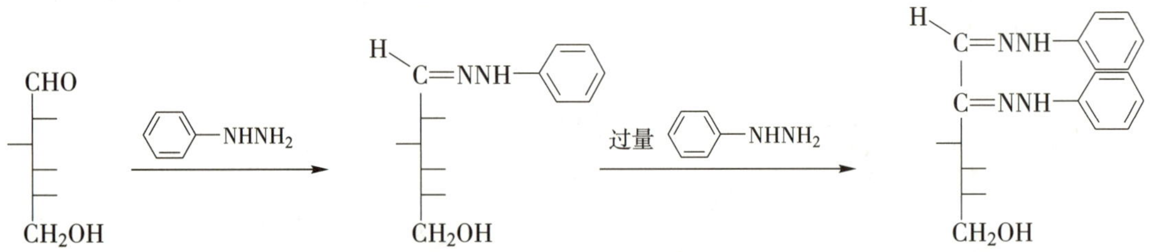

D- 葡萄糖　　　　　　　　D- 葡萄糖苯腙　　　　　　　D - 葡萄糖脎

成脎反应在 C_1 和 C_2 上发生变化，不涉及其他碳原子。因此含碳原子数相同的单糖，如果只是 C_1、C_2 上所连基团或构型不同，而其他碳原子的构型完全相同时，它们必生成同一种糖脎。例如，己糖中的 D- 葡萄糖、D- 果糖和 D- 甘露糖生成的脎是相同的。

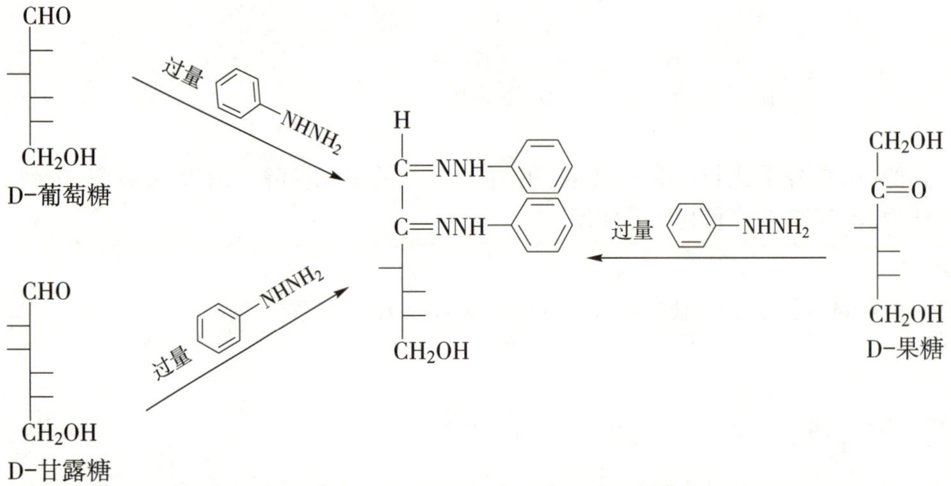

D-葡萄糖　　　　　　　　　　　　　　　　　　　　　　D-果糖

D-甘露糖

糖脎都是不溶于水的黄色结晶，不同的糖脎结晶形状不同，熔点不同，在反应中生成的速率也不同，所以可以根据糖脎的结晶形状、生成速率及熔点来鉴定糖类。

【思考题 14-6】怎样证明 D- 葡萄糖、D- 甘露糖和 D- 果糖的 C_3、C_4、C_5 具有相同的构型？
【思考题 14-7】在 D- 己醛糖中，哪个可以与半乳糖形成相同的脎？

（五）成苷反应

单糖的环状结构中含有的半缩醛羟基，与其他羟基的反应活性有较大差别，它能与含有羟基、亚氨基（>NH）或巯基等的化合物脱水形成缩醛（酮）型化合物，称为糖苷（glycoside），这个反应也称成苷反应。

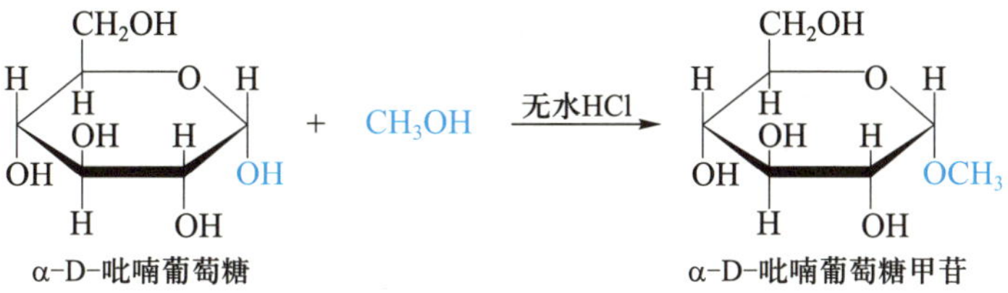

α-D-吡喃葡萄糖　　　　　　　　α-D-吡喃葡萄糖甲苷

在糖苷分子中,糖类的部分称为糖基,非糖类部分称为配糖基或苷元(aglycone),连接糖基与配糖基的键称为苷键(glucosidic bond)。

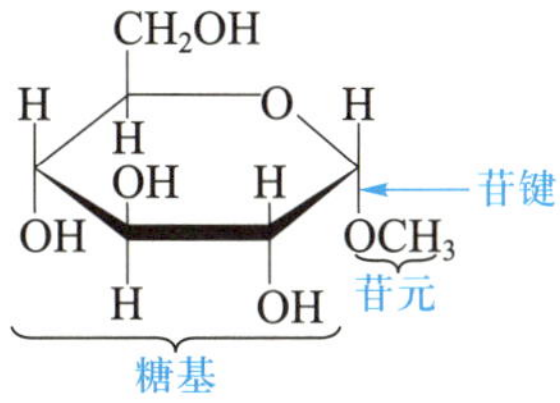

糖苷同缩醛(酮)一样,性质比较稳定,没有还原性、成脎、变旋光现象等性质。但是糖苷在稀酸或酶的作用下却易发生水解,水解时苷键断裂,形成原来的糖类和配糖基。例如:

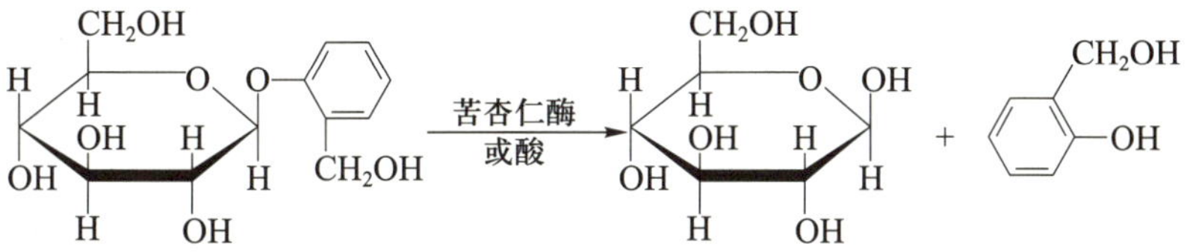

糖苷广泛存在于动植物体中。例如,在人参、灵芝及天然的靛蓝、茜素染料中,淀粉、纤维素,以及核酸中都有糖苷键存在,天然糖苷大多属于β型。

【思考题 14-8】写出 β-D- 呋喃核糖与下列试剂反应的反应式。
(1)异丙醇(干燥 HCl)　　(2)苯肼(过量)　　　(3)稀硝酸
(4)溴水　　　　　　　　(5)H₂(Ni 为催化剂)

【案例 14-1】由 D- 葡萄糖合成维生素 C

维生素 C(vitamin C)广泛存在于新鲜瓜果及蔬菜中,在柑橘、番茄中含量尤为丰富。人体自身不能合成维生素 C,必须从食物中获得。人体若缺乏维生素 C,就出现坏血病,故维生素 C 又称抗坏血酸(ascorbic acid)。其结构式如下:

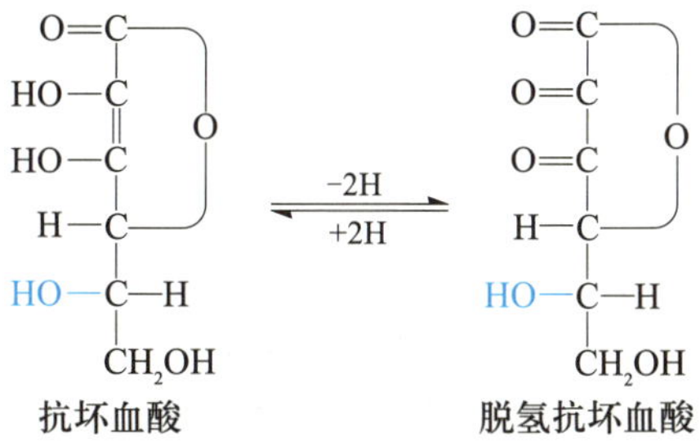

抗坏血酸　　　　　　　脱氢抗坏血酸

维生素 C 不属于糖类,在结构上可以看成不饱和的 L 型糖酸内酯,所以常将维生素 C 当作单糖的衍生物。维生素 C 可由 D– 葡萄糖合成,合成方法如下。

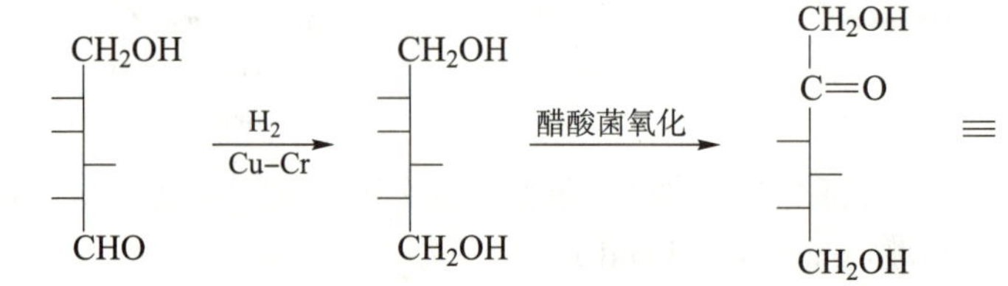

$$\underset{\text{D– 葡萄糖}}{}\xrightarrow[\text{Cu–Cr}]{H_2}\underset{\text{L – 山梨醇}}{}\xrightarrow{\text{醋酸菌氧化}}\underset{\text{L – 山梨糖}}{}\equiv$$

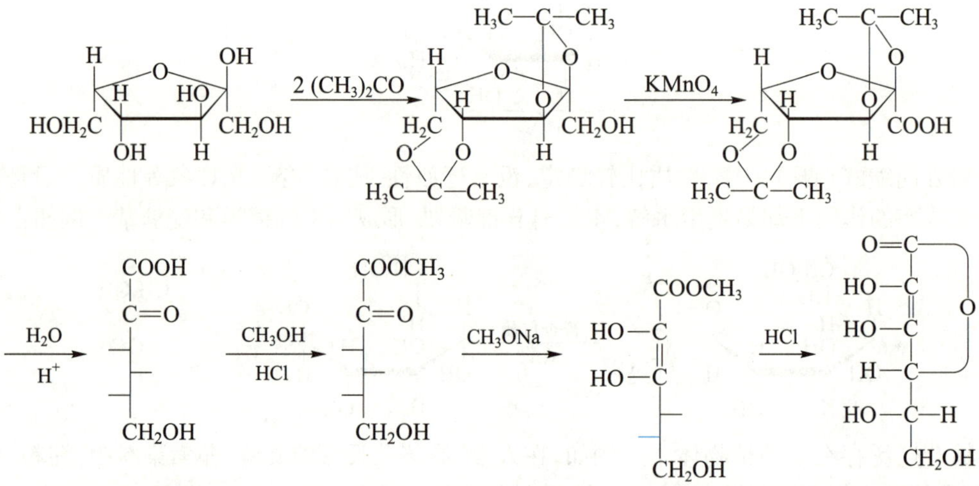

$$\xrightarrow{2\ (CH_3)_2CO}\xrightarrow{KMnO_4}$$

$$\xrightarrow[H^+]{H_2O}\underset{\text{L– 古罗 –2– 酮糖酸}}{}\xrightarrow[HCl]{CH_3OH}\xrightarrow{CH_3ONa}\xrightarrow{HCl}\underset{\text{维生素 C}}{}$$

中国科学院微生物研究所和北京制药厂合作于 1975 年筛选出有效菌种,能将 L– 山梨糖一步转化为 L– 古罗 –2– 酮糖酸,可以简化化学法的三个步骤,维生素 C 的总产率达到 47%。该种方法称"二步发酵法",是目前唯一应用于维生素 C 工业生产的微生物转化法,也是生产维生素 C 的主要方法。

(六)成酯反应

单糖环状结构中所有的羟基,在适当的条件下都能酯化。例如,葡萄糖与乙酐作用,在催化剂($ZnCl_2$ 或 $HClO_4$)存在下,生成五乙酸葡萄糖酯。

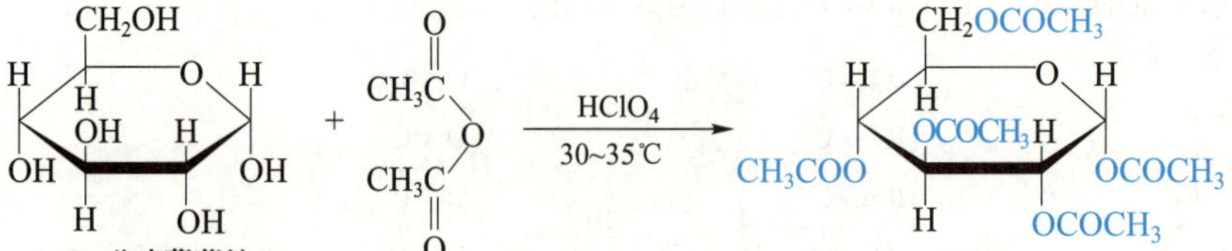

$$\underset{\alpha\text{-D-吡喃葡萄糖}}{}+\ CH_3\ \ldots\ CH_3\xrightarrow[30\sim35℃]{HClO_4}$$

在生物体内,糖类在酶的作用下同磷酸酯化生成一系列单酯或二酯,其中最重要的是己糖磷酸酯和丙糖磷酸酯,它们在生物代谢过程中起着重要作用。

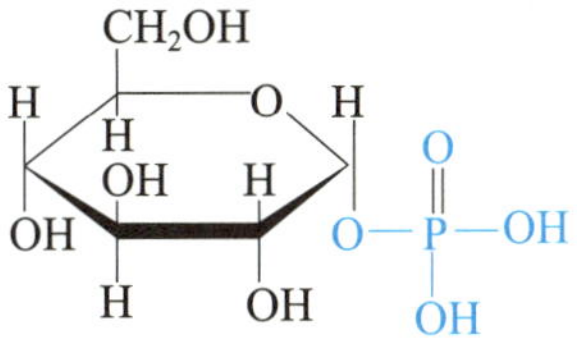

1-磷酸-α-D-吡喃葡萄糖酯 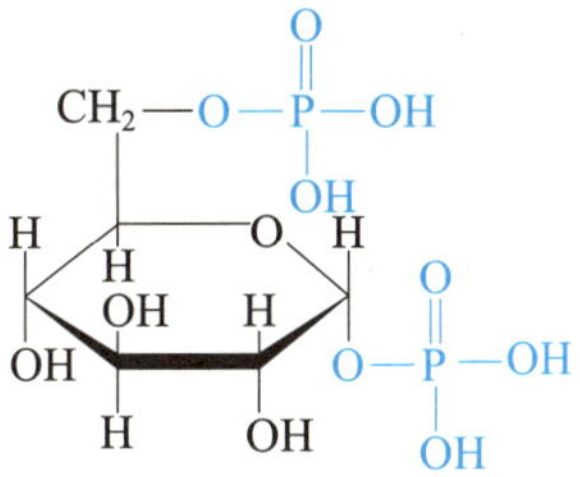　　　1,6-二磷酸-α-D-吡喃葡萄糖酯

单糖磷酸酯是植物光合作用与生物呼吸作用中的重要产物。作物施磷肥,就是为作物提供磷酸酯所必需的磷。如果缺磷,作物无法合成磷酸酯,光合作用就不能正常进行。

（七）成色反应

单糖能与浓酸作用,脱水生成 α– 呋喃甲醛衍生物。在一定条件下,该衍生物能与某些酚类、蒽酮等作用生成各种不同的有色物质。由于反应灵敏,显色明显,故常用来鉴定糖类。重要的显色反应如下:

1. 莫利施（Molisch）反应

所有的糖类（包括二糖和多糖）都能与浓硫酸和α– 萘酚反应生成紫色物质,这是鉴别糖类常用的方法。

2. 西列瓦诺夫（Seliwanoff）反应

酮糖与间苯二酚在浓盐酸存在下加热,2 min 内生成有色物质。果糖显红色,戊酮糖显蓝至绿色。醛糖与间苯二酚的浓盐酸反应比酮糖要慢,2 min 内不显色,延长时间可生成玫瑰红色的物质。利用此反应可区别醛糖和酮糖。

14-2

五、重要的单糖及其衍生物

表 14-2 列出了重要的单糖及其衍生物的结构、来源和用途。

表 14-2 重要单糖及其衍生物

名称	结构式	来源	生物活性及用途
D– 核糖、D-2- 脱氧核糖	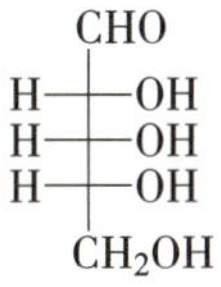 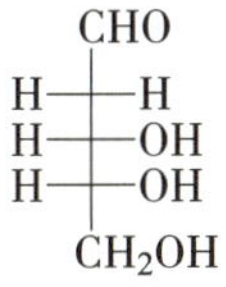 $\begin{array}{c}CHO\\H-OH\\H-OH\\H-OH\\CH_2OH\end{array}$ $\begin{array}{c}CHO\\H-H\\H-OH\\H-OH\\CH_2OH\end{array}$	核酸、核蛋白	遗传物质重要的组成部分;调控蛋白质生物合成,酶的生产
D– 葡萄糖	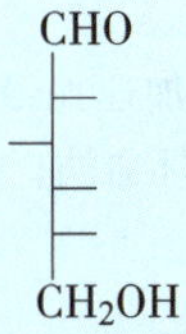 $\begin{array}{c}CHO\\|\\|\\|\\CH_2OH\end{array}$	光合作用	生物所需能量的重要来源;食品工业上用于制糖浆、糖果;合成维生素 C、葡萄糖酸钙（锌）原料

续表

名称	结构式	来源	生物活性及用途
D-果糖	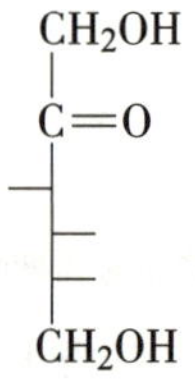 CH₂OH C=O CH₂OH	水果、蜂蜜	甜度最大的单糖,具有补充体液及营养全身的功效;广泛用于如糖果、糕点、饮料等食品工业
D-半乳糖	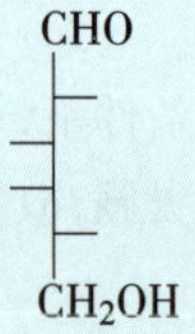 CHO CH₂OH	种子、琼脂	有机合成及医药营养增甜剂
氨基糖	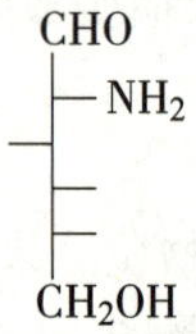 CHO —NH₂ CH₂OH 2-氨基-D-葡萄糖 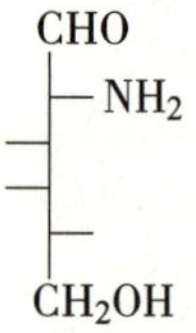 CHO —NH₂ CH₂OH 2-氨基-D-半乳糖 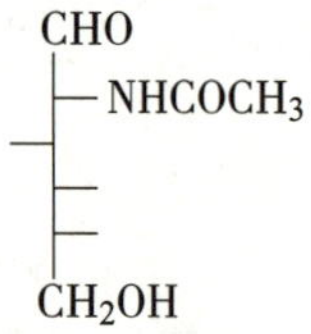 CHO —NHCOCH₃ CH₂OH 2-乙酰氨基-D-葡萄糖	甲壳质、黏蛋白、黏多糖	修复和维护软骨,治疗风湿性及类风湿性关节炎的药物;食品抗氧化剂及食品添加剂
维生素 C	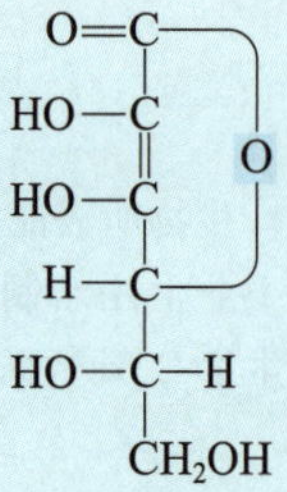 O=C HO—C HO—C O H—C HO—C—H CH₂OH	蔬菜、水果	加速血液凝固,增强抵抗力,治疗坏血病;天然抗氧化剂

第三节 寡 糖

一、二糖

二糖（disaccharides）是最简单的低聚糖，是由两个单糖脱水生成的糖苷。单糖间脱水方式有两种：第一种是两个单糖都以半缩醛羟基脱水，生成的二糖分子中无游离的半缩醛羟基，不具有成脎、变旋光现象、还原性等单糖的性质。这类二糖称非还原性二糖（nonreducing disaccharides），如蔗糖。第二种是一个单糖的半缩醛羟基和另一个单糖的非半缩醛羟基脱水生成二糖，分子中还保留一个半缩醛羟基，具有变旋光现象、成脎、还原性等单糖的一般性质。这类二糖称还原性二糖（reducing disaccharides），如麦芽糖、乳糖、纤维二糖等。

（一）蔗糖

蔗糖（sucrose）是食用糖之一，广泛存在于自然界，在甘蔗和甜菜中含量最多。它是植物体内糖类运输的主要形式，它既能迅速转化为葡萄糖供植物利用，又能转化为淀粉储存起来，是目前工业生产量较大的有机化合物之一。

蔗糖没有变旋光现象，无还原性，也不能成脎。它水解后生成一分子 D-葡萄糖和一分子 D-果糖。结构经测定证明蔗糖是由一分子的 α-D-吡喃葡萄糖 C_1 上的半缩醛羟基与另一分子 β-D-果糖 C_2 上的半缩酮羟基，脱去一分子水，通过 α-1, 2-苷键连接而成的。其结构如下：

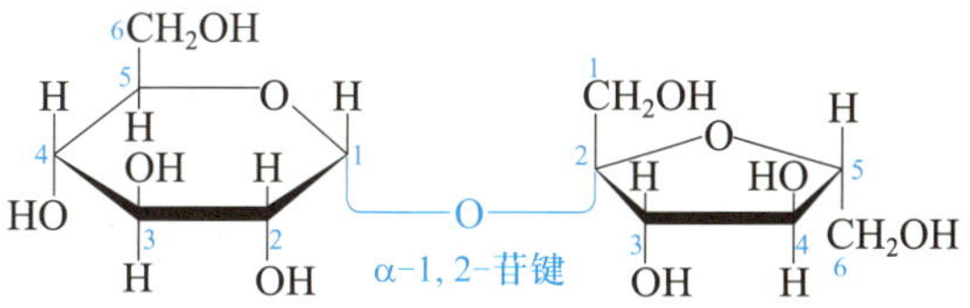

（二）麦芽糖

麦芽糖（maltose）存在于发芽的种子中，麦芽中含量较高。在用大麦酿造的啤酒中，麦芽糖的含量在 10%~12%，甜度为蔗糖的 40%，是饴糖的主要成分，常用为营养剂和培养基。在淀粉糖化酶作用下，淀粉可部分水解成麦芽糖。

麦芽糖能被弱氧化剂氧化，具有还原性，能与苯肼生成糖脎，在水溶液中具有变旋光现象。它在 α-葡萄糖苷酶（麦芽糖酶）作用下水解生成两个分子 D-葡萄糖。这些事实说明麦芽糖属 α-葡萄糖苷，它是由一分子 α-D-吡喃葡萄糖 C_1 上的半缩醛羟基与另一分子 D-吡喃葡萄糖 C_4 上的非半缩醛羟基脱水后，通过苷键结合而成的，这种苷键称为 α-1, 4-苷键。麦芽糖的哈沃斯式及构象式如下：

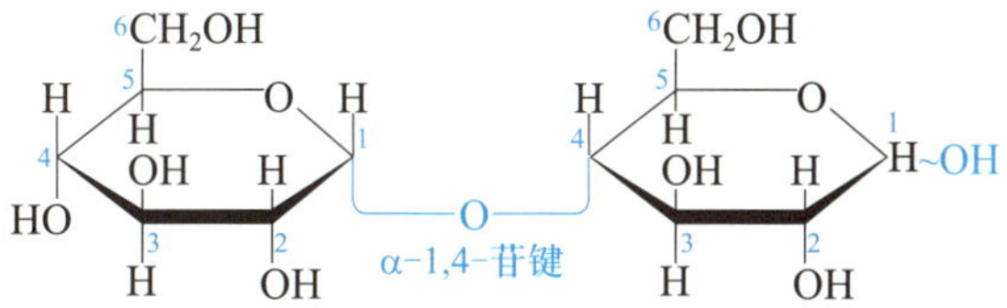

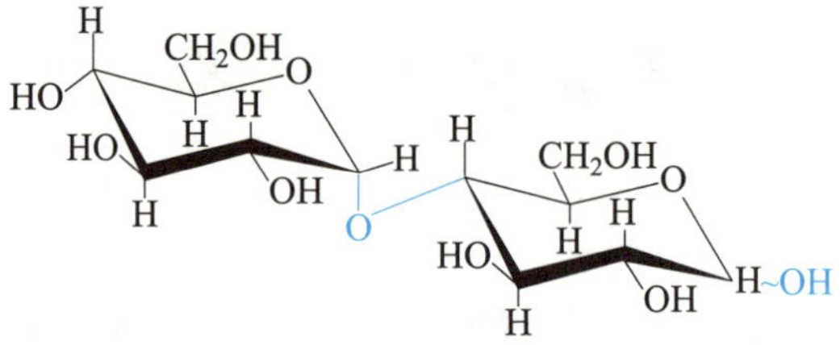

（三）乳糖

乳糖（lactose）存在于哺乳动物的乳汁中，含量约为 5%，它还是奶酪生产的副产物。牛奶变酸就是乳糖在乳糖杆菌作用下氧化成为乳酸的缘故。乳糖的甜度约为蔗糖的 70%，用于食品及医药工业。

乳糖是二糖中水溶性较小，没有吸湿性的一种糖类，化学性质和单糖类似。乳糖经酸水解或 β- 葡萄糖苷酶（苦杏仁酶）水解得到一分子半乳糖和一分子葡萄糖。经测定乳糖是由 β-D- 半乳糖分子 C_1 上的半缩醛羟基和 D- 葡萄糖分子 C_4 上的非半缩醛羟基脱水通过 β-1,4- 苷键连接而成的。乳糖的哈沃斯式及构象式如下：

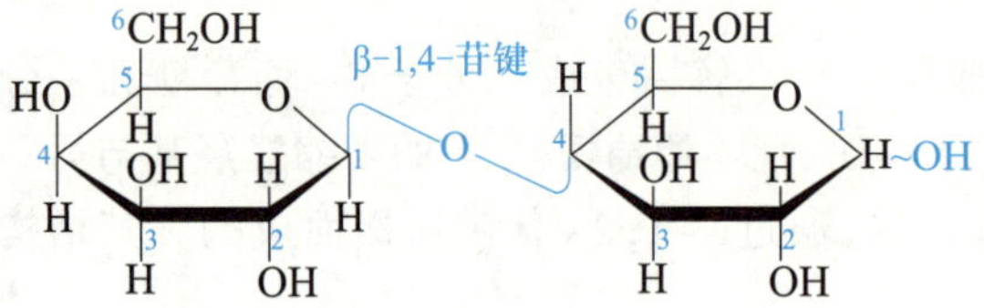

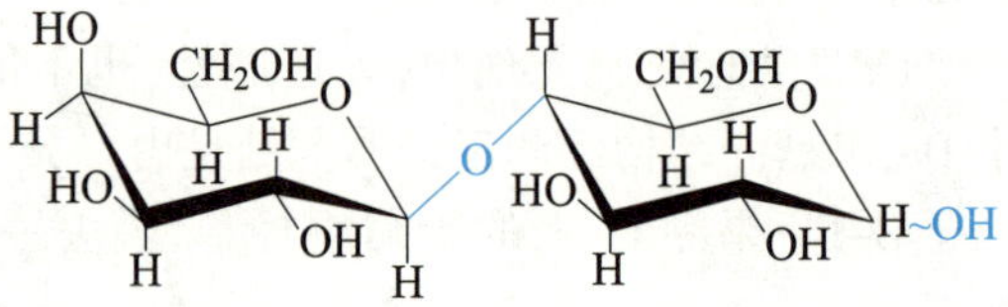

（四）纤维二糖

纤维二糖（cellobiose）在自然界并不以游离状态存在，是纤维素的基本组成单位，可由纤维素部分水解得到，无甜味。

纤维二糖具有与麦芽糖相似的化学性质，如有变旋光现象、能成脎、可被弱氧化剂氧化等。同麦芽糖一样，它也可水解为两分子 D- 葡萄糖，所不同的是水解纤维二糖必须用 β- 葡萄糖苷酶。因此可证明纤维二糖属于 β- 葡萄糖苷。它由两分子 D- 葡萄糖通过 β-1,4- 苷键连接而成。纤维二糖的哈沃斯式及构象式如下：

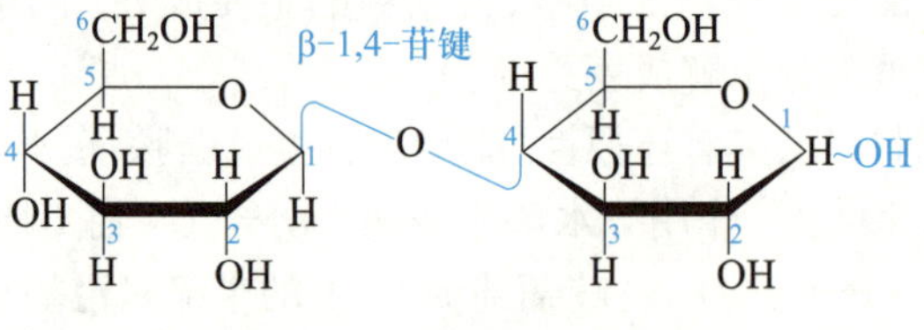

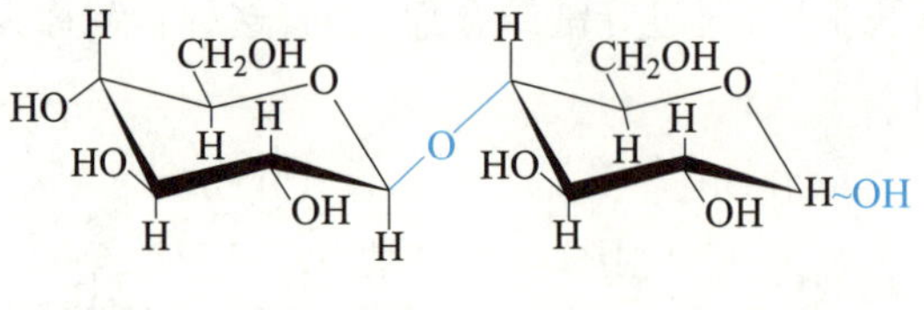

【思考题 14-9】还原性二糖在结构上的共同点是什么?

【思考题 14-10】写出乳糖水解的化学反应方程式。

第十四章
思考题解答

【知识延伸】糖类及其代替物的甜度

在自然界中,只有少数几种能形成结晶的单糖和寡糖具有甜味,其他糖类的甜度一般随着聚合度的增大而降低以至丧失。各种糖类的甜度不同,一般以蔗糖的甜度为标准来比较其他糖类的相对甜度。除了糖类物质具有甜味之外,很多非糖类物质也具有甜味。甜味物质按照来源分为合成和天然两类。如合成的邻苯甲酰磺亚胺钠盐,商品名糖精,甜度为蔗糖的 300 ~ 500 倍。从天然产物甜叶菊中得到的甜叶菊苷甜度为蔗糖的 200 ~ 300 倍。由于目前甜度还不能采用物理或化学方法测定,一般以品尝的方法确定,因此不同来源的相对甜度数据会有差别。常见的糖类及代替物的相对甜度见表 14-3。

表 14-3 糖类及其代替物的相对甜度

名称	相对甜度	名称	相对甜度
蔗糖	1.00	麦芽糖醇	0.8 ~ 0.9
葡萄糖	0.4 ~ 0.69	山梨醇	0.9
木糖	0.4 ~ 0.49	乳糖	0.3
果糖	1.0 ~ 1.75	乙酰磺胺酸钾	150 ~ 200
转化糖*	1.50	天冬氨酰丙氨酸甲酯(阿力甜)	2 000 ~ 2 500
半乳糖	0.30	糖精	300 ~ 500
麦芽糖	0.35	三氯蔗糖	600
乳糖	0.16	二氢查耳酮	300 ~ 2 000
木糖醇	0.9 ~ 1.4	甜叶菊苷	200 ~ 300
甘露醇	0.68	甘草苷	100 ~ 300
山梨醇	0.5 ~ 0.7	罗汉果甜苷	400

* 转化糖:蔗糖水解生成的葡萄糖和果糖的混合物。

二、环糊精

淀粉在环糊精糖基转化酶作用下,水解生成环糊精(cyclodextrins)。一般情况下环糊精是由 6、7 或 8 个 D- 葡萄糖单元通过 α-1,4- 苷键连接成环的,分别称为 α-、β- 和 γ- 环糊精。图 14-4 是 α- 环糊精的结构。

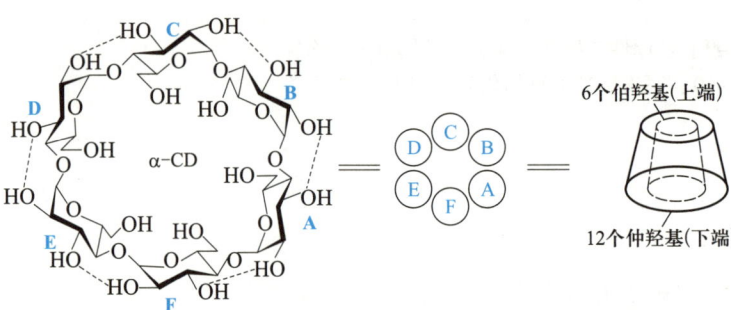

图 14-4　α- 环糊精的结构

环糊精分子的结构类似一个无底水桶。分子中所有葡萄糖单元 2 位和 3 位碳原子上的
12 个仲羟基位于圆筒的下端，6 个碳原子上的伯羟基位于圆筒的上端。圆筒的内侧是疏水的，
而外侧由于羟基的存在是亲水的。因此环糊精不仅溶于水，而且能从溶液中把疏水基团或分
子包埋在环糊精中间的空穴中，形成水溶性包含物。

一些分子和环糊精形成包含物后，光稳定性、热稳定性和抗氧化性增强，水溶性增大，这有助
于保存食品的色香味。在医药、食品和化妆品等工业上，环糊精被广泛应用于乳化剂、增溶剂、抗
氧化剂等。抗癌药卡铂，不溶于水，但和环糊精形成包含物后可被带入血液中而发挥药效。

第四节　多　　糖

多糖（polysaccharide）是由许多相同或不同的单糖及单糖的衍生物以苷键结合而成的一
类高分子化合物。多糖在自然界分布极为广泛，具有储存能量、构成细胞结构等主要生物功
能。研究表明大部分多糖具有重要的生理活性。

多糖按其水解产物可分为均多糖和杂多糖两类。均多糖是指水解产物是一种单糖，如淀
粉、纤维素等；杂多糖是指水解产物多于一种单糖，如果胶和黏多糖等。

多糖虽然由单糖组成，但性质上与单糖或低聚糖有较大的差异。多糖一般没有还原性和
变旋光现象，也不具有甜味，大多数多糖不溶于水，少数能与水形成胶体溶液。

一、淀粉

淀粉（starch）广泛分布于自然界，是人类主要食物之一，又是植物的储能物质。淀粉主要
存在于根和种子中。例如，稻米中含淀粉 62% ~ 82%，小麦含 57% ~ 75%，玉米含 65% ~ 72%，
马铃薯含 12% ~ 14%。

淀粉的分子式可表示为 $(C_6H_{10}O_5)_n$，为白色、无臭、无味的物质，其水解的最终产物是
D-（+）- 葡萄糖。淀粉一般由两种不同类型的分子组成：一是可溶性淀粉，称为直链淀粉
（amylose），约占淀粉的 20%；另一种是不溶性淀粉，称为支链淀粉（amylopectin），约占淀粉的
80%。这两种淀粉的结构和理化性质都有差别。

（一）直链淀粉

直链淀粉（amylose）由 10 000 个以上 α-D- 葡萄糖通过 α-1,4- 苷键连接在一起的，平均

相对分子质量为 $1.5 \times 10^5 \sim 6 \times 10^5$。直链淀粉的结构式如下:

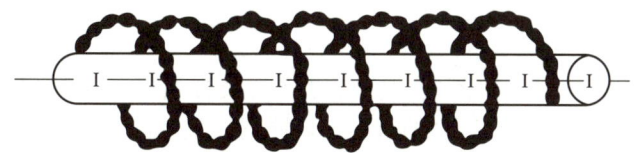

$\alpha\text{-}1,4\text{-}$苷键

　　直链淀粉实际上并不是线形分子,而是由于分子内氢键作用,使链卷曲盘旋呈螺旋状,而碘分子正好能钻入螺旋空隙中,它与碘形成蓝色的配合物,如图 14-5 所示。此显色反应常用于检验淀粉的存在和碘量法分析终点的指示,反应迅速、灵敏。

　　直链淀粉容易溶解在热水里变成糊状,可全部被淀粉酶水解成麦芽糖。

图 14-5　淀粉与碘形成配合物示意图

(二)支链淀粉

　　支链淀粉(amylopectin)分子比直链淀粉分子更大,其相对分子质量为 $1 \times 10^6 \sim 6 \times 10^6$,它是一个高度分支化的结构,是由几百条,每条有 20~25 个 D- 葡萄糖组成的支链,在这些短链里 D- 葡萄糖是以 $\alpha\text{-}1,4\text{-}$ 苷键连接的,而在这些短链之间是通过 $\alpha\text{-}1,6\text{-}$ 苷键互相连接起来的。其结构式如下:

$\alpha\text{-}1,6\text{-}$苷键

$\alpha\text{-}1,4\text{-}$苷键

$\alpha\text{-}1,4\text{-}$苷键

支链淀粉不溶于水,在热水中吸水糊化生成极黏稠溶液,遇碘产生紫红色,在淀粉酶作用下只有 62% 水解成麦芽糖,如图 14-6 所示。

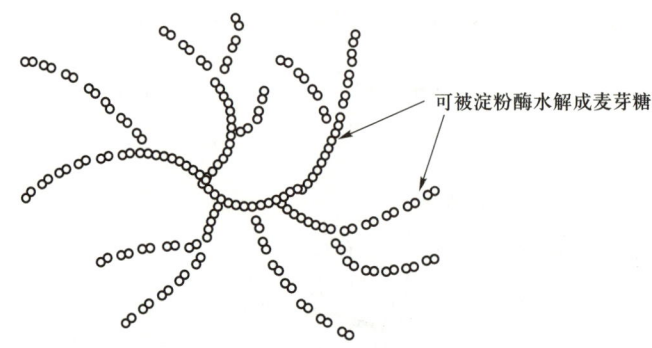

可被淀粉酶水解成麦芽糖

图 14-6　支链淀粉结构示意图

二、糖原

糖原(glycogen)又称为动物淀粉或肝糖,是存在于动物体内的多糖。糖原在动物体内的重要功能是调节血液中的含糖量。当动物血液中葡萄糖含量较高时,它就结合成糖原储存在肝和肌肉中;当血液中葡萄糖含量降低时,糖原可分解为葡萄糖,供给肌体能量。

糖原的结构和支链淀粉相似,不过组成糖原的葡萄糖单位更多,平均相对分子质量为 100 ~ 1 000 万。由于糖原的支链更多,而且比支链淀粉的分支还要短,因此糖原分子结构比较紧密,整个分子团成球形。

糖原为白色粉末,能溶于三氯乙酸,但不溶于乙醇及其他有机溶剂。因此可用三氯乙酸从肝中提取糖原,然后加入乙醇,糖原立即沉淀。糖原遇碘呈紫红色,在酸或酶作用下能水解最终生成 D- 葡萄糖。

三、纤维素

纤维素(cellulose)是自然界中分布最广的一种多糖。它是植物细胞壁的主要成分,在植物体内起支撑作用。棉花中纤维素含量高达 98%,亚麻中含纤维素 60% ~ 70%,木材中纤维素含量也有 40% ~ 50%,其他许多植物中也含有丰富的纤维素。

纤维素是由 1 000 ~ 10 000 个 β-D- 葡萄糖通过 β-1,4- 苷键连接而成没有分支的长链,其平均相对分子质量为 100 万 ~ 200 万或更高,分子式可用 $(C_6H_{10}O_5)_n$ 表示。结构式如下:

β-1,4-苷键

纤维素长链分子不是卷曲为螺旋状,而是略带弯曲的长丝状,这些长链的分子,靠氢键形成牢固的纤维素胶束,这种结构具有很高的机械强度和化学稳定性。若干个纤维素胶束相互绞在一起形成绳索状结构。这种结构按一定规律排列起来形成肉眼所见的植物纤维纹理。纤维素胶束示意图见图 14-7。

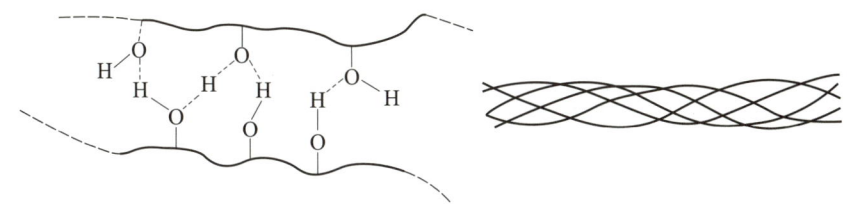

图 14-7 纤维素胶束形成示意图

纤维素无味,为白色纤维状固体,不溶于水,但能吸水膨胀。纤维素水解比淀粉难,一般需在稀酸加热下水解。由于人体内不含有能水解 β-1,4- 苷键的纤维素酶,因此人不能消化纤维素,全部都被排泄出来;但同时又是必不可少的,因为它可以帮助肠蠕动,促进排泄。某些食草动物,如牛、羊等,可以用纤维素作为食物,因为它们消化道中的微生物可产生的纤维素酶,能使纤维素水解,所以纤维素是食草动物的主要饲料。

纤维素用途很广,除可制造各种纺织品和纸张外,还是人造丝、人造棉、无烟火药、胶片等重要原料。

四、甲壳素

甲壳素(chitin)又名几丁质、甲壳质,分布于虾、鳖及许多昆虫的硬壳中,是这些动物的保护物质。地球上的生物每年可合成 10 亿吨甲壳素,是仅次于纤维素的生物物质。甲壳素是 2- 乙酰氨基葡萄糖以 β-1,4- 苷键连接而成的多糖。结构式如下:

$$\text{CH}_2\text{OH} \quad\quad \text{CH}_2\text{OH} \quad\quad \text{CH}_2\text{OH}$$

β-1,4-苷键

甲壳素不溶于水、稀酸、稀碱和有机溶剂,但能和强碱反应。强酸能使甲壳素水解,脱去分子中的乙酰基得到壳聚糖,即氨基多糖,其溶解性较好,成为可溶性壳聚糖。

目前,甲壳素和壳聚糖已广泛应用于医药(人造肾膜)、农药(杀虫抑菌、调节生长)、化妆品(调理肌肤)、食品果蔬(防腐保鲜、澄清果汁)、环境保护(吸附工业废水中的金属离子)方面。

【知识延伸】多糖的生物活性介绍

多糖同蛋白质、脂类、核酸一起成为构成生命活动的基本营养物质,具有多种生物活性,是维持生命所必需的物质。同较早就认识到蛋白质和核酸在生命现象中的重要性相比,人类对糖类物质的研究起步相对较晚。20 世纪 70 年代以来,多糖愈来愈引起国内外药理学家、生物学家和化学们的兴趣,成为当前的研究热点。至今已发现多糖的生物活性有很多方面:

(1)免疫调节和抗肿瘤 免疫调节是植物多糖最重要和最主要的生物活性。通常情况下,多糖抗肿瘤活性并不是通过直接杀死肿瘤细胞来体现的,多糖主要是通过调节免疫系统、抑制肿瘤细胞的增

殖、与化学药物协同作用、影响癌症基因表达等途径发挥其抗肿瘤作用的。

（2）清除自由基和抗氧化　自由基是人体内多种生命活动的中间代谢产物,正常情况下,自由基处于不断产生与不断清除的动态平衡。自由基如果不能维持在一定的浓度水平将会对生命活动带来不利影响。由自由基引起的疾病,已超过100余种,如高血压、糖尿病、癌症,类风湿关节炎、动脉粥样硬化及老年痴呆症。因此寻找高效、廉价、低毒天然抗氧剂,用于清除体内自由基,对治疗疾病和保护人体健康很有益处,是抗氧化剂发展的趋势。许多从天然产物中分离得到的多糖化合物具有清除自由基、抑制脂质过氧化、亚油酸氧化等抗氧化作用。

（3）降血糖降血脂　天然多糖的降血糖作用主要表现在降低肝糖原,促进外周组织器官对糖类的利用,促进降糖激素和抑制升糖激素作用,保护胰岛细胞及调节糖代谢酶活性等方面。深入挖掘天然降血糖植物多糖已成为糖尿病新药和相关保健食品研究开发的热点。

据不完全统计,到目前为止,全球至少有三十多种多糖正处于抗艾滋病、抗肿瘤及糖尿病治疗的临床试验阶段,多糖已经成为天然药物与保健品研究开发的重要组成部分。

【知识连接】

1. 单糖结构总结

（1）重要单糖的开链结构：

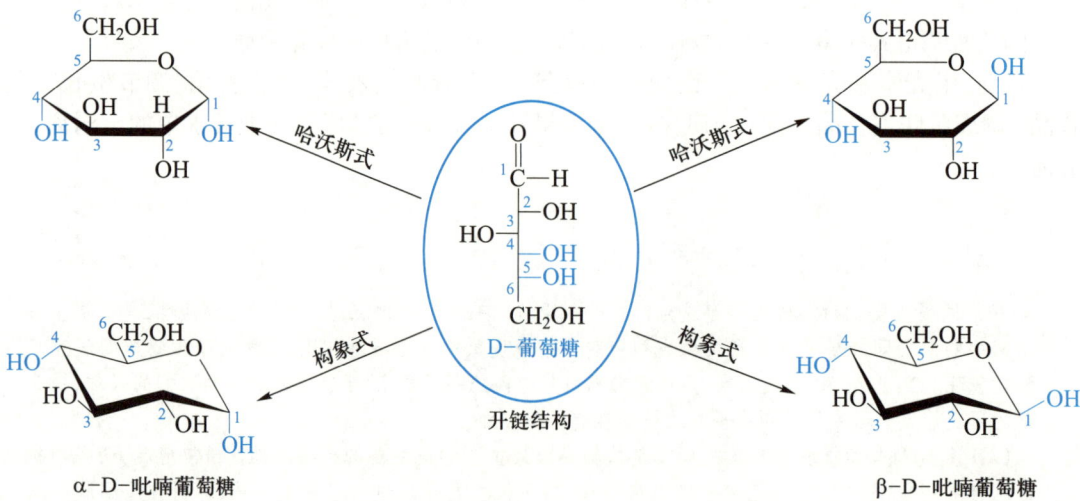

（2）葡萄糖的开链结构和环状结构：

2. 单糖性质总结

（1）羰基性质

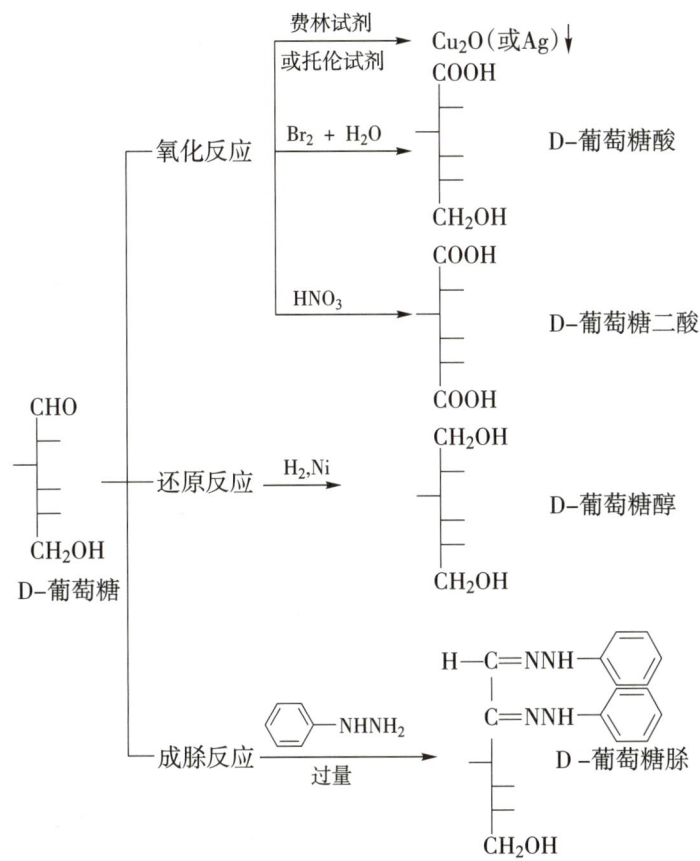

（2）羟基性质

【英汉词汇】

糖类　saccharides

多糖　polysaccharide

葡萄糖　glucose

果糖　fructose

麦芽糖　maltose

淀粉　starch

糖原　glycogen

支链淀粉　amylopectin

吡喃糖　glycopyranose

糖苷　glycoside

二糖　disaccharides

寡糖　oligosaccharide

单糖　monosaccharide

醛糖　aldose

甘露糖　mannose

核糖　ribose

蔗糖　sucrose

纤维素　cellulose

氨基糖　amino sugar

变旋光现象　mutamerism

差向异构体　emiper

苷键　glucosidic bond

碳水化合物　carbohydrate compounds

糖醇　alditol

酮糖　ketose

半乳糖　galactose

脱氧核糖　deoxyribose

乳糖　lactose

环糊精　cyclodextrin

直链淀粉　amylose

呋喃糖　glycofuranose

糖脎　osazone

【参考文献】

［1］Shemyakin M M, Maimind V I, Ermolaev K M, et al. The mechanism of osazone formation［J］. Tetrahedron, 1965, 21（10）: 2771–2777.

［2］Stallforth P, Lepenies B, Adibekian A, et al. Carbohydrates: A Frontier in Medicinal Chemistry［J］. J. Med. Chem., 2009, 52, 5561–5577.

［3］Fletcher H G. Augustin–Pierre Dubrunfaut–An Early Sugar Chemist［J］. J Chem. Educ., 1940, 17, 153.

［4］叶辉,肖聪,陆良秋.光诱导的糖类化合物的合成与修饰［J］.有机化学,2018,38,1897–1906.

［5］吴香云,刘亚娜,周喆麒,等.多糖类化合物的抗菌作用及其机制研究进展［J］.畜牧兽医学报, 2020,51（6）,1167–1176.

［6］陈宁,杜洪光.用左手手势巧学常见单糖的结构式［J］.化学教育,2021,42（20）:30–34.

【习题】

1. 回答下列问题。

（1）写出 D- 甘露糖的链状结构与吡喃哈沃斯式的互变平衡表达式。

（2）写出 D- 甘露糖的构象,并指出其中的稳定构象。

2. 用哈沃斯式表示下列单糖及单糖衍生物。

（1）β-D- 吡喃半乳糖甲苷；　（2）α-D- 吡喃葡萄糖 -1- 磷酸；　（3）β-D-2- 呋喃脱氧核糖；

（4）2,3,4,6- 四 -O- 甲基 -α-L- 吡喃甘露糖；　（5）3- 乙酰氨基 -β-D- 吡喃葡萄糖。

3. 写出下列化合物酸性水解产物的哈沃斯式。

（1）蔗糖 （2）α-D- 吡喃半乳糖甲苷

4. 写出β-D- 呋喃核糖与下列试剂反应的主要产物：

（1）甲醇（干燥 HCl）；（2）苯肼试剂；（3）溴水；（4）硝酸

5. 有三个单糖与过量苯肼作用后，得到同样糖脎。其中一种为葡萄糖，写出其他两种糖异构体的投影式。

6. 有两个单糖结构式如下：

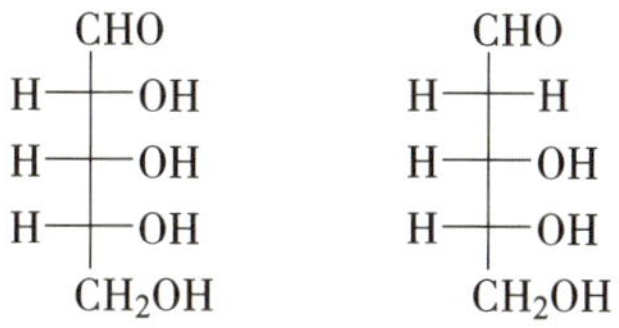
CHO
H
OH
H
OH
H
OH
CH_2OH
CHO
H
H
H
OH
H
OH
CH_2OH

（1）是否是差向异构体？

（2）标明各手性碳原子的 *R/S* 构型。

（3）与过量苯肼作用的产物。

（4）有无变旋光现象。

（5）写出α-D- 呋喃型哈沃斯式。

7. 有一个三糖，其结构式如下：

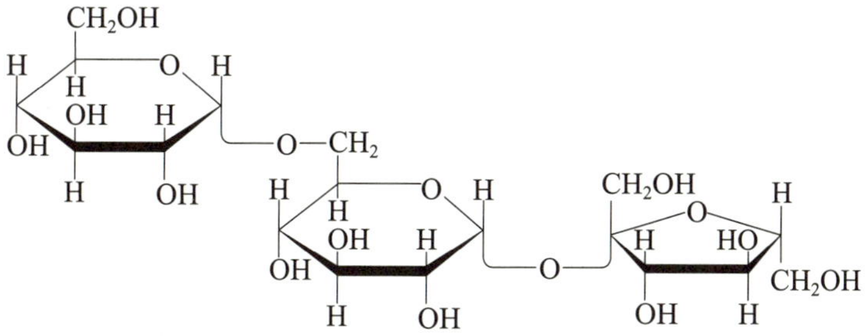
CH_2OH
H
O
H
H
OH
H
OH
H
OH
O
CH_2
H
O
H
H
OH
H
OH
H
OH
O
CH_2OH
O
H
H
HO
CH_2OH
OH
H

（1）该三糖是否为还原糖？说明原因；

（2）该三糖分子中有哪几种苷键；

（3）该三糖完全水解，可得哪几种单糖？

8. 用化学方法鉴别下列各组化合物。

（1）葡萄糖、果糖、葡萄糖苷、淀粉

（2）麦芽糖、蔗糖、己 -2- 酮

（3） α-D- 吡喃葡萄糖甲苷与α-D-2-*O*- 甲基吡喃葡萄糖

9. 有两个具有旋光性的 D- 丁醛糖 A 和 B，与苯肼生成相同糖脎。用硝酸氧化后，A 和 B 都生成含有四个碳原子的二元酸，但前者具有旋光性而后者不具有旋光性。试推断 A 及 B 的结构式。

10. 两个 D 型糖 A 和 B，分子式均为 $C_5H_{10}O_5$，A 能使溴水退色，而 B 不能。A 和 B 可生成相同的糖脎。A 用硝酸氧化产物失去旋光性，B 的 C_3 构型为 *R* 型。试推断 A 和 B 的结构式。

11. 试解释下列现象：（1）刚配置的葡萄糖酸性溶液有变旋光现象；（2）糖苷不被弱氧化剂费林试剂

或托伦试剂氧化,并且无变旋光现象;

　　12. 为何绿色的生苹果与碘反应,而熟苹果汁能被托伦试剂氧化?

　　13. 某一糖类化合物(A)溶液,用本尼迪特试剂检验不反应,说明该 A 不具有还原性。若该糖类溶液加入麦芽糖酶放置片刻再检验则有还原性。实验分析经过麦芽糖酶处理后的溶液中含有 D– 葡萄糖和异丙醇。写出 A 的结构式。

扫一扫,获取本章习题答案

第十四章　习题答案

第十五章　氨基酸、蛋白质与核酸

【导言】

　　蛋白质(protein)和核酸(nucleic acid)在自然界的生命现象中扮演着极为关键的角色，是生命活动最重要的物质基础。蛋白质的基本组成单位是氨基酸(amino acid)，许多氨基酸同时具有独特的生理功能，被广泛应用于医药、食品等领域。蛋白质是构成人体与动植物组织的基本材料，如动物毛发、皮肤、肌肉、骨骼、神经等都由蛋白质参与构成。同时，多种多样的蛋白质结构决定了生物体的各项功能。例如，血红蛋白可以输送氧气与二氧化碳；各种生物化学反应需要酶催化；免疫蛋白负责防御疾病等。核酸是生物遗传的物质基础，主要分为两大类。一类是核糖核苷酸(RNA)，RNA是含有核糖的多聚核苷酸，大多数由一条弯曲的多核苷酸长链分子构成。另一类是脱氧核糖核苷酸(DNA)，它是含有 2- 脱氧核糖的多聚核苷酸，具有双螺旋结构(如图所示)，两条链通过嘧啶碱基与嘌呤碱基之间的氢键固定。脱氧核糖核苷酸是主要的遗传物质，负责指导各类蛋白质的合成。

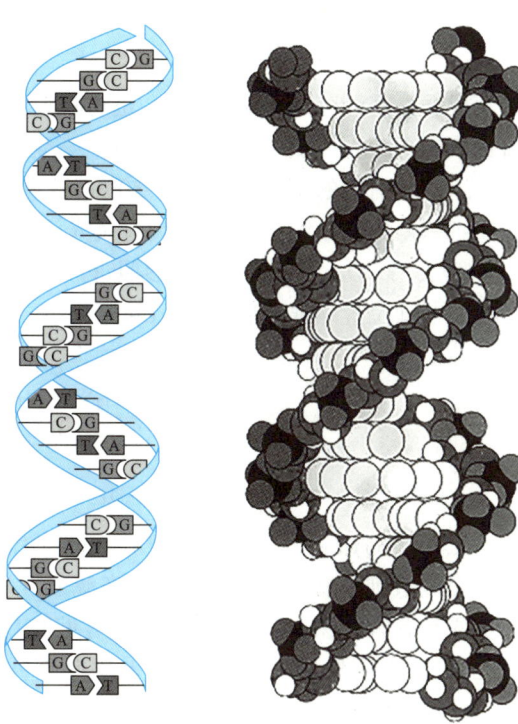

　　本章主要介绍氨基酸、蛋白质、核酸的结构、性质及生理活性，重点讨论氨基酸的命名、结构与化学性质，为学习生物化学及相关学科奠定坚实基础。

第一节　氨　基　酸

一、氨基酸的结构、分类和命名

　　氨基酸是分子中既含有羧基又含有氨基的取代酸。根据氨基酸分子中氨基与羧基的相对位置，可将氨基酸分为 α- 氨基酸、β- 氨基酸和 γ- 氨基酸等。例如：

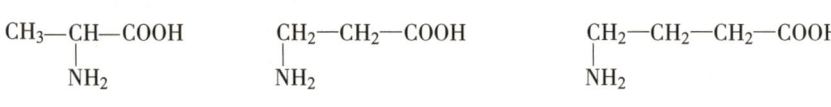

$$CH_3-CH-COOH \qquad CH_2-CH_2-COOH \qquad CH_2-CH_2-CH_2-COOH$$
$$\underset{NH_2}{|} \qquad\qquad \underset{NH_2}{|} \qquad\qquad\quad \underset{NH_2}{|}$$

α- 氨基丙酸　　　　　β- 氨基丙酸　　　　　γ- 氨基丁酸

　　根据氨基酸分子中酸性基团（羧基）与碱性基团（氨基、胍基或咪唑基）的相对数目,可将氨基酸分为中性氨基酸、酸性氨基酸和碱性氨基酸。氨基酸分子中,酸性基团和碱性基团数目相等的为中性氨基酸,如苯丙氨酸;酸性基团多于碱性基团的为酸性氨基酸,如谷氨酸;碱性基团多于酸性基团的为碱性氨基酸,如赖氨酸。

苯丙氨酸　　　　　　　谷氨酸　　　　　　　　赖氨酸

　　根据氨基酸分子的结构特点,也可将氨基酸分为脂肪族氨基酸与芳香族氨基酸。例如,苯丙氨酸属于芳香族氨基酸,谷氨酸与赖氨酸属于脂肪族氨基酸。

　　组成蛋白质的氨基酸主要有 20 种,这些氨基酸都是α- 氨基酸。除甘氨酸外,天然氨基酸的α- 碳原子都是手性碳原子,具有旋光活性。与糖类化合物相同,氨基酸的构型一般使用 D/L 标记法。以 D-、L- 甘油醛为参照,以距羧基最近的手性碳原子为标准,若氨基位置与 L- 甘油醛的羟基位置一致,则标记为 L- 氨基酸。天然氨基酸大多数都是 L 构型的。

L- 甘油醛　　　L- 氨基酸　　　D- 甘油醛　　　D- 氨基酸

　　氨基酸的命名可以采用 IUPAC 系统命名法,以羧酸为母体,氨基及其他基团为取代基。天然氨基酸则通常采用俗名（根据来源或性质）进行命名。例如,丝氨酸最初由蚕丝中得到,甘氨酸具有微甜味。表 15-1 列出了常见氨基酸的名称、结构与理化性质。有 8 种氨基酸人体不能合成,必须从食物中获取,如果缺少会引起病症,因此这些氨基酸称为必需氨基酸。人们可以从不同的食物中摄取多种必需氨基酸,但并不能从同一种食物中得到所有的必需氨基酸,因此饮食均衡是非常重要的。

表 15-1　常见氨基酸的名称、结构与理化性质

中文俗名	英文名称 缩写符号	结构式	α- 羧基 的 pK_a	α- 氨基 的 pK_a	等电点
（1）中性氨基酸					
甘氨酸	glycine Gly	$H_2N-\overset{CO_2H}{\underset{H}{|}}-H$	2.35	9.78	5.97

续表

中文俗名	英文名称 缩写符号	结构式	α-羧基 的 pK_a	α-氨基 的 pK_a	等电点
丙氨酸	alanine Ala	H_2N—$\overset{CO_2H}{\underset{CH_3}{\mid}}$H	2.35	9.87	6.02
丝氨酸	serine Ser	H_2N—$\overset{CO_2H}{\underset{CH_2OH}{\mid}}$H	2.19	9.21	5.68
半胱氨酸	cysteine Cys	H_2N—$\overset{CO_2H}{\underset{CH_2SH}{\mid}}$H	1.92	10.70	5.02
*苏氨酸	threonine Thr	H_2N—$\overset{CO_2H}{\underset{CH(OH)CH_3}{\mid}}$H	2.09	9.10	5.60
*缬氨酸	valine Val	H_2N—$\overset{CO_2H}{\underset{CH(CH_3)_2}{\mid}}$H	2.29	9.74	5.97
*甲硫氨酸	methionine Met	H_2N—$\overset{CO_2H}{\underset{CH_2CH_2SCH_3}{\mid}}$H	2.13	9.28	5.75
*亮氨酸	leucine Leu	H_2N—$\overset{CO_2H}{\underset{CH_2CH(CH_3)_2}{\mid}}$H	2.33	9.74	5.98
*异亮氨酸	isoleucine Ile	H_2N—$\overset{CO_2H}{\underset{CH(CH_3)CH_2CH_3}{\mid}}$H	2.32	9.76	6.02
*苯丙氨酸	phenylalanine Phe	H_2N—$\overset{CO_2H}{\underset{CH_2Ph}{\mid}}$H	2.20	9.31	5.48
酪氨酸	tyrosine Tyr	H_2N—$\overset{CO_2H}{\underset{CH_2}{\mid}}$H—⟨⟩—OH	2.20	9.21	5.66

续表

中文俗名	英文名称 缩写符号	结构式	α-羧基 的 pK_a	α-氨基 的 pK_a	等电点
脯氨酸	proline Pro	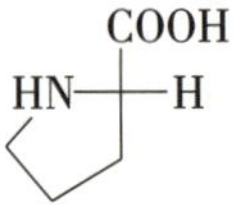 (COOH, HN, H)	1.95	10.64	6.30
*色氨酸	tryptophan Trp	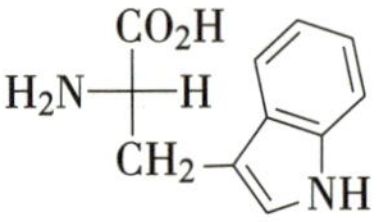 (CO$_2$H, H$_2$N, CH$_2$, NH)	2.46	9.41	5.89
天冬酰胺	asparagine Asn	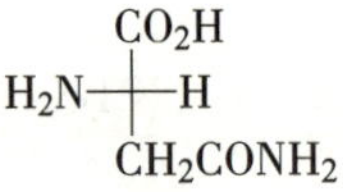 (CO$_2$H, H$_2$N, CH$_2$CONH$_2$)	2.14	8.72	5.41
谷氨酰胺	glutamine Gln	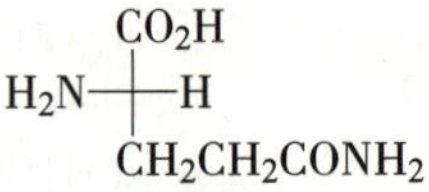 (CO$_2$H, H$_2$N, CH$_2$CH$_2$CONH$_2$)	2.17	9.13	5.65
（2）酸性氨基酸					
天冬氨酸	aspartic acid Asp	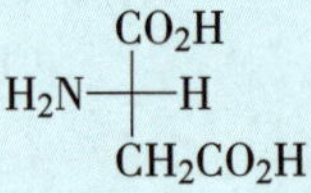 (CO$_2$H, H$_2$N, CH$_2$CO$_2$H)	1.99	9.90	2.97
谷氨酸	glutamic acid Glu	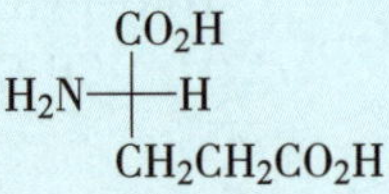 (CO$_2$H, H$_2$N, CH$_2$CH$_2$CO$_2$H)	2.10	9.47	3.22
（3）碱性氨基酸					
*精氨酸	arginine Arg	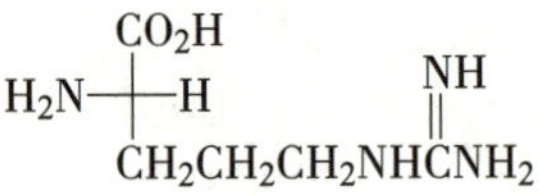 (CO$_2$H, H$_2$N, CH$_2$CH$_2$CH$_2$NHCNH$_2$, NH)	1.82	8.99	10.76
*赖氨酸	lysine Lys	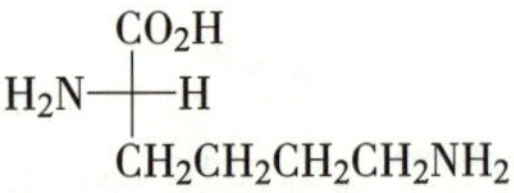 (CO$_2$H, H$_2$N, CH$_2$CH$_2$CH$_2$CH$_2$NH$_2$)	2.16	9.07	9.74
*组氨酸	histidine His	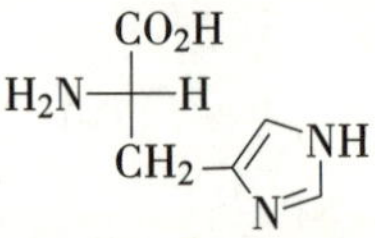 (CO$_2$H, H$_2$N, CH$_2$, N, NH)	1.80	9.33	7.59

*为人体必需氨基酸。

【思考题 15-1】(R)–精氨酸、(S)–天冬氨酸与(R)–酪氨酸分别是 L– 氨基酸，还是 D– 氨基酸？

二、氨基酸的物理性质

氨基酸为无色晶体，一般易溶于水，难溶于石油醚、乙醚、苯等有机溶剂。氨基酸可形成两性离子，以内盐形式存在，所以氨基酸熔点很高（一般高于 200℃），而且大多在加热至熔点时分解。

三、氨基酸的化学性质

（一）两性与等电点

1. 两性

氨基酸分子中既含有酸性的羧基，又含有碱性的氨基，因此呈现酸碱两性。氨基酸与强碱或强酸作用，都能生成盐。

$$R\!-\!\underset{\underset{NH_2}{|}}{CH}\!-\!COOH + NaOH \longrightarrow R\!-\!\underset{\underset{NH_2}{|}}{CH}\!-\!COO^-Na^+ + H_2O$$

$$R\!-\!\underset{\underset{NH_2}{|}}{CH}\!-\!COOH + HCl \longrightarrow R\!-\!\underset{\underset{NH_3^+}{|}}{CH}\!-\!COOH + Cl^-$$

氨基酸分子内的羧基和氨基相互作用也能生成盐，称为内盐（inner salt）。这种分子同时具有两种离子的性质，又称为两性离子（zwitterion）或偶极离子（dipolar ion）。

$$R\!-\!\underset{\underset{NH_2}{|}}{CH}\!-\!COOH \rightleftharpoons R\!-\!\underset{\underset{NH_3^+}{|}}{CH}\!-\!COO^-$$

氨基酸在固态时，主要以内盐形式存在，分子中没有游离的氨基与羧基，具有很高的熔点，可溶于水，难溶于有机溶剂。

2. 等电点

氨基酸作为两性离子，既能从强酸接受质子，也可向强碱提供质子，其水溶液存在下列平衡体系。

$$\underset{\text{正离子}}{R\!-\!\underset{\underset{NH_3^+}{|}}{CH}\!-\!COOH} \underset{H^+}{\overset{HO^-}{\rightleftharpoons}} \underset{\underset{pH=pI}{\text{两性离子}}}{R\!-\!\underset{\underset{NH_3^+}{|}}{CH}\!-\!COO^-} \underset{H^+}{\overset{HO^-}{\rightleftharpoons}} \underset{\text{负离子}}{R\!-\!\underset{\underset{NH_2}{|}}{CH}\!-\!COO^-}$$

氨基酸在水溶液中的存在形式主要取决于溶液的 pH。调节溶液的酸碱性，使氨基酸主要以两性离子的形式存在，整体呈电中性，在电场中既不向阳极也不向阴极移动，此时溶液的 pH 称为该氨基酸的等电点（isoelectricpoint, pI）。若在氨基酸水溶液中加入酸，使溶液呈强酸性时,主要存在形式为正离子,在电场中向阴极移动;如果加入碱,使溶液呈强碱性时,主要存在形式为负离子,在电场中向阳极移动。

由于各种氨基酸存在结构差异,酸性基团、碱性基团的解离及结合质子的能力也不相同,所以不同氨基酸具有不同的等电点(见表 15–1)。一般中性氨基酸的 pI 为 5.0 ~ 6.3,酸性氨基酸的 pI 为 2.8 ~ 3.2,碱性氨基酸的 pI 为 7.6 ~ 10.8。

等电点是氨基酸特定的理化常数,可以通过测定等电点鉴别氨基酸。在等电点时,氨基酸的溶解度最低,可以通过调节溶液 pH 至等电点的方法,使氨基酸分步沉淀而进行分离。另外,不同 pH 的氨基酸水溶液具有不同的主要存在形式,利用它们在电场中移动的方向与速度的差异,可以分离提纯氨基酸。

【思考题 15–2】写出 pH 为 1.0、9.7 与 13.5 赖氨酸水溶液的主要存在形式。

(二)氨基的反应

氨基酸分子中的氨基具有典型氨基的化学性质,与有机胺类似,可以发生酰化、烷基化、与甲醛生成亚胺等反应。

1. 酰基化反应

氨基酸与酰氯或酸酐等酰基化试剂反应,生成酰胺,该反应可用于保护氨基。

$$R'\text{—COCl} + H_2N\text{—}\underset{H}{\overset{R}{C}}\text{—COOH} \longrightarrow R'\text{—}\underset{O}{\overset{}{C}}\text{—}\overset{H}{N}\text{—}\underset{H}{\overset{R}{C}}\text{—COOH}$$

有机合成中,常用叔丁氧羰基(Boc)保护氨基。氨基酸与叔丁氧酰氯反应,生成 Boc 保护的氨基酸,该保护基可以在酸性条件下除去。

$$\underset{NH_2}{RCHCOOH} \xrightarrow[-HCl]{(CH_3)_3COC—Cl} \underset{NHCOC(CH_3)_3}{\overset{O}{RCHCOOH}} \qquad (Boc\text{—NH—}\underset{R}{\overset{}{CH}}\text{—COOH})$$

2. 烷基化反应

氨基酸与卤代烷等烷基化试剂发生亲核取代反应,生成 N– 烷基氨基酸。

$$R'\text{—X} + H_2N\text{—}\underset{H}{\overset{R}{C}}\text{—COOH} \longrightarrow R'\text{—NH—}\underset{H}{\overset{R}{C}}\text{—COOH}$$

氨基酸与 2,4– 二硝基氟苯(DNFB)发生亲核取代反应,生成黄色的 N–(2,4– 二硝基苯基)氨基酸,该反应经常用于氨基酸的定量分析,还可用于多肽的氨基酸序列分析。

$$HOOC\text{—}\underset{H}{\overset{R}{C}}\text{—NH}_2 + F\text{—}\!\!\!\raisebox{0.3em}{$\overset{O_2N}{}$}\!\!\!\text{—}NO_2 \longrightarrow HOOC\text{—}\underset{R}{\overset{H}{C}}\text{—N}\!\!\underset{H}{}\text{—}\!\!\raisebox{0.3em}{$\overset{O_2N}{}$}\!\!\text{—}NO_2$$

3. 与亚硝酸反应

氨基酸与亚硝酸反应,生成烷基重氮盐。烷基重氮盐非常不稳定,会分解生成碳正离子与氮气,碳正离子进而发生取代反应得到羟基酸。该反应定量完成,根据生成氮气的量,可以计算氨基酸分子中氨基的含量,称为范斯莱克(van Slyke)氨基测定法。

$$R-\underset{\underset{NH_2}{|}}{CH}-COOH + HNO_2 \longrightarrow R-\underset{\underset{OH}{|}}{CH}-COOH + H_2O + N_2\uparrow$$

4. 与甲醛反应

氨基酸与甲醛发生亲核加成反应,然后脱水生成 *N*-亚甲基氨基酸。 反应产物碱性消失,可用标准碱溶液滴定羧基,测定氨基酸的含量。

$$R-\underset{\underset{NH_2}{|}}{CH}-COOH + HCHO \longrightarrow R-\underset{\underset{N=CH_2}{|}}{CH}-COOH + H_2O$$

(三)羧基的反应

氨基酸分子中的羧基具有典型羧基的化学性质,与有机酸类似,可以发生成酰氯、成酯与脱羧等化学反应。

1. 生成酰氯

由于氨基的存在,氨基酸很难直接形成酰氯,需要先用酰化试剂将氨基保护,再与五氯化磷等卤化试剂反应生成酰氯。例如:

$$R-\underset{\underset{COOH}{|}}{\overset{\overset{NH_2}{|}}{CH}} + H_3C-\overset{\overset{O}{\|}}{C}-Cl \longrightarrow \underset{R-\underset{COOH}{|}}{\overset{HN-\overset{\overset{O}{\|}}{C}-CH_3}{CH}} + HCl$$

$$\underset{R-\underset{COOH}{|}}{\overset{HN-\overset{\overset{O}{\|}}{C}-CH_3}{CH}} + PCl_5 \longrightarrow \underset{R-\underset{COCl}{|}}{\overset{HN-\overset{\overset{O}{\|}}{C}-CH_3}{CH}} + HCl + POCl_3$$

由氨基酸生成的酰氯具有重要的作用,如经常被用于多肽合成。

2. 生成酯

氨基酸与醇的混合溶液,通入干燥的氯化氢,加热回流,可生成氨基酸酯。

$$R-\underset{\underset{NH_2}{|}}{CH}-COOH + R'OH \xrightarrow[\triangle]{HCl} R-\underset{\underset{NH_2}{|}}{CH}-COOR' + H_2O$$

生成的氨基酸酯与氨在乙醇中反应,可生成氨基酸酰胺,这在生物体内具有重要的作用。例如,谷氨酰胺是生物体内运输氨和储存氨的主要形式。

$$R-\underset{\underset{NH_2}{|}}{CH}-COOC_2H_5 + NH_3 \xrightarrow{C_2H_5OH} R-\underset{\underset{NH_2}{|}}{CH}-CONH_2 + C_2H_5OH$$

3. 脱羧反应

将α–氨基酸缓慢加热或在高沸点溶剂中回流,可以发生脱羧反应。例如,鸟氨酸发生脱羧反应,生成1,4–丁二胺(腐胺)。赖氨酸发生脱羧反应,生成1,5–戊二胺(尸胺)。

$$H_2NCH_2CH_2CH_2CH\!-\!COOH \xrightarrow{\triangle} H_2NCH_2CH_2CH_2CH_2NH_2 + CO_2$$
$$\underset{\displaystyle NH_2}{|}$$

$$H_2NCH_2CH_2CH_2CH_2CH\!-\!COOH \xrightarrow{\triangle} H_2NCH_2CH_2CH_2CH_2CH_2NH_2 + CO_2$$
$$\underset{\displaystyle NH_2}{|}$$

在细菌或动植物体内脱羧酶的作用下,氨基酸也能发生脱羧反应。例如,谷氨酸在脱羧酶的作用下,生成γ–氨基丁酸。

$$HOOCCH_2CH_2CH\!-\!COOH \xrightarrow{脱羧酶} H_2NCH_2CH_2CH_2COOH$$
$$\underset{\displaystyle NH_2}{|}$$

（四）配位性能

氨基酸分子中的羧基可以和金属离子形成离子键(盐),同时氨基利用氮原子上的孤对电子可以和金属离子形成配位键,得到稳定的配位化合物。例如,氨基酸与硫酸铜碱性溶液作用生成蓝色结晶,可用于氨基酸的分离与鉴定。

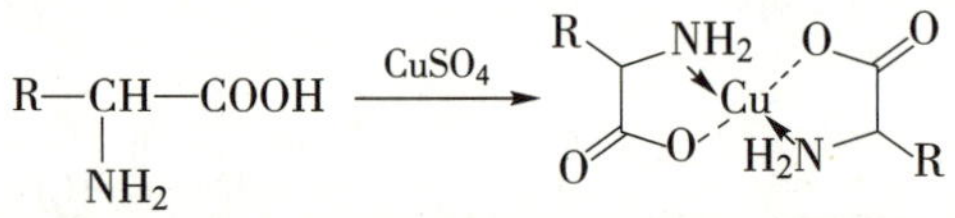

$$R\!-\!CH\!-\!COOH \xrightarrow{CuSO_4}$$
$$\underset{\displaystyle NH_2}{|}$$

（五）与水合茚三酮反应

α–氨基酸能与水合茚三酮作用生成蓝紫色物质,而β–氨基酸与γ–氨基酸都不发生该反应。因此,该颜色反应可用于α–氨基酸的鉴别与定量分析。水合茚三酮与脯氨酸或羟基脯氨酸的反应产物呈黄色。肽类和蛋白质也有此反应。由于反应非常灵敏、迅速和简便,因此该反应被广泛用于α–氨基酸、肽类和蛋白质纸色谱和薄层色谱的显色反应。

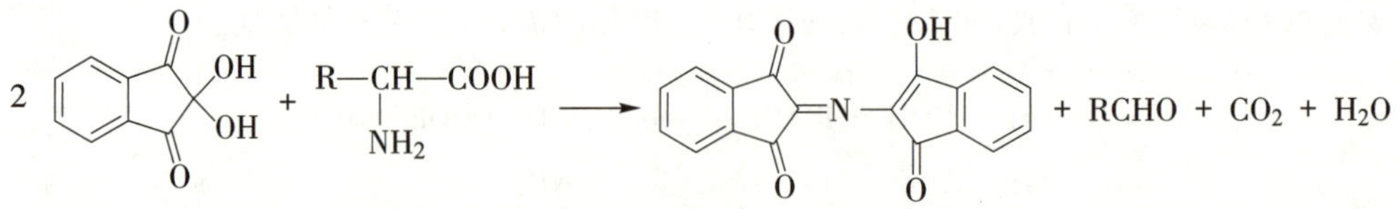

$$2 \quad + \quad R\!-\!CH\!-\!COOH \longrightarrow \quad + RCHO + CO_2 + H_2O$$

（六）受热反应

不同类型的氨基酸受热反应不同,与羟基酸的受热反应类似。α–氨基酸受热时,发生两分子间的羧基与氨基的脱水反应,失去两分子水,生成六元环状化合物交酰胺(哌嗪二酮衍生物)。

$$R-\overset{\underset{\displaystyle NH_2}{|}}{CH}-\overset{\underset{\displaystyle O}{\|}}{C}-OH + HO-\overset{\underset{\displaystyle O}{\|}}{C}-\overset{\overset{\displaystyle NH_2}{|}}{CH}-R \xrightarrow{\triangle} \text{交酰胺}$$

β- 氨基酸受热时,发生消除反应,脱去一分子 NH_3,生成 α、β- 不饱和酸。

$$R-\overset{\underset{\displaystyle NH_2}{|}}{CH}-CH_2COOH \xrightarrow{\triangle} R-CH=CHCOOH + NH_3$$

γ- 和 δ- 氨基酸加热至熔化时,分子内的氨基与羧基发生脱水反应,生成相应的环状内酰胺,γ- 内酰胺和 δ- 内酰胺。

$$RCHCH_2CH_2COOH \xrightarrow{\triangle} R \overset{}{\underset{}{\text{}}} + H_2O$$
γ-内酰胺

$$RCHCH_2CH_2CH_2COOH \xrightarrow{\triangle} R \overset{}{\underset{}{\text{}}} + H_2O$$
δ-内酰胺

氨基与羧基相距更远时(一般大于 4 个碳原子),受热后发生多个分子之间的氨基与羧基脱水,生成聚酰胺(polyamide)。聚酰胺常用作合成纤维,用于制作降落伞、渔网、绳索等用品。

15−1

$$n\ H_2N{-}(CH_2)_m{-}COOH \xrightarrow{\triangle} H_2N{-}(CH_2)_m\overset{\underset{\displaystyle}{\|}}{C}{-}\overset{\overset{\displaystyle H}{|}}{N}{-}(CH_2)_m\overset{\underset{\displaystyle}{\|}}{C}{-}_{n-2}HN{-}(CH_2)_m{-}COOH$$
(m > 4)   聚酰胺

【思考题 15-3】(1)分析 2,4- 二硝基氟苯可以与丙氨酸发生亲核取代反应的原因。
(2)如何用化学方法鉴别酪氨酸和苯丙氨酸?

第二节　多　　肽

一、多肽的结构和命名

一个氨基酸分子中的羧基与另一个氨基酸分子中的氨基之间发生脱水反应,生成肽(peptide),肽分子中的酰胺键称为肽键(peptide bond)。两分子氨基酸发生脱水反应,生成二肽（dipeptide）；多个氨基酸分子之间发生脱水反应，生成多肽（polypeptide）。例如，丙氨酸与甘氨酸发生脱水反应，生成二肽丙氨酰－甘氨酸。

$$H_3C-\underset{\underset{NH_2}{|}}{CH}-\overset{\overset{O}{\|}}{C}-OH + H_2N-CH_2-COOH \longrightarrow H_3C-\underset{\underset{NH_2}{|}}{CH}-\overset{\overset{O}{\|}}{C}-NH-CH_2-COOH$$

在多肽分子中，通常把保留氨基的一端称为 N 端（N-terminal），把保留羧基的一端称为 C 端（C-terminal）。在书写多肽的结构式时，一般把 N 端放在左边，C 端放在右边。例如，下列三肽的结构式。

$$N端 \quad H_3C-\underset{\underset{NH_2}{|}}{CH}-\overset{\overset{O}{\|}}{C}-NH-\underset{\underset{CH_2}{|}}{CH}-\overset{\overset{O}{\|}}{C}-NH-CH_2-COOH \quad C端$$

多肽的命名通常以含有完整羧基的氨基酸为母体，称为"某氨酸"，从 N 端开始，依次称为某氨酰—某氨酸，氨基酸之间用短线隔开。多肽的名称也可用氨基酸缩写符号表示，符号之间用短线隔开。例如，上述三肽命名为丙氨酰—苯丙氨酰—甘氨酸，简称为丙—苯丙—甘（或 Ala—Phe—Gly）。

多肽广泛存在于自然界，在生物体中具有重要的生理作用。例如，谷氨酰—半胱氨酰—甘氨酸，简称谷—半胱—甘或 Glu—Cys—Gly，俗称谷胱甘肽（glutathione），存在于大部分细胞中，参与生物体内的氧化还原过程。

$$HOOC-\underset{\underset{NH_2}{|}}{CH}-CH_2CH_2CONH-\underset{\underset{CH_2SH}{|}}{CH}-CONH-CH_2COOH \quad 谷氨酰—半胱氨酰—甘氨酸$$

二、多肽结构的测定

多肽结构的测定主要涉及三个问题，即肽分子是由哪些氨基酸组成的、每种氨基酸的数目，以及它们在肽链中的排列位置。

（一）多肽的水解

将多肽与 6 mol·mL^{-1}HCl 水溶液在 112℃下加热并搅拌 24~72 h，彻底水解为氨基酸混合物。然后通过电泳、离子交换色谱或氨基酸分析仪等确定氨基酸的种类和相对含量。

（二）分子式的确定

用渗透压、光散射测量或 X 射线衍射等化学或物理方法，测定多肽的相对分子质量。然后根据相对分子质量及氨基酸的种类和相对含量，计算各种氨基酸的数量，从而确定多肽的分子式。

（三）氨基酸顺序确定

确定氨基酸的排列顺序是测定多肽结构的核心，通常使用端基分析法（terminal analysis）与部分水解法。端基分析法就是通过化学方法确定肽链的 N 端或 C 端的氨基酸，包括 N 端氨基酸分析和 C 端氨基酸分析。

1. N 端氨基酸分析

（1）2,4-二硝基氟苯法（Sanger 法） 2,4-二硝基氟苯法是由英国化学家桑格（F. Sanger）首先提出的。该方法先将多肽与 2,4-二硝基氟苯反应，然后彻底水解，在水解产物中，只有 N 端的氨基酸生成黄色的 N-（2,4-二硝基苯基）氨基酸，然后利用其特定的 R_f 值，通过色谱法与标准样品进行对比，就可确定多肽的 N 端氨基酸。

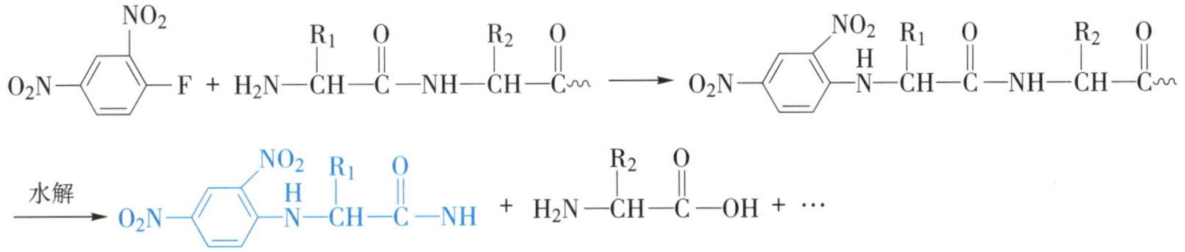

N端标记的氨基酸　　　　其他氨基酸混合物

（2）异硫氰酸酯法（Edman 法） 异硫氰酸酯法是由瑞士化学家爱德曼（P. V. Edman）提出的，先将多肽中的 N 端氨基与异硫氰酸苯酯进行亲核加成反应，生成苯基硫脲衍生物；然后将产物用无水氯化氢处理，发生关环反应，形成苯基乙内酰硫脲衍生物，并从多肽链上断裂下来；最后与标准样品比较，便可确定多肽的 N 端氨基酸。

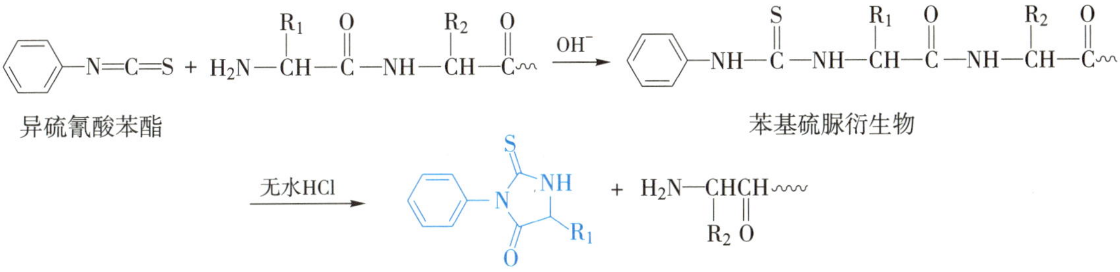

异硫氰酸苯酯　　　　　　　　　　苯基硫脲衍生物

苯基乙内酰硫脲衍生物

2. C 端氨基酸分析

C 端氨基酸的确定通常使用羧肽酶（carboxypeptidase）催化水解的方法。在羧肽酶的作用下，多肽进行水解时，选择性地水解靠近游离羧基的肽键；然后鉴定水解下来的氨基酸，即可确定多肽的 C 端氨基酸。去掉 C 端氨基酸的多肽，在羧肽酶的作用下，继续水解。根据各个氨基酸出现的时间顺序，可以确定 C 端氨基酸的排列顺序。

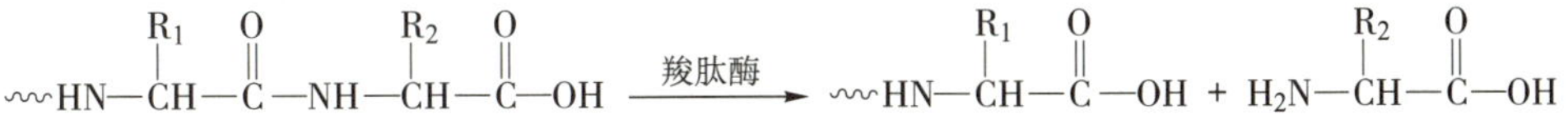

3. 多肽部分水解法

用端基分析法一般只能确定相对分子质量较小的多肽的结构,对于相对分子质量较大的多肽的结构确定,需要配合使用多肽部分水解法。此方法是将长链的多肽先利用酶催化,分解为许多小肽段;然后利用端基分析法确定这些小肽段的氨基酸顺序;最后根据小肽段的重叠部分,确定出整个肽链的结构。酶具有高度专一性,只水解多肽的特定位点。因此,掌握酶的特性,有助于推测多肽的结构。

> **【知识背景】两度获得诺贝尔化学奖的科学家——桑格**
>
>
>
> 桑格(F. Sanger, 1918—2013),英国生物化学家。1918 年出生于英格兰格洛斯特郡,1943 年获得剑桥大学博士学位。1958 年及 1980 年两度获得诺贝尔化学奖,是迄今唯一获得两次诺贝尔化学奖的科学家。1955 年,桑格利用糜蛋白酶将胰岛素降解成多个小肽段,然后利用桑格端基分析法(2,4- 二硝基氟苯法),结合色谱分析等方法确定出胰岛素分子的全部氨基酸顺序。这是蛋白质化学发展的一个里程碑,该研究成果使桑格单独获得了 1958 年诺贝尔化学奖。1975 年,桑格研究出利用链终止法(chain termination method)的新技术测定 DNA 中的核苷酸顺序。此项研究成果后来成为人类基因组计划等重大研究计划的关键技术,使桑格于 1980 年再度获得诺贝尔化学奖,同时获奖的还有吉尔伯特(W. Gilbert)与伯格(P. Berg)。

第三节 蛋 白 质

一、蛋白质的组成和分类

蛋白质(protein)是由多个氨基酸以酰胺键形成的高分子化合物,相对分子质量通常大于 10 000。元素分析结果表明,蛋白质的主要元素组成为:50% ~ 55%碳、20% ~ 23%氧、15% ~ 17%氮,6% ~ 7% 氢,以及 0.2% ~ 3.0% 硫,有的蛋白质还含有微量的磷、铁、锌等元素。

蛋白质几乎存在于所有细胞中,具有重要的生理功能,其种类较多,可以从不同角度进行分类。根据溶解度不同,蛋白质可分为球蛋白和纤维蛋白。球蛋白的分子卷曲为球状或椭球状,一般能溶于水,或酸、碱、盐的水溶液,如蛋清蛋白、血红蛋白、酪蛋白等。纤维蛋白的分子呈细长形,一般不溶于水,如胶原蛋白、角蛋白、丝蛋白等。按化学组成蛋白质可分为简单蛋白质和结合蛋白质。简单蛋白质完全由α- 氨基酸通过肽键形成,水解产物只有α- 氨基酸,如蛋清蛋白、丝蛋白、角蛋白等。结合蛋白质由简单蛋白质与非蛋白质部分结合而成,非蛋白质部分称为辅基(prosthetic group)。辅基可以是糖类、磷酸、脂类、核酸等。根据辅基种类不同,结合蛋白质又可分为脂蛋白、糖蛋白、磷蛋白、核蛋白、血红蛋白等。

二、蛋白质的结构

蛋白质的理化性质及生物功能取决于蛋白质的结构。蛋白质的结构较为复杂,由一条或几条多肽链组成。通常将蛋白质的结构层次分为四级,即蛋白质的一级结构、二级结构、三级结构和四级结构。

(一)蛋白质的一级结构

蛋白质的一级结构(primary structure)是指肽链中氨基酸残基的种类与连接顺序,是蛋白质的基本结构。在一级结构中,氨基酸通过肽键(酰胺键)相互连接生成肽链。

(二)蛋白质的二级结构

蛋白质的二级结构(secondary structure)是多肽链通过分子内氢键盘曲或折叠形成的空间构象。最常见的两种二级结构是α螺旋(α-helix structure)与β折叠(β-pleated structure)。

α螺旋结构是氨基酸残基以一定的角度围绕螺旋中心轴盘旋上升,形成的螺旋式构象(图15-1)。α螺旋结构按照螺旋旋转的方向分为左手α螺旋和右手α螺旋。右手α螺旋存在于大部分天然蛋白质中。在α螺旋结构中,肽链中氨基上的氢原子与羧基的氧原子形成氢键,与螺旋中心轴接近平行。

β折叠结构是肽链的一种较伸展的锯齿状主链构象(图15-2),在两条肽链或者一条肽链的不同链段之间形成氢键,与肽链的伸展方向接近垂直。相邻的两条肽链走向相同(N端到C端为同向)时,为平行β折叠;走向相反(N端到C端为反向)时,为反平行β折叠。在反平行β折叠中,形成氢键的氮、氢、氧三个原子几乎在同一直线上,此时氢键最强,因此反平行β折叠更加稳定。

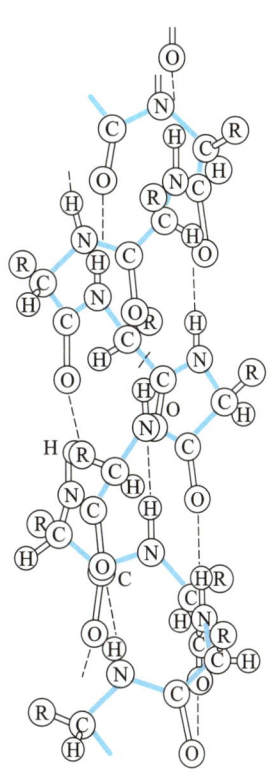

图 15-1 蛋白质的 α 螺旋

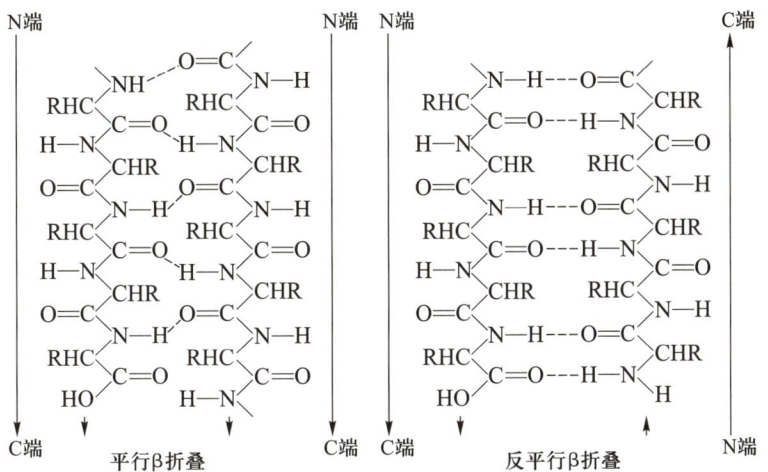

图 15-2 蛋白质的 β 折叠

（三）蛋白质的三级结构

蛋白质的三级结构（tertiary structure）是指多肽链在二级结构的基础上，通过氨基酸残基侧链的相互作用，进一步卷曲、折叠和盘绕形成复杂的高级结构（图 15-3）。蛋白质三级结构特定的空间构象主要通过二硫键、离子键、氢键、疏水作用等化学键及分子间范德华力维持。

（四）蛋白质的四级结构

许多蛋白质是由两条或多条肽链构成的，这些具有特定三级结构的多肽链称为亚基。蛋白质的四级结构（quaternary structure）是由两个或多个亚基之间通过氢键或离子键相互作用，形成具有特定空间构象的复杂结构（图 15-4）。

图 15-3　蛋白质的三级结构

图 15-4　蛋白质的四级结构

三、蛋白质的性质

蛋白质是由氨基酸组成的生物大分子，具有两性、水解反应、变性作用、颜色反应等多种化学性质。

（一）两性与等电点

蛋白质肽链 N 端有游离氨基，C 端有游离羧基，因此与氨基酸类似，也具有酸碱两性，与强酸、强碱均能成盐，其水溶液存在下列平衡体系。

$$
\begin{array}{ccccc}
\text{NH}_3^+ & & \text{NH}_3^+ & & \text{NH}_2 \\
\bigcirc & \underset{\text{H}^+}{\overset{\text{HO}^-}{\rightleftharpoons}} & \bigcirc & \underset{\text{H}^+}{\overset{\text{HO}^-}{\rightleftharpoons}} & \bigcirc \\
\text{COOH} & & \text{COO}^- & & \text{COO}^-
\end{array}
$$

正离子　　　　　两性离子　　　　　负离子
pH<pI　　　　　pH=pI　　　　　pH>pI

调节蛋白质水溶液的酸碱性，使蛋白质主要以两性离子形式存在，正电荷与负电荷相等，整体呈电中性，在电场中既不向阳极也不向阴极移动，此时溶液的 pH 称为该蛋白质的等电点（isoelectric point，pI）。若在蛋白质水溶液中加入酸，使溶液的 pH <pI，主要存在形式为正离子，在电场中向阴极移动。如果加入碱，使溶液的 pH >pI，主要存在形式为负离子，在电场中向阳极移动。

由于各种蛋白质存在结构差异，酸性基团和碱性基团的解离能力也不相同，所以不同蛋白质具有不同的等电点（表 15-2）。蛋白质与氨基酸类似，在等电点时，溶解度最低，可以通过调节溶液 pH 至等电点的方法，使蛋白质分步沉淀而进行分离纯化。

表 15-2　一些蛋白质的等电点

蛋白质	等电点（pI）	蛋白质	等电点（pI）
胃蛋白酶	1.0	乳球蛋白	4.5 ~ 5.5
酪蛋白	4.6	胰岛素	5.3
血清蛋白	4.9	血红蛋白	6.8
卵清蛋白	4.9	溶菌酶	11.0

（二）水解反应

蛋白质中的肽键与普通酰胺键相同，可在酸性或碱性条件下发生水解反应而断裂，蛋白质彻底水解的产物为各种 α- 氨基酸。生物体内，一般利用酶催化蛋白质的水解。控制在温和的条件下水解蛋白质，可以得到一系列中间产物，最后得到 α- 氨基酸。其水解过程如下：

蛋白质→蛋白胨→蛋白胨→多肽→二肽→ α- 氨基酸

这些中间产物中，最重要的是蛋白胨，其相对分子质量远小于蛋白质，易于消化。

（三）盐析

蛋白质能够与水形成亲水的胶体溶液，与其他胶体溶液性质类似，在蛋白质水溶液中，加入一定量的硫酸铵、硫酸镁、氯化钠等无机盐类电解质，可使蛋白质从溶液中沉淀出来，这种作用称为蛋白质的盐析。盐析是由于电解质破坏了蛋白质表面的水化膜，而且电解质离子所带的电荷能中和、削弱蛋白质表面的电荷，降低了蛋白质胶体溶液的稳定性，使蛋白质凝聚沉降。当向此蛋白质沉淀加入水后，沉淀又能重新溶解。因此，盐析属于可逆沉淀，一般不会破坏蛋白质的结构，多用于蛋白质的分离与提纯。

（四）变性作用

蛋白质受到高温、X 射线、紫外线、高频振荡、超声波等物理因素影响，或者受到强酸、强碱、有机溶剂、重金属离子、生物碱试剂等化学因素影响，使维系蛋白质二级、三级结构的氢键等结合力遭到破坏，变成不规则的排列方式，导致蛋白质分子物理、化学、生物性质发生改变，这种现象称为蛋白质的变性。变性蛋白质的主要特点是溶解度下降、黏性增加、生物活性改变等。

掌握蛋白质的变性作用对科学研究、工农业生产与日常生活都具有重要的指导意义。例如，在提取具有生物活性的酶制剂、抗血清等生物大分子时，需选择低温、合适的 pH、溶剂等防止蛋白质的变性。临床上使用高温、紫外线照射、酒精消毒等，使细菌体内的蛋白质变性而被杀灭。烹调高蛋白质食物是为了使蛋白质变性，从而容易被蛋白酶水解，更易被人体吸收。

（五）颜色反应

蛋白质分子含有酰胺键并包含多种氨基酸残基，可以与特定试剂作用，产生颜色反应。利用这些颜色反应可以对蛋白质进行定性鉴别或定量分析。

1. 缩二脲反应

蛋白质分子中含有两个以上肽键，与硫酸铜的碱性溶液可以发生缩二脲反应，呈现紫色或粉红色。

2. 茚三酮反应

蛋白质分子中包含α-氨基酸残基,与水合茚三酮溶液共热,呈现蓝紫色。

3. 米隆(Millon)反应

蛋白质分子含有酪氨酸残基时,遇到米隆试剂(硝酸、亚硝酸、硝酸汞和亚硝酸汞的混合溶液),生成白色的蛋白质汞盐沉淀,加热后呈现红色,该反应称为米隆反应。

4. 黄蛋白反应

结构中含有苯环(如酪氨酸和苯丙氨酸)的蛋白质,与浓硝酸共热,苯环上发生硝化反应,呈现黄色;冷却后,再用强碱处理,颜色变深而呈现橙色,该反应称为黄蛋白反应。

【思考题 15-4】利用黄蛋白反应鉴别蛋白质时,与浓硝酸共热呈黄色,冷却后用强碱处理,变为橙色,试分析其反应过程。

第十五章
思考题答案

第四节 核 酸

一、核酸的组成

核酸(nucleic acid)最早是由瑞士生理学家米舍尔(F. Miescher)于 1869 年从细胞核中提取出来的酸性物质,故名核酸。核酸在生物体的遗传过程与蛋白质的合成中具有决定性作用,像蛋白质一样是生命体的最基础物质。核酸属于高分子聚合物,基本结构单位是核苷酸(nucleotide)。将核酸用酶、酸或碱处理,可以逐步水解为核苷酸、核苷与磷酸,彻底水解为戊糖、杂环碱(碱基)与磷酸,如下所示。

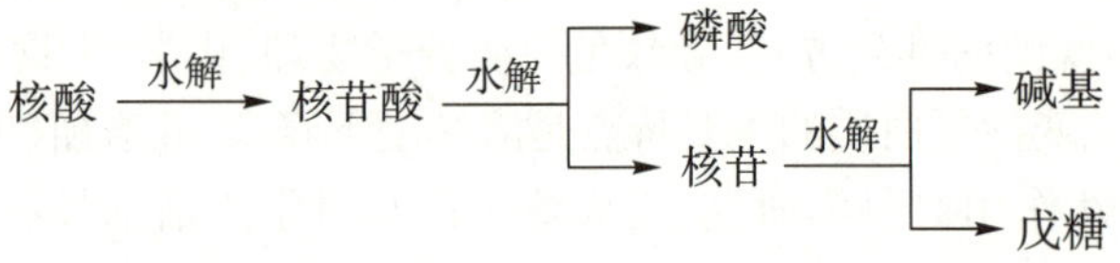

$$核酸 \xrightarrow{水解} 核苷酸 \xrightarrow{水解} \begin{cases} 磷酸 \\ 核苷 \xrightarrow{水解} \begin{cases} 碱基 \\ 戊糖 \end{cases} \end{cases}$$

(一)戊糖

核酸水解生成的戊糖有 D-核糖(D-ribose)和 D-2-脱氧核糖(D-2-deoxyribose),均以β-呋喃糖形式存在。

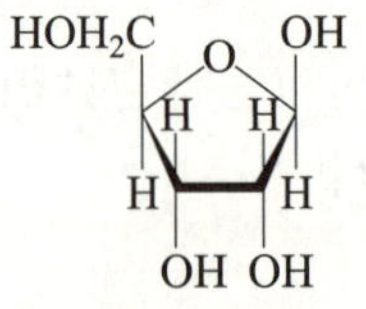

β-D-呋喃核糖 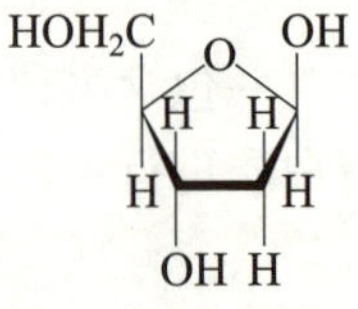   β-D-2-脱氧呋喃核糖

按水解后生成的戊糖种类,核酸可以分为核糖核酸和脱氧核糖核酸。水解后得到 D- 核糖的核酸称为核糖核酸(ribonucleic acid RNA),主要存在于细胞质内；水解后得到 D-2- 脱氧核糖的核酸称为脱氧核糖核酸(deoxyribonucleic acid DNA),主要分布于细胞核中。

（二）杂环碱（碱基）

核酸水解生成的碱基有嘌呤衍生物与嘧啶衍生物。嘌呤衍生物为腺嘌呤(adenine,A)和鸟嘌呤(guanine,G)；嘧啶衍生物有胞嘧啶(cytosine,C)、胸腺嘧啶(thymine,T)和尿嘧啶(uracil,U)。

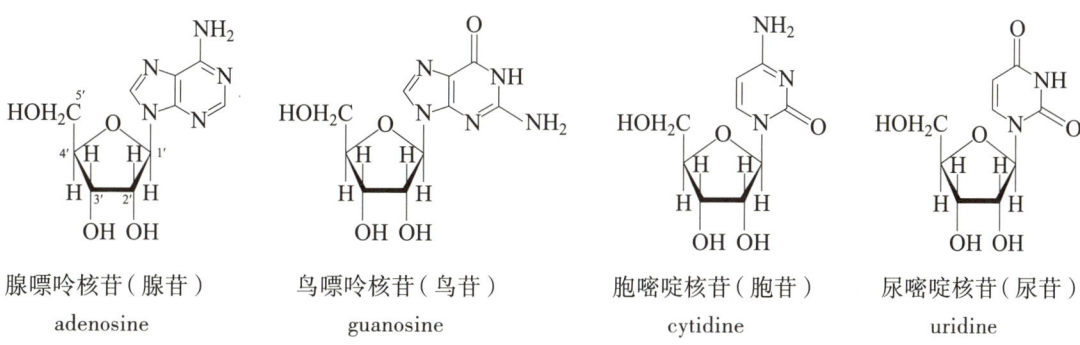

| 腺嘌呤（A） | 鸟嘌呤（G） | 胞嘧啶（C） | 胸腺嘧啶（T） | 尿嘧啶（U） |
| adenine | guanine | cytosine | thymine | uracil |

核糖核酸和脱氧核糖核酸在碱基的组成上也不完全相同。核糖核酸含有腺嘌呤、鸟嘌呤、胞嘧啶和尿嘧啶；脱氧核糖核酸含有腺嘌呤、鸟嘌呤、胞嘧啶和胸腺嘧啶。

（三）核苷

核苷(nucleoside)是由核糖或脱氧核糖 1′ 位碳原子上的 β- 半缩醛羟基与嘌呤环 9 位或嘧啶环 1 位氮原子上的氢脱水而形成的 β- 糖苷。核糖核酸部分水解生成的核苷包括腺嘌呤核苷、鸟嘌呤核苷、胞嘧啶核苷和尿嘧啶核苷。

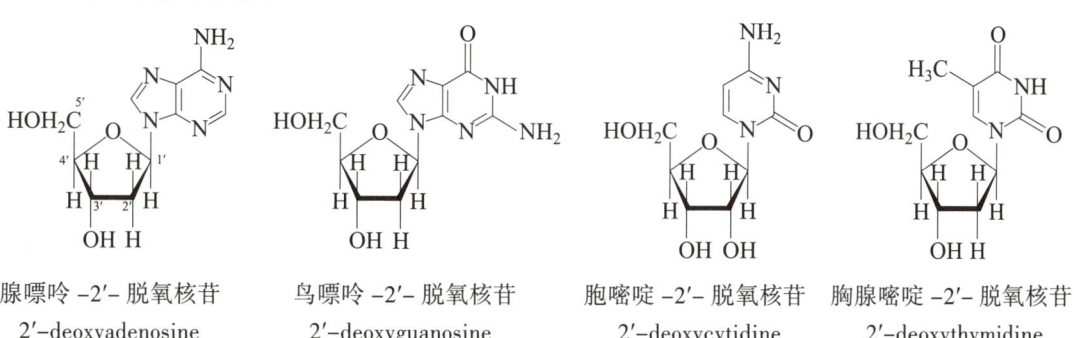

| 腺嘌呤核苷（腺苷） | 鸟嘌呤核苷（鸟苷） | 胞嘧啶核苷（胞苷） | 尿嘧啶核苷（尿苷） |
| adenosine | guanosine | cytidine | uridine |

脱氧核糖核酸部分水解生成的核苷包括腺嘌呤脱氧核苷、鸟嘌呤脱氧核苷、胞嘧啶脱氧核苷和胸腺嘧啶脱氧核苷。

| 腺嘌呤 -2′- 脱氧核苷 | 鸟嘌呤 -2′- 脱氧核苷 | 胞嘧啶 -2′- 脱氧核苷 | 胸腺嘧啶 -2′- 脱氧核苷 |
| 2′-deoxyadenosine | 2′-deoxyguanosine | 2′-deoxycytidine | 2′-deoxythymidine |

（四）核苷酸

核苷酸是核苷中呋喃糖的 3′ 位或 5′ 位碳原子上的羟基与磷酸脱水生成的酯。组成核酸的核苷酸主要是 3′–核苷酸，其中 DNA 含有 3′–脱氧腺苷酸、3′–脱氧鸟苷酸、3′–脱氧胞苷酸和 3′–脱氧胸苷酸。含有 1 个磷酸基的核苷酸为单磷酸核苷酸。单磷酸核苷酸的磷酸基通过焦磷酸酯键再加入 1 个磷酸基，生成二磷酸核苷酸；再加入 2 个磷酸基，生成三磷酸核苷酸。一些游离的核苷酸具有重要的生理功能，如单磷酸腺苷（AMP）、二磷酸腺苷（ADP）与三磷酸腺苷（ATP）。

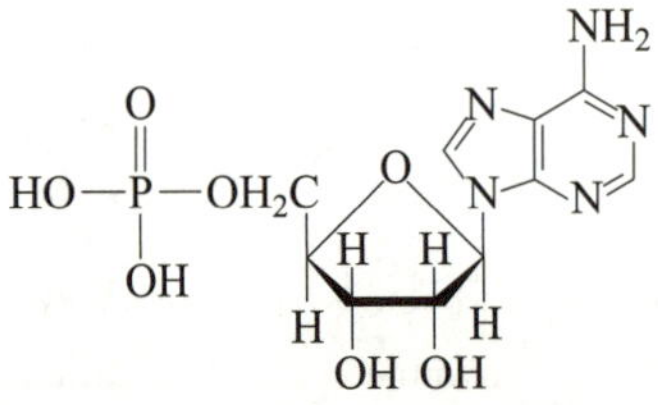

单磷酸腺苷（AMP） 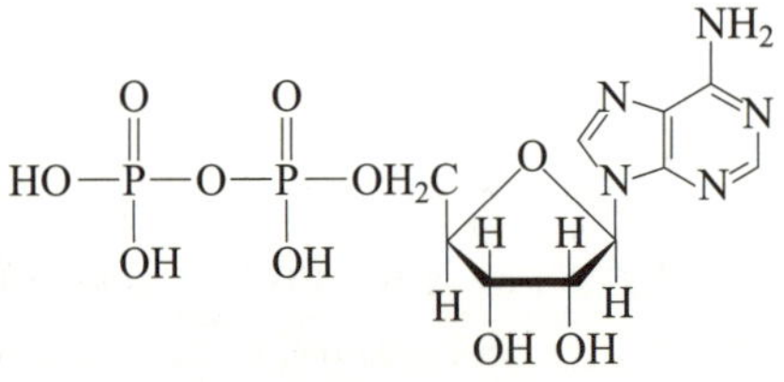　　　　　　二磷酸腺苷（ADP）

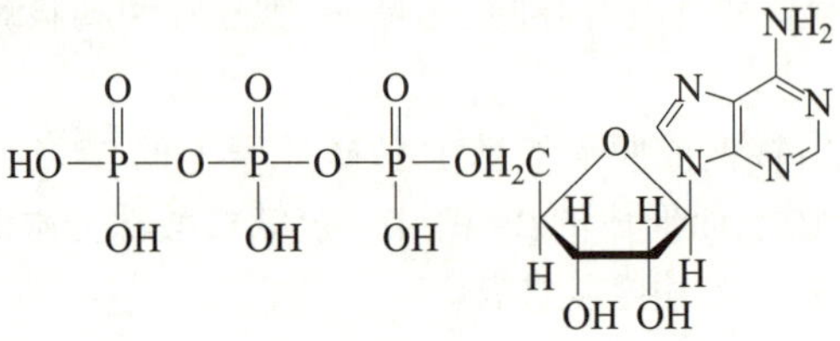

三磷酸腺苷（ATP）

生物体中有机化合物氧化会释放大量的能量，这些能量储存在二磷酸腺苷与三磷酸腺苷的焦磷酸酯键中，当焦磷酸酯键水解时，会释放出储存的能量，转化为单磷酸腺苷。因此，ATP、ADP 与 AMP 之间的转化，在细胞能量代谢过程中扮演重要的角色。

二、核酸的结构

DNA 的一级结构是指脱氧核糖核酸分子中各种核苷酸的排列顺序（图 15-5）。由于不同核苷酸含有不同的碱基，核苷酸排列顺序又称为碱基顺序。在 DNA 分子中，核苷酸之间是通过 3′, 5′–磷酸二酯键（一个核苷酸戊糖 5′ 位上的磷酸基与另一个核苷酸戊糖 3′ 位上的羟基形成的磷酸酯键）结合的。

DNA 的二级结构主要是指 DNA 的双螺旋结构。1953 年，沃森（Watson）和克里克（F.H.C.Crick）根据 X 射线衍射研究结果和各种碱基的性质，提出了脱氧核糖核酸的双螺旋结构（DNA double helix）模型（图 15-6）。在此模型中，两条脱氧核糖核苷酸链反向平行，沿着中轴以右手螺旋方式盘绕，两条链通过碱基之间的氢键结合固定。嘌呤碱和嘧啶碱朝向螺旋的内侧，外侧是通过磷酸二酯键连接的 2–脱氧核糖。两条链之间恰好可以容纳一个嘌呤碱与一个嘧啶碱，总是腺嘌呤（A）与胸腺嘧啶（T）配对；鸟嘌呤（G）与胞嘧啶（C）配对，称为碱基配对（互补）规则。DNA 的双螺旋结构模型是人类认识生命现象的一个里程碑，把遗传机制提高到分子水平，是分子生物学创立的标志。

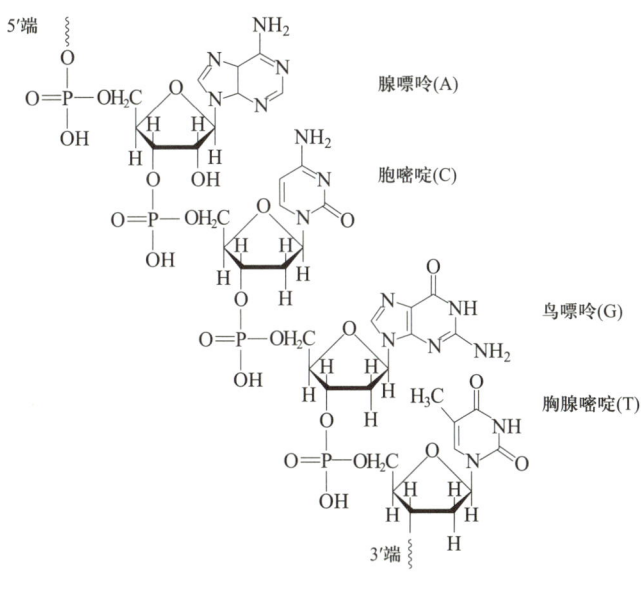

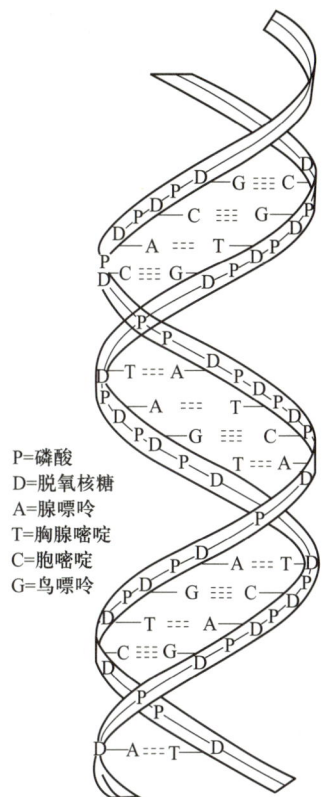

P＝磷酸
D＝脱氧核糖
A＝腺嘌呤
T＝胸腺嘧啶
C＝胞嘧啶
G＝鸟嘌呤

图 15-5　DNA 的一级结构　　　　　　　图 15-6　DNA 的双螺旋结构模型

核糖核酸一般有三种类型,即转运核糖核酸(tRNA)、信使核糖核酸(mRNA)与核糖体核糖核酸(rRNA)。RNA 的一级结构与 DNA 类似,也是以 3',5' - 磷酸二酯键连接起来的多核苷酸链。RNA 的二级结构差别很大,有些可以形成双螺旋结构,但不如 DNA 稳定,一般以单链状态存在。常见的 RNA 二级结构中,存在一段或多段自身配对的双股区,这些双股区被单股区分割。

三、核酸的性质

(一)物理性质

DNA 为白色纤维状固体,RNA 为白色粉末状固体,二者都是极性化合物,微溶于水,溶液呈酸性,但不溶于乙醇、乙醚和氯仿等有机溶剂。核酸钠盐在水中的溶解度大于核酸。DNA 分子极为细长,因此天然 DNA 的水溶液具有很高的黏度。RNA 水溶液黏度远低于 DNA 水溶液。DNA 分子中的嘌呤碱和嘧啶碱都具有共轭双键,具有强烈的紫外线吸收,最大吸收峰在 260 nm 处。

(二)降解作用

RNA 是核苷酸通过磷酸 -3',5' - 二酯键形成的高分子化合物,在酸、碱、酶的作用下,都可发生降解。例如,在酸性条件下,由于糖苷键对酸不稳定,RNA 水解生成碱基、核糖、磷酸及

核苷酸混合物。在碱性条件下，RNA 可水解为核苷或核苷酸的混合物。脱氧核糖核酸结构比核糖核酸稳定，一般需要 DNA 水解酶催化降解。

（三）变性作用

与蛋白质类似，DNA 溶液受到高温、酸、碱，或乙醇、丙酮、尿素等因素影响时，使碱基之间的氢键断裂，双螺旋结构变成两条单链的 DNA 分子，这种现象称为 DNA 的变性（denaturation）。DNA 变性后，其二级结构被破坏，并不改变一级结构，但其生物功能丧失，理化性质也发生改变。DNA 发生变性后，其水溶液的黏度降低；而且由于碱基暴露，在 260 nm 处的紫外线吸收显著增加，这种现象称为增色效应。因此，黏度降低与紫外线吸收值可作为 DNA 变性、复性的指标。

DNA 的变性是可逆过程。在适当条件下，变性 DNA 分开的两条单链重新形成双螺旋结构，该过程称为 DNA 的复性（renaturation）。DNA 的复性一般只适用于均一的病毒和细菌的DNA，而哺乳动物细胞中的非均一 DNA，很难恢复到原来的二级结构。

四、核酸的生物功能

（一）DNA 的遗传功能

DNA 具有精确复制自身结构的功能，是生物遗传的物质基础。DNA 大分子中携带遗传信息的片段称为基因（由 4 种脱氧核糖核苷酸按一定顺序排列），决定生物的遗传性状。细胞分裂时，在特异酶的作用下，DNA 双股链间的氢键断裂，两条链分开；然后以每条链为模板，在 DNA 聚合酶的催化下，按照碱基配对（A—T、G—C）原则，各自复制出一条与母链互补的子链。结果使一个 DNA 分子转变成两个与原来完全相同的 DNA 分子，并分配在两个子细胞中，实现了遗传信息的传递。

（二）控制蛋白质的生物合成

蛋白质是生命的物质基础，由核酸控制其生物合成。蛋白质的生物合成是将核苷酸排列顺序翻译成氨基酸的排列顺序的过程，即基因的表达过程，需要通过三种核糖核酸共同作用完成。

1. 信使核糖核酸（mRNA）

DNA 的另一个性质是能够进行转录，可以把其遗传信息转抄在 RNA 分子中，这类 RNA 称为信使核糖核酸（mRNA），用于传递遗传信息。mRNA 是蛋白质生物合成的模板，mRNA 的核苷酸排列顺序控制蛋白质生物合成中氨基酸的排列顺序。

2. 核糖体核糖核酸（rRNA）

存在于细胞质内的小球状颗粒，活性核糖体是合成蛋白质的场所。

3. 转运核糖核酸（tRNA）

tRNA 存在于细胞质内，一般由 75～90 个核苷酸组成。tRNA 与激活后的氨基酸结合成氨基酰 tRNA，携带并转运该氨基酸，是蛋白质生物合成的搬运工具。tRNA 具有很高的专一性，一种 tRNA 只能转运一种氨基酸。

在合成蛋白质肽链时，DNA 先将信息传给 mRNA，然后在 rRNA 中，tRNA 按 mRNA 核苷酸排列顺序，将氨基酸依次排列成肽链，进而形成蛋白质。

【知识延伸】DNA 的损伤与修复

2015 年诺贝尔化学奖授予了林达尔（T. Lindahl）、莫德里奇（P. Modrich）与桑贾尔（A. Sancar），以表彰三位科学家在 DNA 修复机制研究领域做出的卓越贡献。

DNA 是生物遗传的物质基础，其携带的遗传信息决定生物的遗传性状，因此 DNA 结构稳定性具有十分重要的意义。虽然 DNA 时刻面临着碱基自身不稳定性、代谢产生的自由基、复制本身的相对精确性等内部因素，以及紫外线、电离辐射、烷化剂等外部因素的威胁，使 DNA 非常容易出现损伤而引发基因变异。但事实上，并未出现遗传系统的崩溃瓦解或毁灭物种的严重后果，表明生物内的 DNA 结构极其稳定，存在一套完整精细的 DNA 修复系统。经过多年坚持不懈的研究，瑞典科学家林达尔发现了能不断消除 DNA 变异的"碱基切除修复（base excision repair, BER）分子"机制；土耳其科学家桑贾尔发现了 DNA 的"核苷酸切除修复（nucleotide excision repair, NER）"机制，并揭示了细胞如何运用这一机制来修复紫外线对 DNA 造成的损害；美国科学家莫德里奇阐释了细胞在分裂的过程中，DNA 如何通过"错配修复（mismatch repair, MMR）"纠正基因复制时的偶发错误。这些研究成果从分子水平上解释了细胞进行 DNA 损伤修复的机制，加深了人类对其自身生命运作方式的认识，为某些遗传病与癌症的治疗提供新思路。例如，设计药物增加细胞 DNA 修复能力而减少 DNA 损伤，提高人类的生存质量。

【知识连接】

1. 氨基酸的基本反应：

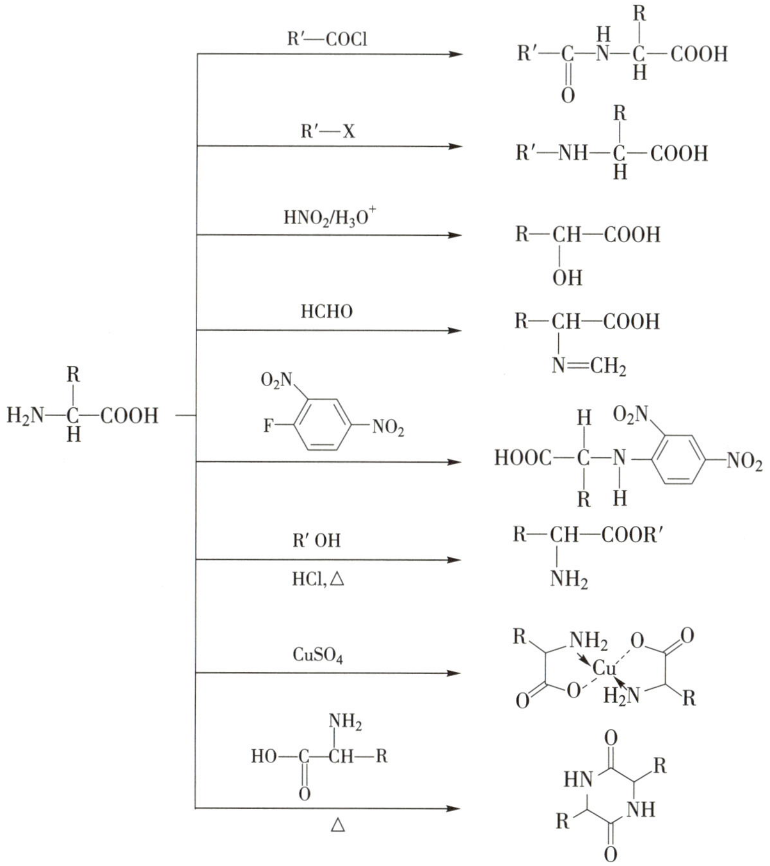

2. 核酸的基本组成：

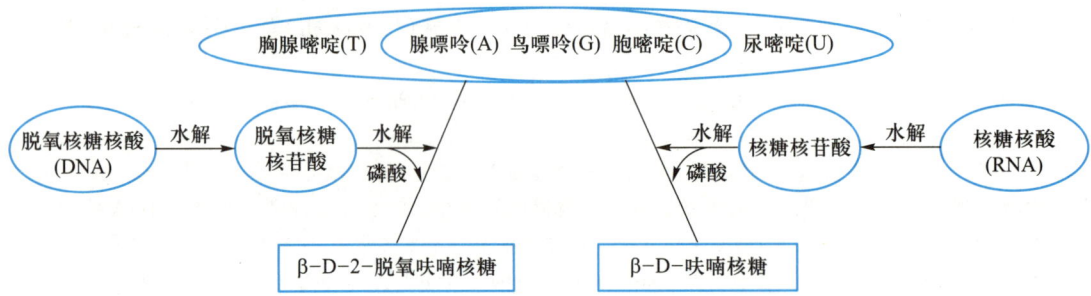

【英汉词汇】

氨基酸　amino acid

内盐　inner salt

等电点　isoelectric point

肽键　peptide bond

N 端　N-terminal

谷胱甘肽　glutathione

辅基　prosthetic group

α 螺旋　α-helix structure

四级结构　quaternary structure

D-2- 脱氧核糖　D-2-deoxyribose

腺嘌呤　adenine

胸腺嘧啶　thymine

腺嘌呤核苷　adenosine

尿嘧啶核苷　uridine

胞嘧啶脱氧核苷　deoxycytidine

变性　denaturation

核苷酸切除修复　nucleotide excision repair

核酸　nucleic acid

偶极离子　dipolar ion

聚酰胺　polymide

二肽　dipeptide

C 端　C-terminal

羧肽酶　carboxypeptidase

一级结构　primary structure

β 折叠　β-pleated structure

核苷酸　nucleotide

脱氧核糖核酸　deoxyribonucleic acid

鸟嘌呤　guanine

尿嘧啶　uracil

鸟嘌呤核苷　guanosine

腺嘌呤脱氧核苷　deoxyadenosine

胸腺嘧啶脱氧核苷　deoxyuridine

复性　renaturation

错配修复　mismatch repair

蛋白质　protein

两性离子　zwitterion

肽　peptide

多肽　polypeptide

端基分析法　terminal analysis

链终止法　chain termination method

二级结构　secondary structure

三级结构　tertiary structure

D- 核糖　D-ribose

核糖核酸　ribonucleic acid

胞嘧啶　cytosine

核苷　nucleoside

胞嘧啶核苷　cytidine

鸟嘌呤脱氧核苷　deoxyguanosine

双螺旋结构　double helix

碱基切除修复　base excision repair

【参考文献】

[1] Bryan W P. The isoionic point of amino acids and proteins[J]. Biochem. Eng J., 1978, 6(1): 14–15.

[2] Handoko, Satishkumar S, Panigrahi N R, et al. Rational Design of an Organocatalyst for Peptide Bond Formation[J]. J. Am. Chem. Soc., 2019, 141(40): 15977–15985.

[3] Severin K, Bergs R, Beck W. Bioorganometallic Chemistry–Transition Metal Complexes with α–Amino Acids and Peptides[J]. Angew. Chem. Int. Ed., 1998, 37, 1634–1654.

[4] 李悦, 高欢, 金芳, 等. 多肽类化合物抗肿瘤作用机制的研究进展[J]. 医学综述, 2019, 25(17): 3486–3490.

[5] 方圆圆, 刘克文. DNA 修复: 为生命提供化学稳定性. 化学教育, 2015, 36, 1–6.

【习题】

1. 命名或写出下列化合物的结构式:

（1） $H_2N{-}CHCONH{-}CH{-}COOH$
　　　　　　$\underset{CH_3}{|}$　　　　$\underset{CH_2CH(CH_3)_2}{|}$

（2） $H_2N{-}\underset{CH_2OH}{\underset{|}{CH}}{-}\overset{\overset{O}{\|}}{C}{-}NH{-}\underset{COOH}{\underset{|}{CH}}{-}CH_2COOH$

（3）（S）-苯丙氨酸

（4）甘-丙-苏

2. 完成下列反应:

（1） ⬡$-CH_2CHCOOH + CH_3CH_2OH \xrightarrow[\triangle]{H^+}$
　　　　　　　$\underset{NH_2}{|}$

（2） $H_3C{-}\underset{NH_2}{\underset{|}{CH}}{-}COOH + CH_3CHO \longrightarrow$

（3） $CH_3{-}\underset{NH_2}{\underset{|}{CH}}{-}CH_2{-}COOH \xrightarrow{HNO_2} \xrightarrow{\triangle}$

（4） ⬡$\overset{COOH}{\underset{NH_2}{}} \xrightarrow{\triangle} \xrightarrow{HCl}$

（5） ⬡$\underset{NH_2}{}{-}COOH \xrightarrow{\triangle}$

（6） 2⬡$-CH_2\underset{NH_2}{\underset{|}{CH}}COOH \xrightarrow{\triangle}$

（7） $H_2N{-}$⬡$-COOH + H_3C{-}\overset{}{\underset{O}{\underset{\|}{C}}}{-}CH_3 \longrightarrow$

（8）$H_3C-\underset{\underset{NH_2}{|}}{CH}-COOH + C_2H_5-\underset{\underset{O}{\|}}{C}-Cl \longrightarrow$

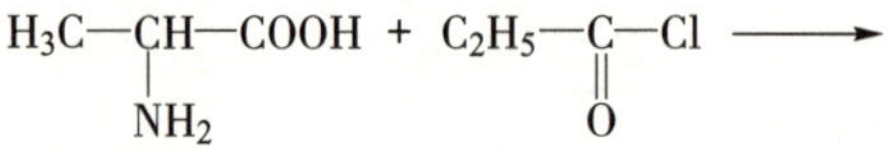

3. 下列氨基酸在 pH 为 2、7、12 时,分别主要以何种离子形态存在?

（1）甘氨酸　　　　　（2）赖氨酸　　　　　（3）谷氨酸

4. 根据蛋白质的性质,回答下列问题:

（1）误服重金属盐后,为什么可通过服用大量牛奶、蛋清或豆浆来解毒?

（2）为什么可以用酒精处理伤口?

5. 用化学方法鉴别下列各组化合物:

（1）乳酸、丙氨酸、甘 – 丙 – 酪　　　（2）苯丙氨酸、葡萄糖、蔗糖

扫一扫,获取本章习题答案

第十五章　习题答案

第十六章　类脂化合物

【导言】

　　地高辛(digoxin),是一种从洋地黄植物中提取的强心苷药物,能提高心脏收缩力。地高辛的分子结构中含有一种甾体化合物——洋地黄毒苷元(digitoxigenin)。它是类脂化合物家族中的一员。

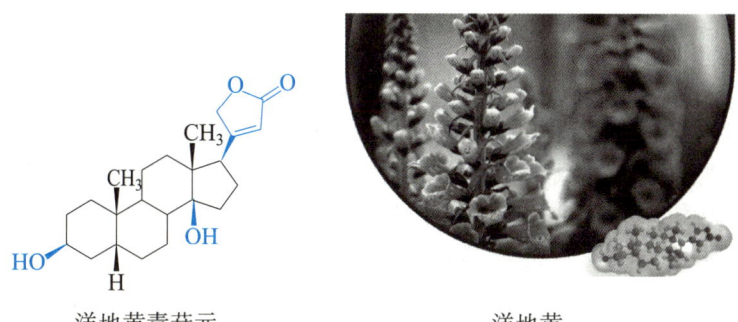

洋地黄毒苷元　　　　　　　　　洋地黄

　　在已经进行的有机化学章节学习中,我们通常根据官能团对化合物进行分类。然而,类脂化合物是按照溶解性分类的。类脂是一类广泛存在于动植物体内的天然有机化合物,其结构差异较大,但却有相似的溶解性。它们是从细胞和组织中被非极性有机溶剂提取出来的物质,不溶于水,在这方面与蛋白质、糖类、核酸等天然有机化合物不同。从分子结构方面可以对其进行简单分类:一类是含有酯基的类脂化合物,如油脂、蜡、磷脂等,这类化合物可在碱性条件下水解,生成相应的脂肪酸和醇;另一类是不含酯基的类脂化合物,如萜类化合物、甾体化合物等。虽然它们结构差异较大,但在生物体内都是由相同的起始物质合成的。类脂化合物在生物体内具有重要的生理作用。常见的类脂化合物及其生理功能如下:

$$
\begin{array}{l}
CH_2O-\overset{\displaystyle O}{\overset{\displaystyle \|}{C}}-C_{15}H_{31}\\[2mm]
CH-O-\overset{\displaystyle O}{\overset{\displaystyle \|}{C}}-C_{15}H_{31}\\[2mm]
CH_2O-\overset{\displaystyle O}{\overset{\displaystyle \|}{C}}-C_{15}H_{31}
\end{array}
$$

甘油三软脂酸酯(提供能量)

$$
\begin{array}{l}
\qquad\qquad CH_2O-\overset{\displaystyle O}{\overset{\displaystyle \|}{C}}-R_1\\[2mm]
R_2-\overset{\displaystyle O}{\overset{\displaystyle \|}{C}}-O-CH \qquad\quad O\\[2mm]
\qquad\qquad CH_2O-\overset{\displaystyle \|}{P}-O-CH_2CH_2\overset{+}{N}(CH_3)_3\\[2mm]
\qquad\qquad\qquad\quad \overset{\displaystyle |}{O^-}
\end{array}
$$

L-α-卵磷脂(细胞膜的主要成分)

维生素 A（提供必需维生素）　　　　　　睾酮（雄性激素）

第一节　油　　脂

一、油脂的组成、结构和命名

油脂是高级脂肪酸与甘油在脂肪酶作用下脱水形成的三羧酸甘油酯,称为三酰甘油（triacylglycerol）。其结构通式如图 16-1。其中 R_1、R_2、R_3 为高级脂肪酸中的烷基,如果三个 R 基团相同,则称为单甘油脂;如果不同,则称为混合甘油酯。油脂的理化性质与 R 基团有关。如果 R 主要为饱和烷基,即组成油脂的脂肪酸主要为饱和脂肪酸,则油脂的熔点较高,室温下呈固态或半固态,常把这种油脂称为脂肪（fat）,如牛油等。如果 R 结构中包含双键,羧酸为不饱和脂肪酸时,在室温下呈液态,常将其称为油（oil）,如菜油、橄榄油等。

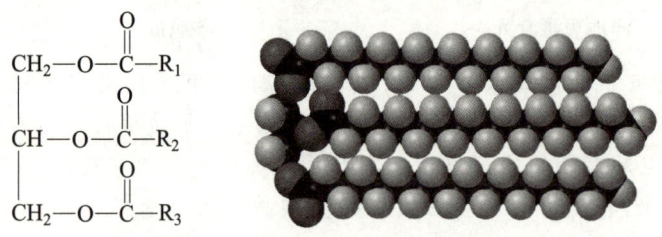

图 16-1　甘油三酯通式及甘油三硬脂酸酯模型示意图

组成油脂的高级脂肪酸种类很多。目前从天然油脂水解产物中分离出来的脂肪酸就超过百种,这些脂肪酸碳链有长有短,但大多数是含偶数碳原子的直链脂肪酸,特别是以含 12 个碳原子至 20 个碳原子的脂肪酸较为常见。例如:

$$CH_3—(CH_2)_{10}—COOH$$
月桂酸(十二酸)
lauric acid

$$CH_3—(CH_2)_{12}—COOH$$
肉豆蔻酸(十四酸)
myristic acid

$$CH_3—(CH_2)_{14}—COOH$$
软脂酸(十六酸)
palmitic acid

$$CH_3—(CH_2)_{16}—COOH$$
硬脂酸(十八酸)
stearic acid

$$CH_3—(CH_2)_{18}—COOH$$
花生酸
arachidic acid

$$CH_3—(CH_2)_{20}—COOH$$
山嵛酸
behenic acid

$$CH_3—(CH_2)_{24}—COOH \qquad\qquad CH_3—(CH_2)_{29}—COOH$$

腊酸 　　　　　　　　　　　　蜂花酸

ceroyic acid 　　　　　　　　　　melisic acid

另外,这些脂肪酸的碳链有的是饱和碳链,有的是含有一个或多个不饱和双键的碳链。例如:

$$CH_3(CH_2)_3CH{=}CH(CH_2)_7COOH \qquad CH_3(CH_2)_5CH{=}CH(CH_2)_7COOH$$

肉豆蔻烯酸[(9Z)–十四碳烯酸] 　　　棕榈烯酸[(9Z)–十六碳烯酸]

myristoleic acid 　　　　　　　　　　palmitoleic acid

$$CH_3(CH_2)_7—CH{=}CH—(CH_2)_7COOH \qquad CH_3(CH_2)_4CH{=}CHCH_2CH{=}CH(CH_2)_7COOH$$

油酸[(9Z)–十八碳烯酸] 　　　　　　亚油酸[(9Z,12Z)–十八碳二烯酸]

oleic acid 　　　　　　　　　　　　linoleic acid

$$C_2H_5—CH{=}CH—CH_2—CH{=}CH—CH_2—CH{=}CH—(CH_2)_7COOH$$

亚麻酸[(9Z,12Z,15Z)–十八碳三烯酸]

linolenic acid

$$CH_3—(CH_2)_7—CH{=}CH—(CH_2)_{11}COOH$$

芥酸[(13Z)–二十二碳烯酸]

erucic acid

$$C_5H_9—CH{=}CH—CH_2—CH{=}CH—CH_2—CH{=}CH—CH_2—CH{=}CH—(CH_2)_3COOH$$

花生四烯酸[(5Z,8Z,11Z,14Z)–二十碳四烯酸]

arachidonic acid

油脂中常见的高级脂肪酸见表 16–1。

表 16–1　油脂中常见的高级脂肪酸

类别	俗名	分子式	熔点 /℃	分布情况
饱和脂肪酸	月桂酸（lauric acid）	$C_{12}H_{24}O_2$	44	鲸蜡、椰子油
	豆蔻酸（myristic acid）	$C_{14}H_{28}O_2$	58	肉豆蔻脂、椰子油
	软脂酸（palmic acid）	$C_{16}H_{32}O_2$	63	动植物油脂
	硬脂酸（stearic acid）	$C_{18}H_{36}O_2$	70	动植物油脂
	花生酸（arachic acid）	$C_{20}H_{40}O_2$	75	花生油
必需脂肪酸	油酸（oleic acid）	$C_{18}H_{34}O_2$	16	动植物油脂
	亚油酸（linoleic acid）	$C_{18}H_{32}O_2$	−5	植物油
	亚麻酸（linolenic acid）	$C_{18}H_{30}O_2$	−11	棉籽油、亚麻油
	蓖麻油酸（ricinolic acid）	$C_{18}H_{34}O_3$	5	蓖麻油
	花生四烯酸（arachidonic acid）	$C_{20}H_{32}O_2$	−50	卵磷脂、脑磷脂
	芥酸（erucic acid）	$C_{22}H_{42}O_2$	31.5	菜油

通常所说的油也就是植物油脂,主要存在于植物的果实和种子中,为种子生长发芽提供能量;脂肪主要存在于动物皮下结缔组织等器官中。那么,油脂是如何被人体吸收并储存的呢? 由于油脂分子较大,不能直接穿过细胞膜,先被脂肪酶分解成甘油和高级脂肪酸,穿过细胞膜后经酶作用又结合成甘油三酯储存起来。

研究表明,人一生约需 2.5 t 脂肪,而 1 g 脂肪氧化可放热 39 kJ,而 1 g 糖类或蛋白质氧化只能释放 17 kJ 的热量。可以看出,维持生命活动的能量主要来源于油脂。当人体感到饥饿时,体内的脂肪酶会分解油脂,释放出脂肪酸和甘油,分别被身体和大脑细胞利用。此外,油脂还能提供动物生长发育所必需的脂肪酸。多数天然脂肪酸可在动物体内合成得到,但少数不饱和脂肪酸,如油酸、亚油酸等却不能在动物体内合成,必须从食物中获取,这些脂肪酸叫作必需脂肪酸(essential fatty acid)。油脂还能促进油溶性纤维素的溶解、吸收等。动物皮下脂肪具有保温、保护内脏的作用。但需要注意的是,如果人体内的脂肪含量过高,特别是血液中甘油三酯含量过高会引起高血脂疾病。

常用的甘油三酯命名法推荐使用某酯酰甘油。例如:

$$\alpha\ CH_2-O-\overset{\displaystyle O}{\overset{\displaystyle \|}{C}}-C_{15}H_{31}$$
$$\beta\ CH-O-\overset{\displaystyle O}{\overset{\displaystyle \|}{C}}-C_{15}H_{31}$$
$$\alpha'CH_2-O-\overset{\displaystyle O}{\overset{\displaystyle \|}{C}}-C_{15}H_{31}$$

tri-O-hexadecanoyl glycerol

二、油脂的物理性质

油脂的物理性质与其分子结构中的脂肪酸密切相关。总的说来,油脂的熔点随脂肪酸碳链的增长而升高;随脂肪酸碳链中的碳碳双键数目的增加而降低。例如,许多动物脂肪中饱和脂肪酸的含量为 40% ~ 50%,室温下为半固态或固态;而大多数植物油脂中饱和脂肪酸的含量低于 20%,其不饱和脂肪酸的含量通常高于 80%,在室温下为液态。

油脂的熔点还受到脂肪酸链在空间排列的影响。饱和脂肪酸相互平行排列,整个分子形状紧密有序,相邻分子的碳链间色散力增加,熔点升高。因此甘油酯中的饱和脂肪酸含量较高时,其熔点较高;当脂肪酸链含有双键时,其构型主要为顺式,碳链呈弯曲状,排列较为松散,分子间的作用力减弱,故熔点较低。

纯净的油脂是无色、无味的液体或固体。天然油脂因含有其他杂质而呈现一定的颜色和气味。天然油脂是混合物,故没有确定的熔点。油脂不溶于水,易溶于乙醚、氯仿等有机溶剂。

三、油脂的化学性质

油脂属于酯类化合物,具有酯的一般性质,比如能在碱性条件下发生水解反应等。另外,油脂中的脂肪酸部分还含有碳碳双键,具有某些不饱和键的性质,比如能发生加成、氧化等反应。

(一)油脂的皂化(saponification)

油脂在碱性溶液中水解,得到甘油和高级脂肪酸盐。这种高级脂肪酸盐俗称肥皂,因此把油脂在碱性条件下的水解反应又称皂化反应,它是工业制备肥皂的主要方法。后来推广到将一般酯的碱性水解都称为皂化反应。

$$
\begin{array}{l}
CH_2-O-\overset{\displaystyle O}{\overset{\|}{C}}-C_{17}H_{33} \\
CH-O-\overset{\displaystyle O}{\overset{\|}{C}}-C_{15}H_{31} + 3\,NaOH \longrightarrow \\
CH_2-O-\overset{\displaystyle O}{\overset{\|}{C}}-C_{17}H_{35}
\end{array}
\qquad
\begin{array}{l}
CH_2-OH \quad C_{17}H_{33}COONa \\
CH-OH \; + \; C_{15}H_{31}COONa \\
CH_2-OH \quad C_{17}H_{35}COONa
\end{array}
$$

由于不同油脂所含高级脂肪酸的相对分子质量不尽相同,因此,水解相同质量的不同油脂时所需的碱量也不同。使 1 g 油脂完全皂化时所需氢氧化钾的质量(mg)称为该油脂的皂化值(saponification number)。皂化值的大小与油脂的平均相对分子质量成反比。皂化值越大,油脂的平均相对分子质量越小;反之亦然。各种油脂都有一定的皂化值范围(见表 16-2)。根据油脂皂化值的大小,可以初步判断其纯度,因此,皂化值常作为检验油脂质量的重要指标。需要指出的是,不仅碱可以使油脂皂化,酸或一些酶也能使油脂皂化。

表 16-2 一些常见油脂的皂化值、碘值和酸值

油脂	皂化值	酸值	碘值
豆油	190 ~ 193	2	150 ~ 170
芝麻油	188 ~ 193	9.8	103 ~ 117
菜油	170 ~ 179	0.4 ~ 1	97 ~ 166
花生油	186 ~ 196	0.5 ~ 0.8	83 ~ 105
棕榈油	196 ~ 205	0.4	53 ~ 58
鱼肝油	168 ~ 190	≤ 2.8	135 ~ 198
羊油	192 ~ 196	2 ~ 3	33 ~ 34
奶油	221 ~ 233	—	25 ~ 50

（二）油脂的加成

含有不饱和脂肪酸的油脂，具有碳碳双键的性质，可与氢、卤素等发生加成反应。

1. 氢化

含不饱和脂肪酸的液态油脂，通过催化氢化可使饱和脂肪酸的含量增加，油脂的熔点升高，从液态变为固态或半固态，这一过程叫作油脂的硬化（harden）。加氢后的油脂称为氢化油或硬化油。例如：

$$CH_2O-C(=O)-(CH_2)_7CH=CH(CH_2)_7CH_3$$
$$CH-O-C(=O)-(CH_2)_7CH=CH(CH_2)_7CH_3 \xrightarrow[Ni]{3\ H_2}$$
$$CH_2O-C(=O)-(CH_2)_7CH=CH(CH_2)_7CH_3$$

$$CH_2O-C(=O)-(CH_2)_{16}CH_3$$
$$CH-O-C(=O)-(CH_2)_{16}CH_3$$
$$CH_2O-C(=O)-(CH_2)_{16}CH_3$$

含不饱和脂肪酸的油脂氢化后提高了熔点，饱和脂肪酸的含量增加，性质较为稳定，有利于储存、运输和制造肥皂。通过改变氢化条件，还可以实现对油脂中不饱和键的逐步氢化，氢化程度低的油脂主要用作奶油和猪油的代用品。如"人造黄油"的主要成分就是氢化植物油，见图16-2。然而，在氢化过程中也会发生脱氢反应，导致不饱和脂肪酸中部分碳碳双键位置和构型发生变化，这样氢化油脂中就含有部分反式脂肪酸。研究表明，摄入反式脂肪酸可能会引起血液中胆固醇含量升高，增加患心脏病的风险。氢化程度高的氢化油脂主要用于制造肥皂或高级脂肪酸。

图16-2　氢化植物油

2. 加碘

利用油脂中的不饱和脂肪酸与碘的加成反应可测定油脂的不饱和度。规定100 g油脂所能吸收碘的质量（g）称为油脂的碘值（iodine number）。由于碘的活性较低，与不饱和脂肪酸的加成反应速率较慢，故在实际测定中常用活性较高的氯化碘，最后根据吸收的氯化碘的量换算成单质碘的用量。碘值与油脂的不饱和程度成正比，即碘值越大，表明油脂的不饱和程度越高。一些常见油脂的碘值见表16-2。

$$-C(H)=C(H)- + ICl \longrightarrow -C(I)(H)-C(Cl)(H)-$$

（三）油脂的酸败

油脂在储存过程中受到光、热、空气等因素的影响，会逐渐变质，产生难闻的气味，这种变化称为油脂的酸败（rancidity）。引起油脂酸败的主要原因是油脂中含有不饱和脂肪酸甘油酯，它与空气中的氧发生反应生成过氧化物，然后在水的作用下分解成醛。这些低相对分子质量的醛进一步被氧化生成具有刺激性气味的羧酸等。光、热、霉菌等都能加速这一氧化过程，从而加速油脂的酸败。

$$\cdots CH_2-CH=CH-CH_2\cdots + O_2 \longrightarrow \cdots CH_2-\underset{\underset{O}{|}}{CH}-\underset{\underset{O}{|}}{CH}-CH_2\cdots \xrightarrow{H_2O}$$

$$\cdots CH_2\overset{O}{\underset{}{C}}-H + H-\overset{O}{\underset{}{C}}CH_2\cdots \xrightarrow{[O]} \cdots CH_2\overset{O}{\underset{}{C}}-OH + HO-\overset{O}{\underset{}{C}}CH_2\cdots$$

另外，微生物也可促使油脂水解为甘油和高级脂肪酸。在酶作用下这些脂肪酸的 β- 碳原子发生氧化反应，生成 β- 酮酸，再经脱羧等反应分解为低级的酮或羧酸。

$$RCH_2CH_2\overset{\beta}{CH_2}CH_2COOH \xrightarrow{脱氢} RCH_2\overset{\beta}{CH_2}CH=CHCOOH \xrightarrow{水化} RCH_2\overset{\beta}{CH_2}\underset{\underset{OH}{|}}{CH}CH_2COOH$$

$$\xrightarrow{脱氢} RCH_2CH_2\overset{\beta}{\underset{\underset{O}{\|}}{C}}CH_2COOH \xrightarrow{降解} \begin{cases} \rightarrow RCH_2CH_2\underset{\underset{O}{\|}}{C}CH_3 + CO_2 \\ \rightarrow RCH_2CH_2\underset{\underset{O}{\|}}{C}OH + CH_3COOH \end{cases}$$

日常生活中，奶油、猪油等含低级脂肪酸甘油酯较多的油脂易腐败变质。这些油脂氧化时生成的过氧化物能破坏某些具有抗氧化作用的脂溶性维生素，导致油脂加速酸败，产生气味难闻的低相对分子质量的醛、酮、酸等化合物。为了减少和防止油脂的氧化腐败，可加入少量的抗氧化剂，如芝麻酚等。

油脂中往往含有少量的游离脂肪酸，但酸败会引起游离脂肪酸含量增加。因此可以通过测定游离脂肪酸的含量来判断油脂是否酸败。油脂中游离脂肪酸的含量常用酸值来表示（见表 16-2）。中和 1g 油脂中的游离脂肪酸所需氢氧化钾的质量（mg）称为该油脂的酸值。一般油脂的酸值都很低。酸值过高表示酸败严重，当值大于 6 时，该油脂不宜食用。

（四）肥皂

肥皂通常是指高级脂肪酸的钠盐，可通过油脂的皂化反应来制备。在高级脂肪酸钠盐分子中，一端是羧酸钠，极性较大，具有亲水性；另一部分为烷基链，为非极性部分，具有疏水性（亲油部分）。

疏水部分   亲水部分

在肥皂分子的水溶液中，分子中的疏水部分伸向空气，而亲水部分伸向水中，在水溶液的表面形成一层表面活性分子，它将水与空气隔开，降低水的表面张力，这就是肥皂分子的表面活性。如果其浓度足够大，多余的肥皂分子则进入水中，疏水链互相聚集，亲水端向外，形成一个球状物,这种球状物叫作胶束。遇到油滴时,肥皂分子的疏水部分进入油滴中,亲水部分伸展在油滴外部,使得整个油滴被肥皂分子包围,由于油滴表面为酸根负离子,互相排斥,小油珠不能聚集而分散悬浮于水中,形成乳浊液。

肥皂分子(表面活性分子)在日常生活中用途很广,如洗涤剂、铺展剂、乳化剂等。在洗涤时疏水部分进入油污内部,削弱了油污与织物间的作用,经机械作用等手段使油污进入水相而达到去污目的。在喷洒农药时,由于植物表面覆盖有蜡质,农药水溶液在其表面容易形成球状液滴而洒落,病虫害防治效果大大降低。如果使用肥皂水溶液,则农药水溶液可以铺展在植物表面,有利于农药充分发挥药效作用。

肥皂分子是高级脂肪酸钠盐,也可以是钾盐。在使用时要注意溶液的酸碱性,如果酸度过大,则羧酸盐会转变为羧基,其水溶解性降低,表面活性作用减弱。另外,使用肥皂时还要注意水的硬度。在硬水中,肥皂分子的羧酸钠盐或钾盐会变成羧酸镁、羧酸钙等,后者在水中不溶解,则肥皂分子失去表面活性作用。

【知识延伸】合成洗涤剂

合成洗涤剂是具有类似肥皂去污作用的化学合成产品。它们在洗涤过程中起着增溶、润湿、乳化和降低表面张力等作用。常见的有十二烷基苯磺酸钠、十二烷基三甲基氯化铵、脂肪族聚氧乙烯醚等。根据其亲水基所带电荷类型可将其分为阴离子型、阳离子型和非离子型表面活性剂等。

阴离子型表面活性剂是指分子在水中解离后,亲水基团带负电荷的表面活性剂,其结构如图 16-3 所示。

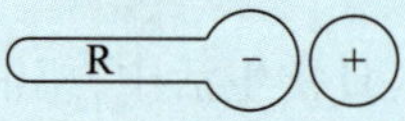

阴离子型表面活性剂包括羧酸盐、磺酸盐、硫酸盐和磷酸盐等类型,如十二烷基苯磺酸钠、十二烷基硫酸钠。

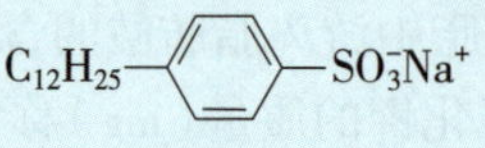

疏水基团 亲水基团

图 16-3 阴离子型表面活性剂结构示意图

$C_{12}H_{25}$—⬡—$SO_3^-Na^+$ $C_{12}H_{25}$—O—$\overset{\displaystyle O}{\underset{\displaystyle O}{\overset{\|}{\underset{\|}{S}}}}$—$O^-Na^+$

十二烷基苯磺酸钠 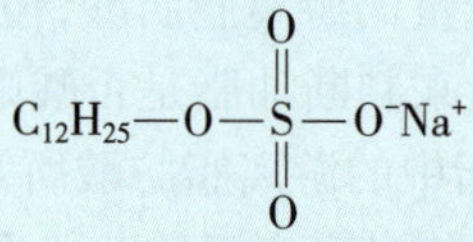   十二烷基硫酸钠

阴离子型表面活性剂具有原料易得、易于加工、性能优异和价格低廉等特点,用途广泛。据统计,世界表面活性剂总产量的 40% 为阴离子型表面活性剂。这类表面活性剂主要用作洗涤剂、润湿剂、发泡剂和乳化剂等。

阳离子型表面活性剂是指亲水基团带正电荷的一类表面活性剂。这类表面活性剂几乎都是含氮的胺类化合物,常见的有季铵盐型($R_4N^+X^-$)、烷基吡啶鎓($RC_5H_5N^+X^-$)型等,它可通过卤代烃与叔胺化合物反应来合成。例如:

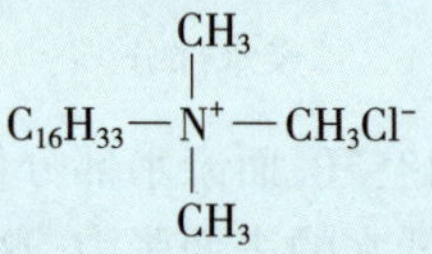

$C_{16}H_{33}$—$\overset{\displaystyle CH_3}{\underset{\displaystyle CH_3}{\overset{|}{\underset{|}{N^+}}}}$—$CH_3Cl^-$ ⬡—$\overset{\displaystyle H}{\underset{\displaystyle H}{\overset{|}{\underset{|}{C}}}}$—$\overset{\displaystyle CH_3}{\underset{\displaystyle CH_3}{\overset{|}{\underset{|}{N^+}}}}$—$C_{12}H_{25}Cl^-$

氯化十六烷基三甲基铵 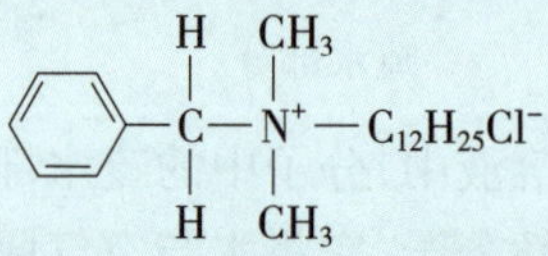   氯化十二烷基二甲基苄基铵

阳离子型表面活性剂具有促柔、脱脂、破乳、抗静电作用,主要用作杀菌剂、织物软化剂和专用乳化剂。阴、阳离子型表面活性剂相互混合会产生沉淀,失去表面活性作用,故二者不能配对使用。

非离子型表面活性剂是指其亲水基团不带电荷的一类表面活性剂。其亲水基团主要是含氧原子的多醚、多羟基化合物等,如脂肪醇聚氧乙烯醚类。

$$C_{12}H_{25}O \left(CH_2CH_2O \right)_{9} H$$

月桂醇聚氧乙烯醚(AEO-9)

由于非离子型表面活性剂不带电荷,对酸、碱都很稳定,且对纤维无结合力,用后极易清洗除去,因此常用来与其他类型的表面活性剂配对使用。

【思考题 16-1】写出甘油和软脂酸、油酸及亚麻酸形成的混合甘油酯的(1)结构式;(2)皂化反应式;(3)计算混合甘油酯的碘值;(4)在室温下它可能是液体还是固体?

第二节　蜡

蜡(wax)是一种类脂化合物。从结构上看,蜡是酯类物质,但它不是甘油三羧酸酯,而是高级脂肪酸和长链醇形成的酯。其酸和醇的碳原子数一般大于 16,且大多为偶数。最常见的酸是软脂酸和二十六酸,醇是十六醇、二十六醇等。此外,蜡还含有游离羧酸、醇、酮和高级烷烃等。

蜡在常温下是固体,熔点较低,稍微加热会软化,乃至熔化,不溶于水,易溶于二氯甲烷等有机溶剂。蜡的化学性质较稳定,不易氧化酸败,但在人体内也不被脂肪酶所水解,故不能作为营养成分食用。

蜡分为动物蜡和植物蜡两大类。常见的蜡见表 16-3。

表 16-3　几种常见的蜡

名称	主要成分	熔点 /℃
虫蜡	$C_{25}H_{51}COOC_{26}H_{53}$	81~84
蜂蜡	$C_{15}H_{31}COOC_{30}H_{61}$	62~65
鲸蜡	$C_{15}H_{31}COOC_{16}H_{33}$	42~45
巴西棕榈蜡	$C_{25}H_{51}COOC_{30}H_{61}$	83~86

植物蜡主要存在于植物表面,包括茎、叶、树干、花、果实等,起保护作用,减少植物内部的水分蒸发,防止昆虫和微生物的侵害等。例如,苹果表面就覆盖有一层果蜡,能防止微生物和农药入侵。市场上的水果表面往往涂有一层人工蜡,它是一种壳多糖物质,起保鲜作用,食用水果前用热水冲洗即可。另外,棕榈蜡也是一种常见的植物蜡,其主要成分为二十六碳酸

二十六醇酯和二十六碳酸三十醇酯。

　　动物蜡主要是动物腺体分泌的,存在于动物的体表或分泌腺中。昆虫表皮上的蜡,也有防止体内水分蒸发的作用。常见的动物蜡有:蜂蜡、虫蜡、鲸蜡等。蜂蜡是工蜂腹部的蜡腺分泌物,是建造蜂窝的主要物质,其主要成分为二十六碳酸三十醇酯。虫蜡又名白蜡,主要成分为二十六碳酸二十六醇酯。鲸蜡是从抹香鲸脑部的油中提取的,其主要成分为二十六碳酸二十六醇酯。

　　蜡的用途较广,主要用于制作蜡纸、蜡烛、上光剂和鞋油等,也有一些植物蜡用于化妆品。需要指出的是,石蜡的物理性质与蜡相似,但化学结构完全不同。石蜡是石油中含 20 ~ 30 个碳原子的高级烷烃的混合物。

第三节　磷　脂

　　含磷酸的类脂化合物称为磷脂(phospholipid),它广泛存在于动物的骨髓、肝、脑等器官中,以及植物的活细胞中,是生物细胞膜的主要成分。根据其结构和组成,磷脂可分为甘油磷脂和神经鞘磷脂。

一、甘油磷脂

　　甘油磷脂(phosphoglyceride)的结构与甘油三羧酸酯类似。其不同之处在于,甘油磷脂是甘油与二分子脂肪酸和一分子磷酸形成的酯。其结构如下:

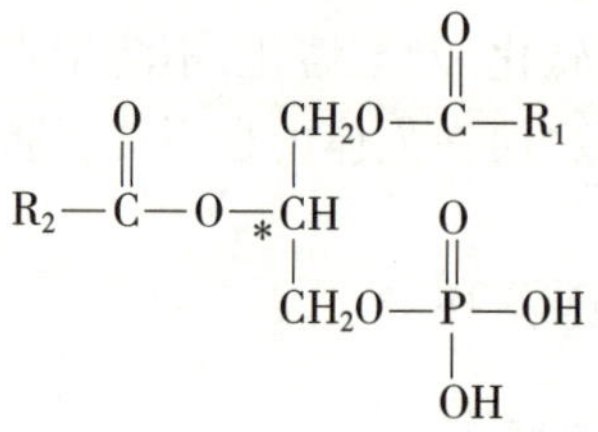

甘油磷脂 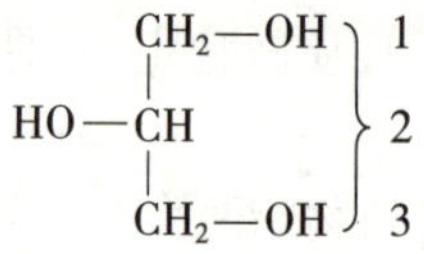　　　　　　　　立体编号原则

其中高级脂肪酸主要为不饱和脂肪酸,如亚油酸、亚麻酸等,但也有一些软脂酸和硬脂酸。甘油磷脂的 2 位碳原子是手性碳原子,有一对对映异构体。自然界中常见的是 L 构型的异构体。国际纯粹与应用化学联合会规定此类物质的编号原则为:在甘油的费歇尔投影式中,中间碳原子上的羟基写在左侧,然后从上至下依次编号为 1、2 和 3。甘油磷脂中,如果磷酸与甘油的 1 或 3 位羟基形成酯,称这种结构为 α 异构体;如果磷酸是与甘油的 2 位羟基形成的酯,则称为 β 异构体。

　　甘油磷脂分子中的磷酸基团还可与醇类化合物进一步结合成酯,比如胆碱、乙醇胺、丝氨酸等,这些磷脂分子中除了碱性基团外,还有可解离出质子的酸性基团,因此它们往往以偶极离子的形式存在。其中最常见的是与胆碱和乙醇胺形成的酯,分别叫作卵磷脂和脑磷脂。

1. α-卵磷脂

α-卵磷脂（lecithin）是甘油磷脂与胆碱结合而成的酯类化合物,故又称为磷脂酰胆碱（phosphatidyl cholines）。其结构式如下:

$$
\begin{array}{c}
\text{CH}_2\text{O}-\overset{\displaystyle\overset{O}{\|}}{\text{C}}-\text{R}_1 \\
\text{R}_2-\overset{\displaystyle\overset{O}{\|}}{\text{C}}-\text{O}-\text{CH} \\
\text{CH}_2-\text{O}-\overset{\displaystyle\underset{O^-}{\overset{\|}{\text{P}}}}{}-\text{O}-\text{CH}_2\text{CH}_2\overset{+}{\text{N}}(\text{CH}_3)_3
\end{array}
$$

L-α-卵磷脂

L-α-lecithin

卵磷脂是白色蜡状固体,具有吸水性,不溶于丙酮,但能溶于乙醚、乙醇等有机溶剂中。由于其分子内含有不饱和双键,长久置于空气中会发生氧化反应,导致卵磷脂的颜色逐渐变成黄色或褐色。卵磷脂在人体内经消化酶作用释放出胆碱,在乙酰辅酶 A 的作用下进一步转变为乙酰胆碱。而乙酰胆碱是一种神经传递介质,具有增强记忆、促进智力发育的作用。因此消化吸收卵磷脂有助于改善老年痴呆症。卵磷脂广泛存在于动植物组织中,尤其在蛋黄中含量最高。

2. 脑磷脂

α-脑磷脂（cephalin）是甘油磷脂与乙醇胺（又称胆胺）结合形成的酯类化合物,又名磷脂酰乙醇胺。其结构式如下:

$$
\begin{array}{c}
\text{CH}_2\text{O}-\overset{\displaystyle\overset{O}{\|}}{\text{C}}-\text{R}_1 \\
\text{R}_2-\overset{\displaystyle\overset{O}{\|}}{\text{C}}-\text{O}-\text{CH} \\
\text{CH}_2\text{O}-\overset{\displaystyle\underset{O^-}{\overset{\|}{\text{P}}}}{}-\text{O}-\text{CH}_2\text{CH}_2\overset{+}{\text{N}}\text{H}_3
\end{array}
$$

L-α-脑磷脂

L-α-cephalin

脑磷脂广泛存在于动物脑、神经组织和大豆等植物中,尤其是动物脑中含量最高。与卵磷脂类似,脑磷脂也是吸水性较强的白色蜡状固体,在空气中会逐渐氧化成棕褐色,溶于乙醚,难溶于冷乙醇。脑磷脂在体内与蛋白质结合,形成凝血激活酶,能促使血液凝固。

二、鞘磷脂

鞘磷脂（sphingomyelin）不是甘油酯,它是由鞘氨醇、高级脂肪酸、磷酸和胆碱结合而成。在鞘磷脂分子结构中,鞘氨醇中的氨基与高级脂肪酸通过酰胺键连接,其另一端的羟基与磷酸相连,磷酸基团中的羟基与乙醇胺连接。其结构式如下:

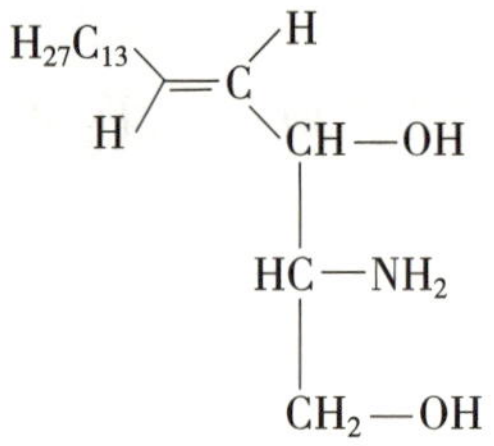

鞘氨醇
（2R, E）-2-aminooctadec-4-ene-1, 3-diol

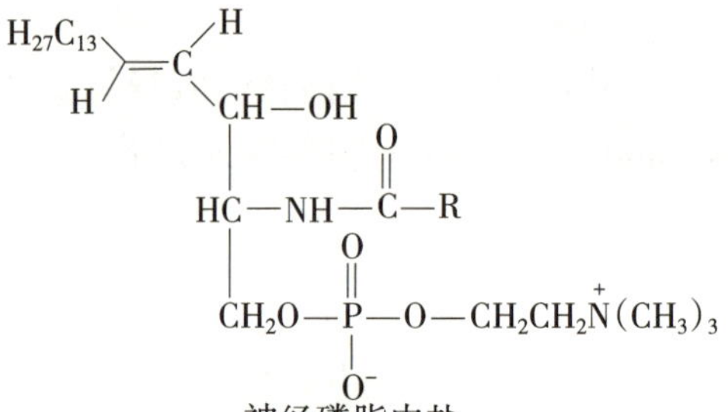

神经磷脂内盐
sphingomyelin inner salt

鞘磷脂为白色晶体，易溶于热的乙醇溶液，不溶于乙醚、丙酮等溶剂。与脑磷脂和卵磷脂相比，鞘磷脂的分子结构中含有的不饱和双键减少，其化学性质较稳定，在空气中不易被氧化。它也是细胞膜的主要成分，广泛存在于脑和神经组织中。鞘磷脂参与调节机体的各种生化反应，如细胞分化、增殖、凋亡、衰老等生命活动。它分解释放出的神经酰胺还具有使皮肤光滑细致等功能。

在上述几种磷脂分子中，其内盐（偶极离子）部分是亲水的，脂肪酸长链部分是疏水的，具有双亲性结构，是一种良好的表面活性剂。在水环境中，它们的疏水部分相互聚集，亲水端指向水相，形成中心疏水的双分子层结构。这种结构使细胞膜能将细胞的内外环境分开，而它本身起到屏障作用，高度选择性地控制物质的出入。

【思考题16-2】列出下列化合物完全水解时所得到的产物：
（1）磷酸甘油酯（卵磷脂）   （2）鞘磷脂
【思考题16-3】解释下列事实：卵磷脂比脂肪在水中的溶解度更大。

第四节　萜　　类

一、萜类化合物的结构、分类和命名

萜类（terpenoid）化合物是广泛分布于动植物体内的一类化合物，其分子骨架庞杂，具有多样的生物活性。从化学结构看，萜类化合物可以看成是由两个或多个异戊二烯以头尾相连而成的，分子中的碳原子数为 5 的整数倍，通式为（C_5H_8）$_n$，这就是异戊二烯规则。例如，从天然植物中提取得到的月桂烯和薄荷烷都是由两个异戊二烯头尾相连而成的。

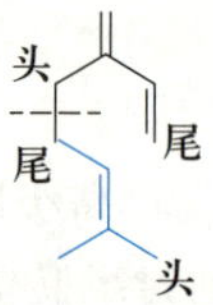

β-月桂烯 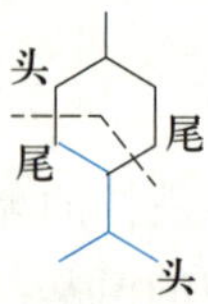   薄荷烷

根据萜类化合物的分子骨架,可将萜类化合物分为脂肪族萜(直链)、单环萜、二环萜、三环萜、多环萜等。如果萜类化合物为饱和的烃类物质,则称为萜烷;不饱和的则称为萜烯。如含有其他官能团,则根据官能团命名为萜醛等。在实际应用中,常根据萜类化合物所含异戊二烯的数目来进行分类,如单萜、倍半萜、二萜等(表16-4)。

表16-4 异戊二烯单位数与萜类的关系

类别	单萜	倍半萜	二萜	三萜	四萜
异戊二烯单位	2	3	4	6	8
碳原子数	10	15	20	30	40

萜类化合物的命名通常采用俗名,如柠檬醛、薄荷醇、樟脑等。

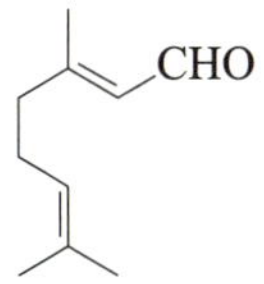

柠檬醛(citral) 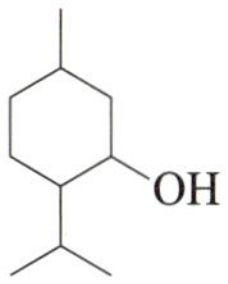　　　　薄荷醇(menthol) 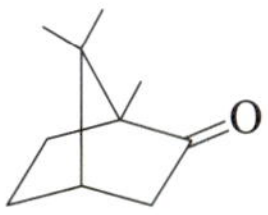　　　　樟脑(camphor)

二、单萜

单萜化合物主要存在于木兰科、樟科、龙脑科、菊科等植物中,是香精油的主要成分,在医药、香料等方面有广泛应用。根据其分子骨架,单萜化合物又可分为开链单萜、单环单萜和双环单萜三类。

(一)开链单萜

常见的开链单萜有月桂烯(myrcene)、橙花醇(nerol)、香叶醇(geraniol)、香叶醛(geranial)等。

月桂烯(myrcene) 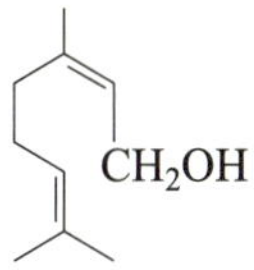　　橙花醇(nerol) 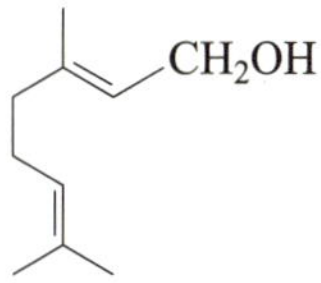　　香叶醇(geraniol) 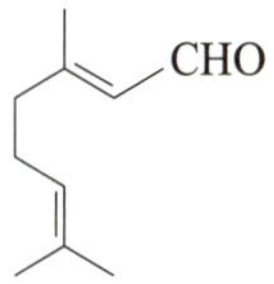　　香叶醛(geranial)

上述单萜化合物都含有不饱和双键、羟基、羰基等官能团,它们具有这些官能团的一般反应特性。例如,在催化剂作用下,月桂烯与HCl可发生1,2-加成或1,4-加成,得氯代产物:香味基氯、橙花基氯和芳樟基氯;再用碱处理,可得对应的醇。

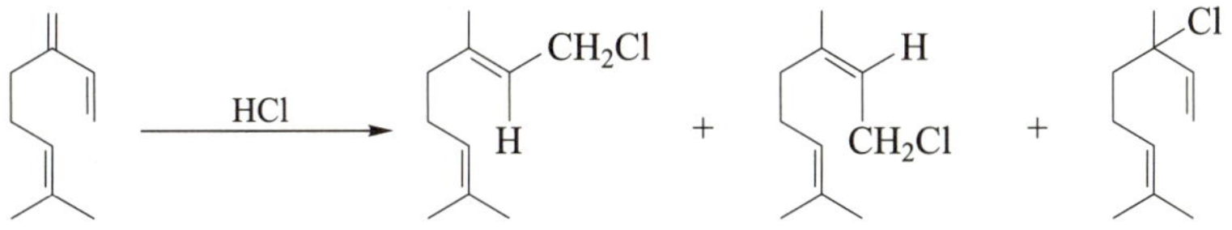

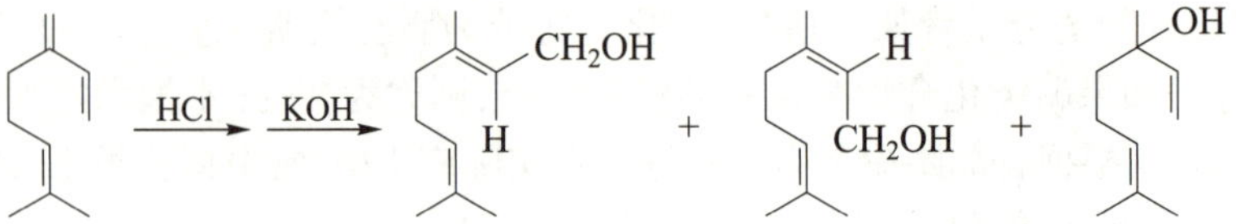

橙花醇是一种贵重的香料,有玫瑰和橙花香气,是配制玫瑰和橙花花香的香精。它和香叶醇互为顺反异构体,二者的氧化产物分别为橙花醛(β- 柠檬醛)和香叶醛(α- 柠檬醛),主要存在于新鲜柠檬油、山苍子油中,具有柑橘类水果的清香。芳樟醇具有光学活性,主要存在于沉香木油和薰衣草中。

开链单萜的另一反应特性是对酸敏感。在酸性条件下,很容易发生重排、闭环等一系列异构化反应。例如,香叶醇和橙花醇互为顺反异构体,在酸性条件下均能闭环成同一化合物。

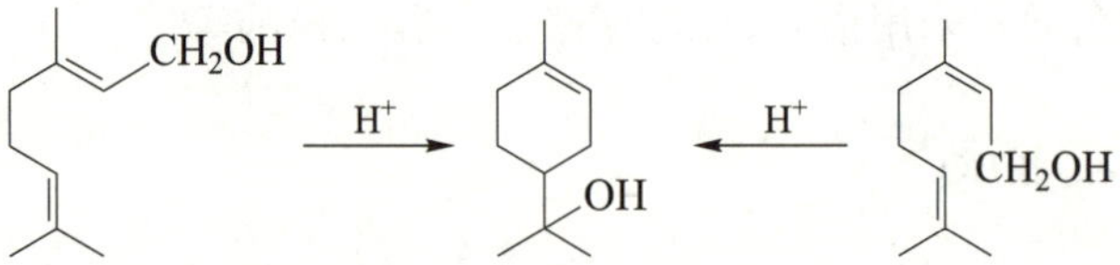

(二)单环单萜

单环单萜的分子中都含有一个六元碳环,如苧烯、薄荷醇等。

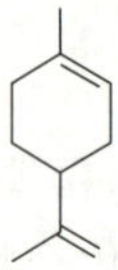

苧烯
cinene

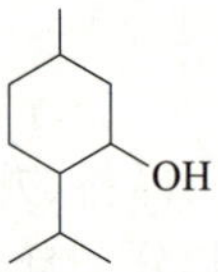

薄荷醇
menthol

苧烯又称柠檬烯,有一个手性碳原子。(-)- 苧烯主要存在于松针油中,而(+)- 苧烯主要存在于松节油中,其外消旋体主要存在于香茅油中。苧烯可以用作香料、合成橡胶的原料,也可作为溶剂。

薄荷醇又称薄荷脑,是薄荷油的主要成分。其分子中有 3 个手性碳原子,应有 8 种光学异构体,但自然界中只存在左旋薄荷醇。它具有杀菌防腐、止痛等功效,工业上常用来制备糖果、清凉油等。

(三)双环单萜

双环单萜属于桥环化合物,其分子结构中含有一个六元环和一个三元环、或四元环、或五元环。例如,薄荷烷分子中不同位置的碳原子环合可形成四种双环单萜。

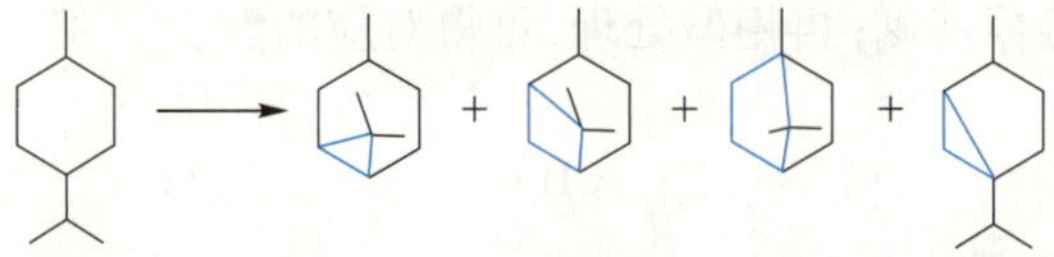

对薄荷烷
p-menthane

蒈烷
carane

蒎烷
cis-pinane

莰烷
camphane

侧柏烷
thujone

重要的双环单萜包括：α-蒎烯，樟脑、冰片等。

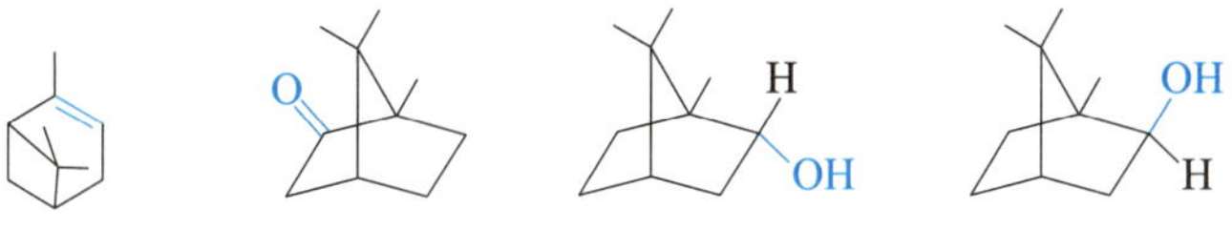

α-蒎烯	（+）-樟脑	冰片	异冰片
α-cis-pinane	（+）-camphor	borneol	isobornyl

α-蒎烯是松节油的主要成分，它是合成蒎烷类香料产品的重要原料。樟脑，又名2-茨酮，存在于樟树中。天然樟脑是右旋体，而人工合成樟脑是消旋体。工业上是以α-蒎烯或β-蒎烯为原料，在催化剂作用下重排成莰烯，与醋酸作用后经水解、氧化得到樟脑。樟脑有局部刺激和防腐作用，可用于制备清凉油、十滴水等，还可用于防蛀。

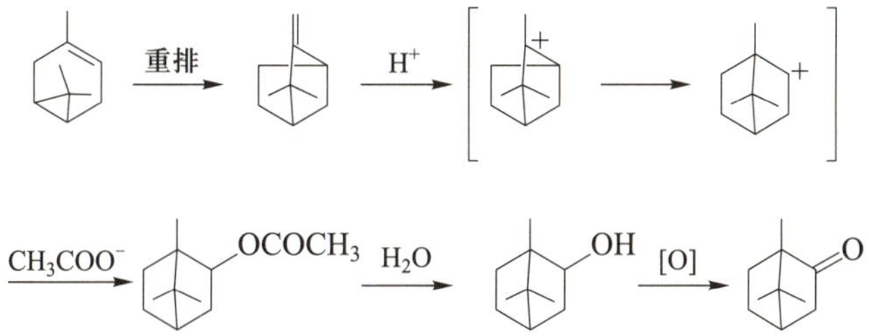

将樟脑还原可以得到仲醇化合物，它有内型和外型两种异构体，其中内型异构体为冰片，又称龙脑或2-崁醇；外型异构体称为异冰片。冰片具有樟脑的气味，广泛用于配置薰衣草等香精。

三、倍半萜

倍半萜类化合物是由三个异戊二烯单元构成的化合物，如金合欢醇、脱落酸等。金合欢醇主要存在于金合欢、橙树等植物中，具有百合花香味，常用来配制香精。脱落酸主要存在于高等植物中，其主要作用是促进落叶，抑制植物生长发育。

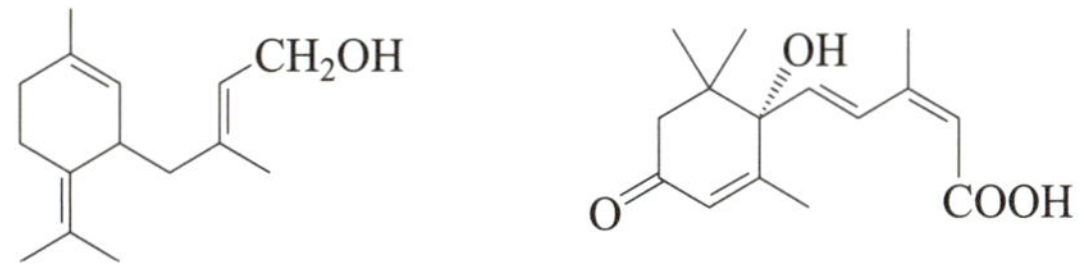

金合欢醇	脱落酸
farnesol	abscisic acid

四、二萜

二萜类化合物是由四个异戊二烯单元聚合而成的化合物，广泛分布于动植物界。二萜类化合物的分子结构类型多样，根据其分子骨架还可细分为直链二萜、单环二萜、三环二萜等。例如，单环二萜类化合物维生素（vitamin）A，结构如下：

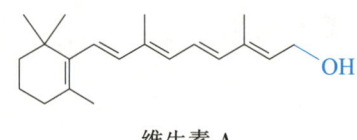

维生素 A

vitamin A

维生素 A 是油溶性维生素,主要存在于蛋黄、牛奶、鱼肝油中,以视黄醛的形式与视蛋白结合成感光物质。缺乏维生素 A 会引起夜盲症、皮肤粗糙等疾病。

五、三萜

三萜类化合物是由六个异戊二烯单元聚合而成的,如角鲨烯,它存在于鲨鱼的肝、酵母、橄榄油中,是生物合成甾体化合物的中间体。

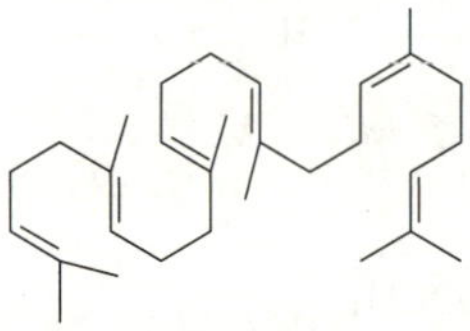

角鲨烯

squalene

六、四萜

四萜类化合物都含有一个大的 π–π 共轭体系,呈现出由黄至红的颜色,故又称为多烯色素。它们大多易溶于二氯甲烷等有机溶剂,在浓硫酸或三氯化锑的氯仿溶液中都显深蓝色,因而可用来鉴别这类化合物。其典型化合物为胡萝卜素类化合物,如胡萝卜素、叶黄素、虾青素、番茄红素等。

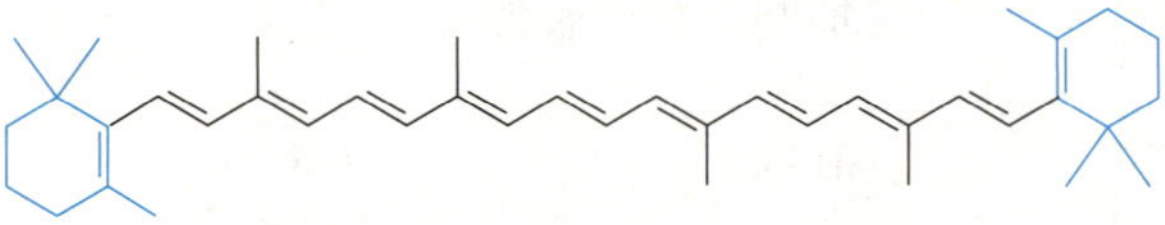

β- 胡萝卜素

β–carotene

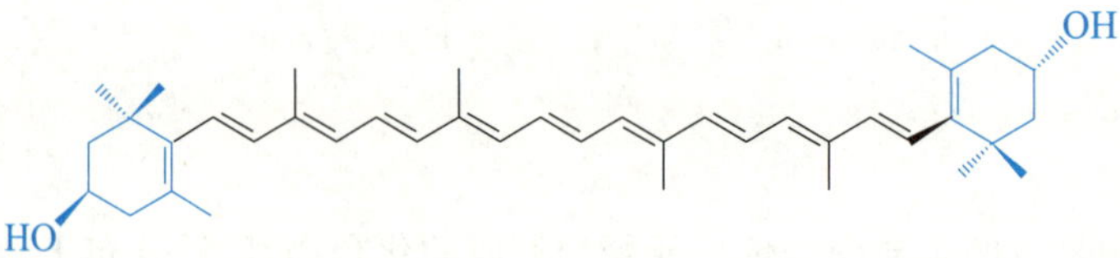

叶黄素

lutein

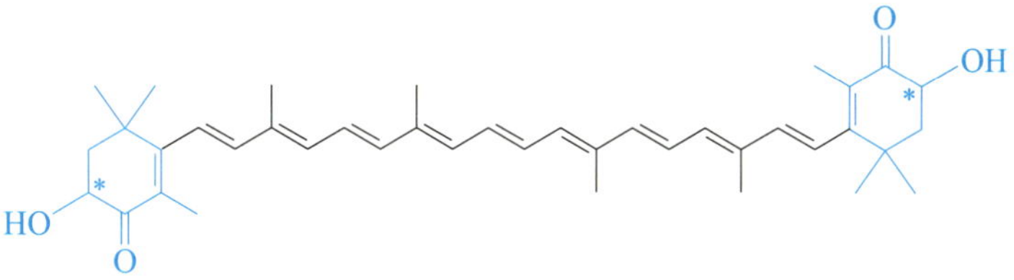

虾青素

astaxanthin

1930 年瑞士化学家卡勒（P. Karrer, 1889—1971）确定了胡萝卜素的结构，并发现胡萝卜素在体内可转化为维生素 A，所以胡萝卜素又称为维生素 A 原。

【知识背景】对萜类化合物系统研究的科学家——瓦拉赫

瓦拉赫（O. Wallach, 1847—1931）出生在德国的柯尼斯堡。1867 年，他进入哥廷根大学维勒实验室进行化学方面的研究工作，并在 1869 年完成了博士论文。1872 年他回到波恩大学任助教，后晋升为讲师；1876 年任副教授，一年后升任教授；1909 年，瓦拉赫总结了他在萜类化学方面的研究成果，并出版完成了《萜和樟脑》一书。

瓦拉赫的成才极具传奇色彩。在父母的影响下，他在中学时期先后主修文学、油画等专业，但都未能取得成功，一度在班级名列倒数第一，他甚至被绘画老师称为不可造就之才。后来，在化学老师建议下改学化学，瓦拉赫的智慧火花才被点燃。

瓦拉赫对萜烯类化合物的兴趣起源于他对香精油的深入研究。例如，他首次成功地制备出纯净的萜烯类化合物，还发现在酸性等条件下，萜烯的结构可以转化，这为人工合成萜烯打下了基础。瓦拉赫一生共发表了 100 多篇关于萜烯的研究文章，对萜烯化学的发展做出了杰出贡献，他也因此获得了 1910 年诺贝尔化学奖。

【思考题 16-4】将下列化合物划分为若干个异戊二烯单元：

(1) 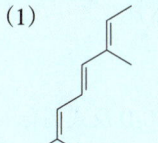　(2) 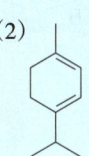　(3) 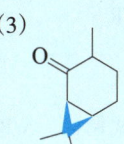　(4)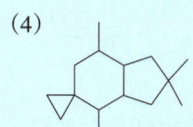

第十六章
思考题答案

第五节　甾体化合物

一、甾体化合物的结构和构型

甾体化合物（steroid）广泛存在于动植物体内，是一类重要的天然类脂化合物。这类化合物种类繁多，且大多具有重要的生理作用，如维生素、性激素等。从化学结构上看，甾体化合物含有环戊烷多氢菲的基本骨架，即它是由三个六元环和一个五元环稠合而成的四环体系。

甾体化合物的四个环分别称为 A 环、B 环、C 环和 D 环，环上碳原子有固定的编号次序，其编号次序如下图所示。甾体化合物通常含有三个取代基，在 C_{10} 及 C_{13} 处各有一个甲基，称为角甲基，在 C_{17} 上连有一个烃基。将这类化合物命名为甾体化合物，是因为"甾"字很形象地表示了这类化合物的结构特点：即甾字中的"田"表示四个环，"巛"表示 C_{10}、C_{13} 及 C_{17} 上的三个取代基。

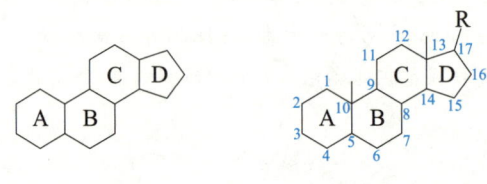

环戊烷多氢菲　　　　　甾体化合物基本结构

甾体化合物的基本结构中含有 7 个手性碳原子，理论上应有 $128（2^7）$ 种异构体，但自然界中其异构体数目却很少。其原因是手性碳原子主要是桥头碳原子，相互制约，限制了其空间构型，导致异构体的数目大大减少。理论上讲，甾体化合物中的四个环在稠合时可通过顺式或反式结合；实际上，在天然甾体化合物中，只有 A 环和 B 环有顺式和反式两种方式连接，而 B 环和 C 环之间均为反式连接，C 环和 D 环之间主要为反式连接，但也有少量甾体化合物中的 C 环和 D 环为顺式稠合，如强心苷元等。由上所知，甾体化合物的四环体系主要有两种构象。

A/B 反式稠合；B/C 反式稠合；C/D 反式稠合　　A/B 顺式稠合；B/C 反式稠合；C/D 反式稠合

二、甾醇

甾醇（sterol）又称固醇，是一类广泛存在于自然界的仲醇化合物，常以酯、苷或游离形式存在。通常根据其来源可分为动物甾醇和植物甾醇两类。其主要区别为 C_{17} 上连接的烷基链不同,动物甾醇中的侧链含 8 个碳原子,而植物甾醇中的侧链含 9 ~ 10 个碳原子。

(一)胆固醇

胆固醇(cholesterol)又称胆甾醇,是一种重要的动物甾醇,主要存在于人和动物的脂肪、血液、脑和脊髓中。胆固醇因其最初发现于人体胆石中,且为一种固体醇,故称之为胆固醇。其结构式如下:

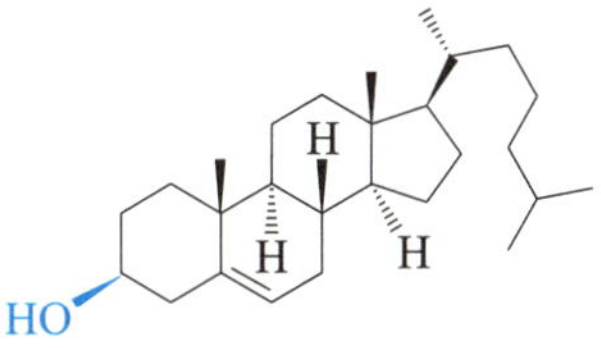

胆固醇

cholesterol

胆固醇的 C_3 处有一个醇羟基,C_5 与 C_6 之间有一个碳碳双键,C_{17} 上连有一个含 8 个碳原子的烷基侧链。胆固醇为无色或略带黄色的结晶,熔点 148.5℃。在高真空度下可升华,微溶于水,易溶于乙醚、氯仿等有机溶剂。将胆固醇溶于乙酸酐,然后加入浓硫酸,则溶液颜色由浅红变为深蓝,最后转化为绿色。因而常用此颜色反应对胆固醇进行定性测定。

胆固醇是生物合成胆甾酸、甾体激素、维生素 D 等物质的前体,还是动物细胞膜的重要组分,使细胞膜保持合理的流动性。可以说没有胆固醇,细胞就失去了正常的生理功能。但过多的摄入胆固醇也会导致动脉粥样硬化、胆结石等疾病。例如,过多的摄入糖分或高脂食物会刺激胰岛素的分泌,造成胆汁内胆固醇增加,容易形成胆结石。但如果体内长期胆固醇偏低可能会诱发多种癌症。

(二)7- 脱氢胆固醇和麦角甾醇

7- 脱氢胆固醇是存在于皮肤组织中的一种动物甾醇,与胆固醇相比,其分子结构在 C_7 和 C_8 间多了一个双键。在紫外线作用下,7- 脱氢胆固醇 C_9 和 C_{10} 间的碳碳键断裂,发生开环反应,生成维生素 D_3。

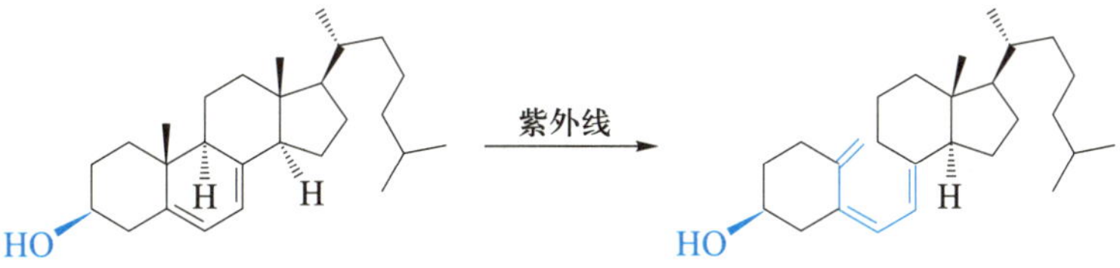

7- 脱氢胆固醇

7-dehydrocholesterol

维生素 D_3

vitamin D_3

麦角固醇是一种重要的植物甾醇,它存在于酵母、麦角等中,为白色晶体,溶于乙醚等有机溶剂,不溶于水。它的分子结构中有三个双键,在 B 环有一个共轭双键,侧链上有一个双键。在紫外线作用下,麦角固醇也可以发生开环反应,生成维生素 D_2。

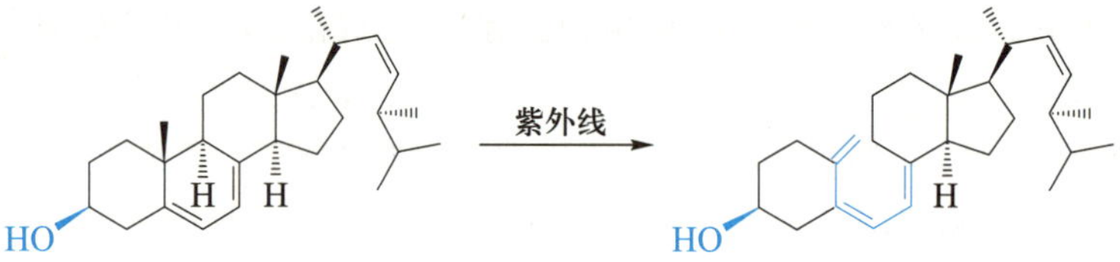

麦角固醇　　　　　　　维生素 D_2
ergosterol　　　　　　vitamin D_2

（紫外线）

维生素 D 主要存在于动物体内,其主要生理功能是调节钙、磷代谢,促进骨骼生长发育。如果人体内缺乏维生素 D,则易患佝偻病或软骨症。因此维生素 D 又名抗佝偻病维生素。在日常生活中,儿童常需要多晒太阳或服用鱼肝油以防佝偻病的发生。其原因是,日光浴可以促进维生素 D 的生成,而鱼肝油中富含维生素 D_3,这样有利于儿童体内的钙、磷代谢。

三、胆甾酸

在动物胆汁中存在一类甾体化合物,它们的结构与胆甾醇类似且含有羧基,故称之为胆甾酸。目前,在胆汁中发现的胆甾酸有一百多种,常见的有胆酸、脱氧胆酸、鹅脱氧胆酸和石胆酸等,其中脱氧胆酸、鹅脱氧胆酸能够溶解结石;α- 猪去氧胆酸能够降低血脂,也是配制人工牛黄的重要原料。

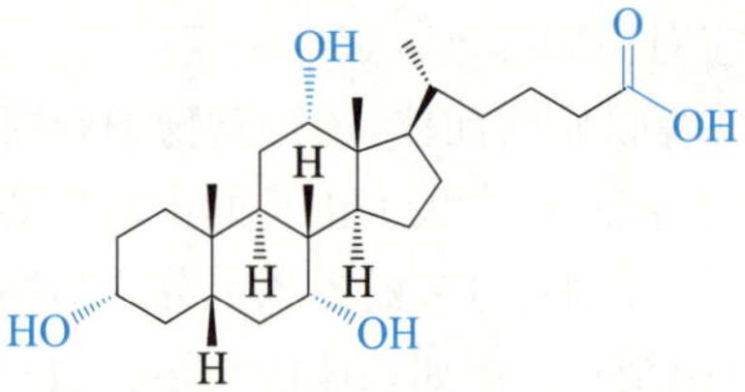

胆酸　　　　　　　　　脱氧胆酸
cholic acid　　　　　　desoxycholic acid

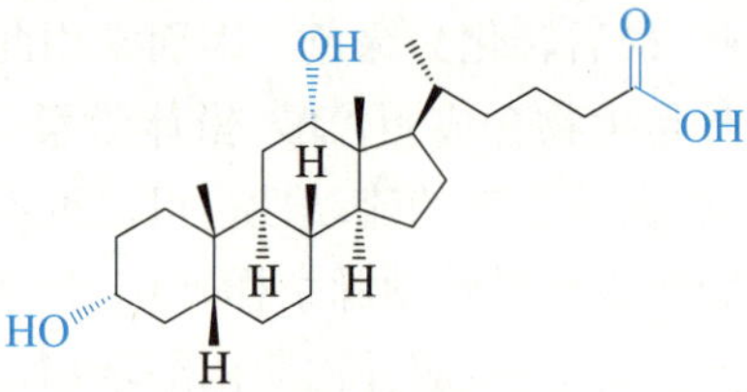

在胆汁中,胆甾酸并不是以游离酸的形式存在,而是与甘氨酸或牛磺酸(H_2N—CH_2CH_2—SO_3H)中的氨基形成酰胺键,生成各种结合胆甾酸。例如,甘氨胆酸,其结构如下:

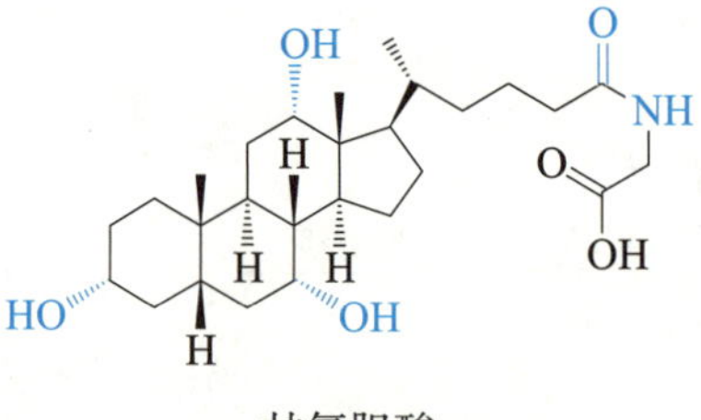

甘氨胆酸
glycholic acid

胆汁中的结合胆甾酸常以钠盐形式存在,亦称胆汁盐。胆汁盐是一种很好的乳化剂,能将肠道中的脂肪分散成水溶性乳状液,使消化酶和脂肪充分接触,促进脂肪的分解消化和吸收。需要指出的是,直接食用动物胆汁是十分危险的。例如,鱼的胆汁中含有胆汁毒素,它不易被热破坏,可引起急性肾衰竭和多脏器功能损伤。

四、甾体激素

激素（hormone）是一类具有重要生理作用的化合物，它随血液或淋巴进入体内不同组织或器官，起着控制生长、发育等重要生理过程，维持正常代谢的作用。根据化学结构不同，激素可分为两大类：一类激素的分子结构中含有氨基、胺或多肽官能团，这类激素称为含氮激素，如甲状腺素、胰岛素、催产素等。另一类激素是甾体激素，它又可分为肾上腺皮质激素和性激素。

（一）肾上腺皮质激素

肾上腺皮质激素（adrenal cortical hormone）是肾上腺皮质的分泌物。目前已从动物肾上腺皮质的分泌物中分离出 70 多种甾体类化合物，但具有显著生理活性的只有 7 种。根据生理功能的不同，可将这些甾体类化合物分为糖代谢皮质激素（glucocorticoid）和盐代谢皮质激素（mineralocorticoids）。糖代谢皮质激素主要起调节糖类、蛋白质和脂质代谢的作用；而盐代谢皮质激素主要起维持体内电解质和水的平衡等。

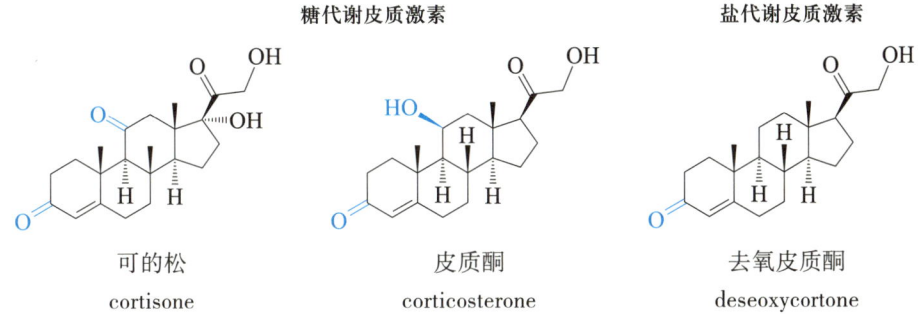

糖代谢皮质激素		盐代谢皮质激素
可的松	皮质酮	去氧皮质酮
cortisone	corticosterone	deseoxycortone

这两类皮质激素在结构上具有共同点：A 环为 $\alpha,\beta-$ 不饱和羰基结构，即 C_3 为酮羰基，C_4、C_5 间为碳碳双键。此外这些激素的 C_{17} 上均连有 2- 羟基乙酰基。其不同之处主要在于 C_{11} 上是否连有含氧官能团，如羟基、羰基等。糖代谢皮质激素的 C_{11} 上往往连有含氧官能团，如可的松、氢化可的松等，临床上多用于控制严重中毒感染和风湿病。如果 C_{11} 上无含氧官能团，能维持体内电解质的平衡，如去氧皮质酮能促进钠储留和钾排出。

肾上腺皮质激素是治疗许多疾病的有效药物，如风湿性关节炎等。20 世纪 50 年代以来，许多药物工作者对天然皮质激素的结构进行了化学修饰，开发了一系列甾体类抗炎药物。特别是近年来，人工合成了一些疗效强、副作用小的肾上腺皮质激素类新药，如醋酸可的松、醋酸强的松龙等。

醋酸可的松　　　　　　　　　　醋酸强的松龙
cortisone acetate　　　　　　prednisolone acetate

（二）性激素

性激素（sex hormone）是动物性腺分泌的一类甾体激素，具有促进动物生长发育、维持第二性征等生理功能。它可分为雄性激素（male hormone）和雌性激素（female hormone），其中雌性激素还包括雌激素和孕激素。

雄性激素主要由睾丸分泌，它能促进蛋白质的合成，使雄性肌肉发达，骨骼变的粗壮，维持雄性第二性征。典型的雄性激素睾酮、雄酮结构如下：

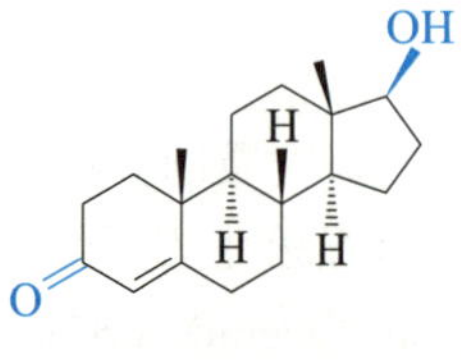

睾酮

testosterone

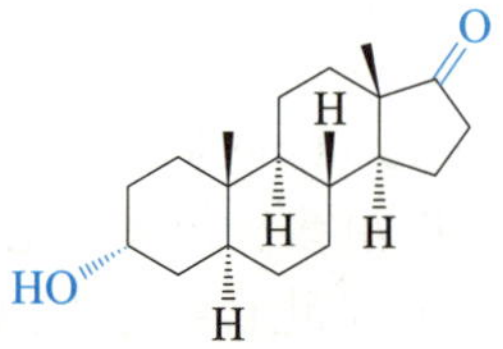

雄酮

estrone

雄性激素的分子结构中含有甾环，且 A 环为非芳香环，C_3 上连有氧原子，C_{17} 上无侧链。

雌激素（estrogen）是卵巢在成熟的卵泡中分泌的，其主要作用是维持雌性第二性征。典型的雌激素 β- 雌二醇结构如下：

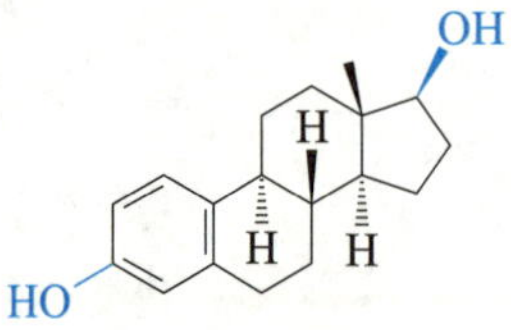

β- 雌二醇

β-estradiol

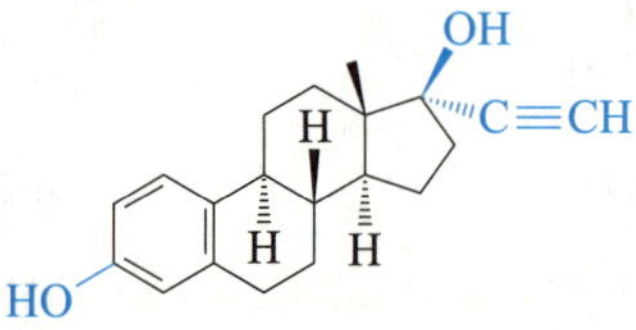

炔雌醇

ethinyl estradiol

雌激素的分子结构中也含有甾环，与雄性激素不同的是，其 A 环为芳香环。另外，雌激素的 C_3 上连有羟基，C_{10} 上没有甲基。临床上，β- 雌二醇可用于治疗绝经、骨质疏松等疾病，也可用作口服避孕药。如果将乙炔基引入 β- 雌二醇的 C_{17} 上，所得化合物叫作炔雌醇，其活性将提高 7 ~ 8 倍，是一类长效口服避孕药。

需要说明的是，无论是男性还是女性的体内都有雌雄两种激素，只不过女性体内的雌性激素水平高于雄性激素而已；与之类似，男性体内的雄性激素水平高于雌性激素。从结构式来看，将睾酮"环"上的双键打开并去掉 1 个碳原子就转变成雌激素。这一变化竟产生了男性和女性间的巨大差异。因此有人就戏说："你有 19 个碳原子，就能长胡须；你有 18 个碳原子，就能生小孩"。

孕激素（progestogen）是卵巢内黄体的分泌物。其主要生理作用是受精卵在子宫中发育，抑制排卵，如黄体酮。

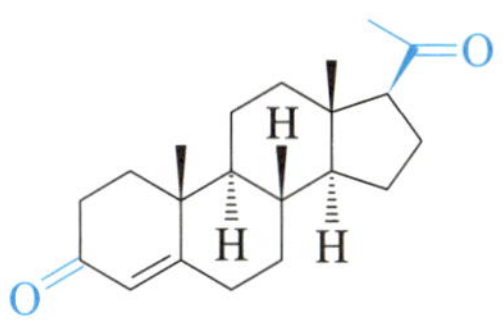

黄体酮 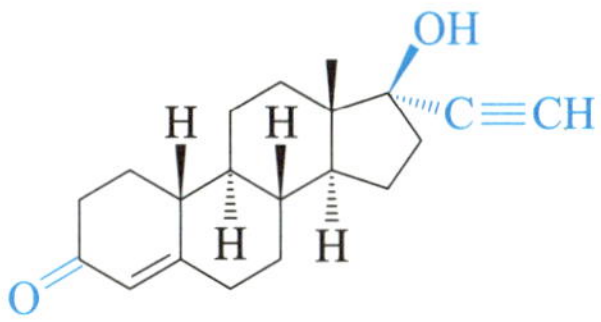   炔诺酮

黄体酮（progesterone）的分子结构与睾酮相似，两者的结构差别只在于 C_{17} 上所连接的基团不同，睾酮连接的是羟基，而黄体酮连接的乙酰基。炔诺酮（norethindrone）是具有孕激素活性的黄体酮衍生物，能阻止排卵，是临床应用极广的女用口服避孕药。

【知识延伸】天然源抗癌药物紫杉醇

    1963 年，美国化学家瓦尼（Wani）和沃尔（Wall）首次从太平洋红豆杉植物的树皮中分离得到了紫杉醇粗提物，并发现该粗提物具有抗肿瘤活性。之后他们开始尝试分离出这种活性成分，由于含量极低，直到 1971 年，沃尔和瓦尼才从树皮中分离到了这种活性物质，在杜克（Duke）大学的晶体学教授 McPhail 的帮助下，通过单晶 X 射线分析确定了该活性成分的化学结构，即一种四环二萜化合物，并称之为紫杉醇（taxol）。紫杉醇（paclitaxel，taxol）是无臭、无味的白色固体，熔点为 213～216℃（分解），难溶于水，易溶于氯仿、丙酮等有机溶剂。其结构如下图所示：

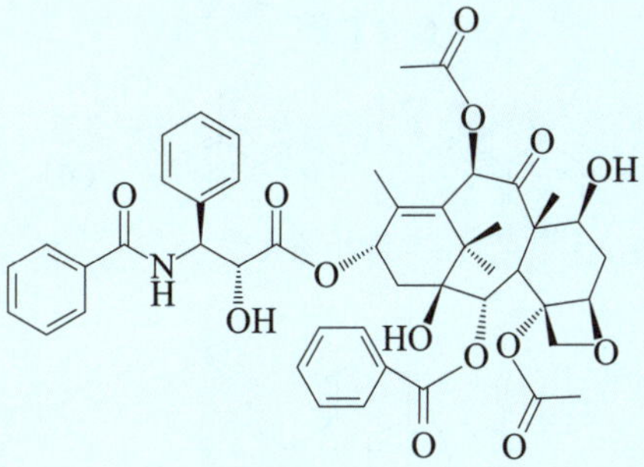

    1983 年，紫杉醇进入临床抗癌活性研究。研究发现：它能抑制肿瘤细胞分裂和增值，导致肿瘤细胞死亡。最初，紫杉醇主要用来治疗卵巢癌，后来发现它对乳腺癌、肠癌、肝癌及其他的癌症也有很好的治疗作用。因此，紫杉醇也一度成为"明星"分子，引起了全球化学家的关注。

    紫杉醇的分子结构复杂，具有 11 个立体中心和 17 碳的四环骨架结构，先后有三十多个研究团队参与其半合成和全合成研究。法国 Potier 课题组首次实现了紫杉醇的半合成。1989 年，Holton 以 10- 脱乙酰基巴卡丁为起始原料，也成功完成了对紫杉醇的半合成，该课题组并于 1994 年首次完成了紫杉醇的全合成。在这之后，Nicolaou（1994）、Danishefsky（1996）、Wender（1997）、Kuwajima（1998）、Mukaiyama（1998）等课题组采用不同的合成策略相继完成了紫杉醇的全合成。尽管紫杉醇的全合成获得了成功，但合成步骤复杂，成本昂贵，因此尚无工业应用价值。目前，紫杉醇的获得主要还是通过半合成来实现的。

【知识连接】

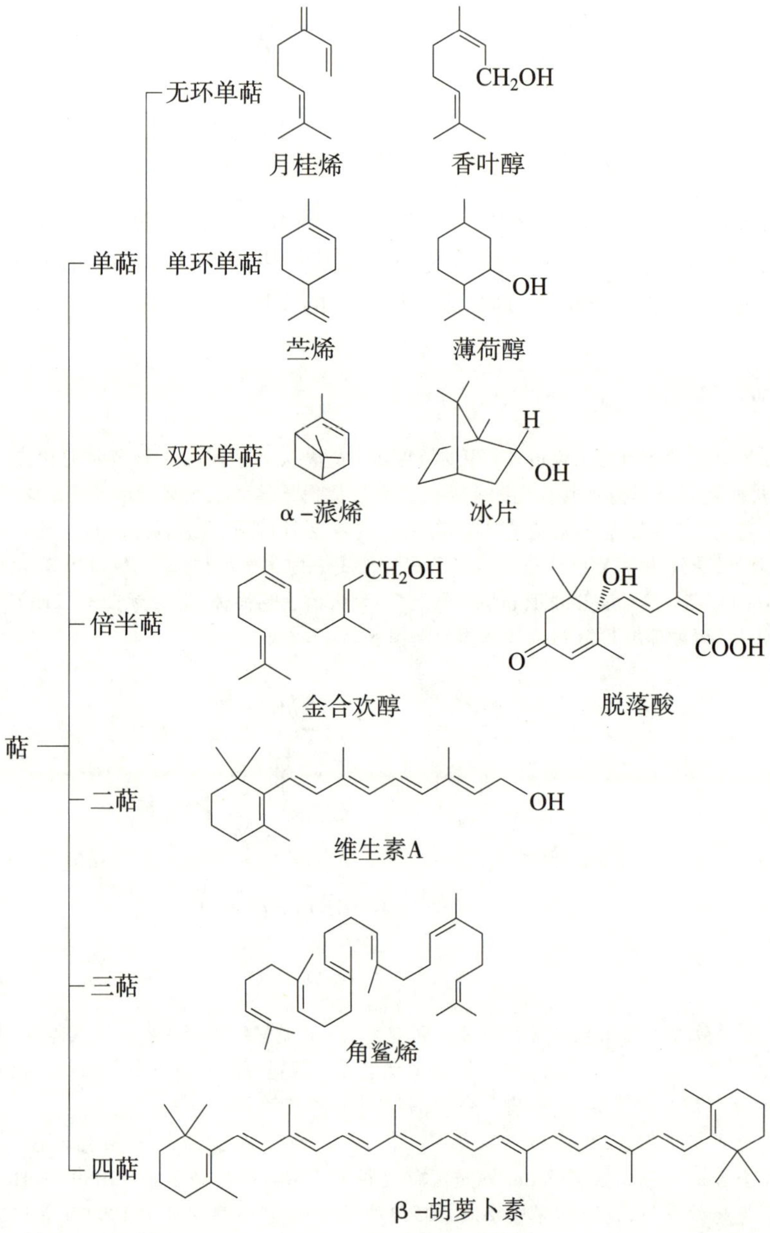
萜
单萜
无环单萜
月桂烯
香叶醇
CH_2OH
单环单萜
苎烯
薄荷醇
OH
双环单萜
α-蒎烯
冰片
H
OH
倍半萜
金合欢醇
CH_2OH
脱落酸
OH
O
COOH
二萜
维生素A
OH
三萜
角鲨烯
四萜
β-胡萝卜素

【英汉词汇】

三酰甘油　triacylglycerol

必需脂肪酸　essential fatty acid

碘值　iodine number

花生酸　arachic acid

亚麻酸　linolenic acid

甾体化合物　steroid

硬脂酸	stearic acid	激素	hormone
亚油酸	linoleic acid	油	oil
花生四烯酸	arachiidonic acid	硬化	harden
萜类	terpene	月桂酸	lauric acid
胆固醇	cholesterol	软脂酸	palmic acid
脂肪	fat	油酸	oleic acid
皂化	saponification	磷脂	phospholipid
酸败	rancidity	甾醇	sterol
肉豆蔻酸	tetradecanoic acid	性激素	sex hormone

【参考文献】

［1］Quílez del Moral J F, Pérez Á, Barrero A F. Chemical Synthesis of Terpenoids with Participation of Cyclizations Plus Rearrangements of Carbocations：A Current Overview［J］. Phytochem. Rev., 2020, 19, 559–576.

［2］Hu Y–J, Gu C–C, Wang X–F, et al. Asymmetric Total Synthesis of Taxol［J］. J. Am. Chem. Soc., 2021, 143, 17862–17870.

［3］Gevorgyan A, Hopmann K H, Bayer A. Lipids as Versatile Solvents for Chemical Synthesis［J］. Green Chem., 2021, 23, 7219–7227.

［4］王平平, 杨成帅, 李晓东, 等. 植物天然化合物的人工合成之路［J］. 有机化学, 2018, 38, 2199–2214.

［5］Christmann M. Otto Wallach：Founder of Terpene Chemistry and Nobel Laureate 1910［J］. Angew. Chem. Int. Ed., 2010, 49, 9580–9586.

【习题】

1. 油酸的结构异构体（Z）– 十八碳 –11– 烯酸可通过下列反应步骤合成：

$$辛\text{–}1\text{–}炔 + Na \xrightarrow{NH_3} A(C_8H_{13}Na) \xrightarrow{ICH_2(CH_2)_7CH_2Cl} B(C_{17}H_{31}Cl) \xrightarrow{NaCN} C(C_{18}H_{31}N)$$

$$\xrightarrow{KOH, H_2O} D(C_{18}H_{31}O_2K) \xrightarrow{H_3O^+} E(C_{18}H_{32}O_2) \xrightarrow[Pd-BaSO_4]{H_2} （Z）\text{–}十八碳\text{–}11\text{–}烯酸(C_{18}H_{34}O_2)$$

写出（Z）– 十八碳 –11– 烯酸和中间体 A—E 的结构式。

2. 从鱼肝油提取的一种脂肪酸 A，分子式为 $C_{20}H_{38}O_2$，将 A 用冷的 $KMnO_4$ 水溶液氧化，然后用 HIO_4 处理得到 $CH_3(CH_2)_9CHO$ 和 $OHC(CH_2)_7COOH$。请写出 A 的两种可能的立体异构的结构式。

3. 划分出下列各化合物中的异戊二烯单位：

4. 写出香叶醇和下列试剂作用生成的主要产物：

（1）干溴化氢　　　　　　　　（2）过氧乙酸

5. 写出下列反应的主要产物：

（1）
$$\xrightarrow{O_3} \xrightarrow{Zn,\ H_2O} ?$$

（2）
$$\xrightarrow{\text{热 } KMnO_4} ?$$

（3）
$$\xrightarrow{HCl} ?$$

（4）
$$+\ 2\ (BH_3)_2 \xrightarrow{H_2O_2,\ OH^-} ?$$

6. 化合物 A 是一种常见的油脂，写出其皂化的反应式。

$$
A\quad
\begin{array}{l}
CH_2O-\overset{\displaystyle O}{\overset{\displaystyle \|}{C}}-(CH_2)_7CH=\!\!=CH(CH_2)_7CH_3\\[2mm]
CH-O-\overset{\displaystyle O}{\overset{\displaystyle \|}{C}}-(CH_2)_7CH=\!\!=CH(CH_2)_7CH_3\\[2mm]
CH_2O-\overset{\displaystyle O}{\overset{\displaystyle \|}{C}}-(CH_2)_7CH=\!\!=CH(CH_2)_7CH_3
\end{array}
$$

7. 化合物 A 是从大豆中提取的一种脑磷脂，试分析其彻底水解以后的产物。

$$
A:\quad H_3C(H_2C)_{16}-\overset{\displaystyle O}{\overset{\displaystyle \|}{C}}-O-
\begin{array}{l}
CH_2O-\overset{\displaystyle O}{\overset{\displaystyle \|}{C}}-(CH_2)_7CH=\!\!=CH(CH_2)_7CH_3\\[2mm]
CH\\[2mm]
CH_2-O-\overset{\displaystyle O}{\underset{\displaystyle O^-}{\overset{\displaystyle \|}{P}}}-O-CH_2CH_2\overset{+}{N}H_3
\end{array}
$$

扫一扫，获取本章习题答案

第十六章 习题答案

第十七章　有机化合物结构测定基础

【导言】

回顾有机化学发展的历史可以看出,用化学方法确定有机化合物的结构曾经是一项烦琐、费时的工作。在很多情况下,元素分析、官能团检测等过程对于表征一个从未被合成的复杂化合物来说是不够的。胆固醇是细胞膜的重要组成部分,历史上对胆固醇结构(如图所示)的确定工作历时 38 年(1889—1927),确定者因此获得 1928 年诺贝尔化学奖。但即使这样,后经 X 射线衍射法证明其结果仍存在某些错误。

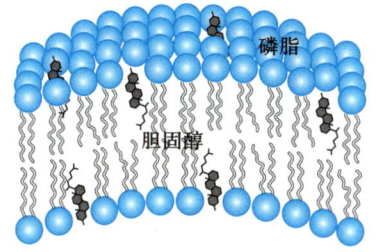

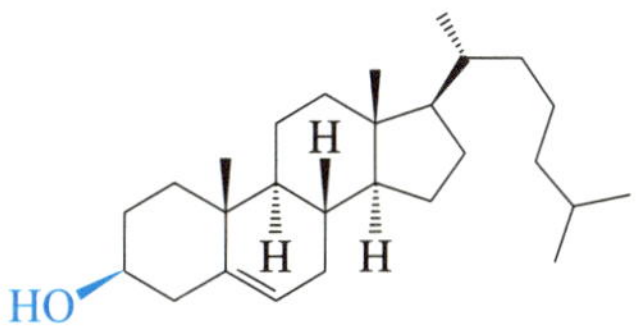

时代飞速发展的今天,有机化学需要的分析技术,只用少量样品即能完成检测,并能得到确定的结果。现代物理实验方法为我们提供了各种用于有机化合物结构鉴定的方法,这些方法能在较短的时间内提供不同角度的结构信息,已经成为研究有机化学不可或缺的工具。本章将对目前广泛使用的结构测定相关技术方法进行介绍,主要包括:

(1)紫外光谱(UV)确定分子中是否存在电子共轭体系;

(2)红外光谱(IR)确定分子中存在的各类官能团;

(3)核磁共振谱(NMR)提供分子的 C—H 骨架及官能团信息;

(4)质谱(MS)确定相对分子质量,提供分子式、分子结构和官能团的信息。

这些实验技术是相互补充的。在很多情况下,综合应用两种或多种不同类型的技术才可得到让人信服的结果。本章我们将学习如何利用这些技术手段所提供的信息来确定一个有机化合物的结构。

第一节　电　磁　辐　射

在本章涉及的各种结构鉴定技术中,除质谱外,其余几种都是基于物质对电磁波的选择性吸收而建立起来的谱图解析方法。

光或其他电磁波辐射,具有波粒二象性。所有的光波都具有相同的速度,即 $3 \times 10^{10}\,\mathrm{cm \cdot s^{-1}}$。就波动性而言,光的波长($\lambda$)、频率($\nu$)与波的传播速度 c 之间的关系为

$$\nu = c/\lambda \tag{17-1}$$

式中,波长 λ 的单位为 cm;频率 ν 的单位为 Hz;c 为真空光速,3×10^{10} cm·s^{-1}。频率也可以用波数(σ)来表示,即电磁波在 1 cm 的行程中振动的次数,波数的单位是 cm^{-1}。

$$\sigma = 1/\lambda = \nu/c \qquad (17\text{-}2)$$

从式(17-2)可以看出,波数 σ 与波长 λ 成反比,而与频率 ν 成正比。

就粒子性而言,每一个光子具有能量,其能量与波长、频率的关系为

$$E = h\nu = h\sigma c = hc/\lambda \qquad (17\text{-}3)$$

式中,h 为 Planck 常量,6.63×10^{-34} J·s。上式说明光子能量 E 与电磁波频率 ν 成正比,与波长 λ 成反比,波长越短,频率越高,能量越高。

有机化合物分子中的原子和电子皆处于不停的运动状态,一定的运动状态具有一定的能量,如平动能、转动能、振动能、电子跃迁能及原子核的自旋跃迁能等。其中,除平动能以外都是量子化的。因此,只有当电磁辐射能等于分子运动的某两个能级之差时,即某一分子只能吸收某一特定频率的辐射能,引起分子转动或振动能级的变化时,电子激发到较高的能级,从而产生相应特征的分子吸收光谱(图 17-1)。

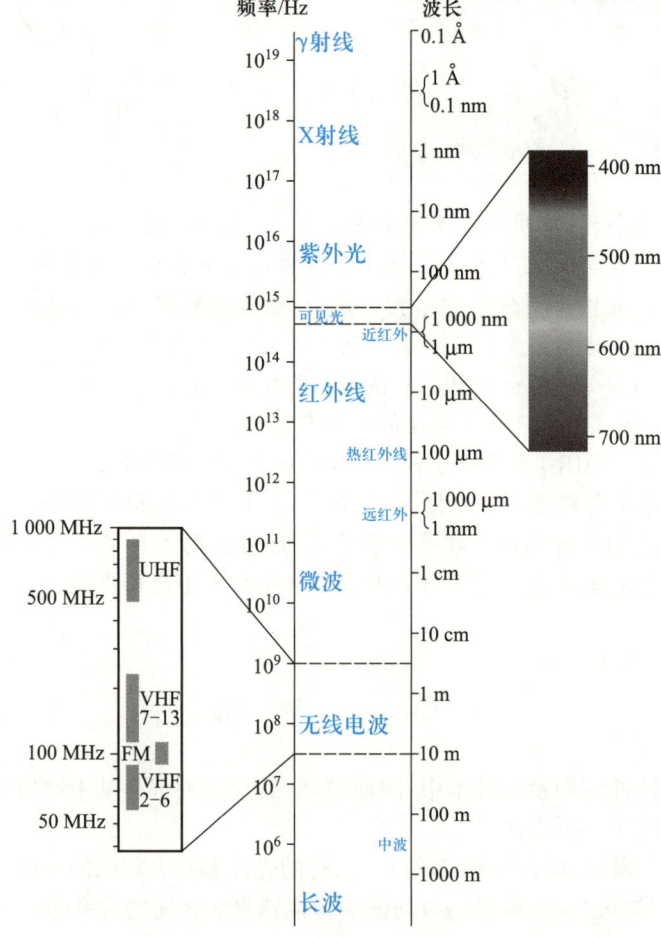

图 17-1   电磁波谱区域

　　分子吸收紫外光和可见光能（200～800 nm）后，引起电子能级跃迁而产生的紫外－可见光谱，反映有机化合物分子中的共轭体系及其取代情况。

　　分子吸收了红外光能（波长 2.5～25 μm 或波数 4 000～400 cm^{-1}）后，引起分子振动能级和转动能级跃迁而产生红外光谱，主要反映有机化合物分子中的各种官能团及其周围的结构环境。

　　自旋的原子核在外加磁场下发生能级分裂，当能极差与无线电波区的能量（一般频率 60～600 MHz）相当时，原子核则吸收电磁波，引起核的自旋能级跃迁而产生核磁共振谱。从中可了解核群的种类、相对数目、核群之间的关系及核周围的化学环境等，是测定有机化合物结构、构型和构象最有效的手段。

　　此外，使待测的样品分子汽化，用具有一定能量的电子束（或具有一定能量的快原子）轰击气态分子，使气态分子失去一个电子而成为带正电荷的分子离子和各种碎片正离子，所有的正离子在电场和磁场的综合作用下按质荷比（m/z）大小依次排列而得到质谱。从质谱图中可以得到准确的相对分子质量和分子中的结构单元信息。

　　总之，随着计算机技术和分析测试仪器的不断完善与发展，紫外光谱、红外光谱、核磁共振谱和质谱越来越成为物理学、化学、生物学、医学、药学等诸多学科必不可少的工具。

　　【思考题 17–1】 为什么人们非常关心 X 射线和太阳光对健康的危害，而不太在意 FM 收音机、900 MHz 手机通信的影响？运用图 17–1 中有代表性的频率进行计算其能量各是多少？这些能量与 C—C 键的键能比较，强度大小如何？

第二节　紫外光谱

　　紫外光谱（ultraviolet spectroscopy，简称 UV）是指分子吸收紫外－可见光区的电磁波而产生的吸收光谱，简称紫外光谱。波长在 100～400 nm 的电磁波区域为紫外区，100～200 nm 的区域为远紫外区，200～400 nm 的区域为近紫外区，波长在 400～800 nm 范围的光称为可见光。有机化合物的紫外光谱一般指在 200～400 nm 的近紫外区域。常用的紫外分光光度仪一般可以测出紫外和可见光区域内的分子吸收光谱，波长范围为 200～800 nm。

一、紫外光谱的基本原理

　　紫外光谱是分子中的价电子由低能态跃迁到高能态而产生的。有机化合物分子中主要有三种价电子：形成单键的 σ 电子，形成双键的 π 电子和未成键的孤对电子（也称 n 电子）。当电子发生状态变化即跃迁时，需要吸收不同的能量（图 17–2），即吸收不同波长的光，产生电子吸收光谱。吸收部分为峰，不吸收或弱吸收部分为谷。

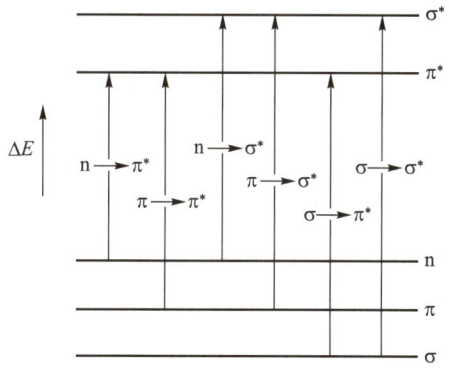

图 17–2　电子跃迁能量示意图

从化学键的性质来看,与电子吸收谱相关的电子跃迁主要有以下几种形式:

1. $\sigma \rightarrow \sigma^*$ 跃迁

指 σ 键上的电子吸收能量跃迁到 σ^* 反键轨道上,这一跃迁所需能量高,吸收波长在远紫外区(150 nm 左右),在紫外光谱图中看不到这种跃迁的吸收峰。如烷烃的成键电子都是 σ 电子,其吸收峰在一般的紫外光谱仪工作范围之外。

2. n 电子的跃迁

主要有以下两种跃迁方式:

$n \rightarrow \sigma^*$ 是孤对电子向 σ^* 反键轨道的跃迁,主要发生在含有 O、N、S、X 元素的分子中,所需能量也较高,吸收波长接近 200 nm。

$n \rightarrow \pi^*$ 是孤对电子向 π^* 反键轨道的跃迁,主要发生在含有 O、N、S、X 元素的有机化合物分子中,这类跃迁所需能量最小,一般在 270 ~ 300 nm 区域,处于近紫外区,但吸收峰强度较弱(κ 10 ~ 50 L·cm^{-1}·mol^{-1})。如醛、酮分子中的羰基在 275 ~ 295 nm 处有吸收峰(图 17–3)。

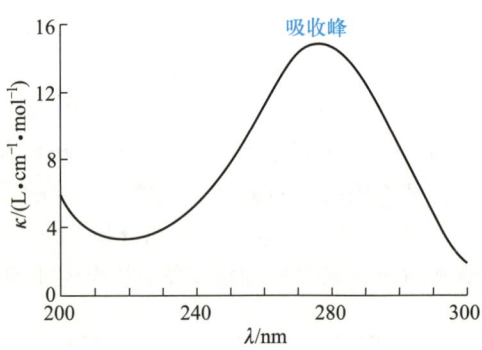

图 17–3 丙酮的紫外光谱图

3. $\pi \rightarrow \pi^*$ 跃迁

不饱和键中 π 电子向 π^* 反键轨道的跃迁,孤立双键的吸收一般在 200 nm 以下,但强度很大。在共轭的不饱和体系中,由于共轭作用降低了 π 与 π^* 轨道的能量差,$\pi \rightarrow \pi^*$ 跃迁吸收波长向长波方向移动,在紫外光谱图中可以看到吸收。

$\pi \rightarrow \pi^*$ 跃迁需要的能量较 $n \rightarrow \pi^*$ 跃迁高,所以后者的吸收峰出现在波长稍长些的区域,强度较 $\pi \rightarrow \pi^*$ 跃迁弱得多。

用一束连续变化波长的紫外光照射样品时,通过紫外 – 可见分光光度计可以测定样品对各种波长光波的吸光度 A。

$$A = \lg(I_0/I)$$

式中,I_0 为入射光强度,I 为透射光强度。

吸光度与测定时溶液的浓度 c 及光波通过的液层厚度 L 有关。

$$A = \kappa \cdot c \cdot L \quad \kappa = A/(c \cdot L)$$

式中,κ 定义为 1 L 溶液中含有 1 mol 样品,通过样品的光路长度为 1 cm 时,在指定波长下测得的吸光度,称为摩尔吸收系数。

以波长(λ)为横坐标(单位为 nm),吸光度 A 或摩尔吸收系数(κ)为纵坐标作图,绘出紫外吸收曲线,即该样品的紫外光谱图。若 κ 的数值较大时,常以其对数值 $\lg \kappa$ 表示。纵坐标也有用透射率 T 的,当纵坐标使用吸光度 A、摩尔吸收系数 κ 或 $\lg \kappa$ 时,化合物的最大吸收在吸收曲线的最高点,使用透射率 T,则最大吸收在最低点。

在文献中,紫外光谱数据一般给出吸收峰最高点的摩尔吸收系数 κ_{max}、相应的最大吸收波长 λ_{max} 及测定时所用的溶剂。图 17–4 为 3– 甲基戊 –3– 烯 –2– 酮在乙醇溶剂中的紫外吸收光谱。

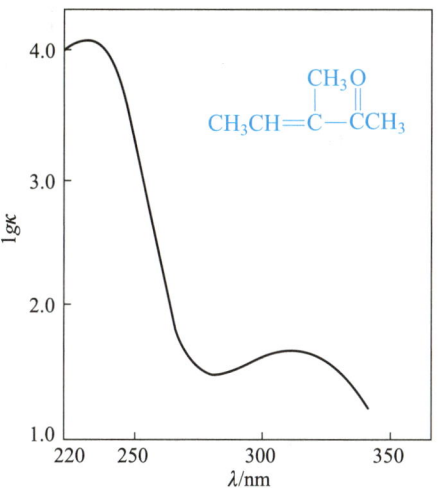

图 17-4　3- 甲基戊 -3- 烯 -2- 酮的紫外吸收光谱

二、紫外光谱与有机化合物分子结构的关系

一般的紫外光谱仪的测定波长均在 200~800 nm 的近紫外 - 可见光区。因此,对于阐明有机分子结构有意义的是 $\pi \to \pi^*$ 和 $n \to \pi^*$ 跃迁,即紫外光谱适用于分子中具有不饱和结构,特别是具有共轭结构的化合物。

分子中能引起电子跃迁并在近紫外区产生吸收峰的原子团叫作生色团,主要包括碳碳共轭结构、含杂原子共轭结构等能发生 $\pi \to \pi^*$,以及能发生 $n \to \pi^*$ 跃迁的基团,如 C=C、C=O、N=N、NO_2 等。表 17-1 是常见的紫外区生色团。

表 17-1　常见紫外区生色团的吸收峰

生色团	典型化合物	λ_{max}/nm	κ_{max}/(L·cm^{-1}·mol^{-1})	溶剂
C=C	己 -1- 烯	180	125 000	庚烷
C=C—C=C	丁 -1, 3- 二烯	217	21 000	正己烷
芳基	苯	203.5 254	7 400 205	水
C≡C	丁 -1- 炔	172	4 500	气相
C=O	乙醛	289 182	12.5 10 000	气相
	丙酮	279 190	22 1 000	环己烷
COOH	乙酸	204	41	乙醇
COCl	乙酰氯	240	34	庚烷
COOR	乙酸乙酯	204	60	水
CONH$_2$	乙酰胺	295	160	甲醇
NO$_2$	硝基甲烷	279	15.8	己烷

　　还有一些基团,本身在近紫外区无吸收,但当它与生色团直接相连时,能形成孤对电子与π键的共轭,使电子的活动范围增大,其吸收向长波方向移动,同时吸收强度增加,这类基团称为助色团,如—OH、—NH₂、—SR、—X等。

　　如果一个化合物分子中含有若干生色团并形成共轭体系,则原来各自的吸收消失,形成新的吸收带,波长和吸收强度都会明显增强。这种吸收波长向长波方向移动的现象称为红移,相反吸收波长向短波方向移动的现象称为蓝移。

　　影响紫外光谱的因素主要包括以下几类:

　　(1)共轭效应　共轭体系的延伸使化合物的吸收峰红移。一般每增加一个共轭π键,吸收波长红移约30 nm。存在6个以上共轭π键的烯烃,其吸收波长进入可见光区,即具有颜色。

　　(2)立体结构　由于邻近基团的空间阻碍影响共轭体系的共轭程度,从而导致紫外光谱发生变化。一般反式烯烃比顺式烯烃电子的离域程度更大,因此吸收波长更长,吸收强度也较大。

　　(3)溶剂性质　溶剂对紫外吸收的波长及强度有很大影响。溶剂极性增强,使 $\pi \to \pi^*$ 跃迁向长波方向移动(红移),使 $n \to \pi^*$ 跃迁向短波方向移动(紫移)。因此,紫外光谱需要注明所用溶剂,同时测定紫外光谱时也要注意选择合适的溶剂,避免产生干扰。

　　(4)溶剂 pH 影响　当被测物质具有酸性或碱性基团时,溶剂的 pH 对紫外光谱会产生较大影响。如苯胺分子,在酸性环境中氨基质子化使 p–π 共轭被打破,其紫外吸收与苯环相似;在碱性环境中其吸收峰又会恢复原位。

　　(5)平衡体系的影响　某些化合物处于不同结构的平衡体系中,如互变异构、酸碱平衡等。随着外界条件的变化,平衡发生移动,其紫外吸收也发生相应的变化。如乙酰乙酸乙酯的酮式结构和烯醇式结构具有不同的紫外吸收峰。

三、紫外光谱在结构分析中的应用

　　有机化合物紫外光谱的吸收谱带少而宽,仅反映了分子中生色团和助色团的特征,即分子中的共轭体系特征,因此不能反映整个分子的特性。但紫外光谱也有其特有的优点:具有大共轭体系的有机化合物在紫外或可见光区域产生吸收强度很大的吸收谱带,其摩尔吸收系数高达 $10^4 \sim 10^5$ L·cm⁻¹·mol⁻¹,因此检测灵敏度很高;此外,紫外吸收光谱的 λ_{max} 和 κ_{max} 与熔点、沸点、旋光度等物理常数一样,可提供有价值的定性依据。

　　紫外光谱能提供三个方面的信息:一是吸收带的位置,即最大吸收波长(λ_{max});二是吸收带的吸收强度,通常以最大摩尔吸收系数(κ_{max})表示;三是吸收带的形状。

　　紫外光谱的主要测定波长在 200 ~ 800 nm 范围,在此范围内无吸收带出现,说明待测物质不含共轭体系,可能是饱和的烷烃类,或是含孤立碳碳双键、叁键的不饱和化合物;如果在 210 ~ 250 nm 有强吸收带,并且 $\kappa_{max} \geq 10^4$ L·cm⁻¹·mol⁻¹,表明分子中含有两个双键的共轭体系;在 250 ~ 300 nm 有中等强度的吸收带,表明有苯环或芳杂环及其衍生物;在 250 ~ 350 nm 有中、低强度的吸收带,说明有羰基或其他含杂原子的不饱和基团存在,根据吸收带的具体位置可判断是否存在共轭体系;在 300 nm 以上区域有强吸收,说明化合物中含有较大的共轭体系,多为稠环芳香烃及其衍生物。

另外,紫外光谱在定量分析方面也得到了广泛的应用。紫外吸收光谱有较高的灵敏度和选择性,定量方法比较简单。除了对单组分进行定量分析,利用吸光值的加和性,还可对多组分物质进行定量分析。

【思考题 17-2】己 -1,5- 二烯与己 -1,3- 二烯是异构体,如何通过紫外光谱能鉴别它们?

第三节　红外光谱

红外光谱(IR,infrared spectroscopy)是一种吸收光谱,主要由于化合物分子振动能级和转动能级跃迁发生能量吸收而获得。由于化学键的振动频率与相对原子质量、键的强度及振动方式有关,所以不同的基团有不同的吸收频率。当照射光的频率与基团振动频率一致时,分子便可吸收这种光引起振动能级的跃迁,由光谱仪记录吸收峰的位置。图 17-5 为甲苯的红外光谱图。

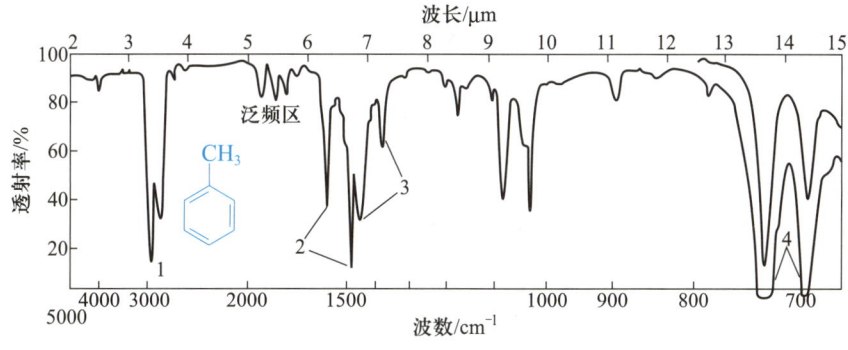

图 17-5　甲苯的红外光谱图

图 17-5 中横坐标有上下两条横线,分别表示波长和波数。波长的单位用 μm,波数的定义为 1 cm 长度内波的数目,波数的单位用 cm^{-1}。纵坐标以透射率 T(transmittance)或吸光度 A(absorbance)表示。

红外光谱图给出的吸收峰位置、形状和相对强度,是对化合物结构分析的重要依据。除对映异构体外,任何两个不同的化合物都具有不同的红外光谱。

一、红外光谱的基本原理

有机化合物分子中原子间化学键的振动可分为两大类:一类是原子间沿着键轴的伸长和缩短,叫作伸缩振动(用 ν 表示)。伸缩振动所产生的吸收带一般发生在高频区。另一类振动是成键原子在键轴上下或左右弯曲,叫作弯曲振动或变形振动(用 δ 表示)。弯曲振动所产生的吸收带一般在低频区。伸缩振动又可分为对称伸缩振动(用 ν_s 表示)和不对称伸缩振动

（用 ν_{as} 表示）；弯曲振动亦可分为面内弯曲振动（in plane，δ_{ip}）和面外弯曲振动（out of plane，δ_{oop})，如图 17-6 所示。

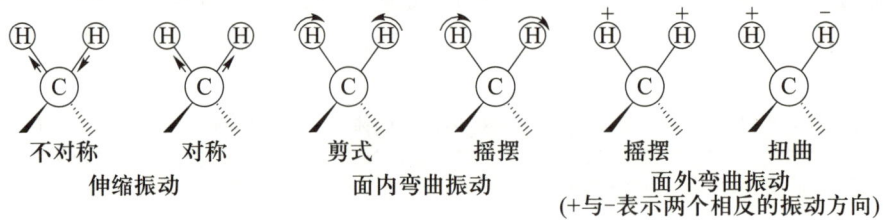

不对称　　　对称　　　　剪式　　　摇摆　　　　摇摆　　　扭曲

伸缩振动　　　　　　　面内弯曲振动　　　　　面外弯曲振动
　　　　　　　　　　　　　　　　　　　　　(+与-表示两个相反的振动方向)

图 17-6　分子的伸缩振动和变形振动

通常情况下对一定的化学键来说，不同类型振动的强弱次序为

$$\nu > \delta ; \quad \nu_{as} > \nu_s ; \quad \delta_{ip} > \delta_{oop}$$

分子的振动形式多种多样，但只有在振动过程中，瞬时偶极变化的振动发生能级跃迁时，才能吸收红外光而形成红外光谱。分析具体的振动时，可近似地把化学键看作弹簧振子。根据经典力学的胡克（Hooke）定律可知，振子的振动频率与化学键力常数 K 的平方根成正比，与原子折合质量的平方根成反比。K 越大，原子的折合质量越小，振动频率就越高，吸收峰将出现在高波数区。反之，吸收峰将出现在低波数区。实验表明，化学键的振动频率受其他因素的影响较小，因此不同有机化合物分子的相同基团，其红外吸收峰总是相对稳定地出现在某一特定范围内。例如，C=O 的伸缩振动，在波数 1 850～1 650 cm^{-1} 区域内出现吸收峰；O—H 键的伸缩振动，在 3 650～3 100 cm^{-1} 区域内出现吸收峰。因此，从各类特定范围的吸收峰可以得到分子结构的信息。

红外吸收峰的强度取决于振动时偶极矩变化（$\Delta\boldsymbol{\mu}$）的大小。一般来说，极性较强的化学键振动时偶极矩变化较大，即吸收峰的强度与成键原子之间电负性的差值有关，如 C—O、C—N、C=O、C=N 键等的吸收峰都很强，而 C—C、C—H 键吸收峰较弱。红外吸收峰的强度通常用下列符号表示：vs（very strong）很强；s（strong）强；m（medium）中强；w（weak）弱；vw（very weak）很弱等。

在文献中，除了红外吸收峰的位置、峰强度的说明，还会看到峰形的描述，如宽峰（broad，br）、肩峰（shoulder，sho）、尖峰（sharp，sh）、可变峰（virable，v）等。

二、红外特征吸收频率及其影响因素

从红外光谱的整个范围来看，通常将其分为两大区域：官能团区和指纹区。

（一）官能团区

波数在 4 000～1 350 cm^{-1} 的高频区称为官能团区，其中的吸收峰对应于分子中某两键合原子间的伸缩振动，受分子整体结构的影响不大，因而可用于确定某种官能团的存在。这一区域是红外光谱较易识别的区域，一般也把这个区域叫作特征谱带区。在该区域内，凡是能用于鉴定有机化合物分子各种官能团的吸收峰都叫作此官能团的特征吸收或特征峰。人们总结了大量有机化合物的红外光谱，得到了许多详细的官能团特征频率，如表 17-2 所示。

表 17-2 主要官能团的特征吸收峰分布区段

吸收频率 σ/cm^{-1}	化合物类别	官能团（键振动类型）
3 650～3 600 3 500～3 200 3 400～2 500	醇、酚（自由） 醇、酚（分子间氢键） 羧酸（缔合）	O—H（ν）
3 500～3 100	胺、酰胺	N—H（ν）
约 3 300	炔	C≡C—H（ν）
3 100～3 010	烯、芳香族化合物	C=C—H，Ar—H（ν）
3 000～2 850	烷烃	—C—H（ν）
2 900～2 700	醛	—CHO（ν）
2 590～2 550	硫醇	S—H（ν）
2 400～2 100	炔、腈	C≡C，C≡N（ν）
1 750～1 700 1 680～1 630 1 815～1 785 1 850～1 740	醛、酮、羧酸、酯 酰胺 酰卤 酸酐	C=O（ν）
1 675～1 640 1 600～1 450	烯、硝基化合物 芳香族化合物	C=C，N=O（ν） 芳环（ν）
1 475～1 300	烷	C—H（δ_{ip}）
1 420～1 400	酰胺	C—N（ν）
1 350～1 000	胺	C—N（ν）
1 300～1 000	醇、醚、羧酸、酯	C—O（ν）
1 000～650	取代烯烃、取代苯	=C—H，Ar—H（δ_{oop}）

（二）指纹区

波数在 1 350～650 cm^{-1} 的低频区出现的吸收峰,主要是 C—C、C—N 和 C—O 单键的伸缩振动和各种弯曲振动。这些单键的强度差别不大,相对原子质量相近,各种弯曲振动能级差较小,因此该区域内单个吸收峰的特征性不强。但整体的光谱图形对分子结构的变化十分敏感,分子结构的细微差别,都会造成整个谱图的变化,如同两个人的指纹不可能完全一样,因此也把该区域称为指纹区。指纹区在确认某个具体有机化合物时用处很大,只有当两个化合物的红外光谱官能团区一致,指纹区也完全一致时,才能说这两个化合物是相同的。不过,指纹区内吸收峰的数目繁多,其中大部分难以归属。

（三）影响红外吸收频率的因素

影响基团红外吸收频率的因素很多,其中影响较大的因素有电子效应、空间效应和氢键效应。

（1）电子效应　诱导效应使分子中电子云分布发生变化,从而引起基团化学键力常数的改变,使基团振动频率增大或减小。共轭体系中成键电子的离域作用造成电子云分布平均化,使共轭体系内的双键键强减弱,而单键键强略有增加;因此与孤立双键相比,共轭双键的伸缩振动向低频移动,体系内单键的振动频率增大。例如,乙烯的红外光谱图中,1 650 cm^{-1} 出现 C=C 伸缩振动吸收,而丁二烯红外光谱图中相应的吸收峰出现在 1 630 cm^{-1}。

（2）空间效应　空间立体阻碍使共轭效应受到限制,双键的振动频率向高波数移动。如酮羰基 C=O 伸缩振动频率在 1 700 cm^{-1} 左右,苯乙酮 C=O 与苯环共轭使吸收红移到 1 663 cm^{-1}。如果在两个邻位均引入异丙基,共轭受到限制,吸收则位移到 1 693 cm^{-1}。六元环无角张力,环上的基团振动频率与其处于链状化合物时基本相等。但随着环张力变大,环外基团的振动频率增大,而环内基团的振动频率减小。

（3）氢键效应　无论是分子间氢键还是分子内氢键,对吸收位置和峰形的影响都很大。氢键的存在将使 O—H 键和 N—H 键的伸缩振动吸收频率向低波数移动,峰形变宽。

三、常见有机化合物的红外特征谱带

常见各类有机化合物官能团的主要特征吸收频率列在表 17-3 中。从表中可以看出,O—H、N—H、C—H 等单键的力常数 K 较大,氢相对原子质量小,故红外吸收在高波数区。羟基的伸缩振动吸收一般在 3 650～3 200 cm^{-1} 范围内。游离的羟基峰形尖锐,吸收峰在较高波数（3 650～3 600 cm^{-1}）。形成氢键的羟基吸收峰移向较低波数（3 300 cm^{-1} 左右）,峰形较宽。氨基的红外吸收与羟基相似,游离氨基的 N—H 键伸缩振动吸收峰在 3 500～3 300 cm^{-1} 范围内,缔合的氨基吸收位置向低波数方向移动。C—H 键的伸缩振动吸收位置因碳原子的杂化状态不同而呈现有规律的变化。饱和碳原子的 C—H 键伸缩振动吸收峰在 3 000 cm^{-1} 以下;双键和苯环上的 C—H 键伸缩振动吸收峰在 3 100～3 000 cm^{-1} 范围内;叁键上的 C—H 键伸缩振动吸收峰在 3 300 cm^{-1} 左右,峰形尖锐,容易识别。

C≡C、C≡N 键的伸缩振动红外吸收在 2 300～2 100 cm^{-1} 范围内,一般具有尖锐的吸收峰,但当 C≡C 结构对称时,不出现吸收峰。此类吸收强度较弱,但干扰较小,也较易识别。

C=O（羧酸、醛酮、酰胺、酯、酸酐）键的伸缩振动吸收峰在 1 870～1 650 cm^{-1} 范围内,吸收强度大,是最容易识别的官能团。

C=C,C=N 键的伸缩振动吸收在 1 690～1 475 cm^{-1} 区域内,强度中等或较弱,特征性不如 C=O 键伸缩振动。但此区域内的芳环骨架振动较为有用。

此外,一种基团可以有几种振动形式,每种振动形式都产生一个相应的吸收峰,通常把这些互相依存、互相佐证的吸收峰称为相关峰。例如,醇分子中有 O—H、C—O 的伸缩振动,C—O—H 的面内弯曲振动,C—O—H 的面外弯曲振动等吸收峰,这些峰就是相关峰。在确定有机化合物中是否存在某种基团时,首先需要注意有无特征峰,相关峰的存在有利于判断和确认某种基团。

表 17-3 主要官能团的红外吸收特征频率

化合物类型	基团	振动方式	吸收频率 σ/cm^{-1}	强度
烷烃	—CH₃	ν_{as}	≈ 2 960	强
		ν_s	2 890 ~ 2 870	强
	—CH₂	ν_{as}	2 950	强
		ν_s	2 850	中
	—CH₃，—CH₂	δ	1 470 ~ 1 380	中
烯烃	=C—H	ν	3 095 ~ 3 075	中
		δ	1 000 ~ 650	中
	C=C	ν	1 680 ~ 1 620	不定
芳烃	=C—H	ν	3 100 ~ 3 000（三个峰）	中
		δ	900 ~ 650	中
	C=C	ν	≈ 1 650，≈ 1 500	强
炔烃	≡C—H	ν	3 310 ~ 3 300	强,尖锐
	C≡C	ν	2 260 ~ 2 150	弱
醇、酚	O—H（游离）	ν	3 650 ~ 3 590	强
	O—H（二缔合）	ν	3 600 ~ 3 500	强
	O—H（多缔合）	ν	3 400 ~ 3 200	强而宽
	C—O	ν	1 260 ~ 1 000	强
醚	C—O—C	ν	1 280 ~ 1 050	强
醛	C=O	ν	1 740 ~ 1 720（饱和脂肪醛）	强
	O=C—H	ν	2 900 ~ 2 700（双峰）	弱
酮	C=O	ν	1 725 ~ 1 705（饱和脂肪酮）	强
羧酸	O—H	ν	3 300 ~ 2 500	强而宽
	C=O	ν	1 725 ~ 1 700	强
酯	C=O	ν	1 750 ~ 1 730	强
酰胺	N—H	ν	3 500 ~ 3 100	中
	C=O	ν	1 690 ~ 1 650	强
	N—H	δ	1 690 ~ 1 510	强
胺	N—H	ν	3 500 ~ 3 300	中
		δ	1 640 ~ 1 550	弱 ~ 强
		δ	900 ~ 600	中 ~ 强
硝基化合物	—NO₂	ν_{as}	1 590 ~ 1 510	强
		ν_s	1 390 ~ 1 330	强

四、红外光谱的解析

解析红外光谱图不必对每个吸收峰都进行指认,重点解析强度大、特征性强的峰,同时考虑相关峰原则。

谱图分析是一项复杂的工作,只有熟记各类基团的特征频率和峰形,积累丰富的经验,才能对谱图进行有效分析。图 17-7 ~ 图 17-11 列出了一些常见有机化合物的红外光谱图。

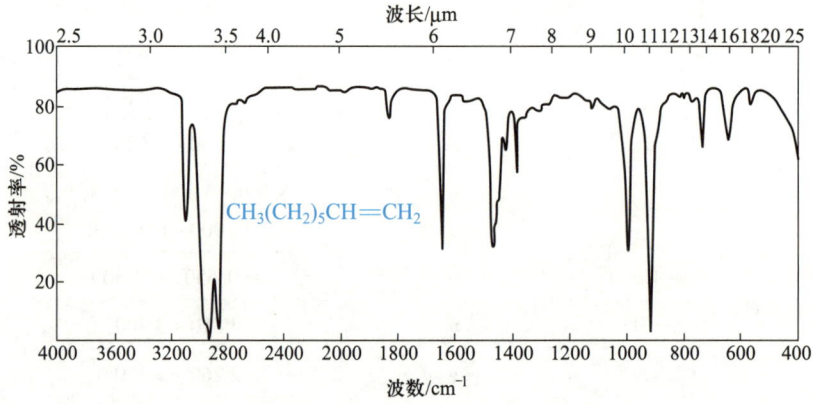

图 17-7 辛 -1- 烯的红外光谱图

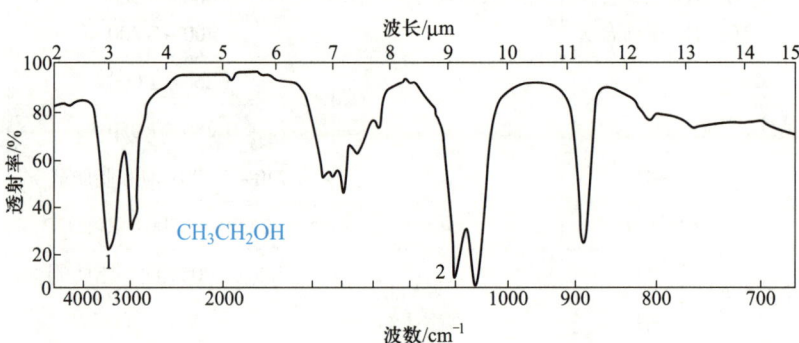

图 17-8 乙醇的红外光谱图

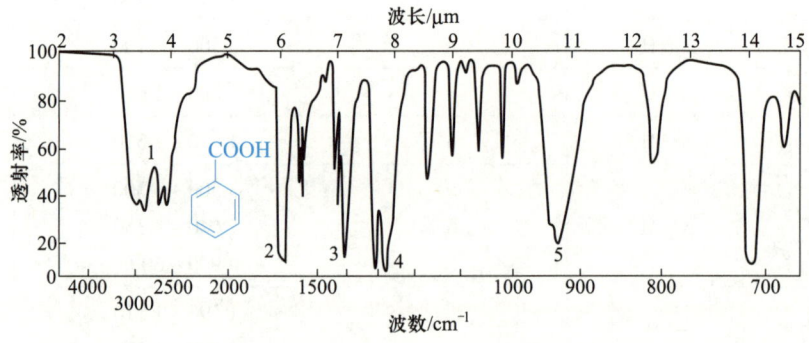

图 17-9 苯甲酸的红外光谱图

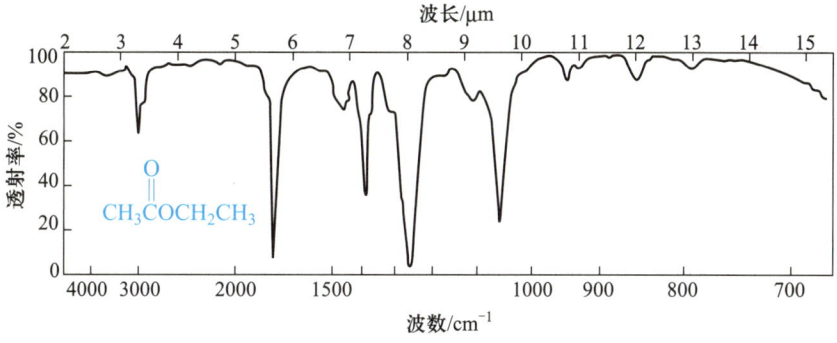

图 17-10 乙酸乙酯的红外光谱图

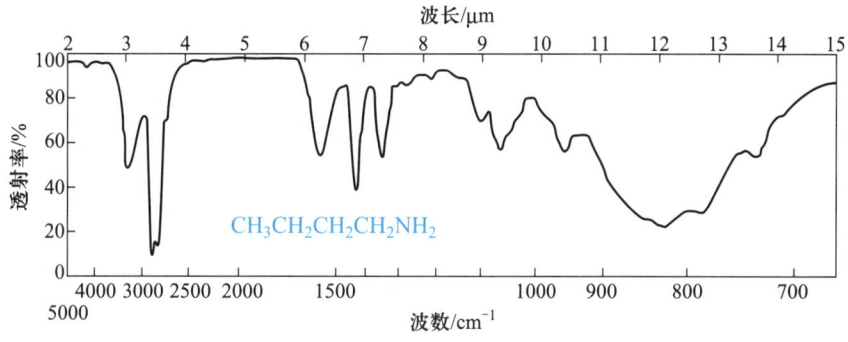

图 17-11 正丁胺的红外光谱图

【思考题 17-3】丙酮与丙 -2- 烯 -1- 醇是异构体,如何通过红外光谱来区分它们?

第四节 核磁共振谱

核磁共振(NMR,nuclear magnetic resonance),在有机化合物结构测定中占有重要的位置。由本章第二节和第三节的讨论可知,对某有机化合物而言,红外光谱能指出其结构中有什么类型的官能团,紫外光谱可以判定分子中是否有共轭体系,但难于进一步确定其细微结构。相比之下,核磁共振谱能提供更多、更明确的结构信息。目前,核磁共振已经成为化学、医药学、生物学、物理学等诸多领域必不可少的研究工具。

一般而言,凡是核自旋量子数 I 不等于零的原子核,如 ^1H、^{13}C、^{15}N、^{19}F、^{35}Cl 等都可以发生核磁共振,但目前最有使用价值的只有氢谱(proton magnetic resonance,^1H NMR)和碳谱(carbon magnetic resonance,^{13}C NMR)。氢谱和碳谱能够提供分子中氢原子和碳原子的类型、数目、相互连接方式、周围化学环境,以及空间排列等结构信息,在确定有机化合物分子的平面及立体结构中发挥着巨大的作用。本节重点介绍核磁共振氢谱(^1H NMR)。

一、核磁共振的基本原理

核磁共振是由原子核的自旋运动引起的,不同的原子核自旋运动也不相同。当原子核的质量数和原子序数有一个是奇数或均为奇数时,原子核就会像陀螺一样,绕轴做旋转运动。例如,^1_1H 和 $^{13}_6C$ 等都能进行自身旋转运动,称为核自旋运动,自旋产生磁矩。核磁共振谱就是在外加磁场中,具有磁矩的原子核受到辐射而发生能级跃迁形成的吸收光谱。

质子的自旋有两种取向,其自旋量子数分别为 +1/2 和 −1/2,因此产生两种不同的感应磁场。当把质子放入外加磁场中,其自身感应磁场受到外加磁场的影响。自身磁场与外加磁场方向相反的,称为反磁取向,质子的能量高;自身磁场与外加磁场方向相同的,称为顺磁取向,质子的能量低。当自旋质子从外加的射频场吸收能量,从低能级跃迁到高能级时产生核磁共振。反磁取向的能级与顺磁取向的能级差 ΔE 与外加磁场的磁感应强度成正比:

$$\Delta E = h\gamma B_0/2\pi$$

式中,B_0 为外加磁场的磁感应强度;h 为普朗克常量;γ 为磁旋比。

若外加磁场供给某一特定频率(ν)的电磁波,其能量等于质子两个能级之差时,质子就吸收该频率的电磁波,从低能级跃迁到高能级,发生核磁共振,吸收信号被记录下来,得到核磁共振谱图。由此可知,产生核磁共振的条件是

$$h\nu = \Delta E = h\gamma B_0/2\pi$$

简化得: $$\nu = \gamma B_0/2\pi$$

式中,γ 和 π 均为定值,若发射的电磁波保持在特定的频率范围,有机化合物分子中的所有质子在同样的磁感应强度 B_0 内将产生核磁共振信号。

图 17−12 为核磁共振仪的示意图。其核心部件为磁力强大的永久磁铁或电磁铁。待测样品放在磁铁两极之间的细长样品管内,样品管周围环绕着射频发射振荡器的线圈。接收线圈的轴既垂直于射频发射振荡器的轴,又垂直于磁场的轴,三者互不干扰。

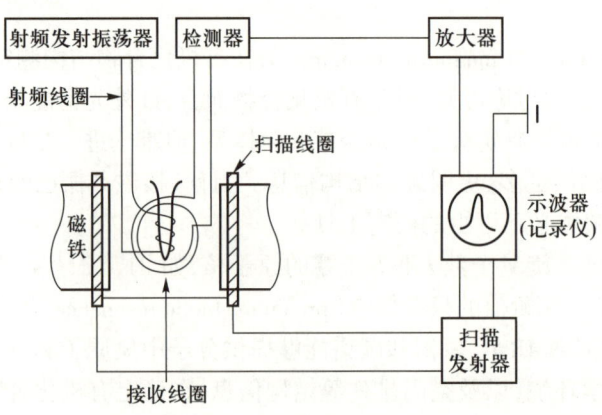

图 17−12　核磁共振仪的示意图

固定射频辐射波的频率,从低场到高场逐渐改变磁感应强度 B_0,当 B_0 与辐射频率相匹配时,发生核磁共振,称为扫场。另一种方法是固定外磁场磁感应强度 B_0,不断改变射频发射频率,以达到核磁共振条件,称为扫频。核磁共振仪一般都采用扫场的方法,以吸收峰的强度为纵坐标,磁感应强度为横坐标,就可得到核磁共振谱图。

二、核磁共振氢谱

氢原子的同位素 ^1H 的自然丰度较大,磁性较强,灵敏度高,易于检测,因此氢谱的研究和应用最为普遍。在有机化合物结构鉴定中,^1H NMR 可以提供化学位移、峰面积的积分值及耦合常数三方面的信息。应用这些信息,可以推测质子 ^1H 在碳链骨架上的位置分布。

（一）屏蔽效应和化学位移

在外加磁场中,化学环境不同的氢核受到的影响程度不同,因而在核磁共振谱的不同位置出现吸收峰。化学环境是指氢核周围的电子云密度高低及邻近化学键的分布情况,直观表现为与氢核相连的原子或基团不同。

有机化合物分子中,氢原子的核外电子绕核作高速运动,将其放入磁场中时,核外电子在外加磁场作用下产生与外加磁场方向相反的感应磁场,从而抵消一小部分外加磁场。如果要使氢核产生核磁共振吸收,则需要增加外加磁场强度,从而使吸收信号向高场移动,这种作用称为屏蔽效应（shielding effect）。反之,感应磁场与外加磁场方向一致,氢核实际受到的磁感应强度比外加磁场的磁感应强度大,共振吸收信号向低场移动,这种作用称为去屏蔽效应。

取代基的电子效应会影响屏蔽效应,当取代基的电负性较大时,吸电子诱导效应使氢核周围电子云密度降低,屏蔽效应减小;反之,给电子诱导效应使屏蔽效应增加。

化学环境不同的氢核受到的屏蔽效应不同,发生共振吸收的频率也有差异,在核磁共振谱图的不同位置上出现吸收峰的差异叫化学位移（chemical shift）,一般用 δ 表示。

在实际测定中,化学位移不是以未受屏蔽的孤立氢核为标准,而是用四甲基硅烷（CH_3）$_4Si$,简称 TMS（tetramethylsilane）作为标准物,其他化合物与之相比确定化学位移值大小。TMS 分子中 12 个氢原子的化学环境是完全等同的,因而只有一个吸收峰。将 TMS 中氢核的化学位移 δ 值定为 0,其他有机化合物的化学位移一般在 0 ~ 10。0 是高场,10 是低场。

化学位移 δ 可用下式计算：

$$\delta = \frac{\nu_{样品} - \nu_{TMS}}{\nu_0} \times 10^6$$

式中,$\nu_{样品}$ 及 ν_{TMS} 分别为样品及 TMS 的共振频率;ν_0 为操作仪器选用的频率。

核磁共振谱图中,横坐标为化学位移值,由右到左为 0 到 10,频率逐渐升高,磁感应强度则由高到低。

（二）特征氢核的化学位移

有机化合物中不同位置的氢核处于不同的化学环境中,具有不同的化学位移值。因此,可以通过化学位移值来推断分子结构。熟悉各类氢核化学位移的大致范围,对推测化合物结构很有帮助。表 17-4 为一些常见基团的氢核化学位移值。

表 17-4 常见基团的化学位移

氢的类型	化学位移（δ）	氢的类型	化学位移（δ）
RCH_3	0.9	C=C—O—H	15 ~ 19
R_2CH_2	1.3	R—CH_2OH	3.4 ~ 4.0
R_3CH	1.5	R—OCH_3	3.5 ~ 4
C=C—H	4.5 ~ 6.0	RCHO	9 ~ 10
C=C—CH_3	1.6 ~ 1.9	$RCOCH_3$	2.0 ~ 2.7
Ar—H	6.0 ~ 8.5	R_2CHCOOH	10 ~ 12
Ar—CH_3	2.2 ~ 2.5	HCR_2COOH	2.0 ~ 2.6
C≡C—H	1.7 ~ 3.5	H_3CCOOR	2.0 ~ 2.2
Cl—C—H	3.0 ~ 4.0	$RCOOCH_3$	3.7 ~ 4.0
Br—C—H	3.5 ~ 4.0	RNH_2 R_2NH	0.5 ~ 5.0
I—C—H	3.2 ~ 4.0	$RCONH_2$	7.0 ~ 8.1
ROH	0.5 ~ 5.5	$ArCONH_2$	5.0 ~ 9.0
ArOH	4.5 ~ 7.7		

（三）峰面积与氢原子数目

核磁共振氢谱不仅给出各种不同类型氢核的化学位移，还可给出氢的数目。共振吸收峰的面积大小，一般用积分曲线的高度来度量。核磁共振仪上带有自动积分仪，可对各吸收峰的面积进行自动积分，得到的数值用阶梯式积分曲线高度来表示，从积分曲线的起点到终点的总高度与分子中全部氢原子的数目成正比。每一阶梯的高度与该吸收峰面积成正比，即与产生该吸收峰的氢核数成正比，如图 17-13 所示。

（四）影响化学位移的因素

影响化学位移的因素主要是诱导效应和各向异性效应，以下分别进行论述。

（1）诱导效应 化学位移值 δ 的大小与电子的屏蔽效应密切相关。邻近原子或基团的电负性越大，诱导效应越大，使氢核受到的屏蔽效应越小，因此使化学位移值增大，吸收信号向低场移动。

（2）各向异性效应 分子中氢核所处的空间位置不同，也会引起化学位移值的变化。炔基、烯基、芳基等是磁各向异性的，因而产生的屏蔽效应也是各向异性的。芳环中的 π 电子在外加磁场作用下产生环电流，使环上氢核周围产生感应磁场，其方向与

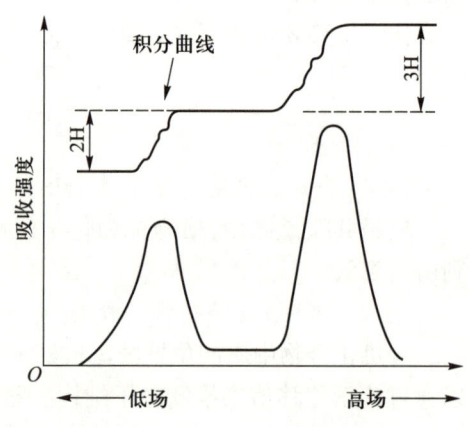

图 17-13 积分曲线与分子中氢原子的数目

外加磁场相同。因此当外加磁场的磁感应强度还未到达 B_0 时,就发生能级跃迁,使其化学位移值 δ 变大,称为反屏蔽作用。而乙炔产生的 π 电子环流,使氢核周围产生的感应磁场与外加磁场相反,屏蔽效应加大,因而炔氢在相对高场出现,化学位移值 δ 较小,如图 17-14 所示。

(五)自旋耦合和自旋裂分

在核磁共振谱中,核外电子对氢核的共振吸收产生影响,同时邻近氢核之间也会互相影响,从而引起共振谱线增多,这种相邻氢核之间的相互作用称为自旋耦合。因自旋耦合引起的谱线增多现象称为自旋裂分。

在外加磁场 B_0 的作用下,自旋的氢核会产生小的磁矩(磁感应强度为 B'),通过成键电子的传递,对邻近的氢核产生影响。氢核的自旋有两种取向,产生的自旋磁感应强度也有两种取向。自旋与外磁场的磁感应强度为顺向排列的氢核,使邻近氢核受到的总磁感应强度为(B_0+B');自旋与外磁场的磁感应强度取反向排列的氢核,使邻近氢核受到的总磁感应强度为(B_0-B')。因此,当发生核磁共振时,一个氢核的共振信号被邻近氢核裂分成两个峰,如图 17-15 所示。这两个峰强度相等,其总面积与未裂分的单峰面积相等,两个峰对称分布在未裂分单峰的两侧。

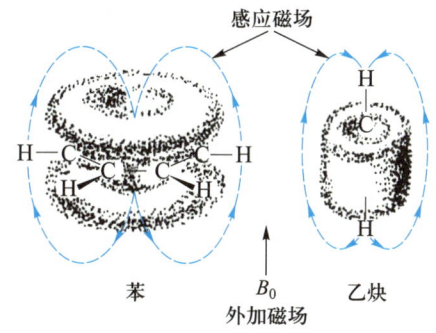

图 17-14 芳环和乙炔的各向异性屏蔽示意图

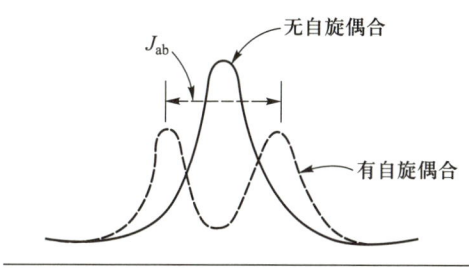

图 17-15 自旋裂分示意图

自旋裂分的吸收峰数目是有规律的,与 n 个等价氢核相邻的氢核,其 ^1H NMR 吸收峰裂分为 $n+1$ 个峰,称为($n+1$)规则。假设有两种不等价氢,其数目分别为 m 个和 n 个,则吸收信号裂分为($m+1$)($n+1$)个峰。裂分峰的相对峰面积比,满足二项展开式的各项系数比,即双峰(1:1),三重峰(1:2:1),四重峰(1:3:3:1),五重峰(1:4:6:4:1)等。在核磁共振谱中常以 s(singlet)表示单峰;d(doublet)表示双峰,t(triplet)表示三重峰;q(quartet)表示四重峰;m(multiplet)表示多重峰。

图 17-16 为 1-硝基丙烷的核磁共振氢谱。由于硝基为吸电子基团,离它最近的 H_a,受到诱导效应影响最大,吸收信号向低场移动,故 A 为 H_a 的吸收峰。同时 H_a 受到两个 H_b 的影响,裂分为三重峰,峰面积比例接近 1:2:1。H_c 离硝基最远,受到的影响最小,所以吸收信号在高场,即 C 为 H_c 的吸收峰。同时 H_c 受到两个 H_b 的影响,也裂分为三重峰,峰面积比例1:2:1。H_b 离硝基比 H_a 远,比 H_c 近,故 B 为 H_b 的吸收峰,H_b 被两个 H_a 和三个 H_c 裂分,理论上应该裂分为(3+1)(2+1)=12 个峰,但在谱图中只看到六个峰,这是因为耦合常数较小的两个峰发生重叠。

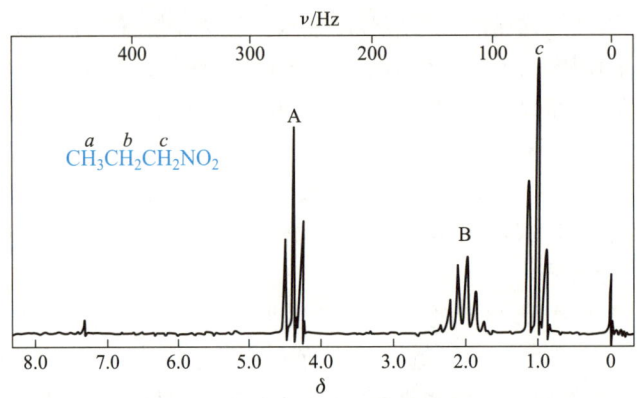

图 17-16   1-硝基丙烷的核磁共振氢谱

自旋耦合的耦合常数用符号 J 表示,单位是赫兹(Hz),通常在 $0 \sim 18$ Hz 范围内。J 的大小表示耦合作用的强弱。J_{ab} 表示氢核 a 被氢核 b 裂分的耦合常数,通过吸收峰的位置差别来体现,即两裂分峰之间的距离。

三、核磁共振氢谱的解析

^{1}H NMR 谱图提供了积分曲线、化学位移、峰形及耦合常数等信息,图谱解析就是合理分析这些信息,推断出化合物的结构并将不同的氢核进行归属。解析通常采用以下步骤:

(1)根据样品的分子式,确定含有的氢原子总数;

(2)根据积分曲线高度和氢核总数,计算各组峰代表的氢原子个数;

(3)根据化学位移值 δ,识别可能归属的氢原子类型;

(4)根据峰的裂分度和 J 值找出相互耦合的信号,确定相邻碳原子上氢核数和相互关联的结构片段;

(5)判断分子中是否含有活泼氢(—OH,—NH$_2$,—COOH);

(6)综合以上信息推断出化合物结构并对结论进行核对。

图 17-17 ~ 图 17-19 列出了一些常见化合物的核磁共振氢谱。

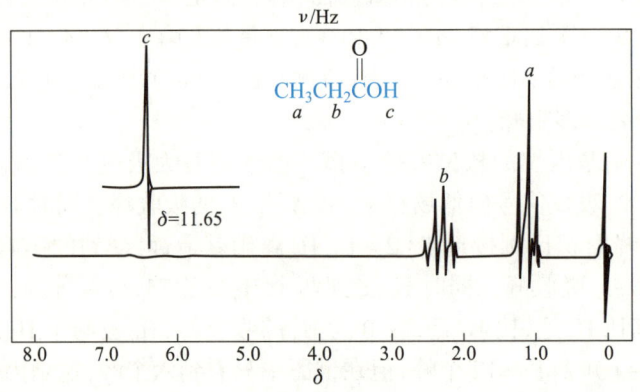

图 17-17   丙酸的核磁共振氢谱

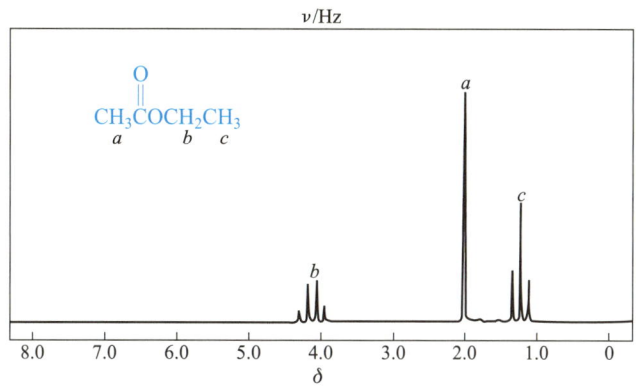

图 17-18 乙酸乙酯的核磁共振氢谱

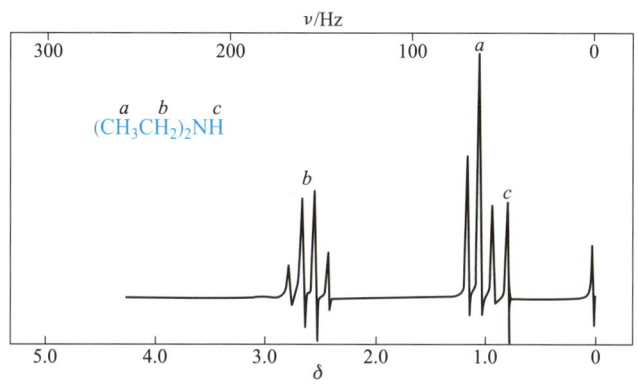

图 17-19 二乙胺的核磁共振氢谱

【思考题 17-4】预测丙酸异丙酯中每种氢原子的裂分模式。

第十七章
思考题答案

四、核磁共振碳谱

^{13}C 的自然丰度较低（约为 ^{12}C 的 1.1%），γ 值约为 ^1H 的 1/4，因此其灵敏度较低（约为氢谱的 1/6 000）。到 20 世纪 70 年代，当 ^{13}C NMR 应用脉冲傅里叶变换（pulse Fourier transform，PFT）技术后，才迅速发展起来。^{13}C 丰度低也是一种优势，即 ^{13}C-^{13}C 之间的耦合概率极低，可忽略不计，因而使得 ^{13}C NMR 图谱相对简单。除此之外，采用质子（噪声）去偶法消除了 ^{13}C 与其直接相连的氢核之间的耦合作用，使 ^{13}C NMR 谱图均为尖锐的单峰。

^{13}C NMR 测定的原理与 ^1H NMR 相同，在此不再赘述。图 17-20 中 $\delta 219$ 为羰基碳原子的信号，其去屏蔽效应最强，在最低场；$\delta 25$ 为远离羰基的甲基碳原子，受到的屏蔽效应最强，在最高场。

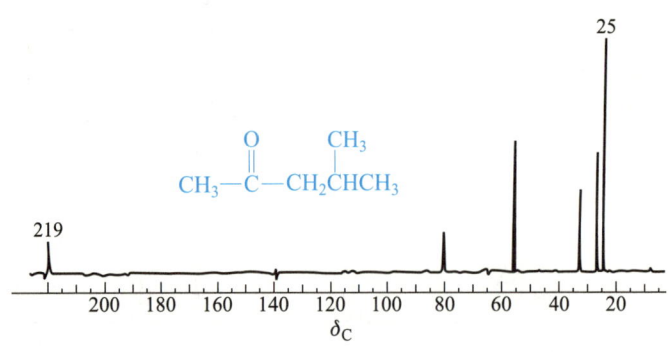

图 17-20　4-甲基戊-2-酮的 ^{13}C NMR 谱图

采用不同的去偶技术,可以得到不同的 ^{13}C NMR 图谱。常见的去偶技术有宽带去偶、偏共振去偶、无畸变极化转移技术等。图 17-21 为 2,2,4-三甲基戊-1,3-二醇的 ^{13}C 宽带去偶谱。

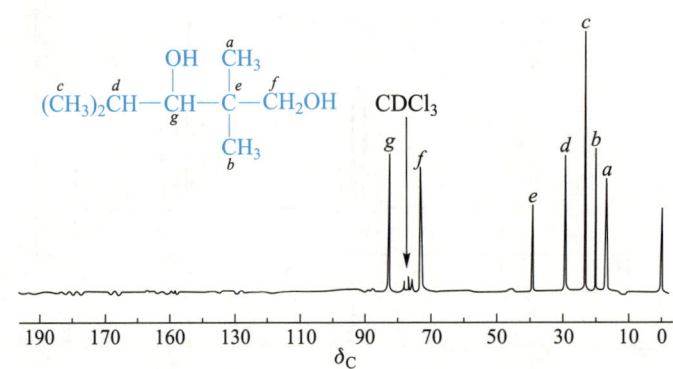

图 17-21　2,2,4-三甲基戊-1,3-二醇的 ^{13}C NMR 宽带去偶谱图

从图 17-20 和图 17-21 可以看出, ^{13}C NMR 谱图具有以下特点:一是谱线尖锐,分辨率高,容易解析。化学位移 δ 值范围(0~230)远大于 ^{1}H NMR(0~20),大多数有机化合物中的不等性碳核都有对应的 δ 值,因此能够区别分子结构中碳原子之间的细微差别。二是可直接观测不带氢的官能团,得到有机化合物的骨架信息。三是无积分曲线,峰高与碳数不成比例。

图 17-22 给出了常见 ^{13}C 核的化学位移值范围,表 17-5 列举了常见的碳核化学位移值。

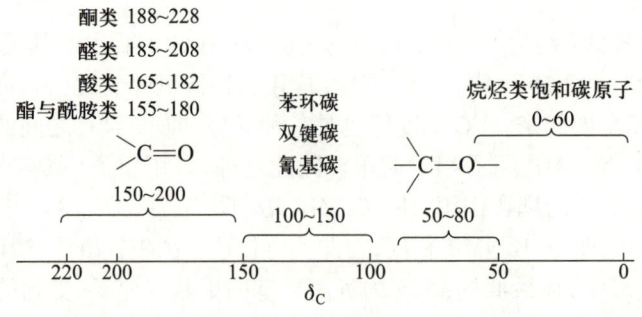

图 17-22　常见 ^{13}C 核的化学位移值范围

表 17-5　常见的碳核的化学位移值

碳核类型	δ_C 值	碳核类型	δ_C 值	碳核类型	δ_C 值
RCH_3	0 ~ 35	RCH_2NH_2	35 ~ 60	$RCONHR$	160 ~ 180
R_2CH_2	15 ~ 45	RCH_2OH	40 ~ 70	$RCOOR$	155 ~ 175
R_3CH	25 ~ 60	$RCHO$	175 ~ 205	$(RCO)_2O$	150 ~ 175
R_4C	35 ~ 70	R_2CO	175 ~ 225	RCN	110 ~ 130
$C=C$	110 ~ 150	$RCOOH$	160 ~ 185	$(R_2N)_2CO$	150 ~ 170
$C\equiv C$	70 ~ 100	C_6H_6	110 ~ 175	$RCOCl$	165 ~ 182

【知识背景】恩斯特与现代核磁共振技术

恩斯特（R. R. Ernst），瑞士物理化学家，1933 年生于瑞士温德萨。恩斯特 13 岁时在自家阁楼上发现了叔叔留下来的装满化学药品的箱子，他几乎立刻就被迷住了，尝试进行各种实验，并开始阅读各种化学书籍，很快他就意识到要成为一名化学家。后来，恩斯特满怀希望与热情进入瑞士联邦技术研究院学习化学，1962 年获得博士学位。1963 年，他加入瓦里安公司，参与到安德森教授研究小组，从事傅里叶变换核磁共振仪的研究，1964 年取得了重大进展，获得了成功。

恩斯特发明了傅里叶变换核磁共振法和二维核磁共振技术，在现代核磁共振波谱学中实现了两次重大突破，成为现代核磁共振波谱学的奠基人。他将计算机技术引入核磁共振波谱学，应用新的信息处理方法和快速傅里叶变换，从瞬态脉冲激励的衰减信号中获取频谱，形成了脉冲傅里叶变换核磁共振技术，其采样速度比在频域中快几千甚至上万倍，计算机累加技术得到比稳态连续波技术高几个数量级的灵敏度，极大扩展了 NMR 技术的应用范围，打破了只能测量氢原子核的限制，使除氢谱以外的其他核谱都能分析出来。恩斯特还提出了完整的研究脉冲傅里叶变换核磁共振的经典理论，证明了脉冲傅里叶变换频谱与稳态连续波频谱的等价性，研究了脉冲作用下的饱和效应及横向干涉，首次提出脉冲对非平衡态自旋有异常影响，并用化学感应动态极化实验加以证明，这是现代核磁共振极化转移技术的基本思想。一系列的革命性创造奠定了恩斯特在科学界，尤其是化学界的重要地位。脉冲傅里叶变换核磁共振法对生命科学、生物化学、药物学等领域的研究和发展具有深远意义。鉴于恩斯特为此做出的杰出贡献，1991 年，瑞典皇家科学院授予恩斯特诺贝尔化学奖。

第五节　质　　谱

1913 年，汤姆孙（Thomson）发明了第一台质谱仪，经过一百年的发展，质谱技术已经成为当代最前沿的科学领域之一。早期的质谱仪主要用于进行核同位素和无机元素的分析，20 世纪 40 年代以后开始应用于有机分析，60 年代出现了气相色谱 – 质谱联用仪，使其应用领域大大扩展,成为有机分析的重要工具。80年代以后出现的快原子轰击电离(FAB)、基质辅助激光解吸电离(MALDI)、电喷雾电离(ESI)等技术,促进了液相色谱－质谱联用仪、电感耦合等离子体质谱仪、傅里叶变换质谱仪等技术的成熟。由于质谱具有灵敏度高、样品用量少(ng级)、分析速度快、分离与鉴定同时进行等优点,质谱分析法已经成为化学、化工、环境、地质、能源、药物、刑侦、生命科学、医学等诸多领域不可缺少的研究方法。

一、质谱的基本原理

质谱(mass spectrometry, MS),即质量的谱图,物质的分子在高真空下,经物理作用或化学反应等途径形成带电粒子,某些带电粒子可进一步断裂。如用电子轰击有机化合物(M),使其产生离子的过程如图17-23所示。每一离子的质量与所带电荷的比称为质荷比(m/z,曾用m/e)。不同质荷比的离子经质量分离器一一分离后,由检测器测定每一离子的质荷比及相对强度,由此得出的谱图称为质谱。

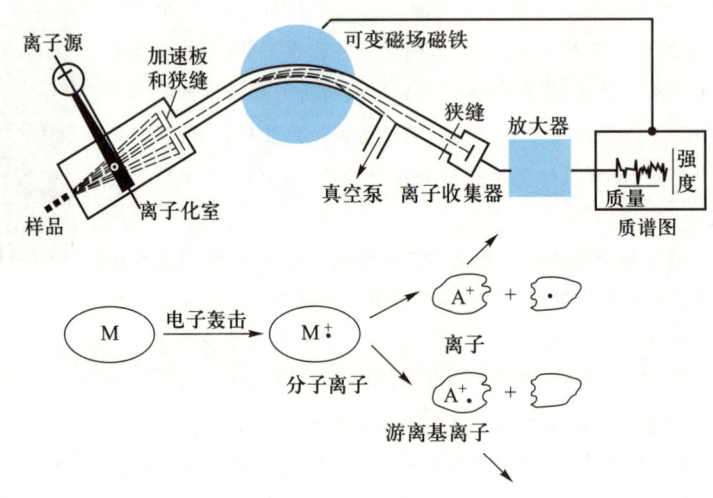

图 17-23　质谱仪工作原理图

质谱仪主要由离子源(包括样品室和离子化室)、质量分离器、离子收集器(包括检测器和放大器)和记录器等部分组成。

在高真空环境下,汽化的有机化合物分子在离子化室中受到高能电子流(70 eV)轰击,形成带正电荷的分子离子。将具有不同的质量和电荷的正离子引入电场进行加速,加速后的离子进入磁场,在洛仑兹力(Lorentz force)作用下,正离子的运动轨迹由直线变为弧线,在运动的垂直方向上做圆周运动。正离子运动轨迹的半径与其质荷比 m/z 有关。m/z 越大,其动量越大,偏转就越小。离子运动轨迹的半径(R)与质荷比(m/z)、磁感应强度(B)、加速电压(V)的关系为

$$m/z=B^2R^2/2V$$

由上式可知,质荷比 m/z 与 B 成正比,与 V 成反比。当仪器的 V 和 R 保持恒定而使磁感应强度由小到大逐渐增加时,离子将会根据 m/z 的大小顺序通过质量分离器,到达检测器,信号经放大依 m/z 记录下来即为质谱,每个离子峰的强度与其离子的相对数目成正比。

图 17-24 为甲醇的质谱图及其离子丰度及相对强度表,质谱图(左)中横坐标为离子的质荷比(m/z)值,纵坐标为离子的相对强度,以相对强度最大的离子峰作为基峰(base peak),其相对强度为 100%,其余各峰则为相对于基峰高的百分比。另一种质谱记录的形式是表谱(右),即以表格的形式记录质谱测量结果。表谱通常列有质量数和相对强度,相对强度低于 0.3% 的离子峰一般不列出。表谱常可用于定量分析。

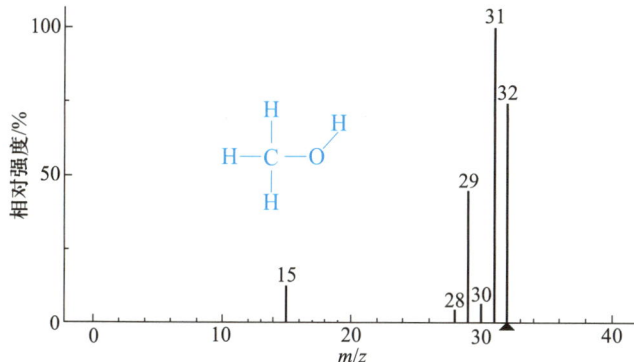

m/z	离子丰度	相对强度/%	m/z	离子丰度	相对强度/%
13	6	0.6	29	445	44.5
14	16	1.6	30	64	6.4
15	123	12.3	31	999	100
17	3	0.3	32	743	74.3
18	7	0.7	33	11	1.1
28	45	4.5			

图 17-24　甲醇的质谱图(左)和离子丰度及相对强度表(右)

二、质谱中的离子类型

质谱中出现的离子包括分子离子、同位素离子、碎片离子、亚稳离子、多电荷离子等。

(一)分子离子(molecular ion)

化合物分子受到电子轰击失去一个电子产生的阳离子称为分子离子,一般用 M^{+} 表示。其中"+"表示带一个正电荷,"·"表示带一个未成对电子。一般来说,分子中受到束缚最弱的电子容易失去。对有机化合物来讲,n 电子最易失去,其次是 π 电子,σ 电子最难失去。

分子离子的相对强度主要取决于其稳定性和分子电离所需要的能量。易失去电子的化合物,如环状化合物、双键化合物等,其分子离子稳定,分子离子峰较强;而长碳链烷烃,支链烷烃等正与此相反。有机化合物在质谱中的分子离子稳定性有如下次序:

芳香环 > 共轭体系 > 烯烃 > 环烷烃 > 酮 > 醛 > 酯 > 醚 > 胺 > 羧酸 > 高度分支链烃 > 醇

(二)同位素离子(isotopic ion)

组成有机化合物分子的 C、H、O、N、S、X 等元素均具有重同位素。由这些元素组成的有机化合物是化学纯的,而组成的元素不是同位素纯的。其中含有丰度较小的同位素离子,其丰度与离子中该元素的原子数目及该同位素的天然丰度有关,根据同位素的信息可以推测分子离子或碎片离子的元素组成。

表 17-6 中列举了组成有机化合物的常见元素在自然界中存在的同位素及其丰度。这些元素被分为三类:"A",只有一个天然丰度的同位素;"A+1",有两个同位素的元素,其中第二个同位素比天然丰度最大的同位素重一个质量单位;"A+2",这类元素含有比天然丰度最大同位素重二个质量单位的同位素。

表17-6　常见元素的天然同位素丰度[①]

元素	A		A+1		A+2		元素类型
	相对原子质量	天然丰度 /%	相对原子质量	天然丰度 /%	相对原子质量	天然丰度 /%	
H	1	100	2	0.015			"A"
C	12	100	13	1.1[②]			"A+1"
N	14	100	15	0.37			"A+1"
O	16	100	17	0.04	18	0.20	"A+2"
F	19	100					"A"
Si	28	100	29	5.1	30	3.4	"A+2"
P	31	100					"A"
S	32	100	33	0.80	34	4.4	"A+2"
Cl	35	100			37	32.5	"A+2"
Br	79	100			81	98.0	"A+2"
I	127	100					"A"

① Wapstra and Gove（1971）。② 1.1 ± 0.02，取决于来源。

"A+2"元素包括氧、硅、硫、氯和溴。除氧以外，其他元素的重同位素天然丰度都较高，分子离子区出现的同位素峰的强度可由二项式的展开式来计算。

$$(a+b)^n=a^n+na^{n-1}b+n(n-1)a^{n-2}b^2/2!+n(n-1)(n-2)a^{n-3}b^3/3!+\cdots$$

式中，a 为轻同位素相对强度，b 为重同位素相对强度，n 为分子中该元素的原子数目。

例如，含两个氯原子的化合物 CH_2Cl_2，其 M：M+2：M+4 峰的相对强度比为 m/z84：m/z86：m/z88 为

$$(^{35}Cl\text{ 丰度}+^{37}Cl\text{ 丰度})^2=(3+1)^2=9+6+1$$

即 M：M+2：M+4 峰的相对强度比为 9：6：1，如图 17-25 所示。

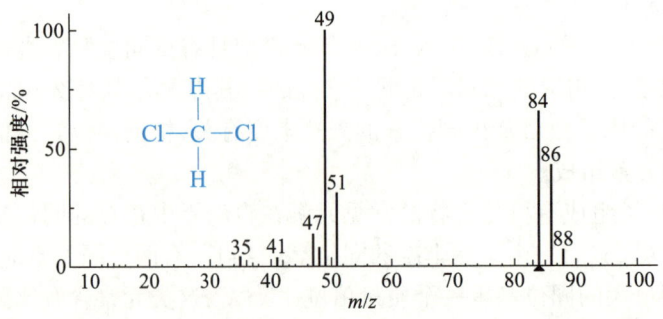

图 17-25　二氯甲烷的质谱图

（三）碎片离子

碎片离子的相对强度与分子结构有密切关系,高相对强度的碎片峰代表分子中易于裂解的部分,如果有几个主要碎片峰,并且代表着分子的不同部分,则由这些碎片峰就可以粗略地把分子骨架拼凑起来。质谱解析的大量工作就是分析碎片离子的形成过程。

质谱中的反应属于单分子反应,离子源中的样品蒸气压通常低到足以忽略双分子(离子－分子)或其他碰撞反应的程度,所形成的分子离子具有范围较宽的内能。那些足够"冷"的离子不会在被检测前分解,在质谱图上以分子离子(M^+)的形式出现;而处于高激发态的分子离子,将进一步分解,产生碎片离子和中性分子。如果这个初级碎片离子有足够的能量,还可以进一步分解。

碎片离子的相对强度主要取决于该离子的稳定性。主要的离子稳定形式是杂原子中未成键轨道的电子共享和共振稳定。此外,相对强度与离子的电离能有关。电离能低的碎片离子形成概率高。

三、分子离子峰的确定

化合物分子受到电子轰击失去一个电子产生的阳离子称为分子离子,一般用 M^+ 表示。因此,根据分子离子的质荷比,可以得到相对分子质量。

为判别分子离子,前人总结了很多经验。在一个纯化合物质谱图(不含本底和离子分子反应等产生的附加峰)中,作为一个分子离子必要的但非充分的条件是:

（1）必须是谱图中最高质量端的离子　分子失去一个电子,形成分子离子,自然它的质量数(质荷比)应为最高。但是,某些含氧含氮的化合物,如醚、酯、胺、酰胺、氨基酸酯、氰化物等,往往在比母峰多一个质量单位处出现一个峰,称为 M+1 峰,这是由于分子离子在电离室碰撞过程中捕获一个 H 而形成的。同样,有些分子易失去一个 H 而生成 M−1 离子,例如,六氢吡啶的 M−1 峰比 M 峰要高得多。

此外,由于某些元素有多个重同位素原子的存在,质谱图中也会出现某些离子的质荷比高于分子离子的情况。如农药百菌清(M^+ 为 $m/z264$)的质谱图,见图 17−26。

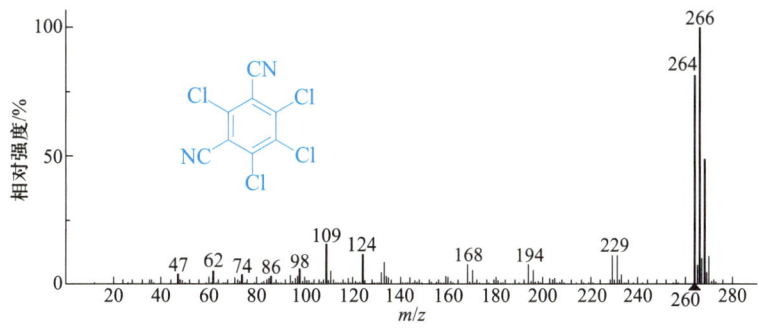

图 17-26　百菌清的质谱图

（2）分子离子必须是奇电子离子　样品分子失去一个电子而被电离成离子,因而分子离子是一个游离基离子,由于带有未成对电子,所以被称为奇电子离子,用符号 $^{+}$ 表示。

（3）含氮有机化合物,其分子离子的质荷比符合"氮规则"　在有机化合物中常见的多数元素,其最大丰度同位素质量和价键之间有一个巧合,即除氮原子外,两者或均为偶数或均为奇数。由此可以推导出"氮规则":假若一个化合物含有偶数个氮原子,则分子离子的质量为偶数。反之,含奇数个氮原子的化合物,分子离子的质量为奇数。其他有机化合物,分子离子的质量一般为偶数。

（4）分子离子必须能够通过丢失合理的中性碎片,产生谱图中高质量区的重要离子　分子离子分解过程中,通常仅有少数几种低质量中性碎片被失去。例如,饱和烷烃可以失去甲基或一个氢原子,出现质荷比为 M-15 及 M-1 的离子,但不可能失去 5 个氢原子,出现质荷比为 M-5 的离子。

通常情况下,分子离子不可能失去质量为 4~14 和 21~25 的中性碎片而产生重要的峰。图 17-27 为一烷烃的质谱图,高质量端 m/z 57 与 m/z 43 的离子相差 14 个质量数,而完整的有机化合物分子不可能丢失一个 $\cdot CH_2$ 离子,所以 m/z 57 不是分子离子峰,而是由 m/z 72 的离子失去甲基（M-15）形成的。经过谱图解析,证明这个化合物是 2,2- 二甲基丙烷,由于它不稳定,在电子轰击下易断裂,因此分子离子峰未出现。

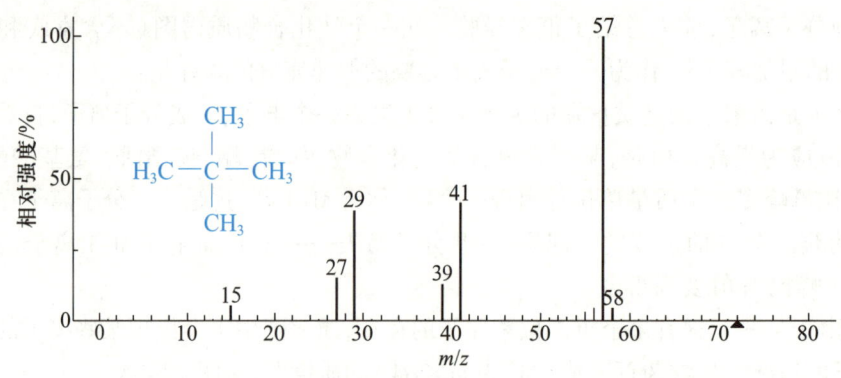

图 17-27　2,2- 二甲基丙烷的质谱图

四、质谱解析的一般程序

（1）研究所有可得到的信息（光谱及化学特性,样品历史等）,拟定获得谱图的明确方法,核对质荷比。

（2）根据同位素丰度,在可能的情况下推导出所有峰的元素组成,计算环加双键数值。

（3）检验分子离子是否正确,它必须是谱图中最高质量峰,属奇电子离子,且给合理的中性碎片丢失。判断其是否符合氮规则。

（4）标出"重要的"奇电子离子。

（5）根据下列信息假设并列出可能的结构:① 重要的低质量离子系列;② 由高质量离子所指明的,来自 M^{+} 的重要一级中性碎片加上二级碎裂的碎片;③ 重要的特征离子。

（6）假设分子结构：对照参考谱图，和类似化合物谱图做检验，或者根据离子裂解机理所预期的图谱做检验。

第六节　综合谱图解析

以前文介绍的各类结构测定方法为基础，综合应用几类图谱进行有机化合物的结构鉴定，称作综合解析。每种谱学测定方法所得到的信息都不是万能的，各有侧重，需要综合考虑。常见各类谱学方法提供的结构信息归纳如下：

UV：

主要提供共轭电子体系的结构信息。

IR：

判定分子中各类官能团存在与否（OH、$C=O$、$C—O—C$、NH、$C=N$、NO_2 等）；

判断芳香环存在与否及其取代情况；

判定结构中烯烃、炔烃存在与否，双键取代的类型。

^{1}H NMR：

根据吸收信号的组数和积分曲线的数值推算结构中质子的类型和个数；

根据化学位移值判定结构中是否存在羧酸、醛、芳香族、烯烃和炔烃质子；

根据化学位移值判定结构中与杂原子、不饱和键相连的甲基、亚甲基和次甲基的存在与否；

根据自旋耦合裂分判定基团的连接情况。

^{13}C NMR：

判断碳原子及其杂化形式；

根据 DEPT 谱判断碳原子的类型（伯、仲、叔、季）；

根据化学位移值判断羰基存在与否及其种类；

根据化学位移值判定芳香族或烯烃取代的数目。

MS：

根据分子离子判断相对分子质量；

判定结构中 A+2 元素的存在与否（Cl、Br）；

判定结构中是否存在氮原子；

根据特征离子判断相应的结构片段。

【知识延伸】NMR 技术、MS 技术与诺贝尔奖的不解之缘

所有生物都含有包括 DNA 和蛋白质在内的生物大分子，"看清"它们的真面目曾经是科学家的梦想。如今这一梦想已成为现实。2002 年诺贝尔化学奖表彰的就是这一领域的两项成果。成果之一是美国科学家约翰·芬恩与日本科学家田中耕一"发明了对生物大分子的质谱分析法"，他们两人共享 2002 年诺贝尔化学奖一半的奖金；另一项是瑞士科学家库尔特·维特里希"发明了利用核磁共振技术测定溶

液中生物大分子三维结构的方法",他获得 2002 年诺贝尔化学奖一半的奖金。

　　质谱分析法是通过测定分子质量和相应的离子电荷实现对样品中分子的分析。19 世纪末科学家已经奠定了这种方法的基础,1912 年科学家第一次利用它获得对分子的分析结果。在质谱分析领域,已经出现了多项诺贝尔奖成果,其中包括氢同位素氘的发现(1934 年诺贝尔化学奖)和碳–60 的发现(1996 年诺贝尔化学奖)。不过,最初科学家只能将它用于分析小分子和中型分子,怎么测定单个生物大分子的质量呢? 科学家在传统的质谱分析法基础上发明了一种新方法:首先将成团的生物大分子拆成单个的生物大分子,并将其电离,使之悬浮在真空中,然后让它们在电场的作用下运动。不同质量的分子通过指定距离的时间不同,质量小的分子速度快些,质量大的分子速度慢些,通过测量不同分子通过指定距离的时间,就可计算出分子的质量。

　　这种方法的难点在于生物大分子比较脆弱,在拆分和电离成团的生物大分子过程中它们的结构和成分很容易被破坏。为了打掉这只"拦路虎",美国科学家约翰·芬恩与日本科学家田中耕一发明了殊途同归的两种方法。约翰·芬恩对成团的生物大分子施加强电场,田中耕一则用激光轰击成团的生物大分子。这两种方法都成功地使生物大分子相互完整地分离,同时也被电离。它们的发明奠定了科学家对生物大分子进行进一步分析的基础。如果说第一项成果解决了"看清"生物大分子"是谁"的问题,那么第二项成果则解决了"看清"生物大分子"是什么样子"的问题。

　　第二项成果涉及核磁共振技术。科学家在 1945 年发现磁场中的原子核会吸收一定频率的电磁波,这就是核磁共振现象。由于不同的原子核吸收不同的电磁波,因而通过测定和分析受测物质对电磁波的吸收情况就可以判定它含有哪种原子,原子之间的距离多大,并据此分析出它的三维结构。这种技术已经广泛地应用到医学诊断领域。不过,最初科学家只能将这种方法用于分析小分子的结构,因为生物大分子非常复杂,分析起来难度很大。瑞士科学家库尔特·维特里希发明了一种新方法,这种方法的原理可以用测绘房屋的结构来比喻:首先选定一座房屋的所有拐角作为测量对象,然后测量所有相邻拐角间的距离和方位,据此就可以推知房屋的结构。维特里希选择生物大分子中的质子(氢原子核)作为测量对象,连续测定所有相邻的两个质子之间的距离和方位,这些数据经计算机处理后就可形成生物大分子的三维结构图。这种方法的优点是可对溶液中的蛋白质进行分析,进而可对活细胞中的蛋白质进行分析,能获得"活"蛋白质的结构,其意义非常重大。1985 年,科学家利用这种方法第一次绘制出蛋白质的结构。目前,科学家已经利用这一方法绘制出 15%～20% 的已知蛋白质的结构。

　　随着人类基因组图谱、水稻基因组草图,以及其他一些生物基因组图谱的破译成功,生命科学和生物技术进入后基因组时代。这一时代的重点课题是破译基因的功能,破译蛋白质的结构和功能,破译基因怎样控制合成蛋白质,蛋白质又是怎样发挥生理作用等。在这些课题中,判定生物大分子的身份,"看清"它们的结构非常重要。今后,生物技术将继续蓬勃发展,由这 3 位诺贝尔化学奖得主发明的"对生物大分子进行确认和结构分析的方法"将继续发挥重要作用。

【知识连接】

1. 有机化合物结构测定方法概要

(1)紫外光谱(UV):紫外吸收谱带的位置、强度和形状推导结构的共轭特征(生色团和助色团)。

(2)红外光谱(IR):特征谱带推导官能团及电子效应和空间效应;整体指纹形状确证化合物。

(3)核磁共振谱(NMR):化学位移和峰面积推导氢或碳原子的类型、数目、连接信息和空间排列。

(4)质谱(MS):碎片离子的荷质比及相对强度推导分子量、局部结构特征、Cl/Br/N 元素有无。

2. 波谱分析推测有机化合物结构一般步骤

（1）由质谱确定相对分子质量,推出分子式;

（2）由分子式计算不饱和度;

（3）从紫外光谱的 λ_{max} 和 κ_{max} 判断吸收带的类型,推测是否存在共轭体系或芳香系列的结构骨架;

（4）红外光谱提供分子中可能含有的官能团的信息;

（5）核磁共振谱提供分子中各种类型氢的数目、类型和相邻氢之间的关系,以推测化合物的结构;

（6）用质谱裂解规律验证推出的结构式是否合理。

【英汉词汇】

紫外光谱	ultraviolet spectroscopy	核磁共振谱	nuclear magnetic resonance
生色团	chromophore	弯曲振动	bending vibration
助色团	auxochrome	官能团区	functional group region
红移	red shift	指纹区	fingerprint region
蓝移	blue shift	屏蔽效应	shielding effect
红外光谱	infrared spectroscopy	化学位移	chemical shift
伸缩振动	stretching vibration	各向异性效应	anisotropic effect
自旋耦合	spin coupling	同位素离子	isotopic ion
质谱	mass spectrometry	气－质联用	GC–MS
质荷比	ratio of mass to charge	液－质联用	LC–MS
分子离子	molecular ion		

【参考文献】

［1］Webb A. The Principles of Magnetic Resonance, and Associated Hardware, in Magnetic Resonance Technology: Hardware and System Component Design［M］. Royal Society of Chemistry, 2016.

［2］Tran C D. Principles, Instrumentation, and Applications of Infrared Multispectral Imaging, An Overview ［J］. Anal. Lett., 2005, 38, 735–752.

［3］Sun S, Jin M, Zhou X, et al. The Application of Quantitative ^{1}H–NMR for the Determination of Orlistat in Tablets［J］. Molecules, 2017, 22, 1517.

［4］Kaklamanos G, Aprea E, Theodoridis G. Mass Spectrometry: Principles and Instrumentation in Chemical Analysis of Food（2nd edition）: Techniques and Applications［M］. Elsevier Inc., 2020.

［5］马中华,曹秀芳,江洪,等.核磁共振原理中几个基本概念的教学处理［J］.大学化学,2021,36（4）: 240–248.

【习题】

1. 波谱法测定有机化合物的结构有哪些优点（与经典的化学分析方法相比）?

2. 有机化合物分子中的价电子跃迁有哪几种形式? 就紫外光谱而言,哪些跃迁是有意义的?

3. 仅根据红外光谱,能否定性鉴定未知化合物?

4. 下图为香芹酮在乙醇中的紫外吸收光谱,请指出两个吸收峰各属于哪一类跃迁。

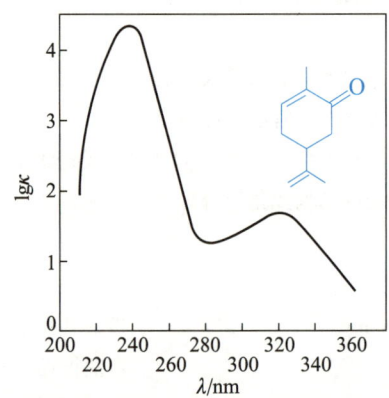

5. 有机化合物 A、B、C,分子式均为 C_5H_6,催化加氢都得正戊烷,B、C 与硝酸银的氨溶液反应生成白色沉淀,而 A 不反应;A、B 的紫外最大吸收波长接近 230 nm,C 的紫外最大吸收波长小于 200 nm。试推出化合物 A、B、C 的结构。

6. 红外光谱的哪些特征吸收频率可用来区别下列各对化合物?

（1） $CH_3CH_2CH_2CH_3$ 与 $CH_3CH_2CH{=}CH_2$

（2） $C_3H_7CH_2C{\equiv}CH$ 与 $C_3H_7\,CH_2CH{=}CH_2$

（3） $CH_3CH_2CH_2CH_2OH$ 与 $CH_3CH_2OCH_2CH_3$

（4） CH_3CH_2CHO 与 CH_3COCH_3

（5） CH_3CONH_2 与 $CH_3COOC_2H_5$

7. 由环己醇氧化制备环己酮时,如何通过红外光谱图确定反应是否已达到终点?

8. 下面两张图谱,请判断哪一张是异丙醇的红外光谱图,哪一张是丁酮的红外光谱图,并说明判别的依据。

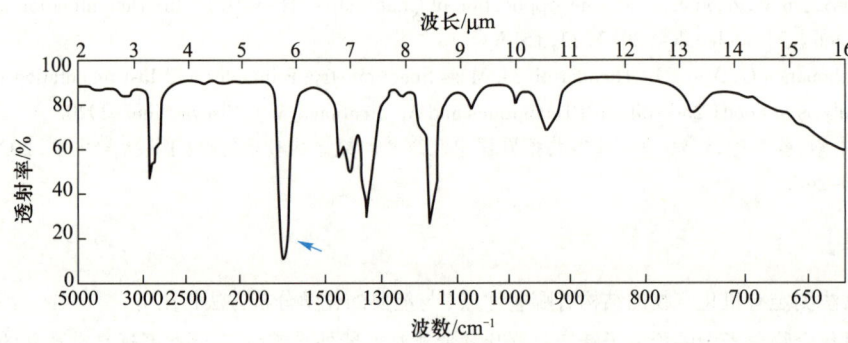

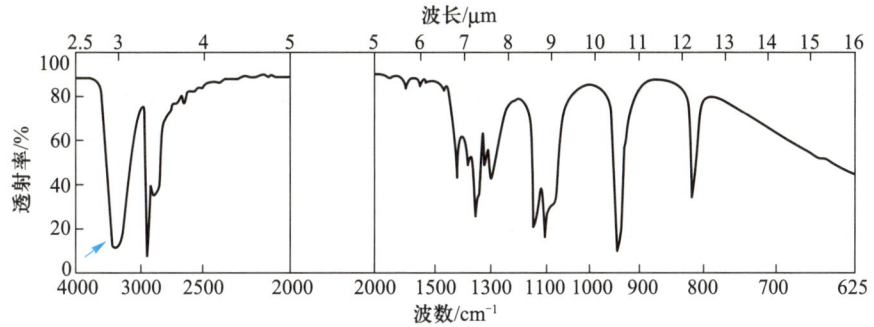

9. 下图为 2,3- 二甲基丁 -1,3- 二烯的红外光谱图,指出吸收峰 1、2、3、4、5 各属于哪一类吸收峰?

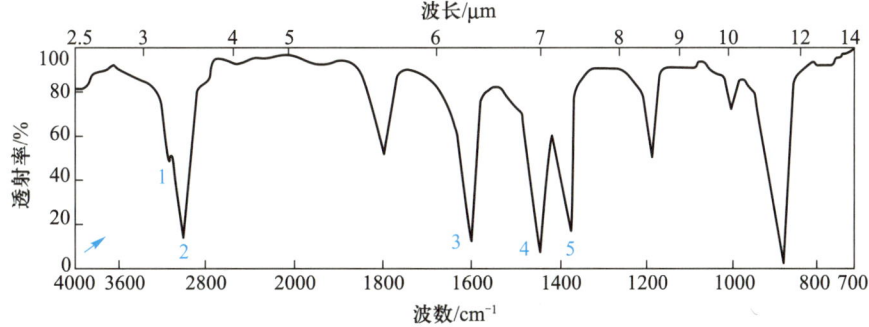

10. 指出下列各组化合物中用蓝色字体标出的 H,哪个信号在最高场(δ 数值最小)出现。

(1) $CH_3CH_2CH_2OH$, $CH_3CH_2CH_2OH$ 及 $CH_3CH_2CH_2OH$

(2) $CH_3CH=CH_2$ 及 CH_3CH_2CHO

(3) CH_3COCH_3 及 $CH_3CH_2OCH_2CH_3$

11. 分析下列各化合物的 $^1H\ NMR$ 谱中信号的数目及信号的裂分情况。

(1) $CH_2ClCHCl_2$ (2) CH_3CH_2OH

(3) CH_3OCH_3 (4) $CH_3CHBrCH_3$

12. 某有机化合物分子式为 C_6H_{10},其核磁共振氢谱如下图,A,B 两峰峰面积之比为 1∶9。试推断此化合物的结构。

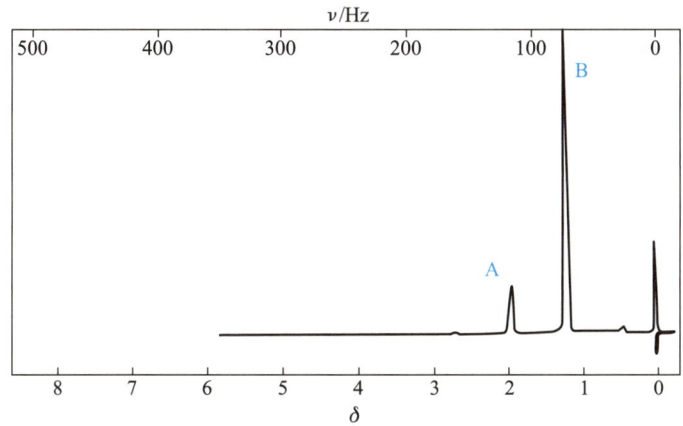

13. 某液体有机化合物分子式为 $C_6H_{10}O_2$，IR：$1\,715\ cm^{-1}$ 处有强吸收，$^1H\ NMR$ 谱有两组峰：$\delta 2.1$（6H，s），$\delta 2.6$（4H，s）。试推测其结构式。

14. 化合物 A 和 B，分子式都为 $C_9H_{10}O$，A 不能进行碘仿反应，A 的 IR 图谱表明在 $1\,690\ cm^{-1}$ 有一强峰，A 的 $^1H\ NMR$ 谱有三组峰如下：$\delta=1.2$（3H，三重峰），$\delta=3.0$（2H，四重峰），$\delta=7.7$（5H，多重峰）。B 可以进行碘仿反应，它的 IR 图谱表明在 $1\,705\ cm^{-1}$ 处有一强峰，$^1H\ NMR$ 谱有三组峰如下：$\delta=2.0$（3H，单峰），$\delta=3.5$（2H，单峰），$\delta=7.1$（5H，多重峰）。试推断化合物 A、B 可能的结构。

15. 在碘甲烷的质谱图中，m/z 为 142 和 143 两个峰是什么峰？m/z143 的峰的相对强度为 m/z142 的 1.1%，试分析其原因。

16. 下图为某一卤代烷烃的质谱图，根据所学知识推断该有机化合物的结构。

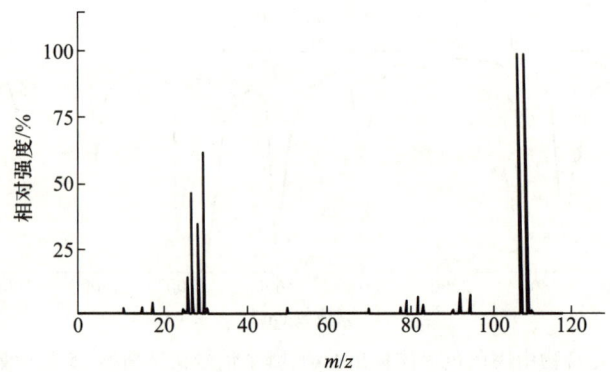

扫一扫，获取本章习题答案

第十七章　习题答案

综合参考书目

[1] 邢其毅,裴伟伟,徐瑞秋,等.基础有机化学[M].4版.北京:北京大学出版社,2016.

[2] K Peter C Vollhardt, Neil E Schore.有机化学[M].8版.戴立信,席振峰,罗三中,等译.北京:化学工业出版社,2020.

[3] 李小瑞.有机化学[M].2版.北京:化学工业出版社,2018.

[4] 王彦广,吕萍,傅春玲,等.有机化学[M].4版.北京:化学工业出版社,2020.

[5] 陆阳,申东升.有机化学[M].2版.北京:科学出版社,2017.

[6] 李景宁.有机化学[M].6版.北京:高等教育出版社,2018.

[7] 王微宏,罗一鸣.有机化学[M].2版.北京:化学工业出版社,2020.

[8] 李艳梅,赵圣印,王兰英.有机化学[M].2版.北京:科学出版社,2014.

[9] 汪波,彭爱云,黄志纾.有机化学[M].北京:高等教育出版社,2019.

[10] 高占先,于丽梅.有机化学简明教程学习指南[M].北京:高等教育出版社,2013.

[11] 王全瑞.有机化学[M].2版.北京:化学工业出版社,2019.

[12] 冯骏材,朱成建,俞寿云.有机化学原理[M].北京:科学出版社,2015.

[13] Peter Sykes.有机化学机理导论[M].6版.王剑波,张志坤,邱颙,等译.北京:北京大学出版社,2018.

[14] 魏荣宝.高等有机化学[M].3版.北京:高等教育出版社,2018.

[15] 汪小兰.有机化学[M].5版.北京:高等教育出版社,2017.

[16] 李楠,侯士聪,肖玉梅.有机化学[M].北京:中国农业出版社,2010.

[17] 郑大贵.基于图表素材的有机化学教学[M].上海:复旦大学出版社,2012.

[18] 刘光启,马连湘,项曙光.化学化工物性数据手册[M].2版.北京:化学工业出版社,2013.

[19] 中国化学会有机化合物命名审定委员会.有机化合物命名原则(2017)[M].北京:科学出版社,2018.

[20] 吴庆余.基础生命科学[M].2版.北京:高等教育出版社,2006.

读者意见反馈

为收集对教材的意见建议,进一步完善教材编写并做好服务工作,读者可将对本教材的意见建议通过如下渠道反馈至我社。

咨询电话 400-810-0598

反馈邮箱 hepsci@pub.hep.cn

通信地址 北京市朝阳区惠新东街 4 号富盛大厦 1 座
          高等教育出版社理科事业部

邮政编码 100029